上海高水平地方高校建设计划 2022 年度上海大学一流研究生教育培养质量提升项目成果
2022 年上海大学一流研究生教育培养质量提升项目资助立项教材
省部共建高品质特殊钢冶金与制备国家重点实验室资助

十四五

冶金工业出版社

普通高等教育"十四五"规划教材

现代材料分析方法原理及应用

邹星礼　　尚兴付　　邹秀晶　　耿淑华　编著

扫码查看本书
数字资源

北　京

冶金工业出版社

2024

内 容 提 要

本书是关于材料分析方法原理的教材，全书共分 5 篇，20 章。第 1 章是绪论，概述了现代材料分析方法和分类，第 2~20 章分别介绍了光分析方法基础、紫外-可见光谱、红外光谱、拉曼光谱、核磁共振波谱、原子发射光谱、X 射线荧光光谱、X 射线衍射、电子与固体物质的作用、透射电子显微镜、扫描电子显微镜、电子探针显微分析、X 光电子能谱分析、原子力显微分析、三维原子探针分析、色谱分析、质谱分析、辉光放电质谱分析、材料热分析的发展历程、相关理论、仪器结构、使用维护、实验技术和应用案例。

本书可作为高等院校材料科学与工程及相关专业的本科生和研究生教材，也可作为化学、高分子材料、无机材料、微电子、半导体、环境和矿物及生命科学等领域从事科研、生产和管理等有兴趣的读者学习和参考。

图书在版编目（CIP）数据

现代材料分析方法原理及应用／邹星礼等编著. -- 北京：冶金工业出版社，2024. 10

普通高等教育"十四五"规划教材

ISBN 978-7-5024-9832-0

Ⅰ.①现… Ⅱ.①邹… Ⅲ.①工程材料—分析方法—高等学校—教材 Ⅳ.①TB3

中国国家版本馆 CIP 数据核字（2024）第 073487 号

现代材料分析方法原理及应用

出版发行	冶金工业出版社	电 话	(010)64027926
地 址	北京市东城区嵩祝院北巷 39 号	邮 编	100009
网 址	www. mip1953. com	电子信箱	service@ mip1953. com

责任编辑 刘小峰 刘思岐 美术编辑 吕欣童 版式设计 郑小利
责任校对 石 静 责任印制 禹 蕊
三河市双峰印刷装订有限公司印刷
2024 年 10 月第 1 版，2024 年 10 月第 1 次印刷
787mm×1092mm 1/16；30.25 印张；729 千字；463 页
定价 68.00 元

投稿电话 (010)64027932 投稿信箱 tougao@cnmip. com. cn
营销中心电话 (010)64044283
冶金工业出版社天猫旗舰店 yjgycbs. tmall. com
（本书如有印装质量问题，本社营销中心负责退换）

前　　言

　　材料是人类赖以生存的物质基础，人类科技进步离不开新材料的持续开发。材料的宏观性能与材料的成分、组织结构、制备加工工艺等密切相关。新材料的研究、生产和使用离不开材料组成、结构和性能的分析。因此，掌握现代材料分析方法的原理和应用成为材料学习和研究人士的必备技能。本书是为材料相关专业的本科生、研究生以及从事有关材料的研究和生产方面的专家学者和工程技术人员提供材料分析方法选择的一本参考书。

　　本书介绍了各类现代材料分析方法的发展沿革，所使用的设备的基本原理和仪器组成、样品制备技术、仪器操作及维护、结果分析及在材料研究中的应用。主要包括材料光分析、电子显微分析、色谱和质谱分析和材料热分析等。

　　本书是在多位参编作者近年来从事材料科学研究，并吸取该领域最新研究成果的基础上集体完成的。第1、4、5、9、14、15章由邹星礼执笔；第2、3、7、10、11、18、19章由尚兴付执笔；第6章由张夏聪执笔；第8、12、17章由邹秀晶执笔，第13、20章由耿淑华执笔；第16章由李慧执笔。第13~15章的编写得到岛津企业管理（中国）有限公司黄涛宏、孙友宝、崔园园、龚沿东、刘仁威、赵同新的大力支持；第19章的编写得到赛默飞世尔科技（中国）有限公司张安余、王赟杰、王亮的大力支持，诸位专家不仅提供大量专业仪器设备素材，更以其丰富的实践经验为本书内容增色良多。书中涉及的部分案例和视频素材来源于"材料分析方法原理"课程同学的作业和岛津企业管理（中国）有限公司提供的视频资料，在此，谨向各位的辛勤付出与专业贡献致以诚挚的谢意。在编写过程中，作者借鉴了国内外同行的相关文献、专著，也得益于上海大学地方高水平大学建设研究生教材项目和省部共建高品质特殊钢冶金与制备国家重点实验室资助，在此向资助单位和相关人士表示感谢。

　　由于材料分析方法的日新月异，加之作者学识有限，经验不足，本书内容难免出现欠妥之处，敬请读者批评指正。

编著者

2024 年 10 月

目　　录

第 2 篇　电子显微分析

第3篇　色谱质谱分析

第4篇　材料热分析

第 5 篇　实验部分

1 绪　　论

本章内容导读：
- 材料和材料科学简介
- 材料分析在材料开发中的作用
- 材料分析方法的分类
- 材料分析的评价方法与指标

1.1　材料分析方法概述

1.1.1　材料与材料科学

材料是人类用以制成用于生活和生产的物品、器件、构件、机器及其他产品的物质，是人类赖以生存、发展的物质基础。材料是人类文明、社会进步、科学技术发展的物质基础和技术先导。在历史上，人们将石器、青铜器、铁器等当时的主导材料作为时代的标志，称为石器时代、青铜时代和铁器时代。在近代，材料的种类极其繁多，各种新材料不断涌现，很难用一种材料来代表当今时代的特征。

第一次技术革命始于18世纪后期，其主要标志为蒸汽机的发明及广泛使用。但只有在开发了铁和铜等新材料以后，蒸汽机才得以使用并逐步推广。使人类从手工工艺进入机器工业时代，开创了工业社会的文明。

第二次技术革命始于19世纪末，以电的发明和广泛应用为标志，实现了电气化。以石油开发和新能源官方使用为突破口，大力发展飞机和其他工业，支持这个时期产业革命的仍然是新材料开发。如合金钢、铝合金以及各种非金属材料的发展。

第三次技术革命开始于20世纪中期，以原子能应用为主要标志。1942年，在美国建立第一个核反应堆，实现了核能的利用，实现了合成材料、半导体材料等大规模工业应用，把工业文明推到了顶点，开启了信息社会文明的大门。

第四次技术革命开始于20世纪70年代，以计算机，特别是微电子技术、生物工程技术和空间技术为主要标志。这是人类历史上规模最大和最深刻的一次革命。

材料是当代文明的三大支柱之一，材料、能源、信息是当代社会文明和国民经济的三大支柱，是人类社会进步和科学技术发展的物质基础和技术先导。

材料可按照化学组成、性能、服役领域、结晶状态及材料的尺寸进行分类。按照其化学组成，材料可以分为金属材料、无机非金属材料、高分子材料（聚合物）和复合材料。

金属材料是由化学元素周期表中的金属元素组成的，可分为由一种金属元素构成的单质（纯金属）和由两种以上的金属元素或者金属与非金属元素构成的合金。合金可分为固溶体和金属间化合物。

在 103 种元素中，除了 He、Ne、Ar 等 6 种惰性元素和 C、N、O、Si 等 16 种非金属元素外，其余 81 种均为金属元素。除了汞之外，单质金属在常温下呈现固体形态，外观不透明，具有特殊的金属光泽和良好的导电性及导热性。在力学性能方面，具有较高的强度、刚度、延展性及耐冲击性。

合金是由两种或者两种以上的金属元素，或者金属元素与非金属元素熔合在一起形成的具有金属特性的新物质。合金的性质与组成合金的各个相的性质有关，同时也与这些相在合金中的数量、形状及分布有关。

无机非金属材料是由硅酸盐、铝酸盐、硼酸盐、磷酸盐、锗酸盐等原料和氧化物、氮化物、碳化物、硼化物、硫化物、硅化物、卤化物等原料经过一定的工艺制备而成的材料。它与广义的陶瓷材料有等同的含义。无机非金属材料种类繁多，用途各异，目前还没有统一完善的分类方法。一般将其分为传统的（普通的）无机非金属材料和新型的（先进的）无机非金属材料两大类。传统的无机非金属材料主要指以 SiO_2 及其硅酸盐化合物为主要成分制成的材料，包括陶瓷、玻璃、水泥和耐火材料等。此外，搪瓷、磨料、碳素材料、非金属矿（石棉、云母、大理石等）也属于传统的无机非金属材料。

普通陶瓷是指以黏土为主要原料与其他天然矿物原料经过粉碎混炼、成型、煅烧等过程而制成的各种制品。包括日用陶瓷、卫生陶瓷、建筑陶瓷、化工陶瓷、电瓷以及其他工业用陶瓷。

先进（新型）无机非金属材料是用氧化物、氮化物、碳化物、硼化物、硫化物、硅化物以及各种无机非金属化合物经特殊的先进工艺制成的材料。主要包括特种陶瓷（先进陶瓷）、非晶态材料、人工晶体、无机涂层、无机纤维等。

特种陶瓷也称先进陶瓷，是指具有特殊力学、物理或化学性能的陶瓷，应用于各种现代工业及尖端科学技术领域，包括结构陶瓷和功能陶瓷。结构陶瓷主要具有耐磨损、高强度、耐高温、耐热冲击、硬质、高刚性、低膨胀、隔热等性能。功能陶瓷主要包括具有电磁功能、光学功能、生物功能、核功能及其他功能的陶瓷材料。

有机高分子材料又称高聚物，是由一种或者几种简单低分子化合物经聚合而组成的分子量很大的化合物。高聚物的种类繁多，性能各异，其分类的方法多种多样。按高分子材料来源，高聚物可分为天然高分子材料和合成高分子材料；按照材料的性能和用途，高聚物可分为橡胶、纤维和塑料和黏结剂等。

材料是全球新技术革命的四大标志之一，是新材料技术、新能源技术、信息技术、生物技术和科技创新战略实现的物质基础。高端装备、信息技术、航空航天、深海深地探测开发等新进技术的发展离不开先进功能材料、高强金属材料、生物材料等先进材料的支撑。

材料科学是一门以固体材料为研究对象，以固体物理、热力学、动力学、量子力学、冶金、化工为理论基础的边缘交叉基础应用学科；是运用电子显微镜、X 射线衍射、热谱、电子离子探针等各种精密仪器和技术，探讨材料的组成、结构、制备工艺和加工使用过程与其机械、物理、化学性能之间的规律的一门基础学科；是研究材料共性的一门学科。

总的来说，材料科学包含四大要素：

（1）材料的组织结构；

（2）材料的制备成型和加工工艺；

（3）材料的固有性能；

（4）材料的使用行为。

1.1.2　材料分析在新材料开发中的作用

材料分析是材料科学研究的基础，材料现代分析方法是一种技术性实验方法，它是以物理学、结晶学和材料基础知识为基础的。材料分析是通过对材料微观组织结构和微区成分进行分析，揭示材料组织结构与性能的关系，即组织是性能的内在根据，性能是组织的对外表现；确定材料加工工艺和组织结构的关系，以实现微观组织结构控制。材料科学研究就是研究有关材料组成、结构、制备工艺流程与材料性能和用途的关系。换言之，材料科学研究是研究材料组成与结构、合成与生产过程、性质及使用效能这四个基本要素。考虑在四要素中的组成结构并非同义词，即相同成分或组成通过不同的合成或加工方法，可以得出不同的结构，从而材料的性质或使用效能都不会相同。因此，我国有人提出一个五个基本要素的模型，即成分合成/加工、结构、性质和使用效能。不管是四要素，还是五要素都包括材料的成分组成与组织结构，研究材料离不开其组成与结构，它决定了材料的性能。对于我们而言，只有了解掌握现代分析仪器的基本结构和工作原理、常用的实验分析方法，并能与专门从事试验分析工作的人员共同试验与分析试验结果，才能独立地进行材料的分析和研究工作，才能正确选用合适的分析方法解决实际工作中的问题。

所谓新材料，指的是那些新出现或正在发展中的具有传统材料所不具备的优异性能的材料。从人类科技发展史中可以看到，近代世界经历的两次技术革命都是以新材料的发现和应用为先导的。钢铁工业的发展，为18世纪以蒸汽机的发明和应用为代表的第一次技术革命奠定了物质基础。20世纪中叶，以电子技术，特别是微电子技术的发明和应用为代表的第二次技术革命，硅单晶材料则起着先导和核心作用，加之随后的激光材料和光导纤维的问世，使人类社会进入了"信息时代"，因此，可以预料，谁掌握了新材料，谁就掌握了21世纪高新技术竞争的主动权。

1.1.2.1　新材料技术的发展趋势和特点

纵观国际新材料研究发展的现状，西方主要工业发达国家正集中人力、物力，寻求突破，美国、欧共体、日本和韩国等在他们的最新国家科技计划中，都把新材料及其制备技术列为国家关键技术之一加以重点支持，非常强调新材料对发展国民经济、保卫国家安全、增进人民健康和提高人民生活质量等方面的突出作用。

我国对新材料及其制备技术历来非常重视，一直将其作为一个重要的领域列入我国自1956年以来的历次国家科技发展规划之中。在我国"863"计划中，新技术材料同样是七大重点领域之一。经过40余年的努力，我国已在许多方面取得显著进展，一大批新材料已成功地应用于国防和民用工业领域，有些新材料的研究居国际领先水平，为我国新材料及其制备技术在21世纪初的持续发展奠定了较好的基础。

新材料及其制备技术的研究将对世界经济发展产生重大影响，其发展趋势主要体现在：

（1）功能材料向多功能化、集成化、小型化和智能化方向发展；

（2）结构材料向高性能化、复合化、功能化和低成本化方向发展；

（3）薄膜和低维材料研究发展迅速，生物医用材料异军突起；

（4）新材料制品的精加工技术和近净成形技术受到高度重视；

（5）材料及其制品与生态环境的协调性备受重视，以满足社会可持续发展的要求；

（6）材料的制备及评价表征技术日趋受重视，材料制备与评价表征新技术、新装备不断涌现；

（7）材料在不同层次（微观、介观和宏观）上的设计发展迅速，已成为发展新材料的重要基础。

综上所述，当今新材料及其制备技术的发展趋势具有以下几个特点：

（1）新材料技术是现代工业和高技术发展中的共性关键技术，材料科学技术已成为当代最重要的、发展最快的科学技术之一。信息、能源、农业和先进制造等技术领域的发展都离不开新材料及其制备技术的发展。

（2）综合利用现代先进科学技术成就，多学科交叉，知识密集，导致新材料及其制备技术的投资强度大、更新换代快，经济效益和社会效益巨大。

（3）新材料的制备和质量的提高更加依赖于新技术、新工艺的发展和精确的检测控制技术的应用。对制备技术的重视与投入直线上升，极大地加速了基础材料的发展和传统产业的改造。

（4）对材料基础性、先导性的认识已形成共识。材料的研究和发展既要与器件的研究密切配合，又要注意到自身的系统性和超前性，这样才有利于材料实现跨越发展。

1.1.2.2　新材料技术前沿研究领域

20世纪90年代以来，材料科学技术的发展异常迅速。材料科学与生命科学、信息科学、认知科学、环境科学等共同构成了当代科学技术的前沿。进入21世纪，基于物理、化学、数学等自然科学与电子、化工、冶金等工程技术最新成就的材料科学技术前沿主要如下：

微电子材料主要是大直径（400 mm）硅单晶及片材技术，大直径（200 mm）硅片外延技术，150 mm GaAs 和 100 mm InP 晶片及以它们为基的Ⅲ-Ⅴ族半导体超晶格、量子阱异质结构材料制备技术，GeSi 合金和宽禁带半导体材料等。

新型光子材料主要是大直径、高光学质量人工晶体制备技术和有机、无机新型非线性光学晶体探索，大功率半导体激光光纤模块及全固态（可调谐）激光技术，有机、无机超高亮度红、绿、蓝三基色材料及应用技术，新型红外光、蓝光、紫光半导体激光材料以及新型光探测和光存储材料等。

稀土功能材料主要是高纯稀土材料的制备技术，超高磁能稀土永磁材料大规模生产先进技术，高性能稀土储氢材料及相关技术等。

生物医用材料主要是高可靠性植入人体内的生物活性材料合成关键技术，生物相容材料，如组织器官替代材料，人造血液、人造皮和透析膜技术，以及生物新材料制品性能、质量的在线监测和评价技术等。

先进复合材料主要是复合材料低成本制备技术、复合材料的界面控制与优化技术、不同尺度不同结构异质材料复合新技术等。

新型金属材料主要是交通运输用轻质高强材料、重大装备用先进结构材料、能源动力用高温耐蚀材料、新型有序金属间化合物的脆性控制与韧化技术以及高可靠性生产制造技术等。

先进陶瓷材料主要是信息功能陶瓷的多功能化及系统集成技术，高性能陶瓷薄膜、异质薄膜的制备、集成与微加工技术，结构陶瓷及其复合材料的补强、韧化技术，先进陶瓷的低成本、高可靠性、批量化制备技术等。

高温超导材料主要是高温超导体材料（准单晶和结构材料）批量生产技术，可实用化高温超导薄膜及异质结构薄膜制备、集成和微加工技术研究开发等。

环境材料主要是材料的环境协调性评价技术，材料的延寿、再生与综合利用新技术，降低材料生产资源和能源消耗新技术等。

纳米材料及技术主要是纳米材料制备与应用关键技术、固态量子器件的制备及纳米加工技术等。

智能材料主要是智能材料与智能系统的设计、制备及应用技术等。

材料的制备与评价技术主要是材料精密制备、近净成形技术与智能加工技术，材料表面改性技术的低成本化途径与批量生产技术，材料微观结构的模型化技术、智能化控制及动态实时监测分析技术，不同层次的设计、性能预测和评价表征新技术。

根据工信部 2019 年的报告显示，我国新材料产业还有 32%的关键材料处于空白状态，需要进口关键新材料达 52%，进口依赖度高，尤其是智能终端处理器、制造及检测设备、高端专用芯片领域，进口依赖度分别达 70%、95%、95%，存在巨大的国产化空间。"十四五"规划为新材料发展提供政策支持。2021 年 3 月 13 日，《中华人民共和国国民经济和社会发展第十四个五年规划和 2035 远景目标纲要》发布，其中明确提出深入实施制造强国战略，并对高端新材料的发展做出明确指示：推动高端稀土功能材料、高品质特殊钢材、高性能合金、高温合金、高纯稀有金属材料、高性能陶瓷、电子玻璃等先进金属和无机非金属材料取得突破，加强碳纤维、芳纶等高性能纤维及其复合材料、生物基和生物医用材料研发应用，加快茂金属聚乙烯等高性能树脂和集成电路用光刻胶等电子高纯材料关键技术突破。

1.1.3 材料分析方法的特点及发展趋势

随着科技的发展，更多更复杂的材料正在被研发，对于这些材料的成分分析，传统方法因为各种原因已经远远达不到人们的要求。为了更好地对这些新型复杂材料进行成分分析，只有开发出与时俱进的新方法才能满足人们科研的需求，越来越多的现代分析法随之应运而生。这些新方法更加专注于材料成分、结构、缺陷等的分析。同时，更多的分析检测仪器也被不断地研究出来，从而使一些新方法的实施成为可能。在这样的发展趋势之下，材料的分析方法朝着准确、高效、原位分析方向发展，也就是操作上要更加简捷方便，测量结果上灵敏度、准确度也要加强。

1.2 材料分析方法分类

材料分析方法按照不同的分类依据有不同的分类，按照材料分析的原理可以分为材料光分析、材料电子显微分析、材料质谱和色谱分析、材料热分析等；根据材料分析的目的可以分为材料化学成分分析、材料晶体结构分析、材料微观形貌分析等。

1.2.1　材料光学分析

光通常指人类肉眼可见的一种电磁波,也称可见光谱,在科学上的定义,光是指从 γ 射线到无线电波范围所有的电磁波。

而材料光分析法则是探究电磁辐射能量与待测物质相互作用后所产生的电磁辐射信号与材料组成及结构之间关系的一类分析方法,光分析方法具有三个基本过程:

(1) 激发源提供激发能量;

(2) 激发能与被测物之间发生相互作用;

(3) 产生(光波)电磁辐射信号。

当电磁辐射与材料表面发生接触时,将会产生一系列相互作用,具体效应如图 1-1 所示。熟练掌握电磁辐射与物体表面的作用过程是理解光谱分析仪器测试原理以及准确运用该分析方法解决问题的关键。

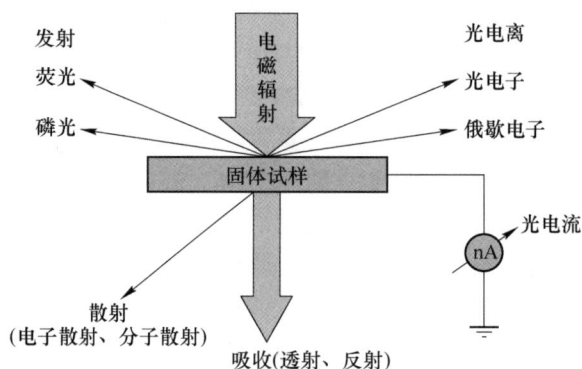

图 1-1　电磁辐射与材料的相互作用

图 1-2 所示的光谱及电磁波谱包括了所有类型的电磁波,对于此波谱,大致了解电磁

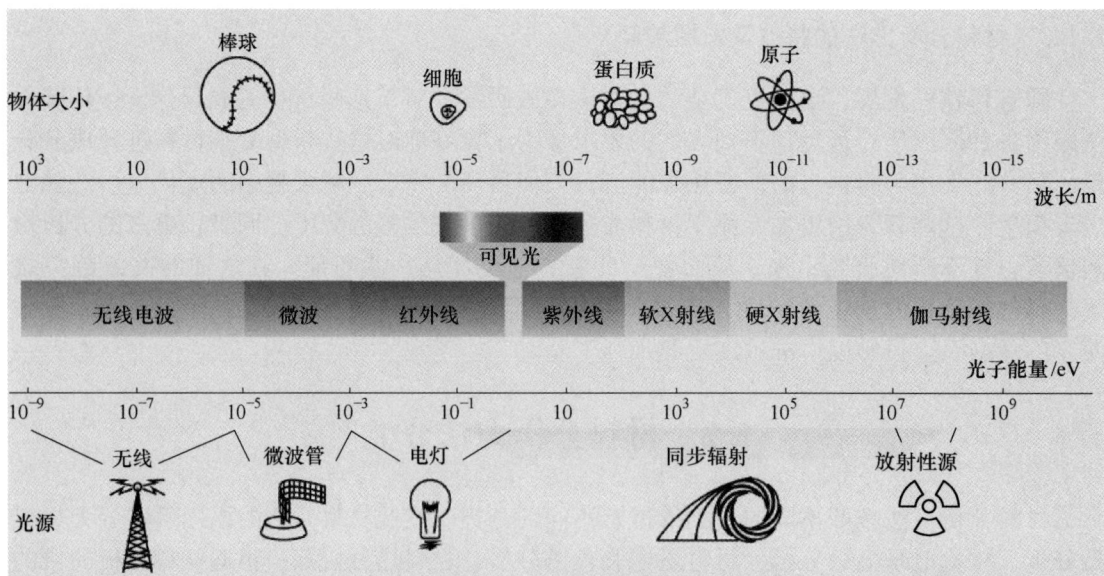

图 1-2　光谱及电磁波谱

波的分类以及它们之间波长与能量的相对大小即可，波长越长，对应光子能量越低。各电磁波长区域对应的分子、原子、电子能级跃迁及波谱分析技术见表 1-1，不同的电磁波产生的机理和产生方式不同。无线电波是可以人工制造的，是由振荡电路中自由电子的周期性运动产生的。红外线、可见光、紫外线，伦琴射线，γ 射线分别是由于原子的外层电子、内层电子和原子核受激发而产生的。电磁辐射与材料相互接触时，会发生辐射的吸收、发射以及散射等现象，接下来一一对其进行介绍。

表 1-1 波谱分析技术与能级跃迁

波长范围	电磁辐射光区	能级跃迁类型	波谱技术
10~10 nm	γ 射线区	核内部能级跃迁	Mossbauer 谱
10^{-2}~10 nm	X 射线区	核内层电子能级跃迁	电子能谱
100~400 nm	紫外光区	核外层电子能级跃迁（价电子或非价电子）	紫外光谱
400~800 nm	可见光区		可见光谱
2.5~25 μm	红外光区	分子振动-转动能级跃迁	红外光谱
0.1~50 cm	微波区	分子转动能级跃迁电子自旋能级跃迁（磁诱导）	纯转动光谱 电子顺磁共振谱
50~500 cm	射频区	核自旋能级跃迁（磁诱导）	核磁共振谱

（1）电磁辐射的吸收。辐射的吸收是指辐射通过物质时，其中具有一定频率的电磁波被组成物质的粒子（原子、离子或分子）选择性吸收的过程，这一过程会造成电磁波能量的损失。

我们可以较为容易地理解这一现象：当电磁波的一部分能量恰巧等于物质中某一元素的能级差时，其与物质相接触时便会使得物质粒子发生由低能级向高能级的跃迁，选择性吸收的光子能量应该等于跃迁前后的两个能级之差，人们根据此现象最终绘制出了吸收光谱，用于材料的成分分析。

（2）电磁辐射的发射。当物质吸收电磁辐射之后，在一定时间后又会发射出相应的电磁波，这便是辐射的发射现象。辐射发射的实质在于辐射跃迁，即当物质粒子吸收能量被激发至高能态后，由于该状态属于不稳定状态，因此在经过极为短暂的时间后，电子将从高能态再次返回低能态，多余的能量以电磁辐射的形式释放出来。

由电磁辐射激发所导致的二次发光现象又称为光致发光，受激后产生的二次光子可分为两类，即荧光和磷光。荧光的弛豫时间（吸收一次光子到发射二次光子之间的时间差）很短（10^{-8}~10^{-4} s），而磷光的弛豫时间则较长（10^{-4}~10 s），二者产生的机理有所差别。

（3）电磁辐射的散射。辐射的散射是指电磁辐射在与物质发生相互作用后，部分偏离原入射方向而分散传播的现象，其大致可以分为分子散射和电子散射。

分子散射是由于入射线与分子或分子聚集体之间发生相互作用而产生的散射，可分为瑞利散射（入射线光子与分子间发生弹性相互作用，光子运动方向改变而能量未变）和拉曼散射（入射线光子与分子间发生非弹性相互作用，光子运动方向及能量均有变化），二者在之后的光谱分析中也有不同用处。

由于入射线光子与电子之间发生相互作用而产生的散射称为电子散射，可分为相干散射（光子与原子内受束缚较紧的内层电子发生作用，方向变化而能量未变）和非相干散射（也称康普顿效应，发生在光子与原子外层电子之间，光子的能量和传播方向均发生变化）。

1.2.2　材料电子显微分析

显微分析常常以宏观分析为基础，是打开宏观世界奥秘之门的钥匙。电子束具有波粒二象性。电子显微分析一方面利用电子束的波动性对被研究物体成像的形貌进行分析，另一方面利用其粒子性产生的信息进行结构和成分分析。当聚集电子束入射样品待分析区域时，在电子束作用下产生特征 X 射线、二次电子、背反散电子、背散射电子衍射等各种信息，通过对这些特征信息进行分析，用以表征材料显微特性。

在电子显微分析技术中，常用的形貌、成分和结构分析方法可归纳为扫描电子分析和透射电子分析两大类。

在扫描电子分析中，电镜的电子枪发射出电子束，电子在电场的作用下加速，经过两三个电磁透镜的作用后在样品表面聚焦成极细的电子束。该细小的电子束在末透镜上方的双偏转线圈作用下在样品表面进行扫描，被加速的电子与样品相互作用，激发出各种信号，如二次电子、背散射电子、吸收电子、X 射线、俄歇电子及阴极荧光等。这些信号被按顺序、成比例地交换成视频信号，并通过检测放大处理成像，从而在荧光屏上显示样品表面的各种特征图像。

在透射电子分析中，电镜的电子枪发出的高速电子束经聚光镜均匀地照射到样品上，作为一种粒子，有的入射电子与样品发生碰撞，导致运动方向的改变，形成弹性散射电子；有的与样品发生非弹性碰撞，形成能量损失电子；有的被样品俘获，形成吸收电子。作为一种波，电子束经过样品后还可发生干涉和衍射。总之，均匀的入射电子束在与样品相互作用后将变得不均匀，这种不均匀依次经过物镜、中间镜和投影镜放大后在荧光屏上或胶片上就表现为图像对比度，它反映了样品的信息。

1.2.3　材料质谱与色谱分析

色谱分析是 20 世纪发展起来的一种有效的分析和分离技术，也称色层分析，简称层析。层析法是俄国植物学家茨维特（Tswett）在 20 世纪初发明的。他将植物色素的石油醚提取液注入碳酸钙柱，再加入石油醚到柱内，使之自由流下，分出叶绿素带（绿色）和胡萝卜素带（黄色）。随着层析法的发展，陆续出现了前沿层析法、置换层析法、分配层析法、纸层析法、离子交换层析法等。层析法已成为生物技术中不可缺少的分离、鉴定和制备的方法。

色谱-质谱分析。气相色谱对有机化合物具有有效的分离、分辨能力，而质谱则是准确鉴定化合物的有效手段。由两者结合构成的色谱-质谱联用技术，可以在计算机操控下，直接用气相色谱分离复杂的混合物（如原油、岩石抽提物）样品，使其中的化合物逐个地进入质谱仪的离子源，可用电子轰击或化学离子化等方法，使每个样品中所有的化合物都离子化，进而对化合物逐个做出定性鉴定与定量分析。色谱-质谱联用可分为气相色谱-质谱联用（GC-MS）和液相色谱-质谱联用（LC-MS）两种，能将气相（或液相）色谱的高效分离的特点和质谱的高灵敏度检测的优点结合起来，获得更好的分析效果。现已广泛应用于分析组分复杂的样品，如环境样品中的农药残留、汽车尾气等的测定。

光谱法、质谱法主要是物质定性鉴定分析方法，它能够提供物质的各种结构信息，包括所含官能团、相对分子质量，乃至某个化合物，既可鉴定已知物，也可鉴定未知的新化合物；而色谱法本质上不具备定性分析功能，所能提供的分子结构信息有限，必须利用已知物进行对照才能根据保留值定性，这是色谱法最大的弱点。

色谱法最主要的特点是适用于多组分复杂混合物分离分析，这是光谱法、质谱法分子分析所不及的。通过解联立方程，光谱法只能分析二元、三元等简单混合物，且分析方法比较复杂。采用数学方法和计算机技术，光谱法、质谱法的发展有可能实现多组分混合物分析，但困难在于未知组分的干扰，如果有大量未知组分存在，通过光谱、质谱进行多组分分析则难以实现。

色谱仪器的价格相对于分子光谱、质谱仪器要低得多，且适用范围和领域更广。一般来说，色谱检测器比分子光谱法灵敏度更高，比质谱灵敏度低。色谱的高分离能力与光谱、质谱的结构、定性鉴定相结合，色谱作为光谱、质谱进样系统，或光谱、质谱作为色谱检测器，即色谱与光谱、质谱联用是当今仪器分析广泛应用的技术和最重要发展方向之一。

1.2.4 材料热分析

热分析通过测定物质在加热或者冷却过程中物理性质的变化来研究物质性质及变化，或者对物质进行鉴别分形。物理性质则包括物质的质量、温度、热焓、尺寸、机械、声学、电学及磁学等性质。

热分析在表征材料的热性能、物理性能、机械性能以及稳定性等方面有着广泛的应用，对于材料的研究开发和生产中的质量控制都具有很重要的实际意义。其中应用最广泛的方法是热重分析法（TG）和差热分析法（DTA），其次是差示扫描量热法（DSC），这三者构成了热分析的三大支柱。

热重分析法是在程序控制温度下，测量物质的质量随温度变化的一种实验技术，通常有静态法和动态法两种类型。

静态法又称等温热重法，是在恒温条件下测定物质质量变化与温度的关系，通常将试样在各给定的温度下加热至恒重。该法比较准确，常用来研究固相物质热分解的反应速度和测定反应速度常数。

动态法又称非等温热重法，是在程序升温条件下测定物质质量变化与温度的关系，通常采用连续升温连续称重的方式。该法简便，易于与其他热分析法组合在一起，在实际中应用较多。

1.3 材料分析的评价方法与指标

1.3.1 标准物质与标准曲线

1.3.1.1 标准物质

A 标准物质定义

材料分析方法大多数都是比对方法，在测量过程中要使用标准物质（标准样品）。中华人民共和国计量法的子法——标准物质管理办法（国家计量局于 1987 年 7 月 10 日发布）中第二条规定，用于统一量值的标准物质，包括化学成分标准物质、物理特性与物理化学特性测量标准物质和工程技术特性测量标准物质。

B 标准物质特点

标准物质具有三个显著特点：

（1）具有特性量值的准确性、均匀性、稳定性；

（2）量值具有传递性；

（3）实物形式的计量标准。

C 标准物质特性

准确性、均匀性和稳定性是标准物质量值的特性和基本要求。

（1）准确性：通常标准物质证书中会同时给出标准物质的标准值和计量的不确定度，不确定度的来源包括称量、仪器、均匀性、稳定性、不同实验室之间以及不同方法所产生的不确定度，均需计算在内。

（2）均匀性：均匀性是指物质的某些特性具有相同组分或相同结构的状态。计量方法的精密度（即标准偏差）可以用来衡量标准物质的均匀性，精密度受取样量的影响，标准物质的均匀性是针对给定的取样量而言的，均匀性检验的最小取样量一般都会在标准物质证书中给出。

（3）稳定性：稳定性是指标准物质在指定的环境条件和时间内，其特性值保持在规定的范围内的能力。

D 标准物质级别

标准物质的特性值准确度是划分级别的依据，不同级别的标准物质对其均匀性和稳定性以及用途都有不同的要求。通常把标准物质分为一级标准物质和二级标准物质。

（1）一级标准物质主要用于标定比它低一级的标准物质、校准高准确度的计量仪器、研究与评定标准方法；

（2）二级标准物质主要用于满足一些一般的检测分析需求，以及社会行业的一般要求，可作为工作标准物质直接使用，用于现场方法的研究和评价，以及较低要求的日常分析测量。

1.3.1.2 标准物质证书

标准物质可以是纯的或混合的气体、液体或固体。例如，校准黏度计用的水、量热法中作为热容量校准物的蓝宝石、化学分析校准用的溶液。标准物质和化学试剂没有必然的联系。标准物质可以是高纯的化学试剂（但高纯试剂不一定就是标准物质，还要看是否符合标准物质的特征以及是否有相应的标准证书），也可以是按照一定的比例配制的混合物（如 pH 标准溶液），甚至可以是一些天然样品按照一定的方法制备的具有复杂成分的标准样品（如临床分析中的标准物质、工业上不同品质的样品）。

有证标准物质（certified reference material，CRM）是指附有证书的标准物质，其一种或多种特性量值用建立了溯源性的程序确定，使之可溯源到准确复现的表示该特性值的测量单位，每一种认定的特性量值都附有给定置信水平的不确定度。

有证标准物质一般成批制备，其特性量值是通过对代表整批物质的样品进行测量而确定的，并具有规定的不确定度。当物质与特制的器件结合时，例如，已知三相点的物质装入三相点瓶、已知光密度的玻璃组装成透射滤光片、尺寸均匀的球状颗粒安放在显微镜载片上，有证标准物质的特性有时可方便、可靠地确定。上述这些器件也可以认为是有证标准物质。

所有有证标准物质均应符合中国计量规范《通用计量术语及定义》（JJF 1001—1998）中给出的"国家测量标准"的定义。有些标准物质和有证标准物质，由于不能和已确定的化学结构相关联或出于其他原因，其特性不能按严格规定的物理和化学测量方法确定。这类物质包括某些生物物质，如疫苗，世界卫生组织已经规定了它的国际单位。

有证标准物质（CRM）是标准物质（RM）中的一个特殊类别，须附有符合一定要求的认定证书。根据以上定义，有证标准物质（CRMS）是标准物质（RMS）的子集，即标准物质（RM）可以是有证标准物质（CRMS），也可以是非有证标准物质。但是，标准物质（RM）这个术语常被误用作表示非有证标准物质。

认定证书中给出的认定特性值（certifled property value）具有溯源性，因为该值是通过建立了溯源性的严格测量程序测定的，所以保证了认定值溯源到准确复现的表示该值的测量单位。认定的特性值须附有不确定度，因为没有不确定度的测量结果不是一个完整的结果，所以认定特性值必须都附有给定置信水平下的测量不确定度。由于认定证书是有证标准物质的重要技术证明和使用者的重要信息来源，因此可以认为它是有证标准物质的重要组成部分。为使研制（生产）认定机构与使用者之间的这种信息传递方式更加有效，认定者发布的信息能够满足使用者的要求，国际标准化组织/标准物质委员会（ISO/REMCO）制定了有证标准物质证书的定义和有关标准物质证书的指南。

现行的 SI 单位制并不能覆盖所有分析测量。当遇到这类测量溯源性问题时，就需要寻求其他解决问题的途径。通常是要看其他国际权威机构是否定义并复现了相应的国际单位，如果没有，则要使测量参考至协议的有证标准物质、特定的方法或公认测量标准。为了在全球取得测量结果的溯源性和可比性，国际计量委员会（CIPM）开展的多边互认（MRA）也是按照这一思路进行的。

1.3.1.3 标准物质的分类

标准物质按其属性和应用领域可分成十三大类：

（1）钢铁成分分析标准物质；

（2）有色金属及金属中气体成分分析标准物质；

（3）建材成分分析标准物质；

（4）核材料成分分析与放射性测量标准物质；

（5）高分子材料特性测量标准物质；

（6）化工产品成分分析标准物质；

（7）地质矿产成分分析标准物质；

（8）环境化学分析标准物质；

（9）临床化学分析与药品成分分析标准物质；

（10）食品成分分析标准物质；

（11）煤炭石油成分分析和物理特性测量标准物质；

（12）工程技术特性测量标准物质；

（13）物理特性与物理化学特性测量标准物质。

1.3.1.4　标准物质使用

标准物质的使用范围如下：

（1）标准物质可用于校准仪器。分析仪器的校准是获得准确的测定结果的关键步骤。仪器分析几乎全是相对分析，绝对准确度无法确定，而标准物质则可以校准实验仪器。

（2）标准物质用于评价分析方法的准确度。选择浓度水平、准确度水平。

（3）标准物质作为工作标准使用，制作标准曲线。仪器分析大多通过工作曲线来建立物理量与被测组分浓度之间的线性关系。分析人员习惯于使用自己配制的标准溶液制作工作曲线。若使用标准物质制作工作曲线，不但能使分析结果成立在同一基础上，还能提高工作效率。

（4）标准物质作为质控标样。若标准物质的分析结果与标准值一致，则表明分析测定过程处于质量控制之中，从而说明未知样品的测定结果是可靠的。

（5）标准物质还可用于分析化学质量保证工作。分析质量保证责任人可以用标准物质考核、评价化验人员和整个分析实验室的工作质量。具体做法为：使用标准物质制作质量控制图，长期监视测量过程是否处于控制之中。

使用标准物质时应注意：

（1）在选用标准物质时，标准物质的基体组成应与被测试样接近，这样可以消除基体效应引起的系统误差。但如果没有与被测试样的基体组成相近的标准物质，则也可以选用与被测组分含量相当的其他基体的标准物质。

（2）要注意标准物质的有效期。许多标准物质都规定了有效期，使用时应检查其生产日期和有效期。当然，如果由于保存不当而使标准物质变质，那么就不能再使用了。

（3）标准物质的化学成分应尽可能地与被测样品相同。

（4）标准物质一般应存放在干燥、阴凉的环境中，用密封性好的容器贮存。具体贮存方法应严格按照标准物质证书上的规定执行，否则可能由于物理、化学和生物等作用的影响，使得标准物质发生变化，引起标准物质失效。

1.3.1.5　国家标准物质信息网

国家标准物质网也称标准物质网（www.gbw123.com），是集标准物质、标准品、对照品、分析试剂、高纯物质及实验室耗材等分析测试、试验检测物质信息于一体的综合信息平台。收录各类标准物质、对照品、高纯物质、分析试剂、实验耗材、药典对照品等信息十余万种。涵盖了中国、欧洲、美国同类物质信息。分析测试人员之友，为试验检测提供计量基础。

1.3.1.6　标准曲线

标准曲线是被测物质的浓度或含量与仪器响应信号的关系曲线。标准曲线的直线部分所对应的被测物质浓度（或含量）的范围称为该方法的线性范围。标准曲线是标准物质的物理/化学属性与仪器响应之间的函数关系。建立标准曲线的目的是推导待测物质的理化属性。在分析化学实验中，常采用标准曲线法进行定量分析，通常情况下的标准工作曲线是一条直线。与校正曲线不同，它是以标准溶液及介质组成的标准系列，标绘出来的曲线。校正曲线的标准系列的伴生组分必须与试样相匹配，以保证测量结果的准确。只有在标准曲线与校正曲线相重合的条件下，才可以用标准曲线来代替校正曲线。

1.3.2　精密度与准确度

1.3.2.1　仪器的精密度和精确度

（1）仪器的精密度：指仪器构造的精细和致密程度。仪器的精密度高是指在使用该仪器时产生的系统误差小，测量的准确度高。仪器的精密度可用测量的准确度来表示，而测量的准确度大小则是用仪器的最小分度与真值的百分比来表示的。

如最小分度值分别为 0.1 cm 和 0.005 cm 的直尺和游标卡尺测量 4 cm 长。它们的准确度分别是 0.1/4=2.5%，0.005/4=0.125%。即游标卡尺测量的结果偏离真实值的程度小。也可以说，游标卡尺的精密度比直尺的高了 20 倍。

（2）仪器的精确度：简称精度，指仪器在使用或测量时读数所能达到的准确度（最小分度值）。仪器的精确度越高，指这仪器在使用或测量时读数所能达到的最小分度值越小。如最小分度值为 0.02 A 的电流表要比最小分度值为 0.1 A 的电流表的精确度高 5 倍。

1.3.2.2　测量的精密度、准确度和精确度

（1）测量的精密度：指在对某一物理量进行测量时，各次测量数据大小彼此靠近的程度。它反映了测量的偶然误差，不能反映系统误差。测量数据比较集中，说明精密度高，但不一定准确，如不能准确，则不能反映系统误差。

（2）测量的准确度：指测量数据的平均值偏离真实值的程度，偏离得越少，准确度越高。它反映了测量的系统误差，是仪器精密度的评价标准。采用螺旋测微器比采用游标卡尺测量同一物体的外径时的准确度要高。它不能反映偶然误差，即数据不一定集中在真实值附近，也可能是分散的。

（3）测量的精确度：指数据集中于真实值附近的程度。测量数据越集中于真实值附近，精确度越高。它既反映了系统误差，又反映了偶然误差，是对测量的综合评定。

由此可见，仪器的好坏程度是用仪器的精密度来说明的；测量结果的正确性是用测量的准确度来评定的；测量的系统误差可用测量的准确度来考评；测量的偶然误差可用测量的精密度来确定；仪器的精密度只反映仪器读数的致密程度。

1.3.3　灵敏度与检出限

检出限（limit of detection，LOD）和灵敏度（sensitivity）是评价分析方法的两个重要指标。国际纯粹与应用化学联合会（IUPAC）等对检出限和灵敏度给出了明确的定义。但是，在有些教材和学术论文中检出限和灵敏度的使用仍然较为混乱。例如，检出限、检测限、定量限及测定限等均有使用；一些论文用检出限低来表明分析方法的灵敏度高。对于检出限和灵敏度及其关系和影响因素已有讨论，但却多限于特定的方法。因此，本书将归纳检出限和灵敏度的定义和计算方法，探讨现代分析方法检出限和灵敏度的影响因素以及降低检出限和提高灵敏度的一些策略，以准确理解分析方法的检出限和灵敏度的概念和影响因素。

1.3.3.1　灵敏度

分析方法的灵敏度（sensitivity，用 S 表示）是指改变单位待测物质的浓度或质量时

引起的该方法检测器响应信号（吸光度、电极电位或峰面积等）的变化程度。对应于浓度敏感型检测器和质量敏感性检测器，有浓度灵敏度和质量灵敏度。

因此，分析方法的灵敏度可用检测器的响应值与对应的待测物质的浓度或质量之比来衡量，即用标准曲线的斜率来度量分析方法的灵敏度。

若回归方程为：

$$y = a + bx$$

式中，x 为标样中待测物质的浓度或质量；y 为检测器对待测物质的响应信号（吸光度、电极电位或峰面积等）；a 为空白值（$x = 0$ 时检测器的响应信号）；b 为检测器的响应斜率。则其灵敏度为：

$$S = \mathrm{d}y/\mathrm{d}x = b$$

标准曲线的斜率（b）越大，分析方法的灵敏度（S）越高。分析方法的灵敏度越高，分析结果的精密度一般也越高。

分析方法的灵敏度的高低依赖于检测器的灵敏度，并随实验条件的变化而变化。样品基体（其他组分或主体成分）也会影响分析方法的灵敏度，并可能产生系统误差。

分析方法的灵敏度应具有一定的稳定性（灵敏度保持不变的区间称为线性范围），因为只有当灵敏度固定不变时，测得的响应信号（吸光度、电极电位或峰面积等）才会与样品中待测物质的浓度或质量建立定量关系，才可能进行准确测定。

然而，要求灵敏度稳定不变实际上是不可能的，但是可以通过严格控制分析条件，使灵敏度的变化降低到可以接受的程度，同时在分析过程中经常用标样校准仪器，并在计算样品中待测物质的浓度或含量时采用实际响应斜率，消除可能产生的系统误差。

1.3.3.2　检出限

检出限（detection limit，用 D 表示），又称检测下限，是指能以适当的置信概率检测出的待测物质的最低浓度或最小质量。检出限既与检测器对待测物质的响应信号有关，又与空白值的波动程度有关。

检出限与灵敏度从不同侧面衡量了分析方法的检测能力，但它们并无直接的联系，灵敏度不考虑噪声的影响，而检出限则与信噪比有关，有着明确的统计意义。似乎灵敏度越高，检出限就越低。但实际往往并非如此，因为灵敏度越高，噪声就越大，而检出限取决于信噪比。

1.4　材料分析方法的选择

选择合适的材料分析方法需要综合考虑多个因素，包括所需分析的材料的性质、分析目的、预算限制和实验条件等。还需要深入了解分析仪器的工作原理、检测限、分辨率、测试功能、适应范围等，使待测结构的尺度或浓度等处于仪器的检测范围内，必要时还需要采用多种手段来综合分析确定材料的结构特征，使其相互印证。同时，对于仪器给出的测试数据要进行客观分析，考虑获取的数据是否具有整体统计性、测试数据的偏差和线性相关性以及结果的置信度等，只有这样才能得到正确的测试信息并指导下一步的研究。一般选择合适的材料分析方法的步骤如下：

（1）确定分析目的：首先明确需要进行何种类型的分析，例如成分分析、结构表征、物理性能测试等。

（2）了解材料性质：仔细了解材料的组成、形态、晶体结构、表面性质等。这些信息对选择合适的分析方法非常重要。

（3）查阅文献和相关资源：通过查阅相关文献、参考书籍和网络资源，了解已有的常用分析方法和技术，以及它们的优缺点和适用范围。

（4）选择适当的分析技术：根据之前的了解，选择适合的分析技术。常见的材料分析方法包括：

1）X 射线衍射（XRD）：用于分析晶体结构和相组成。

2）扫描电子显微镜（SEM）：用于观察材料的形貌和表面形貌。

3）能谱仪（EDS）：与 SEM 联用，用于分析材料的元素成分。

4）X 射线光电子能谱仪（XPS）：用于分析材料的表面化学组成。

5）X 射线荧光分析：用于材料成分分析和化学形态研究的方法。

6）热分析（TG、DSC 等）：用于研究材料的热性能和热分解过程。

（5）考虑预算和实验条件：评估所选方法的成本、设备要求、分析时间和操作难度等因素，确保所选方法符合实验室的预算和实验条件。

（6）验证和确认：在进行正式分析之前，建议先进行一些验证试验，以评估所选方法的可行性和准确性。

最后，请注意，以上只是选择合适的材料分析方法的一般步骤，具体选择还需根据具体情况和需求进行综合考虑和判断。

参 考 文 献

[1] 王高潮. 材料科学与工程导论 [M]. 北京：机械工业出版社，2006.
[2] 施德安，任小明. 现代材料分析方法 [M]. 北京：科学出版社，2023.
[3] 材料光谱分析测试 [EB/OL].（2018-07-29）. https：//zhuanlan.zhihu.com/p/40827309.
[4] 十六种材料分析方法动图演示 [EB/OL].（2020-02-16）. https：//zhuanlan.zhihu.com/p/107254702.

习 题

参考答案

1-1 简述材料分析方法的分类。

1-2 材料分析方法的评价指标有哪些？

1-3 材料分析方法的选择依据是什么？

第1篇 材料光分析

2 光分析法基础

本章内容导读：
- 人类对光的认识的发展历程
- 光电基本知识
- 光分析法的分类依据

2.1 人类对光的认识

人类从黑暗中走出来，是人类对光的认识，而认识光本身却经历了一个非常曲折、漫长的过程。光的发展史可追溯到 2000 多年前，中国早在公元前 400 多年（先秦时代）的《墨经》中就有对光的记载，这是世界上最早的记载人类对光的认识。大约在 17 世纪形成了两种对立的学说，即光的波动说与微粒说，但在以后很长一段时期内，微粒说占据统治地位，而波动说几乎销声匿迹。历史发展到 19 世纪初，由于一连串的发现和众多科学家的努力，使光的波动说再次复兴，并压倒了微粒说。20 世纪初，爱因斯坦提出了光的量子说，康普顿证实了光的粒子性，使人们对光的本性又有了全新的认识，乃至到今天，人们认识到光具有波粒二象性。

人们对光的本性的认识过程可概括为：光的波动说→光的微粒说→光的波动说→光的量子说→光的粒子说→光的波粒二象性。

（1）光的波动说的形成。17 世纪，法国物理学家笛卡儿用他提出的"以太"假说来说明光的本性。他的主张是强调媒质的影响，以"作用"的传播为出发点，特别是以接触作用或近距作用为出发点，把光看作压力或者脉动运动的传播。因而笛卡儿被认为是光的波动说的创始人。而胡克在其出版的《显微术》一书中，明确提出光是一种振动。在分析光的传播时，胡克提到了光速的大小是有限的，并认为"在一种均匀媒介中，这一运动在各个方向都以相等的速度传播"。这里已包含着波阵面、干涉等不少波动说的基本概念。

到了惠更斯，则从光的产生和它所引起的作用两方面来说明光是一种运动。他明确地指出光是一种波动的思想，并提出了著名的惠更斯原理。运用这个原理，惠更斯不但成功地解释了反射和折射定律，而且还解释了双折射现象。

但是 17 世纪，由笛卡儿、胡克、惠更斯等所建立起的光的波动学说还是很不成熟的，而人类对光的认识也仅仅是个开端。

（2）光的微粒说的形成。一般情况下，人们都认为牛顿是微粒说的代表，牛顿曾于 1675 年提出："光是一群难以想象的细微而迅速运动的大小不同的粒子"，这些粒子被发光体"一个接一个地发射出来"。用这样的观点，解释光的直进性、影的形成等现象是十分方便的，在解释光的反射和折射现象时，同样十分简便。当光射到两种介质的界面时，要发生反射和折射。虽然这样的解释并不理想，但在当时来说已经足以说明光的本性了。

（3）光的波动说的复兴。在 18 世纪，由于光的微粒说占统治地位，使光的波动理论实际上没有什么进展。19 世纪初，由于一大批物理学家的共同努力，使光的波动学说再度复兴，并取得了极大的成功。首先是英国的托马斯·杨通过双缝实验，提出了著名的"干涉原理"，也称"波的叠加原理"，并在光学中首次引入了"干涉"的概念，同时指出了干涉现象的条件。但杨的发现没有受到科学界的重视。直到 20 年之后，法国物理学家菲涅耳在法国独立地研究了光的理论，并特别称赞了杨的工作，之后杨才恢复早期的光学研究。托马斯·杨的工作从根本上证明了波动理论的正确性，为波动说的复兴奠定了基础。其次是菲涅耳对波动说的再度复兴，菲涅耳从理论研究中发现了著名的惠更斯-菲涅耳原理。运用这个原理，就能以严密的数学方法计算出衍射带的分布，并解释光在均匀媒质中的近似的直线传播现象和干涉现象。他测定了光的波长，明确指出光和声的波动性就是产生衍射和干涉现象的原因。这样，由于杨和菲涅耳等的杰出工作，使光的波动说再度复兴，并得到了极大的完善和发展，使光的波动说在 19 世纪占据了统治地位，盛行一时的微粒说不得不让位屈尊。

（4）光的量子说。1900 年，普朗克提出量子假设，光子的能量为普朗克常量和电磁辐射频率的乘积（$E = h\nu$），开创了量子物理学的先河，并于 1918 年获得诺贝尔奖。1905 年，爱因斯坦发表论光的量子理论著名论文，题目是《一个关于光的产生和转化的启发性观点》。爱因斯坦用光量子概念圆满地解释了经典物理理论无法解决的光电效应，并总结出了光电效应方程式：$E_k = h\nu - W$。10 年后，密立根的实验完全证实了爱因斯坦光电效应方程及理论的正确性，从而确立了光的量子理论，人类对光的认识再度登上一个崭新的台阶。1921 年，爱因斯坦因此获得诺贝尔奖。

（5）光的粒子性。1923 年，美国物理学家康普顿在实验中发现，伦琴射线被轻的原子散射后，波长发生了变化。后来在用重原子散射时，也观察到这个现象，并且这时的康普顿效应更加复杂。可见光的波动理论能够解释波长不变的散射，但不能解释康普顿效应。康普顿用光子的概念成功地解释了康普顿效应。而同时这样计算出的数值与实验结果相符，从而证实光确实具有粒子性。

（6）光的波粒二象性。至今经过几代科学家的努力，人们对光的本性有了更全面的认识。光是一种物质，具有波动性和粒子性，即所谓的波粒二象性。光是由光子组成的，光子在很多方面具有经典粒子的属性，但光子的出现概率是按波动光学的预言来分布的。由于普朗克常数极小，频率不十分高的光子能量和动量很小，在很多情况下，个别光子不易显示出可观测的效应。人们平时看到的是大量光子的统计行为，只有在一些特殊场合，尤其是牵涉到光的发射与吸收等过程时，个别光子的粒子性会明显地表现出来。

在这几个阶段的戏剧性提升中，人类对光的认识也逐渐走向清晰。

2.1.1 电磁辐射

电磁辐射是由同向振荡且互相垂直的电场与磁场在空间中以波的形式传递动量和能量的，其传播方向垂直于电场与磁场构成的平面。电场与磁场的交互变化产生电磁波，电磁波向空中发射或传播形成电磁辐射。

电磁辐射是由空间共同移送的电能量和磁能量所组成的，而该能量是由电荷移动所产生的。例如，正在发射信号的射频天线所发出的移动电荷，便会产生电磁能量。

电磁"频谱"包括形形色色的电磁辐射，从极低频的电磁辐射到极高频的电磁辐射。两者之间还有无线电波、微波、红外线、可见光和紫外光等。电磁频谱中射频部分的一般定义，是指频率由 3 kHz 至 300 GHz 的辐射。有些电磁辐射对人体有一定的影响。

电磁辐射按照波长（或频率、波数、能量）大小的顺序排列就得到电磁波谱（表 2-1）。

表 2-1　电磁波谱范围

光谱区	空气中波长	跃迁能级类型	涉及方法
宇宙或 γ 射线	$<10^{-12}$ m	原子核	γ 射线光谱法
X 射线区	$10^{-3} \sim 10$ nm	K、L 内层电子跃迁	X 射线荧光分析法
远紫外光区	$10 \sim 200$ nm	电子跃迁	真空紫外光谱
紫外光区	$200 \sim 400$ nm	电子跃迁	发射光谱法：原子发射光谱法、原子荧光、分子荧光等；吸收光谱法：紫外可见分光光度法、原子吸收
可见光区	$400 \sim 750$ nm	价电子跃迁	
近红外光区	$0.75 \sim 2.5$ μm	分子振动跃迁	吸收光谱法：红外吸收光谱法、拉曼光谱法
中红外光区	$2.5 \sim 50$ μm	分子振动或转动跃迁	
远红外区	$50 \sim 1000$ μm	分子转动能级	
微波区	$0.1 \sim 100$ cm	分子转动能级	吸收光谱法：顺磁共振波谱法、核磁共振波谱法
无线电波区	$1 \sim 1000$ m	电子和原子核旋转跃迁	

2.1.2 光的波粒二象性

波粒二象性（wave-particle duality）指的是所有的粒子或量子不仅可以部分地以粒子的术语来描述，也可以部分地用波的术语来描述。这意味着经典的有关"粒子"与"波"的概念失去了完全描述量子范围内的物理行为的能力。爱因斯坦这样描述这一现象："好像有时我们必须用一套理论，有时候又必须用另一套理论来描述（这些粒子的行为），有时候又必须两者都用。我们遇到了一类新的困难，这种困难迫使我们要借助两种互相矛盾的观点来描述现实，两种观点单独是无法完全解释光的现象的，但是合在一起便可以。"波粒二象性是微观粒子的基本属性之一。1905 年，爱因斯坦提出了光电效应的光量子解释，人们开始意识到光波同时具有波和粒子的双重性质。1924 年，德布罗意提出"物质波"假说，认为和光一样，一切物质都具有波粒二象性。根据这一假说，电子也会具有干涉和衍射等波动现象，这被后来的电子衍射试验所证实。

2015 年，瑞士洛桑联邦理工学院的科学家成功拍摄出光同时表现波粒二象性的照片。光和微观粒子的波粒二象性如何统一的问题是人类认识史上最令人困惑的问题，至今仍不能说问题已经完全解决。卢瑟福的 α 粒子散射实验证明物质的结构是核式的（这种模型被称为核式结构模型），原子如此，光子、电子、质子，大到天体都有自己的核心，都有绕核心运动的物质存在，每个核式结构体在运动中由于核式结构的特点，都做具有波动的直线运动，都有测不准的因素（不确定性原理）存在，都有量子化的物理特征，各有能级的存在，各有特定的能量吸收才可以发生跃迁。1926 年，M. 玻恩提出概率波解释，较好地解决了这个问题。按照概率波解释，描述粒子波动性所用的波函数 $\Psi(x、y、z、t)$ 是概率波，而不是什么具体的物质波；波函数的绝对值的平方 $|\psi|^2 = \psi^* \psi$ 表示时刻 t 在 $x、y、z$ 处出现的粒子的概率密度，ψ^* 表示 ψ 的共轭波函数。在电子通过双孔的干涉实验中，$|\psi|^2 = |\psi_1 + \psi_2|^2 = |\psi_1|^2 + |\psi_2|^2 + \psi_1^* \psi_2 + \psi_1 \psi_2^*$，强度 $|\psi|^2$ 大的地方出现粒子的概率大，相应的粒子数多，强度弱的地方，$|\psi|^2$ 小，出现粒子的概率小，相应的粒子数少，$\psi_1^* \psi_2 + \psi_1 \psi_2^*$ 正是反映干涉效应的项，不管实验是在粒子流强度大的条件下做的，还是粒子流很弱，让粒子一个一个地射入，多次重复实验，两者所得的干涉条纹结果是相同的。

在粒子流很弱、粒子一个一个地射入多次重复实验中显示的干涉效应表明，微观粒子的波动性不是大量粒子聚集的性质，单个粒子即具有波动性。于是，一方面粒子是不可分割的，另一方面在双孔实验中双孔又是同时起作用的，因此对于微观粒子，谈论它的运动轨道是没有意义的。

由于微观粒子具有波粒二象性，微观粒子所遵从的运动规律不同于宏观物体的运动规律，描述微观粒子运动规律的量子力学也就不同于描述宏观物体运动规律的经典力学。

2.1.2.1　波粒二象性的实验验证

爱因斯坦的光电效应理论：1905 年，爱因斯坦对光电效应提出了一个理论，解决了之前光的波动理论所无法解释的光电效应实验现象。他引入了光子，一个携带光能的量子的概念。

在光电效应中，人们观察到当一束光线照射在某些金属上时，会在电路中产生一定的电流。可以推断是光将金属中的电子打出，使得它们流动。然而，人们同时观察到，对于某些材料，即使一束微弱的蓝光也能使其产生电流，但是无论多么强的红光都无法在其中引出电流。根据波动理论，光强对应于它所携带的能量，因而强光一定能提供更强的能量将电子击出。然而事实与预期的恰巧相反。

爱因斯坦将其解释为量子化效应：金属被光子击出电子，每一个光子都带有一部分能量 E，这份能量对应于光的频率 ν：$E = h\nu$，这里 h 为普朗克常数（6.626×10^{-34} J·s）。光束的颜色取决于光子的频率，而光强则取决于光子的数量。由于量子化效应，每个电子只能整份地接受光子的能量。因此，只有高频率的光子（蓝光，而非红光）才有能力将电子击出。爱因斯坦因为他的光电效应理论获得了 1921 年诺贝尔物理学奖。

2.1.2.2　实物粒子的波粒二象性

爱因斯坦提出光的粒子性后，路易·维克多·德布罗意做了逆向思考，他在论文中写到：19 世纪以来，只注重了光的波动性的研究，而忽略了粒子性的研究，在实物粒子的研究方面，是否犯了相反的错误呢？1924 年，他又注意到原子中电子的稳定运动需要引入整数来描写，与物理学中其他涉及整数的现象如干涉和振动简正模式之间的类似性，由此构造了德布罗意假设，提出正如光具有波粒二象性一样，实物粒子也具有波粒二象性。他将这个波长 λ 和动量 p 联系为 $\lambda = h/p = h/mv$，其中，m 为微粒（如电子）的质量，v 为微粒的速度，h 为普朗克常数。这是对爱因斯坦等式的一般化，因为光子的动量为 $p = E/c$（c 为真空中的光速），而 $\lambda = c/v$。

德布罗意的方程于三年后通过两个独立的电子散射实验被证实。在贝尔实验室，Clinton Joseph Davisson 和 Lester Halbert Germer 以低速电子束射向镍单晶获得电子经单晶衍射，测得电子的波长与德布罗意公式一致。在阿伯丁大学，G. P. 汤姆孙以高速电子穿过多晶金属箔获得类似 X 射线在多晶上产生的衍射花纹，确凿证实了电子的波动性；之后又有其他实验观测到氦原子、氢分子以及中子的衍射现象，微观粒子的波动性已被广泛地证实。根据微观粒子波动性发展起来的电子显微镜、电子衍射技术和中子衍射技术已成为探测物质微观结构和晶体结构分析的有力手段。

德布罗意于 1929 年因为这个假设获得了诺贝尔物理学奖。汤姆孙和戴维逊因为他们的实验工作共享了 1937 年诺贝尔物理学奖。

2.1.3　辐射能的特性

辐射能是指电磁波中电场能量和磁场能量的总和，也叫作电磁波的能量。太阳辐射以光速（$c = 3 \times 10^8$ m/s）射向地球，同时它具有微粒和波动这二者的特性。在自然地理系统中，对于辐射能的接受和贮存，都离不开这些特性。如绿色植物进行光合作用，所吸收的能量就是以光量子的形式进行的。正是由于辐射能的这种量子特性，因此量子能量的大小取决于波长和频率。

2.2　光分析的分类

凡是基于检测能量作用于待测物质后产生的辐射信号或所引起的变化的分析方法均可称为光学光谱分析法，简称光分析法。根据测量的信号是否与能级的跃迁有关，光学分析法可分为光谱法和非光谱法两大类：

光谱法是基于物质与辐射能作用时，测量由物质内部发生量子化的能级之间的跃迁而产生的发射、吸收或散射辐射的波长和强度进行分析的方法。

非光谱法不涉及物质内部能级的跃迁，是基于物质与辐射相互作用时，电磁辐射只改变了传播方向、速度或某些物理性质，如折射、散射、干涉、衍射、偏振等变化的分析方法（即测量辐射的这些性质）。属于这类分析方法的有折射法、偏振法、光散射法、干涉法、衍射法、旋光法和圆二向色性法等。

2.2.1　原子光谱

原子光谱是由原子中的电子在能量变化时所发射或吸收的一系列波长的光所组成的光谱。原子吸收光源中部分波长的光形成吸收光谱，为暗淡条纹；发射光子时则形成发射光谱，为明亮彩色条纹。两种光谱都不是连续的，且吸收光谱条纹可与发射光谱一一对应。每一种原子的光谱都不同，遂称为特征光谱。

原子中的电子可处于许多不同的运动状态，每一状态都具有一定能量，在一定条件下，分布在各个能级上的原子数是一定的，大多数原子都处于能量最低的状态，即基态。当原子受到电弧或电火花外来作用时，许多原子可以由能量较低的状态跃迁到能量较高的状态，称为激发态。但跃迁到高能级 E_2 的原子是不稳定的，$10^{-8} \sim 10^{-5}$ s 后，便要跃迁到某一低能级 E_1，并伴随着发出能量为 $\Delta E = E_2 - E_1$ 的光子。根据公式 $E = hr$，可得到发出光子的频率。若用底片将其接收下来，便得一条谱线。实际上，与此同时还有其他原子要发生其他能级间的跃迁，伴随着这些跃迁还要发出其他频率的光。将这些不同频率的光接收下来，便得一条条亮的谱线，称为原子发射光谱。另外，若将一白光通过一物质，则物质中的原子将吸收其中某些频率的光而从低能级跃迁到高能级。这样，白光通过物质后将出现一系列暗的条纹，这样获得的光谱称为原子吸收光谱。原子发射光谱和原子吸收光谱统称为原子光谱。原子光谱中各条谱线的强度互不相同，它与相应的两能级间的跃迁概率有关。

原子光谱给出了原子中的能级分布，能级间的跃迁概率大小的信息，是原子结构的反映。光谱与原子结构之间存在着一一对应的内在联系。原子光谱是研究原子结构的重要方法，也可用来进行定性、定量分析。

原子的电子运动状态发生变化时会发射或吸收的有特定频率的电磁频谱。原子光谱是一些线状光谱，发射谱是一些明亮的细线，吸收谱是一些暗线。原子的发射谱线与吸收谱线的位置精确重合。不同原子的光谱各不相同，氢原子光谱最为简单，其他原子光谱则较为复杂，最复杂的是铁原子光谱。用色散率和分辨率较大的摄谱仪拍摄的原子光谱还显示光谱线有精细结构和超精细结构，所有这些原子光谱的特征，反映了原子内部电子运动的规律性。

原子光谱提供了原子内部结构的丰富信息。事实上，研究原子结构的原子物理学和量子力学就是在研究分析阐明原子光谱的过程中建立和发展起来的。原子光谱的研究对激发器的诞生和发展起着重要作用，对原子光谱的深入研究将进一步促进激光技术的发展；反过来，激光技术也为光谱学研究提供了极为有效的手段。原子光谱中某一谱线的产生是与原子中的电子在某一对特定能级之间的跃迁相联系的。因此，通过原子光谱可以研究原子结构。由于原子是组成物质的基本单位，因此原子光谱对于研究分子结构、固体结构等也是很重要的。另外，通过原子光谱可以了解原子的运动状态，从而可以研究包含原子在内的若干物理过程。原子光谱技术广泛应用于化学、天体物理学、等离子物理学和一些应用技术科学中。

原子光谱技术作为现代分析检测技术中的一个重要组成部分，在分析领域中占据着举足轻重的地位，而其发展也反映了分析技术的不断改革与创新。其内容涉及原子光谱的多个分支领域，包括原子发射光谱、原子吸收光谱、原子荧光光谱、X 射线荧光光谱以及原子质谱五种原子光谱技术。

原子发射光谱（AES）：原子发射光谱法是根据每种化学元素的原子或离子在热激发或电激发下，从激发态回到基态时发射的特征谱线，进行元素定性、半定量和定量分析的方法。它是光学分析中产生与发展最早的一种分析方法，却也是原子光谱技术研究中较为薄弱的一个部分。

原子吸收光谱（AAS）：原子吸收光谱包括火焰原子化吸收光谱、石墨炉原子化吸收光谱、氢化物发生原子吸收光谱等。

原子荧光光谱（AFS）：典型原子荧光检测过程以氢化物/冷蒸气发生方式实现样品的导入，通过氩氢扩散火焰原子化器实现被测元素的原子化，自由原子被空心阴极灯激发后发射的原子荧光，以无色散光路被光电倍增管接收，获得原子荧光信号。理论上，AFS 兼具 AES 和 AAS 的优点，同时也克服了两者的不足。但是，由于 AFS 存在散射光干扰及荧光猝灭严重等固有缺陷，使得该方法对激发光源和原子化器有较高的要求。

X 射线荧光光谱（XRF）：X 射线荧光光谱按分离特征谱线的方法可分为波长色散型（WD-XRF）和能量色散型（ED-XRF）两种。WD-XRF 与 ED-XRF 的区别在于前者是用分光晶体将荧光光束进行色散，而后者则是借助高分辨率敏感半导体检测器与多道分析器将所得信号按光子能量进行分离来测定各元素含量。

原子质谱（AMS）：原子质谱法又称无机质谱法，是将试样原子化后采用各种离子源使其离子化，按质荷比不同而进行分离检测的方法，广泛用于各种试样中元素的定性和定量检测。

2.2.2 分子光谱

在辐射能作用下，分子内能级间的跃迁产生的光谱称为分子光谱，包括分子吸收、分子荧光光谱等。分子光谱是提供分子内部信息的主要途径，根据分子光谱可以确定分子的转动惯量、分子的键长和键强度以及分子离解能等许多性质，从而可推测分子的结构。分子运动包括整个分子的转动，分子中原子在平衡位置的振动以及分子内电子的运动。因此，分子光谱一般有三种类型，即转动光谱、振动光谱和电子光谱。分子中的电子在不同能级上的跃迁产生电子光谱。由于它们处在紫外与可见区，因此又称为紫外可见光谱。电子跃迁常伴随着能量较小的振转跃迁，所以它是带状光谱。与同一电子能态的不同振动能级跃迁对应的是振动光谱，这部分光谱处在红外区，因而称为红外光谱。振动伴随着转动能级的跃迁，所以这部分光谱也有较多较密的谱线，故又称振转光谱。纯粹由分子转动能级间的跃迁产生的光谱称为转动光谱。这部分光谱一般位于波长较长的远红外区和微波区，因而称为远红外光谱或微波谱。

2.2.3 吸收光谱法

吸收光谱（absorption spectrum）是指物质吸收光子，从低能级跃迁到高能级而产生的光谱。吸收光谱可是线状谱或吸收带。通过研究吸收光谱，可了解原子、分子和其他许多物质的结构和运动状态，以及它们同电磁场或粒子相互作用的情况。吸收光谱包括紫外-可见谱（UV-Vis）、原子吸收光谱法（AAS）、红外光谱（IR）、核磁共振（NMR）等。

2.2.4 发射光谱法

发射光谱是指物质由激发态跃迁至基态而产生的原子或分子光谱，包括原子发射光谱法（AES）、原子荧光光谱法（AFS）、X射线荧光光谱法（XFS或XRF）、分子荧光光谱法（MFS）等。

原子发射光谱法是指利用被激发原子发出的辐射线形成的光谱与标准光谱进行比较，识别物质中含有何种物质的分析方法。采用电弧、火花等作为激发源，使气态原子或离子受激发后发射出紫外和可见区域的辐射。由于某种元素原子只能产生某些波长的谱线，因此根据光谱图中是否出现某些特征谱线，可判断是否存在某种元素；根据特征谱线的强度，可测定某种元素的含量。一次检验可把被检物质中的元素全部在图谱上显现出来，再与标准图谱比较。原子发射光谱法可测量的元素种类有七十多种，其灵敏度高，选择性好，分析速度快。

2.2.5 散射光谱法

有能量交换并产生新频率的散射称为Raman散射（拉曼散射）。这种散射是由光子与物质分子发生能量交换引起的，即不仅光子的运动方向发生变化，它的能量也发生变化。这种散射光的频率与入射光的频率不同，称为Raman位移。Raman位移的大小与分子的振动和转动的能级有关，利用Raman位移研究物质结构的方法称为Raman光谱法。

拉曼效应起源于分子振动（和点阵振动）与转动，拉曼频率及强度、偏振等标志着散射物质的性质，因此从拉曼光谱中可以得到分子振动能级（点阵振动能级）与转动能级结构的信息，进而可以导出物质结构及物质组成成分。

但由于拉曼散射非常弱，大约为瑞利散射的千分之一，所以一直到1928年才被印度物理学家拉曼等所发现。这就是拉曼光谱早期没有得到广泛应用的原因。然而，自从利用激光器作为激发光源，特别是连续波氩离子激光器与氦离子激光器以后，拉曼光谱学技术发生了很大的变革，拉曼光谱学的研究又变得非常活跃了，其研究范围也有了很大的扩展。除扩大了所研究的物质的品种以外，在研究燃烧过程、探测环境污染、分析各种材料等方面，拉曼光谱技术也已成为很有用的工具。

2.2.6 非光谱法

非光谱分析法不涉及光谱的测定，即不涉及能级的跃迁，而主要是利用电磁辐射与物质的相互作用。这个相互作用会引起电磁辐射在方向上的改变或物理性质的变化，如折射、散射、干涉、衍射和偏振等，而利用这些改变可以进行分析。属于非光谱法的分析方法有折射法、偏振法、光散射法（比浊法）、干涉法、衍射法、旋光法和圆二色性法等。

参 考 文 献

[1] 肖元芳，王小华，杭纬. 中国原子光谱发展近况概述［J］. 光谱学与光谱分析，2015，9：2377-2387.

[2] 刘蔚华，陈远. 方法大辞典［M］. 济南：山东人民出版社，1991：248.

[3] 黄志洵，波粒二象性理论的成就与存留问题［J］. 北京广播学院学报（自然科学版），2000（4）：1-16.

[4] 波粒二象性，有图有真相［N］. 科技日报，2015-03-05.

习　题

2-1　简述人类对光的认识的发展历程。

2-2　简述光分析的分类。

参考答案

3　紫外-可见吸收光谱分析法

本章内容导读：
- 紫外-可见光谱分析法发展历程
- 物质对紫外-可见光的吸收紫外可见光谱的原理
- 紫外-可见分光光度计的组成和应用
- 基团频率和特征吸收峰，主要有机化合物的红外吸收光谱特征
- 影响基团频率位移的因素

3.1　概　　述

分光光度法始于牛顿（Newton），早在 1665 年，牛顿做了一项著名的实验：他让太阳光透过暗室窗上的小圆孔，在室内形成很细的太阳光束，该光束经棱镜色散后，在墙壁上呈现红、橙、黄、绿、蓝、靛、紫的色带，这个色带就称为"光谱"。牛顿通过这个实验揭示了太阳光是复合光的事实。

1815 年，J. Fraunhofer 仔细观察了太阳光谱，发现太阳光谱中有 600 多条暗线，并且对其中主要的 8 条暗线标以 A、B、C、D、…、H 的符号。这就是人们最早知道的吸收光谱线，被称为"夫琅和费线"，但当时对这些线还不能做出正确的解释。

1859 年，R. Bunsen 和 G. Kirchhoff 发现由食盐发出的黄色谱线的波长和"夫琅和费线"中的 D 线波长完全一致，才知一种物质所发射的光波长（或频率），与它所能吸收的波长（或频率）是一致的。

1862 年，Miller 应用石英摄谱仪测定了一百多种物质的紫外吸收光谱。他把光谱图表从可见区扩展到了紫外区，并指出吸收光谱不仅与组成物质的基团有关，而且与分子和原子的性质有关。接着，Hartolay 等又研究了各种溶液对不同波段的截止波长，发现吸收光谱相似的有机物质，它们的结构也相似。并且，可以解释用化学方法所不能说明的分子结构问题，初步建立了分光光度法的理论基础，以此推动了分光光度计的发展。1918 年，美国国家标准局研制了世界上首台紫外-可见分光光度计（不是商品仪器，很不成熟）。此后，紫外-可见分光光度计很快在各个领域的分析工作中得到了应用。

Lambert 早在 1760 年就发现物质对光的吸收与物质的厚度成正比，后被人们称为朗伯定律；Beer 在 1852 年又发现物质对光的吸收与物质的浓度成正比，后被人们称为比耳定律。在实际应用中，人们把朗伯定律和比耳定律联合起来，称为朗伯-比耳定律。1854年，Duboscq 和 Nessler 等将此理论应用于定量分析化学领域，并且设计了第一台比色计。1918 年，美国国家标准局制成了第一台紫外-可见分光光度计。此后，紫外-可见分光光度计经不断改进，又出现自动记录、自动打印、数字显示、微机控制等各种类型的仪器，使光度法的灵敏度和准确度不断提高，其应用范围也不断扩大。随后，人们开始重视研究物

质对光的吸收，并试图在物质的定性、定量分析方面予以应用。因此，许多科学家开始研究以比耳定律为理论基础的仪器装置。经过一个漫长的时期后，美国 Beckman 公司于1945 年，推出世界上第一台成熟的紫外-可见分光光度计（商品仪器）。从此，紫外-可见分光光度计的仪器和应用开始得到飞速发展。

紫外-可见吸收光谱法（ultraviolet visible，UV-Vis）是利用某些物质的分子吸收 $10 \sim 800$ nm 光谱区的辐射来进行分析测定的方法，这种分子吸收光谱产生于价电子和分子轨道上的电子在电子能级间的跃迁，广泛用于有机和无机物质的定性和定量测定。该方法具有灵敏度高、准确度好、选择性优、操作简便、分析速度快等特点。紫外-可见分光光度法从问世以来，在应用方面有了很大的发展，尤其是在相关学科发展的基础上，促使分光光度计仪器不断创新，功能更加齐全，使得光度法的应用范围不断拓宽。

3.1.1 物质对光的选择性吸收

物质对光的吸收是选择性的，利用被测物质对某波长的光的吸收来了解物质的特性，这就是光谱法的基础。通过测定被测物质对不同波长的光的吸收强度（吸光度），以波长为横坐标，吸光度为纵坐标作图，得出该物质在测定波长范围内的吸收曲线。在吸收曲线中，通常选用最大吸收波长 λ_{max} 进行物质含量的测定。

3.1.2 有机化合物的紫外-可见吸收光谱

有机化合物的电子跃迁与紫外-可见吸收光谱有关的电子有三种，即形成单键的 σ 电子、形成双键的 π 电子以及未参与成键的 n 电子。跃迁类型有：$\sigma \rightarrow \sigma^*$、$n \rightarrow \sigma^*$、$\pi \rightarrow \pi^*$、$n \rightarrow \pi^*$ 四种。

饱和有机化合物的电子跃迁类型为 $\sigma \rightarrow \sigma^*$，$n \rightarrow \sigma^*$ 跃迁，吸收峰一般出现在真空紫外区，吸收峰低于 200 nm，实际应用价值不大。

不饱和机化合物的电子跃迁类型为 $n \rightarrow \pi^*$，$\pi \rightarrow \pi^*$ 跃迁，吸收峰一般大于 200 nm。

生色团是指分子中可以吸收光子而产生电子跃迁的原子基团。人们通常将能吸收紫外、可见光的原子团或结构系统定义为生色团。

助色团是指带有非键电子对的基团，如—OH、—OR、—NHR、—SH、—Cl、—Br、—I 等，它们本身不能吸收大于 200 nm 的光，但是当它们与生色团相连时，会使生色团的吸收峰向长波方向移动，并且增加其吸收强度。

3.1.2.1 红移和紫移

在有机化合物中，常常因取代基的变更或溶剂的改变，使其吸收带的最大吸收波长 λ_{max} 发生移动。向长波方向移动称为红移，向短波方向移动称为紫移。

3.1.2.2 有机化合物的吸收带

吸收带（absorption band）是指在紫外光谱中，吸收峰在光谱中的波带位置。根据电子及分子轨道的种类，可将吸收带分为四种类型。

（1）R 吸收带：R 吸收带是由羰基、硝基等单一生色基团中孤对电子跃迁而产生的吸收带，其强度较弱，吸收峰在 $200 \sim 400$ nm。含 C═O、—N═O、—NO_2、—N═N—基的有机物可产生这类谱带。它是跃迁形成的吸收带，由于 e 很小，吸收谱带较弱，易被强吸收谱带掩盖，并易受溶剂极性的影响而发生偏移。

（2）K 吸收带：K 吸收带多由含有共轭双键（如丁二烯、丙烯醛）等化合物产生的一类谱带，其强度较大，吸收峰通常在 217~280 nm。K 吸收带的波长及强度与共轭体系长度、位置、取代基的种类有关，其波长随共轭体系的加长而向长波方向移动，吸收强度也随之增加。共轭烯烃、取代芳香化合物可产生这类谱带。它是 $\pi \rightarrow \pi^*$ 跃迁形成的吸收带，$\varepsilon_{max} > 10000$，吸收谱带较强，多用于判断化合物的共轭结构。

（3）B 吸收带：B 吸收带是芳香族化合物的特征谱带，吸收峰通常在 230~270 nm，B 吸收带的精细结构常用来判断芳香族化合物。但当苯环上有取代基且与苯环共轭，或在极性溶剂中测定时，这些精细结构会简单化或消失。

（4）E 吸收带：E 吸收带也是芳香族化合物的特征谱带，可分为 E_1 带和 E_2 带，E_1 带出现在 185 nm 处，为强吸收；E_2 带出现在 204 nm 处，为较强吸收。当有发色团与苯环共轭时，E_2 带会与 E_1 带合并，吸收峰向长波方向移动。

3.1.3　无机化合物的紫外-可见吸收光谱

3.1.3.1　电子跃迁吸收光谱

镧系和锕系元素的离子对紫外和可见光的吸收是基于内层 f 电子的跃迁而产生的。其紫外-可见光谱为一些狭长的特征吸收峰，这些峰几乎不受金属离子的配位环境的影响。

3.1.3.2　d 电子跃迁吸收光谱

过渡金属的电子跃迁类型为 d 电子在不同 d 轨道间的跃迁，吸收紫外或可见光谱。这些峰强烈受配位环境的影响。例如，Cu^{2+} 以水为配位体时，吸收峰在 794 nm 处；而以氨为配位体时，吸收峰在 663 nm 处。此类光谱吸收强度弱，较少用于定量分析。

3.1.3.3　电荷迁移光谱

某些分子既是电子给体，又是电子受体，当电子受辐射能激发从给体外层轨道向受体跃迁时，就会产生较强的吸收，这种光谱称为电荷迁移光谱。如苯酰基取代物在光作用下的异构反应。

3.1.3.4　影响紫外-可见吸收光谱的因素

物质的吸收光谱与测定条件有密切的关系。测定条件（温度、溶剂极性、pH 值等）不同，吸收光谱的形状、吸收峰的位置、吸收强度等都可能发生变化。

（1）温度。在室温范围内，温度对吸收光谱的影响不大。

（2）溶剂。溶剂的选择应注意如下几点：

1）尽量选用低极性溶剂；

2）能很好地溶解被测物，并且形成的溶液具有良好的化学稳定性和光化学稳定性；

3）溶剂在样品的吸收光谱区无明显吸收。

（3）pH 值。pH 值变化时，反应物的结构也会产生一定的变化，从而影响反应的紫外-可见吸收光谱，特别是其吸收能力。

3.2　紫外-可见光谱基本原理

3.2.1　可见光的颜色和互补色

在可见光范围内，不同波长的光的颜色是不同的。平常所见的白光（日光、白炽灯光等）是一种复合光，它是由各种颜色的光按一定比例混合而成的。利用棱镜等分光器可将它分解成红、橙、黄、绿、青、蓝、紫等不同颜色的单色光。

白光除了可由所有波长的可见光复合得到外，还可由适当的两种颜色的光按一定比例复合得到。能复合成白光的两种颜色的光叫作互补色光（图3-1）。

λ/nm	颜色	互补光
400~450	紫	黄绿
450~480	蓝	黄
480~490	绿蓝	橙
490~500	蓝绿	红
500~560	绿	红紫
560~580	黄绿	紫
580~610	黄	蓝
610~650	橙	绿蓝
650~760	红	蓝绿

图3-1　互补色光

3.2.1.1　物质的颜色与吸收光的关系

当白光照射到物质上时，如果物质对白光中某种颜色的光产生了选择性的吸收，则物质就会显示出一定的颜色。物质所显示的颜色是吸收光的互补色。

3.2.1.2　吸收曲线（吸收光谱）及最大吸收波长

（1）吸收曲线：每一种物质对不同波长光的吸收程度是不同的。如图3-2所示，$Cr_2O_7^{2-}$的最大吸收波长为360 nm。如果让各种不同波长的光分别通过被测物质，分别测定物质对不同波长光的吸收程度，以波长为横坐标，吸收程度为纵坐标作图，所得曲线见图3-2。

（2）吸收峰和最大吸收波长：吸收曲线表明了某种物质对不同波长光的吸收能力的分布。曲线上的各个峰叫作吸收峰。峰越高，表示物质对相应波长的光的吸收程度越大。其中最高的峰叫作最大吸收峰，它的最高点所对应的波长叫作最大吸收波长，用λ_{max}表示。例如，丙酮$_{max}$=279 nm。

（3）物质的吸收曲线和最大吸收波长的特点：

1）不同的物质，吸收曲线的形状不同，最大吸收波长也不同。

2）对于同一物质，当其浓度不同时，吸收曲线形状和最大吸收波长不变，只是吸收程度要发生变化，如图3-3所示，表现在曲线上就是曲线的高低发生变化。

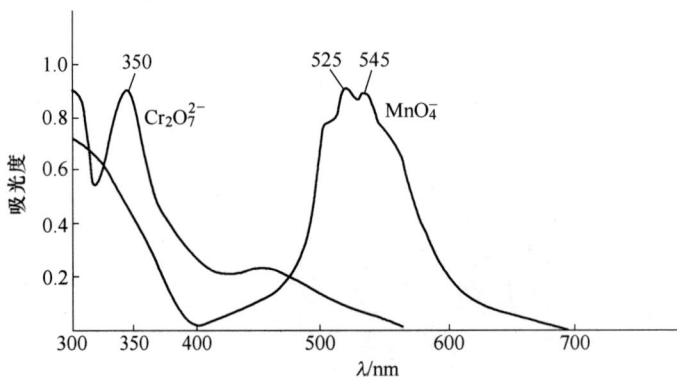

图 3-2　不同的物质对不同波长的吸收

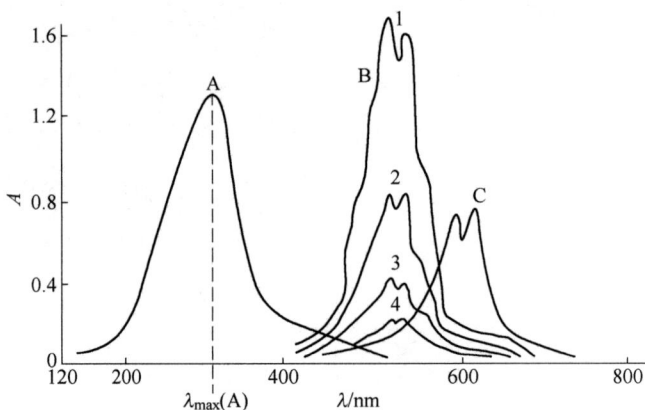

图 3-3　不同浓度吸收曲线形状

3.2.2　郎伯-比尔定律

3.2.2.1　吸光度和透光度

设入射光强度为 I_0，吸收光强度为 I_a，透射光强度为 I_t，反射光强度为 I_r，则：

$$I_0 = I_a + I_t + I_r$$

如果吸收介质是溶液（测定中一般是溶液），则式中反射光强度主要与器皿的性质及溶液的性质有关。在相同的测定条件下，这些因素是固定不变的，并且反射光强度一般很小，可忽略不计。这样，上式可简化为：

$$I_0 = I_a + I_t$$

即一束平行单色光通过透明的吸收介质后，入射光被分成了吸收光和透过光。

待测物的溶液对此波长的光的吸收程度可以透光率 T 和吸光度 A 用来表示。

透光率：透光率表示透过光强度与入射光强度的比值，用 T 来表示，计算式为：

$$T = I_t/I_0$$

T 常用百分比（$T\%$）表示。

吸光度：透光率的倒数的对数叫作吸光度，用 A 表示：

$$A = -\lg T = \lg \frac{1}{T} = \lg \frac{I_0}{I_t}$$

3.2.2.2 朗伯-比尔定律

朗伯-比尔定律（吸收定律）：当一束平行单色光通过含有吸光物质的稀溶液时，溶液的吸光度与吸光物质浓度、液层厚度乘积成正比（朗伯-比尔定律是紫外-可见分光光度法的理论基础），即：

$$A = \kappa c l$$

式中，κ 为比例常数，与吸光物质的本性、入射光波长及温度等因素有关；c 为吸光物质浓度；l 为透光液层厚度。

3.2.2.3 吸光系数

当 l 以 cm 为单位，c 以 g/L 为单位时，κ 称为吸光系数，用 $a(\mathrm{L}/(\mathrm{g} \cdot \mathrm{cm}))$ 表示：

$$A = acl$$

吸光系数可分为摩尔吸光系数和比吸光系数。

摩尔吸光系数：当 l 以 cm 为单位，c 以 mol/L 为单位时，κ 称为摩尔吸光系数，用 ε 表示。ε 的单位为 L/mol·cm，它表示物质的浓度为 1 mol/L，液层厚度为 1 cm 时溶液的吸光度。

比吸光系数：比吸光系数是指百分含量为 1%，l 为 1 cm 时的吸光度值，用 $E_{1\,\mathrm{cm}}^{1\%}$ 表示。

$$\varepsilon = 0.1 M_r E_{1\,\mathrm{cm}}^{1\%}$$

3.2.2.4 朗伯-比尔定律的适用条件

（1）必须使用单色光为入射光。

（2）溶液为稀溶液。

（3）朗伯-比尔定律能够用于彼此不相互作用的多组分溶液。它们的吸光度具有加和性，且对每一组分分别适用，即：

$$A_总 = A_1 + A_2 + A_3 + \cdots + A_n$$

（4）朗伯-比尔定律对紫外光、可见光、红外光都适用。

3.2.2.5 实际溶液对吸收定律的偏离及原因

定量分析时，通常液层厚度是相同的，按照朗伯-比尔定律，浓度与吸光度之间的关系应该是一条通过直角坐标原点的直线。但在实际工作中，往往会偏离线性而发生弯曲。若在弯曲部分进行定量，将产生较大的测定误差。被测物质浓度与吸光度不成线性关系的现象，如图 3-4 所示。

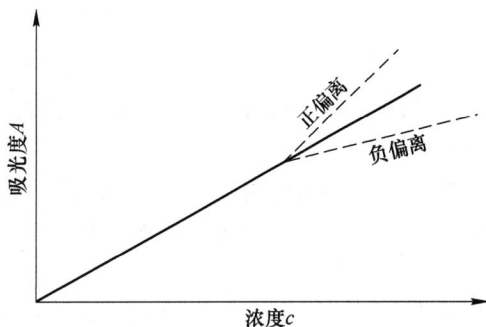

图 3-4 对朗伯-比尔定律的偏离情况

（1）入射光为非单色光。严格地说，朗伯-比尔定律只适用于入射光为单色光的情况。但在紫外-可见光分光光度法中，入射光是由连续光源经分光器分光后得到的，这样得到的入射光并不是真正的单色光，而是一个有限波长宽度的复合光，这就可能造成对朗伯-比尔定律的偏离。

对于非单色光引起的偏离，则是由同一物质对不同波长的光的摩尔吸光系数不同造成的。所以只要在入射光的波长范围内，摩尔吸光系数差别就不是太大，由此引起的偏离是较小的。

（2）溶液的不均性。实际样品的混浊、加入的保护胶体、蒸馏水中的微生物、存在散射以及共振发射等，均可导致吸光质点的吸光特性变化大。

（3）光程的不一致性。光源不是点光源、比色皿光径长度不一致、光学元件的缺陷引起的多次反射等，均会造成光径不一致，从而与定律偏离。

（4）溶液中的化学反应。溶液中的吸光物质常因离解、缔合、形成新的化合物或互变异构体等的化学变化而改变了浓度，从而导致对朗伯-比尔定律的偏离。因此，必须控制显色反应的条件，控制溶液中的化学平衡，防止对朗伯-比尔定律的偏离。

（5）朗伯-比尔定律的局限性引起的偏离。严格地说，朗伯-比尔定律是一个有限定律，它只适用于浓度小于 0.01 mol/L 的稀溶液。

3.3　紫外-可见分光光度计

测量物质分子对不同波长（或特定波长）的光的吸收强度的仪器称为紫外-可见分光光度计。目前，分光光度计的型号和种类较多，高、中、低档仪器并存。应根据工作性质选择适用的仪器。

3.3.1　主要部件的性能与作用

紫外-可见分光光度计的基本结构示意如图 3-5 所示，主要由光源→单色器→吸收池→检测器→信号显示系统构成。

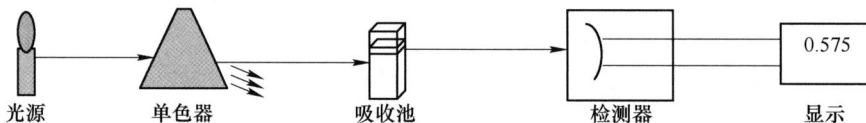

光源　　　单色器　　　吸收池　　　检测器　　　显示

图 3-5　紫外-可见分光光度计结构示意图

3.3.1.1　光源

光源用于提供足够强度和稳定的连续光谱。分光光度计中常用的光源有热辐射光源和气体放电光源两类。

热辐射光源用于可见光区，如钨丝灯和卤钨灯；气体放电光源用于紫外光区，如氢灯和氘灯。钨灯和碘钨灯可使用的范围在 340～2500 nm；氢灯和氘灯可在 160～375 nm 范围内产生连续光源。

另外，为了使光源发出的光在测量时稳定，光源的供电一般都要用稳压电源，即加有一个稳压器。

3.3.1.2　单色器

单色器是能从光源辐射的复合光中分出单色光的光学装置，可产生光谱纯度高的光波且波长在紫外可见区域内任意可调。单色器一般由入射狭缝、准光器（透镜或凹面反射镜使入射光成平行光)、色散器、投影器和出射光缝等几部分组成（图3-6)。其核心部分是色散器，起分光的作用。能起分光作用的色散元件主要是棱镜和光栅。

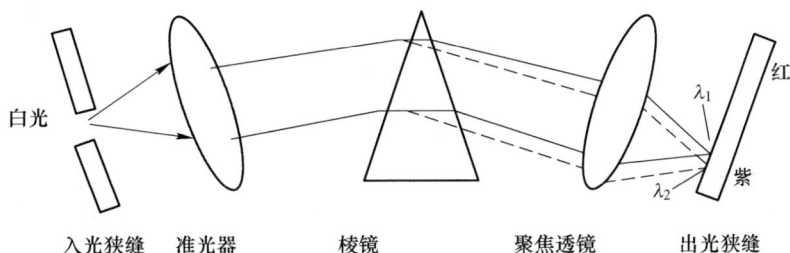

图3-6 单色器工作原理示意图

棱镜有玻璃和石英两种材料。它们的色散原理是依据不同的波长光在通过棱镜时有不同的折射率，而将不同波长的光分开。由于玻璃可吸收紫外光，所以玻璃棱镜只能用于350~3200 nm 的波长范围，即只能用于可见光域内。石英棱镜可使用的波长范围较宽，可从 185~4000 nm，即可用于紫外、可见和近红外三个光域。

光栅是利用光的衍射与干涉作用制成的，它可用于紫外、可见及红外光域，而且在整个波长区具有良好的、几乎均匀一致的分辨能力。

3.3.1.3 吸收池

用于盛放试液的器皿就是吸收池。吸收池又称比色皿或比色杯，按材料可分为玻璃吸收池（不能用于紫外区）和石英吸收池。吸收池的种类很多，其光径可在 0.1~10 cm，其中以 1 cm 光径吸收池最为常用。

3.3.1.4 检测器

检测器是用于检测光信号，并利用光电效应将光强度信号转换成电信号的装置，也叫作光电器件。分光光度法中，得到的是一定强度的光信号，这个信号需要用一定的部件检测出来。检测时，需要将光信号转换成电信号才能测量得到。光检测系统的作用就是进行这个转换。现今使用的分光光度计大多采用光电管或光电倍增管作为检测器。

3.3.1.5 信号显示系统

信号显示系统的作用是放大信号，并以适当方式指示或记录下来。常用的信号指示装置有直读检流计、电位调节指零装置以及数字显示或自动记录装置等。很多型号的分光光度计都装配有微处理机，一方面可对分光光度计进行操作控制，另一方面可进行数据处理。

3.3.2 紫外-可见分光光度计的类型

紫外-可见分光光度计按其光学系统可分为单波长分光光度计和双波长分光光度计。

3.3.2.1 单波长单光束分光光度计

目前国内广泛采用 721 型分光光度计，其结构简单、价格低廉、操作方便、维修也比较容易，适用于常规分析。单波长单光束分光光度计还有国产 751 型、XG-125 型、英国 SP500 型和伯克曼 DU-8 型等。这类分光光度计有直读式和调零式（电位补偿式）两种。单光束直读式仪器是最简单的分光光度计型式，其特点是结构简单，价格便宜。主要适用于定量分析，而不适用于做定性分析。另外，测量结果受电源的波动影响较大（图 3-7）。

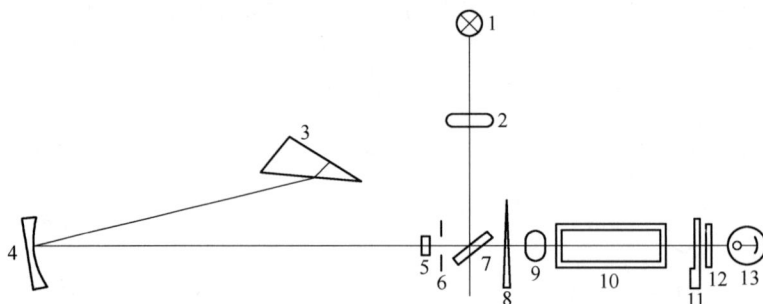

图 3-7 单光束分光光度计结构示意图

1—钨灯；2—透镜；3—玻璃棱镜；4—准直镜；5—保护玻璃；6—狭缝；7—反射镜；8—光栏；

9—聚光透镜；10—吸收池；11—光闸；12—保护玻璃；13—光电管

3.3.2.2 单波长双光束分光光度计

一般的单光束分光光度计每换一个波长都必须用空白进行校准，且对光源和检测系统的稳定性要求较高。而双光束分光光度计自动比较了透过参比溶液和样品溶液的光的强度，它不受光源（电源）变化的影响（图 3-8）。单波长双光束分光光度计有国产 710 型、730 型、740 型，日立 UV-340 型等。

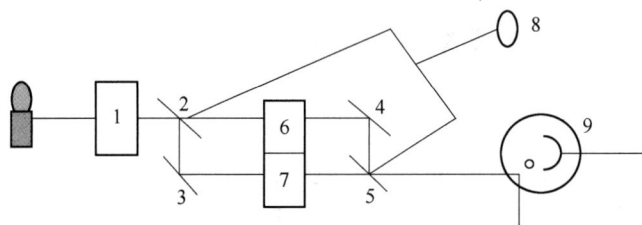

图 3-8 双光束分光光度计结构示意图

1—单色器；2~5—反射镜；6—参比池；7—样品池；8—旋转装置；9—光电倍增管

双光束分光光度计还能进行波长扫描，并自动记录下各波长下的吸光度，很快就可得到试液的吸收光谱，所以能用于定性分析。

3.3.2.3 双光束双波长分光光度计

当试样溶液混浊或背景吸收大或共存组分的吸收光谱相互重叠有干扰时，宜采用双波长分光光度法进行测定。双波长分光光度计光路简图如图 3-9 所示。

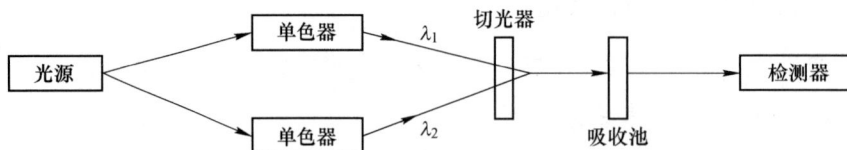

图 3-9 双波长分光光度计光路图

从光源发出的光经过单色器后得到不同波长的两束光，利用切光器使两束光以一定的频率交替通过同一吸收池到达检测器，由测量系统显示出两个波长下吸光度的差值。

双波长分光光度计常采用等吸收点法和系数倍率法等进行有干扰组分存在的定量分析。

双波长分光光度计的优点是可以在有背景干扰或共存组分吸收干扰的情况下对某组分进行定量测定，有国产 WFZ800-5 型、岛津 UV-260 型、UV-265 型等。

3.3.2.4 分光光度计的校正和检验

（1）波长校正；

（2）吸光度校正；

（3）杂散光的检验；

（4）稳定性的检验。

3.3.3 分析条件的选择

3.3.3.1 仪器测量条件的选择

A 适宜的吸光度范围

由朗伯-比尔定律可知：

$$A = \lg \frac{1}{T} = \varepsilon c l$$

微分后得：

$$\mathrm{d}\lg T = 0.4343\mathrm{d}T/T = -\varepsilon l \mathrm{d}c$$

或
$$0.4343\Delta T/T = -\varepsilon l \Delta c$$

代入朗伯-比尔定律有：

$$\Delta c/c = 0.4343\Delta T/T \lg T$$

要使测定的相对误差 $\Delta c/c$ 最小，求导取极小得出：

$$\lg T = -0.4343 = A$$

即当 $A = 0.4343$ 时，吸光度测量误差最小。最适宜的测量范围为 $0.2 \sim 0.8$。

B 入射光波长的选择

通常根据被测组分的吸收光谱，选择最强吸收带的最大吸收波长为入射波长。当最强吸收峰的峰形比较尖锐时，往往选用吸收峰稍低，峰形稍平坦的次强峰或肩峰进行测定。

C 狭缝宽度的选择

为了选择合适的狭缝宽度，应以减少狭缝宽度时试样的吸光度不再增加为准。一般来说，狭缝宽度大约是试样吸收峰半宽度的十分之一。

3.3.3.2 显色反应条件的选择

对多种物质进行测定，常利用显色反应将被测组分转变为在一定波长范围内有吸收的物质。

常见的显色反应有配位反应、氧化还原反应等。这些显色反应，必须满足以下条件：

（1）反应的生成物必须在紫外-可见光区有较强的吸光能力，即摩尔吸光系数较大；

（2）反应有较高的选择性，即被测组分生成的化合物吸收曲线应与共存物质的吸收光谱有明显的差别；

（3）反应生成的产物有足够的稳定性，以保证测量过程中溶液的吸光度不变；

（4）反应生成物的组成恒定。

3.3.3.3　参比溶液的选择

测定试样溶液的吸光度，需先用参比溶液调节透光度（吸光度为 0）为 100%，以消除其他成分及吸光池和溶剂等对光的反射和吸收带来的测定误差。

参比溶液的选择视分析体系而定，具体有：

（1）溶剂参比：试样简单，共存其他成分对测定波长吸收弱，只考虑消除溶剂与吸收池等因素。

（2）试样参比：如果试样基体溶液在测定波长有吸收，而显色剂不与试样基体显色，可按与显色反应相同的条件处理试样，只是不加入显色剂。

（3）试剂参比：如果显色剂或其他试剂在测定波长有吸收，按显色反应相同的条件，不加入试样，同样加入试剂和溶剂作为参比溶液。

（4）平行操作参比：用不含被测组分的试样，在相同的条件下与被测试样同时进行处理，由此得到平行操作参比溶液。

3.3.4　测定方法

单组分定量方法是指样品溶液中含有一种组分，或者是在混合物溶液中待测组分的吸收峰与其他共有物质的吸收峰无重叠。其定量方法包括校准曲线法、标准对比法和吸收系数法。

3.3.4.1　校准曲线法

配制一系列不同含量的标准溶液，选用适宜的参比，在相同的条件下，测定系列标准溶液的吸光度，作 A-c 曲线，即标准曲线，也可用最小二乘数处理，得到线性回归方程。

在相同条件下测定未知试样的吸光度，从标准曲线上就可以找到与之对应的未知试样的浓度。

3.3.4.2　标准对比法

将待测溶液与某一标样溶液，在相同的条件下，测定各自的吸光度，建立朗伯-比尔定律方程，解方程求出未知样浓度与含量。

（1）$A_s = \kappa c_s$；

（2）$A_x = \kappa c_x$。

$$c_x = \frac{c_s A_x}{A_s}$$

3.3.5　紫外-可见光谱仪器操作规程

3.3.5.1　仪器运行要求

（1）工作电源：220 V，50~60 Hz；

（2）环境温度：15~35 ℃；

（3）相对湿度：45%~85%；

（4）使用前预热仪器 15~30 min。

3.3.5.2　操作规程

（1）依次分别开启电源开关、电脑、仪器及打印机开关，点击"连接"，仪器进行初始化，其间勿开样品室。

（2）光谱测定（主要用于在一定波长范围内扫描样品）：

1）选择光谱，点击菜单编辑或标准工具条 M（数据采集方法），输入测定：波长范围、扫描速度、采样间隔、扫描方式（选单个或自动）；仪器参数：测定方式选吸收度，狭缝后，在样品室放入空白对照，点击光度计按键上的基线校正，确认。

2）基线校正完毕，取出样品侧的空白，换成被测样品。按"开始"键，出谱图后，点峰值检测，就可在检测表上看到扫描结果。

3）吸光度测定（主要用于指定波长处测定样品吸光度或浓度，以下为指定波长处测定样品的吸收度为例的操作）：

① 在样品室放入空白对照，点击光度计按键上的"到波长"，输入波长，确认，点击"自动调零"。

② 点击菜单编辑或标准工具条 M（光度测定方法），启动光度测定方法向导。

③ 保存数据采集方法。

④ 测定标准样品，建立标准表，保存标准表。

⑤ 读取未知样品，填写样品表，分别将待测样品放入比色皿，并放进样品室中，点击"读取 unk."。开始测量未知样品的吸光度或其他相关参数。

⑥ 样品测定完成后，点击"断开"，断开仪器，关闭仪器开关，关闭电脑。

（3）注意事项：

1）使用前预热仪器 15～30 min，为了延长光源的使用寿命，在使用时应尽量减少开关次数，短时间工作间隔内可以不关灯；刚关闭的光源灯不要立即重新开启。

2）使用时取出仪器内的干燥剂，使用完将干燥剂放回原处。

3）不能将光学面与手指、硬物或脏物接触，只能用擦镜纸或丝绸擦拭光学面；不得在火焰或电炉上进行加热或烘烤吸收池。

4）有色物质污染，可用 3 mol/L HCl 或乙醇洗涤。

5）光度计的维护保养要做到"防尘、防潮、防振"。

6）检测器预热时必须等待所有指示灯变为绿色后，才可进行下一步操作。

7）必须扫描基线，空白即未加样品的溶液，必须与参比溶液一致。

8）扫描过程中切忌打开或试图打开机门。

9）在换样品时，切记随时关闭机门，不可任机门大敞。

3.4　紫外-可见吸收光谱的应用

紫外-可见吸收光谱除主要可用于物质的定量分析外，还可以用于物质的定性分析、纯度鉴定、结构分析。

（1）定性分析：利用特征吸收峰可以定性判定。

（2）纯度的鉴定：用紫外吸收光谱确定试样的纯度是比较方便的。例如，在蛋白质与核酸的纯度分析中，可用 A_{280}/A_{260} 的比值鉴定其纯度。

（3）结构分析：紫外-可见吸收光谱一般不用于化合物的结构分析，但利用紫外吸收光谱鉴定化合物中的共轭结构和芳环结构还是有一定价值的。例如，某化合物在近紫外区内无吸收，说明该物质无共轭结构和芳香结构。

3.4.1　磷酸铝铬介孔材料的紫外-可见光谱

由图 3-10（a）可知，CrAlPO-a 的紫外-可见漫反射光谱有 5 个不同的吸收谱带：691 nm、663 nm、451 nm、359 nm 和 226 nm，且 XRD 谱图中没有出现铬氧化物的特征衍射峰，因此，CrAlPO-a 在 691 nm 与 663 nm 处的吸收峰可归属为磷酸铝骨架上 Cr（Ⅲ）离子 d-d 电子 ［4A2g(F)→2T1g(G)］的禁戒跃迁与 ［4A2g(F)→4T2g(F)］自旋允许跃迁；450 nm 附近的吸收峰是 Cr(Ⅲ) 离子进入磷酸铝骨架 d-d 电子 ［4A2g(F)→2T1g(F)］跃迁产生的；350 nm 附近的吸收峰通常归属为 Cr(Ⅵ) 离子 d 电子的电荷转移跃迁，但也有学者把它归属为准八面体 Cr(Ⅲ) 物种或重铬酸盐物种的第三种转移。由于 Cr(Ⅳ) 与 Cr(Ⅴ) 很不稳定，容易转化为 Cr(Ⅲ) 和 Cr(Ⅵ)；Cr(Ⅱ) 是强还原剂，只有在缺氧时才能稳定存在，因此，230 nm 以下的吸收峰则是由 O→Cr(Ⅲ) 离子的 p-d 电子跃迁产生的。由于底物和 Cr(Ⅲ) 离子所处的微环境不同，会使 Cr(Ⅲ) 离子的 d-d 电子跃迁谱带出现红移或蓝移。随着 CTAB 用量的增大，CrAlPO-a 谱带吸收强度依次增强，并从 314 nm 处依次红移到 359 nm；在 450 nm 处的谱带依次从 466 nm 蓝移到 451 nm；在 664 nm 与 690 nm 处谱带吸收峰的相对强度与 CTAB 的用量呈正相关性。

由图 3-10（b）可知，CrAlPO-b 在 350 nm 和 460 nm 处谱带的相对强度几乎不随 CTAB 用量的变化而改变，相互间也没有特别明显的红移和蓝移，只是在 664 nm 附近 Cr(Ⅲ) 离子的 d-d 电子自旋允许跃迁产生了较强的 d-d 电子禁戒跃迁，且禁戒跃迁吸收谱带从 690 nm 红移到 700 nm 左右，并且随 CTAB 用量的增加，禁戒跃迁呈增强趋势。这意味着 SO_4^{2-} 阴离子有利于形成增强 Cr(Ⅲ) 离子 d-d 电子禁戒跃迁的微观结构；Cl^- 有利于形成增强 Cr(Ⅲ) 离子 d-d 电子自旋允许跃迁的微观结构。

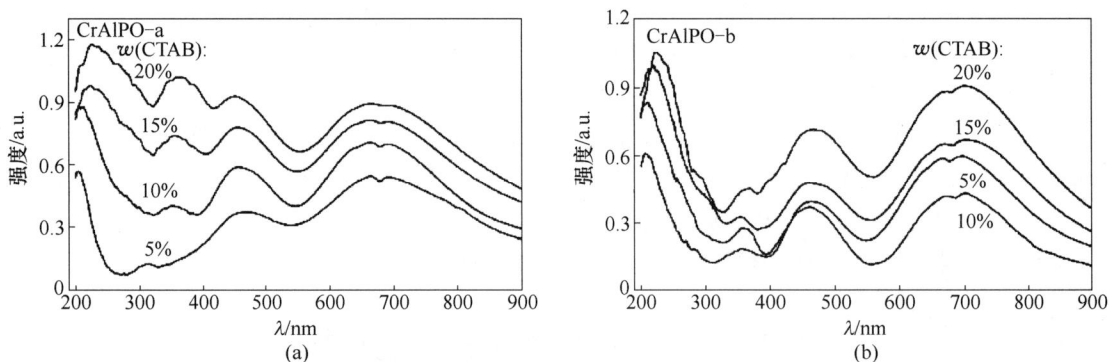

图 3-10　不同 CTAB 用量下所得介孔磷酸铝铬催化剂的紫外-可见漫反射光谱

3.4.2　铝的紫外-可见吸收光谱

纳米铝粉微粒紫外-可见光吸收光谱如图 3-11 所示，放置一年后的样品（old-nanoAl）和最近制备的样品（new-nanoAl）分别在 253 nm 和 252 nm 处出现较强的吸收峰，这是铝纳米颗粒表面等离子体共振吸收峰，它起源于激光电磁场诱导的电子相干共振，此吸收峰的位置、形状与团簇颗粒的大小、形状、分散状态相关，由于纳米微粒具有量子尺寸效应，粒子尺寸相应增大时，相邻能级的能量差减少，相邻束缚态能量差减少，对应吸收峰中心波长增大，将会导致吸收峰的红移。由图 3-11 可知，这两种纳米铝粉的吸收峰的位置差 1 nm，这表明它们的颗粒度基本相同，但后者的吸收强度比前者大，这是由于新纳米铝粉的表面活性大，被氧化的程度小。

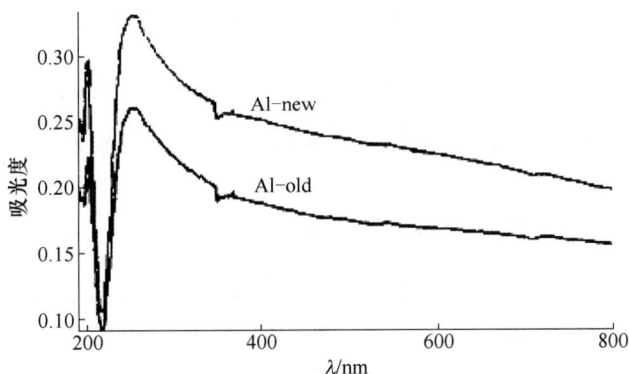

图 3-11　纳米铝粉的紫外-可见光吸收光谱

3.4.3　金银合金纳米颗粒的紫外可见吸收光谱

　　黄学敏等用三嵌段聚合物 P123（$EO_{20}PO_{70}EO_{20}$）为保护剂，在水溶液中通过 $NaBH_4$ 同时还原 $HAuCl_4$ 和 $AgNO_3$，合成了一系列不同 Ag 含量的 Au-Ag 合金纳米颗粒。采用岛津 UV-2501 紫外可见分光光度计对 Au-Ag 合金纳米溶胶在室温下进行光谱扫描，波长范围为 200~800 nm，波长扫描间隔为 2 nm。利用相同浓度的 P123 水溶液作为空白参照，对制备得到的合金纳米溶胶用去离子水稀释 5 倍后进行紫外光谱析。纳米 Au 和 Ag 在紫外可见光范围内存在特征吸收峰，采用紫外可见光吸收光谱（UV-Vis）对 Au-Ag 合金纳米颗粒催化剂进行了表征，得到了不同 Ag/Au 摩尔比的催化剂的紫外吸收光谱图（图 3-12 (a)），Au 和 Ag 纳米颗粒催化剂的最大吸收峰分别在 518 nm 和 400 nm 处，而 Au-Ag 合金

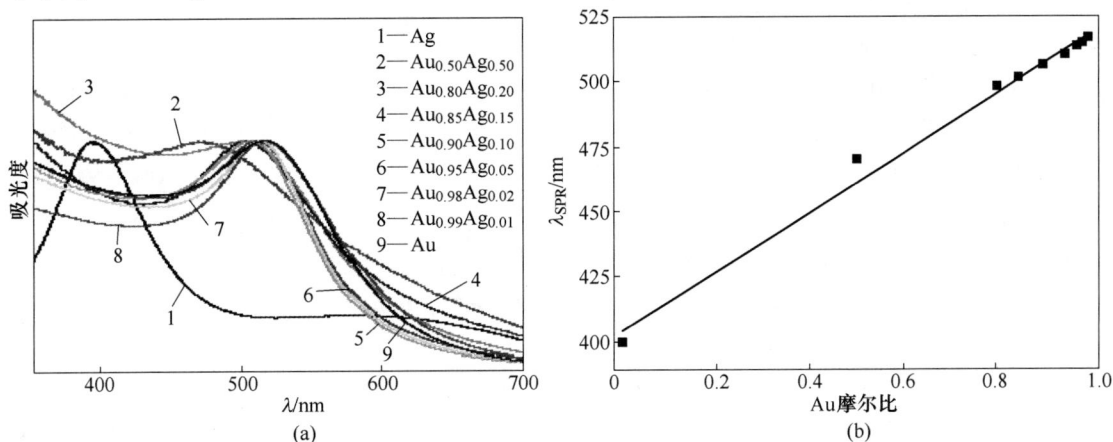

1—Ag
2—$Au_{0.50}Ag_{0.50}$
3—$Au_{0.80}Ag_{0.20}$
4—$Au_{0.85}Ag_{0.15}$
5—$Au_{0.90}Ag_{0.10}$
6—$Au_{0.95}Ag_{0.05}$
7—$Au_{0.98}Ag_{0.02}$
8—$Au_{0.99}Ag_{0.01}$
9—Au

(a)　　　　　　　　(b)

图 3-12　$Au_{1-x}Ag_x$ 纳米溶胶的紫外表征结果

（a）Au-Ag 合金纳米溶胶紫外光谱图；（b）Au 摩尔比与最多吸收波长关系图

纳米颗粒催化剂只出现唯一的紫外吸收峰，且位于 Au 和 Ag 最大吸收峰之间，表明两种原子在微观尺度结合良好。随着 Ag 含量的增加，合金催化剂的紫外吸收峰位置逐渐蓝移，并且与合金颗粒中 Ag(Au) 的摩尔百分含量成线性关系，如图 3-12 （b） 所示。以上结果说明在 P123 水溶液中合成的 Au-Ag 纳米颗粒是 Au 原子和 Ag 原子有序排列的均匀合金颗粒，而非 Ag/Au 或 Au/Ag 核壳结构或者是纳米 Au 颗粒与 Ag 颗粒的机械混合物。

3.5 紫外-可见吸收光谱的设备举例

3.5.1 752N 型紫外-可见分光光度计的技术参数

752N 型紫外-可见分光光度计的操作规程，使检验人员按规定进行正确操作，以确保检测数据的准确性；维护保养并延长仪器的使用时间。

范围：适用于 752N 型紫外可见分光光度计进行样品透光率和吸光度分析的全过程。

内容：

（1） 技术参数、厂家：

1） 技术参数：

仪器类别：B 类

光学系统：单光束、衍射光栅

波长范围：200~800 nm

光源：DD2.5 A 氘灯；钨卤素灯 12 V，30 W

接收元件：光电池

波长准确度：±2 nm

波长重复性：≤1 nm

光谱带宽：5 nm

杂光：0.5%τ（在 220 nm、340 nm 处）

透射比测量范围：0~100.0%τ

吸光度测量范围：0~1.999 A

浓度直读范围：0~1999

透射比准确度：±0.5%τ

透射比重复性：0.2%τ

噪声：100% 噪声≤0.3%τ，0% 噪声≤0.2%τ

稳定性：亮电流≤0.5%τ/3 min，暗电流≤0.2%τ/3 min

电源：AC 220±22 V，50±1 Hz

外形尺寸：570 mm×400 mm×260 mm

最大功率：1.0 kW

净重：30 kg

2） 生产厂家：上海精密科学仪器有限公司

3） 型号：752N 型

（2）仪器操作：

1）插上电源插头，把波长旋钮旋至所测样品要求的波长，打开电源开关，预热30 min。

2）将仪器键盘上"A/τ/C/F/"键设置为"τ"档，打开光门，按"▽/0%键"，使数值为"000.0"。

3）将装有对照溶液和样品溶液的比色皿依次放入比色架，关上光门，按"△/0A100%"键，使数值显示为"100.0"，拉开比色杆，使样品溶液置于光路中，显示的数值即为样品的透光率，推入比色杆。

4）将仪器键盘上"A/τ/C/F/"键设置为"A"档，按"△/0A100%"键，使数值显示为"000.0"，拉开比色杆，使样品溶液置于光路中，显示的数值即为样品溶液的吸光度，推入比色杆。

5）仪器在使用中，应常参照2）、3）步骤调节"100.0"和"000.0"的工作。

6）使用完毕，关闭电源开关，罩上防尘罩子。

7）及时做好仪器使用记录。

（3）注意事项及维护保养：

1）为确保要求稳定工作，在电源波动较大的地方，应使用交流稳压电源。

2）仪器所配套的比色皿不能与其他仪器上的比色皿单个调换。

3）比色皿每次使用完毕后，应立即用纯化水洗净，并用软而易吸水的布或镜头纸揩干，存于比色皿的盒内。

4）在停止工作的期间用防尘罩罩住仪器，同时在罩内放置数袋防潮剂，以免灯室受潮、反射镜镜面发霉或玷污，影响仪器的正常工作。

5）仪器工作数月或搬动后，要检查波长准确度，确保仪器的使用和测定精度。

3.5.2 紫外-可见分光光度计的使用操作规程

接通电源，打开微机，接通分光光度计电源；双击微机桌面的相关图标，显示工作界面，并进入自检状态；自检结束后，自检界面自动消失。

（1）吸收光谱扫描：用于获得物质的吸收光谱。选择点击工具条中"acquire mode"图标，选择"spectrum"；选择点击"configure"菜单，在下拉菜单中，选择"parameters"显示参数对话框，在对话框内，选择填上自己需要的参数，例如记录范围、波长范围、扫描速度等；点击"OK"完成设置。

将两个比色槽中，都放入参比溶液；点击"baseline"进行基线扫描；基线扫描结束后，将外边比色皿取出，换成待测溶液，点击"start"，开始扫描记录光谱；扫描结束，出现文件名字对话框，在对话框内，填上记录曲线的名字；选择"save"，通道数据被保存，对话框消失，可继续其他样品测定。

本仪器仅供有十条通道，连续测定十份样品后，需释放通道，才能继续进行其他样品的测定。释放通道前，可将数据移存到目标盘自己所建立的文件夹中保存。

点击"file"，出下拉菜单，选取"save as"，则出现保存目标选项，选取自己文件；点击对话框中"save as"，则第一通道（channel 0）数据被保存；依次选取 channel 1，channel 2，…后，点"save as"，可将所有数据保存到自己文件夹中；点击"Exit"，退出保存程序。

（2）清除通道数据，释放出通道：点击"file"（文件），在下拉菜单中，点击"channel"；点击"erase"，显示已用通道目录，若选"all"，点"OK"，则全部通道都被清除掉，释放出空的通道，可继续用于其他样品的测定。

若需从屏幕中删除不需要的曲线，则在上述操作中，选中这几条channel，点击"确定"后，则仅所选通道中数据被清除掉，其他曲线仍显示在屏幕上。

（3）数据拷贝data print：选中通道，点击"manipulate menu"，在下拉菜单中，点击"data print"，选中数据；点击"OK"，显示出曲线数据；将数据选中，点击"copy"；在另外打开的Origin或Excele表中，粘贴，则将本曲线数据转移到Origin或Excele中；作图，则得到所做实验的光谱曲线图。

试验结束后，取出比色皿，清洗干净，扣于吸水纸上，关闭仪器，断开电源，将台面仪器整齐，清扫卫生。

参 考 文 献

［1］HUANG X M, WANG X G, WANG X S, et al. P123-stabilized Au-Ag alloy nanoparticles for kinetics of aerobic oxidation of benzyl alcohol in aqueous solution ［J］. Journal of Catalysis, 2013, 301: 217-226.

［2］刘少友，唐文华，周春姣. 磷酸铝铬介孔材料的紫外-可见光谱及其甘油脱水性能 ［J］. 精细化工，2010, 27 (6): 572-578.

［3］楚广，唐永建，楚士晋. 纳米Al粉的结构和性能表征 ［J］. 含能材料，2006, 14 (3): 227-230.

习　题

参考答案

3-1　什么叫选择吸收，它与物质的分子结构有什么关系？

3-2　电子跃迁有哪几种类型，跃迁所需的能量大小顺序如何，具有什么样结构的化合物会产生紫外吸收光谱，紫外吸收光谱有何特征？

3-3　朗伯-比尔定律的物理意义是什么，为什么说朗伯-比尔定律只适用于单色光，浓度 c 与吸光度 A 线性关系发生偏离的主要因素有哪些？

3-4　紫外-可见分光光度计按光路分类可分为哪几类，各有何特点？

3-5　简述紫外-可见分光光度计的主要部件、类型及基本性能。

3-6　简述用紫外分光光度法定性鉴定未知物的方法。

3-7　有一标准 Fe^{3+} 溶液，浓度为 6 μg/mL，其吸光度为 0.304，而试样溶液在同一条件下测得的吸光度为 0.510，求试样溶液中 Fe^{3+} 的含量（mg/L）。

3-8　K_2CrO_4 的碱性溶液在 372 nm 处有最大吸收。已知浓度为 3.00×10^{-5} mol/L 的 K_2CrO_4 碱性溶液，于 1 cm 吸收池中，在 372 nm 处测得 $T = 71.6\%$。求：（1）该溶液吸光度；（2）K_2CrO_4 溶液的 ε_{max}；（3）当吸收池为 3 cm 时该溶液的 $T\%$。

4　红外光谱分析

本章内容导读：

· 产生红外吸收的条件
· 分子的振动类型，红外光谱中吸收峰增减的原因
· 影响吸收峰的位置、峰数、峰强的主要因素
· 影响吸收峰的位置、峰数、峰强的主要因素
· 基团频率和特征吸收峰，主要有机化合物的红外吸收光谱特征
· 影响基团频率位移的因素
· 红外吸收光谱法的定性、定量方法
· 红外光谱的构造与红外制样技术

4.1　概　　述

红外光谱法又称红外分光光度分析法（Infrared spectrum，IR），是分子吸收光谱的一种。它利用物质对红外光区的电磁辐射的选择性吸收来进行结构分析，以及对各种吸收红外光的化合物的定性和定量分析。被测物质的分子在红外线照射下，只吸收与其分子振动、转动频率一致的红外光谱。通过对红外光谱进行剖析，可对物质进行定性分析。化合物分子中存在着许多原子团，各原子团被激发后，都会产生特征振动，其振动频率也必然反映在红外吸收光谱上。据此可鉴定化合物中各种原子团，也可进行定量分析。

在有机物分子中，组成化学键或官能团的原子处于不断振动的状态，其振动频率与红外光的振动频率相当。所以，在用红外光照射有机物分子时，分子中的化学键或官能团可发生振动吸收，不同的化学键或官能团的吸收频率不同，在红外光谱上将处于不同位置，从而可获得分子中含有何种化学键或官能团的信息。

20世纪60年代，Norris等提出物质的含量与近红外区内多个不同的波长点吸收峰成线性关系的理论，并利用近红外漫反射技术测定了农产品中的水分、蛋白、脂肪等成分，使得近红外光谱技术一度在农副产品分析中得到广泛应用。60年代中后期，随着各种新的分析技术的出现，加之经典近红外光谱分析技术暴露出的灵敏度低、抗干扰性差的弱点，使人们淡漠了该技术在分析测试中的应用，此后，近红外光谱再次进入了一个沉默的时期。70年代产生的化学计量学（Chemometrics）学科的重要组成部分——多元校正技术在光谱分析中的成功应用，促进了近红外光谱技术的推广。到80年代后期，随着计算机技术的迅速发展，带动了分析仪器的数字化和化学计量学的发展，化学计量学方法在解决光谱信息提取和背景干扰方面取得的良好效果，加之近红外光谱在测样技术上所独占的特点，使人们重新熟悉了近红外光谱的价值，近红外光谱在各领域中的应用研究陆续展开。进入90年代，近红外光谱在产业领域中的应用全面展开，有关近红外光谱的研究及应用

文献几乎呈指数增长，成为发展最快、最引人注目的一门独立的分析技术。由于近红外光在常规光纤中具有良好的传输特性，使近红外光谱在在线分析领域也得到了很好的应用，并取得良好的社会效益和经济效益，从此近红外光谱技术进入一个快速发展的新时期。

4.1.1　红外光谱与红外光区的划分

当红外光照射时，物质的分子将吸收红外辐射，引起分子的振动和转动能级间的跃迁所产生的分子吸收光谱，称为红外吸收光谱或振动-转动光谱。

$$E_{分子} = E_{电子} + E_{振动} + E_{转动}$$

式中，$E_{电子}$属于紫外-可见研究的范围，分子的振动、转动光谱属于红外光谱研究的范围。其波长范围为 0.75~1000 nm，根据仪器技术及应用不同，习惯上把红外光谱分成三个区：

（1）近红外区（0.75~2.5 μm）。主要由低能电子跃迁，含氢原子团的倍频吸收，用于研究稀土及其他过渡金属化合物，含氢（—OH、N—N、C—H）原子团的吸收。

（2）中红外区（2.5~25 μm）。大多有机化合物及无机离子的基频吸收带出现在该光区，主要是由分子的振动和转动跃迁引起的，最适用于定性、定量分析，且仪器及分析测试技术最成熟。

（3）远红外区（25~1000 μm）。主要是分子的纯转动能级跃迁以及晶体振动，很少应用。当样品受到频率连续变化的红外光照射时，分子吸收某些频率的辐射，产生分子振动和转动能级从基态到激发态的跃迁，使相应于这些吸收区域的透射光强度减弱。记录红外光的百分透射比与波数或波长关系曲线，就得到红外吸收光谱。

4.1.2　红外光谱研究的对象及特点

4.1.2.1　研究对象

红外光谱是振动-转动光谱，但它只能研究振动中伴有偶极矩变化的化合物。

极性分子：有偶极矩变化——红外光谱，$\mu \neq 0$。

非极性分子：无偶极矩变化——拉曼光谱，$\mu = 0$。

凡极性分子，振动时都可发生偶极矩变化。

4.1.2.2　特点

（1）研究范围广，除单原子和同核双原子分子，几乎都有红外吸收。

（2）分析特征性强，凡结构不同的化合物，红外光谱必不同。

（3）气、液、固样品皆可，用量少，分析速度快，不破坏样品。

近红外光是一种介于可见光（VIS）和中红外光（IR）之间的电磁波，美国材料检测协会（ASTM）将其定义为波长 780~2526 nm 的光谱区。

4.1.2.3　利用近红外光谱的优点

（1）简单方便，有不同的测样器件可直接测定液体、固体、半固体和胶状体等样品，检测成本低。

（2）分析速度快，一般样品可在 1 min 内完成。

（3）适用于近红外分析的光导纤维，易得到，故易实现在线分析及监测，极适合于生产过程和恶劣环境下的样品分析。

（4）不损伤样品，可称为无损检测。

（5）分辨率高，可同时对样品多个组分进行定性和定量分析等。所以目前近红外技术在食品产业等领域应用较广泛。

这种技术专门用在共价键的分析。如果样品的红外活跃键少、纯度高，得到的光谱会相当清晰，效果好。更加复杂的分子结构会导致更多的键吸收，从而得到复杂的光谱。但是，这项技术还是用在了非常复杂的混合物的定性研究当中。

4.2　红外光谱基本原理

4.2.1　分子振动

任何分子都是由原子通过化学键联结而组成的。分子中的原子与化学键都处于不断地运动中。分子的振动运动可近似地看成一些用弹簧连接着的小球运动，以双原子为例，如图 4-1 所示，可把双原子看作两个小球，它们之间的伸缩振动可近似看成沿轴方向的简谐运动。

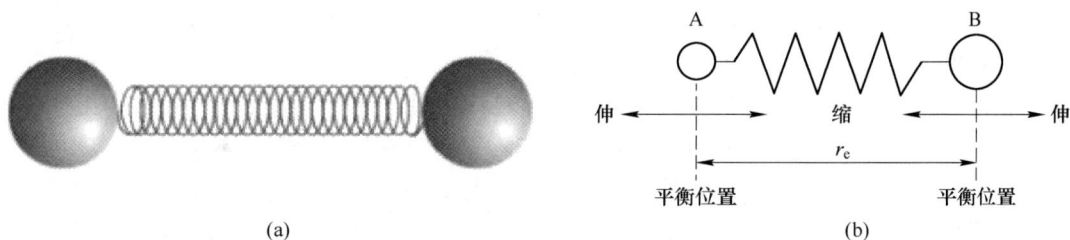

图 4-1　双原子分子的弹簧及谐振子振动示意图
（a）双原子分子的弹簧；（b）谐振子振动示意图

该体系的振动频率由经典力学（虎克定律）可导出：

$$\nu_{振} = \frac{1}{2\pi}\sqrt{\frac{k}{\mu}} \qquad \mu = \frac{m_1 \cdot m_2}{m_1 + m_2}$$

式中，k 为化学键的力常数，N/cm，其定义为将两原子由平衡位置伸长单位长度时的恢复力；μ 为折合质量，g。

红外光谱中一般以波数表示谱带的位置，而不是用波长，波长 λ（cm）与波数 σ（cm^{-1}）之间的关系为：

$$\sigma = \frac{1}{\lambda}$$

若用波数 σ 代替振动频率 ν：

$$\sigma = \frac{1}{2\pi c}\sqrt{\frac{k}{\mu}}$$

用原子 A、B 的折合原子量 M 代替 μ，则：

$$\sigma = 1307\sqrt{\frac{k}{M}}$$

$$M = \frac{M_1 M_2}{M_1 + M_2}$$

此式即所谓的分子振动方程式。

影响基本振动频率的直接因素是折合原子量和化学键的力常数。化学键的力常数 k 越大，折合原子量 M 越小，则化学键的振动频率越高，吸收峰将出现在高波数区；反之，则出现在低数区。除了化学键两端的原子质量、化学键的力常数影响基本振动频率外，分子中基团与基团之间，基团中的化学键之间都相互有影响，内部因素和外部因素也会影响振动频率。化学键的力常数 k 与键长、键能有关，键能越大，键长越短，k 越大。例如：—C≡C— > —C=C— > —C—C—。

分子的振动形式可以分为两大类：伸缩振动和弯曲振动。前者是指原子沿键轴方向的往复运动，振动过程中键长发生变化。后者是指原子垂直于化学键方向的振动。通常用不同的符号表示不同的振动形式，例如，伸缩振动可分为对称伸缩振动和反对称伸缩振动，分别用 V_s 和 V_as 表示。弯曲振动可分为面内弯曲振动（δ）和面外弯曲振动（γ）。从理论上来说，每一个基本振动都能吸收与其频率相同的红外光，在红外光谱图对应的位置上出现一个吸收峰。实际上有一些振动分子没有偶极矩变化，是红外非活性的；另外有一些振动的频率相同，发生简并；还有一些振动频率超出了仪器可以检测的范围，这些都使得实际红外谱图中的吸收峰数目大大低于理论值。

组成分子的各种基团都有其特定的红外特征吸收峰。不同化合物中，同一种官能团的吸收振动总是出现在一个窄的波数范围内，但它不是出现在一个固定波数上，具体出现在哪一波数，与基团在分子中所处的环境有关。引起基团频率位移的因素是多方面的，其中外部因素主要是分子所处的物理状态和化学环境，如温度效应和溶剂效应等。对于导致基团频率位移的内部因素，迄今已知的有分子中取代基的电性效应，如诱导效应、共轭效应、中介效应、偶极场效应等；机械效应，如质量效应、张力引起的键角效应、振动之间的耦合效应等。这些问题虽然已有不少研究报道，并有较为系统的论述，但是若想按照某种效应的结果来定量地预测有关基团频率位移的方向和大小，却往往难以做到，因为这些效应大都不是单一出现的。这样，在进行不同分子间的比较时就很困难。

另外，氢键效应和配位效应也会导致基团频率位移，如果发生在分子间，则属于外部因素；若发生在分子内，则属于分子内部因素。

红外谱带的强度是一个振动跃迁概率的量度，而跃迁概率与分子振动时偶极矩的变化大小有关，偶极矩变化越大，谱带强度越大。偶极矩的变化与基团本身固有的偶极矩有关，故基团极性越强，振动时偶极矩变化越大，吸收谱带越强；分子的对称性越高，振动时偶极矩变化越小，吸收谱带越弱。

4.2.2　红外吸收光谱

4.2.2.1　产生的条件

分子吸收红外辐射产生红外吸收光谱必须同时满足以下两个条件：

（1）如果辐射体系发射出的光量子的能量满足振动跃迁所需的能量。根据量子力学原理，分子的振动能量 E 是量子化的，只有当红外辐射能量刚好等于振动跃迁所需要的能量时，分子才能吸收红外辐射，产生红外吸收光谱。

（2）分子在振动过程中必须有偶极矩的变化——红外活性。红外吸收光谱的产生要求分子振动时必须伴随有分子偶极矩的变化，振动能级的跃迁是通过分子偶极矩和红外辐射交变电磁场的耦合作用而实现的。

双原子分子：同核双原子分子，偶极矩不变化，无红外活性，如 N_2、O_2、C_{12} 等。

极性双原子分子：有红外活性，如 HCl。

多原子分子：不管是对称的还是非对称的都具有红外活性。

红外吸收光谱是由分子不停地做振动和转动运动而产生的，分子振动是指分子中各原子在平衡位置附近做相对运动，多原子分子可组成多种振动图形。当分子中各原子以同一频率、同一相位在平衡位置附近做简谐振动时，这种振动方式称为简正振动。

含 n 个原子的分子应有 $3n-6$ 个简正振动方式；如果是线性分子，则只有 $3n-5$ 个简正振动方式。以非线性三原子分子为例，它的简正振动方式只有三种。在 v_1 和 v_3 振动中，只是化学键的伸长和缩短，称为伸缩振动；而 v_2 的振动方式则改变了分子中化学键间的夹角，称为变角振动，它们是分子振动的主要方式。分子振动的能量与红外射线的光量子能量正好对应，因此，当分子的振动状态改变时，就可以发射红外光谱，也可以因红外辐射激发分子的振动，而产生红外吸收光谱。

4.2.2.2　红外光谱图表示形式

当样品受到频率连续变化的红外光照射时，分子吸收某些频率的辐射，产生分子振动和转动能级从基态到激发态的跃迁，使相应于这些吸收区域的透射光强度减弱。记录红外光的百分透射比与波数或波长关系曲线，就得到红外吸收光谱。

红外吸收光谱一般用 T-λ 曲线或 T-σ（波数）曲线表示。纵坐标为百分透射比 T，因而吸收峰向下；横坐标是波长 λ（单位为 μm），或 σ（波数，单位为 cm^{-1}），如图 4-2 所示。根据红外吸收光谱中吸收峰的位置和形状来推测未知物结构，进行定性分析和结构分析；根据吸收峰的强弱与物质含量的关系进行定量分析。

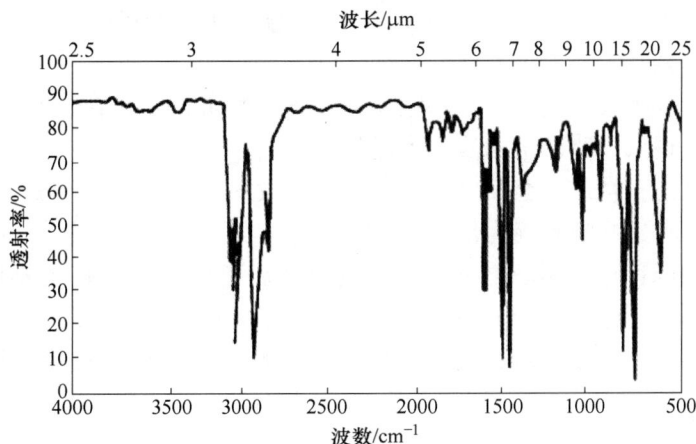

图 4-2　聚苯乙烯红外光谱

4.2.2.3　红外吸收峰数减少的因素

从理论上计算，线形分子的振动自由度为 $3N-5$。非线形分子的震动自由度为 $3N-6$。但大多数化合物在红外光谱上出的峰数远小于理论值，这是因为：

（1）振动过程中不发生偶极矩变化，不产生红外吸收。

（2）由于分子对称性的缘故，某些振动频率相同，彼此简并。

（3）强峰往往覆盖与它相近的弱而窄的峰。

（4）仪器无法区别频率十分接近或吸收很弱的峰。

（5）有些吸收或在仪器检测范围之外。

总之，分子的对称性越强，简并情况越多，如 CO_2，线形分子，吸收峰，$3N-5=9-5=4$，单只出现 667 cm^{-1}、2349 cm^{-1} 两个基本吸收峰。

4.2.2.4　红外吸收峰的强度

（1）影响强度的因素：由于第一激发态的跃迁概率远大于倍频峰，红外吸收峰的强度主要取决于振动能级的跃迁概率，而第一激发态的跃迁概率远大于倍频峰的跃迁概率，因此基频峰的强度通常高于倍频峰。红外吸收谱带的强弱主要取决于相应振动能级的跃迁概率大小。从基态到第一激发态的跃迁概率最大，因此基频吸收谱带的强度高于倍频和合频的吸收谱带。此外，振动能级的简并多重度也会影响吸收谱带的强度，简并多重度越大，相应的吸收谱带强度越高。

（2）吸收峰的强度与分子振动时偶极矩变化的平方成正比。影响偶极矩变化因素有：

1）连续原子的电负性差异，如 C ═O 常常是红外中最强吸收峰，而 C ═C 相对强度较弱，有时还可能不出现。

2）分子对称性。

3）振动的形式，伸缩振动峰强 λ 变形振动 $\gamma_{as}>\gamma_s$ 的强度。

4）其他因素，如费米共振、形成氢键等以及与偶极矩较大基团共轭等，也会影响峰强。

4.2.2.5　红外吸收中的常用几个术语

A　基频峰和泛频峰

基频峰：分子吸收一定频率的红外线，当振动能级由基态跃迁至第一激发态时，所产生的吸收峰称为基频峰。

泛频峰：在红外吸收光谱上，除基频峰外，还有振动能级由基态跃迁至第二振动激发态、第三激发态等现象，所产生的峰称为泛频峰。

倍频峰：由基态直接跃迁至第二激发态、第三激发态所产生的吸收峰分别称为二倍频峰、三倍频峰。总称这些吸收峰为倍频峰。

合频峰与差频峰：除倍频峰之外，有些弱峰还由两个或多个基频峰频率的和或差产生，$\nu_1+\nu_2+\cdots$ 峰称为合频峰，$\nu_1-\nu_2-\cdots$ 峰称为差频峰。

倍频峰、合频峰和差频峰统称为泛频峰。泛频峰多为弱峰，其使得红外光谱变得复杂，但增加了特征性。

B　特征峰与相关峰

特征峰：反用于鉴定原子几团存在并有较高强度的峰称为特征峰。

相关峰：把另一些相互依存而又可以相互佐证的峰称为相关峰。

4.2.3　基团频率和特征吸收峰

物质的红外光谱是其分子结构的反映。红外光谱实质上就是根据各种基团的特征来推测其结构的。

特征吸收是指基团在特定的红外区域有吸收，且其他部分对次吸收位置影响较小，并有较强的吸收谱带的吸收；其他的吸收称为相关吸收。

4.2.3.1 官能团区

官能团区的范围为 4000~1300 cm^{-1}，由伸缩振动产生基团的特征吸收峰，一般在此范围，吸收峰较稀，是基团鉴定最有价值的区域。

官能团区可分为三个波段：

（1）X—H 伸缩振动区：4000~2500 cm^{-1}。X=C、O、N 等，有 H 原子存在，如 O—H（3700~3200 cm^{-1}），COO—H（3600~3500 cm^{-1}），N—H（3500~3300 cm^{-1}）≡C—H（3300 cm^{-1}）。通常大于 3000 cm^{-1} 有吸收的 C—H，化合物为不饱和的 =C—H；小于 3000 cm^{-1} 有吸收的 C—H，化合物为饱和的 ≡C—H。

（2）叁键和积累双键区：2500~2000 cm^{-1}。主要有 —C≡C—，—C≡N，—C=C=C，—C=C=O；S—H，Si—H，P—H，B—H 的伸缩振动。

（3）双键伸缩振动区：2000~1500 cm^{-1}。C=O（1870~1600 cm^{-1}）强峰；C=C，C=N，N=O（1675~500 cm^{-1}），对称性好时 C=C 峰很弱；苯的衍生物（2000~1667 cm^{-1}），C—H 面外面型。

4.2.3.2 指纹区（1300~600 cm^{-1}）

（1）1300~900 cm^{-1}：C—O，C—N，C—F，C—P，C—S，P—O，Si—O，C=S，S=O，P=O，伸缩振动。

（2）900~600 cm^{-1}：这一区域吸收峰很有用，如判断碳链的长度；烯烃的取代，苯环的取代等。

4.2.3.3 各类有机化合物红外吸收光谱

（1）链状烷烃：特征峰主要由 C—H 键的骨架振动引起。

1）γ_{C-H}：3000~2800 cm^{-1}，较有用。

2）δ_{C-H}：分子中有 —(CH$_2$)$_n$— 链节，$n \geq 4$ 时在 722 cm^{-1} 有弱吸收，且随着 CH$_2$ 个数的减少，吸收峰向高波段方向移动。

（2）烯烃：特征峰主要由 C=C—H 键所引起。

1）γ_{C-H}：3095~3000 cm^{-1}，强峰，末端双键强峰最易识别。

2）γ_{C-C}：1695~1540 cm^{-1}，随取代基而变。

（3）炔烃：

1）γ_{CH}：3300~3310 cm^{-1}，强峰。

2）$\gamma_{C≡C}$：弱峰。

（4）芳烃：由苯环上 C—H 及 C=C 振动引起。

1）γ_{Ar-H}：3040~3030 cm^{-1}，中强峰。

2）$\lambda_{C=C}$：1600~1430 cm^{-1}，高度特征。

3）δ_{C-H}（变形振动），重要的是 900~600 cm^{-1} 是识别苯环上取代基位置和数目的重要特征峰。

判断苯环的取代类型主要看两部分：900~600 cm^{-1}，强峰；2000~1660 cm^{-1}，弱峰。

2000 ~ 1660 cm^{-1} 为倍频或组频峰，虽较弱，但特点是锯齿状（当有取代基时）。

（5）酮：$\gamma_{C=O}$：1750 ~ 1680 cm^{-1}，有强峰。

（6）醛：与醛相似，另在 2700 cm^{-1}、2800 cm^{-1} 处有吸收，而酮没有。

4.2.3.4　影响基团频率因素

基团频率主要由原子质量及原子的力常数决定，其次与分子结构和外部环境有关。

A　内部因素

即分子本身的结构有关，包括电子效应与氢键的影响。

（1）诱导效应（I）。由于静电诱导效应的影响，改变了键的力常数，从而使基团的特征频率发生变化。诱导效应随元素电负性的增强而增强，从而使吸收峰向高波段方向移动。

（2）中介效应（M 效应）。若取代基中存在孤对电子，则孤对电子可与电子发生作用使其电子密度平均化，这一效益称为中介效应。

（3）共轭效应（C 效应）。含共轭体系时，由于共轭效应可使其电子的密度平均化，使双键略有伸长，单键略有缩短，双键的吸收频率向低波数方向移动。

（4）氢键的影响。当分子中的质子给予体和质子接受体形成氢键时，如羧酸

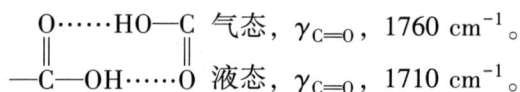

　　　O……HO—C　气态，$\gamma_{C=O}$，1760 cm^{-1}。
　　　‖　　　　　‖
　　—C—OH……O　液态，$\gamma_{C=O}$，1710 cm^{-1}。

分子间氢键：与溶液浓度与溶剂性质有关。

分子内氢键：与溶液浓度无关。

（5）振动偶合。条件：两个化学键的振动频率相等或相近，并且有一个共用原子时会产生"微扰"，相互作用的结束，使振动频率一个高移，一个低移。

（6）费米共振。只倍频（或组合频）与基频之间的振动偶合，使吸收峰强度发生变化或发生谱峰分裂。

B　外部因素

外部因素主要指测定时物质的状态以及溶剂的影响等。红外光谱中，应尽量采用非极性溶剂。

4.2.3.5　红外吸收光谱中的八个重要区段

红外光谱的最大特点是具有特征性，有机化合物的种类很多，大部分是由 C、H、O、N 四种因素组成，所以大部分有机物质的红外光谱基本多是由这四种所组成的化学键的振动所贡献的。

红外光谱中吸收峰的位置和强度与分子中各基团的振动形式和所处的化学环境有关，只要掌握了各种基团的振动频率及其位移规律，就可应用 IR 来坚定化合物中存在的基团及其在分子中的相对位置。

常见的化学基团在波数 4000 ~ 670 cm^{-1}（$\lambda = 2.5 ~ 15$ μm）范围内都有各自的特征吸收，这个红外范围又是一般红外分光光度计的工作范围。在实际应用时，为了便于对红外光谱进行解析，通常将这个波段范围划分为八个重要的区段（表 4-1）。

表 4-1　红外光谱的八个重要区域

波长/μm	波数/cm^{-1}	键的振动类型
2.7~3.3	3750~3000	γ_{OH}、γ_{N-N}
3.0~3.3	3300~3000	γ_{C-H}($-C\equiv C-C$,$-C\equiv CH-$,Ar—H)
3.3~3.7	3000~2700	γ_{C-H}($-CH_3$,$-CH_2-$,CH,CHO)
4.2~4.9	2400~2100	$\gamma_{C\equiv C}$、$\gamma_{C\equiv N}$、$\gamma_{C=C=C}$
5.3~6.1	1900~1650	$\gamma_{C=O}$(酸、醛、酮、酰胺、酯、羧酸)
5.9~6.2	1690~1500	$\gamma_{C=C}$(脂肪族及芳香族)、$\gamma_{C=N}$
6.8~10.0	1475~1000	δ_{CH}、γ_{C-O}、γ_{C-C}(烷烃)
10.0~15.4	1000~650	$\gamma_{C=C-H}$、Ar—H、γ_{CH_2}

A　O—H、N—N 伸缩振动区（3750~3000 cm^{-1}）

（1）O—H 伸缩振动在 3700~3200 cm^{-1}，它是判断分子中有无 OH 的重要依据。

1）游离酚中 γ_{O-H} 位于 3700~3500 cm^{-1}（~3500 cm^{-1}），该峰形状尖锐（Vs），易识别，而溶剂中微量游离水吸收位于 3710 cm^{-1}。

2）OH 为强极性基团，故缔合现象非常显著，故除游离 OH 峰外。还可产生分子间及分子内氢键的吸收峰，由于形成氢键$^-$O—H$^+$…键长拉长，偶极矩增大，故在 3450~3200 cm^{-1} 表现为强而宽的峰。如 1、2-顺环戊二醇在 CCl$_4$ 中，可产生 3633 cm^{-1}、3572 cm^{-1} 两个吸收峰，前者为 γ_{O-H}，后者 OH 为两个基缔合形成的，而反代则无（形成氢键于分子形状有关）羧基的 γ_{O-H} 出现在 3600~2500 cm^{-1}，为 Vs，宽吸收带（氢键聚合）。

（2）无论是有游离的氨基缔合或缔合的氨基，其峰强都比缔合的 OH 奉峰弱，由于形成氢键的强度稍弱，故缔合时吸收峰位置变化不如 OH 那样大，一般不大于 1000 cm^{-1}。

当 γ_{N-H} 处于以下三种状态时，有：

1）游离：3500~3300 cm^{-1}，W、尖锐吸收带；

2）缔合：3500~3100 cm^{-1}，W；

3）酰胺：3500~3300 cm^{-1}，可变峰。

胺类化合物的区别：

1）伯胺 、伯酰胺：双峰；

2）仲胺（仲酰胺）：单峰；

3）叔胺、叔酰胺：在上述区域内不显峰。

B　不饱和 C—H 伸缩振动区（3300~3000 cm^{-1}）

如表 4-2 所示，炔烃中 C—H 基团的特征频率对应的波数约 3300 cm^{-1}，峰强度很强，烯烃中 C—H 基团的特征频率对应的波数为 3100~3000 cm^{-1}，芳烃中的 C—H 基团的特征频率对应的波数为 3050~3000 cm^{-1}，二者的红外吸收峰强度为中等强度。

C　饱和 C—H 伸缩振动区（3000~2700 cm^{-1}）

—CH$_3$ 中 C—H 基团的特征频率对应的波数为 2960 cm^{-1} 及 2870 cm^{-1}，分为伸缩振动

和反伸缩振动，—CH$_2$— 中 C—H 基团的特征频率对应的波数为 2930 cm^{-1}和 2850 cm^{-1}。

表 4-2　C—H 键的类型与波数

C—H 键的类型	波数/cm^{-1}	峰的强度	
—C≡C—H	~3300	Very strong(Vs)	
—C≡C—H	3100~3000	M	
Ar—H	3050~3000	M	
—CH$_3$	2960 及 2870	Vs	因为有 Vas 和 Vs，且 Vas＞Vs
—CH$_2$—	2930 及 2850	Vs	
—CH—	2890	W	
—C=O〈 H	2720	W	

D　三键和累积双键区（2400~2100 cm^{-1}）

IR 中 2400~2100 cm^{-1}区域内的谱带较少，见表 4-3。

表 4-3　三键或累积双键类型与波数

三键或累积双键类型	波数/cm^{-1}	峰的强度
R—C≡C—H	2140~2100	M
R—C≡C—R'	2260~2190	可变
R—C≡C—R	无吸收	
R—C≡N	2260~2240	S
R—N=N=N	2160~2120	S
〉C=C=C〈	~1950	
O=C=O	~2340	

空气中 CO$_2$对谱图有干扰，因此解析图谱时应注意是否存在操作和仪器调整的问题。

E　羰基的伸缩振动区（1900~1650 cm^{-1}）

羰基的吸收最常出现的区域为 1755~1670 cm^{-1}，由于 C=O 的电偶极矩较大，常成为 IR 光谱中第一强峰，故 $\gamma_{C=O}$ 吸收峰是判别有无 C=O 化合物的主要依据（表 4-4）。

表 4-4　羰基类型与波数范围

羰基类型	波数/cm^{-1}	峰的强度
饱和脂肪醛	1740~1720	S
αβ 不饱和脂肪醛	1705~1680	S
芳香醛	1715~1690	S
饱和脂酮	1725~1705	S
芳香酮	1700~1680	S
酰胺	1700~1680（游离） 1660~1640（缔合）	

F 双键伸缩振动区（1690~1500 cm^{-1}）

双键伸缩振动区的双键类型与波数范围见表4-5。

表 4-5 双键类型与波数范围

双键类型	波数/cm^{-1}	峰的强度
C ＝ C	1680~1620	不定
苯环骨架	1620~1450	
C ＝N—	1690~1640	不定
—N＝N—	1630~1575	不定
—N（O）（O）	1615~1510 1390~1320	S S

注意：

（1）$\gamma_{C=C}$的吸收随对称性增强而减弱，若取代基相似或相同，则$\gamma_{C=C}$可能为分红外活性的，故不可依据此段范围内不吸收则排除—C＝C—双键的存在。

（2）共轭作用使$\gamma_{C=C}$作用增强，并使其吸收峰向地波数方向移动（红移），且出现两个峰。

（3）单核芳烃$\gamma_{C=C}$的吸收主要有 4 个，出现在 1620~1450 cm^{-1}范围内。以 1500 cm^{-1}附近吸收最强，1600 cm^{-1}附近居中，而其他两个或太弱或靠得太近而被掩盖，故常用以两峰来鉴别苯环。但芳环上的取代会引起峰位的变化。

G X—Y 伸缩振动区（1475~1000 cm^{-1}）指纹区

包括 C—O、C—N、C—F、C—P、C—S、P—O、Si—O 以及 C＝S、S＝O、P＝O 等双键的伸缩振动，其中$\gamma_{C=C}$振动为 1300~1400 cm^{-1}。

H C—H 变形振动区（1000~650 cm^{-1}）指纹区

（1）烯烃的取代（1000~650 cm^{-1}）：

1）双取代：

① RCH＝CH$_2$，950 cm^{-1}、910 cm^{-1}，S；

② R$_1$R$_2$C＝CH$_2$，890 cm^{-1}，S 且取代基对此影响较小。

2）R$_1$CH＝CHR$_2$：

① 顺式，690 cm^{-1}，S，则取代基影响较大。

② 反式，S。

3）三取代：R$_1$R$_2$C＝CHR$_3$，825 cm^{-1}，M，不易识别。

（2）苯环的取代（900~650 cm^{-1}）：

1）单取代：770~730 cm^{-1}，710~690 cm^{-1}，双峰 Vs、s。

2）二取代：

① 邻：770~735 cm^{-1}，单峰，Vs；

② 间：900~680 cm^{-1}，三峰，m-Vs；

③ 对：860~800 cm^{-1}，单峰，Vs。

（3）指示—[—CH$_2$—]$_n$—的存在。$n \geqslant 4$ 时，—CH$_2$—的平面摇摆，δ_{CH_2} 出现在 722 cm^{-1} 随 n 减小，移向高波段。

4.3 红外光谱仪及操作

红外光谱仪是由光源、样品室、单色器以及检测器等部分组成。本书使用的仪器是布鲁克 TENSOR 27 红外光谱仪，见图 4-3。

图 4-3 布鲁克 TENSOR 27 红外光谱仪

（1）主要功能：红外光谱仪主要用于定性或定量分析样品的分子结构，可进行常规的固体和液体样品分析，满足红外基础实验室的常规应用。配有室温、高灵敏度 DLATGS 检测器，全数字化设计，数字信号输出。另外还配有液氮制冷的 MCT 检测器。配有原位催化反应附件、高温原位反应透射池、金刚石 ATR、常规漫反射和气体池等配件。

（2）性能指标：

1）光谱范围 4000~400 cm^{-1}，可扩展到 15500~50 cm^{-1}，分辨率连续可调，由于 0.4 cm^{-1}，信噪比 4000：1。

2）干涉仪：立体角镜，扭摆式干涉仪，无需跟踪调整，光路永久准直，全镀金镜子，永无磨损。

3）检测器：DLATGS 和 MCT 数字化检测器，全数字化设计，输出数字信号，DELTA-SIGMA 数字化采集。

4）原位漫反射催化附件，温度使用范围到 600 ℃，压力范围高真空（<133.32×10^{-6} ~ 67550 Pa）。

5）高温原位透过池，温度使用范围到 500 ℃，水冷密封窗片。

4.3.1 主要部件的性能与作用

4.3.1.1 红外分光光度计的基本组成

红外分光光度计的组成基本与紫外分光光度计相似，但最基本的区别是红外测定时样品是放在光源与单色器之间。

（1）光源：一般分光光度计中的氘灯、钨灯等光源能量较大，要观察分子的振动能级跃迁，测定红外吸收光谱，需要能量较小的光源。黑体辐射是最接近理想光源的连续辐射。满足此要求的红外光源是稳定的固体在加热时产生的辐射。现在红外光谱仪的光源各种各样，种类比较多，主要有以下几种：

1）碳化硅光源：优点是光的能量比较强，功率大，热辐射强，但需要冷却，硅碳棒$T = 1200 \sim 1400 \ ℃$ 廉价、方便，λ 范围宽。

2）EVER-GLO 光源：改进型的碳化硅光源，发光面积小，红外辐射强，热辐射很弱，不需要冷却，寿命长，能在 10 年以上。

3）陶瓷光源：水冷却光源和空气冷却光源。这种现在红外光谱仪用得比较多。

4）能斯特灯光源：光的能量比较强，但是需要一个预热的过程，能斯特、混合稀土氧化物 $T = 1700 \ ℃$，昂贵、稳定、寿命长，操作较不便。

5）白炽线圈光源：光的能量较弱。

（2）单色器：棱镜、光栅。

（3）检测器：高真空热电偶、测热辐射计、高莱池。

（4）棱镜和光栅光谱仪：属于色散型光谱仪，它的单色器为棱镜或光栅，属单通道测量，即每次只测量一个窄波段的光谱元。转动棱镜或光栅，逐点改变其方位后，可测得光源的光谱分布。

随着信息技术和电子计算机的发展，出现了以多通道测量为特点的新型红外光谱仪，即在一次测量中，探测器就可同时测出光源中各个光谱元的信息，例如，在哈德曼变换光谱仪中就是在光栅光谱仪的基础上用编码模板代替入射或出射狭缝，然后用计算机处理探测器所测得的信号。与光栅光谱仪相比，哈德曼变换光谱仪的信噪比要高些。

（5）傅里叶变换红外光谱仪（图 4-4）：它是非色散型的，核心部分是一台双光束干涉仪，常用的是迈克耳孙干涉仪。当动镜移动时，经过干涉仪的两束相干光间的光程差就改变，探测器所测得的光强也随之变化，从而得到干涉图。经过傅里叶变换的数学运算后，就可得到入射光的光谱 $B(\nu)$：

$$B(\nu) = I(x) / \cos(2\pi\nu x)$$

式中，$I(x)$ 为干涉信号；ν 为波数；x 为两束光的光程差。

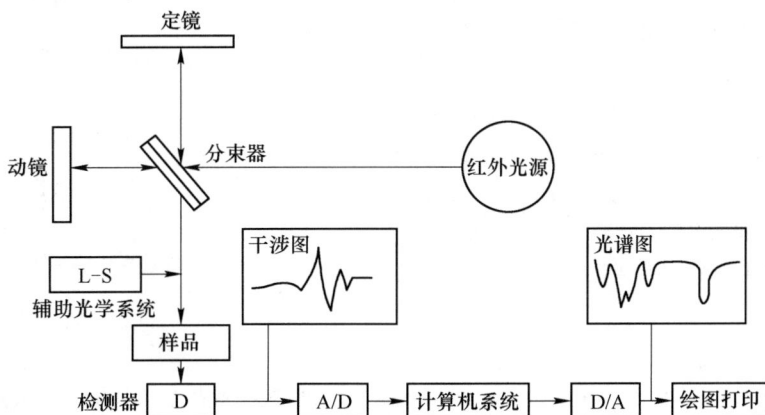

图 4-4　傅里叶变换红外光谱仪光路图

傅里叶变换光谱仪的主要优点是：

1）多通道测量使信噪比提高；

2）没有入射和出射狭缝限制，因而光通量高，提高了仪器的灵敏度；

3) 以氦、氖激光波长为标准，波数值的精确度可达 0.01 cm；

4) 增加动镜移动距离就可使分辨本领提高；

5) 工作波段可从可见区延伸到毫米区，使远红外光谱的测定得以实现。

上述各种红外光谱仪既可测量发射光谱，又可测量吸收或反射光谱。当测量发射光谱时，以样品本身为光源；测量吸收或反射光谱时，用卤钨灯、能斯脱灯、硅碳棒、高压汞灯（用于远红外区）为光源。所用探测器主要有热探测器和光电探测器，前者有高莱池、热电偶、硫酸三甘肽、氘化硫酸三甘肽等；后者有碲镉汞、硫化铅、锑化铟等。常用的窗片材料有氯化钠、溴化钾、氟化钡、氟化锂、氟化钙，它们适用于近、中红外区。在远红外区可用聚乙烯片或聚酯薄膜。此外，还常用金属镀膜反射镜代替透镜。

4.3.1.2　傅里叶变换红外分光光度计、傅里叶变换红外光谱仪

由光源—干涉计（迈克耳逊干涉仪）—检测器—电子计算机—记录仪构成。

(1) 光源：一般分光光度计中的氖灯、钨灯等光源能量较大，要观察分子的振动能级跃迁，测定红外吸收光谱，需要能量较小的光源。黑体辐射是最接近理想光源的连续辐射。满足此要求的红外光源是稳定的固体在加热时产生的辐射。常见的有光源有能斯特灯、碳化硅棒、白纸线圈。

(2) 检测器：红外检测器有热检测器、热电检测器和光电导检测器三种。前两种用于色散型仪器中，后两种在傅里叶变换红外光谱仪中多见。

(3) 傅里叶变换红外光谱仪：如图 4-5 所示，光源发出的光被分束器分为两束，一束经反射到达动镜，另一束经透射到达定镜。两束光分别经定镜和动镜反射再回到分束器。动镜以一恒定速度做直线运动，因而经分束器分束后的两束光形成光程差 d，产生干涉。干涉光在分束器会合后通过样品池，然后被检测。傅里叶变换红外光谱仪的检测器有 TGS、MCT 等。

傅里叶红外变换光谱仪具有如下优点：

(1) 大大提高了谱图的信噪比（throughput or Jaquinot advantage）。FT-IR 仪器所用的光学元件少，无狭缝和光栅分光器，因此到达检测器的辐射强度大，信噪比大。

(2) 波长（数）精度高（±0.01 cm⁻¹），重现性好。

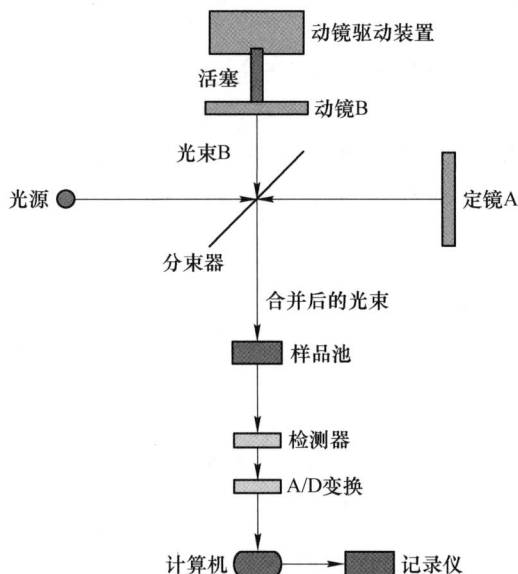

图 4-5　傅里叶变换红外光谱仪构成

(3) 分辨率高。

扫描速度快（multiplex or Fellgett advantage）。傅里叶变换仪器动镜一次运动完成一次扫描所需时间仅为一至数秒，可同时测定所有的波数区间。而色散型仪器在任一瞬间只观测一个很窄的频率范围，一次完整的扫描需数分钟。

4.3.2　分析条件的选择

(1) 测定时实验室的温度应在 15～30 ℃，相对湿度应在 65% 以下，所用电源应配备

稳压装置和接地线。因要严格控制室内的相对湿度，因此红外实验室的面积不要太大，能放得下必需的仪器设备即可，但室内一定要有除湿装置。

（2）为防止仪器受潮而影响使用寿命，红外实验室应经常保持干燥，即使仪器不用，也应每周开机至少两次，每次半天，同时开除湿机除湿。特别是梅雨季节，最好是能每天开除湿机。

（3）如所用的是单光束型傅里叶红外分光光度计（目前应用最多），实验室里的 CO_2 含量不能太高，因此实验室里的人数应尽量少，无关人员最好不要进入，还要注意适当通风换气。

（4）红外光谱测定最常用的试样制备方法是溴化钾（KBr）压片法（药典收载品种 90% 以上用此法），因此为减少对测定的影响，所用 KBr 最好应为光学试剂级，至少也要分析纯级。使用前应适当研细（200 目以下），并在 120 ℃ 以上烘 4 h 以上后置干燥器中备用。如发现结块，则应重新干燥。制备好的空 KBr 片应透明，与空气相比，透光率应在 75% 以上。

（5）如供试品为盐酸盐，因考虑到在压片过程中可能出现的离子交换现象，标准规定用氯化钾（也同溴化钾一样预处理后使用）代替溴化钾进行压片，但也可比较氯化钾压片和溴化钾压片后测得的光谱，如二者没有区别，则可使用溴化钾进行压片。

（6）压片法时取用的供试品量一般为 1~2 mg，因不可能用天平称量后加入，并且每种样品对红外光的吸收程度不一致，故常凭经验取用。一般要求所得的光谱图中绝大多数吸收峰处于 10%~80% 透光率范围在内。最强吸收峰的透光率如太大（如大于 30%），则说明取样量太少；相反，如最强吸收峰为接近透光率为 0，且为平头峰，则说明取样量太多，此时均应调整取样量后重新测定。

（7）压片时 KBr 的取用量一般为 200 mg 左右（也是凭经验），应根据制片后的片子厚度来控制 KBr 的量，一般片子厚度应在 0.5 mm 以下，厚度大于 0.5 mm 时，常可在光谱上观察到干涉条纹，对供试品光谱产生干扰。

（8）压片时，应先取供试品研细后再加入 KBr 再次研细研匀，这样比较容易混匀。研磨所用的应为玛瑙研钵，因玻璃研钵内表面比较粗糙，易黏附样品。研磨时应按同一方向（顺时针或逆时针）均匀用力，如不按同一方向研磨，有可能在研磨过程中使供试品产生转晶，从而影响测定结果。研磨力度不用太大，研磨到试样中不再有肉眼可见的小粒子即可。试样研好后，应通过一小的漏斗倒入到压片模具中（因模具口较小，直接倒入较难），并尽量把试样铺均匀，否则压片后试样少的地方的透明度要比试样多的地方的低，并因此对测定产生影响。另外，如压好的片子上出现不透明的小白点，则说明研好的试样中有未研细的小粒子，应重新压片。对于难研磨样品，可先将其溶于几滴挥发性溶剂中再与溴化钾粉末混合成糊状，然后研磨至溶剂挥发完全，也可在红外灯下赶走残留的溶剂，注意必须将溶剂完全赶尽。对于弹性样品，如橡胶，可用低温（-40 ℃）使其变脆而易粉碎，再与 KBr 粉末混合研磨。

（9）测定用样品应干燥，否则应在研细后置红外灯下烘几分钟使干燥。试样研好并具在模具中装好后，应与真空泵相连后抽真空至少 2 min，以使试样中的水分进一步被抽走，然后再加压到 0.8~1 GPa（8~10 t/cm²）后维持 2~5 min。不抽真空将影响片子的透明度。

（10）压片用模具用后应立即把各部分擦干净，必要时用水清洗干净并擦干，置干燥器中保存，以免锈蚀。

（11）供试品光谱与对照图谱或对照品图谱的比较：首先是比较各峰（但在 3440 cm^{-1} 附近由水分所产生的峰和在 2350 cm^{-1} 附近由 CO_2 所产生的峰不考虑在内）的峰形峰位（波数），其次是比较相邻峰之间的相对强度（透光率），如两者都能对得上，则表示供试品光谱与对照图谱一致。如其中有一项或两项都对不上，应考虑到仪器与测定条件等所存在的差异，此时应取此供试品的对照品用同法同时测定，如测得的对照品光谱与供试品光谱一致，则仍可判为符合规定。

（12）仪器的简单校正（中国药典规定的方法，操作者自己校正）：

1）波数准确度：用仪器所自带的聚苯乙烯膜，按仪器使用说明书要求设置参数，以常用的扫描速度记录红外光谱，CHP2005 年版规定：用 3027 cm^{-1}、2851 cm^{-1}、1601 cm^{-1}、1028 cm^{-1} 和 907 cm^{-1} 五个特征吸收峰与测得的光谱上的相应位置处的吸收峰处的波数相比较，傅里叶红外仪在 3000 cm^{-1} 附近处（实际上就是 3027 cm^{-1} 和 2851 cm^{-1} 两个峰）波数误差不得过 ± 5 cm^{-1}，而在 1000 cm^{-1} 附近处（实际上就是 1601 cm^{-1} 和 1028 cm^{-1} 和 907 cm^{-1} 三个峰）波数误差不得过 ± 1 cm^{-1}。

2）分辨率：用上项校正所测得的聚苯乙烯膜光谱，在 3110～2850 cm^{-1} 范围内应能分辨出 7 个吸收峰，其中峰 2851 cm^{-1} 与谷 2870 cm^{-1} 之间的透光率之差不得小于 $18\%T$，而峰 1583 cm^{-1} 与峰 1589 cm^{-1} 之间的透光率之差不得小于 $12\%T$。

4.3.3　傅里叶红外光谱仪 TENSOR 27 操作规程

（1）目的：规范 TENSOR 27 红外光谱仪的操作程序，正确使用仪器，保证检测工作顺利进行、操作人员人身安全和设备安全。

（2）适用范围：适用于 TENSOR 27 红外光谱仪的使用操作与日常维护。

（3）操作程序：

1）安全操作注意事项和特别提示：该仪器必须由专人保管，专人使用，使用人员必须经过专门培训，并仔细阅读说明书，确保对仪器具有充分的认识。

2）使用环境：电源电压：85～265 V，47～65 Hz；温度范围：18～35 ℃；湿度范围：小于 70%，仪器室须保持无尘，无腐蚀性气体，无强烈振动。

严格遵守操作规程，如仪器出现故障，须立即退出检测状态，并向保管人或科室负责人报告，查明原因，及时处理，不得擅自"修理"，同时做好使用和故障情况登记及实验室记录。

3）日常保养：当位于仪器的右上角的红色电子湿度指示灯闪烁时，应该立即更换干燥剂。包括位于样品仓内的干燥剂及位于干涉仪仓内的干燥剂。若仪器长期不用，则必须至少每两星期更换一次干燥剂并且每周至少开启主机一次，每次开机时间不低于 4 h，样品仓内干燥剂为变色硅胶，再生按变色硅胶方法处理。

（4）再生、更换干涉仪仓干燥剂步骤：

1）小心将失效干燥管从仪器中取出，并将已再生好的备用干燥管小心装入仪器。

2）打开失效干燥管密封盖，将干燥剂（分子筛，白色）倒出。

3）将倒出的干燥剂放入适当的容器，在干燥烘箱于 150 ℃下再生不低于 24 h，切勿连同干燥管一起加热。

4）在干燥气氛中冷却干燥剂至50 ℃以下，然后才能将干燥剂重新装入干燥管中，盖好密封盖，在干燥气氛中保存备用。切勿将高温干燥剂立即放入，否则会损坏红外光谱仪。

5）样品测定完毕，须保持仪器样品仓的清洁，并将样品移出仪器室，关好仪器、电脑及水、电、门窗等。

（5）开机步骤：

1）开机前的准备：检查确认电源插座上的电压是否在规定的范围内。开除湿器，湿度须小于70%。

2）按仪器后侧的电源开关，开启仪器，加电后，开始一个自检过程；约30 s。自检通过后，状态灯由红变绿。仪器加电后至少要等待10 min，等电子部分和光源稳定后，才能进行测量。

3）开启电脑，运行OPUS操作软件。检查电脑与仪器主机通信是否正常。

4）设定适当的参数，检查仪器信号是否正常，若不正常需要查找原因并进行相应的处理，正常后方可进行测量。仪器稳定后，进行测量。

5）测量步骤：根据实验要求，设置实验参数。

① 根据样品选择背景，测量背景谱图；

② 准备样品（如用压片机压片或液体池等）；

③ 将样品放入样品室的光路中（如放在样品架或其他附件上）；

④ 测量样品谱图；

⑤ 对谱图进行相应处理。

（6）关机步骤：

1）移走样品仓中的样品，确保样品仓清洁。

2）按仪器后侧电源开关，关闭仪器。

3）关闭电脑。

4）若有必要，还需要从电源插座上拔下电源线。

4.4　红外光谱分析的样品准备

对于固体粉末样品，散射的影响很大，往往使谱图失真。如直接用粉末进行测量，则大部分红外光由于散射而损失，压片可以消除散射。试样纯度应大于98%，或者符合商业规格，这样才便于与纯化合物的标准光谱或商业光谱进行对照，多组分试样应预先用分馏、萃取、重结晶或色谱法进行分离提纯，否则各组分光谱互相重叠，难以解析。试样不应含水（结晶水或游离水）水有红外吸收，与羟基峰干扰，而且会浸蚀吸收池的盐窗。所用试样应当经过干燥处理。试样浓度和厚度要适当，使最强吸收透光度在5%～20%。红外光谱的试样可以是液体、固体或气体。

4.4.1　一般要求

（1）试样应该是单一组分的纯物质，纯度应大于98%或符合商业规格，才便于与纯物质的标准光谱进行对照。多组分试样应在测定前尽量预先用分馏、萃取、重结晶或色谱法进行分离提纯，否则各组分光谱相互重叠，难于判断。

（2）试样中不应含有游离水。水本身有红外吸收，会严重干扰样品谱，而且会浸蚀吸收池的盐窗。

（3）试样的浓度和测试厚度应选择适当，以使光谱图中的大多数吸收峰的透射比处于 10%～80% 范围内。

4.4.2　固体粉末样品制备

（1）卤化物压片法：基质有氯化钠、溴化钾、氯化银、碘化铯，最常用的是溴化钾，压成直径 13 mm，厚度 0.5 mm 的薄片，溴化钾与样品的比例为 100∶1（样品约 1～2 mg）。将 1～2 mg 固体试样与 100 mg 干燥的优级纯 KBr 混合，研磨到粒度小于 2 μm，装入模具内，在油压机上或手动压片制成透明薄片，即可用于测定。

注意：溴化钾必须干燥，溴化钾研磨很细，控制溴化钾与样品的比例。

此法适用于可以研细的样品，但对于不稳定的化合物，如发生分解、异构化、升华等变化的化合物不宜使用压片法。注意样品的干燥，不能吸水。

（2）糊状法：对于吸水性很强、有可能与溴化钾发生反应的样品采用制成糊剂的方法进行测量。取 2 mg 样品与 1 滴石蜡油研磨后，涂在溴化钾窗片上测量。注意要扣除石蜡油的吸收峰，液体石蜡在 2960～2850 cm^{-1}、1460 cm^{-1}、1380 cm^{-1}、720 cm^{-1} 等处有明显吸收。如果要观察样品中的甲基及亚甲基吸收，则应改用在 4000～1200 cm^{-1} 区透明。在玛瑙研钵中，将干燥的样品研磨成细粉末。然后滴入 1～2 滴液体石蜡混研成糊状，涂在 KBr 或 NaCl 制成的盐窗上，进行测试，此法可消除水峰的干扰。

（3）溶液法：把样品溶解在适当的溶液中，注入液体池内测试。所选择的溶剂应不腐蚀池窗，在分析波数范围内没有吸收，并对溶质不产生溶剂效应。一般使用 0.1 mm 的液体池，溶液浓度在 10% 左右为宜。

4.4.3　液体样品的制备

对于沸点较高且黏度较大的液体样品，取 2 mg 或一滴样品直接涂在 KBr 窗片上进行测试，对于沸点较低的样品及黏度小、流动性较大的高沸点液体样品放在液体池中测试，液体池是由两片 KBr 窗片和能产生一定厚度的垫片所组成，切记不得有水。

（1）液膜法：样品的沸点高于 100 ℃ 可采用液膜法测定。黏稠样品也可采用液膜法。这种方法较简单，只要在两个盐片之间滴加 1～2 滴未知样品，使之形成一层薄的液膜。流动性较大的样品，可选择不同厚度的垫片来调节液膜的厚度。样品制好后，用夹具轻轻夹住进行测定。沸点较高的试样，直接滴在两片盐片之间，形成液膜，然后用夹具固定，放入仪器光路中进行测试。对极性样品的清洗剂一般用 $CHCl_3$，非极性样品清洗剂一般用 CCl_4。

（2）液体吸收池法：对于低沸点液体样品和定量分析，要用固定密封液体池。

液体池是由后框架、垫片、后窗片、间隔片、前窗片和前框架六个部分组成。一般后框架和前框架由金属材料制成；前窗片和后窗片为氯化钠、溴化钾等晶体薄片；间隔片常由铝箔和聚四氟乙烯等材料制成，起着固定液体样品的作用，厚度为 0.01～2 mm。

液体池的装样操作：将吸收池倾斜 30°，用注射器（不带针头）吸取待测的样品，由下孔注入直到上孔看到样品溢出为止，用聚四氟乙烯塞子塞住上、下注射孔，用高质量的纸巾擦去溢出的液体后，便可进行测试。

在液体池装样操作过程中，应注意以下几点：1）灌样时要防止气泡；2）样品要充分溶解，不应有不溶物进入液体池内；3）装样品时不要将样品溶液外溢到窗片上。

液体池的清洗操作：测试完毕，取出塞子，用注射器吸出样品，由下孔注入溶剂，冲洗 2～3 次。冲洗后，用吸耳球吸取红外灯附近的干燥空气吹入液体池内以除去残留的溶剂，然后放在红外灯下烘烤至干，最后将液体池存放在干燥器中。注意，液体池在清洗过程中或清洗完毕时，不要因溶剂挥发而致使窗片受潮。

4.4.4 气体样品的制备

气体样品的测定可使用窗板间隔为 2.5～10 cm 的大容量气体池，如图 4-6 所示。抽真空后，向池内导入待测气体。测定气体中的少量组分时使用池中的反射镜，其作用是将光路长增加到数十米。气体池还可用于挥发性很强的液体样品的测定。

图 4-6　气体池

气体样品，采用气体池直接测试；浓度高的样品，采用光程短的气体池，或者减小压力，或者用氮气或氩气进行稀释；对于浓度低至 ppm 或 ppb 量级的样品，采用光程长的气体池以及更高灵敏度的 MCT 检测器。

常规气体池：长度 100 mm，直径 30～40 mm，由窗片和玻璃筒密封而成；小体积气体池：池的直径较小，适用于样品量少的气体；长光程气体池：最长有 1000 m，适用于 ppm 级极稀浓度样品的测试；高温、低温、加压气体池：适用于高温、低温、高压气体的特殊研究。

将气体池放在气体池架上即可，气体池的两边由 KBr 窗片或其他类型的盐片密封，要特别注意防止盐片受潮。

4.4.5 特殊样品的制备——薄膜法

（1）熔融法：对于熔点低，在熔融时不发生分解、升华和其他化学变化的物质，用熔融法制备。可将样品直接用红外灯或电吹风加热熔融后涂制成膜。

（2）热压成膜法：对于某些聚合物，可把它们放在两块具有抛光面的金属块间加热，样品熔融后立即用油压机加压，冷却后揭下薄膜夹在夹具中直接测试。

（3）溶液制膜法：将试样溶解在低沸点的易挥发溶剂中，涂在盐片上，待溶剂挥发后成膜来测定。如果溶剂和样品不溶于水，使它们在水面上成膜也是可行的。比水重的溶剂在汞表面成膜。把制备好的样品放入样品架，然后插入仪器样品室的固定位置上，按仪器的操作规程进行测试。

制备高聚物薄膜常用溶剂见表 4-6。

表 4-6　制备高聚物薄膜常用溶剂

适合的溶剂	高　聚　物
苯	聚乙丁烯、聚丁二烯、聚苯乙烯等
甲醇	聚醋酸乙烯酯、乙基纤维素
二甲基甲酰胺	聚丙烯腈
氯仿或丙酮	聚甲基丙烯酸甲酯
甲酸	尼龙 6
二氯乙烷	聚碳酸酯
丙酮	醋酸纤维素
四氯乙烷	涤纶
四氢呋喃	聚氯乙烯
二甲亚砜	聚酰亚胺、聚甲醛（热）
甲苯、四氢萘	聚乙烯（热）、聚丙烯（热）
水	聚乙烯醇（热）、甲基纤维素

4.5　红外光谱的应用

红外光谱对样品的适用性相当广泛，固态、液态或气态样品都能应用，无机、有机、高分子化合物都可检测。此外，红外光谱还具有测试迅速，操作方便，重复性好，灵敏度高，试样用量少，仪器结构简单等特点，因此，它已成为现代结构化学和分析化学最常用和不可缺少的工具。红外光谱在高聚物的构型、构象、力学性质的研究以及物理、天文、气象、遥感、生物、医学等领域也有广泛的应用。红外光谱的应用是多方面的：（1）分子结构的基础研究，如分子的空间构型化学键的力常数，键长，键角；（2）化合物的定性分析；（3）定量分析；（4）化学反应机理的研究。主要用于未知化合物的结构鉴定。

4.5.1　红外吸收光谱解析

结合红外吸收光谱中的八个重要区域和常见化合物的红外吸收情况讨论红外吸收光谱的解析步骤。红外吸收光谱解析无严格的程序和规则，一般经验为"四先四后一抓法"。即先特征，后指纹；先最强峰，后次强峰，再中强峰；先粗查，后细查；先肯定，后否定；一抓就是抓一组相关峰。

具体步骤为：

（1）了解样品来源，纯度（>98%），外观包括对样品的颜色、气味、物理状态、灰分等观察。如未知物含杂质，先进行分离、提纯。

（2）确定未知物的不饱和度：

$$\Omega = 1 + n_4 + \frac{n_3 - n_1}{2}$$

$\Omega = 1$，有一个双键，$\Omega = 2$ 有两个双键或一个三键。苯环的不饱和度为 4，即环的本身只不饱和度 1。

（3）由 IR 谱图确定基团及结构。

（4）推测可能的结构。

（5）查阅标准谱图，与此对照核实。

注意：一个光谱图中的所有吸收峰并不能全部指出其归属，因为有些峰是分子作为一个整体的特征吸收。而有些是倍频或组频，另有些峰是多个基团振动的叠加。

4.5.2 定性分析——未知物结构的测定实例

液态水的红外光谱红外吸收峰的位置与强度反映了分子结构上的特点，可以用来鉴别未知物的结构组成或确定其化学基团；而吸收谱带的吸收强度与化学基团的含量有关，可用于进行定量分析和纯度鉴定（图 4-7）。另外，在化学反应的机理研究上，红外光谱也发挥了一定的作用。但其应用最广的还是未知化合物的结构鉴定。

红外光谱不但可以用来研究分子的结构和化学键，如力常数的测定和分子对称性的判据，而且还可以作为表征和鉴别化

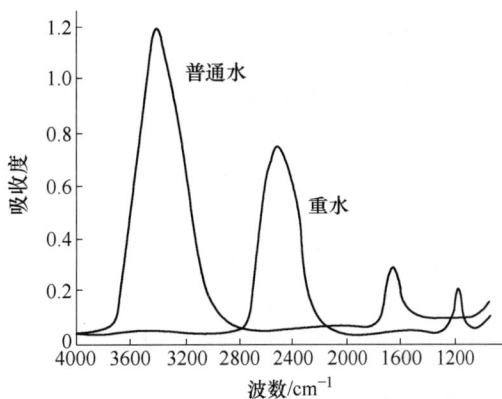

图 4-7 液态水的红外光谱

学物种的方法。例如气态水分子是非线性的三原子分子，它的 $\nu_1 = 3652$ cm、$\nu_3 = 3756$ cm、$\nu_2 = 1596$ cm 而在液态水分子的红外光谱中，由于水分子间的氢键作用，使 ν_1 和 ν_3 的伸缩振动谱带叠加在一起，在 3402 cm 处出现一条宽谱带，它的变角振动 ν_2 位于 1647 cm。在重水中，由于氘的原子质量比氢大，使重水的 ν_1 和 ν_3 重叠谱带移至 2502 cm 处，ν_2 为 1210 cm。以上现象说明水和重水的结构虽然很相近，但红外光谱的差别是很大的。

红外光谱具有高度的特征性，所以采用与标准化合物的红外光谱对比的方法来做分析鉴定已很普遍，并已有几种标准红外光谱汇集成册出版，如《萨特勒标准红外光栅光谱集》收集了十万多个化合物的红外光谱图。近年来又将这些图谱贮存在计算机中，用来对比和检索。

分子中的某些基团或化学键在不同化合物中所对应的谱带波数基本上是固定的或只在小波段范围内变化，例如，经常出现在 1600～1750 cm，称为羰基的特征波数。许多化学键都有特征波数，它可以用来鉴别化合物的类型，还可用于定量测定。由于分子中邻近基团的相互作用（如氢键的生成、配位作用、共轭效应等），使同一基团在不同分子中所处的化学环境产生差别，以致它们的特征波数有一定变化范围（表 4-7）。

红外光谱是物质定性的重要的方法之一。它的解析能够提供许多关于官能团的信息，

可以帮助确定部分乃至全部分子类型及结构。其定性分析有特征性高、分析时间短、需要的试样量少、不破坏试样、测定方便等优点。

表 4-7 化学键的特征波数

化学键	吸收波数/cm^{-1}	化学键	吸收波数/cm^{-1}
N—H	3100~3550	C≡N	2100~2400
O—H	3000~3750	—SCN	2000~2250
C—H	2700~3000	S—H	2500~2650
C—O	1600~1900	C=C	1500~1675
C—O	1000~1250	C≡C、 C=CH	2900~3300

传统的利用红外光谱法鉴定物质通常采用比较法，即与标准物质对照和查阅标准谱图的方法，但是该方法对于样品的要求较高并且依赖于谱图库的大小。如果在谱图库中无法检索到一致的谱图，则可以用人工解谱的方法进行分析，这就需要有大量的红外知识及经验积累。大多数化合物的红外谱图是复杂的，即便是有经验的专家，也不能保证从一张孤立的红外谱图上得到全部分子结构信息，如果需要确定分子结构信息，就要借助其他的分析测试手段，如核磁、质谱、紫外光谱等。尽管如此，红外谱图仍是提供官能团信息最方便快捷的方法。

近年来，利用计算机方法解析红外光谱，在国内外已有了比较广泛的研究，新的成果不断涌现，不仅提高了解谱的速度，而且成功率也很高。随着计算机技术的不断进步和解谱思路的不断完善，计算机辅助红外解谱必将对教学、科研的工作效率产生更加积极的影响。

4.5.3 定量分析

红外光谱定量分析法的依据是朗伯-比尔定律。红外光谱定量分析法与其他定量分析方法相比，存在一些缺点，因此只在特殊的情况下使用。它要求所选择的定量分析峰应有足够的强度，即摩尔吸光系数大的峰，且不与其他峰相重叠。红外光谱的定量方法主要有直接计算法、工作曲线法、吸收度比法和内标法等，常常用于异构体的分析。

随着化学计量学以及计算机技术等的发展，利用各种方法对红外光谱进行定量分析也取得了较好的结果，如最小二乘回归、相关分析、因子分析、遗传算法、人工神经网络等的引入，使得红外光谱对于复杂多组分体系的定量分析成为可能。

量子力学研究表明，分子振动和转动的能量不是连续的，而是量子化的，即限定在一些分立的、特定的能量状态或能级上。以最简单的双原子为例，如果认为原子间振动符合简谐振动规律，则其振动能量 E_v 可近似地表示为：

$$E_v = \left(v + \frac{1}{2}\right)h\nu$$

式中，v 为振动量子数，它是非负整数（$v=0$，1，2，…），表示振动能级的量子态；h 为普朗克常数；ν 为振动频率，即简谐振子的基频，Hz。当 $\nu=0$ 时，分子的能量最低，称为基态。处于基态的分子受到频率为 ν_0 的红外射线照射时，分子吸收了能量为 $h\nu_0$ 的光量子，跃迁到第一激发态，得到了频率为 ν_0 的红外吸收带。反之，处于该激发态的分子

也可发射频率为 ν_0 的红外射线而恢复到基态。ν_0 的数值决定于分子的约化质量 μ 和力常数 k。k 决定于原子的核间距离、原子在周期表中的位置和化学键的键级等。

分子越大，红外谱带也越多，例如含 12 个原子的分子，它的简正振动应有 30 种，它的基频也应有 30 条谱带，还可能有强度较弱的倍频、合频、差频谱带以及振动能级间的微扰作用，使相应的红外光谱更为复杂。如果假定分子为刚性转子，则其转动能量 E_r 为：

$$E_r = \frac{h^2 J(J+1)}{8\pi^2 I}$$

式中，J 为转动量子数（取正整数）；I 为刚性转子的转动惯量。在某些转动能级间也可以发生跃迁，产生转动光谱。在分子的振动跃迁过程中也常常伴随转动跃迁，使振动光谱呈带状。

4.5.3.1　辅助解析

有机化合物的结构鉴定在有机化学、生物化学、药物学、环境科学等许多领域越来越显示出它的重要性，而在各种鉴定手段中红外光谱以其方便灵敏的特性成为有机物结构鉴定的重要手段，除它对分析结构特征反应灵敏这一特点外，红外光谱仪与计算机直接联机，也为引进一些与计算机科学有关的智能手段创造了条件。

几十年以来，人们一直在探索将红外图谱的解析智能化。随着商品化红外光谱仪的计算机化，出现了许多计算机辅助红外光谱识别方法，这些方法大致可以分为三类：谱图检索系统、专家系统、模式识别方法。

4.5.3.2　谱图检索

谱图检索的主要优点是能够收集大量的光谱，只要根据未知物的光谱图就能识别化合物而无需其他数据（例如分子式等），它的程序也比较简单。但是它也有一些不可克服的缺点：

首先，检索系统的能力与谱图库存储的化合物的数量成正比，我们不可能把自然界所有的化合物收集其中，谱图库的发展总是滞后于有机化学的发展。其次，光谱仪器随着技术的发展不断改进，波谱范围不断扩大，分辨率不断提高，低温技术得到应用，一些新仪器的出现，这就要求原有的谱图库要不断修改，而庞大的谱图库在短时间内是办不到的。由于检索方法的这些特点，决定了它不能作为结构鉴定的一种完整的手段。

4.5.3.3　专家系统

计算机辅助结构解析的另一种方法是专家系统。它所研究的领域包括数学证明、程序编写、行为科学与心理学、生命科学与医学等。

目前设计的专家系统解析谱图的一般方法是：在计算机里预先存储化学结构形成光谱的一些规律；由未知物谱图的一些光谱特征推测出未知物的一些假想结构式；根据存储规律推导出这些假想结构式的理论谱图，再将理论谱图与实验谱图进行对照，不断对假想结构式进行修正，最后得到正确的结构式。但是，目前分子中各种基团的吸收规律，主要还是通过经验或者人工获得。人工比较大量的已知化合物的红外谱图，从中总结出各种基团的吸收规律，其结果虽比较真实地反映了红外光谱与分子结构的对应关系，却不够准确，特别是这些经验式的知识难以用计算机处理，使计算机专家解析系统难以实用化。

4.5.3.4　模式识别

模式识别的发展是从 20 世纪 50 年代开始的，就是用机器代替人对模式进行分类和描述，从而实现对事物的识别。随着计算机技术的普遍应用，处理大量信息的条件已经具备，模式识别在 60 年代得到了蓬勃发展，并在 70 年代初奠定了理论基础，从而建立了它自己独特的学科体系。模式识别已经应用到分析化学领域的有关方面，其中涉及最多的是分子光谱的谱图解析，在一些分类问题上获得了成功。

Munk 等于 1990 年首次将线性神经网络应用于红外光谱的子结构解析，把红外光谱的解析带入了一个全新的领域，从此引起红外光谱的计算机解析热潮。随后各种方法，如各种人工神经网络、偏最小二乘、信号处理方法（如小波变换）等逐步引入到红外光谱的计算机解析中，使模式识别在红外光谱的应用中得到很好的发展。

Cabrol-Bass 等使用了一个分等级的神经网络系统识别红外光谱的子结构。首先把 10000 个化合物光谱分为含苯环、含羟基、含羰基、含 C—NH 以及含 C=C 五大类，随后把这几个类进行进一步分类，总共 33 个子结构。每一个下级网络使用上一级网络输出的结果。以 3596~500 cm^{-1} 波段每 12 cm^{-1} 取 259 个点作为神经网络的输入，输出为 "1" 和 "0"，分别代表子结构存在和不存在。使用了含有一个隐含层 30 个节点的反向传播神经网络对每个子结构进行识别，对化合物作了全面但较为粗略的分类，涉及了数据库中一些常见化合物。

这些研究中大部分利用神经网络对子结构进行识别，而对特定类别的化合物没有做深入研究，对化合物的特征吸收峰也没有深入的讨论。另外，其中应用最多的人工神经网络在识别子结构时，对结构碎片的预测准确度不是很高，且神经网络存在不稳定、容易陷入局部极小和收敛速度慢等问题。

因此，近年来，人们一直在寻找一种更好的模式识别方法来进行红外光谱的结构解析。Vapnik 等于 1995 年在统计学习理论（statistical learning Theory，SLT）的基础上提出了支持向量机（support vector machine，SVM），它根据有限的样本信息在模型的复杂性和学习能力之间寻求最佳折中，以期获得最好的泛化能力。SVM 目前在化学中得到了一些较成功的应用，SVM 可以较好地对红外光谱的子结构进行识别，与 ANN 相比，SVM 还具有稳定以及训练速度快等优点，是一种很好的辅助红外光谱解析的工具。

4.5.3.5　红外定量分析举例

A　材料中 ONH 含量分析

金属中含有过量的氧氮氢会影响金属的性能，严重的可能会导致金属材料中出现孔隙、降低金属硬度，导致金属脆化断裂。所以对金属材料进行金属材料 ONH 检测是很重要的，可以直观地看到金属材料的数据，更好地应用这些金属材料，提前发现潜在问题并进行处理。

ONH 分析仪能够对固体无机材料中氧、氮、氢元素以及钢铁、金属粉末、有色金属、陶瓷、矿产等全量程范围的快速准确测定，这就很好地帮助我们了解金属材料的具体情况。

ONH 分析仪的工作原理是：在存在惰性气流的石墨坩埚中对需要分析的金属样品进行加热熔融，分解样品进行检测。载气将反应所生成的混合气体往红外检测器和热导检测器中进行检测，这样就可以获得金属材料中氧氮氢的含量。

在金属材料 ONH 检测过程中要注意不能受到污染，要知道空气中含有大量的氧气、氮气、氢气，一旦空气进入正在检测的系统中，就会导致检测结果出现温差。所以在检测过程中要注意设备的气密性。

B　材料中 C、S 元素含量分析

其主要用于冶金、机械、商检、科研、化工等行业中的黑色金属、有色金属、稀土金属、无机物、矿石、陶瓷等物质中的碳、硫元素含量分析。

红外碳硫仪，全称为高频红外碳硫分析仪分析方法。其检测原理为 CO_2、SO_2 等极性分子具有永久电偶极矩，因而具有振动和转动等结构。按量子力学分成分裂的能级，可与入射的特征波长红外光耦合产生吸收，气体分子在红外光波段，具有选择性吸收谱图，当特定波长的红外光通过 CO_2 或 SO_2 气体后，能产生强烈的光吸收。微型红外光源用电加热到 800 ℃ 产生红外光，经吸收池被 CO_2、SO_2 吸收入射到探测器上，检测到被测气体的浓度。

（1）选择合适的称样量。一般的样品称样量取 0.1~0.5 g，如果是超低碳硫，就需要加大称样量。

（2）根据材料的特性选择相应的添加剂，并且确保添加剂的纯度。高频红外中一般性的金属材料使用钨粒即可，但一些特殊的材料就要使用还原性更强，热值更高的添加剂，如纯铁、纯铜、锡等。电弧红外则常用锡、纯铁、硅钼粉作为添加剂。

（3）保持气流量的稳定性。碳含量分析结果高低受气流量影响明显：流量值变低，碳数据就偏高；流量值变高，碳数据就偏低。

（4）要避免水分的影响。二氧化硫与水分会发生化学反应，会减少红外线对二氧化硫的吸收，从而影响分析结果。

4.5.4　原位红外分析

原位红外光谱技术（In-situ infrared spectroscopy）是一种能够在反应过程中对物质进行在线监测的分析方法，该技术利用红外光谱仪对样品进行光谱分析，可以对反应物的结构和化学键进行定量分析和定性分析，掌握反应物的变化规律，从而研究化学反应的机理。

原位红外光谱技术是一种非侵入式的技术，利用样品对红外光的吸收特性来进行分析，其原理是将反应物物质放置于光学透明的实验室反应池中，通过专用的红外光谱仪观察反应物在光谱范围内的变化情况，从而得到反应物结构和化学键的信息，进一步研究反应过程及反应机理。

4.5.4.1　材料领域

在材料领域中，原位红外光谱技术主要应用于研究新型材料及其制备反应的反应机理、动力学参数、过程特征及结构变化，能够探测不同条件下新材料制备过程中产物分布、物质运移、化学键变化、产品结构转化及其演化规律。例如，在纳米材料的制备过程中，可以利用原位红外光谱技术通过观察反应过程中粒子大小及分布变化，从而调控纳米晶体的大小及其分布，控制纳米材料的光电性能、形貌及表面结构，实现材料和器件的优化，提高纳米材料制备的效率和效果。

4.5.4.2　化学反应方面的应用

原位红外光谱技术在化学反应中的应用越来越广泛：催化反应研究是原位红外光谱技

术的重要热点领域之一。在催化反应中，催化剂对反应体系的一个或多个反应物分子起到活化、激发、转化的作用。使用原位红外光谱技术，可以从催化剂表面反应物的变化中获得重要信息，从而更好地研究催化反应机制以及其他因素的影响。

原位红外光谱技术的优点包括：

（1）非侵入式技术，不破坏反应体系。

（2）在线监测反应过程，可以快速地获取有关反应属性的信息，反应速度、选择性和产率等反应性质。

（3）红外光谱技术分析结果更加准确，有着较高的灵敏度和分辨率，可以用于快速在线分析。

（4）反应环境无需特殊设备和条件。

原位红外光谱技术在化学反应中的应用是当前热点领域之一，可用于反应机理的研究、催化剂的载体筛选、有机合成反应的实时监测等。其中，对于新型材料的制备和性能优化及工艺改进也都拥有重要作用。这种技术的应用将推动化学反应领域的快速发展，给人们的生产和生活带来福利。

参 考 文 献

［1］赵正保，项光亚. 有机化学［M］. 北京：中国医药科技出版社，2016.

［2］陆婉珍. 现代近红外光谱分析技术［M］. 2 版. 北京：中国石化出版社，2007.

［3］徐广通，袁洪福，陆婉珍. 现代近红外光谱技术及应用进展［J］. 光谱学与光谱分析，2000，20（2）：134-142.

［4］刘洋. 硝基苯催化加氢制对氨基苯酚铂催化剂的研究［D］. 上海：上海大学，2022.

［5］WANG S F, HE B B, WANG Y J, et al. MgAPO-5-supported Pt-Pb-based novel catalyst for the hydrogenation of nitrobenzene to p-aminophenol［J］. Catalysis Communications, 2012, 24: 109-113.

［6］QUARTARONE G, RONCHIN L, TOSETTO A, et al. New insight on the mechanism of the catalytic hydrogenation of nitrobenzene to 4-aminophenol in $CH_3CN-H_2O-CF_3COOH$ as a reusable solvent system. Hydrogenation of nitrobenzene catalyzed by precious metals supported on carbon［J］. Applied Catalysis A: General, 2014, 475: 169-178.

［7］SHENG Y, WU B Q, REN J A, et al. Efficient and recyclable bimetallic Co-Cu catalysts for selective hydrogenation of halogenated nitroarenes［J］. Journal of Alloys and Compounds, 2022, 897: 163143.

［8］SHIMIZU K, MIYAMOTO Y, SATSUMA A. Size-and support-dependent silver cluster catalysis for chemoselective hydrogenation of nitroaromatics［J］. Journal of Catalysis, 2010, 270 (1): 86-94.

习　题

参考答案

4-1　振动光谱有哪两种类型，多原子分子的价键或基团的振动有哪些类型，同一种基团哪种振动的频率较高，哪种振动的频率较低？

4-2　试说明红外光谱产生的机理与条件。

4-3　试说明红外光谱图的表示法。

4-4　红外光谱图的四大特征（定性参数）是什么，如何进行基团的定性分析，如何进行物相的定性分析？

5　拉曼光谱分析法

本章内容导读：
- 拉曼光谱的发展历程
- 拉曼光谱分析的原理
- 拉曼光谱仪操作
- 拉曼联用技术
- 拉曼光谱与红外吸收光谱的区别与联系

5.1　概　　述

印度物理学家拉曼于 1928 年用水银灯照射苯液体，发现了新的辐射谱线，即在入射光频率 ω_0 的两边出现呈对称分布的，频率为 $\omega_0-\omega$ 和 $\omega_0+\omega$ 的明锐边带，这属于一种新的分子辐射，称为拉曼散射，其中 ω 为介质的元激发频率。拉曼因发现这一新的分子辐射和所取得的许多光散射研究成果而获得了 1930 年诺贝尔物理奖。与此同时，苏联兰茨堡格和曼德尔斯塔在石英晶体中发现了类似的现象，即由光学声子引起的拉曼散射，称为并合散射。

法国罗卡特、卡本斯以及美国伍德证实了拉曼的观察研究的结果。然而到 1940 年，拉曼光谱的地位一落千丈。这主要是因为拉曼效应太弱（约为入射光强的 10^{-6}），人们难以观测研究较弱的拉曼散射信号，更谈不上测量研究二级以上的高阶拉曼散射效应；且要求被测样品的体积必须足够大、无色、无尘埃、无荧光等。所以到 20 世纪 40 年代中期，红外技术的进步和商品化更使拉曼光谱的应用一度衰落。1960 年以后，红宝石激光器的出现，使得拉曼散射的研究进入了一个全新的时期。由于激光器的单色性好，方向性强，功率密度高，用它作为激发光源，大大提高了激发效率，因此成为拉曼光谱的理想光源。随着探测技术的改进和对被测样品要求的降低，目前拉曼光谱在物理、化学、医药、工业等各个领域得到了广泛的应用，越来越受到研究者的重视。

20 世纪 70 年代中期，激光拉曼探针的出现，给微区分析注入了活力。80 年代以来，美国 Spex 公司和英国 Rrinshow 公司相继推出拉曼探针共焦激光拉曼光谱仪，由于采用了凹陷滤波器（notchfilter）来过滤掉激发光，使杂散光得到抑制，因而不再需要采用双联单色器甚至三联单色器，而只需要采用单一单色器，使光源的效率大大提高，这样入射光的功率就可以很低，灵敏度得到了很大的提高。Dilo 公司推出了多测点在线工业用拉曼系统，采用的光纤可达 200 m，从而使拉曼光谱的应用范围更加广阔。

随着科学技术的发展，测试手段也不断丰富、强大，与此同时，也需要科研工作者的创新精神以及坚持不懈的毅力。

5.2 拉曼光谱

5.2.1 拉曼光谱的原理

拉曼光谱是一种散射光谱，通过对入射光频率不同的散射光进行分析，可以得到分子振动、转动等信息。在透明介质的散射光谱中，频率与入射光频率 ν_0 相同的成分称为瑞利散射；频率对称分布在 ν_0 两侧的谱线或谱带 $\nu_0 \pm \nu_1$ 即为拉曼光谱，其中频率较小的成分 $\nu_0 - \nu_1$ 又称小拉曼光谱，远离瑞利线的两侧出现的谱线称为大拉曼光谱。拉曼散射是非弹性散射，瑞利散射是弹性散射，无能量交换，仅改变方向。瑞利散射线的强度大约只有入射光强度的 10^{-3}，拉曼光谱强度大约只有瑞利线的 10^{-3}。小拉曼光谱与分子的转动能级有关，大拉曼光谱与分子振动-转动能级有关。拉曼光谱的理论解释是，入射光子与分子发生非弹性散射，分子吸收频率为 ν_0 的光子，发射分子吸收频率为 $\nu_0 - \nu_1$ 的光子（即吸收的能量大于释放的能量），同时分子从低能态跃迁到高能态（斯托克斯线）；分子吸收频率为 ν_0 的光子，发射分子吸收频率为 $\nu_0 + \nu_1$ 的光子（即释放的能量大于吸收的能量），同时分子从高能态跃迁到低能态（反斯托克斯线）。分子能级的跃迁仅涉及转动能级，发射的是小拉曼光谱；若涉及振动-转动能级，则发射的是大拉曼光谱。与分子红外光谱不同，极性分子和非极性分子都能产生拉曼光谱，拉曼效应起源于分子振动（点阵振动）与转动，因此从拉曼光谱中可以得到分子振动能级（点阵振动能级）与转动能级结构的知识。图 5-1 所示为拉曼散射原理能级图。

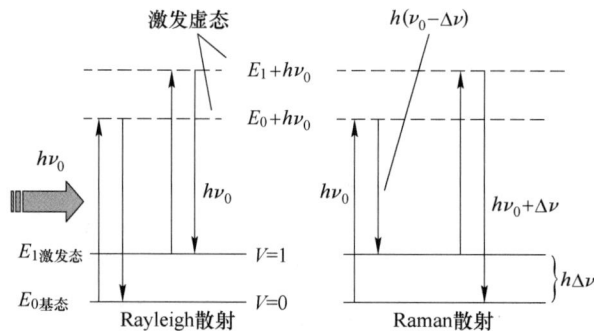

图 5-1 拉曼散射原理能级图

5.2.2 红外光谱与拉曼光谱的关系

红外光谱与拉曼光谱互称为姊妹谱，因此可以相互补充。

（1）相似之处：激光拉曼光谱与红外光谱一样，都能提供分子振动频率的信息，对于一个给定的化学键，其红外吸收频率与拉曼位移相等，均代表第一振动能级的能量。因此，对于某一给定的化合物，某些峰的红外吸收波数与拉曼位移完全相同，红外吸收波数与拉曼位移均在红外光区，两者都能反映分子的结构信息。

（2）不同之处：

1）红外光谱的入射光及检测光都是红外光，而拉曼光谱的入射光和散射光大多是可见光。拉曼效应为散射过程，拉曼光谱为散射光谱，红外光谱对应的是与某一吸收频率能量相等的（红外）光子被分子吸收，因而红外光谱是吸收光谱。

2）红外光谱测定的是光的吸收，横坐标用波数或波长表示；而拉曼光谱测定的是光的散射，横坐标是拉曼位移。

3）机理不同。从分子结构性质变化的角度看，拉曼散射过程来源于分子的诱导偶极矩，与分子极化率的变化相关。通常非极性分子及基团的振动导致分子变形，引起极化率的变化，是拉曼活性的；红外吸收过程与分子永久偶极矩的变化相关，一般极性分子及基团的振动引起永久偶极矩的变化，故通常是红外活性的。

4）红外光谱用能斯特灯、碳化硅棒或白炽线圈作为光源，而拉曼光谱仪用激光作为光源。

5）用拉曼光谱分析时，样品不需前处理；而用红外光谱分析样品时，样品要经过前处理。液体样品常用液膜法，固体样品可用调糊法，高分子化合物常用薄膜法，气体样品的测定可使用窗板间隔为 2.5~10 cm 的大容量气体池。

6）制样技术不同。红外光谱制样复杂；拉曼光谱无需制样，可直接测试水溶液。

7）拉曼光谱和红外光谱可以互相补充，对于具有对称中心的分子来说，具有一互斥规则：与对称中心有对称关系的振动，红外不可见，拉曼可见；与对称中心无对称关系的振动，红外可见，拉曼不可见。

5.3　拉曼光谱设备及操作

5.3.1　激光拉曼光谱仪结构

激光拉曼光谱仪主要由光源、外光路系统、色散系统、检测系统四大部分组成，如图5-2所示。

拉曼实验的光源常用能量集中、功率密度高的激光；收集系统由透镜组构成；分光系统采用光栅或陷波滤光片（NotchFilter）结合光栅，以滤除瑞利散射和杂散光以及分光；检测系统采用光电倍增管检测器、半导体列阵检测器或多通道的电荷耦合器件（CCD）。

（1）光源：激光具有非常理想的单色性、高功率密度，很好的偏振性、方向性以及稳定性，这为拉曼光谱的探测提供了良好的前提。

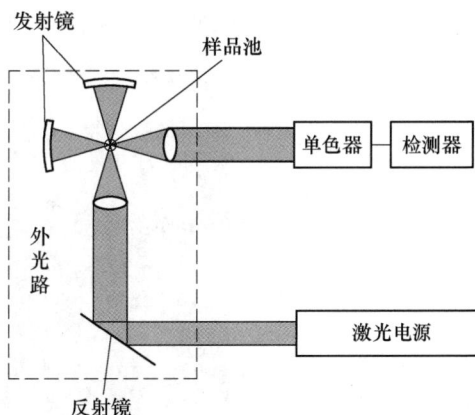

图 5-2　拉曼光谱仪结构示意图

常用于线性拉曼光谱的光源有氩、氪等激光器以及可调染料激光器。

（2）外光路系统：外光路部分包括聚光、集光、样品架、滤光和偏振等部件。

1）聚光：用一块或两块焦距合适的汇聚透镜，使样品处于汇聚激光束的中部，以提高样品光的辐射功率。

2）集光：采用透镜组和反射凹面镜作为散射光的收集镜，由相对孔径数值在 1 左右的透镜组成。

3）样品架：样品架的设计要保证使照明最有效和杂射光最少，尤其要避免入射光进入光谱仪的入射狭缝。

4）滤光：安置滤光部件的主要目的是抑制杂射光以提高拉曼散射的信噪比。

5）偏振：做偏振谱测量时，必须在外光路中插入偏振元件。加入偏振旋转器可以改变入射光的偏振方向。

（3）单色器：单色器就是分光系统，它是拉曼光谱仪的核心部分，主要作用是把拉曼散射光分光并减弱杂散光，使拉曼散射光按波长在空间分开。如单色仪，其主要作用是减少杂散光对测量的干扰，之后进入光电倍数管。单色仪是拉曼光谱仪的心脏，其要求环境清洁，灰尘对单色仪的光学元件镜面的玷污是最严重的，必要时要用洗耳球吹拂去镜面上的灰尘，但切忌用粗糙的滤纸或布擦，以免划破光学镀膜。拉曼散射信号的接收类型分为单通道和多通道接收两种，大多数实验室仪器为多通道接收。

（4）检测记录系统：激光拉曼光谱仪的探测器件为光电倍增管，实验室仪器检测系统为两种：ICCD 和 CCD。用不同波长激发，拉曼散射谱线落在不同的光谱区，因此应该选取合适的光电倍增管，以保证在整个拉曼光谱范围内谱带强度的真实性。为了提取拉曼散射信息，处理方法是直流放大、选频和光子计数，然后用计算机接口软件画出拉曼散射光谱。

5.3.2　激光拉曼光谱仪实例及操作

图 5-3 所示为 HJY LabRAM HR Evolution 拉曼光谱仪，其主要技术参数如下：可扩展到全波长范围（200~2100 nm），实现了全波长自动切换；焦长为 800 mm；多级激光功率衰减片；超低波数模块使得其低波数测量可低至 10 cm^{-1}；激光光源有 355 nm（连续和脉冲）、532 nm（连续和脉冲）、638 nm；光谱分辨率为 0.1 cm^{-1}；CCD 和 ICCD 探测器。

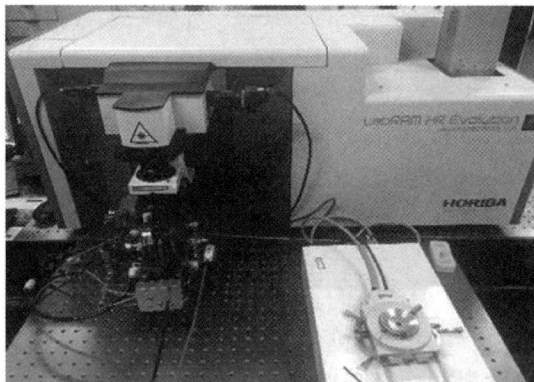

图 5-3　HJY LabRAM HR Evolution 激光拉曼光谱仪

主要附件：配高温热台 Linkam TS1500 以及 1600 ℃的热台，可测从室温至 1600 ℃的样品，精度为±1 ℃；XYZ 高精度自动样品台；各种保护气、吹扫气或真空环境。

主要用途：无机、有机、高分子等化合物的定性分析；材料成分表面分布及其深度分布变化研究；纳米材料研究；材料晶型变化、结构及其缺陷的研究；生物大分子构象变化及相互作用研究；高分子结构变化、相容性、应力松弛及分子相互作用研究；痕量分子的表面增强拉曼分析；材料的变温过程分析；地矿学岩石种类鉴定，包裹体研究；其他如中草药、文物、宝石、公安物证等无损分析；高温物质及其熔体结构的测定。

HJY LabRAM HR Evolution 拉曼光谱仪的操作规程及注意事项如下：

（1）开机：

1）打开拉曼光谱仪后方黑色电源按钮开关。

2）打开电脑，打开 LabSpec6 软件，窗口下方选中"Detector"并点击左键，选择"Cool to operating temperature"。

3）等待 Detector 变成绿色，说明仪器可正常运行。

（2）开激光：

1）开启循环水，等待指示温度降到 25 ℃。

2）打开激光控制器电源按钮，旋转钥匙到"ON"。

3）设置控制器液晶显示屏上的电流强度（一般为 25 A），等待一小时预热仪器稳定激光。

（3）实验操作：

1）将样品放在载物台上，并移至镜头正下方。

2）点击 LabSpec6 软件窗口上的摄像头图标，打开拉曼光谱仪左侧的摄像头灯源。

3）调节镜头的高度，聚焦到样品表面，可从显示器上观察到样品的表面。

4）聚焦成功后，关闭拉曼仪器左侧的灯源。

5）样品测试：在软件上，按测试要求输入光谱测量波数范围、积分次数、积分时间。点击上方圆形图标，开始测试。测试完成后，将测试结果存盘。

6）个人测试数据放在测试电脑 C 盘 Data 文件夹。在 Data 文件夹下新建文件夹，命名为姓名英文字母，例如 gongxiaoye，每次测试均在其中新建文件夹，命名为日期，例如 20190522。

7）将测试数据拷贝 U 盘带走。

8）做完实验后做好详细使用记录以及硅片校准值（测试前必做）。

（4）拉曼关机：除了持续一个月以上不使用或者断电前夕需要关闭外，仪器将一直处于待机状态（做完实验激光需要关闭）。

1）打开 LabSpec6 软件，窗口下方选中"Detector"，点击左键，选择"Warm to ambient temperature"。

2）等到 Detector 变为红色，关软件，关电脑，关闭仪器后方黑色按钮开关。

（5）关激光：

1）激光控制器上点击"关闭"按钮，等待电流降到 0 A（实际可能显示为 1.8 A）。

2）旋转钥匙到"OFF"，关闭电源。

3）关闭循环水。

（6）注意事项：

1）上机操作人员必须通过培训测试，才能上机操作，严禁没有经过管理员许可随意上机操作。

2）每次进入实验室均需检查设备状况及实验室环境，室内温度应恒定在 22 ℃左右，湿度不高于 50%，房间空调保持常开，设备不正常时及时报告设备管理员。

3）不要在电脑上安装其他软件，删改其他数据。

4）离开实验室前，最后一项工作擦拭桌面和清扫地面，确保桌面地面无灰尘，严禁使用扫帚直接清扫地面。

5.4　拉曼光谱样品准备

拉曼光谱相比于其他振动光谱方法，如 FTIR（傅里叶变换红外光谱）和 NIR（近红外光谱）有其独特的优势，这些优势的来源是拉曼效应表现在样品散射的光，而不是样品吸收的光。因此，拉曼光谱几乎不用花太多精力在样品制备上，并且拉曼光谱对水吸收带不敏感。拉曼光谱的这种性质使其不仅能直接测试固体、液体以及气体，而且能透过透明的玻璃、石英以及塑料等对物质进行测试。

拉曼光谱技术提供快速、简单、可重复，且更重要的是无损伤的定性定量分析，它无需样品准备，样品可直接通过光纤探头或者通过玻璃、石英和光纤测量。此外，由于水的拉曼散射很微弱，因此拉曼光谱是研究水溶液中的生物样品和化学化合物的理想工具。

拉曼光谱一次可以同时覆盖 $50\sim4000~cm^{-1}$ 波数的区间，可对有机物及无机物进行分析。相反，若让红外光谱覆盖相同的区间，则必须改变光栅、光束分离器、滤波器和检测器。拉曼光谱谱峰清晰尖锐，更适合定量研究、数据库搜索，以及运用差异分析进行定性研究。在化学结构分析中，独立的拉曼区间的强度可以和功能集团的数量相关。因为激光束的直径在它的聚焦部位通常只有 $0.2\sim2~mm$，所以常规拉曼光谱只需要少量的样品就可以得到，这是拉曼光谱相对于常规红外光谱一个很大的优势。而且拉曼显微镜物镜可将激光束进一步聚焦至 $20~\mu m$ 甚至更小，可分析更小面积的样品。

5.5　拉曼光谱应用及新技术

拉曼光谱是一种非破坏性的、化学选择性的光学技术，用于表征化学骨架、多态结构和结晶度。表征化学特性，包括形态学和多态性、化学骨架、多晶型结构和结晶度都可以使用拉曼光谱法进行区分。此外，拉曼偏振测量可以揭示晶体取向，使得拉曼光谱分析非常适合于理解材料的结构-功能关系。

样品可以以其天然形式进行测量，无需进行样品制备。拉曼显微镜是共焦的，因此可以在不破坏样品的情况下对多层或包埋样品进行深度剖析。

拉曼光谱分析技术是以拉曼效应为基础建立起来的分子结构表征技术，其信号来源于分子的振动和转动。拉曼光谱的分析方向有：

定性分析：不同的物质具有不同的特征光谱，因此可以通过光谱进行定性分析。

结构分析：对光谱谱带的分析，也是进行物质结构分析的基础。

定量分析：根据物质对光谱的吸光度的特点，可以对物质的量有很好的分析能力。

（1）拉曼光谱用于分析的优点和缺点：

1）拉曼光谱用于分析的优点：拉曼光谱的分析方法不需要对样品进行前处理，也没有样品的制备过程，避免了一些误差的产生，并且在分析过程中具有操作简便、测定时间短、灵敏度高等优点。

2）拉曼光谱用于分析的不足：

① 拉曼散射面积；

② 不同振动峰重叠和拉曼散射强度容易受光学系统参数等因素的影响；

③ 荧光现象对傅里叶变换拉曼光谱分析的干扰；

④ 在进行傅里叶变换光谱分析时，常出现曲线的非线性的问题；

⑤ 任何一种物质的引入都会给被测体体系带来某种程度的污染，这相当于引入了一些误差的可能性，会对分析的结果产生一定的影响。

（2）几种重要的拉曼光谱分析技术：

1）单道检测的拉曼光谱分析技术；

2）以 CCD 为代表的多通道探测器用于拉曼光谱的检测仪的分析技术；

3）采用傅里叶变换技术的 FT-Raman 光谱分析技术；

4）共振拉曼光谱分析技术；

5）表面增强拉曼效应分析技术。

（3）共振拉曼光谱的特点：

1）基频的强度可以达到瑞利线的强度；

2）泛频和合频的强度有时大于或等于基频的强度；

3）通过改变激发频率，可以使之仅与样品中某一物质发生共振，从而选择性地研究某一物质；

4）和普通拉曼光谱相比，其散射时间短，一般为 $10^{-12} \sim 10^{-5}$ s。

（4）共振拉曼光谱的缺点：需要采用连续可调的激光器，以满足不同样品在不同区域的吸收。

基于共振原理发展而来的拉曼技术称为共振拉曼光谱（resonance Raman spectroscopy，RRS）。当激光频率接近或等于分子的电子跃迁频率时，可引起强烈的吸收或共振，导致分子的某些拉曼谱带强度达到正常拉曼带的 $10^4 \sim 10^6$ 倍，这就是共振拉曼效应。共振拉曼光谱的灵敏度比正常拉曼光谱高，适用于低浓度和微量样品检测，以及生物大分子样品检测。共振拉曼光谱目前已被用于环境污染物的监测、液态煤组分的检测、人工合成金刚石的检测以及蛋白质二级结构的鉴定等。

5.5.1　电化学原位拉曼光谱法

电化学原位拉曼光谱法是指利用物质分子对入射光所产生的频率发生较大变化的散射现象，将单色入射光（包括圆偏振光和线偏振光）激发受电极电位调制的电极表面，通过测定散射回来的拉曼光谱信号（频率、强度和偏振性能的变化）与电极电位或电流强度等的变化关系。一般物质分子的拉曼光谱很微弱，为了获得增强的信号，可采用电极表面粗化的办法，得到强度高 $10^4 \sim 10^7$ 倍的表面增强拉曼散射（surface enahanced raman scattering，SERS）光谱，当具有共振拉曼效应的分子吸附在粗化的电极表面时，得到的是表面增强共振拉曼散射（SERRS）光谱，其强度又能增强 $10^2 \sim 10^3$。

电化学原位拉曼光谱法的测量装置主要包括拉曼光谱仪和原位电化学拉曼池两个部

分，其中原位电化学拉曼池一般具有工作电极、辅助电极和参比电极以及通气装置。为了避免腐蚀性溶液和气体侵蚀仪器，拉曼池必须配备光学窗口的密封体系。在实验条件允许的情况下，为了尽量避免溶液信号的干扰，应采用薄层溶液（电极与窗口间距为 0.1～1 mm），这对于显微拉曼系统来说很重要，光学窗片或溶液层太厚会导致显微系统的光路发生改变，使表面拉曼信号的收集效率降低。电极表面粗化的最常用方法是电化学氧化-还原循环（oxidation-reduction cycle，ORC）法，一般可进行原位或非原位 ORC 处理。

目前采用电化学原位拉曼光谱法测定的研究进展主要有：一是通过表面增强处理把测检体系拓宽到过渡金属和半导体电极。虽然电化学原位拉曼光谱是现场检测较灵敏的方法，但仅有银、铜、金三种电极在可见光区能给出较强的 SERS。许多学者试图在具有重要应用背景的过渡金属电极和半导体电极上实现表面增强拉曼散射。二是通过分析研究电极表面吸附物种的结构、取向及对象的 SERS 光谱与电化学参数的关系，对电化学吸附现象做出分子水平上的描述。三是通过改变调制电位的频率，可以得到在两个电位下变化的"时间分辨谱"，以分析体系的 SERS 谱峰与电位的关系，解决了由于电极表面的 SERS 活性位随电位而变化带来的问题。

随着纳米科学技术的迅速发展，各类制备不同纳米颗粒以及二维有序纳米图案的技术和方法日益成熟，人们可以比较方便地在理论的指导下，寻找在过渡金属上产生强 SERS 效应的最佳实验条件。这些突破无疑将为拉曼光谱技术广泛应用于各种过渡金属电极和单晶电极体系的研究开创新局面。总之，通过摸索合适的表面处理方法并采用新一代高灵敏度的拉曼光谱仪，可将拉曼光谱研究拓展至一系列重要的过渡金属和半导体体系，进而将该技术发展成一个适用性广、研究能力强的表面（界面）谱学工具，同时推动有关表面（界面）谱学理论的发展。

各种相关的检测和研究方法也很可能得到较迅速的发展和提高。在提高检测灵敏度的基础上，人们已不满足于仅仅检测电极表面物种，而是注重通过提高其检测分辨率（包括谱带分辨率、时间分辨率和空间分辨率）来研究电化学界面结构和表面分子的细节和动态过程。今后的主要研究内容可能从稳态的界面结构和表面吸附逐渐扩展至其反应的动态过程，并深入至分子内部的各基团，揭示分子水平上的化学反应（吸附）动力学规律，研究表面物种间以及同电解质离子或溶剂分子间的弱相互作用等。例如将电化学暂态技术（时间-电流法、超高速循环伏安法）同时间分辨光谱技术结合，开展时间分辨率为 ms 或 μs 级的研究。采用 SERS 同电化学暂态技术结合进行的时间分辨实验，可检测鉴别电化学反应的产物及中间物。新一代的增强型电荷耦合列阵检测器（ICCD）和新一代的拉曼谱仪（如傅里叶变换拉曼仪和哈德玛变换仪）的推出，都将为时间分辨拉曼光谱在电化学领域的研究提供新手段。

5.5.2　高温原位拉曼光谱法

高温原位拉曼光谱技术作为拉曼技术之一，为高温工艺过程、地质学和材料制备等领域的结构研究与应用提供了一种新的原位检测手段，因此越来越受到业界重视。在高温原位拉曼分析领域，上海大学的尤静林在国内较早地开展了高温拉曼光谱技术的研究与应用，尤其结合熔体结构研究等方面填补了国内空白，达到国际前沿水平。1993 年，上海大学材料科学与工程学院采购了第一台拉曼光谱仪——HORIBA 的 U1000。1998 年，在当时还没有 ICCD 的情况下，尤静林使用类似 ICCD 原理但自己搭建的"组合装置"，在这台 U1000 上测出了 1750 ℃ 的高温拉曼光谱。高温拉曼测试时，当温度超过 1000 ℃，高温黑体辐射背景就会成为一个压倒性的强光背景，掩盖拉曼信号，甚至无法采集到拉曼信号。2003 年，尤静林团队首次将 ICCD（增强型电荷耦合装置）探测器与高温拉曼结合。ICCD 具有电子开关作用，可以同步脉冲激光的步调，有脉冲时，电子开关同步打开接收信号；没有激光脉冲时则关闭，这样就大大提升了拉曼光谱信号，削弱了黑体辐射，起到去除黑体辐射背景干扰的作用。

有了 ICCD 的助攻，配合纳秒级脉冲激光，确保了检测的稳定和便捷。结合多个不同功能的高温热台，使该技术迅速应用在包括硅铝酸盐、硼酸盐、磷酸盐、氟铝酸盐等多种高温无机熔体或熔盐的拉曼光谱温致结构变化实测和反应过程原位跟踪研究中，成为高温熔体结构重要和有效的实验验证手段。

高温熔体在液态条件下，具有丰富的结构，对这些结构的分析对于研究高温非常有意义，显然，物质在高温液态下的结构比固态结构要复杂得多。

以冶金领域为例，炼钢的实质是炼渣。钢铁产品中不需要的杂质，可以通过炉渣吸收，借助化学反应或化学平衡去除，也可以通过化学平衡，在金属液中添加一些有益元素，最终改善钢铁产品的成分和质量。所有这些操作都是在高温状态下进行的，所以有必要在熔体中对炉渣进行相应的研究，这就需要使用高温拉曼技术手段了。

高温拉曼光谱技术的应用面很广，比如高温熔融状态下，核反应堆研究对拉曼等检测手段的需求呈上升趋势。结合拉曼共焦技术，利用空间分辨能力，成为应用于高温熔体晶体生长边界层的一支利剑，具有比其他方法，如高温 X 射线散射技术和核磁共振谱更显著的优势。还有如焦炭制备过程、地质岩浆探测等，相比以往冷却下来再观测，高温原位观测可以实时真实地研究其结构及其变化过程。

5.5.3 拉曼-SEM 联用技术

开展 Raman 光谱与其他先进技术联用的研究势在必行。光导纤维技术可在联用耦合方面发挥关键作用，如将表面 Raman 光谱技术与扫描探针显微技术进行实时联用。针对性的联用技术有望较全面地研究复杂体系，并准确地解释疑难的实验现象，为各种理论模型和表面选择定律提供实验数据，促进谱学电化学的有关理论和表面量子化学理论的发展。可以预见，在不久的将来，随着表面检测技术的快速发展，SERS 及其应用于电化学的研究将进入一个新的阶段。

通过拉曼显微镜增强 SEM 数据，可使用拉曼显微镜对样品进行分析，以从 2D 和 3D 结构揭示分子细节。拉曼数据还可用于形成碳氮氧键，以区分分子结构，提供与 SEM 和 EDS 数据互补的信息。赛默飞公司专有的 Thermo Scientific MAPS 关联显微镜软件，通过单点测量或快速大面积成像，叠加 SEM 结构（小至 <1 μm）的化学图像。

通过将 SEM-EDS 图像与拉曼显微镜图像相关联，可以生成关于空间关系、矿物含量、多态性和化学细节的信息。EDS 显示存在钛、铝和硅。拉曼图像提供更多信息，并显示石英（蓝色）、正长石（绿色）、闪石（黄色）和钠长石（红色）的位置。拉曼光谱已鉴定出该样品中存在的二氧化硅多晶型是石英。它还鉴定出钾长石多晶型为正长石。

石墨烯电极缺陷将二维石墨烯电极从铜衬底转移到最终半导体表面的困难，可以通过电子显微照片上的拉曼图像看到高质量的图像，会将石墨烯（红色）显示为金（绿色）触点之间的实线。数据显示石墨烯不连续，表明需要改进样品处理程序。拉曼光谱法也可以定量分析石墨烯转移的层数，以及区分各种碳材料，如石墨烯和石墨。

　　半导体应力：已证明半导体中的应变会限制电子设备性能和热学性能。图 5-4 拉曼-SEM 相关图像显示了 SiGe 和顶部硅外延层之间的晶格常数不匹配，导致半导体芯片上的应力。从红色过渡到蓝色代表拉曼光谱出现位移，表明硅内部存在更多的应力。

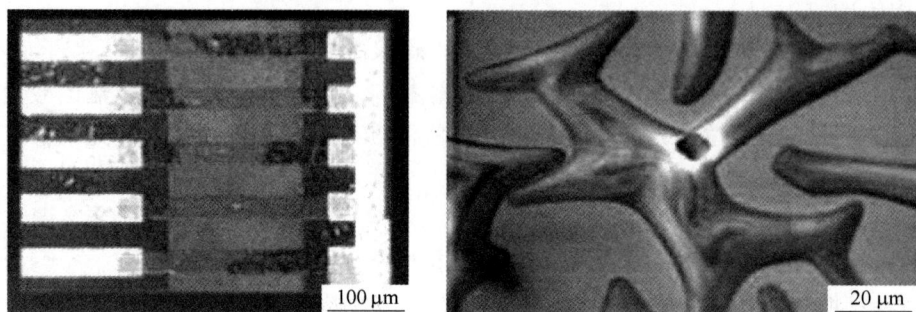

图 5-4　拉曼-SEM 相关图像

参 考 文 献

［1］GUO X W, LIU P, HAN J H, et al. 3D nanoporous nitrogen-doped graphene with encapsulated RuO_2 nanoparticles for LiO_2 batteries ［J］. Advanced Materials, 2015, 27：6137-6143.

［2］近 30 年的坚守，高温拉曼光谱与熔体结构研究走在国际前沿——访上海大学尤静林教授 ［EB/OL］.（2020-04-03）.

［3］田中群，任斌，佘春兴，等. 电化学原位拉曼光谱的应用及进展 ［J］. 电化学，1999，5（1）：1-7.

［4］苏敏，董金超，李剑锋. 单晶电极界面反应过程的电化学原位拉曼光谱研究 ［J］. 电化学，2020，26（1）：54-59.

习　题

参考答案

5-1　拉曼散射与瑞利散射有什么区别？

5-2　什么是 Stokes 线，什么是 anti-Stokes 线？

5-3　什么是拉曼效应？试说明拉曼光谱产生的机理与条件。

5-4　试解释拉曼位移和拉曼光谱的表面增强效应（SERS）。

5-5　试比较红外与拉曼光谱分析的特点，并说明什么样的分子的振动具有红外或拉曼活性。

6 核磁共振波谱分析法

本章内容导读：

- ·核磁共振波谱的原理和重要概念
- ·脉冲傅里叶变换核磁共振波谱仪的结构
- ·核磁共振基本实验方法和数据处理
- ·液体核磁共振氢谱和碳谱及在材料研究中的应用
- ·其他杂核的核磁共振谱
- ·固体核磁共振技术简介
- ·二维核磁共振技术简介
- ·核磁共振成像技术简介

6.1 概　　述

核磁共振（Nuclear Magnetic Resonance，NMR）技术发展有着辉煌的历史，其中重要的工作和发现都获得了诺贝尔奖。1938 年，美国哥伦比亚大学拉比（Rabi）使用分子束方法发现在磁场中的原子核会沿磁场方向呈正向或反向有序平行排列，而在施加无线电波之后，原子核的自旋方向发生翻转。这是人类关于原子核与磁场以及外加射频场相互作用的最早认识。由于这项研究，拉比于 1944 年获得了诺贝尔物理学奖。1946 年，美国斯坦福大学的布洛克（Bloch）和哈佛大学的珀塞尔（Purcell）采用不同方法，几乎同时分别独立测得水和石蜡的核磁共振吸收，共同获 1952 年诺贝尔物理学奖。1966 年，瑞士苏黎世联邦理工学院恩斯特（Ernst）首次提出了傅里叶变换核磁共振方法，而后确立了二维核磁共振的理论基础，并在发展和应用二维核磁共振方面做出重大贡献，被授予 1991 年诺贝尔化学奖。2002 年，维特里希（Wüthrich）因改善核磁共振技术，并用其测定蛋白质大分子的空间结构而荣获诺贝尔化学奖。2003 年，劳特布尔（Lauterbur）和曼斯菲尔德（Mansfield）在核磁共振成像技术领域取得突破性成就，由此获得诺贝尔生理学医学奖。

现代科学的发展也极大地推动了核磁共振技术的发展，如今液体核磁、固体核磁、核磁共振成像在理论上相互补充，在使用技术上彼此借鉴，形成了三足鼎立的局面，共同繁荣了核磁共振学科，核磁共振技术已经成为物理、化学、材料、医学、生物等领域的有力工具。核磁共振的理论基础则涉及核物理，而核磁共振仪器则涉及无线电技术和计算机技术等诸多知识。因此，要想用较短的篇幅将整个核磁共振的基础知识和应用阐述清楚是不可能的。本章简明介绍了核磁共振波谱的原理和概念、仪器构造、实验操作和样品制备，以及液体核磁共振氢谱、碳谱及其他杂核谱在材料研究中的应用。此外，还简要介绍了其他先进核磁共振技术，包括固体核磁共振技术、二维核磁共振技术以及核磁共振成像技术。

6.2　核磁共振波谱的原理

6.2.1　原子核自旋和自旋量子数

要了解核磁共振现象，首先要了解原子核的性质，原子核由质子和中子组成。原子核是带电的粒子，和电子一样具有自旋现象，其自旋角动量 P（spin angular momentum）由核自旋量子数 I 所描述，P 为矢量，并满足：

$$|P| = \sqrt{I(I+1)}\,\hbar \tag{6-1}$$

式中，约化普朗克常数 $\hbar = h/2\pi$ 是角动量的最小衡量单位；h 为普朗克（Planck）常数，$h = 6.62607015 \times 10^{-34}$ J·s。

在整个元素周期表中，核自旋量子数 I 从 0 到 8（单位增量为 1/2）变化。质子和中子固有自旋量子数都是 1/2，但没有一个简单的公式可以根据原子中质子和中子的数量来预测 I。不过，有一些一般适用规律：

（1）质子数（原子序数）和中子数都为偶数的核，则 $I = 0$，无自旋现象，不会产生核磁共振信号，如 ^{12}C、^{16}O 等。

（2）质量数为奇数，即质子数和中子数中有一个为奇数，其中质子数为奇数的核，如 ^{1}H、^{19}F 等；质子数为偶数的核，如 ^{13}C 等，则 I 为半整数（1/2，3/2，5/2，…）。其中 $I = 1/2$ 的原子核可看作核电荷呈球形分布于核表面，并像陀螺一样自旋，有磁矩产生，其核磁共振的谱线窄，最适宜检测。因此，$I = 1/2$ 的核是目前核磁共振研究与测定的主要对象。

（3）质子数和中子数都为奇数的核，则 I 为整数（1，2，3，…），这类核也有自旋现象。$I > 1/2$ 的核电荷分布可看作一个椭圆体，具有电四极矩，核磁矩的空间量子化比较复杂。

总之，质子数和中子数至少有一个是奇数的核自旋量子数 $I \neq 0$，有自旋现象，可以产生核磁矩。

6.2.2　原子核磁矩和磁量子数

$I \neq 0$ 的原子核自旋将产生核磁矩 μ，μ 为矢量，它与磁旋比 γ 及自旋角动量 P 有关，并满足：

$$\mu = \gamma P \tag{6-2}$$

式中，γ 为磁旋比，是同位素原子核所固有的特性。γ 可正可负，当 μ 与 P 方向一致时，γ 为正值；当 μ 与 P 方向相反时，γ 为负值。γ 越大，产生的磁矩越大，对于核磁检测的灵敏度越高。^{1}H 的磁旋比 γ 大，且天然丰度高（99.9885%）；^{19}F 和 ^{31}P 的磁旋也比 γ 大，天然丰度可达 100%，因此它们的共振信号强，容易测定。而 ^{13}C 的天然丰度为 1.07%，^{15}N 和 ^{17}O 的天然丰度在 1% 以下，且磁旋比较小，核磁共振信号弱，必须经傅里叶变换核磁共振仪反复扫描才能得到有用的信息（表 6-1）。

表 6-1　核磁共振实验中常用同位素核的核磁共振参数

同位素	自旋量子数	磁旋比 /×10⁷ rad · (T · s)⁻¹	天然丰度 /%	共振频率/MHz ($B_0 = 11.7467$ T)	相对¹H 检测灵敏度
^{1}H	1/2	26.752	99.9885	500.130	1
^{2}H	1	4.1066	0.0115	76.773	0.00965
^{7}Li	3/2	10.3975	92.41	194.370	0.294
^{11}B	3/2	8.5843	80.1	160.462	0.165
^{13}C	1/2	6.7283	1.07	125.758	0.0159
^{15}N	1/2	−2.712	0.364	50.697	0.0223
^{17}O	5/2	−3.6279	0.038	67.800	0.0650
^{19}F	1/2	25.181	100.0	470.592	0.832
^{23}Na	3/2	7.08013	100.0	132.294	0.0927
^{27}Al	5/2	4.976	100.0	130.318	0.207
^{29}Si	1/2	−5.3188	4.685	99.362	0.00786
^{31}P	1/2	10.841	100.0	202.456	0.0665

在外磁场中，原子核磁矩的取向有 $2I+1$ 个，不同的取向能量不同，每一种取向用磁量子数 m（magnetic quantum number）表示，其中 $m=I, I-1, I-2, \cdots, -I+1, -I$。如¹H（$I=1/2$），$m$ 有两种取向（$2×1/2+1=2$）：$m = 1/2, -1/2$；²H（$I=1$），m 有三个取向，$m = 1, 0, -1$，如图 6-1 所示。在外磁场方向 z 上，自旋角动量的投影 $P_z = m\hbar$，磁矩的投影 $\mu_z = \gamma m\hbar$。

6.2.3　拉莫尔进动

接下来，以 $I=1/2$ 的¹H 原子核在外加磁场 B_0 中的情况进行讨论，假设磁场 B_0 的方向沿 z 轴方向。当¹H 原子核的磁矩 μ 与 B_0 的方向不同时，在磁场作用下，自旋核将发生像陀螺受重力作用时一样的进动，如图 6-2 所示。原子核既自旋，又围绕外磁场方向发生的进动也称为拉莫尔（Larmor）进动。拉莫尔进动频率以 ω 表示：

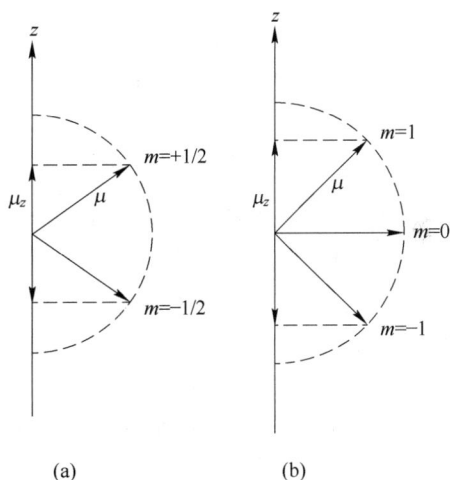

图 6-1　原子核磁矩在外磁场方向取向（空间量子化）
（a）$I=1/2$；（b）$I=1$

$$\omega = \gamma B_0 \tag{6-3}$$

当然，如果没有外加磁场 B_0，原子核就不会发生进动。

磁场强度 B 也称为磁感应强度或磁通量密度，是表示贯穿一个标准面积的磁通量大小的物理量，国际单位制单位是特斯拉（T）。

由于原子核符合量子化过程，只允许有两种取向，造成能级产生裂分。平行于 z 轴方向能量较低的取向状态 $\alpha(m=+1/2)$，$E_{\alpha}=-\mu_z B_0$，以及反平行于 z 轴方向能量较低的取向状态 $\beta(m=-1/2)$，$E_{\beta}=\mu_z B_0$。可以得出能量差 $\Delta E=E_{\beta}-E_{\alpha}=2\gamma m B_0\hbar$ 与磁旋比 γ 外加静磁场 B_0 有关，可表示为：

$$\Delta E=\gamma B_0\hbar \tag{6-4}$$

注：$E=-\mu B$。

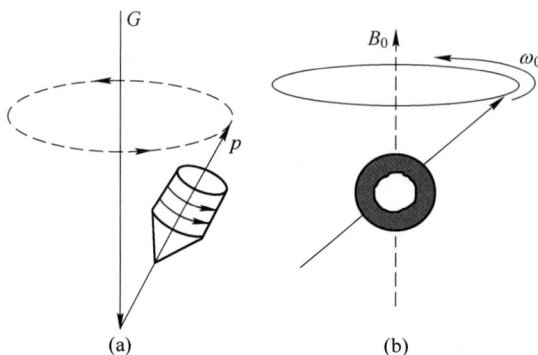

图 6-2　陀螺的进动（a）和自旋核的拉莫尔进动（b）

6.2.4　玻耳兹曼分布

在一定温度下，处于高、低两能态核的数目会达到一个平衡，即每个能级都有不同的布居数（N），布居数的差别与能量差有关，遵守玻耳兹曼（Boltzmman）分布：

$$\frac{N_{\beta}}{N_{\alpha}}=\mathrm{e}^{-\frac{\Delta E}{kT}} \tag{6-5}$$

式中，N_{α} 和 N_{β} 分别代表处于低能态和高能态的 ^1H 核数；k 为玻耳兹曼常数，取值为 1.380649×10^{-23} J/K；T 为绝对温度，K。

由式（6-4）和式（6-5）可计算在室温（298.15 K）、外磁场为 11.75 T（500 MHz 以 ^1H 为基准）的条件下，处于低能态的核比高能态的核多，$N_{\beta}/N_{\alpha}=0.99991947$，而核磁共振就是依靠这部分稍微过量的低能态的核吸收射频能量产生共振信号的。这使得核磁共振的灵敏度比较低，比紫外、红外和质谱仪所用的样品量要多很多。

6.2.5　核磁共振

在核磁共振实验中，为了让原子核自旋的进动发生能级跃迁，需要为原子核提供跃迁所需要的能量，即两个能级差 ΔE，这一能量通常是通过外加射频电磁辐射来提供的。这一射频电磁辐射通过在 B_0 的垂直方向上外加一个交变电场振荡产生的交变磁场 B_1 来实现。当交变磁场 B_1 的频率与原子核拉莫尔进动频率相等时，就会发生共振现象，结果使得低能态的 ^1H 原子核吸收交变磁场的能量，跃迁到高能态。这一能量 ΔE，符合电磁波能量方程，代入式（6-4）得：

$$\Delta E=h\nu=\frac{h\omega}{2\pi}=\gamma B_0\hbar \tag{6-6}$$

由此可知，当磁场 B_0 增大时，能级差 ΔE 增加。当外加磁场 B_0 为 11.75 T 时，^1H 原子的共振频率为 500 MHz，1 mol 的 ^{1}H 原子能级差 ΔE 仅为 0.1996 J，这使得核磁共振的信号非常微弱，因此施加更强的磁场实现跃迁能量 ΔE 最大化是谱仪设计所追求的，如图 6-3 所示。

　　注：阿伏伽德罗常数 $N_A = 6.02214076 \times 10^{23}$ mol^{-1}。

6.2.6　弛豫

　　在热平衡状态下，由于低能态的核略多于高能态的核，因此存在一个净宏观磁化矢量 M，即所有进动原子核磁矩矢量和：

$$M = \sum_{i=1}^{N} \mu_i \qquad (6-7)$$

　　同样假设磁场 B_0 的方向规定为 z 轴方向，那么净宏观磁化矢量 M 在 z 轴方向上的分量不为 0，而在 xy 平面上的分量为 0，如图 6-4 所示。若在与主磁场 B_0 垂直的 xy 平面内施加旋转的第二个磁场 B_1，影响总的宏观磁化矢量，则自旋核除了绕 B_0 方向外，

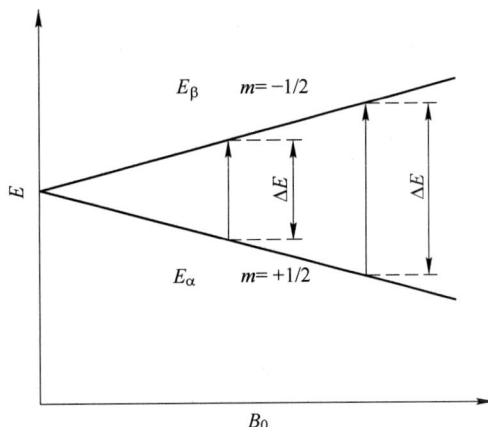

图 6-3　能量差与外加磁场 B_0 的关系示意图

还将绕 B_1 方向进动。当 B_1 的频率为拉莫尔频率时，B_1 会翻转某些处于低能级核的磁矩，使它们同相进动。这将使得净宏观磁化矢量 M 在 z 轴方向的分量降低，同时在 xy 平面内产生磁化的非零旋转分量。当满足上述条件时，可以认为射频产生的旋转磁场 B_1 和进动自旋核处于共振状态，同时进动的自旋核从磁场 B_1 中获得能量。当 B_1 的频率不等于拉莫尔频率时，此时磁场 B_1 不会与自旋核发生作用，对宏观磁化也没有影响。

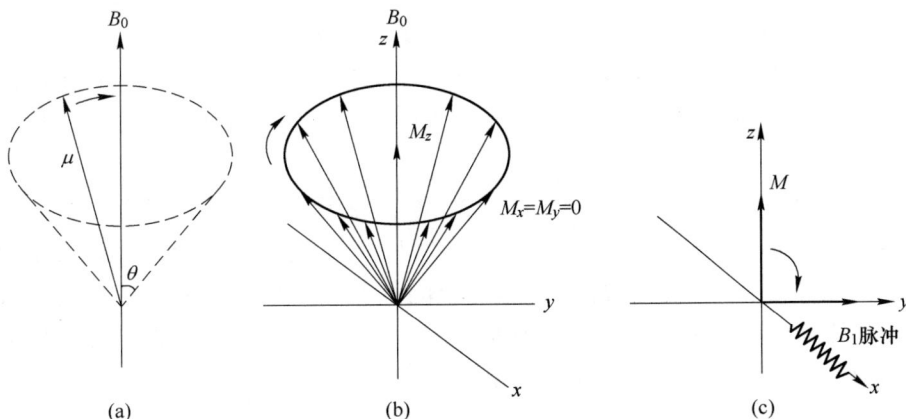

图 6-4　单核自旋的拉莫尔进动(a)、多核自旋的拉莫尔进动(b)和
在 B_1 脉冲作用下净宏观磁化矢量 M 从 z 轴方向转向 y 轴方向(c)

　　原子核从磁场 B_1 中吸收能量是不能直接被检测到的。其原因在于低能态的核与高能态的核数目差别很小，输入能量后低能级的核总数就会不断减少；而高能级的核没有其他途径回到低能级，经过一段时间后，两能级的粒子数就趋于相等，达到饱和，即不再有净吸收，则得不到核磁共振信号。

　　而在 xy 平面内产生磁化的非零旋转分量是可以在电磁学上被间接检测的核磁信号，即自由感应衰减（free induction decay）FID 信号，如图 6-5 所示。在核磁共振实验中，自旋核在磁场 B_0 中进动，产生能级裂分，受到旋转磁场 B_1 作用，发生共振，吸收能量，当撤去 B_1 磁场后，自旋核不是瞬时就能回到初始状态，即平衡状态的，也就是 xy 平面的宏观磁化矢量分量从出现到消失有一个衰减的过程，这一过程就是弛豫过程。在物理学上把某种平衡状态被破坏后，而又恢复到平衡的过程称为弛豫。而受激发的核自旋系统的磁化矢量通过非辐射途径，即靠核自旋和环境（晶格）或其他自旋相互作用交换能量恢复到平衡值的过程，称为弛豫过程。

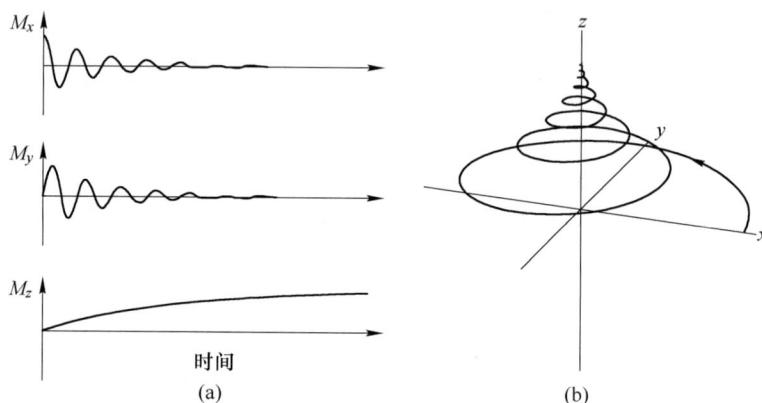

图 6-5　磁化矢量自由进动的时间历程

（a）自由进动过程中在 x、y、z 轴上磁化矢量大小随时间的变化；（b）磁化矢量在三维坐标系的轨迹

　　在核磁共振中，弛豫过程分为两类，一类是自旋-晶格弛豫，另一类是自旋-自旋弛豫。

　　（1）自旋-晶格弛豫。自旋-晶格弛豫也称为纵向弛豫，在此过程中，一些核由高能态回到低能态，其能量转移到周围粒子中去，如在固体样品中传递给晶格，在液体样品中传递给周围分子或溶剂分子等。弛豫的结果使高能态的核数减少。因此，就全体核来说，总能量下降。

　　自旋-晶格弛豫过程所需时间用纵向弛豫时间 T_1 表示，即在弛豫过程中纵向磁化强度恢复到平衡值的 $(1-1/e)$ 倍（63%）所需的时间。T_1 越小，表示弛豫过程效率越高，越大则效率越低，容易达到饱和。T_1 的数值与核的种类、样品状态和温度有关。固体的振动和转动频率比较小，不能有效地产生纵向弛豫，所以 T_1 值很大，有时可达几小时或更长；气体及液体的 T_1 值则很小，一般在 $10^{-4} \sim 10^2$ s。

　　（2）自旋-自旋弛豫。自旋-自旋弛豫也称为横向弛豫，是一个核的能量被转移至另一个核，而各种取向核的总数未改变的过程。当同一类的两个相邻的核具有相同进动频率而处于不同的自旋状态时，每一个核的磁场就能相互作用而引起能态的相互变换。

　　自旋-自旋弛豫时间（T_2），也称为横向弛豫时间，即在弛豫过程中横向磁化强度衰减至平衡值的 $1/e$ 倍（37%）所需的时间。固体和黏稠液体因为核的相对位置比较固定，有利于核磁间能量转移，所以 T_2 值一般很小，约为 10^{-3} s，一般液体的 T_2 值为 1 s 左右。

　　弛豫时间虽有 T_1 和 T_2 之分，但对每个一核来说，它在某一较高能级所停留的平均时

间取决于 T_1 和 T_2 中的值最小者。弛豫时间对谱线宽度的影响很大，按照测不准原理：

$$\Delta E \Delta T \approx h \qquad (6\text{-}8)$$

因为：

$$\Delta E = h \Delta \nu \qquad (6\text{-}9)$$

$$\Delta \nu \Delta T \approx 1 \qquad (6\text{-}10)$$

所以：

$$\Delta \nu \approx 1/\Delta T \qquad (6\text{-}11)$$

即谱线宽度与弛豫时间成反比。固体样品的 T_2 值很小，所以谱线非常宽，要得到高分辨谱，则样品应先配成溶液，用液体高分辨谱仪来测试。由弛豫引起的谱线加宽是自然线宽，不能由于仪器改进而变窄。如果需测试固体图谱，就需用特殊的技术，并且仪器要配有专用的魔角旋转探头。

6.3 核磁共振波谱的设备及实验

6.3.1 核磁共振波谱仪

核磁共振波谱仪按工作方式可分为连续波核磁共振仪和脉冲傅里叶变换核磁共振仪。

（1）连续波核磁共振仪早期的核磁共振仪为连续波（continuous wave，CW）核磁共振仪。采用固定磁场连续改变辐射电磁波频率得到共振信号，称为扫频法；也可以固定频率，连续改变磁场，称为扫场法。连续波核磁共振仪扫描时间长，工作方法简单，然而实际上连续波核磁共振仪仅能测试氢谱，已经满足不了现代科学需要，早就被淘汰了。

（2）脉冲傅里叶变换（pulse Fourier transform）核磁共振仪，其采样时间短，可以使用各种脉冲序列进行测试，得到不同的多维图谱，给出大量的结构信息，现在的核磁共振谱仪全部为脉冲傅里叶变换核磁共振仪。目前主要的核磁共振谱仪生产商有瑞士 Bruker 公司和日本 JEOL 公司，两公司各有所长，所生产的核磁共振波谱仪如图 6-6 所示。

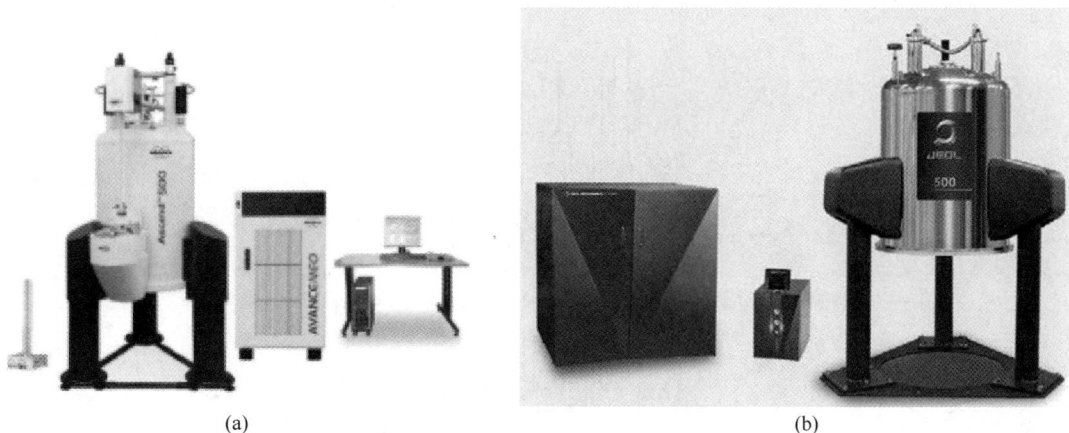

(a)　　　　　　　　　　　　　(b)

图 6-6 核磁共振波谱仪实物图

（a）Bruker AVANCE NEO 500 核磁共振波谱仪；（b）JEOL JNM-ECZR 核磁共振波谱仪

6.3.2　核磁共振波谱仪结构

以 Bruker 核磁共振波谱仪为例，其由操作工作站、机柜、超导磁体、前置放大器、探头、匀场系统部分组成（图 6-7）。

超导磁体：超导磁体是由超导材料绕成螺旋管形线圈，置于内壳含液氦、外壳含液氮的杜瓦内，在超低温（4 K）下导线电阻接近零，通电闭合后，将产生很强的磁场。为了克服线圈因有限长度而给样品空间带来磁场的不均匀性的影响，还设置了若干组低温与室温匀场线圈，以给自旋系统提供一定强度的稳定性与均匀性俱佳的固定磁场。超导磁铁的磁场强度很高，目前超导磁铁制作的谱仪对氢的共振频率一般为 200~1200 MHz。

探头：探头上装有发射和接收线圈，在测试时样品管放入探头中，处于发射和接收线圈中心。工作时，发射线圈发射照射脉冲，接收线圈接收共振信号。所以探头可以比喻为核磁共振谱仪的心脏。超导磁铁中心有一个垂直向下的管道和外面大气相通，探头就装在这个管道中磁铁的中心位置，这里是磁场最强、最均匀的地方。

匀场系统：在磁极间有很多匀场线圈可以提高磁场的均匀性，并提高分辨率。这些匀场线圈通电后会产生一定形状的磁场，调节线圈电流能改变磁极间的磁力线分布，磁力线分布得越均匀，信号宽度越小，分辨率越高。

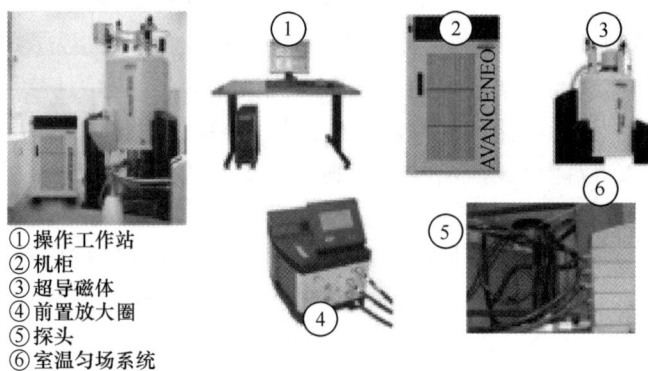

①操作工作站
②机柜
③超导磁体
④前置放大圈
⑤探头
⑥室温匀场系统

(a)

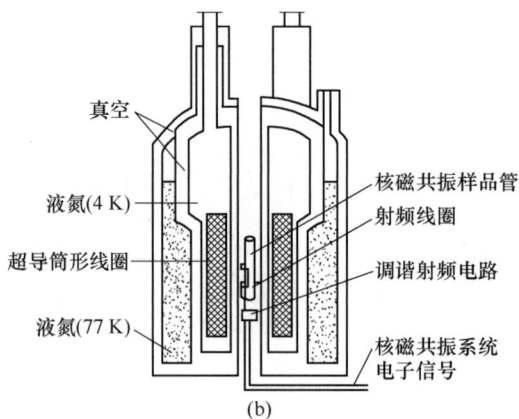

(b)

图 6-7　Bruker 核磁共振波谱仪组成和磁体结构

（a）Bruker 核磁共振波谱仪组成；（b）磁体结构

仪器放置场地不得有强烈的机械振动和电磁干扰，铁磁性物品应远离磁体。实验室温度：（20±5）℃。湿度：≤75%。电源：使用稳压电源，电源电压波动小于5%，频率稳定。地线：单独接地，状况良好。

6.3.3　核磁共振实验

由于各公司生产的核磁共振谱仪的操作过程有差别，这里介绍的仅是通用的方法。核磁共振谱仪的操作步骤：开机→放置样品→锁场→匀场→设置参数→数据采集→数据处理。

锁场：实验对磁场稳定性的要求可以通过锁场来实现，通过不间断（每秒数千次）地测量一参照信号（氘信号），并将其参考频率进行比较。如果出现偏差，则此差值被反馈到磁体，并通过增加或减少辅助线圈（H_0）的电流来进行矫正。

调谐：为了获得最高的灵敏度，要进行探头调谐。通过反复地调谐和匹配，使接收到的功率最大，反射功率最小。

匀场：在样品中，磁场强度应该是均匀且单一的，以使相同的核无论处于样品的何处位置，都能给出相同的共振峰。为达此目的，一系列所谓匀场线圈按绕制所提供的函数方式给出补偿，以消除磁场的不均匀性，从而得到窄的线形。

设置参数与数据采集：仪器一般会配有一些常用测试方法的参数，只要调用相应实验方法，即可获得实验基本参数，可根据测试需要对参数进行修改。

数据处理：（1）保存图谱。（2）加载窗函数（线宽因子）：用正弦函数或指数函数处理FID信号。当窗函数值增加时，灵敏度提高，相应降低分辨率；反之，当窗函数值降低时，灵敏度下降，提高分辨率。一维谱用指数函数处理FID信号，二维谱用正弦函数处理FID信号。（3）傅里叶变换把FID信号变成频域谱。（4）相位校正：经傅里叶变换后的谱中，有的峰基线不平，一边高，另一边低，峰形不好看，经相位矫正可使峰形对称。（5）定标：以内标或氘代溶剂残余溶剂峰作为参照值，确定化学位移。（6）基线校正：长时间累加会使基线不平，通过基线校正使基线平滑。（7）标峰：选取域值线，域值线以上的峰标出化学位移值，域值线以下的峰不标化学位移值。（8）积分：在作积分曲线时，应注意积分曲线要做相位校正，否则积分值不准确。

6.3.4　实验安全注意事项

（1）液体核磁管壁较薄，易破碎，在盖管帽时，力度要轻，以免造成玻璃破碎，使操作者受伤。同时，在向探头内放入样品管时要先打开吹动样品管的气流，以免核磁管直接落入探头中破碎，污染或损坏探头。

（2）应妥善保管低沸点、有毒或易燃、易爆的样品和溶剂。

（3）目前多数超导磁体均使用强磁场屏蔽/超屏蔽等技术减少了磁场外泄，但对于安装有心脏起搏器等医疗器械的人员仍有潜在危险，也可能对磁卡产生消磁，需要在仪器安装场所张贴警示。

（4）超导磁体在使用过程中有可能会出现失超情况，瞬间释放大量氦气，可能造成缺氧危险。

（5）在做变温实验使用氮气或液氮时，可能造成局部空间缺氧，应注意保持通风，条件允许下可对室内进行氧气浓度监控。

（6）在使用液氮、液氦时，应注意做好眼部和四肢等部位的防护，避免造成冻伤；同时，在对谱仪添加液氮、液氦时，需要严格遵守操作规程，避免对人员或仪器造成损伤。

（7）注意仪器放置场地的水、电、气安全。

6.4　核磁共振波谱的样品准备

6.4.1　样品用量

不同场强需要的样品量不同，如300 MHz核磁、分子量为几百的样品，测氢谱时需要2 mg以上的样品，测碳谱时需要10 mg以上的样品；600 MHz核磁测氢谱则需要几百微克的样品。如果样品浓度太低，谱图信噪比低，需要很长时间累加；如果样品浓度太高，由于溶液黏度的提高，磁场均匀性变差和弛豫增快，从而导致谱图分辨率的下降。

6.4.2　氘代试剂

因为测试时溶剂中的氢也会出峰，溶剂的量远远大于样品的量，溶剂峰会掩盖样品峰，所以用氘取代溶剂中的氢，氘的共振峰频率和氢差别很大，氢谱中不会出现氘的峰，减少了溶剂的干扰。在谱图中出现的溶剂峰是氘的取代不完全的残留氢的峰。保证实验期间磁场的稳定，需要用氘代试剂进行锁场。

氘代试剂的选择：（1）溶解度：越大越好；（2）溶剂信号对样品谱的干扰：溶剂信号不能与样品信号重叠；（3）溶剂的熔点和沸点：在实验温度范围内保持液体状态；（4）黏度：越小越好；（5）成本：氘代原子越多，价格越高；（6）水含量：溶剂吸湿性（降低水含量的方法：用干燥剂进行过滤；用分子筛储存溶剂；尽可能选用0.5 mL左右的小瓶试剂）。由于氘代溶剂的品种不是很多，因此要根据样品的极性选择极性相似的溶剂，氘代溶剂的极性从小到大排列为：苯、氯仿、乙腈、丙酮、二甲亚砜、吡啶、甲醇、水。还要注意溶剂峰的化学位移，最好不要遮挡样品峰。

6.4.3　样品准备

样品配制的质量会严重地影响核磁谱图的质量，因此配置样品的过程非常重要。核磁样品配制的注意事项如下：

（1）使用干燥、清洁的核磁管（要求使用进口核磁管），避免污染样品。

（2）选用高质量的核磁管，避免匀场过程中引入不必要的困难。

（3）样品充分进行提纯和干燥，避免杂质峰掩盖有用信号。

（4）样品中不能混有磁性杂质，否则会扭曲磁场从而降低谱峰的分辨率。

（5）选取合适的氘代溶剂，尽可能选取溶解度大、不会干扰样品信号、成本合适、黏滞性较小的氘代溶剂，其熔点和沸点也需考虑。

（6）样品量的选取。配制成在样品管中高3~4 cm的量，如高度不够，则匀场会需要更长时间；如加入量过多，则会导致对流，温度不均。盖上核磁帽，并用蜡膜密封减少挥发。正确使用转子和量规，如图 6-8 所示，先把转子放置到量规上，尽量少触摸转子的下端部分，然后把核磁管慢慢地从转子上面插进去，插向量规底部。样品装载量以中心线对称即可，操作过程中尽量少触碰转子。

（7）过滤样品溶液。因为样品是否均匀地溶解于整个溶液，有无悬浮的颗粒也与匀场的好坏有关。

（8）保证制备完的样品溶液混合均匀、无气泡、无固体。放入磁体之前，把样品管表面擦拭干净。

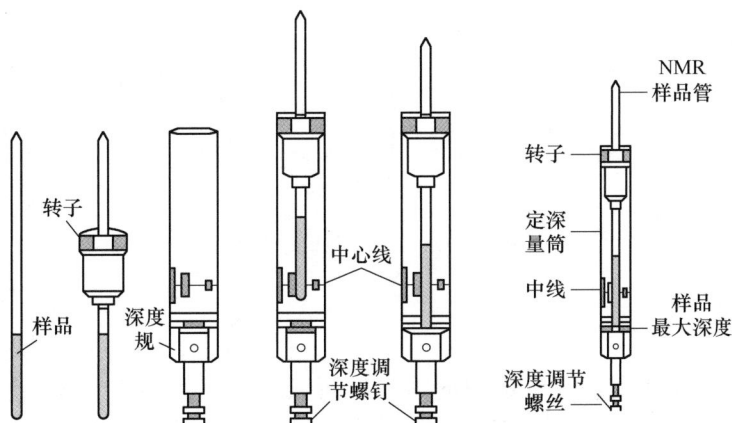

图 6-8 转子和量规的使用

6.5 核磁共振氢谱

6.5.1 核磁共振谱图的特性参数

下面以一种芳香化合物香兰素为例，对核磁共振谱图进行介绍。香兰素虽是一种天然产品，但被大规模合成。如图 6-9 所示，在横坐标 0 到 10 ppm 的范围内，在不同的地方有许多信号，信号似乎强度不同。核磁谱图的横坐标从左到右的方向表示（当固定 B_1 频率时）磁感强度逐渐增强的方向。再仔细地观察，会发现峰被分割成多组（参见展开部分）。箭头所示的信号属于溶剂（2.5 ppm 的信号来自残留的二甲基亚砜，0 ppm 的信号来自用于参考的四甲基硅烷标准）。从 6.9~7.5 ppm 的区域可以数出 6 个信号，对应于香兰素中 6 种不同类型的质子。通过谱图可以得到化合物的相关信息：（1）信号的位置即化学位移，可以对应化学结构中质子所处的化学环境；（2）信号的数目，可以对应化学结构中化学等价质子的组数；（3）信号的强度即积分面积，可以反映化学结构中引起该信号的氢原子数目；（4）信号的裂分即自旋偶合，可以反映化学结构中邻近质子的数目。

注：此方向也可以认为是（当固定磁感强度时）频率逐渐减小的方向。这是因为从连续波核磁仪的角度来看，若将磁感强度增至右端而固定下来，则对于其左面的峰来说，磁场是偏高一些的，为发生共振，B_1 频率需适当增加。因此，从这种方式考虑，谱图从右到左表示（固定磁感强度时）B_1 频率逐渐增加的方向，即谱图右边为低场区，谱图左边为高场区。至今的核磁共振专著一直沿用这种概念。

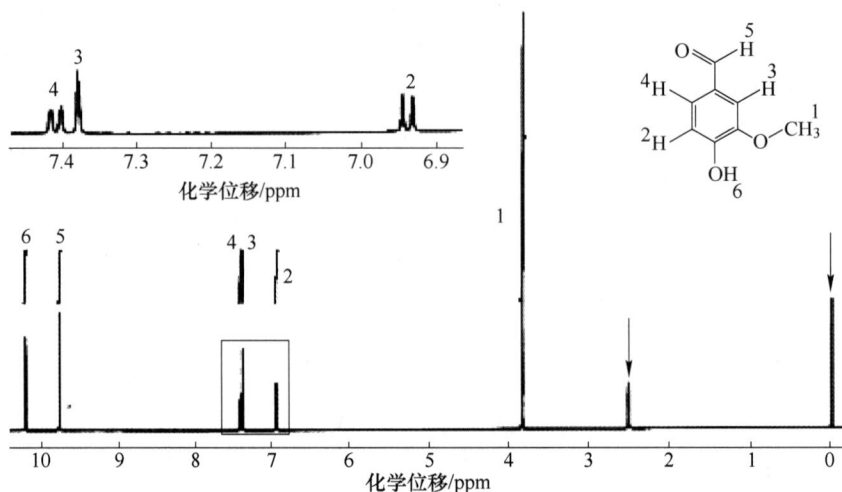

图 6-9　香兰素的 ^{1}H-NMR 图谱

6.5.2　化学位移

要搞清 6.5.1 节中所提及的谱图的横坐标所表示的意义，需要先了解化学位移的概念。任何原子核都被电子云所包围，当 ^{1}H 核自旋时，核周围的电子云也随之转动，在外磁场作用下，会感应产生一个与外加磁场方向相反的次级磁场，实际上会使磁核感受到外磁场 B_0 的减弱，这种对抗外磁场的作用（感生磁场对外磁场的屏蔽作用）称为屏蔽效应。屏蔽效应的大小用屏蔽常数 σ 表示，σ 越大，原子核感受到的外磁场的作用越小。实际作用于原子核的有效磁场为：

$$B_{\text{eff}} = B_0(1 - \sigma) \tag{6-12}$$

那么原子核的共振频率可以表示为：

$$\nu_s = \frac{\gamma B_0(1 - \sigma)}{2\pi} \tag{6-13}$$

由于化学环境（核外电子云密度）不同，屏蔽常数 σ 不同，导致共振频率发生移动，因此谱峰位置也不同。核磁共振实验中，所测得的共振频率 ν_s 随着谱仪的磁场强度的变化而变化，可以采用某一标准物质作为基准，以其谱峰位置作为参考。那么处于不同环境的原子核谱峰位置相对于基准物质谱峰位置的距离就能反映它们所处的化学环境，称为化学位移。对于任一自旋核 X，化学位移 δ 的定义为：

$$\delta_s(X) = \frac{\nu_s(X) - \nu_r(X)}{\nu_r(X)} \tag{6-14}$$

式中，ν_s 为样品在某一磁场强度下的共振频率；ν_r 为参比物在同一磁场强度下的共振频率。

在国际纯粹和应用化学联合会（IUPAC）于 2008 年发表的建议中，对化学位移的定义中去除了"$\times 10^{-6}$"这一因子。因为在式中，分子一项通常是 Hz 量级，分母一项通常是 MHz 量级。两项相除得到的数值直接就是以 ppm 表示的数。ppm 作为数值的后缀与"×10⁻⁶"是可互换的，就如"%"与"×0.01"可以互换一样。注意，ppm 是表示数值大小的后缀，并不是单位，化学位移是一个没有量纲的相对值。IUPAC 规定：四甲基硅烷（TMS）^{1}H 核共振吸收峰的峰位为零，即 $\delta = 0$。TMS 具有以下特性：（1）TMS 中的 12 个氢处于完全相同的化学环境中，它们的共振条件完全一样，因此只有一个尖峰。（2）TMS 中的 12 个氢外围的电子云密度相比于一般有机物要高，因此这些氢都被强烈地屏蔽，共振时需要强度较高的外加磁场，δ 值通常不易与其他化合物的峰重叠。（3）TMS 化学惰性，不会和试样反应。（4）易溶于有机溶剂，且沸点低（27 ℃），因此回收试样较容易。而在较高温度测定时，可使用较不易挥发的六甲基二硅醚（HMDS），水溶液中则可改用 3-三甲基硅丙烷磺酸钠（DSS）作为内标，将它们甲基上质子峰位定为 0。

不同的同位素核因 σ 变化幅度不同，δ 的变化幅度也不同，如 ^{1}H 核的 δ 小于 20 ppm，^{13}C 核的 δ 可达 600 ppm。引入化学位移后，即使使用不同的仪器或在不同的磁场强度下，相同的官能团仍具有相同的 ppm 值，不同的官能团由于存在于不同的电子环境而具有不同的化学位移，从而使结构鉴定成为可能，常见含氢基团的化学位移如图 6-10 所示。

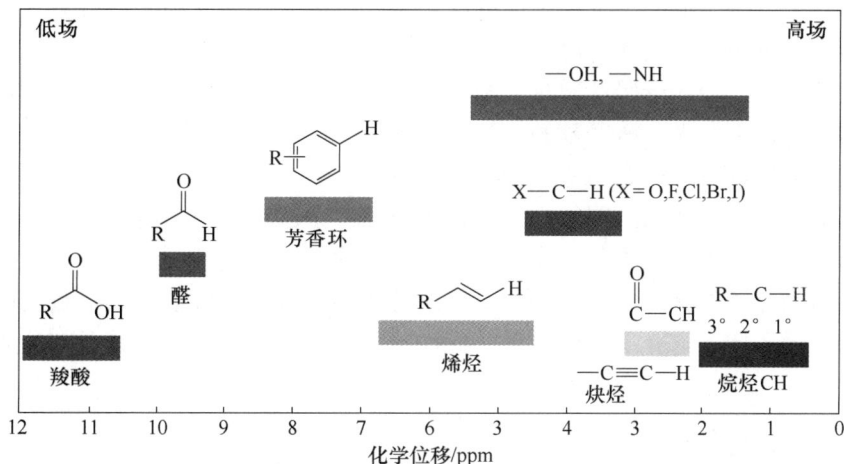

图 6-10　常见含氢基团的化学位移

为了更好地解析核磁共振谱图，有必要了解影响化学位移的因素：

（1）取代基的电负性。在外磁场中，绕核旋转的电子产生的感应磁场是与外磁场方向相反的，因此质子周围的电子云密度越高，屏蔽效应就越大，核磁共振就发生在较高场，化学位移值减小，反之同理。如果氢与电负性较大的原子或原子团相连，通过吸电子诱导效应，使氢周围的电子云密度降低，则屏蔽效应降低，称为去屏蔽效应，这将使吸收峰移向低场（δ 值增大）；如果氢与供电子基团相连，使质子周围的电子云密度增加，则屏蔽效应增加，吸收峰移向高场（δ 值减小）。如在长链烷烃中甲基（—CH₃）质子的 $\delta = 0.9$，而在甲氧基（—OCH₃）中质子的 $\delta = 3.24 \sim 4.02$，这是由于氧的电负性强使质子周围的电子云密度减弱，使吸收峰移向低场（δ 值增大）。由电负性基团而引发的诱导效应，将随间隔键数的增多而减弱。

（2）相邻键的磁各向异性。氢处于某一化学键的不同空间位置上，所感受到的屏蔽效应各不相同，这种屏蔽效应是通过空间传递的，称为相邻键的磁各向异性，是一种远程的屏蔽效应。例如芳环的 π 电子在外磁场作用下，会在垂直于磁场的方向上形成环流，该 π 电子环流又会产生感应磁场，该感应磁场在芳环的上、下方，与外磁场方向相反，起到了屏蔽作用，该区称为屏蔽区。处于该区的吸收峰移向高场。在苯环平面的外围，由于感应磁场的方向与外磁场的方向相同，起到了去屏蔽作用，因此该区称为去屏蔽区，处于该区的质子吸收移向低场。由于苯环是平面结构，环上的质子都处于去屏蔽区，所以吸收一般在较低场，δ 值在 7 左右。又如，烯烃是平面型分子，当双键的平面垂直于磁场时，其 π 电子在垂直于磁场的方向上也能形成环流和感应磁场，该感应磁场在双键平面的上、下方形成屏蔽区，而在双键平面的外侧形成去屏蔽区。烯烃上的氢正好处于去屏蔽区，使其吸收移向低场，δ 值增大。在炔烃中，两个 π 键形成一个以 σ 键为轴的圆筒形，当这个圆筒平行于磁场时，也能形成环流和感应磁场，该感应磁场在圆筒的上、下方形成屏蔽区，在圆筒的外围形成去屏蔽区，乙炔的氢正好处于屏蔽区，使炔氢的吸收移向高场，δ 值变小，所以炔氢的 δ 值小于烯氢，为 2.88 ppm。

（3）氢键和溶剂效应。氢键的形成，使其共振吸收移向低场，δ 值增大，但对这一现象的解释并不统一。有些学者认为氢键的形成将氢核拉向形成氢键的给予体，从而氢被去屏蔽。可知的是氢键形成的多少和难易程度与样品的浓度、温度和溶剂有关。一般降低浓度、提高温度，可减弱或破坏氢键，使质子吸收移向高场；反之，增加浓度、降低温度，有利于氢键的形成，使质子吸收移向低场。所以，在不同条件下，—OH、—NH$_2$ 中质子的化学位移变化范围较大。醇羟基的 δ 值为 0.5~5，酚羟基的 δ 值为 4~8，氨基质子的 δ 值为 0.5~5，羧酸双分子缔合物质子的 δ 值为 10~13。

在溶液中，质子核受到溶剂的影响，化学位移发生改变，称为溶剂效应。在样品溶液中，溶剂分子能接近溶质分子，从而使溶质分子的质子外的电子云形状发生改变，产生去屏蔽作用；溶剂分子的磁各向异性导致对溶质分子不同部位的屏蔽和去屏蔽效应；溶质分子的极性基团诱导周围电介质产生电场，此诱导电场反过来影响分子其余部分质子的屏蔽效应。

6.5.3　自旋耦合和自旋分裂

观察图 6-9 的谱图不难发现，并非所有氢信号峰都是单峰，这在使得谱图变得更为复杂的同时，也为解析谱图提供了更多参考。谱峰的分裂与自旋耦合作用有关。与自旋核之间可以通过中间媒介（电子云）而发生相互作用（自旋干扰）称为自旋-自旋耦合，简称自旋耦合。由自旋耦合引起的谱峰分裂和谱线增多的现象称为自旋裂分（峰裂分）。由裂分所产生的裂距称为耦合常数，用符号 J 表示，单位为赫兹（Hz），它与外磁场强度无关，其大小反映了核与核之间耦合作用的强弱。相互耦合的两个核，其耦合常数相等。

耦合常数可为正，也可为负，从核磁图谱中不能直接求得耦合常数的绝对符号，只能求得相对符号。通常在耦合常数符号左上角表示偶合核之间键的数目，在右下角表示其他信息。例如，$^1J_{C-H}$ 表示一键 $^{13}C-^1H$ 耦合；$^2J_{H-C-H}$ 表示二键（同碳）耦合；$^3J_{H-C-C-H}$ 表示三键（邻位）耦合；$^3J_{反}$ 表示双键上反式质子间的耦合。常见结构单元的耦合常数见表 6-2。

表 6-2 常见结构单元的耦合常数表

结 构 单 元		典型的耦合常数数值 J_{AB}/Hz
$\begin{array}{c}H_A\\ \diagdown\\ C\\ \diagup\\ H_B\end{array}$		$-15 \sim -10$
$CH_A CH_B$		7
环己烷 H_A/H_B	ax-ax	$8 \sim 11$
	ax-eq	$2 \sim 3$
	eq-eq	$2 \sim 3$
$\begin{array}{c}H_A\\ C=C\\ H_B\end{array}$ (反式)		$15 \sim 17$
$\begin{array}{c}H_A\\ C=C\\ H_B\end{array}$ (顺式)		$0 \sim 2$
$\begin{array}{c}H_A\quad H_B\\ C=C\end{array}$		$10 \sim 11$
苯 H_A / H_B	$J_邻$	8
	$J_间$	2
	$J_对$	0.3
吡啶	$J_{2\text{-}3}$	5
	$J_{3\text{-}4}$	8
	$J_{2\text{-}4}$	1.5
	$J_{3\text{-}5}$	1
	$J_{2\text{-}5}$	0.8
	$J_{2\text{-}6}$	0
呋喃	$J_{2\text{-}3}$	1.8
	$J_{3\text{-}4}$	3.6
	$J_{2\text{-}4}$	0.8
	$J_{2\text{-}5}$	1.5

　　自旋分裂是有一定规律的（图 6-11）。例如，乙基苯中—CH_2—显示四重峰，表示它有三个相邻的氢（—CH_3 上的三个氢）；—CH_3 显示三重峰，表明它有两个相邻的氢，这就是 $n+1$ 规律。即当某基团上的氢有 n 个相邻的氢时，它将显示 $n+1$ 个峰，若这些相邻的氢处在不同环境中（如一种环境氢为 n 个，另一种环境氢为 n' 个…），则将显示 $(n+1)(n'+1)$…个峰。若这些不同环境的邻近氢与这个氢的偶合常数相同，则可认为这些不同环境的邻近氢的总数为 n，仍按 $n+1$ 规律计算分裂的峰数。例如，异丙基

—CH(CH$_3$)$_2$ 中的 —CH 为七重峰。一般按 $n+1$ 规律分裂的图谱称为一级图谱。严格来讲，$n+1$ 规律应该是 $2nI+1$ 规律，对于 ^{1}H 核来说，因为它的 $I=1/2$，所以就变成了 $n+1$ 规律。

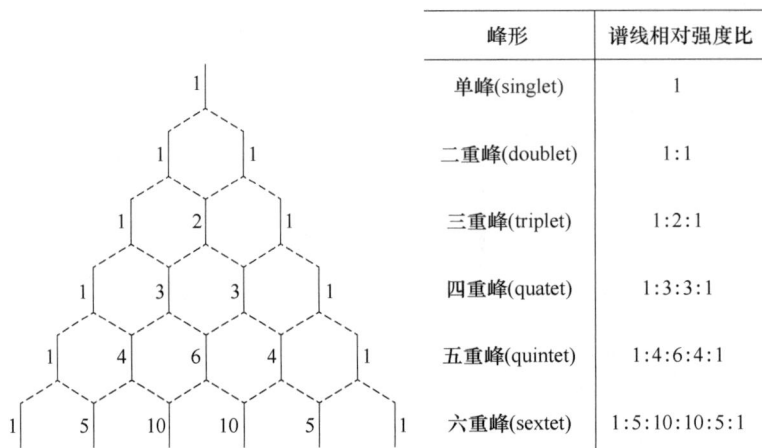

峰形	谱线相对强度比
单峰(singlet)	1
二重峰(doublet)	1:1
三重峰(triplet)	1:2:1
四重峰(quatet)	1:3:3:1
五重峰(quintet)	1:4:6:4:1
六重峰(sextet)	1:5:10:10:5:1

图 6-11　自旋分裂 $n+1$ 规律

6.5.4　峰的积分面积

在 ^{1}H-NMR 谱上，各吸收峰覆盖的面积与引起该吸收的 ^{1}H 核的数目成正比，用自动积分仪测得的阶梯式积分曲线高度表示（目前利用核磁软件系统可以自动给出相对积分数值）。积分曲线的总高度用 cm 或小方格表示，和吸收峰的总面积相当，即相当于 ^{1}H 核的总个数，而每一阶梯高度则取决于引起该吸收峰的 ^{1}H 核的数目。在分析谱图时，只要通过比较共振峰的面积，就可判断 ^{1}H 核的相对数目；当化合物分子式已知时，就可求出每个吸收峰所代表的 ^{1}H 核的绝对个数。一个化合物究竟有几组吸收峰，取决于分子中 ^{1}H 核的化学环境。有几种不同类型的 ^{1}H 核，就有几组吸收峰。

6.5.5　^{1}H-NMR 谱图解析

谱图解析要注意下述特点：（1）首先要检查得到的谱图是否正确，可通过观察 TMS 基准峰与谱图基线是否正常来判断。（2）计算各峰信号的相对面积，求出不同基团间的氢原子/质子（或碳原子）数之比。（3）确定化学位移大约代表什么基团，在氢谱中要特别注意孤立的单峰，然后再解析偶合峰。（4）对于一些较复杂的谱图，仅仅靠核磁共振谱来确定结构会有困难，还需要与其他分析手段相配合。

下面以 4-(二乙氨基)水杨醛的氘代氯仿溶液 ^{1}H-NMR 谱图为例，具体说明 ^{1}H-NMR 谱图解析归属过程。首先对实验获得的数据 FID 进行傅里叶变换、相位校正、基线校正和定标。通过氘代氯仿残余溶剂峰（$\delta=7.26$）和 TMS 峰（$\delta=0$）的化学位移可判断谱图基本正确。排除溶剂峰和 TMS 峰后，对剩余七组峰进行积分和标峰。先分析孤立的单峰，根据常见含氢基团的化学位移，$\delta=11.62$ 的宽峰 a 归属于酚羟基；$\delta=9.51$ 的单峰 b 归属于醛基；高场区的两组峰 f 和 g 应归属于烷基质子信号；$\delta\approx3.4$ 四重峰 f（积分比 1:3:3:1）和 $\delta\approx1.2$ 三重峰 g（积分比 1:2:1），根据耦合分裂 $n+1$ 规律可以判断其为相邻

的 CH_2 和 CH_3，也可以从电负性判断，CH_2 与氮原子相连，屏蔽作用减弱，吸收峰移向低场。注意，对于确定为简单多重峰二重峰（d）、三重峰（t）、四重峰（q）等及其组合峰（dd、dt、dq、ddd、tt、tq 等）的 δ，虽然在图谱上也占有一定的宽度，但它们的特征 δ 是按一级裂分信号准确可测的点值（即中点值），因此，$\delta(CH_2) = 3.41$，$\delta(CH_3) = 1.22$。剩余芳环区的三组峰的归属可以从耦合常数和核磁软件模拟判断，d 峰有两个耦合常数，分别为 8.9 和 2.3 Hz，对应邻位氢和间位氢关系，因此可对从 c 峰、d 峰、e 峰归属如图 6-12 所示。最后将各个信号峰的化学位移、积分值和化学结构归属标在谱图上。根据一般杂志投稿要求，该核磁谱图的规范表达为：^{1}H NMR（500 MHz，Chloroform-d）：δ 11.62（br，1H，Ar-OH），9.51（s，1H，CHO），7.29（d，J = 8.9 Hz，1H，Ar-H），6.33（dd，J = 8.9，2.3 Hz，1H，Ar-H），6.13（d，J = 2.4 Hz，1H，Ar-H），3.41（q，J = 7.2 Hz，4H，NCH$_2$CH$_3$），1.22（t，J = 7.1 Hz，6H，NCH$_2$CH$_3$）。

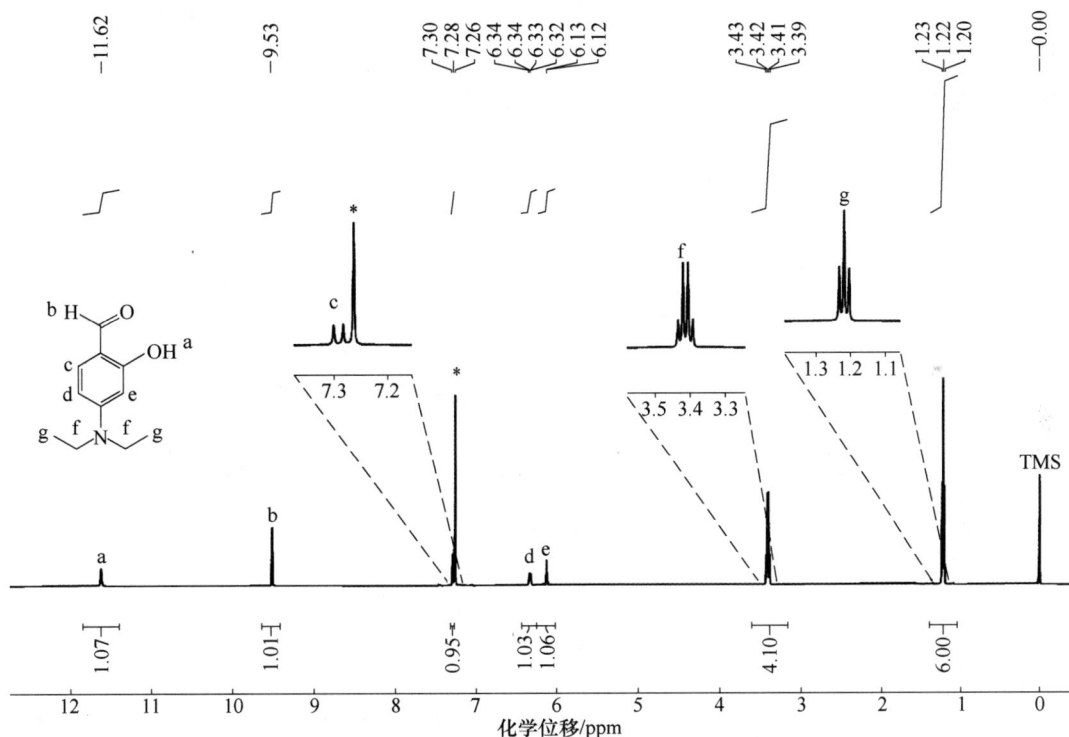

图 6-12　4-(二乙氨基) 水杨醛的 ^{1}H-NMR 谱图

6.6　核磁共振碳谱

虽然 ^{12}C 核的自旋量子数 $I = 0$ 没有磁矩，无法产生核磁共振信号，但幸运的是，^{13}C 核的自旋量子数 $I = 1/2$，可以产生核磁共振信号。然而 ^{13}C 核的磁矩比 ^{1}H 核的磁矩弱得多，同时其自然丰度较低，对核磁共振实验来说增加了困难，但由于脉冲傅里叶变换核磁共振技术的发展，而且通过累积扫描次数降噪，使得 ^{13}C-NMR 能够实际应用。

6.6.1　核磁共振碳谱的特点

在灵敏度上，尽管 ^{13}C 和 ^1H 的自旋量子数 I 都为 1/2，但由于 ^{13}C 的磁旋比 $\gamma = 6.7283 \times 10^7 \, rad/(T \cdot s)$，$^1H$ 的磁旋比 $\gamma = 26.753 \times 10^7 \, rad/(T \cdot s)$。$^{13}C$ 的磁旋比只有 ^1H 磁旋比的 1/4。因为核磁共振测定的灵敏度与丰度成正比，而且 ^{13}C 天然同位素丰度仅为 1.1% 左右，因此 ^{13}C 谱的灵敏度比 ^1H 谱低很多，约为氢谱的 1/6000。在分辨率上，^{13}C-NMR 的化学位移范围为 0~250 ppm，比 ^1H-NMR 大 20 倍，因此分辨率较高。这意味着来自化合物中每个不等价的碳信号几乎都能以不同峰的形式出现，而不会像 ^1H-NMR 谱中一样出现很多信号峰的重叠。此外，用 ^{13}C-NMR 可直接测定分子骨架，并可获得 C=O，C=N 和季碳原子等在 ^1H 谱中测不到的信息。

6.6.2　^{13}C-NMR 的化学位移

在 ^{13}C-NMR 中，化学位移的基准物质仍为四甲基硅烷（TMS），将 TMS 中甲基的共振吸收峰的峰位定为零，即 $\delta = 0$。^{13}C-NMR 中碳原子的化学位移 δ 与很多因素有关，主要是杂化轨道状态及化学环境，其化学位移顺序与氢谱中各类碳上对应质子的化学位移顺序有很好的一致性。若质子在高场，则该质子连接的碳也在高场；反之，若质子在低场，则该质子连接的碳也在低场。在实际应用中，碳谱最主要的信息就是化学位移，常见含碳基团的化学位移如图 6-13 所示。

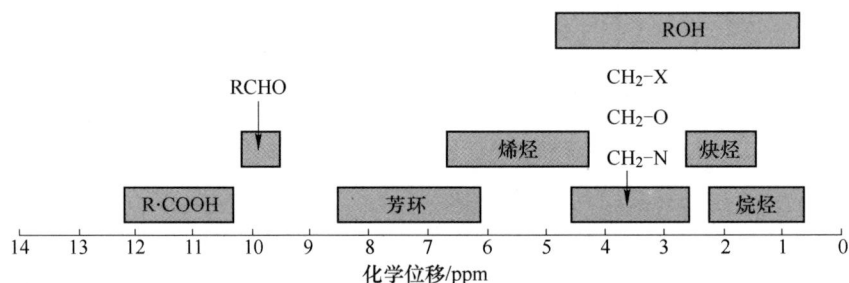

图 6-13　常见含碳基团的化学位移

6.6.3　自旋耦合

在 ^{13}C-NMR 中，由于 ^{13}C-^{13}C 之间耦合的概率太小（丰度太低），不可能实现，但直接与碳原子相连的氢和邻碳上的氢都能与 ^{13}C 核发生自旋耦合，而且耦合常数 $^1J_{C-H}$ 很大。这样，在提供碳氢之间结构信息的同时也使得谱图复杂化，给谱图解析工作带来困难。为了去除直接相连的质子以及邻近碳上的质子对所观测的 ^{13}C 核产生的裂分，同时通过核的 NOE 效应增强 ^{13}C-NMR 的信噪比，通常使用质子宽带去耦的方法来获得谱图。由于不同化学环境的碳的 NOE 效果不同，且弛豫时间 t_1 可能相差较大，不同化学位移的自旋核数目与谱峰强度不成正比，所以谱图不作积分。

注：在核磁共振实验中，空间位置上接近的两个核（小于 0.5 nm），由于它们之间的偶极-偶极相互作用，当选择照射其中一个核使其自旋达到饱和后，可以观察到另一核的谱峰相对强度增强或减弱，这一现象称为 NOE（nuclear Overhauser effect）效应。NOE 与

核空间距离的 6 次方成反比，反映了所观测核之间的空间接近程度。

6.7 核磁共振波谱的应用

核磁共振谱的应用极为广泛，可概括为定性、定量及定结构研究，物理化学研究，生物活性测定，药理研究及医疗诊断等方面。在有机结构研究方面，可测定化学结构及立体结构（构型、构象）、互变异构现象等，与紫外、红外、质谱配合使用，是确定有机化合物结构最重要的手段之一。这个方法的最大特点是样品不会被破坏，可回收。物理化学研究方面，可以研究氢键、分子内旋转及测定反应速率常数等。在定量方面，可以测定某些化合物的含量及进行纯度检查。

在材料科学领域，高分辨核磁共振技术已成为一种分析高分子的微观化学结构、构象和弛豫现象等非常有效的手段。例如官能团鉴别、异构体的鉴别、端基分析、支化结构测定、键接方式测定、共聚组成的分析和共聚物序列结构研究、共混物的定性定量分析等，还可以获得有关相转变、结晶度、取向变化和交联过程中的化学变化等有关信息。

6.7.1 聚烯烃的鉴别

聚丙烯、聚异丁烯和聚异戊烯虽然同为碳氢化合物，但其 ^1H-NMR 谱有明显差异。聚丙烯有 CH、CH_2 和 CH_3 三种特征基团的特征峰，易于区分。聚异丁烯和聚异戊烯在高场区都只有 CH_2 和 CH_3 的信号，但由于两种峰的质子数目之比是不同的，因此也易区分。聚异丁烯结构中，CH_3 与 CH_2 峰强度之比应为 6∶2；对于聚异戊烯，CH_3 与 CH_2 峰强度之比应为 3∶4（图 6-14）。

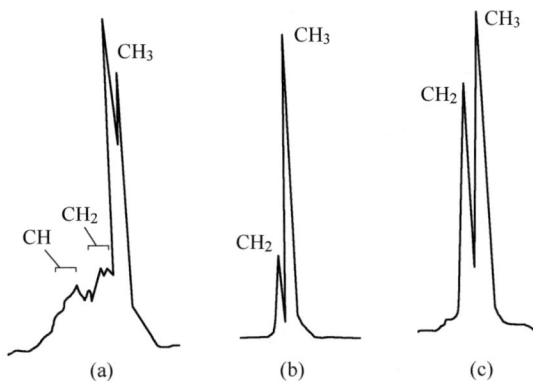

图 6-14 聚丙烯、聚异丁烯和聚异戊烯的 ^1H-NMR 谱图
（a）聚丙烯；（b）聚异丁烯；（c）聚异戊烯

6.7.2 聚酯纤维混合物定性鉴别和共聚物组成测定

采用核磁共振法可以鉴别聚对苯二甲酸乙二酯纤维（PET）、聚对苯二甲酸丙二酯纤维（PTT）、聚对苯二甲酸丁二酯纤维（PBT），并测定聚酯混合物的纤维含量。用氘代三氟乙酸和氘代氯仿的混合试剂将聚酯纤维混合物溶解后进行 ^1H-NMR 测定，根据不同化学环境中的化学位移和峰面积对 PET、PTT、PBT 进行定性和定量分析。

　　定性分析：如表 6-3 所示，其中 a 类氢原子不参与定性定量分析；b 类氢原子可表征 PET；c 类、d 类氢原子可表征 PTT；e 类、f 类氢原子可表征 PBT。

　　定量分析：图 6-15 为 PET、PTT 和 PBT 混合物的 ^{1}H-NMR 谱图，通过吸收峰的面积 A、吸收峰对应聚酯每个重复单元中该类氢原子的个数，以及各聚酯重复单元的摩尔质量 M，确定 PET、PTT、PBT 纤维混合物中各组分的含量百分比。

表 6-3　聚酯分子中 ^{1}H-NMR 谱图化学位移值

归属信号峰	基 团 结 构	质子数目	化学位移 δ/ppm
a 峰：苯环		4	$\delta_a = 8.1$
b 峰：PET 亚甲基	—O—CH$_2$—CH$_2$—O—	4	$\delta_b = 4.8$
c 峰, d 峰：PTT 亚甲基	—O—CH$_2$—CH$_2$—CH$_2$—O—	4 2	$\delta_c = 4.6$ $\delta_d = 2.4$
e 峰, f 峰：PBT 亚甲基	—O—CH$_2$—CH$_2$—CH$_2$—CH$_2$—O—	4 4	$\delta_e = 4.5$ $\delta_f = 2.1$

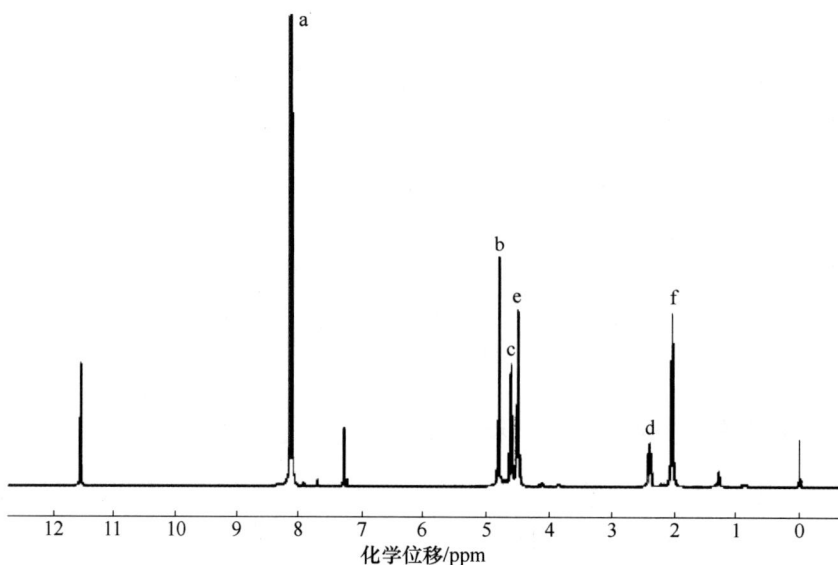

图 6-15　PET、PTT 和 PBT 混合物的 ^{1}H-NMR 谱图

PET、PTT、PBT 三组分混合物含量比的计算式如下：

$$P_i = \frac{\dfrac{A_iM_i}{n_j}}{\dfrac{A_iM_i}{n_i} + \dfrac{A_jM_j}{n_j} + \dfrac{A_kM_k}{n_k}} \times 100\% \tag{6-15}$$

$$P_j = \frac{\dfrac{A_jM_j}{n_j}}{\dfrac{A_iM_i}{n_i} + \dfrac{A_jM_j}{n_j} + \dfrac{A_kM_k}{n_k}} \times 100\% \tag{6-16}$$

$$P_k = 100 - P_i - P_j \tag{6-17}$$

式中，P_i 为某一组分 i 的含量百分率，%；A_i 为组分 i 的某类质子吸收峰积分面积；n_i 为组分 i 的某类质子吸收峰所对应聚酯重复单元中的质子数；M_i 为组分 i 每个聚酯重复单元的摩尔质量，g/mol。

6.7.3 聚合度计算

通过核磁共振进行端基分析来测定聚合物的数均分子量，无需标准校正，而且快速，尤其适用于线型嵌段聚合物。以聚己内酯-b-聚乙二醇-b-聚己内酯三嵌段共聚物（PCL-PEG-PCL）为例，用 1H-NMR 表征了 PCL-PEG-PCL 共聚物的分子结构和分子量，如图 6-16 所示。δ 分别为 1.40 ppm、1.65 ppm、2.32 ppm 和 4.06 ppm 处的峰分别是 PCL 单元中的—$(CH_2)_3$—、—$OCCH_2$—和—CH_2OOC—的亚甲基质子。3.65 ppm 处的尖锐峰值归属于嵌段共聚物中 PEG 非两端重复单元的—CH_2CH_2O—的亚甲基质子。δ 分别为 4.23 ppm 和 3.82 ppm 的非常弱的峰分别归属于与 PCL 嵌段相连的 PEG 末端单元中的—OCH_2CH_2—的亚甲基质子。可通过 ^{1}H-NMR 谱图中特征峰的积分计算 PCL-PEG-PCL 共聚物的分子量（M_n）和共聚物中的 PCL/PEG 比值，公式如下：

$$\frac{2[2(x-1)]}{I_a} = \frac{4}{I_d} \tag{6-18}$$

$$\frac{4(y-2)+4}{I_f} = \frac{4}{I_d} \tag{6-19}$$

$$M_{n(PCL-PEG-PEL)} = M_{n(PEG)} + M_{n(PCL)} = 44y + 2(114x) \tag{6-20}$$

式中，I_a，I_d 和 I_f 分别为 PCL 单元中—CH_2OOC—的亚甲基质子在 4.06 ppm 左右处的积分强度，PEG 末端单元中—OCH_2—的亚甲基质子在 4.23 ppm 左右处的积分强度，以及 PEG 重复单元亚甲基氢在 3.65 ppm 左右处的积分强度。如图 6-16 所示，x、y 分别为 PCL-PEG-PCL 共聚物中 PCL 和 PEG 的聚合度。

6.7.4 立构规整性分析

大多数均聚高分子中每个单体单元都有一个手性中心原子，如聚丙烯、聚甲基丙烯酸甲酯、聚氯乙烯等，每个手性中心的构型都有 d 和 l 两种。构成高分子时，如链上相邻两个单体单元的取向相同时，即 dd 或 ll，则用 m（meso）表示；如不同，则用 r（racemic）表示，于是二单元组有 m 和 r 两种。按此类推，三单元组有 mm、rr 和 mr 三种；四单元

$$HO-\underset{f}{C}H_2-\underset{b}{(CH_2)_3}-\underset{c}{CH_2}-\underset{}{C}(=O)-[\underset{a}{OCH_2}-\underset{b}{(CH_2)_3}-\underset{c}{CH_2}\underset{}{C}(=O)]_{x-1}-\underset{d}{OCH_2}\underset{e}{CH_2}-[\underset{f}{OCH_2CH_2}]_{y-2}-OCH_2CH_2O$$

$$[\underset{}{C}(=O)-(CH_2)_5O-\underset{}{C}(=O)-(CH_2)_5]_{x-1}-OH$$

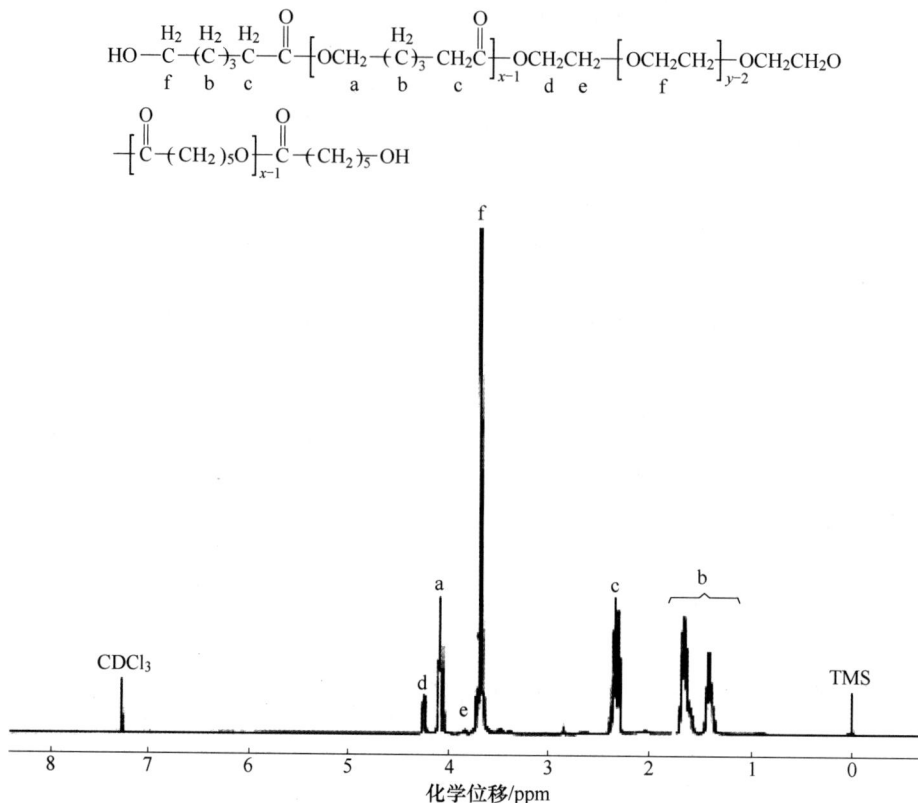

图 6-16　PCL-PEG-PCL 共聚物的 ^{1}H-NMR 谱图

组有 *mmm*、*mmr*、*rmr*、*mrm*、*mrr* 和 *rrr* 六种……如各单元组构型相同，即 *mmm*…，则称为全同；如相邻的单体构型都不相同，即 *rrr*…，则称为间同；如为不规则分布，则称为无规。例如，某一全同聚丙烯的 ^{13}C-NMR 如图 6-17 所示，由于碳原子的空间位置的不同，因此出现了三个峰，分别属 *mm*、*mr* 和 *rr* 三个三单元组，证实该样品中全同立构占优势。

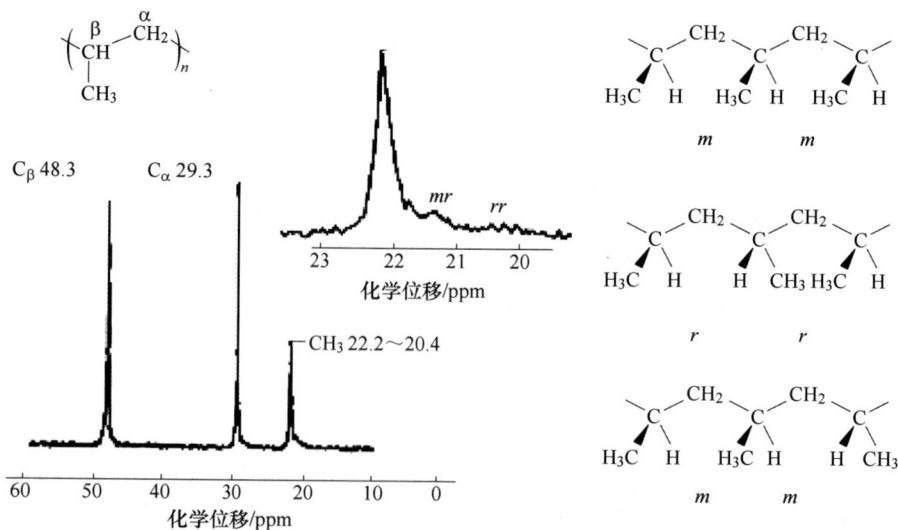

图 6-17　全同聚丙烯的 ^{13}C-NMR 谱图

6.8 其他杂核的核磁共振波谱

^1H 和 ^{13}C 是测试最多的自旋核,但不应该只局限于这两种重要的自旋核。如果考虑整个元素周期系,在理论上,几乎所有元素都至少有一种通过核磁共振实验可观测磁矩的自旋核(即 $I \neq 0$)。但有些因素会阻碍常规的观测,主要问题在于天然丰度低和磁旋比 γ 值低导致的实验灵敏度低,此外,$I > 1/2$ 的核素存在电四极矩 Q,可能导致谱图变得复杂,因而一般核磁共振实验涉及自旋核的种类并不多。常用同位素核见表 6-1,本节将对表 6-1 中除 ^{13}C 以外的其他杂核的核磁共振波谱进行讨论,主要涉及 ^{19}F、^{31}P 和 ^{11}B。虽然 ^{15}N 也是较为重要的杂核,特别是在生物大分子研究中,但由于丰度很低,通常需要用同位素标记后再进行测试,这里不作赘述。

6.8.1 核磁共振氟谱(^{19}F-NMR)

^{19}F 核($I = 1/2$,天然丰度为 100%)的灵敏度高(是 ^1H 的 0.83 倍),因此成为核磁共振的理想研究对象;氟原子的电负性很高,与周围原子的键合能力也很强,因此氟原子在分子中有独特的化学位移和耦合常数。核磁共振氟谱可以用于分析含氟化合物的结构和化学性质,广泛应用于有机合成、药物研究、材料科学、环境监测等领域。但因为含氟有机物中 F 核的顺磁性屏蔽主导,反磁性屏蔽小于 1%,氟原子对邻近基团的电负性和氧化态,立体化学和较远邻近原子核的影响敏感,所以其化学位移值较难预测与推理,谱宽较大时经常会造成相位调节不好的问题,需要注意。

在 ^{19}F-NMR 中化学位移的基准物质为三氯氟甲烷 $CFCl_3$,它具有惰性和挥发性,分子结构中只有一个氟原子,所产生核磁共振信号为单峰。相比于核磁共振氢谱,氟谱具有更宽的化学位移范围,跨越近 900 ppm,信号峰重叠少,易于分辨并进行峰强度的比较。例如,在 ClF_3 中直立和平伏氟原子的化学位移相差 120 ppm,XeF_2 和 XeF_4 之间的化学位移相差 180 ppm,乙基氟原子和甲基氟原子的化学位移相差 60 ppm。同时,常见含氟化合物中大多数只含有 1 种或 2 种不同化学环境的氟原子,使得氟谱的复杂程度远小于氢谱,常见 ^{19}F 的化学位移如图 6-18 所示。

氟的耦合裂分规律类似于 ^1H,但其与 ^1H 和 ^{13}C 以及自身都有强烈的耦合作用,使得一维氟谱的峰形较一维氢谱复杂,积分计算相对原子数目的准确度不如氢谱高,但其对测试时间及样品浓度的要求低。因此,在核磁共振实验中氟谱去耦与否对于谱图的影响很大。例如,氟代丙酮的质子去耦谱图如图 6-19(a)所示,仅出现一个单峰;从图 6-19(b)可以观测到,氟与两组氢耦合,可以获得具有大耦合常数的三重峰,再通过氟与甲基的四键耦合进一步分裂成三个四重峰。

6.8.2 核磁共振磷谱(^{31}P-NMR)

^{31}P 核($I = 1/2$,天然丰度为 100%)的灵敏度分别为 ^1H 的 0.067 倍和 ^{13}C 的 377 倍,显示出类似于 ^1H 和 ^{19}F 的磁特性,也是一种可用于核磁共振分析技术的理想原子核。有机、无机和生物化学家都对磷极其感兴趣。磷具有极大的生化意义,主要因为核酸含有磷脂和其他分子,如 ADP、ATP 等。含磷的试剂范围包括从各种无机形式的磷到有机磷类

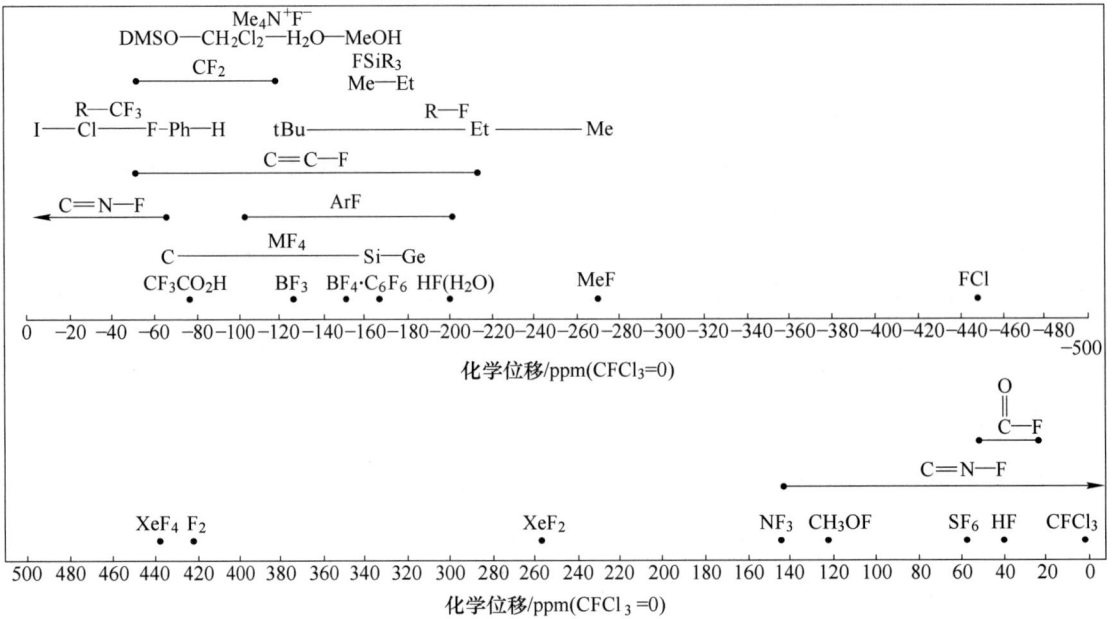

图 6-18　常见 ^{19}F 的化学位移

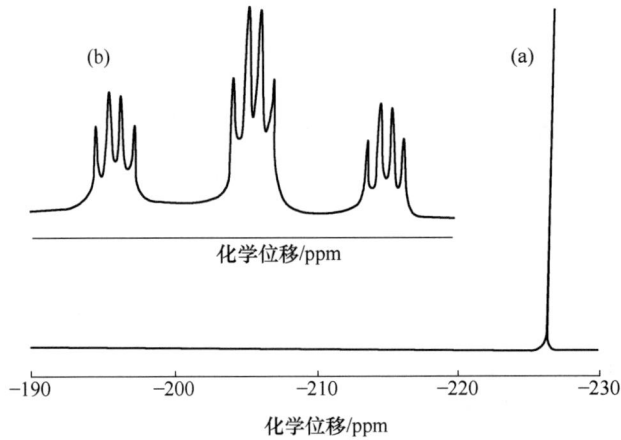

图 6-19　氟代丙酮的 ^{19}F-NMR 谱图

（a）质子去耦；（b）质子耦合

化合物、亚磷酸盐和磷盐等。因此，核磁共振磷谱在化学领域用途广泛，特别是在测定含磷化合物分子结构方面的作用更为突出。

在 ^{31}P-NMR 中，化学位移以 85% 的磷酸 H_3PO_4 为外标基准物，磷酸三甲酯为内标基准物，含磷化合物的化学位移很宽，可跨越 1000 ppm，常规有机、无机磷化合物的化学位移在 $-200 \sim 250$ ppm（图 6-20），这使得核磁共振磷谱的观测比较容易，且谱带尖锐，共振谱线简单，容易识别，谱图解析能得到许多有用的结构信息。由于存在与其他核的耦合作用，通常有机磷化合物测试需要去耦处理。

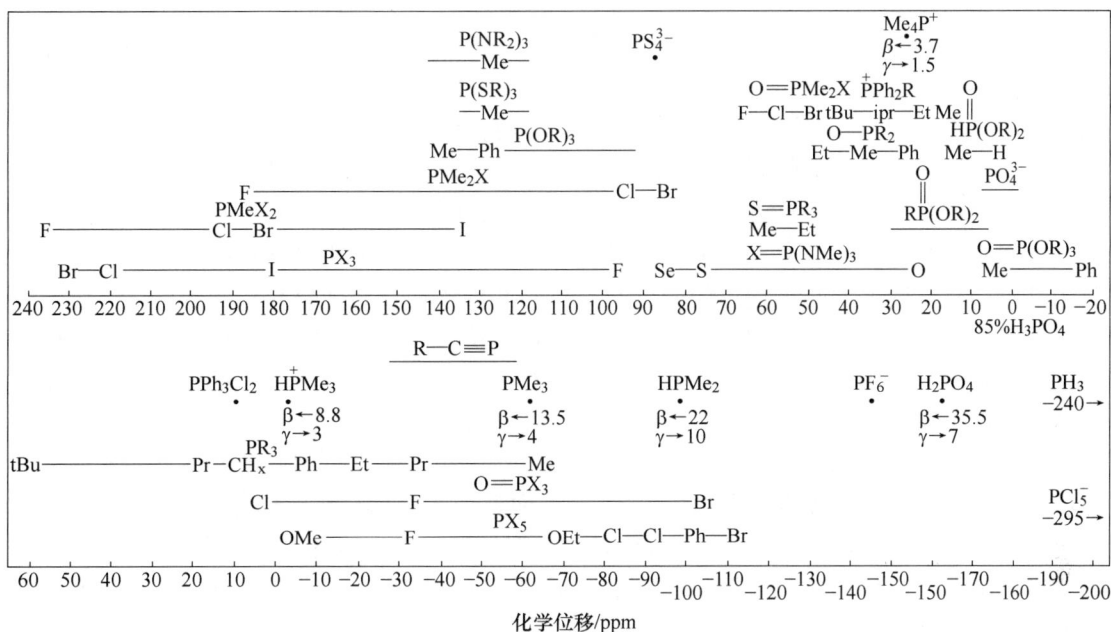

图 6-20 常见 ^{31}P 的化学位移

6.8.3 核磁共振硼谱（^{11}B-NMR）

硼核可产生核磁共振信号的同位素有两种，分别为 ^{10}B、^{11}B 两种核，它们的自旋量子数 I 都大于 1/2（^{10}B 核 $I=3$，^{11}B 核 $I=3/2$），且具有电四极矩，因此核磁共振硼谱的谱峰较宽。^{10}B-NMR 检测灵敏度较低，是 ^{13}C 的 0.078 倍，只有在富集时才能观测到信号。^{11}B 的天然丰度是 80.1%，具有较高的灵敏度，是 ^{13}C 的 2.077 倍，相对容易观测，所以通常选择测 ^{11}B-NMR。核磁共振硼谱的化学位移用三氟化硼乙醚络合物 BF_3OEt_2 作为化学位移标准物质。硼原子的化学位移范围通常跨越 200 ppm。常规核磁样品管由硼硅玻璃制成，检测时会产生较宽的核磁信号，因此最好使用不含硼的石英样品管测定 ^{11}B-NMR 谱。硼是一种具有特殊性质的元素，它具有高熔点、高耐腐蚀性、高硬度和良好的中子截获能力等特点，因此，含硼材料被广泛应用于如核工程、热核聚变、材料科学等领域。核磁共振硼谱可以用于分析硼化合物的结构和化学性质，在有机合成、材料科学、药物化学、环境科学等领域中有较好的应用。

6.9 固体核磁共振波谱

固体核磁共振技术是一种非常重要的化学分析方法，它可以利用原子核自旋在磁场中的行为来获取样品的结构和动力学信息。与传统的液体核磁共振相比，固体核磁共振在分析固态材料、高分子材料、纳米材料等方面具有明显优势。特别是当一些材料不能被溶解，或者研究必须在固态条件下进行时。该技术已经广泛应用于材料科学、化学、生物医学、地球和环境科学等领域，并且在新材料研究、药物研发和化学过程优化等方面发挥着越来越重要的作用。

固体样品不能像液态分子那样进行快速分子运动及快速交换，固体分子内的多种强相互作用使固体核磁共振谱线大大加宽。引起固体核磁谱线宽化的主要因素有：（1）核的偶极-偶极相互作用：除了成键原子核之间的间接自旋-自旋相互作用（J 耦合）外，核磁子还能通过原子核偶极的作用直接耦合（D-耦合）。D-耦合通过空间而不是通过化学键产生，所得的耦合用字母 D 表示。D-耦合的大小取决于核的磁矩和核间距，由于固体样品中的核间距很小，因此 D 耦合常数比 J 耦合常数大很多。（2）化学屏蔽各向异性：当分子对于外磁场有不同取向时，核外的磁屏蔽及核的共振频率会出现差异，产生化学屏蔽各向异性。在溶液中，分子的各向同性快速运动将化学位移各向异性平均为单一值；而固体谱中化学屏蔽的各向异性则使谱线加宽。对于球对称、轴对称和低对称性的分子，其固体核磁谱线呈现不同的宽线峰形。（3）四极相互作用：自旋量子数大于 1/2 的核均存在四极相互作用，溶液中分子的快速翻转运动平均掉了四极相互作用，因此观察不到峰的四极裂分；其固体谱由于四极偶合作用而使谱线大大加宽。（4）自旋-自旋标量偶合（J 耦合）作用引起谱线加宽。（5）核的自旋-自旋弛豫时间过短引起谱线加宽。

由此可见，固体核磁与液体核磁有诸多不同，固体谱线宽、分辨率低，通常线宽大于 100 kHz；而液体分子的快速运动则使谱线增宽的各种内部相互作用平均为零，使液体谱线窄、分辨率高，如水的液体谱线宽小于 1 Hz。因此，为了消除固体核的各种相互作用，以得到高分辨的固体核磁共振谱，在谱仪硬件的选择上也有很大的不同。固体核磁共振谱仪需要高的射频功率（1000 W），以获得短的射频脉冲和宽的激发谱宽，而液体谱通常只需 100 W 的射频功率；固体谱仪需要配置魔角旋转（magic angle spinning，MAS）探头和相应的技术。

6.9.1　魔角旋转（MAS）、高功率质子去偶及交叉极化技术

每个具有非零自旋量子数的原子核均存在一个磁偶极子，原子核磁矩间通过空间直接相互作用，即偶极-偶极相互作用或偶极耦合，引起共振信号的分裂。由原子核磁矩 μ 在第二个原子核处产生的磁场可以表示为：

$$B_{\mathrm{b}} = K\mu \frac{3\cos^2\theta - 1}{r^3} \cdot \frac{\mu_0}{4\pi} \tag{6-21}$$

式中，μ_0 为真空磁导率；K 为常数；r 为两个原子核之间的距离；θ 为原子核间的连线与施加磁场 B_0 方向的夹角。

在固体核磁共振波谱测试中，如果将试样旋转轴与静磁场方向的夹角调节到 54.7°，并快速旋转样品，则 $\frac{3\cos^2\theta - 1}{r^3}$ 项为零，使得原子核不会对 B_{b} 扰动，理论上可以消除或减小化学屏蔽各向异性、D 耦合相互作用和四极相互作用等对谱图的影响，达到窄化谱线的目的。因此，54.7° 被称为魔角，而样品管在魔角位置上的整体转动就称为魔角旋转（magic angle spinning，MAS）。在通常情况下，当转速达到几千赫兹或十几千赫兹时，就可以消除化学位移各向异性相互作用，但由于转速不够高，因此只能部分地消除偶极-偶极相互作用。

此外，即使是在魔角旋转条件下，一些固体核磁谱图仍可能具有宽线的特点。实际

上，^{13}C 或 ^{15}N-NMR 谱图具有更好的分辨率，但这些核的灵敏度较低，这是因为杂核的 γ 较低且天然丰度低。可以通过高功率质子去耦，消除低丰度杂核与 ^1H 的异核偶极相互作用，使该核的核磁共振谱线信号增强，谱峰变窄。如图 6-21 所示，通过对比静态、高功率质子去耦、去耦合魔角旋转实验条件下二水醋酸钙固体的谱图，可以发现利用魔角旋转技术能够得到高分辨率的谱图。

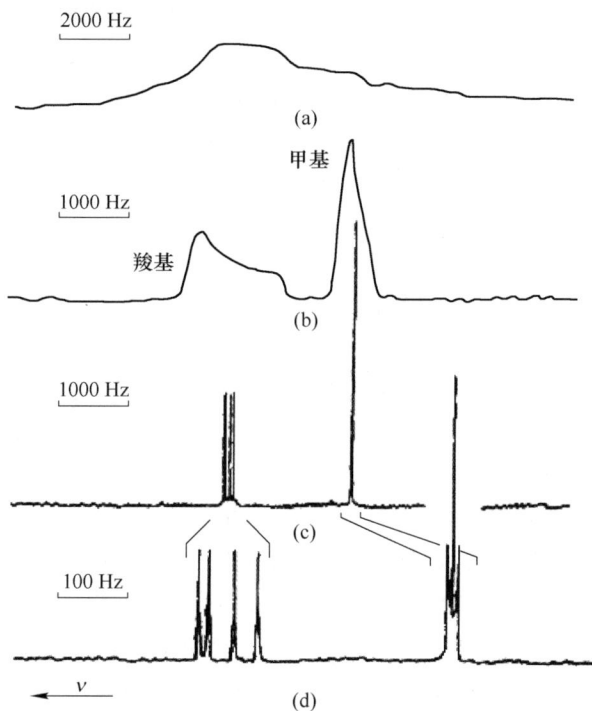

图 6-21　二水醋酸钙的固体 ^{13}C-NMR 谱图
（a）未旋转；（b）高功率质子去耦，但未旋转；（c）去耦合魔角旋转；（d）图（c）的扩展超精细结构

固态样品中原子核的弛豫时间极长，主要原因是自旋-晶格弛豫所需的有效运动速率缓慢甚至缺乏。通常脉冲之间需要等待几分钟才能让原子核充分弛豫，所以采集固体碳谱时花费的时间一般很长。这里可充分利用与碳耦合的质子来克服固体碳谱实验时间太长的缺点。利用与消除 J 耦合和 D 耦合相同的双照射过程将质子的更高磁化和更快弛豫转移到碳原子，这个过程被称为交叉极化技术（cross polarization，CP）。当样品中磁旋比不同的两个自旋系统 I 和满足哈特曼-哈恩（Hartmann-Hahn）匹配条件，利用适当的脉冲序列，极化能从高天然丰度的 I 自旋系统（丰核，如 ^1H）转移到低天然丰度的 S 自旋系统（稀核，如 ^{13}C、^{15}N 等），导致后者的磁化强度大大增强，因而提高了灵敏度。此外，这时系统的弛豫恢复时间与稀核固有的较长的 T_1 无关，而由丰核较短的 T_1 决定，这样就显著缩短了信号累加的时间。

6.9.2　固体核磁共振实验的要求

（1）对待测试样品的要求。导电性样品或具铁磁性样品不宜做固体核磁共振测试。除特殊情况外，固体核磁共振样品通常要求为粉末状，颗粒尽量小（至少小于 100 目，以避免各向异性体块磁化率的影响）。如样品为具有弹性的橡胶、薄膜时，需要将样品尽可能地剪碎或切碎，或剪裁成合适的块状，使得样品装入转子后可达到预期的转速并稳定旋转。

（2）测试样品的制备。使用与仪器配套的装样工具将样品均匀地填装入转子内，在填装过程中需要用装样工具压实装入的样品。按要求将样品填装到合适高度，并将转子帽盖紧盖平。装好样品的转子在探头中需要达到预期的转速并平稳旋转，对于生物蛋白等黏性较大的凝胶状固体核磁共振样品，可通过离心机经移液管灌入转子。

（3）固体核磁共振谱化学位移参比物。在固体核磁共振谱的测试中，化学位移的参比一般使用替代法。以下为较常使用的一些参比物和它们的化学位移参比值，实际测试中可以根据文献报道选用其他合适的参比物，但需要在测试结果中注明参比物的使用详情：

1）^{13}C 以金刚烷 δ 38.56 的谱线为参比，也可以 α-甘氨酸的羰基^{13}C 谱线 δ 176.03 为参比；

2）^{15}N 以硝酸铵中 NH^{4+}的^{15}N 谱线为 δ 23.45；

3）^{27}Al 以 1 M 硝酸铝溶液中铝的共振信号峰为 δ 0；

4）^{29}Si 以 DSS 的谱线 δ 1.534 为参比或以三甲基硅烷基笼形聚倍半硅氧烷（中最低场的谱线 δ 12.39 为参比；

5）^{31}P 以磷酸二氢铵^{31}P 谱线 δ 0.81 为参比。

（4）固体核磁共振样品管。固体核磁共振样品管也称转子（rotor），样品在 MAS 条件下进行测试的过程中，装有样品的转子通常需要保持在几千赫兹到几万赫兹甚至更快的转速下稳定旋转，可以产生极大的偶极-偶极相互作用。转子一般使用氧化锆制成，常使用的尺寸外径一般在 0.7~10 mm 不等，转子的尺寸需要与所使用的探头尺寸相匹配。转子旋转可达到的最高转速与转子直径有关，直径越小，其所能达到的转速越高。

（5）实验操作。在液体高分辨核磁共振实验中，若选错参数，几乎不会对仪器产生严重危害；而在固体核磁共振实验中，若使用典型的高功率水平，则容易发生危险。例如，在固体核磁共振实验中，使用高功率连续波去耦代替低功率组合脉冲去耦，就容易出现严重的后果。因此，新手应该特别小心，在实验启动之前应对硬件连接和软件参数的所有设置进行仔细检查。探头线圈、前置放大器和仪器的其他部分很容易因错误的设定而损坏。例如，当使用高功率去耦时，建议卸下质子前置放大器。

6.9.3　固体核磁共振波谱的应用

固体核磁共振波谱学具有广泛的应用，它是研究固态相互作用的有力工具，也可用于研究非晶体材料。将 MAS 或 CP/MAS 技术用于结构研究是多方面的，它在以下几个方面是非常有用的，如固态反应、相位变化和多态性。已经从^{29}Si（I = 1/2，天然丰度为 4.685%，γ = -5.31903）和^{27}Al（I = 5/2，天然丰度为 100%，γ = 6.9762779）MAS NMR 图中获得了沸石和硅铝酸盐的化学结构信息，其化学位移差足够大，可以区分不同^{29}Si 核的环境，甚至有可能获得关于硅—硅键的信息。通过单晶核磁共振实验可以确定出核间距离，通过化学位移数据可以获得固体电子结构信息。

固态和液体下化合物结构的明显差异反映在化学位移的较大差异中。当发现液态和固态谱图之间的差异时，固态中不存在的溶剂化效应可以稳定溶液中的某种结构。五氯化磷的^{31}P MAS NMR 频谱清楚地显示其存在，离子结构 PCl_4^+ 和 PCl_6^-，因为两个磷的化学位移差为 377 ppm。

通过高分辨率固体核磁共振研究固态动态过程已备受关注，其研究基础与液态的相同。温度依赖性的研究揭示了构象变化的机制和热力学参数，以及由谱线形状分析获得的分子内过程。

6.10　二维核磁共振波谱

二维核磁共振（Two Dimensional NMR，2D NMR）谱是近代核磁共振技术发展最快的领域之一，是鉴定复杂有机化合物结构最为有效和准确的研究手段。二维核磁共振的思想最早由比利时科学家 Jean Jeener 于 1971 年提出，但是由于当时缺乏足够稳定的磁场，一直未能被实践证明。直到 1976 年，瑞士苏黎世联邦理工学院恩斯特首次成功实现了具有两个独立时间变量的二维核磁共振实验，并用密度矩阵方法对二维核磁共振技术进行了系统的理论阐述。而后恩斯特和弗里曼等研究小组迅速发展了多种二维核磁共振实验方法，在物理化学和生物学研究中获得了广泛的应用。二维核磁共振谱是一维核磁共振谱的自然拓展，但比一维核磁共振谱更加复杂，它的出现和发展是核磁共振波谱学发展史上一座重要的里程碑，不仅可以提供更多的结构信息，还能有效简化谱图的解析，特别是在研究生物大分子领域有着先进性。

6.10.1　二维核磁共振原理

一维核磁共振谱以频率为横坐标，以吸收强度为纵坐标，而二维核磁共振谱则给出了两个频率轴上的吸收强度。不同的二维谱的两个频率轴可以表示不同的意义，即它们既可以表示化学位移或偶合常数，有时又可以表示不同核的共振频率。

二维谱是通过对两个时间函数 FID 的二次傅里叶变换（图 6-22）完成的。二维核磁共振谱实验的脉冲序列一般包括四个不同时期，即准备期 d_1（preparation）、演化期 t_1（evolution）、混合期 t_m（mixing）和检测期 t_2（detection）（图 6-23）。

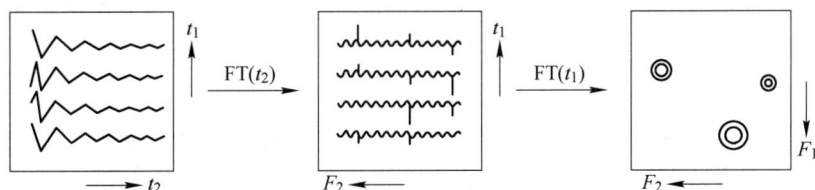

图 6-22　二维傅里叶变换示意图

图 6-23　二维核磁共振实验的四个不同时期

准备期一般由一个或多个脉冲及延迟所构成，它为下一步的演化期创造了初始条件，通常是一个较长的时期，核自旋体系发生弛豫回复到平衡状态。在准备期末将受到一个或多个射频脉冲的激发，以产生所需要的单量子或多量子相干。可以根据需要设计的不同准备期脉冲序列以产生不同的相干。

二维核磁共振实验的关键是引入了第二个时间变量演化期 t_1。在演化期中，这些相干在自旋哈密顿的作用下按各自的频率进动。实验中发展期的时间 t_1 是以固定的 Δt 增加的。初始时 $t=0$，测量一个以 t_2 为函数的 FID，将其数据储存在一个单元里，之后每增加一个 Δt，就测一个 FID，并将数据相继存放在不同的存储单元中，实验进行到一个特定的 t_2 之后停止（由分辨率决定）。这样，期间自旋哈密顿所产生的效应就以相位或幅度调制在探测到的 FID 上。

在混合期施加一个或几个射频脉冲，产生可观察的横向磁化矢量。混合期有时可以去掉，一般情况下由脉冲和延迟构成，它决定了哪一种相干可最终被检测，并决定了相干转移的效率。

在最后一步检测期中，前面各期可检测相干在另一个自旋哈密顿的作用下演化，以常规的傅里叶变换核磁共振方法进行测量。t_1 是变化的延迟时间，t_2 是普通的采样时间。这样得到的含有两个时间变量的矩阵 $S(t_1, \ t_2)$ 经二维傅里叶变换后就可得到二维核磁共振谱。通过傅里叶变换可以得到两个频率维 F_1（间接维）和 F_2（直接维）。

6.10.2　二维核磁共振分类

根据发展期和检测期之间是否存在混合期，核磁共振二维谱通常可分为两大类，即无混合期的核磁共振二维谱二维分解谱（2D resolved spectroscopy）和有混合期的核磁共振二维谱二维相关谱（2D correlation spectroscopy）。核磁共振二维分解谱实验不需要相干或极化转移过程，所以不必设混合期，这是它与二维相关谱的主要区别。二维分解谱由于无混合期，不存在不同核之间相干或极化等转移，因此与核磁共振一维谱相比，这种核磁共振二维谱不增加信息量，仅仅把核磁共振一维谱的信号按一定规律在二维空间内展开，使原来重叠的谱线被扩展分离，达到谱图简化的目的，从而获得原来无法或难以得到的耦合常数和化学位移的信息。最常见的二维分解谱有同核二维 J 分解谱和异核二维 J 分解谱。二维相关谱由于混合期的存在，不同核之间发生相干或极化等转移，因此二维相关谱要比一维谱复杂，信息量也增加。

根据混合期中不同核之间的相干或极化等转移起因的不同，二维相关谱主要分为基于耦合的相干转移或极化转移和基于动力学过程的交换转移。在核磁共振中有两种耦合，其中 J 耦合是通过原子核间化学键电子传递而发生的耦合，D 耦合是不需要通过介质的传递而发生的耦合。利用上述两种作用，分别发展了相干和极化转移技术。由相干转移得到的相关谱称为二维标量相关谱（2D scalar correlation spectroscopy），如二维化学位移相关谱（2D chemical shift correlation spectroscopy）和二维多量子相关谱（2D multiple quantum correlation spectroscopy）；由极化转移得到的相关谱称为二维偶极相关谱（2D dipolar correlation spectroscopy），如二维 NOE 谱（2D nuclear overhauser effect spectroscopy）。另外，由化学交换转移得到的相关谱称为二维化学交换谱（2D exchange spectroscopy）。

核磁共振二维相关谱的共振峰类型主要分为以下两类：

（1）对角峰（diagonal peak）。位于对角线上（即 $\omega_1 = \omega_2$）的共振峰称为对角峰，也称为自峰（auto peak）。意味着磁化强度矢量在发展期和检测期时的进动频率相同，而且在混合期则没有发生相干或极化等转移。对角峰在 ω_1、ω_2 轴上的投影就是常规的耦合谱或去耦谱。

（2）交叉峰（cross peak）。不在对角线上（即 $\omega_1 \neq \omega_2$）的共振峰称为交叉峰，也称为相关峰（correlation peak）。表明磁化强度矢量在发展期的进动频率不等于在检测期的进动频率，也表明在混合期中有相干或极化等转移发生。通过峰间的位置关系可以判定哪些峰之间有耦合关系或其他相关关系。

6.10.3　二维 *J* 分解谱

二维 H-H *J* 分解谱是最早开发的二维核磁共振技术之一，是把化学位移（δ）和偶合常数（*J*）以二维坐标方式分开的图谱。二维 H-H *J* 分解谱不增加信息量，但对于许多具有复杂质子自旋偶合系统的化合物，偶合分裂相互重叠不易解析，利用此技术，可将这些重叠的信号分离开，从而使各质子的化学位移和偶合分裂得到较好的解析，如图 6-24 所示。

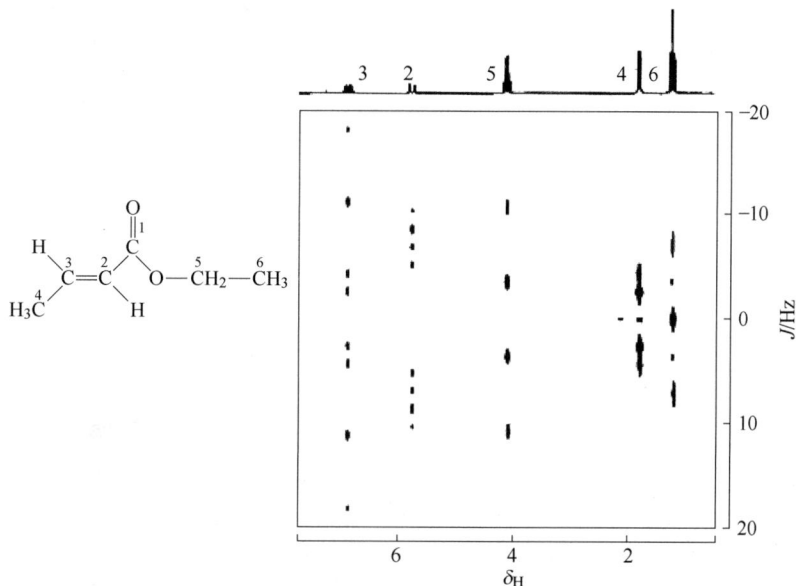

图 6-24　巴豆酸乙酯二维 H-H *J* 分解谱

6.10.4　COSY

H-H COSY（correlated spectroscopy）是应用最广泛的一种核磁共振二维谱，谱中二维坐标均表示质子化学位移。如图 6-25 所示，磁化矢量从 H_A 转移到 H_B，再由 H_B 转移到 H_C 的接力，可检测出通过二根键、三根键和四根键连接的质子间的交叉峰。

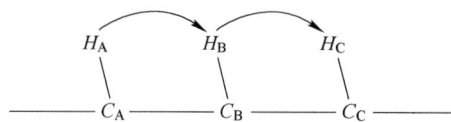

图 6-25　H-H COSY 的磁化矢量转移

H-H 相关是指同一自旋耦合系统里质子之间的耦合相关，这种方法把复杂的自旋系统中有关自旋耦合的信息用二维谱的形式绘制了出来。因此，若对某一确定的质子着手分析，可依次对其自旋系统中各质子的化学位移进行精确归属，较传统的双照射实验具有更多的优越性。

COSY 对角线上的峰是一维谱峰，对角线以外的峰为交叉峰，交叉峰相对于对角线呈轴对称，从一个交叉峰出发分别作垂直线和水平线，与对角线相交，相交处的两峰所对应的核之间有 J 耦合。因此交叉峰将标量耦合的质子相关，其用途为发现或者归属化合物中存在相互耦合关系的 ^1H 核，从而可以确定分子中各种质子的配置以及连接情况。存在交叉峰，则表示两个 ^1H 核之间存在耦合关系；只有对角峰，则表示两个 ^1H 核之间不存在耦合关系。图 6-26 为 1,3,5-三酰胺基苯类 C_3 对称分子 C_3-AG 的 H-H COSY 图，可以据此确定二肽各氢的归属。

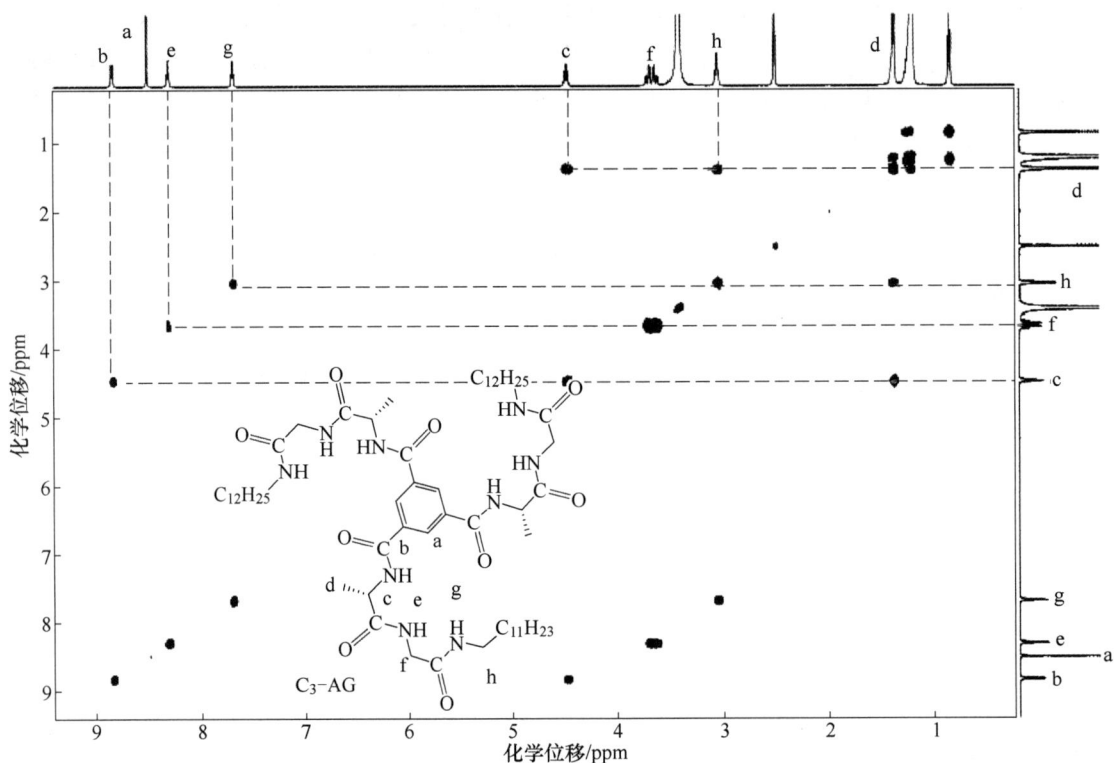

图 6-26　C_3-AG 的 H-H COSY 图

6.10.5　NOESY

NOESY（nuclear Overhauser effect spectroscopy）是一种同核相关的二维核磁共振技术，可以实现在二维上观测核之间的 NOE 效应，即产生空间位置靠近的核之间因偶极交叉弛豫而引起的相关信号。NOESY 谱表示的是质子的 NOE 关系，F_1 和 F_2 两个轴均为质子的化学位移。其谱图外观与 H-H COSY 类似，差别是其交叉峰表示的不是耦合关系，而是 NOE 关系。对角峰在两轴上的投影均为一维谱，交叉峰代表质子间有 NOE 作用，其交叉峰的强度与质子-质子间距离的 6 次方成正比，可以用来估算分子中各个氢原子的间距。NOESY 谱的最大作用是在一张谱图中同时给出了所有质子间的 NOE 信息。NOE 是一种跨越空间的效应，是磁不等价核偶极矩之间的相互作用，它与核之间的距离有关，当质子间的空间距离小于 0.5 nm 时便可以观察到。利用 NOE 可以研究分子内部质子之间的空间关系，如确定它们的空间距离，分析和判断化合物的构象。这种方法是研究有机化合物的空间结构和立体化学的有力工具。图 6-27 中，C_3-AG 中手性甲基和苯环的距离适当，所以苯环上的质子 a 与亚甲基 c 以及手性甲基 d 都有耦合峰。

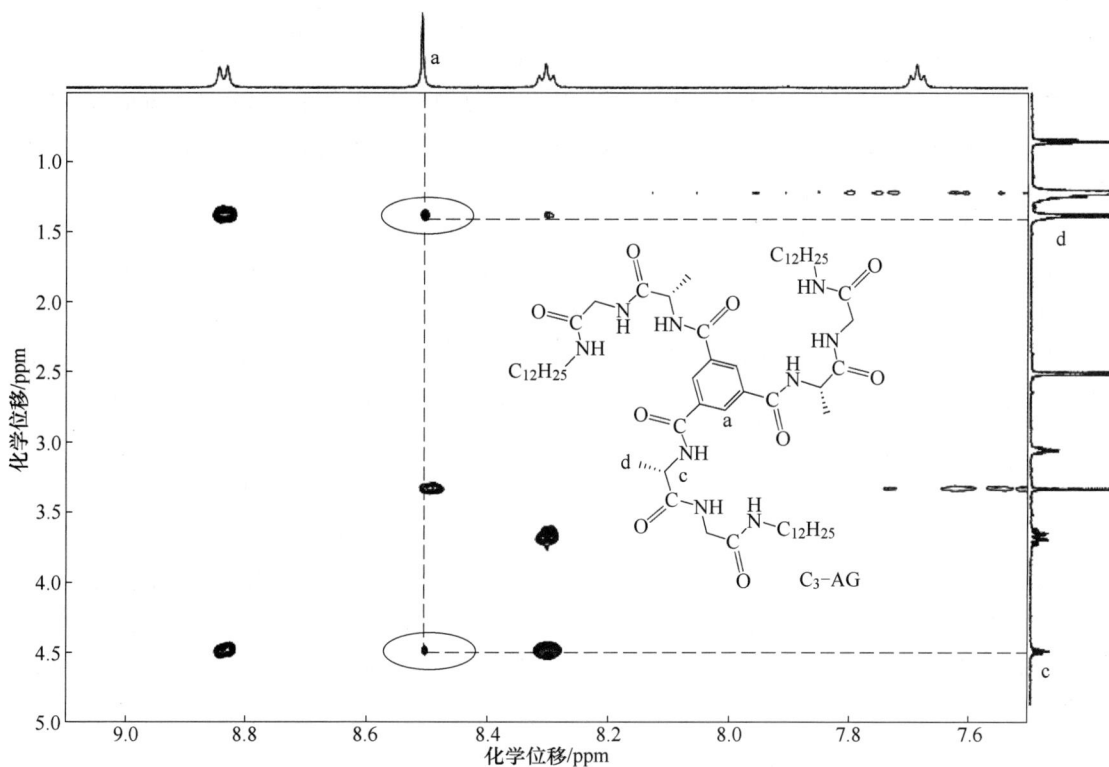

图 6-27　C_3-AG 的 H-H NOESY 图

在测定 NOSY 谱时，应注意适当设定混合时间以尽量增大 NOE 效应。另外，由于弛豫时间的关系，脉冲间隔的等待时间也必须设定得大一些，故与 H-H COSY 谱相比，测定起来比较困难。与其他二维谱相同，在测定 NOESY 谱时，如果试样浓度较低，则有可能出现实际上不应该出现的吸收峰。

NOESY 实验给出 2D 同核化学位移相关谱，从谱图中可以得出质子间的空间相关信息。通常对角峰为正峰，化学交换交叉峰也为正峰。对于大分子来说，其运动较慢，处于自旋扩散（spin diffusion）范围，NOE 交叉峰为正峰（负的 NOE）；对于小分子来说，其运动较快，处于极度狭窄范围，NOE 交叉峰为负峰（正的 NOE）。因此，对于小分子来说，化学交换和 NOE 交叉峰的相位相反，容易区分。

需要注意的是，对于小分子，混合时间通常在 400~500 ms；对于大分子，混合时间通常在 100~200 ms。最佳的混合时间大小接近 T_1 弛豫时间。但 NOESY 技术的缺点是对于相对分子质量为 1000~3000 的分子，交叉信号可能会消失，这是因为 NOE 效应符号的改变取决于分子的相关时间。而在旋转坐标系中，NOE 效应在自旋锁定条件下总是正的。ROESY（rotating frame Overhauser enhancement spectroscopy）也可以给出分子的 NOE 相关信息。在 ROESY 实验中，通过对磁化矢量进行自旋锁定，使得交叉弛豫在旋转坐标系中进行。因此，横向的 NOE 总是正的，同时化学交换的峰总是与 NOE 信号的相位相反。在 ROESY 实验中，混合时间就等于自旋锁定的时间。在自旋锁定时间内，不同核之间发生自旋的交换。

6.10.6　HMQC/HSQC

　　HMQC（heteronuclear multiplequantum coherence，异核多量子相干）谱为 ^{1}H 检测的异核多量子相干实验，显示 ^{1}H 核和与其直接相连的 ^{13}C 核的相关峰。HSQC（heteronuclear single quantum coherence，异核单量子相关）谱为 ^{1}H 检测的异核单量子相干实验。HSQC 与 HMQC 的谱图相同，都是显示 ^{1}H 核和与其直接相连的 ^{13}C 核的相关峰。HSQC 谱的 F_1 维的分辨率比 HMQC 谱高；HSQC 谱的不足之处是脉冲序列比 HMQC 谱复杂。同一个化合物的不同谱图，HSQC 谱分辨率比 HMQC 谱高，因此实际操作中常常选用 HSQC 测试，图 6-28 所示为乙酸丁酯的 HMQC 和 HSQC 图。

　　HSQC 的特点是仅检测具有 ^1J 耦合 ^{13}C-^{1}H 相关信号。在这类相关实验中，质子为被观测核（在 F_2 方向），而 C 核处于间接维（F_1 方向上），谱图上显示直接相连的 ^{13}C-^{1}H 相关峰，可解决碳氢直接连接的问题。

　　基本 HSQC 实验在 F_2 轴上显示出具有自旋耦合常数 $^1J_{C-H}$ 的双重峰，此外还显示由 ^{1}H-^{1}H 自旋耦合引起的同核分裂。这些耦合加宽了 F_1 轴上的信号，因此对于非相敏的基础 HMQC 实验，F_1 轴分辨率差是其较大的缺点。另外，其对键合于 ^{13}C 的质子的信号抑制效果也较差，会产生相当大的纵贯线，其中看到的大部分为甲基信号。HSQC 谱解析方法是从 ^{13}C-^{1}H 的信号峰出发，沿 F_1 维或 F_2 维轴线方向画平行线，即可找到与之相连的 ^{13}C 或 ^{1}H 信号峰。

6.10.7　HMBC

　　HMBC（heteronuclear multiple-bond correlation）谱为 ^{1}H 的异核多碳相关谱，其作用是把 ^{1}H 核和远程耦合的 ^{13}C 核相互关联起来，相当于长程 H-C COSY，通常 2~3 个键的质子与碳的耦合信息较多。若采用较小的 $^2J_{C-H}$ 或 $^3J_{C-H}$ 耦合常数进行调节，则可得到相隔 2 个或 3 个键的碳氢相关谱（在芳环体系中，可能出现跨越 5 根化学键的 C、H 原子的相关峰）。当未知化合物结构含有季碳或杂原子时，只有 HMBC 能够进行分析，由此可解决绕过季碳或杂原子而进行远程的碳氢关联，如图 6-29 所示。

6.10.8　DOSY

　　扩散排序谱（diffusion ordered spectroscopy，DOSY）是多维的核磁共振谱。它的一维不是核磁共振的参数，如 δ 或 J，而是化合物分子的扩散系数。在 2D DOSY 谱中，水平方向显示被分析的混合物的各纯净组分的氢谱，它们沿着垂直轴按照各组分的扩散系数的顺序排列，是单独一类核磁共振二维谱。类似的，3D DOSY 是按照各组分的扩散系数在垂直方向排列的一系列二维谱。一般来说，DOSY 通过脉冲场梯度（pulsed field gradient，PFG）对溶液中分子的平移运动进行空间编码，在分子的扩散运动（用扩散系数 D 表示）

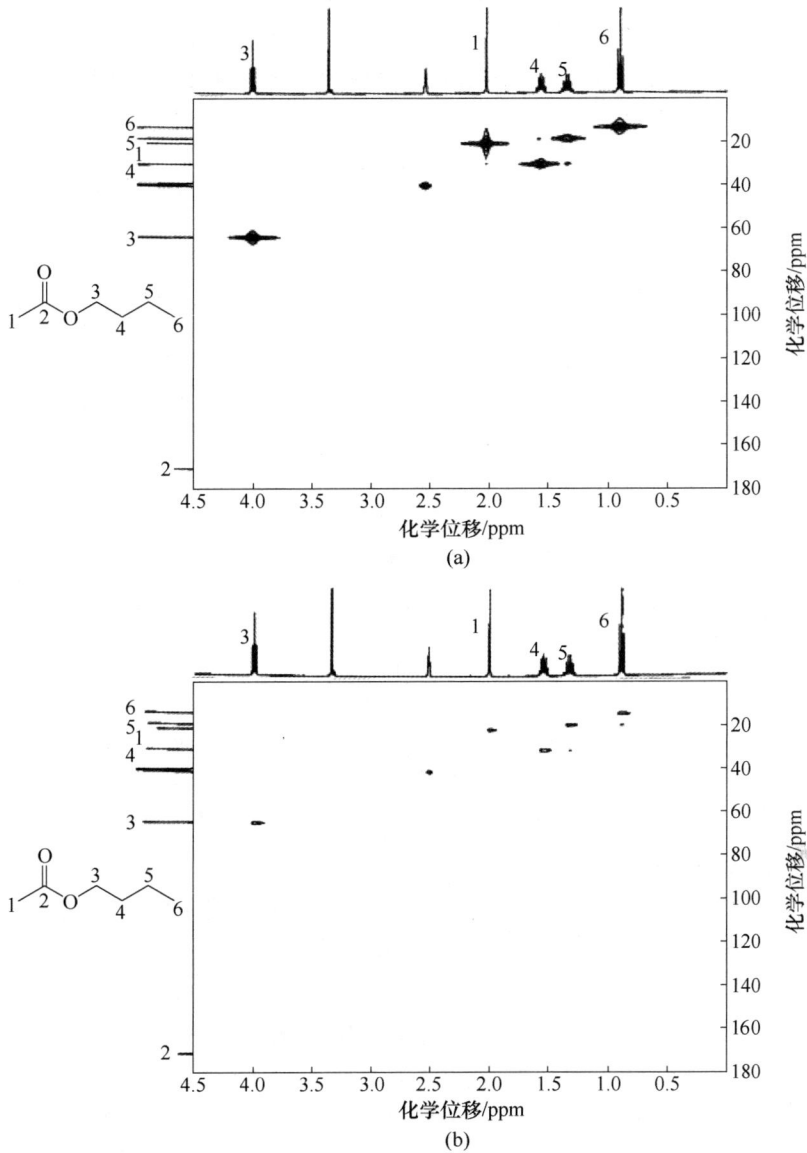

图 6-28   乙酸丁酯的 HMQC 和 HSQC 图

（a）乙酸丁酯的 HMQC 图；（b）乙酸丁酯的 HSQC 图

与梯度场强度 g 之间建立起明确的关系：

$$\frac{I}{I_0} = e^{-D\gamma^2 g^2 \delta^2 \left(\Delta - \frac{\delta}{3}\right)} \tag{6-22}$$

式中，I 为施加梯度脉冲之后测得的信号强度；I_0 为未加梯度场脉冲时测得的信号强度；D 为分子的自扩散系数；γ 为所观测对象原子核的磁旋比；g 为梯度场强度；δ 为梯度场脉冲振幅；Δ 为一对梯度场脉冲之间的间隔时间，即扩散时间。

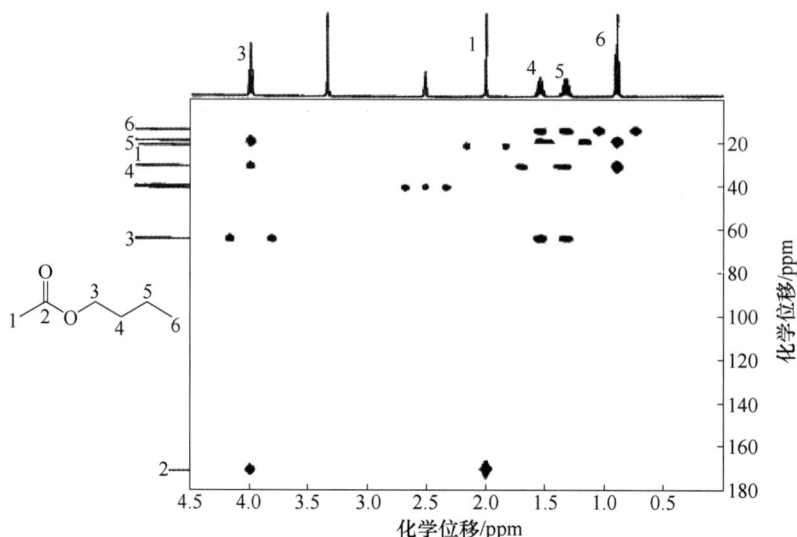

图 6-29   乙酸丁酯的 HMBC 图

自扩散系数 D 可由斯托克斯-爱因斯坦（Stokes-Einstein）公式给出：

$$D = \frac{kT}{6\pi\eta r} \tag{6-23}$$

式中，k 为玻耳兹曼常数，$k = 1.380649 \times 10^{-23}$ J/K；T 为绝对温度，K；η 为溶液黏度；r 为溶质的流体力学半径。

改变梯度强度，并记录一系列实验结果，可发现梯度越强，则信号越弱。FID 信号经过傅里叶变换后，生成一系列与梯度有关的谱峰强度。虽然它的水平维 F_2 轴依然是正常的 1D 谱，但垂直维是梯度的大小，信号强度不是沿着 y 轴按正弦曲线变化，而是呈指数衰减。在 DOSY 图中，由于这些信号按简单的指数衰减，不是呈正弦变化，所以最后一步数据处理无需进行第二次傅里叶变换，而是采用一种称作 DOSY 的变换，在这个过程中，数据被转换成扩散维而不是频率维，以扩散常数为 F_1 轴。DOSY 变换有许多种数学方法，包括指数拟合、最大熵和多变量分析等。图 6-30 所示为含有四氢呋喃（THF）、增塑剂邻苯二甲酸二辛酯（DOP）和聚氯乙烯（PVC）三组分体系的 DOSY 图，顶部为常规的一维谱。二维谱包含沿水平频率维和沿垂直扩散维的交叉峰。每个组分的扩散速率不同，因此在扩散维上会呈现一系列扩散程度不同的交叉峰。图中较低的位置为扩散速度较快的组分。从垂直轴的位置可以看出 THF 的扩散速度最快，PVC 的最慢，这与它们的分子大小一致。通过芳香族共振峰的位置可以识别中间的交叉峰来自 DOP。每个水平切面都可以投影到垂直轴上，得到一个与色谱等效的分离图。其中，根据其扩散系数的大小，在梯度轴上每个组分用一个单峰表示，其强度与混合物中所占的摩尔数相对应。理想情况下，混合物的每个不同组分在垂直轴上会产生一个单独的谱图。从本质上讲，DOSY 是一种类似于色谱的分离方法，两者的重要差异在于，除常规核磁共振的样品制备方法外，DOSY 没有对组分进行物理分离，也无需进行样品制备。

DOSY 技术广泛应用于聚合物构象研究、超分子、分子自组装、分子探针、主客体识别等的研究中。图 6-31 所示为一种温度敏感型二代树枝化聚合物 PG2（A）在不同温度下

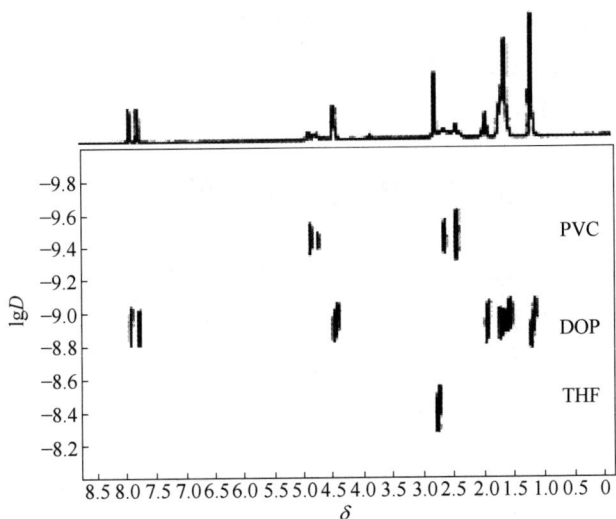

图 6-30   含有四氢呋喃(THF)、邻苯二甲酸二辛酯(DOP)和聚氯乙烯(PVC)三组分体系的 DOSY 图

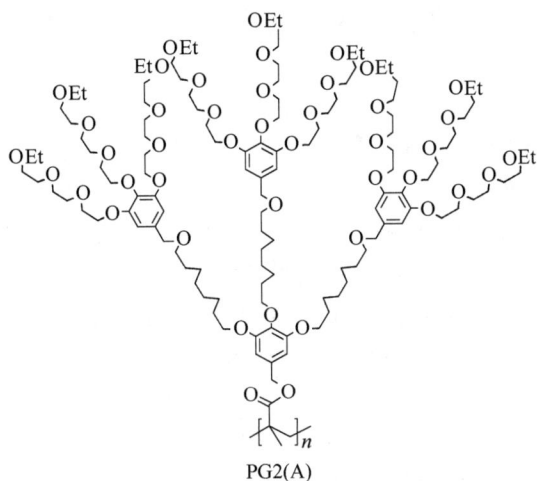

PG2(A)

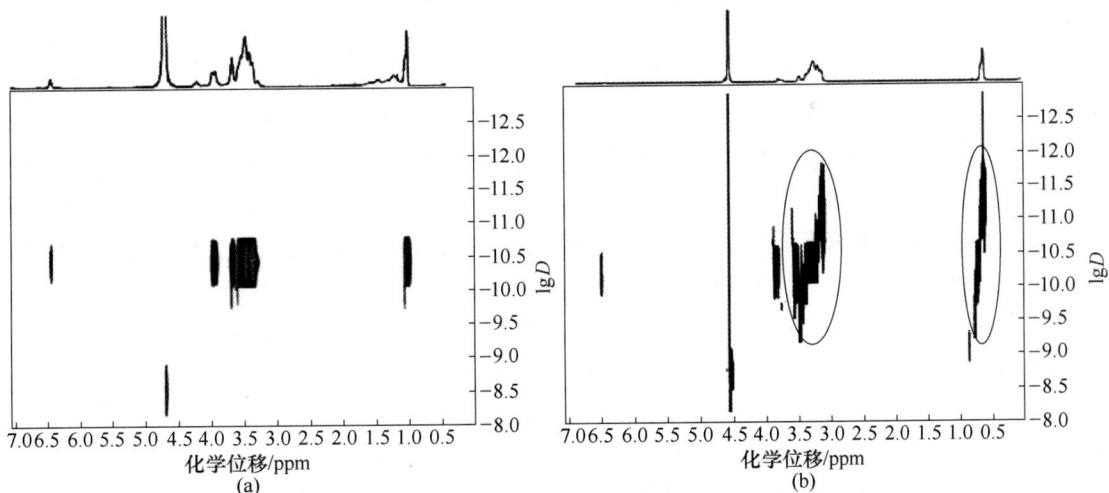

化学位移/ppm
(a)

化学位移/ppm
(b)

图 6-31   聚合物 PG2(A)的 D$_2$O 溶液在相变温度以下(298 K)(a)和

相变温度(305 K)(b)的 DOSY 图

重水中的 DOSY 图，可以观察到在不同温度下的扩散系数范围发生明显变化（298 K 时约为 2.5×10^{-11} m^2/s，305 K 时 7×10^{-11} m^2/s），表明在高于相变温度（305 K）时所形成的聚集体具有不同的大小和活动性。

6.11 核磁共振成像技术

核磁共振成像（MRI）也称磁共振成像，通过利用核磁共振原理外加梯度磁场检测发射出的射频信号，进行逐层扫描，据此可以绘制物体内部的结构图像。目前核磁共振成像原理在物理、化学、医疗、石油化工、食品农业等领域获得了广泛的应用。核磁共振成像仪是一种革命性的医学诊断工具，已经进入日常的医疗活动。利用核磁共振对人体某些部位进行成像，可检测肿瘤和其他病变。相较于常规扫描技术中使用的 X 射线，MRI 用于临床诊断，对活细胞是非侵入性的，对人体没有辐射危险，因此可以多次使用而不会对人体造成任何影响。MRI 还可以用于研究生理和病理变化，比如研究肿瘤和神经系统疾病的发生和发展过程。

将快速变化的梯度场应用于核磁共振成像仪中，提升了 MRI 的速度，使该技术在科学研究中的广泛应用成为现实。

生物样品、组织等含水和其他含有质子的液体，由于生命系统中存在高浓度的氢和非常有利的核磁共振条件，所以完全可以实现 MRI，也可用其他原子核，如^{2}H、^{13}C、^{14}N、^{19}F、^{23}Na 和 ^{31}P，这是因为生命系统中的这些核灵敏度低，与质子成像相比，将产生相当低的图像分辨率。医学研究中的一个重要领域是观测含磷脂的^{31}P 化合物信号，像三磷酸腺苷（ATP）和二磷酸腺苷（ADP），这样的磷脂参与了大多数代谢过程。

通常情况下，用于 MRI 的参数有化学位移、自旋密度、弛豫时间 T_1 和 T_2 以及对象的流体速度。因此，MRI 除提供形态学信息外，还会通过弛豫参数获得额外的诊断见解。例如，在 100 MHz 下，质子的纵向弛豫时间 T_1 的变化范围为 $0.3 \sim 1.2$ s，并且取决于组织的病理状态，因此 MRI 成为生物学和医学的重要工具。

常规核磁共振和 MRI 的基本现象是在实验程序和应用中保持一致。在仪器方面的主要区别是在物体成像时需要使用更大孔径的磁体，并且增加线圈以产生磁场梯度。1973 年，Lauterbur 通过对样品单元施加磁场梯度首次产生核磁共振图像。其中一张 NMR 图像对应样品的制备如下：在直径为 1 mm 的两个毛细管中填充 H_2O，置于直径为 5 mm 且含有 D_2O/H_2O 的样品管内，核磁共振数据经过计算机图像处理，可产生样品中质子的自旋密度图。

MRI 的基本原理相当简单，当在一个体腔中含有 1 mL 纯水样品，并置于常规核磁共振波谱仪的均匀磁场内时，^{1}H-NMR 谱图将显示出单尖峰。现在如果对试管中的水施加一个量级为 1 G/m（10^{-2} T/m）的梯度，则样品的不同部分将经历不同场强度。由于核磁共振频率直接正比于场强，因此谱图是质子密度沿磁场梯度方向的一维投影。

梯度会引起核磁共振频率的空间分布。磁场梯度引入原子核间的化学位移，这在常规核磁共振实验中具有等时性。用于成像的梯度通常为 $0.1 \sim 0.2$ T/m 或更小，从而产生的磁场要比主磁场小得多。因此，通过使磁场不均匀来产生 MRI，而采用高度均匀性的磁场可产生高分辨核磁共振。在 MRI 中，将部分病人身体置于强大的磁场中，并利用射频进行辐射。当穿过待测样品的磁场发生规律性变化时，正常核的共振频率和受疾病影响的核共振频率位于不同磁场中。例如，大脑中增强的铁分布区域，如苍白球、黑质和红核，与大脑其余部分相比呈现出不同的信号。图 6-32 给出了大脑部分的 MRI。通过获得不同深度上的不同横截面，很容易确定出大脑或骨髓中肿瘤的位置、形状和大小等信息。主要观测参数是水，图像强度取决于样品中水的浓度，也会获得横向和纵向弛豫时间，或前面所提到的扩散系数。

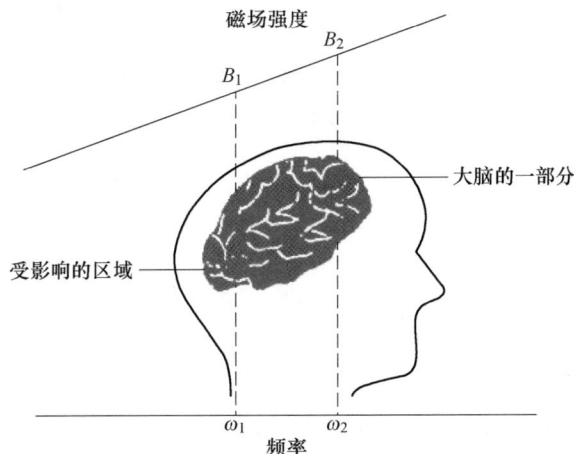

图 6-32　MRI 人体脑部成像原理

(B_1 和 B_2 分别表示大脑的病变和正常区域产生的信号)

一维（1D）投影代表某些结构信息，但对于图像而言，至少需要核磁共振响应的二维（2D）表示。为了利用该基本 1D 探头获得 2D 或 3D 信号，需通过调制、切换或旋转梯度引入时间依赖性，核磁共振响应必须限制成对象的平面或切片，一组对象的共面薄切片的 2D 图像可提供一个对象的完整 3D 表示。另外，将面形线圈适当地放置在人体的特定区域，可以获得更详细的检查。

存在几种不同的核磁共振成像方法，它们可根据检测到的空间元素进行分类。常用方法如下：（1）连续点法；（2）连续线法；（3）连续平面法；（4）同时体积法。关于信噪比、无失真图像、最小成像时间等考虑因素决定了技术的选择。最简单的步骤是分离和每次测量一个元素 S 的核磁共振响应 A_{pq}，从一个到下一个顺序移动，直到扫描完跨越整个感兴趣区域的所有 n^2 个元素，该过程称为连续点方法。在连续线法中，对感兴趣区域逐行扫描，该方法比前一种方法更有效、更复杂。同理，可以通过选取连续平面的方式成像或对整个体积同时成像。相对于场梯度，如果各个共振谱线宽度都很小，则可以探测到对象不同部分（更准确地说是那些位于不同平面且垂直于梯度的原子核）所产生的信号。强度图将提供有关空间分布的信息。迄今为止，最成功的人体全身图像是通过平面成像获得的。

为了创建 2D 图像，需要沿 X 和 Y 方向施加两个梯度，且在 XY 平面内沿不同方向上录取一系列 1D 图像，然后利用一种称为反投影的技术将对象的各种 1D 图像组合起来。尤其是，采用面线圈可以获得关于人体某些区域更详细的检查结果。目前，所使用的大多数成像实验均采用多维傅里叶变换而不是反投影方法来创建 2D 图像，该技术可拓展到3D。在临床应用方面，MRI 值得继续投入更多的关注，其对于非临床的应用潜力也得到了广泛认可。

参 考 文 献

［1］王乐．基础核磁共振波谱实验及应用实例［M］.哈尔滨：哈尔滨工业大学出版社，1996.

［2］ZERBE O，JURT S. Applied NMR Spectroscopy for Chemists and Life Scientists［M］. Weinheim：Wiley-VCH, 2014.

［3］乔梁，涂光忠. NMR 核磁共振［M］.北京：化学工业出版社，2009

［4］FIELD L D, LI H L, MAGILL A M. Organic Structures from Spectra：6th Ed［M］. Weinheim：Wiley-VCH, 2020.

［5］HARRIS R K, BECKER E D, CABRAL DE MENEZES S M. Further conventions for NMR shielding and chemical shifts（IUPAC Recommendations 2008）［J］. Pure and Applied Chemistry, 2008, 80（1）：59-84.

［6］BERGLUND M, WIESER M E. Isotopic compositions of the elements 2009（IUPAC Technical Report）［J］. Pure and Applied Chemistry, 2011, 83（2）：397-410.

［7］北京大学，北京化工大学，福州大学，等．超导脉冲傅里叶变换核磁共振波谱测试方法通则：JY/T 0578—2020［S］.北京：中国质检出版社，2020.

［8］宁永成．有机化合物结构鉴定与有机波谱学［M］.北京：科学出版社，2010.

［9］宁永成．有机波谱学谱图解析［M］. 4 版.北京：科学出版社，2018.

［10］陈静，侯文华．^{1}H NMR 化学位移的正确理解和规范表述［J］.化学教与学，2011（3）：5-6, 11.

［11］GIRAUDEAU P. Quantitative NMR spectroscopy of complex mixtures［J］. Chemical Communications, 2023, 59（44）：6627-6642.

［12］HATADA K, KITAYAMA T. NMR Spectroscopy of Polymers［M］. Berlin：Springer-Verlag, 2004.

［13］杨万泰．聚合物材料表征与测试［M］.北京：中国轻工业出版社，2008.

［14］上海市毛麻纺织科学技术研究所．纺织品 聚酯纤维混合物定量分析核磁共振法：GB/T 33269—2016［S］.北京：中国标准出版社，2016.

［15］董炎明，熊晓鹏，郑薇，等．高分子研究方法［M］.北京：中国石化出版社，2011.

［16］https://organicchemistrydata.org/hansreich/resources/nmr/

［17］SATHYANARAYANA D N. 核磁共振导论［M］.朱凯然，译．北京：国防工业出版社，2020.

［18］BERGER S, BRAUN S. 核磁共振实验 200 例—实用教程［M］.陶家洵，李勇，杨海军，译．北京：化学工业出版社，2008.

［19］LAMBERT J B, MAZZOLA E P, RIDGE C D. 核磁共振波谱学：原理、应用和实验方法导论［M］.向俊锋，等译．北京：化学工业出版社，2021.

［20］赵天增，秦海林，张海艳，等．核磁共振二维谱［M］.北京：化学工业出版社，2017.

［21］SILVERSTEIN R M, WEBSTER F X, KIEMLE D J. 有机化合物的波谱解析［M］.药明康德新药开发有限公司分析部，译．上海：华东理工大学出版社，2017.

［22］DAI Y D, ZHAO X, SU X, et al. Supra molecular Assembly of C3Peptidic Molecules into Helical Polymers［J］. Macromolecular Rapid Communications, 2014, 35（15）：1326-1331.

［23］GROVE P. Diffusion ordered spectroscopy（DOSY）as applied to polymers［J］Polymer Chemistry, 2017, 8：6700-6708.

［24］PAGÈS G, GILARD V, MARTINO R. Pulsed-field gradient nuclear magnetic resonance measurements（PFG NMR）for diffusion ordered spectroscopy（DOSY）mapping［J］. Analyst, 2017, 142：3771-3796.

［25］ZHANG C, PENG H, LI W, et al. Conformation Transitions of Thermoresponsive Dendronized Polymers across the Lower Critical Solution Temperature［J］. Macro molecules, 2016, 49（3）：900-908.

参考答案

习 题

6-1 外磁场 $B_0 = 4.69$ T（特斯拉）^{1}H 和 ^{13}C 的共振频率为多少？

6-2 某一质子的化学位移（相对于 TMS）为 4.56 ppm，在 300 和 200 MHz 的仪器中，它的化学位移赫兹表示是多少？

6-3 比较化合物中的质子化学位移：CH_3Br、CH_4、CH_3I、CH_3F。

6-4 一个化合物，猜测其不是二苯醚就是二苯甲烷，试问能否利用 ^{1}H-NMR 谱来鉴别，并说明原因。

6-5 ^{13}C-NMR 谱与 ^{1}H-NMR 谱相比有什么优点？

6-6 试说明为什么 ^{13}C-NMR 中溶剂 $CDCl_3$ 在化学位移 70 ppm 附近出现三重峰。

7 原子发射光谱分析法

本章内容导读：

· 原子发射光谱法的基本原理、基本仪器，以及光谱定性、半定量及定量分析的方法和应用

· 元素的原子和离子所产生的原子线和离子线都是该元素的特征光谱线，统称为原子光谱；谱线的波长和强度是两个重要的参数

· 原子发射光谱所用仪器通常包括激发光源（电弧、火花、等离子体等）、光谱仪及进行光谱定性、定量分析的附属设备；各种光源及光谱仪的工作原理

7.1 概　　述

1859 年，基尔霍夫（Kirchhoff）和本生（Bunsen）合作研制了第一台用于光谱分析的分光镜，实现了光谱检验；1930 年以后，建立了光谱定量分析方法；原子光谱—原子结构—原子结构理论—新元素在原子吸收光谱分析法建立后，其在分析化学中的作用下降。

原子发射光谱法（atomic emission spectrometry，AES）是指利用被激发原子发出的辐射线形成的光谱与标准光谱比较，识别物质中含有何种物质的分析方法。用电弧、火花等作为激发源，使气态原子或离子受激发后发射出紫外和可见区域的辐射。某种元素原子只能产生某些波长的谱线，根据光谱图中是否出现某些特征谱线，可判断是否存在某种元素；根据特征谱线的强度，可测定某种元素的含量。一次检验可把被检物质中的元素全部在图谱上显现出来，再与标准图谱比较，可测量元素种类有七十多种。其灵敏度高，选择性好，分析速度快。在司法鉴定中，主要用于泥土、油漆、粉尘类物质及其他物质中微量金属元素成分的定性分析。定量分析较复杂且不准确。

原子发射光谱法包括了三个主要的过程，即：

（1）由光源提供能量使样品蒸发形成气态原子，并进一步使气态原子激发而产生光辐射；

（2）将光源发出的复合光经单色器分解成按波长顺序排列的谱线，形成光谱；

（3）用检测器检测光谱中谱线的波长和强度。

由于待测元素原子的能级结构不同，因此发射谱线的特征不同，据此可对样品进行定性分析；由于待测元素原子的浓度不同，因此发射强度不同，据此可实现元素的定量测定。

原子发射光谱分析的优点如下：

（1）具有多元素同时检测的能力。每一个样品一经激发，其中的不同元素会发射不同的特征光谱，这样就可同时测定多种元素。

（2）分析速度快。可在几分钟内同时对几十种元素进行定量分析。

（3）选择性好。每种元素因其原子结构不同，会发射各自不同的特征光谱。这种谱线的差异，对于分析一些化学性质极为相似的元素具有特别重要的意义。例如，铌和钽、锆和铪、十几个稀土元素用其他方法分析都很困难，而利用原子发射光谱分析则可以毫无困难地将它们区分开来，并分别加以测定。

（4）检出限低。一般光源可达 $0.1 \sim 10$ μg/g（或 μg/mL）级。电感耦合等离子体（ICP）光源可达 ng/mL 级。

（5）准确度较高。一般光源的相对误差为 $5\% \sim 10\%$，ICP 光源的相对误差可达 1% 以下。

（6）应用广。不论气体、固体或液体样品，都可以直接激发。试样消耗少。

（7）校准曲线线性范围宽。一般光源只有 $1 \sim 2$ 个数量级，ICP 光源可达 $4 \sim 6$ 个数量级。

原子发射光谱分析的缺点如下：常见的非金属元素（如氧、硫、氮、卤素等）谱线在远紫外区，目前一般的光谱仪尚无法检测；还有一些非金属元素（如磷、硒、碲等），由于其激发能高，灵敏度较低。

在正常状态下，元素处于基态，在受到热（火焰）或电（电火花）激发时，由基态跃迁到激发态，当其返回到基态时，会发射出线状光谱。不同元素由于原子结构不同，产生的光谱线具有特征性，所以称为特征谱线。在原子发射光谱分析中又提出了元素的共振线、灵敏线、最后线和分析线。

7.2　原子发射光谱的原理

原子发射光谱法（AES）是利用原子或离子在一定条件下受激发而发射的特征光谱来研究物质化学组成的分析方法。根据激发机理不同，原子发射光谱有三种类型：

（1）原子的核外电子在受热能和电能激发而发射的光谱。通常所称的原子发射光谱法是指以电弧、电火花和电火焰（如 ICP 等）为激发光源来得到原子光谱的分析方法。以化学火焰为激发光源来得到原子发射光谱的，专称为火焰光度法。

（2）原子核外光学电子受到光能激发而发射的光谱，称为原子荧光。

（3）原子受到 X 射线光子或其他微观粒子激发使内层电子电离而出现空穴，较外层的电子跃迁到空穴，同时产生次级 X 射线，即 X 射线荧光。在通常的情况下，原子处于基态，基态原子受到激发跃迁到能量较高的激发态。激发态原子是不稳定的，平均寿命为 $10^{-10} \sim 10^{-8}$ s。随后激发原子就要跃迁回到低能态或基态，同时释放出多余的能量，如果以辐射的形式释放能量，则该能量就是释放光子的能量。因为原子核外电子能量是量子化的，因此伴随电子跃迁而释放的光子能量就等于电子发生跃迁的两能级的能量差。

根据谱线的特征频率和特征波长可以进行定性分析。常用的光谱定性分析方法有铁光谱比较法和标准试样光谱比较法。

原子发射光谱的谱线强度 I 与试样中被测组分的浓度 c 成正比。据此可以进行光谱定量分析。光谱定量分析所依据的基本关系式是 $I = \alpha c^b$，式中，b 为自吸收系数；α 为比例系数。为了补偿因实验条件波动而引起的谱线强度变化，通常用分析线和内标线强度比对

122

元素含量的关系来进行光谱定量分析，称为内标法。常用的定量分析方法是标准曲线法和标准加入法。

7.2.1　原子发射光谱的产生

原子的外层电子由高能级向低能级跃迁，多余能量以电磁辐射的形式发射出去，这样就得到了发射光谱。原子发射光谱是线状光谱。

通常情况下，原子处于基态，在激发光源作用下，原子获得足够的能量，外层电子由基态跃迁到较高的能量状态，即激发态。处于激发态的原子是不稳定的，其寿命小于 10^{-8} s，外层电子就从高能级向较低能级或基态跃迁。多余的能量发射出来，就得到了一条光谱线。谱线波长与能量的关系为：

$$\lambda = \frac{hc}{E_2 - E_1} \tag{7-1}$$

式中，E_2、E_1 分别为高能级与低能级的能量；λ 为波长；h 为普朗克（Plank）常数；c 为光速。

原子中某一外层电子由基态激发到高能级所需要的能量称为激发能，以 eV（电子伏）表示。原子光谱中每一条谱线的产生各有其相应的激发能，这些激发能在元素谱线表中可以查到。由第一激发态向基态跃迁所发射的谱线称为第一共振线。第一共振线具有能量小的激发能，因此最容易被激发，也是该元素最强的谱线。如图 7-1 中的钠线 Na Ⅰ 589.59 nm 与 Na Ⅰ 588.99 nm 是两条共振线。

在激发光源作用下，原子获得足够的能量就会发生电离，电离所必需的能量称为电离能。原子失去一个电子称为一次电离，一次电离的原子再失去一个电子称为二次电离，依此类推。

离子也可能被激发，其外层电子跃迁也会发射光谱。由于离子和原子具有不同的能量，所以离子发射的光谱与原子发射的光谱是不一样的。每一条离子线也都有其各自的激发能，这些离子线激发能的大小与电离能高低无关。

在原子谱线表中，用罗马字 Ⅰ 表示中性原子发射的谱线，Ⅱ 表示一次电离离子发射的谱线，Ⅲ 表示二次电离离子发射的谱线，依此类推。例如，Mg Ⅰ 285.21 nm 为原子线，Mg Ⅱ 280.27 nm 为一次电离离子线。

7.2.2　原子能级与能级图

核外电子在原子中存在的运动状态，可以由四个量子数 n、l、m、m_s 来描述。其中，主量子数 n 决定电子的能量和电子离核的远近；角量子数 l 决定电子角动量的大小及电子轨道的形状，在多电子原子中它也会影响电子的能量；磁量子数 m 决定当磁场中电子轨道在空间伸展的方向不同时，电子运动角动量分量的大小；自旋量子数 m_s 决定电子自旋的方向。

根据泡利（Pauling）不相容原理、能量最低原理和洪特（Hund）规则，可进行核外电子排布。例如，钠原子的核外电子排布见表 7-1。

原子光谱是由于原子的外层电子（或称价电子）在两个能级之间跃迁而产生的。有多个价电子的原子，它的每一个价电子都可能跃迁而产生光谱。同时，各个价电子间还存

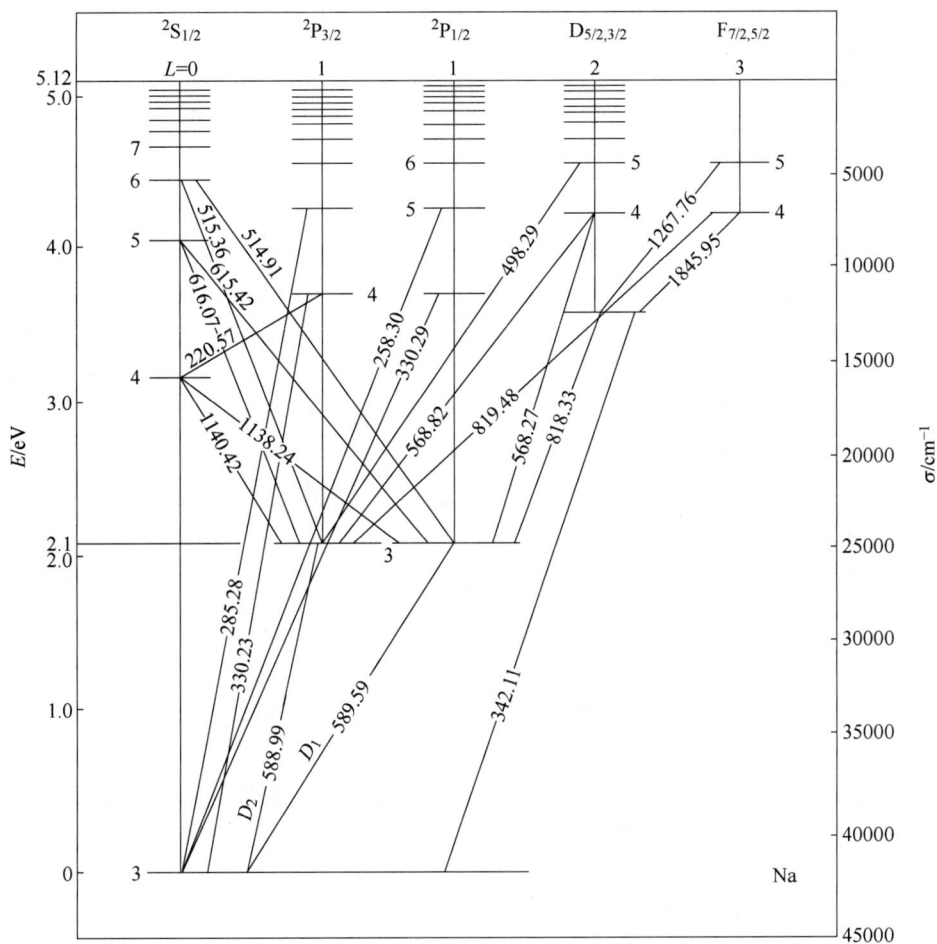

图 7-1 钠原子的能级图

表 7-1 钠原子的核外电子排布

核外电子构型	价电子构型	价电子运动状态的量子数表示
$(1s)^2 (2s)^2 (2p)^6 (3s)^1$	$(3s)^1$	$n = 3$ $l = 1$ $m = 0$ $m_s = +\dfrac{1}{2}$（或 $m_s = -\dfrac{1}{2}$）

在着相互作用。原子的能级通常用光谱项符号 $n^{2S+1}L_J$ 来表示。其中：

（1） n 为主量子数。

（2） L 为总角量子数，其数值为外层价电子角量子数 l 的矢量和，其值可取 $L = 0$，1，2，3，…，相应的光谱符号为 S，P，D，F，…。

（3） S 为总自旋量子数，自旋与自旋之间的作用也是较强的，多个价电子总自旋量子数是单个价电子自旋量子数 m_s 的矢量和。其值可取 $S = 0$，$\pm\frac{1}{2}$，±1，$\pm\frac{3}{2}$，±2，…。

（4）J 为内量子数，是由于轨道运动与自旋运动的相互作用，即轨道磁矩与自旋磁矩的相互影响而得出的，它是原子中各个价电子组合得到的总角量子数 L 与总自旋量子数 S 的矢量和，即 $J = L + S$。

光谱项符号左上角的（$2S + 1$）称为光谱项的多重性，它表示原子的一个能级能分裂成多个能量差别很小的能级。从这些能级跃迁到其他能级上的诸光谱线。例如，Zn 由激发态 $4^3\mathrm{D}$ 向 $4^3\mathrm{P}_2$ 跃迁时要发射光谱，$4^3\mathrm{D}$ 又有 $4^3\mathrm{D}_3$、$4^3\mathrm{D}_2$、$4^3\mathrm{D}_1$ 这三个光谱项，由于它们的能量差别极小，因而由它们所产生的诸光谱线波长极相近，分别为 334.50 nm、334.56 nm 和 334.59 nm 三重线。

把原子中所有可能存在状态的光谱项——能级及能级跃迁用图解的形式表示出来，称为能级图。通常用纵坐标表示能量 E，基态原子的能量 $E = 0$，以横坐标表示实际存在的光谱项。理论上，对于每个原子能级的数目应该是无限多的，但实际上产生的谱线是有限的。发射的谱线为斜线相连。

图 7-1 为钠原子的能级图。钠原子基态的光谱项为 $3^2\mathrm{S}_{1/2}$。第一激发态的光谱项为 $3^2\mathrm{P}_{1/2}$ 和 $3^2\mathrm{P}_{3/2}$，因此钠原子最强的第一共振线（图中 D_1、D_2）为双重线，用光谱项表示为：

$$\text{Na } 588.996 \text{ nm} \quad 3^2\mathrm{S}_{1/2}\text{-}3^2\mathrm{P}_{3/2}^2 \quad D_2 \text{ 线}$$

$$\text{Na } 589.593 \text{ nm} \quad 3^2\mathrm{S}_{1/2}^3\text{-}3^2\mathrm{P}_{1/2}^2 \quad D_1 \text{ 线}$$

一般将低能级光谱项符号写在前，高能级写在后，这两条谱线为共振线。

必须指出，不是在任何两个能级之间都能产生跃迁，跃迁是遵循一定的选择规则的。只有符合下列规则，才能跃迁。

（1）$\Delta n = 0$ 或任意正整数。

（2）$\Delta L = \pm1$，跃迁只允许在 S 项与 P 项之间、P 项与 S 项或 D 项之间、D 项与 P 项或 F 项之间等。

（3）$\Delta S = 0$，即单重项只能跃迁到单重项，三重项只能跃迁到三重项等。

（4）$\Delta J = 0$，±1。但当 $J = 0$ 时，$\Delta J = 0$ 的跃迁是禁戒的。

也有个别例外的情况，这种不符合光谱选律的谱线称为禁戒跃迁线。例如，Zn 307.59 nm，是由光谱项 $4^3\mathrm{P}_1$ 向 $4^1\mathrm{S}_0$ 跃迁的谱线，因为 $\Delta S \neq 0$，所以是禁戒跃迁线。这种谱线一般产生的机会很少，谱线的强度也很弱。

7.2.3　谱线强度

原子由某一激发态 i 向基态或较低能级跃迁而发射的谱线的强度，与激发态原子数成正比。在激发光源高温条件下，当温度一定，处于热力学平衡状态时，单位体积基态原子数 N_0 与激发态原子数 N_i 之间遵守玻耳兹曼（Boltzmann）分布定律。

$$N_i = N_0 \frac{g_i}{g_0} \mathrm{e}^{-\frac{E_i}{kT}} \tag{7-2}$$

式中，g_i、g_0 为激发态与基态的统计权重；E_i 为激发能；k 为 Boltzmann 常数；T 为激发温度。

原子的外层电子在 i、j 两个能极之间跃迁，其发射谱线强度 I_{ij} 为：

$$I_{ij} = N_i A_{ij} h \nu_{ij} \tag{7-3}$$

式中，A_{ij} 为两个能级间的跃迁概率；h 为 Planck 常数；ν_{ij} 为发射谱线的频率。

将式（7-2）代入式（7-3），得：

$$I_{ij} = \frac{g_i}{g_0} A_{ij} h \nu_{ij} N_0 e^{\frac{E_i}{kT}} \tag{7-4}$$

由式（7-4）可见，影响谱线强度的因素为：

（1）统计权重。谱线强度与激发态和基态的统计权重之比 g_i/g_0 成正比。

（2）跃迁概率。谱线强度与跃迁概率成正比，跃迁概率是指一个原子于单位时间内在两个能级间跃迁的概率，可通过实验数据计算得出。

（3）激发能。谱线强度与激发能呈负指数关系。当温度一定时，激发能越高，处于激发状态的原子数越少，谱线强度就越小。激发能最低的共振线通常是强度最大的谱线。

（4）激发温度。从式（7-4）可看出，温度升高，谱线强度增大。但温度过高，电离的原子数目也会增多，而相应的原子数会减少，致使原子的谱线强度减弱，离子的谱线强度增大。图 7-2 所示为一些谱线强度与温度的关系图。由图可见，不同谱线各有其最合适的激发温度，当其处于最佳温度时，谱线强度最大。

（5）基态原子数。谱线强度与基态原子数成正比。在一定条件下，基态原子数与试样中该元素的浓度成正比。因此，在一定的实验条件下，谱线强度与被测元素浓度成正比，这是光谱定量分析的依据。

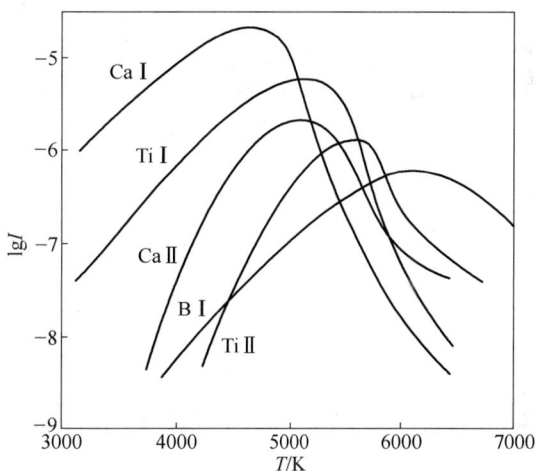

图 7-2 原子、离子谱线强度与激发温度的关系

对于某一谱线来说，g_i/g_0、跃迁概率、激发能是恒定值。因此，当温度一定时，该谱线强度 I 与被测元素浓度 c 成正比，即：

$$I = ac \tag{7-5}$$

式中，a 为比例常数。

当考虑到谱线自吸时，上式可表达为：

$$I = ac^b \tag{7-6}$$

式中，b 为自吸系数，b 值随被测元素浓度的增加而减小，当元素浓度很小时，无自吸，则 $b=1$。

式（7-6）是 AES 定量分析的基本关系式，由赛伯（Schiebe）和 Lomakin（罗马金）提出，称为 Schiebe-Lomakin 公式。

7.2.4 原子发射光谱法一些常用的术语

（1）激发电位：电子从基态跃迁至激发态所需的能量称为激发电位。

（2）电离：当外加的能量足够大时，原子中的电子脱离原子核的束缚力，使原子成为离子，这种过程称为电离。原子失去一个电子成为离子时所需要的能量称为一级电离电位。离子中的外层电子也能被激发，其所需的能量即为相应离子的激发电位。

（3）共振线、第一共振线（主共振线）：

1）共振线：原子的核外电子由于在不断运动而处于一定的能级，具有一定的能量。正常情况下，原子处于稳定的能量最低状态称为基态。原子的外层电子获得能量后，从基态跃迁到高能级上，处于这种状态的原子称为激发态。激发态也有很多个，能级由低到高，依次称为第一激发态、第二激发态等。处于激发态的原子很不稳定，在极短的时间内便跃迁到基态或低能态而产生发射光谱线。通常把由激发态直接跃迁至基态时辐射的谱线称为共振线；把由第一激发态直接跃迁至基态的谱线称为第一共振线。

2）灵敏线：第一共振线的产生，是由于跃迁到低能级时释放出多余的能量，从而以一定波长形式的电磁波辐射的。因为第一共振线最易发生，能量最小，所以称为灵敏线。例如，Mg 285.21 nm，就是第一共振线，也是灵敏线

（4）最灵敏线、最后线、分析线：第一共振线一般也是元素的最灵敏线。当该元素在被测物质中降低到一定含量时出现的最后一条谱线，称为最后线，也是最灵敏线。用来测量该元素的谱线称为分析线。

（5）原子线、离子线：

1）原子线（Ⅰ）：原子核外激发态电子跃迁回基态所发射出的谱线。

$$M^* \rightarrow M^* (\text{Ⅰ})$$

2）离子线（Ⅱ，Ⅲ）：离子核外激发态电子跃迁回基态所发射出的谱线。

$$M^{+*} \rightarrow M^+ (\text{Ⅱ}) ; M^{2+*} \rightarrow M^{2+} (\text{Ⅲ})$$

7.2.5　原子发射光谱法的基本原理

7.2.5.1　元素的特征谱线

元素周期表中的每一个元素，都能显示出一系列的光谱线，这些光谱线对于元素具有特征性和专一性，称为元素的特征光谱，这也是元素定性的基础。依据谱线强度与激发态原子数成正比，而激发态原子数与试样中对应元素的原子总数成正比的关系，就可以进行定量分析。

7.2.5.2　谱线强度

原子由某一激发态 i 向低能级 j 跃迁，所发射的谱线强度与激发态原子数成正比。在热力学平衡时，单位体积的基态原子数 N_0 与激发态原子数 N_i 之间的分布遵守玻尔兹曼分布定律。

A　玻耳兹曼分布

玻耳兹曼用热力学方法证明，体系在绝对温度 T 下达到平衡时，在各个状态的原子数 N_m 由温度 T 和该状态的能量 E_m 决定，它们的关系如下：

$$N_m \propto \exp\left(-\frac{E_m}{kT}\right)$$

式中，k 为玻耳兹曼常数，$k = 1.38066 \times 10^{-23}$ J/K。

可以导出，处于某能级上的原子数 N_m 为：

$$N_m = N \cdot g_m \cdot \frac{\exp\left(-\dfrac{E_m}{kT}\right)}{Z}$$

式中，Z 为分配函数，$Z = \sum g_m \cdot \dfrac{\exp\left(-\dfrac{E_m}{kT}\right)}{Z}$，

为该原子所有各种状态的统计权重和玻尔兹曼因子的乘积之和；g_m 为 m 能级的统计权重，$g_m = 2J_m + 1$。

可见，处于某能级上的原子数与 T、E_m、g_m 有关。

由于分析中的温度通常在 2000～7000 K（图 7-3），Z 变化很小，故谱线强度为：

$$I = \Phi\left(\frac{hcg_m AN}{4\pi\lambda Z}\right)\frac{\exp\left(-\dfrac{E_m}{kT}\right)}{Z}$$

式中，Φ 为系数；A 为跃迁概率。

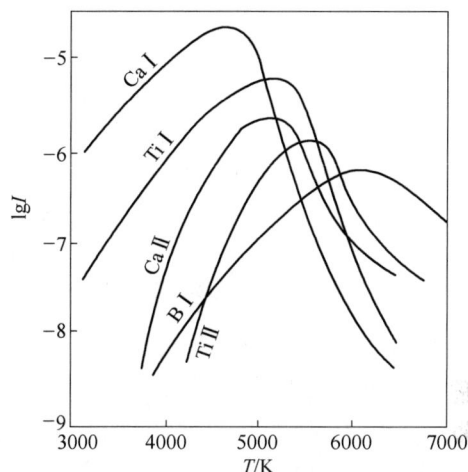

图 7-3　谱线强度和温度的关系图

B　影响谱线强度的因素

影响谱线强度的因素如下：

(1) 跃迁概率。

(2) 统计权重。

(3) 激发能。激发能越小，谱线强度越强。

(4) 激发温度。温度升高，谱线强度增大，但易电离。

(5) 基态原子数。

7.2.5.3　谱线轮廓及变宽

A　原子谱线的轮廓

原子谱线的轮廓是指谱线强度随波长（或频率）的分布曲线。

a　发射线轮廓

发射线轮廓和半宽度如图 7-4 所示。

b　吸收线轮廓

原子结构较分子结构简单，理论上应产生线状光谱吸收线。实际上当使用特征吸收频率左右范围的辐射光照射时，将获得一峰形吸收（具有一定宽度）。由 $I_t = I_0 e^{-Kvb}$ 可见，透射光强度 I_t 和吸收系数及辐射频率有关。

以 K_ν 与 ν 作图，如图 7-5 所示。

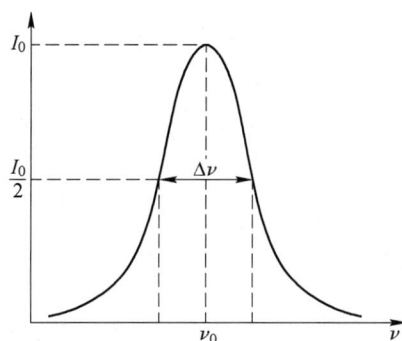

图 7-4　谱线轮廓和半宽度

ν_0—中心频率（峰值频率），最大谱线强度对应的谱线频率；$\Delta\nu$—半宽度（半高宽）

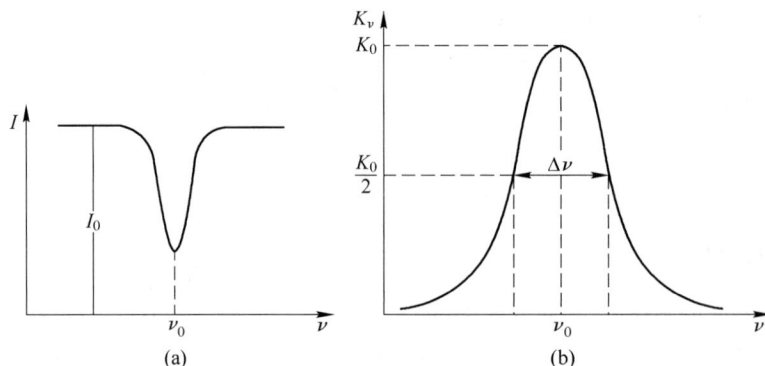

图 7-5　吸收线轮廓和半宽度

（a）吸收线轮廓；（b）吸收线轮廓和半宽度

ν_0—中心频率（峰值频率），最大吸收系数对应的频率或波；$\Delta\nu$—半宽度

B　影响谱线变宽的因素

影响谱线变宽的因素如下：

（1）自然宽度：谱线固有的一定宽度。根据海森堡（Heisenberg）测不准原理，粒子能量和时间存在测不准关系。激发态原子的平均寿命越长，谱线自然变宽越窄。

（2）多普勒变宽（温度变宽或热变宽）ΔV_D。

多普勒效应：一个运动着的原子发出的光，如果运动方向离开观察者（接收器），则在观察者看来，其频率较静止原子所发出的频率低；反之，则高。

多普勒变宽的谱线频率（或波长）分布轮廓呈高斯曲线，其半宽度为：

$$\Delta V_D = 7.162 \times 10^{-7} \cdot V_0 \sqrt{\frac{T}{M}}$$

（3）碰撞变宽（压力变宽）：由于原子相互碰撞而使能量发生稍微变化，可分为劳伦兹变宽和赫鲁兹马克变宽。

劳伦兹变宽：待测原子和其他原子碰撞。

赫鲁兹马克变宽（共振变宽）：同种原子碰撞。

（4）自吸变宽，如图 7-6 所示。

自吸：由弧焰中心发射出来的辐射光，被外围的基态原子所吸收，从而降低了谱线的强度，此现象叫作自吸。

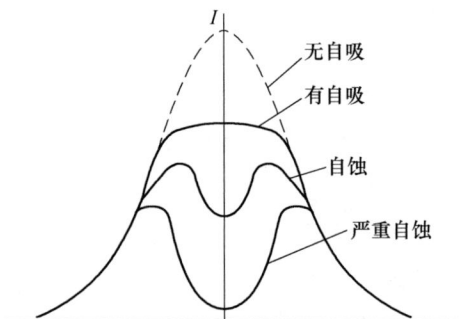

图 7-6　自吸与自蚀谱线轮廓图

自蚀：自吸严重时，中心部分的谱线将被吸收很多，从而使原来的一条谱线分裂成两条谱线，这个现象叫作自蚀。

7.3　原子发射光谱的设备及操作

原子发射光谱法仪器分为三部分，即光源、分光系统、检测系统和数据处理系统。而光源是光谱仪检测最主要的部分之一，光源的作用是提供样品蒸发和激发所需的能量。它先把样品中的组分蒸发、离解成气态原子，然后使原子的外层电子激发产生光辐射。光源是决定光谱分析灵敏度和准确度的重要因素，它分为电弧光源、火花光源以及近年发展的电感耦合等离子体光源和辉光放电光源。

7.3.1 光源（激发源）

光源（激发源）是决定分析的灵敏度和准确度的重要因素。

（1）作用：将试样蒸发生成原子蒸气，使气态原子吸收能量跃迁到激发态，在其返回基态时发射出元素的特征光谱信号。

（2）光源的要求：比较稳定，大于 5000 K，重现性好，背景小，谱线简单，安全。

（3）分类：

1）适宜液体试样分析的光源：早期的火焰和目前应用最广泛的等离子光源；

2）适宜固体试样直接分析的光源：电弧和普遍使用的电火花光源。

7.3.1.1 直流电弧

直流电弧电路结构及工作原理：利用直流电作为激发能源。这种光源的弧焰温度与电极和试样的性质有关，一般可达 4000~7000 K，可激发 70 种以上的元素，所产生的谱线主要是原子谱线（图 7-7）。

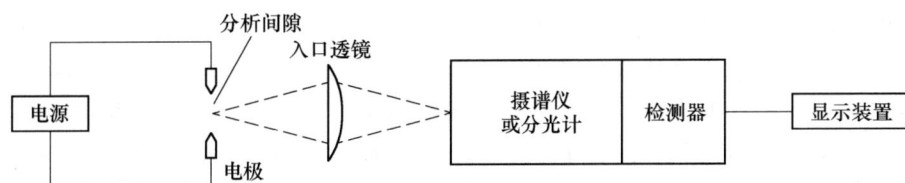

图 7-7 电弧或火花发射测量的基本部件

直流电弧的最大优点：电极头温度相对比较高（4000~7000 K），蒸发能力强、绝对灵敏度高、背景小；适用于定性分析和低含量杂质的测定。

缺点：放电不稳定，且弧较厚，自吸现象严重，故不适宜用于高含量定量分析。

应用：矿石等的定性、半定量及痕量元素的定量分析。

7.3.1.2 低压交流电弧

低压交流电弧发生器工作原理：发生器由高频高压引燃电路 Ⅱ 和低压电弧放电电路 Ⅰ 组成（图 7-8）。

（1）接通电源，由变压器 B_1 升压至 2.5~3 kV，电容器 C_1 充电，电压达到一定值时，放电盘 G_1 击穿；G_1—C_1—L_1 构成振荡回路，产生高频振荡。

（2）振荡电压经 B_2 的次级线圈升压到 10 kV，通过电容器 C_2 将电极间隙 G 的空气击穿，产生高频振荡放电。

（3）当 G 被击穿时，电源的低压部分沿着已造成的电离气体通道，通过 G 进行电弧放电。

（4）在放电的短暂瞬间，电压降低直至电弧熄灭，在下半周高频再次点燃，重复进行。

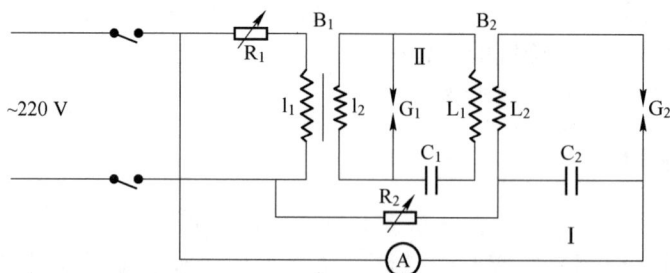

图 7-8 低压交流电弧发生器电路图

特点：

（1）蒸发温度比直流电弧略低，电弧温度比直流电弧略高。

（2）电弧稳定，重现性好，适于大多数元素的定量分析。

（3）放电温度较高，激发能力较强。

（4）电极温度相对较低，样品蒸发能力较直流电弧差，故对难熔盐分析的灵敏度略差于直流电弧。

（5）该激发光源广泛用于金属、合金中低含量元素的定量分析和定性分析。

7.3.1.3 高压火花——高频高压引燃并放电

高压火花发生器工作原理：

（1）交流电压经变压器 T 后，产生 10~25 kV 的高压，然后通过扼流圈 D 向电容器 C 充电，当达到 G 的击穿电压时，通过电感 L 向 G 放电，产生振荡性的火花放电（图 7-9）。

（2）转动续断器 M、2、3 为钨电极，每转动 180°，对接一次，转动频率为 50 r/s，接通 100 次/s，保证每半周电流最大值瞬间放电一次。

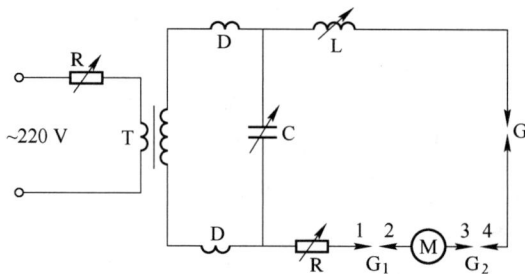

高压火花发生器

图 7-9 低压交流电弧发生器电路图

R—可变电阻；T—升压变压器；D—扼流圈；C—可变电容；L—可变电感；
G—分析间隙；G_1，G_2—断续控制间隙；M—同步电机带动的断续器

特点：

（1）放电稳定，分析重现性好。

（2）放电间隙长，电极温度（蒸发温度）低，检出限低，多适于易熔金属、合金样品及高含量元素定量分析。

（3）激发温度高（瞬间可达 10000 K），适于难激发元素分析。

缺点：

（1）灵敏度较差，但可做较高含量的分析。

（2）噪声较大。

7.3.1.4　激光微探针

激光微探针使用激光蒸发样品表面上的微小区域，当蒸发的样品通过两电极间隙时，电极放电将试样激发，产生的光谱由光谱仪测定（图7-10）。

7.3.1.5　等离子体焰炬

A　直流等离子体喷焰（DCP）

弧焰温度高（8000~10000 K），稳定性好，精密度接近ICP，装置简单，运行成本低。

B　微波感生等离子体（MIP）

温度在 5000~6000 K，激发能量高，可激发许多很难激发的非金属元素，如 C、N、F、Br、Cl、C、H、O 等，可用于有机物成分分析，测定金属元素的灵敏度不如 DCP 和 ICP。

C　电感耦合等离子体（ICP）

组成：ICP 高频发生器+等离子炬管+雾化器（即样品引入系统）。

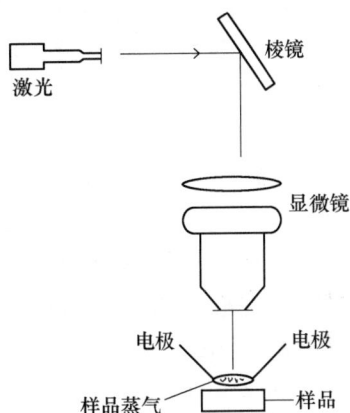

图 7-10　激光微探针

（1）高频发生器：产生高频磁场，供给等离子体能量，频率为 27~41 MHz，最大输出功率为 2~4 kW。

（2）炬管包括：

1）外管：冷却气为氩气，防止烧坏石英管；

2）中管：辅助气为氩气，维持等离子体，点燃 ICP（点燃后切断）；

3）内管：载气为氩气，样品引入（使用氩气是因为其性质稳定，不与试样作用，光谱简单）。

依具体设计，三管中所通入的氩气总流量为 5~20 L/min。石英管最大内径为 2.5 mm。

工作原理：当高频发生器接通电源后，高频电流 I 通过感应线圈产生交变磁场（绿色）。

开始时，管内为氩气，不导电，需要用高压电火花触发，使气体电离后，在高频交流电场的作用下，带电粒子高速运动，碰撞，形成"雪崩"式放电，产生等离子体气流。在垂直于磁场方向将产生感应电流（涡电流，粉色），其电阻很小，电流很大（数百安），产生高温。又将气体加热、电离，在管口形成稳定的等离子体焰炬（图7-11）。

优点：

（1）低检测限：蒸发和激发温度高。

（2）稳定，精度高：高频电流—趋肤效应（skin effect）—涡流表面电流密度大—环状结构—样品引入通道—火焰不受样品引入影响—高稳定性。

（3）基体效应小（matrix effect）：样品处于化学惰性环境（氩气）的高温分析区—待

测物难生成氧化物—停留时间长（ms 级）、化学干扰小；样品处于中心通道，其加热是间接的—样品性质（基体性质，如样品组成、溶液黏度、样品分散度等）对 ICP 影响小。

（4）背景小：通过选择分析高度，避开涡流区。

（5）自吸效应小：试样不扩散到 ICP 周围的冷气层，只处于中心通道，即处于非局部热力学平衡。

（6）分析线性范围宽：ICP 在分析区温度均匀，自吸及自蚀效应小。

（7）众多元素同时测定：激发温度高（70 多种）。

不足：对非金属测定的灵敏度低，仪器昂贵，维持费高。

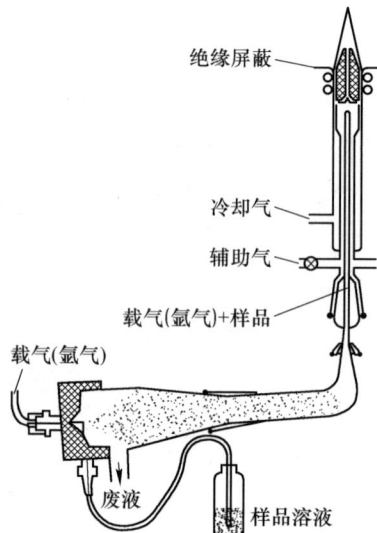

图 7-11 等离子体焰柱

7.3.1.6 辉光放电光源

辉光放电（glow discharge，GD）可用作原子发射光谱的激发光源，它具有较高的稳定性，能直接用于固体样品的成分分析和逐层分析。

辉光放电有直流放电（DC）模式，可用于金属等导体的分析；射频放电（RF）模式，可用于所有固体样品（导体、半导体和绝缘体）的分析。

辉光放电光源，基本上都是格里姆（Grimm）型，其结构如图 7-12 所示。

在此光源中，阳极空心圆筒伸入环形阴极中，它们之间为聚四氟乙烯绝缘体。两个电极间的距离和阳极圆筒下端面与阴极试样之间的距离皆为 0.2 mm。光源内部抽真空至 10 Pa 后，充入压力为 100~1000 Pa 的低压放电气体氩，然后在两电极间施加 500~1500 V 的直流电压；阳极接地保持零电位，阴极施加负高压。使光源内氩气被激发、离解成 Ar^+ 和电子，在两电极间形成 Ar^+ 等离子体。在电场作用下，Ar^+ 与阴极样品碰撞，在样品表面的原子获得可以克服晶格束缚的 5~15 eV 的能量，并以中性原子逸出表面，其再与 Ar^+ 和自由电子产生一系列的碰撞，会被激发电离，产生二次电子发射，从而在负辉区产生样品特征的发射光谱。负辉区主要构成阴极的金属原子的溅射和光辐射，它产生最大的电流密度和电子动能，会使挥发出的气态原子强烈电离，并激发出光辐射（图 7-13）。

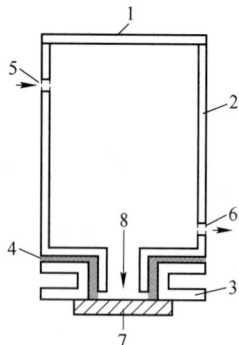

图 7-12 格里姆辉光放电光源结构示意图

1—石英窗；2—阳极；3—环形阴极；

4—绝缘体；5—放电气体（氩气）入口；

6—放电气体出口；7—样品；8—负辉区

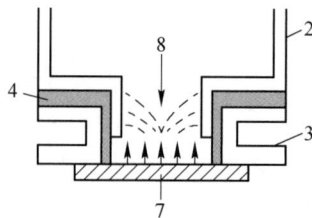

图 7-13 格里姆放电光源放电负辉区放大图

2—阳极；3—环形阴极；4—绝缘体；

7—样品；8—负辉区

辉光放电光源除使用直流电压供电分析金属导体外，还可在两电极间施加具有一定频率的射频电压，此时样品可交替作为阴极或阳极，其表面轮流受到正离子和电子的碰撞，增大了样品原子被撞击的频率，提高了样品原子化和被激发离子化的效率，它可直接分析导体、半导体和绝缘体样品。

辉光放电过程中，样品原子被不断地逐层剥离，随溅射过程的进行，光谱信息反映的化学组成，及由表面到里层所发生的变化，可用于深度分析。

光源的选择依据如下：

（1）试样的性质：如挥发性、电离电位等。

（2）试样形状：如块状、粉末、溶液。

（3）含量高低。

（4）光源特性：蒸发特性、激发特性、放电稳定性（表7-2）。

表 7-2 各类光源简介

光　源	蒸发温度/K	激发温度/K	稳定性	分 析 对 象
直流电弧	800～4000（高）	4000～7000	较差	定性分析、难熔样品及元素定量分析、导体、矿物纯物质
交流电源	中	4000～7000	较好	矿物、低含量金属定量分析
火花	低	约10000	好	难激发元素、高含量金属定量分析
ICP	约10000	6000～8000	很好	溶液、难激发元素、大多数元素
火焰	2000～3000	2000～3000	很好	溶液、碱金属、碱土金属
激光	约10000	约10000	很好	固体、液体

7.3.2 分光系统（光谱仪）

作用：将光源发射的不同波长的光色散成光谱或单色光，并且进行记录和检测。

种类：按照所使用的色散元件的不同，分为棱镜摄谱仪和光栅摄谱仪；按照光谱记录与测量方法的不同，分为摄谱仪和光电直读光谱仪。

常用光谱仪：棱镜摄谱仪、光栅摄谱仪和光电直读光谱仪。

（1）摄谱仪：以棱镜或光栅为色散元件，并用照相法记录光谱的光谱仪。其中最主要的分光元件为棱镜和光栅（图7-14）。

1）棱镜：棱镜的色散作用是基于构成棱镜的光学材料对不同波长的光具有不同的折射率。波长大的光折射率小，波长小的光折射率大。

2）光栅：光栅摄谱仪应用衍射光栅作为色散元件，利用光在刻痕小反射面上的衍射和衍射光的干涉作用进行分光。图7-15所示为平面反射光栅。

（2）光电直读光谱仪：包括多道固定狭缝式（光量计）和单道扫描式两种。光电直读光谱仪光路图如图7-16所示。

7.3.3 检测器

原子发射光谱法常用的检测方法有目视法、摄谱法和光电法。

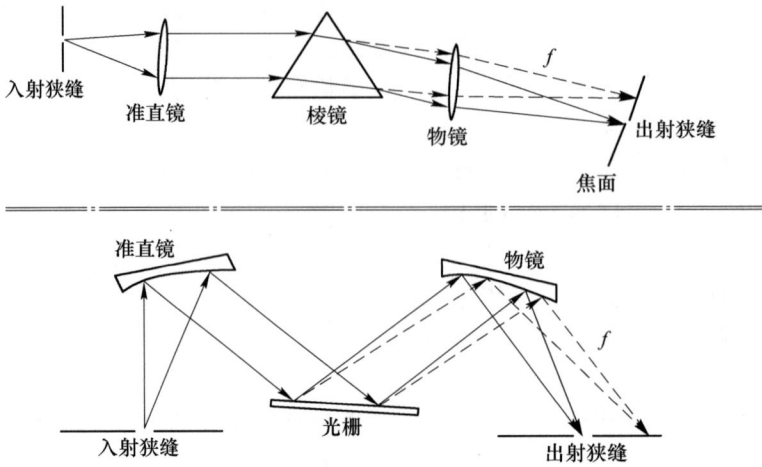

图 7-14　棱镜和光栅

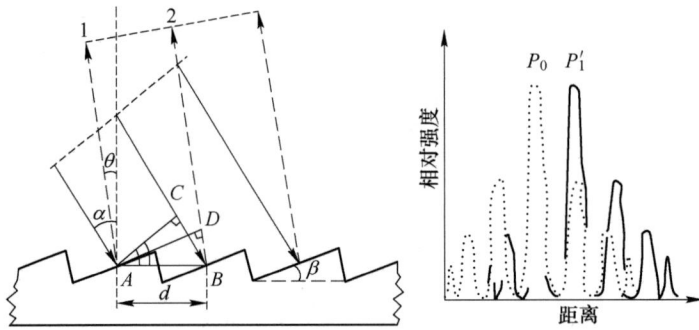

图 7-15　平面反射光栅

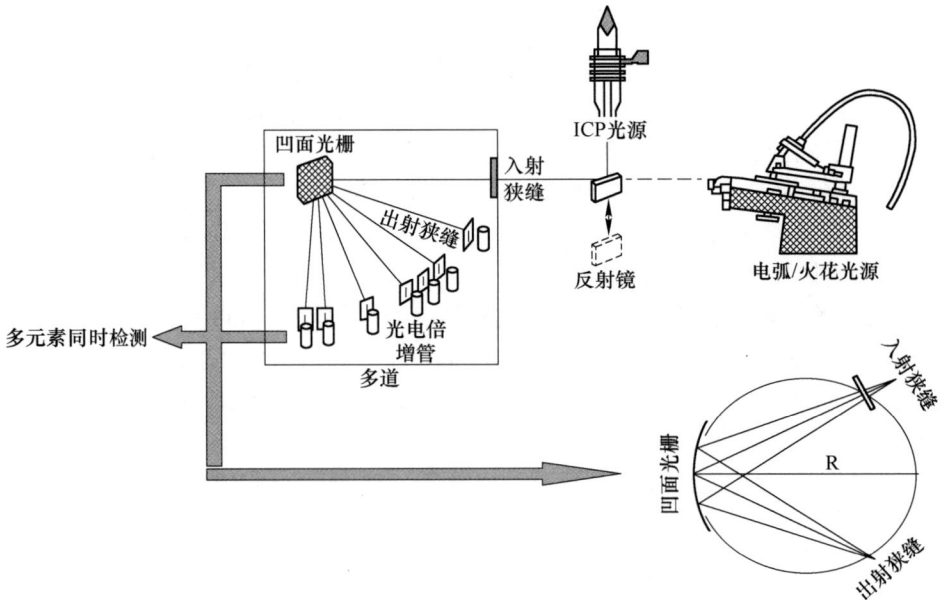

图 7-16　光电直读光谱仪光路图

（1）目视法（看谱法）：用眼睛来观测谱线强度的方法称为目视法。它仅适用于可见光波段。常用仪器为看谱镜。看谱镜是一种小型的光谱仪，专门用于钢铁及有色金属的半定量分析。

（2）摄谱法：摄谱法是指用感光板来记录光谱。将光谱感光板置于摄谱仪焦面上，接受被分析试样的光谱作用。

感光→显影→定影→光谱底片（黑度不同的光谱线）。

1）定性及半定量分析：观察谱线位置及大致强度（影谱仪）；

2）定量分析：用测微光度计测量谱线的黑度。

（3）光电法：光电法是指用光电倍增管来检测谱线强度。

观测设备如下：

（1）光谱投影仪（映谱仪）：在进行光谱定性分析及观察谱片时需用此设备。一般放大倍数为 20 倍左右，其光路图如图 7-17 所示。

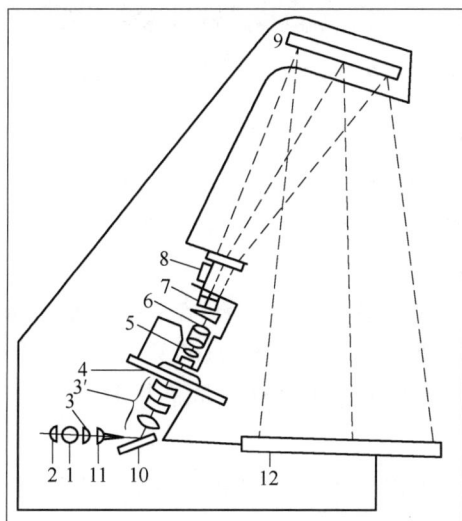

图 7-17　光谱投影仪光路图

1—光源；2—球面反射镜；3—聚光镜；3′—聚光镜组；4—光谱底板；5—透镜；6—投影物镜组；
7—棱镜；8—调节透镜；9—平面反射镜；10—反射镜；11—隔热玻璃；12—投影屏

（2）测微光度计（黑度计）：用来测量感光板上所记录的谱线黑度，主要用于光谱定量分析。

黑度 S 则定义为：

$$S = \lg \frac{1}{T} = \lg \frac{I_0}{I}$$

式中，I_0 为透过未感光部分的光强；I 为透过变黑部分的光强。

（3）比长仪。

7.3.4　等离子原子发射光谱仪举例

图 7-18 所示为 PerkinElmer Optima 7300DV 型号的等离子原子发射光谱仪。

图 7-18 等离子原子发射光谱仪

7.3.4.1 主要技术参数

电感耦合等离子体原子发射光谱仪（型号 7300DV）的主要技术参数为：

适应性最强的耐 HF 酸进样系统，超强的耐高盐、耐酸碱性能；先进的射频发生器；最优化的分光系统和检测系统。

主要附件包括：RF 发生器；独特的双观测结构；紫外双光栅交叉色散和大孔径光学元件（准直镜 $D = 75$ mm），及中阶梯光栅 80X160，提高了紫外波段灵敏度，并改善了分辨率；同时采用面向光谱分析专利设计的 SCD 固态检测器。

7.3.4.2 主要用途

PerkinElmer 的 ICP-AES 可以分析元素周期表中所有金属元素，检出限在 1 ppb 以下。同时可以分析绝大部分非金属元素，例如 As、Se、P、S、Si、Te 等，检出限低于 10 ppb，如果配合使用氢化物发生器，则这些非金属的检出限可以改善 10 倍以上。

ICP-AES 以其优异的分析性能成为各种物料常规分析普遍采用的检测手段，例如测定植物、动物体、人发、血液、水样、饮料、土壤、肥料、化学试剂、金属和合金、岩石和矿物等物料中常量和痕量金属元素。

7.3.4.3 仪器操作规程

电感耦合等离子体原子发射光谱仪（型号 7300DV）的操作规程及注意事项如下。

A 开机

（1）打开通风总开关，然后打开稳压器开关，等电压稳定在 220 V 左右打开仪器总开关。开循环冷却水、氩气等并设定相应数值。

（2）装红色空气泵，打开干燥箱，将空压机上红色按钮向下关闭进行憋气，然后打开空压机使其运转，稳定后再打开红色按钮使其放气，使其仪器示数稳定。

（3）打开仪器自带电脑开关，打开 Winlab32 ICP Continuous 软件，若仪器一直在使用，则打开软件即可进行测试前准备工作；若仪器之前一直处于关闭状态，则刚开机时屏幕会显示仪器所需预热时间，待仪器显示预热已完成，方可进行后续操作。

B 软件操作

（1）用干净玻璃烧杯接好二次水置于仪器自动黑色泵旁，装线，然后将塑料管放入玻璃烧杯中。

（2）检查氩气（指针位于0.6）、空气泵（指针指在一点钟方向）等示数，确认无误后，点击软件中的"Plasma""Neb"三下，听到三声空气阀清脆的声音后点击"On"按钮，火焰喷出时间为1分钟（屏幕上有倒计时），待火焰喷出后，仔细观察火焰颜色以及亮度，通常当氩气充足时较为明亮。点火完成后，Plas、Aus、Neb、Pump均为绿色状态，同时仪器泵开始转动，此时点击"Flush"转动加速。仪器正常运转，二次水经塑料管进入仪器，对仪器进行冲洗。

（3）根据测样要求，建立测试方案。点击"File"→New method→元素周期表（选取要测试的元素）→输入标样信息→选择单位为"wt%"（液体样则为"mg/L"）→有效数字选择"5"→Check method（显示method is ok）→Save method，以上为测试方法的建立。

（4）建立测试样品信息（测试样均处理为液体样）：File→New sample information→输入样品ID、初始质量、溶解体积和稀释倍数→Save sample information。

（5）按照测试方法以及测试样品信息进行操作（注意，测试方法和测试样品的命名须一致，且测试时一定要保存结果文件）。调出Manual、Results、Spectra界面。Manual为测试按钮界面，测试顺序依次为：首先二次水空白（点击"Analysis blank"），然后标样测试（点击"Analysis standard"），最后样品测试（点击"Analysis sample"）。以上操作均在Winlab32I CP Continuous软件中进行，该部分也叫作测试界面。

（6）打开Winlab32-Off-Line ICP Continuous软件，点击"File"→导入测试方法（相应的命名）。调出Data Reprocessing、Results和Examine界面。在Examine界面调谱线，确定最高峰以及基线，Data Reprocessing界面可以导入相应测试结果，在这个界面选择二次水、标样和样品即可在Results显示出相应的元素含量，然后记录下来。Winlab32-Off-Line ICP Continuous软件主要是即时对测试界面获得的数据进行处理。

（7）待所有样品检测完毕，冲硝酸洗液5 min，然后冲二次水5 min后，即可关闭Winlab32ICP Continuous中的点火开关（点击"Off"），Plas、Aus、Neb均为灰色状态，Pump亮起来，点击"flush"进行仪器后续的排水。排水过程中，可关闭空压机开关，待水排完后，关闭干燥箱，关闭电脑，整理测试台（标样放置在指定柜子中，清洗烧杯）。最后关闭通风，实验结束。

C 关机

工作日不关大仪器，只关空压机、干燥箱，每周五关闭整个实验仪器，步骤如下：

（1）在将空压机和干燥箱关闭后，关闭循环水开关（先关前面绿色按钮，然后关闭后面大阀门）。

（2）待循环水停止运转，关闭氩气开关。

（3）关闭大仪器开关（仪器后面的按钮）。

（4）关闭稳压器开关。

D 注意事项

（1）上机操作人员必须通过培训测试，才能上机操作，严禁没有经过管理员许可随意上机操作。

（2）每次进入实验室检查设备状况及实验室环境时，室内温度应恒定在20℃左右，湿度不高于45%。

（3）不要在电脑上安装其他软件，删改其他数据。

（4）离开实验室前，最后一项工作是擦拭桌面和清扫地面，确保桌面、地面无灰尘。

（5）如发现违反以上规定，则取消上机测试资格。

7.3.4.4　操作注意事项

（1）Ni、Cr需用标样对测定值加以矫正（用75号、58号钢铁标样），B含量测定值（0.14%~0.16%）偏高。

原因：测量B的含量时只能用HF体系（注意，B的测定），测定B含量时，须有F^-存在，ICP测定较稳定→以玻璃量瓶溶样，玻璃中含有约10%的B_2O_3，在溶解过程中，玻璃中的B进入试液→一定要有试剂空白→标样STD10B+1mL HF→ICP测过Si（HF+50B）之后，测B前可用HF清洗。

（2）ICP-AES与其他大型精密仪器一样，需要在一定的环境下运行，失去这些条件，不仅仪器的使用效果不好，而且会改变仪器的检测性能，甚至造成仪器损坏，缩短仪器寿命。1）室温：ICP-AES属于精密光学仪器，对环境的温度有一定的要求，如果温度变化太大，光学元件受到温度变化的影响，就会产生谱线漂移，导致仪器寻峰不准，尤其是对于单道扫描型的仪器，甚至有时候会找不到峰。2）湿度：当湿度过大时，光学元件，特别是光栅容易受潮损坏或性能降低。3）排风：仪器上放，要有良好的抽风系统，平时要注意排风系统的正常运转，目的是将等离子体燃烧产生的废气抽出实验室。有些实验样品会产生有害气体，抽风系统可以保护实验室的工作人员。4）防尘：含有大量灰尘的空气通过门窗的缝隙流入室内，大量积聚在仪器的各个部位上，容易造成高压元件或接头打火，电路板及接线、插座等短路、漏电等各种各样的故障，因此需要定期拆卸或打开，用小毛刷清扫，并使用吸尘器将各个部分的积尘吸除。对于仪器除尘，应在专业人员的帮助下进行，仪器使用或管理人员如不了解仪器结构，就不要轻易去动，以免发生意外，除尘前应先停机，并关掉供电电源。

7.3.4.5　ICP-AES仪器维护

A　对气体控制系统的维护保养

（1）氩气的纯度。等离子光谱仪要使用高纯氩气，氩气不纯会造成点不着火或ICP熄火。

（2）气流稳定。ICP的气体控制系统是否稳定正常地运行，直接影响到仪器测定数据的好坏，气路中有水珠、机械杂物杂屑等都会造成气流不稳定。

因此，要经常对气体控制系统进行检查和维护。首先要做气体试验，打开气体控制系统的电源开关，使电磁阀处于工作状态，然后开启气瓶及减压阀，使气体压力指示在额定值上，然后关闭气瓶，观察减压阀上的压力表指针，压力值应在几个小时内没有下降或下降很少，否则气路中存在漏气现象，需要检查和排除。

由于氩气中常夹杂有水分和其他杂质，管道和接头中也会有一些机械碎屑脱落，造成气路不畅通。因此，需要定期进行清理，拔下某些区段管道，然后打开气瓶，短促地放一段时间气体，将管道中的水珠、尘粒等吹出。在安装气体管道，特别是将载气管路接在雾化器上时，要注意不要让管子弯曲得太厉害，否则会由于载气流量不稳而造成脉动，影响测定。

B 对进样系统及炬管的维护

(1) 雾化器：雾化器是进样系统中最精密、最关键的部分，需要很好地维护和使用。要定期地清理，特别是在测定高盐溶液之后，如果不及时清洗，就会造成雾化器堵塞，因此在每次测定完以后，关机之前要把吸管放进稀酸溶液中清洗一会。雾化器堵塞以后，要用手堵住喷嘴反吹，不要用铁丝等硬物去捅。

(2) 炬管：每次在安装炬管时，位置一定要装好，防止炬管烧掉，尤其是对于高盐分样品，炬管喷嘴会积有盐分，造成气溶胶通道不畅，常反映为测定强度下降、仪器反射功率升高等。炬管上积尘或积炭都会影响点燃等离子体焰炬和保持稳定，也会影响反射功率，甚至会造成熄火。因此，要定期用酸洗、水洗，最后用无水乙醇洗并吹干，经常保持进样系统及炬管的清洁。如长时间不清洗炬管，则会造成很难清洗干净的现象。

(3) 氢氟酸介质：由于雾化器和炬管以及雾室都是玻璃或石英材质，所以在进氢氟酸介质样品时一定要赶走氢氟酸，或者更换耐氢氟酸系统，不然进样系统的寿命会大大地缩短。

7.3.4.6 测试处理方法

各个元素的原子在被激发后，因原子结构不同，可发射出不同的光谱线，有的多达数千条，但在原子发射光谱定性分析中，不必检查所有谱线，而只需根据待测元素的几条最后线或特征谱线组，即可判断该元素是否存在。所谓元素的最后线，是指当试样中元素含量降低至最低可检出限时，仍能观察到一到两条或三到五条光谱谱线，而特征谱线组是一些元素的多重谱线，并不一定是最后线。在光谱定性分析中，常需要一套所用谱仪具有相同色散率的元素标准光谱图。通过同元素标准光谱图进行对照比较，可判定试样中有哪些元素存在，并通过其谱线强度级别，得出该元素的含量。若要了解某个或某几个元素是否存在，则可从标准波长表中查出这些元素的分析线波长，再在光谱仪上将试样的光谱图与元素标准光谱图对照找出。

7.4 原子发射光谱的样品准备

(1) 需要告知样品的来源、种类、属性（如矿石、合金、硅酸盐、特种固熔体、高聚物等）。尽可能列出主要成分、杂质成分及其（估计）含量；待检元素中最低（估计）含量是多少；对于溶液，需写明介质成分（溶剂、酸碱的种类及其（估计）含量）、含氟（F^-）与否，因为氟（F^-）会严重腐蚀雾化器。

(2) 固体样品要制成不含任何有机物的溶液，并将其最终酸度控制为 1 mol，样品量应在 5~50 mL。如含悬浮物或沉淀，则务必过滤；另需同时送上试剂空白溶液用作扣除空白。

(3) 以下样品要求在其处理成溶液后，再送至测试中心。

1) 样品加热、加酸溶解时易挥发损失者（如 B、Hg、S、Se 及用氢氟酸（HF）溶样时的 Si）。

2) 陶瓷、玻璃类及其他用无机酸不能溶解、只可用碱融熔者。

3）有机硅、硅橡胶、塑料制品、纤维类，或任何在 500 ℃ 以内会灰化，及在其后的酸消解中：

① 易挥发损失者；

② 无法灰化或无法溶解者（如 B、Bi、Ge、Hg、Os、Ru、Sb、Se、Sn、Tl 及用 氢氟酸（HF）溶样时的 Si，特种固熔体、高聚物等）。

7.5 原子发射光谱的应用

原子发射光谱分析法的特点如下：

（1）可多元素同时检测：各元素同时发射各自的特征光谱；

（2）分析速度快：试样不需处理，可同时对几十种元素进行定量分析（光电直读仪）；

（3）选择性高：各元素具有不同的特征光谱；

（4）检出限较低：10~0.1 μg/g（一般光源），ng/g（ICP）；

（5）准确度较高：5%~10%（一般光源），小于 1%（ICP）；

（6）ICP-AES 性能优越：线性范围在 4~6 数量级，可测高、中、低不同含量试样；

（7）非金属元素不能检测或灵敏度低。

7.5.1 定性分析

定性分析的依据：元素不同→电子结构不同→光谱不同→特征光谱。

7.5.1.1 标准试样光谱比较法

将要检出元素的纯物质和纯化合物与试样并列摄谱于同一感光板上，在映谱仪上检查试样光谱与纯物质光谱。若两者谱线出现在同一波长位置上，即可说明某一元素的某条谱线存在。

这种方法只适应于试样中指定元素的定性分析，不适应于光谱全分析。

7.5.1.2 铁光谱比较法（元素标准光谱图比较法）

元素标准光谱图就是将各个元素的分析线按波长位置标插在放大 20 倍的铁光谱图的相应位置上制成的（图 7-19）。由波长标尺、铁光谱、元素灵敏线及特征线组三部分组成。

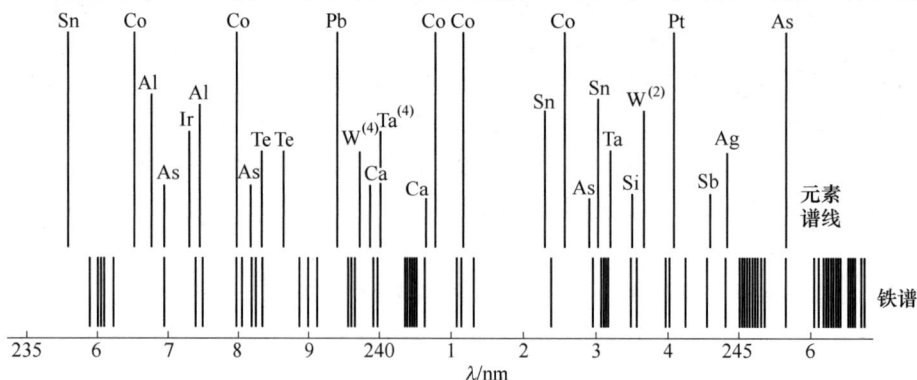

图 7-19 元素标准光谱图

注意：判断某元素是否存在，必须检查该元素两条以上不受干扰的最后线或灵敏线。

铁光谱作为标尺有如下特点：

(1) 谱线多：在 210~660 nm 范围内有几千条谱线。

(2) 谱线间距离分配均匀：谱线在上述波长范围内距离很近，且均匀分布。对于每一条谱线的波长，人们都已进行了精确的测量。在实验室中有标准光谱图对照进行分析。

7.5.1.3 定性分析实验操作技术

A 试样处理

(1) 金属或合金可以由试样本身作为电极，当试样量很少时，可将试样粉碎后放在电极的试样槽内；

(2) 固体试样研磨成均匀的粉末后放在电极的试样槽内；

(3) 糊状试样应先蒸干，将残渣研磨成均匀的粉末后放在电极的试样槽内；

(4) 液体试样可采用 ICP-AES 直接进行分析。

B 实验条件选择

a 光谱仪

在定性分析中通常选择灵敏度高的直流电弧；狭缝宽度在 5~7 μm；分析稀土元素时，由于其谱线复杂，要选择色散率较高的大型摄谱仪。

b 电极

电极材料：采用光谱纯的碳或石墨，特殊情况下可采用铜电极。

电极尺寸：直径约 6 mm，长 3~4 mm。

试样槽尺寸：直径在 3~4 mm，深 3~6 mm。

试样量：10~20 mg。

放电时，碳+氮会产生氰（CN），氰分子在 358.4~421.6 nm 产生带状光谱，从而干扰其他元素出现在该区域的光谱线。当需要该区域时，可采用铜电极，但其灵敏度较低。

C 摄谱过程

摄谱顺序：碳电极（空白）、铁谱、试样。

分段曝光法：先在小电流（5 A）激发光源摄取易挥发元素光谱调节光阑，改变曝光位置后，加大电流（10 A），再次曝光摄取难挥发元素光谱。

采用哈特曼光阑，可多次曝光而不影响谱线的相对位置，便于对比。

不同元素的原子发射光谱定性分析灵敏度见表 7-3。

表 7-3 原子发射光谱定性分析灵敏度表

被分析元素	分析灵敏度/%
C, Se	$1 \sim 10^{-1}$
As, Ce, Ir, Os, Sm, Te, Th, U, W	$10^{-1} \sim 10^{-2}$
Au, B, Bi, Co, Dy, Er, Eu, Hg, Gd, Ho, La, Mn, Mo, Nb, Nd, P, Pd, Pr, Pt, Rb, Rn, Ru, S, Sb, Sn, Si, Ta, Tb, Ti, Tl, V, Zn, Zr	$10^{-2} \sim 10^{-3}$
Al, Cd, Cr, Cs, F, Fe, Ga, Ge, In, Mg, Ni, Pb, Sc, Y, Yb	$10^{-3} \sim 10^{-4}$

被分析元素	分析灵敏度/%
Ag, Be, Cu, Ba, Sr, Ca	$10^{-4} \sim 10^{-5}$
Cs, K, Li, Na, Rb	$10^{-5} \sim 10^{-6}$

7.5.2　光谱半定量分析

在钢材、合金的分类，矿石晶级的评定以及光谱定性分析中，除需要给出试样中存在哪些元素外，还需要给出元素的大致含量，这时可采用半定量分析法快速、简便地解决问题。

采用半定量分析法可迅速粗略判断元素的含量，但其准确度较差，相对误差一般为 30% ~ 100%。

（1）谱线强（黑）度比较法：样品中元素含量越高，其谱线黑度越强。

将试样与配好的标准系列试样或标样在相同的实验条件下并列摄谱，然后在映谱仪上用目视法直接比较试样和标样光谱中元素分析线的黑度，从而估计试样中待测元素的含量。该法的准确度取决于被测试样与标样基体组成的相似程度。

（2）谱线呈现法：利用谱线数目出现的多少来估计元素含量。

被测元素谱线的数目随着元素含量的增加而增加，次灵敏线和其他较弱的谱线也会出现，于是根据实验可以编制元素谱线出现与含量关系表，即谱线呈现表。以后就可根据某一谱线是否出现来估计试样中该元素的大致含量。例如，铅的谱线呈现表见表 7-4。

表 7-4　铅的谱线呈现表

Pb/%	谱线特征 λ/nm
0.001	283.3069 清晰可见　　261.4178 和 280.200 弱
0.003	283.3069 清晰可见　　261.4178 增强　　　280.200 变清晰
0.01	上述谱线增强，266.317 和 287.332 出现
0.03	上述谱线都增强
0.10	上述谱线更增强，没有出现新谱线
0.30	239.38, 257.726 出现

（3）阶梯减光板法。

（4）均称线对法。

7.5.3　定量分析

7.5.3.1　发射光谱定量分析的基本关系式

当条件一定时，谱线强度 I 与待测元素含量 c 关系为：

$$I = ac$$

式中，a 为常数（与蒸发、激发过程等有关）。

考虑到发射光谱中存在着自吸现象，需要引入自吸常数 b，则：

$$I = ac^b$$

两边取对数得：

$$\lg I = \lg a + b \lg c$$

上式为发射光谱分析的基本关系式，称为塞伯-罗马金公式（经验式）。自吸常数 b 随浓度 c 的升高而减小，当浓度很小，自吸消失时，$b=1$。

以 $\lg I$ 对 $\lg c$ 作图，得校正曲线，如图 7-20 所示。

当试样浓度高时，$b<1$，工作曲线发生弯曲。只有在一定的实验条件下，$\lg I$-$\lg c$ 关系曲线的直线部分才可作为元素定量分析的标准曲线。这种测定方法称为绝对强度法。

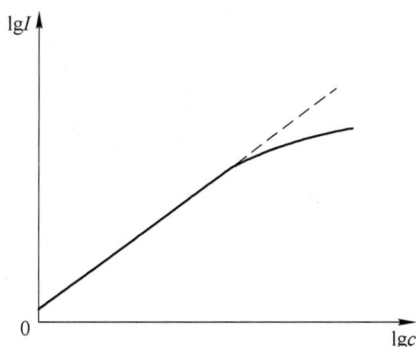

图 7-20　光谱定量分析工作曲线

7.5.3.2　内标法（相对强度法）

由于以测量谱线的绝对强度来进行定量分析是很难得到准确结果的，故通常采用内标法来消除工作条件变化对分析结果的影响，以提高光谱定量分析的准确度。

A　具体做法

在分析元素的谱线中选一根谱线，称为分析线；再在基体元素（或加入定量的其他元素）的谱线中选一根谱线，作为内标线，这两条线组成分析线对。然后根据分析线对的相对强度与被分析元素含量的关系式进行定量分析。

B　内标法公式

设分析线和内标线强度分别为 I、I_0；浓度分别为 c、c_0；自吸系数分别为 b、b_0，则：

分析线：　　　　　　　　　　　$I = ac^b$

内标线：　　　　　　　　　　　$I_0 = ac_0^{b_0}$

二者之比可简化为：

$$R = \frac{I}{I_0} = \frac{ac^b}{a_0 c_0^{b_0}} = Ac^b$$

取对数得：

$$\lg R = b \lg c + \lg A$$

式中，R 为分析线对的相对强度；A 为其他三项合并后的常数项。

C　定量分析方法

以 $\lg R$-$\lg c$ 作图，绘制标准曲线，在相同条件下，测定试样中待测元素的 $\lg R$，在标准曲线上即可查得未知试样的 $\lg c$。

D　内标元素及内标线的选择原则

a　内标元素

（1）外加内标元素在分析试样品中应不存在或含量极微；当样品基体元素的含量较稳时，也可用该基体元素作为内标。

（2）内标元素与待测元素应有相近的特性（蒸发特性）。

（3）同族元素，具相近的电离能。

b　内标线

（1）激发能应尽量相近，形成"均称线对"，不可选一离子线和一原子线作为分析对；

（2）分析线的波长及强度接近；

（3）无自吸现象且不受其他元素的干扰；

（4）背景应尽量小。

7.5.3.3　摄谱法光谱定量分析原理

A　感光板与谱线黑度

谱线黑度与待测物浓度有关，即 $S = f(c)$。

B　感光板的乳剂特性曲线

（1）曝光量 H 与相板所接受的光强 I 或照度 E 及曝光时间 t 成正比：

$$H = Et \propto I$$

（2）曝光量 H 与谱线黑度 S 之间的关系复杂，但可通过"乳剂特性曲线"得到二者之间的定量关系，如图 7-21 所示。

从该曲线中直线部分得：

$$S = \gamma(\lg H - \lg H_i) = \gamma \lg H - i$$

式中，γ 为直线部分斜率，反衬度。

（3）有关乳剂特性曲线的讨论：

展度 bc：直线 BC 在横轴上的投影，它在一定程度上决定了感光板检测的适宜浓度范围。

反衬度：直线 BC 的斜率 γ，它表征当曝光量改变时，谱线黑度变化的快慢。通常展度与反衬度相矛盾。

惰延量：H_i 称为惰延量，它表征了乳剂的灵敏度。H_i 越大，乳剂越不灵敏。

雾翳黑度：乳剂特性曲线下部与 S 轴的交点所对应的黑度（S_0）。它通常是由显影、定影引起的。

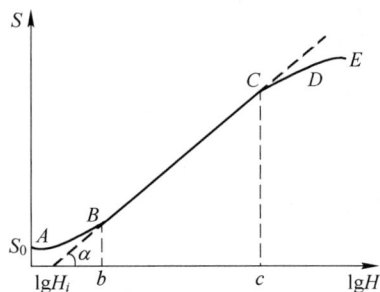

图 7-21　乳剂特性曲线

S_0—雾翳黑度；B，C—正常曝光段；

b，c—展度；H_i—惰延量

（4）摄谱法定量公式：

$$S = \gamma(\lg H - \lg H_i) = \gamma \lg H - i \quad .H = Et \propto I$$

$$S = \gamma \lg It - i$$

根据内标法原理，分析线对中分析线黑度 S_1 和内标线黑度 S_2 分别为：

$$S_1 = \gamma_1 \lg I_1 - i_1$$

$$S_2 = \gamma_2 \lg I_2 - i_2$$

由于 $\gamma_1 = \gamma_2 = \gamma$，$i_1 = i_2 = i$，所以分析线对的黑度差 ΔS 为：

$$\Delta S = S_1 - S_2 = \gamma \lg I_1/I_2 = \gamma \lg R$$

即：

$$\Delta S = \gamma b \lg c + \gamma \lg A$$

上式为摄谱法定量公式，表明在一定工作条件下，分析线对的黑度差 ΔS 与试样中被测定元素含量的对数值 $\lg c$ 成线性关系。

在完全相同的条件下，将标准样品与试样在同一感光板上摄谱，由标准试样分析线对的黑度差（ΔS）对 $\lg c$ 作标准曲线（三个点以上，每个点取三次平均值），再根据试样分析线对的黑度差，在标准曲线上求得未知试样的 $\lg c$，该法即为三标准试样法。

7.5.3.4 标准加入法

当无合适内标物时，可采用标准加入法：

（1）取若干份体积相同的试液（c_x），依次按比例加入不同量的待测物的标准溶液（c_0），浓度依次为 c_x，c_x+c_0，c_x+2c_0，c_x+3c_0，c_x+4c_0，…。

（2）在相同条件下测定 R_x，R_1，R_2，R_3，R_4…。

（3）以 R 对浓度 c 作图得一直线，如图 7-22 所示，图中 c_x 点即待测溶液的浓度。

$$R = Ac^b$$

$b = 1$ 时，　$R = A(c_x + c_i)$

$R = 0$ 时，　$c_x = -c_i$

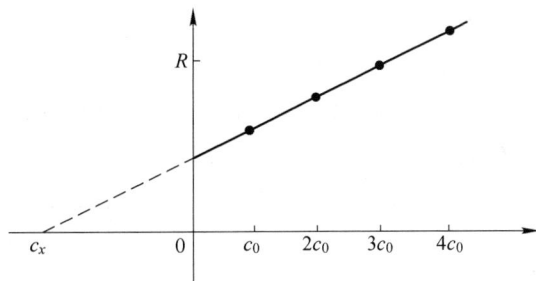

图 7-22　R 与浓度 c 的线性关系图

7.5.4 干扰来源及其消除方法

7.5.4.1 背景干扰

背景干扰是由连续光谱或分子带光谱等所产生的谱线强度（或黑度）叠加于线状光谱上而引起的干扰，也是噪声干扰的一种。

A　背景来源

（1）分子辐射：在光源中，试样本身或试样与空气作用产生的分子氧化物或氮化物等分子发射的带状光谱，如 CN、SiO_2、AlO 等。

（2）连续辐射：光源中炽热的固体物质发射的光谱，如电极头、弧焰中的颗粒物等。

（3）谱线扩散：分析线周围有其他元素的强扩散线（宽谱线），如高含量的 Zn、Sb、Pb、Bi、Mg 和 Al 等。

（4）韧致辐射：电子通过荷电粒子库仑场时被加速或减速而引起的连续辐射。

（5）复合辐射：电子与离子复合引起能量的变化所产生的连续辐射。

（6）杂散光：仪器光学系统对一些辐射的散射，并通过非预定途径直接进入检测器的辐射。

B　背景的扣除

a　摄谱法（相板为检测器）

（1）先求背景黑度 S_B、分析线+背景黑度 $S_{(L+B)}$（图 7-23），由乳剂特性曲线查出 $\lg I_B$ 及 $\lg I_{(L+B)}$，再求出 I_B 及 $I_{(L+B)}$。

（2）扣除背景强度，得到分析线强度 I_L，即 $I_L = I_{(L+B)} - I_B$，同样可求出行内标线强度 I_0（注意：背景扣除不得用黑度直接相减）。

b　光电直读光谱法

如果是光电检测器，则谱线强度被直接积分，背景可直接由带有自动扣背景的装置扣除。

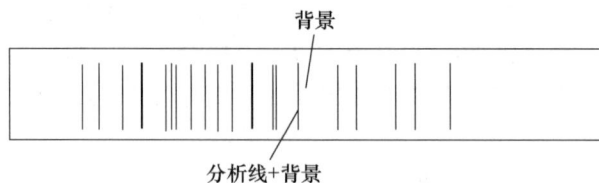

背景

分析线+背景

图 7-23　背景及分析线+背景

7.5.4.2　基体干扰（matrix interference）

基体：样品中除待测物以外的其他组分称为基体，基体对测定的干扰是非常复杂的。

减少基体干扰的方法：

在试样中加入某些样品中不存在且纯度较高的物质，以改善基体特性，从而减少基体对测定的干扰，提高测定灵敏度或准确度。

在样品中添加的这些物质称为光谱添加剂或光谱改进剂，如光谱载体和光谱缓冲剂等。

7.5.5　原子发射光谱法的应用

原子发射光谱法具有不经别离即可同时进行多种元素快速定性定量分析的特点，是分析化学中重要的元素成分分析手段之一，在材料分析、环境、钢铁冶金、矿产开发等领域得到了广泛应用。在钢铁冶炼，特别是特种钢的冶炼过程中，控制钢材中添加元素的含量，是控制钢材质量的一个重要方法，用火花原子发射光谱法可以很好地完成任务。

徐红波等应用电感耦合等离子体原子发射光谱法（ICP-AES）同时测定了废水中的 Zn、Cr、Pb、Cd、Cu 和 As 六种元素，并对波长、入射功率、雾化压力、提升量等分析条件进行优化，将样品中的干扰因子通过谱线的背景校正方法予以消除。测定各元素的线性关系良好，相关系数均在 0.9994 以上，各元素的检出限在 0.0007~0.0085 μg/mL，样品分析结果的相对标准偏差均小于 5.46%，加标回收率在 94.0%~105.0%。

曹吉祥等用火花源原子发射光谱法测定了铁素体不锈钢中的低含量碳，采用了试验优化的方法，并且为适应低含量碳的测定，制备了一套专用的光谱标样，用作制作工作曲线。所得碳的测定值与用高频燃烧红外吸收法的测定结果相符，测定值的相对标准偏差（$n=11$）均小于 8%。

陆军等采用电感耦合等离子体原子发射光谱法测定铸铁中的镧和铈。样品用硝酸和高氯酸溶解，蒸发冒烟至近干，盐酸溶解后，在 379.478 nm 或 408.672 nm 波长下，用 ICP-AES 测定。测定中的基体效应用基体匹配方法消除，共存元素的干扰应用仪器软件中谱线干扰校正程序克制。该方法已成功地应用于球墨铸铁标准样品中镧和铈的测定，结果与认定值相吻合。

矿物中各种元素的分析是原子发射光谱法应用中的一个主要领域，全世界每年分析的地球化学样品超过一千万件。

靳芳等采用电感耦合等离子体原子发射光谱法测定了光卤石矿中的钾、钠、钙、镁和硫酸根。选择波长为 766.5 nm、330.2 nm、317.9 nm、279.8 nm、181.9 nm 五条谱线依次作为测定钾、钠、钙、镁和硫的分析线。应用此法测定了光卤石样品中五种元素的含量，回收率在 97.2%~102.1%，相对标准偏差（$n=10$）小于 3.5%。

马生凤等采用四酸溶样-电感耦合等离子体原子发射光谱法测定了铁、铜、锌、铅等硫化物矿石中的 22 个元素，应用四酸（硝酸、盐酸、氢氟酸、高氯酸）混合溶矿、电感耦合等离子体原子发射光谱法（ICP-AES）同时测定了铁矿石、铜矿石、铅矿石、锌矿石与多金属矿石样品中的 Al、Fe、Cu、Pb、Zn、Ca、Mg、K、Na、Sb、Mn、Ti、Li、Be、Cd、Ag、Co、Ni、Sr、V、Mo 和 S 22 个元素量。实验确定了方法的分解条件以及测定元素的检出限与干扰条件。用国家一级标准物质 GBW07162（多金属贫矿石）和 GBW07163（多金属矿石）进行了精细度实验，统计数据显示，结果精细度（RSD）和准确度（RE）都小于 10%，而且大多数元素的精细度和准确度在 5% 范围内。通过标准物质进展方法验证，非单矿物或精矿的一般硫化物矿石的检测结果根本都在标准值的范围内，符合地质矿产开发的要求。该方法具有同时测定元素多、线性范围宽、检出限低等优点，实际使用性强，结果满意。

随着经济和科技的发展，对于材料分析的要求也越来越高，由于原子发射光谱能够进行多元素同时测定，而且灵敏度也比较高，因此被广泛地应用于各种材料中多种杂质成分的测定。

余莉莉根据 ICP-AES 分析了金属材料的不同，分别综述了 ICP-AES 在新型金属材料钕铁合金、铝合金、锆合金、钢铁、高温合金等材料中的元素分析应用。此外，还对 ICP-AES 技术在金属元素测定中的研究现状进行了总结和展望。

何志明采用电感耦合等离子体原子发射光谱法测定了铝质耐火材料中的钙、镁、铁、钛与钾的含量。样品用碳酸锂-硼酸（2+1）混合熔剂熔融，采用盐酸（1+1）溶液浸取，应用电感耦合等离子体原子发射光谱法直接测定了铝质耐火材料中钙、镁、铁、钛、钾五种元素。优化了仪器参数和分析谱线，采用基体匹配法，并应用仪器软件中的谱线干扰校正程序有效地消除了铝基体的干扰。对不同含量的两个试样进行精细度试验，测定结果的相对标准偏差（$n=10$）小于 4.0%，该方法的检出限（3S/N）为 0.004~0.06 mg/L。对铝质耐火材料标准样品进行了测定，结果与标准值相符。

利用原子发射光谱法直接测定焦炭中的 15 种微量杂质元素，焦炭在高炉冶炼过程中具有重要作用，其主要成分包括固定碳和灰分等。灰分是焦炭燃烧后的残余物，是焦炭中的有害物质，主要由二氧化硅和三氧化二铝，还有氧化钙、氧化镁等氧化物组成。灰分含量越高，固定碳越少，会增加高炉冶炼过程中消耗的石灰石和热量，导致高炉利用系数降低；而焦炭灰分越低，对高炉操作就越有利，因而有必要对焦炭中的杂质含量进行测定。由于焦炭难溶于水、酸、碱，因此给分析工作带来了一定的困难。样品通常要在 850 ℃ 高温下灰化，收集灰分，然后在通过萃取、分离等操作后对样品中特定的杂质元素进行分析。也可将灰分用 $HF\text{-}HNO_3\text{-}HClO_4$ 混酸溶解或用 Na_2O_2、无水 Na_2CO_3 碱熔融处理后进行仪器分析，但该方法的操作步骤繁多，且高温操作容易造成元素丢失。而采用原子发射光谱则可以直接测定焦炭中的 Si、Mn、Mg、Pb、Sn、Fe、Ni、Al、Ti、Mo、Ca、V、Cu、Zn、Ag 15 种微量杂质元素。该方法不需要高温灰化及冗长的样品前处理技术，直接粉末进样分析，能够实现多元素同时检测，操作简便、快速，能够满足焦炭中常规杂质分析的需要。

利用 ICP-AES 法测定铝合金中七种元素的含量，铝合金材料在各行业中的应用十分广泛，其中合金元素和杂质元素的含量影响着合金的理化性能。元素检测大多采用经典的化学分析方法，其中有分光光度法、容量法、原子吸收法和发射光谱法等，特点是对于各元素需逐个分析，检测过程烦琐，周期长，试剂消耗大，难以满足客户的时效性要求。当采用 ICP-AES 法测定铝合金中的 Cu、Fe、Mg、Mn、Si、Ti、Zn 七种元素时，可直接将铝合金处理成溶液，然后直接进行测定含量，可同时测出这七种元素的含量。

原子发射光谱法（AES）是测定高纯金属或半导体材料中痕量杂质的主要分析方法之一，经常采用预富集与 AES 测定联用技术。这种联用技术既保持了 AES 同时检测多元素的特点，又克服了基体效应和复杂组分的干扰，同时便于引进有利于痕量元素激发的缓冲剂，从而提高了检测灵敏度。

痕量杂质富集物的光谱激发通常有溶液干渣法、粉末法、溶液法三种方法。溶液干渣法是指在将富集物溶液浓缩后，将其转移到涂有封闭剂的石墨电极烘干，然后用电弧、火花或空心阴极光源激发。粉末法是指将痕量元素富集在几毫克或几十毫克的石墨粉或外加基体中，并将其装入杯状石墨电极中，用电弧激发。溶液法是指将富集物溶液直接送入 ICP 光源中激发，从而进行光谱测定。

此外，以激光为激发光源的激光光谱法，因其具有极好的绝对检出限，因此可能成为重要的痕量分析方法之一。激光光谱主要用于表面、微区的分析，是检测高纯材料痕量杂质的重要方法。能实现贵金属和贱金属同时测定的 AES 技术，特别是电感耦合等离子体发射光谱法（ICP-AES）联用技术在痕量金属分析领域中的应用也比较广泛。ICP-AES 技术具有多功能性、广泛的应用范围以及操作简便、灵敏度高、分析快速、准确可靠和可多元素同时测定等特点，在所有的元素分析法中几乎是前所未有的，它解决了一定的分析困难，节省了分析时间，使许多工作变得快捷。而且除极其严格的应用要求以外，ICP-AES 的准确度、精密度和灵敏度对于一般应用都是合适的。孙丹丹等利用这种方法可以直接测定了高纯金中的 Cd、Cr、Cu、Fe、Mn、Ni、Pb、Pt 八种元素的含量，检出限在 $0.01 \sim 1$ $\mu g/g$，杂质元素含量在 $0.1 \sim 20$ $\mu g/g$，比分光光度法和原子吸收法更简便、快速，其测定结果符合要求。田冶龙等采用 ICP-AES 分析测定了高纯黄金中的微量杂质，可以使 Ag、Cu、Fe、Pb、Sb、Bi 的方法检出限分别达到 1.6×10^{-9}、1.3×10^{-9}、1.5×10^{-9}、2.8×10^{-9}、9.0×10^{-9}、10×10^{-9}，完全可以满足当前高纯黄金中杂质的分析测定。宋小年等采用电感耦合等离子体发射光谱法测定了高纯金属锡中的九种痕量元素，采用 HCl、H_2O_2 和 HNO_3 溶解样品，并对分析谱线和仪器工作参数进行了优化选择，利用基体匹配消除干扰。加标实验表明，元素回收率为 $98\% \sim 102\%$，相对标准偏差（$n = 6$）低于 2.1%，检出限为 $0.1 \sim 8.5$ $\mu g/L$，方法准确、可靠，可满足高纯金属锡中的痕量金属元素的快速分析要求。

但由于该种分析技术的检测能力有限，用其直接测定时一般很难达到对超痕量贵金属元素的准确测定。因此，近年来研究的重点是与之配套的分离富集技术。其中，秦永超用悬浮体进样 ETV（电热蒸发)-ICP-AES 法测定了铂、钯、铑；孙丽娟用流动注射在线清理 MPT-AES 法测定了铂、钯、金。

参 考 文 献

[1] 陈金忠，陈凤玲，丁振瑞，等. 电感耦合等离子体原子发射光谱法测定自来水中铜、汞和铅 [J]. 理化检验（化学分册），2011，47（4）：417-418.

［2］徐红波，孙挺，姜效军. 电感耦合等离子体原子发射光谱法同时测定废水中锌、铬、铅、镉、铜和砷［J］. 冶金分析，2008，28（11）：43-45.

［3］曹吉祥，张征宇，芦飞. 火花源原子发射光谱法测定铁素体不锈钢中低含量碳［J］. 理化检验（化学分册），2011，47（7）：805-807.

［4］陆军，张艳，孟平. 电感耦合等离子体原子发射光谱法测定铸铁中镧和铈［J］. 冶金分析，2007，27（5）：72-74.

［5］靳芳，王洪彬，王英. 电感耦合等离子体原子发射光谱法测定光卤石矿中钾、钠、钙、镁和硫酸根［J］. 理化检验（化学分册），2011，47（10）：1198-1199.

［6］马生凤，温宏利，马新荣，等. 四酸溶样-电感耦合等离子体原子发射光谱法测定铁、铜、锌、铅等硫化物矿石中 22 个元素［J］. 矿物岩石地球化学通报，2011，30（1）：65-72.

［7］余莉莉. ICP-AES 测定金属材料中元素的研究现状与进展［J］. 广东化工，2010，37（7）：119-120.

［8］何志明. 电感耦合等离子体原子发射光谱法测定铝质耐火材料中钙、镁、铁、钛与钾的含量［J］. 理化检验（化学分册），2009，45（9）：1040-1042.

习　题

参考答案

7-1　原子发射光谱是怎么产生的？

7-2　原子发射光谱法的特点是什么？

7-3　试述光谱半定量分析的基本原理，并说明应如何进行。

7-4　简述 ICP 光源的形成原理及其特点。

7-5　光谱定量分析的依据是什么，为什么要采用内标？试简述内标法的原理，并说明内标元素和分析线对应具备哪些条件，为什么？

8 X射线荧光光谱分析

本章内容导读：

- ·X射线荧光光谱分析的基本原理
- ·X射线荧光光谱定性、半定量及定量分析的方法和应用
- ·X射线荧光光谱分析光谱仪的结构和操作维护
- ·X射线荧光光谱仪样品的准备

8.1　概　　述

X射线荧光光谱（X-ray fluorescence，XRF）是常规的材料分析手段。1896年，法国物理学家乔治（Georges）发现了X射线荧光。1923年，赫维西（Hevesy）提出了应用X射线荧光光谱进行定量分析，但由于受到当时探测技术水平的限制，该法并未得到实际应用。随着X射线管、分光技术和半导体探测器技术的改进，X荧光分析才开始进入蓬勃发展的时期，成为一种极为重要的分析手段。20世纪40年代末，弗里德曼（Friedman）伯克斯（Birksome）应用盖克（Geiger）计数器研制出波长色散X射线荧光光谱仪。自此，X射线荧光光谱分析（XRF）始于20世纪50年代初，经过几十年的发展，现已成为分析物质组成成分的必备方法之一。随着微电子学和计算机技术的迅猛发展，谱仪具有自动化、智能化、专业化和小型化等特点。在理论基础上发展起来的、以基本参数法为代表的基体校正方法已在线用于常规分析，使X射线荧光光谱的定量分析方法逐步从使用与试样的物理、化学形态相似的标准样品向使用非相似的标准样品，甚而使用纯元素的标准样品的分析方法过渡。其中，半定量分析方法在由生产厂家调试后，使用者即使不用标准样品也可以进行定量分析，

最近二十多年来，我国学者在X射线荧光的诸多方面，如基础理论、基体校正的计算方法和程序、分析方法的研究等都取得了卓有成效的成绩。最近十多年来，在X射线荧光光谱领域中，我国学者发表的文章数量位于世界首位，能量色散X射线荧光光谱仪，特别是低分辨谱仪已在国内市场占有一席之地。

8.2　X射线荧光光谱的原理

荧光，顾名思义就是在光的照射下发出的光。X射线荧光就是被分析样品在X射线照射下发出的X射线，它包含了被分析样品化学组成的信息，通过对上述X射线荧光的分析，确定被测样品中各组分含量的仪器就是X射线荧光分析仪。

由原子物理学的知识可知，每种化学元素的原子都有其特定的能级结构，其核外电子都以各自特有的能量在各自的固定轨道上运行，内层电子在足够能量的X射线照射下会

脱离原子的束缚，成为自由电子，即原子被激发了，处于激发态。这时，其他的外层电子便会填补这一空位，也就是所谓跃迁，同时以发出 X 射线的形式放出能量。由于每种元素的原子能级结构都是特定的，因此它被激发后跃迁时放出的 X 射线的能量也是特定的，称为特征 X 射线。通过测定特征 X 射线的能量，便可以确定相应元素的存在，而特征 X 射线的强弱（或者说 X 射线光子的多少）则代表该元素的含量。

由量子力学知识可知，X 射线具有波粒二象性，既可以看作粒子，也可以看作电磁波。其看作粒子时的能量和看作电磁波时的波长有着一一对应的关系，这就是著名的普朗克公式：$E = hc/\lambda$。显然，无论是测定能量还是波长，都可以实现对相应元素的分析，其效果是完全一样的。

当能量高于原子内层电子结合能的高能 X 射线与原子发生碰撞时，驱逐一个内层电子而出现一个空穴，使整个原子体系处于不稳定的激发态，激发态原子寿命为 10^{-12} ～ 10^{-14} s，然后自发地由能量高的状态跃迁到能量低的状态，这个过程称为弛豫过程。弛豫过程既可以是非辐射跃迁，也可以是辐射跃迁。当较外层的电子跃迁到空穴时，所释放的能量随即在原子内部被吸收，而逐出较外层的另一个次级光电子，此称为俄歇效应，也称为次级光电效应或无辐射效应，所逐出的次级光电子称为俄歇电子。俄歇电子的能量是特征的，与入射辐射的能量无关。当较外层的电子跃入内层空穴所释放的能量不在原子内被吸收，而是以辐射形式放出，便产生 X 射线荧光，其能量等于两能级之间的能量差。因此，X 射线荧光的能量或波长是特征性的，与元素有一一对应的关系。图 8-1 所示为 X 射线荧光和俄歇电子产生过程示意图。

K 层电子被逐出后，其空穴可以被外层中任一电子所填充，从而可产生一系列的谱线，称为 K 系谱线：由 L 层跃迁到 K 层辐射的 X 射线叫作 K_α 射线，由 M 层跃迁到 K 层辐射的 X 射线叫作 K_β 射线……同样，L 层电子被逐出可以产生 L 系辐射（图 8-2）。如果入射的 X 射线使某元素的 K 层电子激发成光电子后 L 层电子跃迁到 K 层，此时就有能量 ΔE 释放出来，且 $\Delta E = E_K - E_L$，这个能量是以 X 射线形式释放的，产生的就是 K_α 射线，同样还可以产生 K_β 射线、L 系射线等。莫斯莱（Moseley）发现，

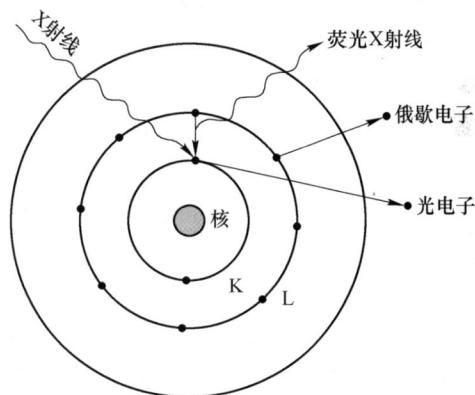

图 8-1　X 射线荧光和俄歇电子产生过程示意图

荧光 X 射线的波长 λ 与元素的原子序数 Z 有关，其数学关系如下：

$$\lambda = K(Z - S)^{-2}$$

式中，K 和 S 为常数，这就是莫斯莱定律。因此，只要测出荧光 X 射线的波长，就可以知道元素的种类，这就是荧光 X 射线定性分析的基础。此外，荧光 X 射线的强度与相应元素的含量有着一定的关系，据此可以进行元素定量分析。

8.2.1　定性分析

不同元素的荧光 X 射线具有各自的特定波长，因此根据荧光 X 射线的波长可以确定

元素的组成。如果是波长色散型光谱仪，那么对于一定晶面间距的晶体，由检测器转动的 2θ 角就可以求出 X 射线的波长 λ，从而确定元素成分。事实上，在进行定性分析时，可以靠计算机自动识别谱线，给出定性结果。但是如果元素含量过低或存在元素间的谱线干扰，则仍需人工鉴别。首先识别出 X 射线管靶材的特征 X 射线和强峰的伴随线，然后根据 2θ 角标注斜谱线。在分析未知谱线时，要同时考虑到样品的来源、性质等因素，以便综合判断。

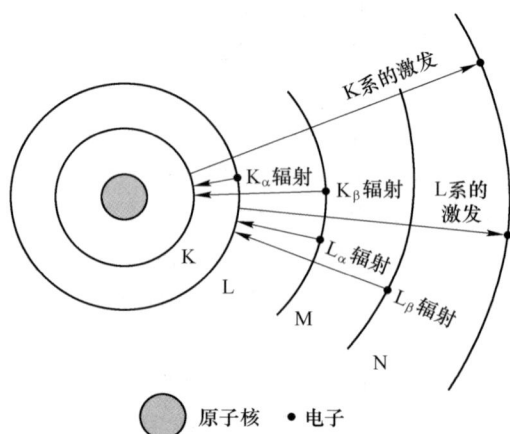

图 8-2　X 射线荧光产生 K 系和 L 系辐射示意图

8.2.2　定量分析

X 射线荧光光谱法进行定量分析的依据是元素的荧光 X 射线强度 I_i 与试样中该元素的含量 w_i 成正比：

$$I_i = I_s \cdot w_i \tag{8-1}$$

式中，I_s 为 $w_i = 100\%$ 时，该元素的荧光 X 射线的强度。

根据式（8-1），可以采用标准曲线法、增量法、内标法等进行定量分析。但是在使用这些方法时都要使标准样品的组成与试样的组成尽可能相同或相似，否则试样的基体效应或共存元素的影响，会给测定结果带来很大的偏差。所谓基体效应，是指样品的基本化学组成和物理化学状态的变化对 X 射线荧光强度所造成的影响。化学组成的变化，会影响样品对一次 X 射线和 X 射线荧光的吸收，也会改变荧光增强效应。例如，在测定不锈钢中的 Fe 和 Ni 元素时，由于一次 X 射线的激发会产生 Ni K_α 荧光 X 射线，Ni K_α 在样品中可能被 Fe 吸收，使 Fe 激发产生 Fe K_α。测定 Ni 时，会因为 Fe 的吸收效应而使结果偏低，测定 Fe 时，会由于荧光增强效应而使结果偏高。但是，配置相同的基体又几乎是不可能的。为了克服这个问题，目前 X 射线荧光光谱定量方法一般采用基本参数法。该办法是在考虑各元素之间的吸收和增强效应的基础上，用标样或纯物质计算出元素荧光 X 射线的理论强度，并测出其荧光 X 射线的强度，将实测强度与理论强度相比较，从而求出该元素的灵敏度系数。测量未知样品时，应先测定试样的荧光 X 射线强度，根据实测强度和灵敏度系数设定初始浓度值，再根据该浓度值计算其理论强度。将测定强度与理论强度相比较，使两者达到某一预定精度，否则须再次修正。该法要测定和计算试样中所有的元素，并且要考虑这些元素间的相互干扰效应，计算十分复杂。因此，必须依靠计算机进行计算。该方法可以认为是无标样定量分析。当欲测样品含量大于 1% 时，其相对标准偏差可小于 1%。

X 射线荧光光谱法具有如下优点：

（1）谱线简单；

（2）分析灵敏度高：大多数元素检出限达 $10^{-5} \sim 10^{-8}$ g/g；

（3）分析元素范围宽：B~U（5~92）；

（4）定量分析线性范围宽：从常量至微量；

（5）分析方法的精密度高：误差一般在5%以内；

（6）制样简单：固体、粉末、液体，无损分析；

（7）分析速度快。

8.3　X射线荧光光谱的设备及操作

用X射线照射试样时，试样可以被激发出各种波长的荧光X射线，需要把混合的X射线按波长（或能量）分开，分别测量不同波长（或能量）的X射线的强度，以进行定性和定量分析，为此使用的仪器叫作X射线荧光光谱仪。由于X光具有一定波长，同时又有一定能量，因此X射线荧光光谱仪有两种基本类型，即波长色散型和能量色散型。图8-3所示是这两类仪器的原理图。

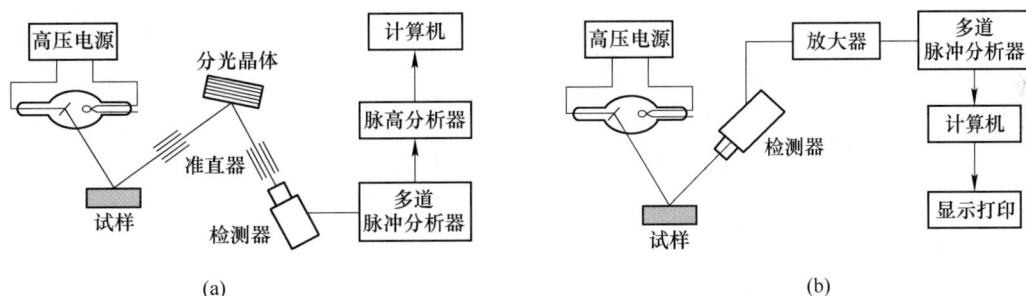

图8-3　波长色散型和能量色散型谱仪原理图
（a）波长色散谱仪；（b）能量色散谱仪

8.3.1　X射线荧光光谱仪器组成

（1）X射线发生系统：产生初级高强X射线，用于激发样品；

（2）冷却系统：用于冷却产生大量热的X射线管；

（3）样品传输系统：将放置在样品盘中的样品传输到测定位置；

（4）分光检测系统：把样品产生的X射线荧光用分光元件和检测器进行分光，检测；

（5）计数系统：统计、测量由检测器测出的信号，同时也可以除去过强的信号和干扰线；

（6）真空系统：将样品传输系统和分析检测系统抽成真空，使检测在真空中进行（避免强度的吸收损失）；

（7）控制和数据处理系统：对各部分进行控制，并处理统计测量的数据，进行定性、定量分析，然后打印结果。

8.3.2　X射线荧光光谱仪器种类

根据分光方式的不同，X射线荧光分析可分为能量色散和波长色散两类，也就是通常所说的能谱仪（EDXRF）和波谱仪（WDXRF）。

通过测定荧光X射线的能量，实现对被测样品的分析的方式称为能量色散X射线荧光分析，相应的仪器称为能谱仪；通过测定荧光 X 射线的波长，实现对被测样品分析的方式称为波长色散 X 射线荧光分析，相应的仪器称为 X 射线荧光光谱仪。

根据激发方式的不同，X 射线荧光分析仪可分为源激发和管激发两种。用放射性同位素源发出的 X 射线作为原级 X 射线的 X 荧光分析仪称为源激发仪器；用 X 射线发生器（又称 X 光管）产生原级 X 射线的 X 荧光分析仪称为管激发仪器。

就能量色散型仪器而言，根据选用探测器的不同，可分为半导体探测器和正比计数管两种主要类型。

根据分析能力的大小，X 射线荧光分析仪还可分为多元素分析仪器和个别元素分析仪器。这种称呼的 X 射线荧光分析多用于能量色散型仪器。

在波长色散型仪器中，根据可同时分析元素的多少，可分为单道扫描 X 荧光光谱仪、小型多道 X 荧光光谱仪和大型 X 荧光光谱仪。

波长色散型：分光元件（分光晶体＋狭缝）；分辨率好，定性分析容易（谱线重叠少）；分析元素为 $_5$B→$_{92}$U 灵敏度低。能量色散型：半导体检测器；分辨率差，定性较难（谱线重叠多）；分析元素为 $_{11}$Na→$_{92}$U，灵敏度高，需液氮冷却。

（1）X 射线管：两种类型的 X 射线荧光光谱仪都需要用 X 射线管作为激发光源。图 8-4 所示为 X 射线管的结构示意图。灯丝和靶极密封在抽成真空的金属罩内，灯丝和靶极之间加高压（一般为 50 kV），灯丝发射的电子经高压电场加速撞击在靶极上，产生 X 射线。X 射线管产生的一次 X 射线，作为激发 X 射线荧光的辐射源，其短波限 $\lambda_0(nm)$ 与高压 U 之间具有以下简单的关系：

$$\lambda_0 = 1.23984 \div U$$

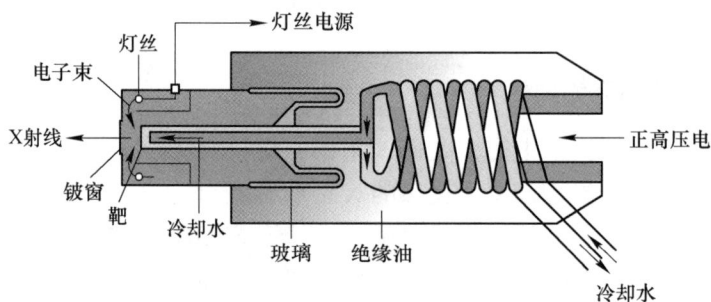

图 8-4　端窗型 X 射线管结构示意图

只有当一次 X 射线的波长稍短于受激元素吸收限 1 min 时，才能有效地激发出 X 射线荧光；大于 1 min 的一次 X 射线，其能量不足以使受激元素激发。

X 射线管产生的 X 射线透过铍窗入射到样品上，激发出样品元素的特征 X 射线，正常工作时，X 射线管所消耗功率的 0.2% 左右转变为 X 射线辐射，其余均转变为热能使 X 射线管升温，因此必须不断地通冷却水来冷却靶电极。

（2）分光系统：分光系统的主要部件是晶体分光器，它的作用是通过晶体衍射现象把不同波长的 X 射线分开。根据布拉格衍射定律 $2d\sin\theta = n\lambda$，当波长为 λ 的 X 射线以 θ 角射到晶体时，如果晶面间距为 d，则在出射角为 θ 的方向，可以观测到波长为 $\lambda = 2d\sin\theta$ 的一级衍射及波长为 $\lambda/2$，$\lambda/3$…高级衍射。通过改变 θ 角，可以观测到另外波长的 X 射线，因而使不同波长的 X 射线可以分开。分光晶体靠一个晶体旋转机构带动。因为试样位置是固定的，所以为了检测到波长为 λ 的荧光 X 射线，分光晶体转动 θ 角，检测器必须转动 2θ 角。也就是说，一定的 2θ 角对应一定波长的 X 射线，连续转动分光晶体和检测器，就可以接收到不同波长的荧光 X 射线（图 8-5）。

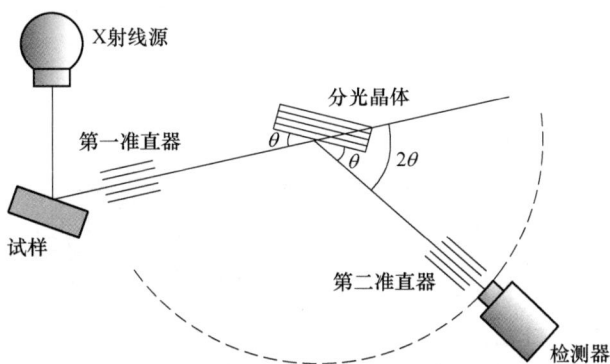

图 8-5   平面晶体反射 X 射线示意图

一种晶体具有一定的晶面间距，因而有一定的应用范围，目前的 X 射线荧光光谱仪备有不同晶面间距的晶体，用来分析不同范围的元素。上述分光系统是依靠分光晶体和检测器的转动，使不同波长的特征 X 射线按顺序被检测，这种光谱仪称为顺序型光谱仪。另外，还有一类光谱仪分光晶体是固定的，混合 X 射线经过分光晶体后，向不同方向衍射，如果在这些方向上安装检测器，就可以检测到这些 X 射线。这种同时检测多种波长 X 射线的光谱仪称为同时型光谱仪。同时型光谱仪没有转动机构，因而性能稳定，但检测器通道不能太多，适合于固定元素的测定。

此外，还有的光谱仪的分光晶体不用平面晶体，而用弯曲晶体，所用的晶体点阵面被弯曲成曲率半径为 2R 的圆弧形，同时晶体的入射表面研磨成曲率半径为 R 的圆弧，第一狭缝、第二狭缝和分光晶体放置在半径为 R 的圆周上，使晶体表面与圆周相切，两狭缝到晶体的距离相等（图 8-6）。用几何法可以证明，当 X 射线从第一狭缝射向弯曲晶体各点时，它们与点阵平面的夹角都相同，且反射光束又重新汇聚于第二狭缝处。因为对反射

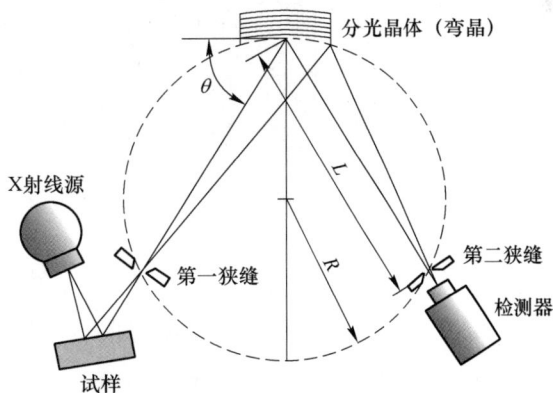

图 8-6   聚焦法分光器原理

光有会聚作用，因此这种分光器称为聚焦法分光器，以 R 为半径的圆称为聚焦圆或罗兰圆。当分光晶体绕聚焦圆圆心转动到不同位置时，得到不同的掠射角 θ，检测器就检测到不同波长的 X 射线。当然，第二狭缝和检测器也必须做相应转动，而且转动速度应是晶体速度的两倍。聚焦法分光的最大优点是荧光 X 射线损失少，检测灵敏度高。

（3）检测记录系统：X 射线荧光光谱仪用的检测器有流气正比计数器和闪烁计数器。

图 8-7 所示为流气正比计数器结构示意图。它主要由金属圆筒负极和芯线正极组成，筒内充氩气（90%）和甲烷（10%）的混合气体，X 射线射入管内，使氩原子电离，生成的 Ar^+ 在向阴极运动时，又引起其他氩原子电离，雪崩式电离的结果，将产生一脉冲信号，脉冲幅度与 X 射线能量成正比。因此，这种计数器叫作正比计数器，为了保证计数器内所充气体的浓度不变，气体一直是保持流动状态的。流气正比计数器适用于轻元素的检测。

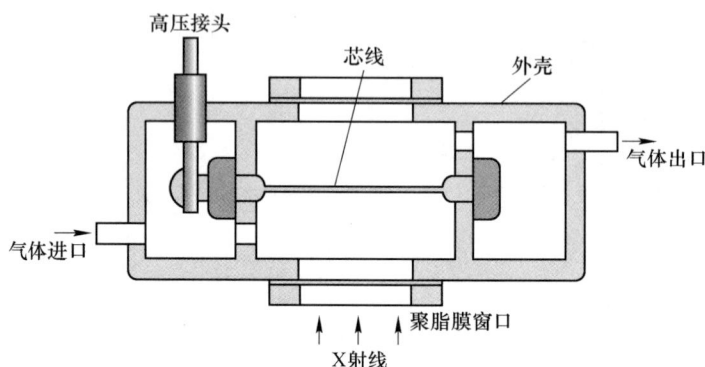

图 8-7 流气正比计数器结构示意图

另外一种检测装置是闪烁计数器（图 8-8）。闪烁计数器由闪烁晶体和光电倍增管组成。X 射线射到晶体后可产生光，再由光电倍增管放大，得到脉冲信号。闪烁计数器适用于重元素的检测。

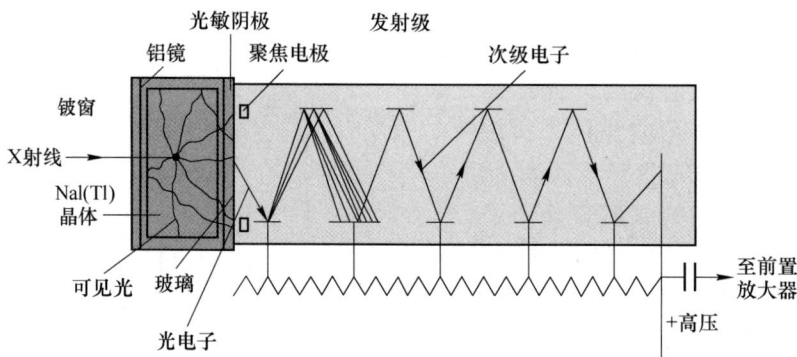

图 8-8 闪烁计数器的结构示意图

除上述两种检测器外，还有半导体探测器，半导体探测器是用于能量色散型 X 射线的检测的。这样，由 X 光激发产生的荧光 X 射线，经晶体分光后，由检测器检测，即得 2θ-荧光 X 射线强度关系曲线，即荧光 X 射线谱图，图 8-9 所示为一种合金钢的荧光 X 射线谱。

以上介绍的是利用分光晶体将不同波长的荧光 X 射线分开并检测，得到荧光 X 射线光谱。能量色散谱仪是利用荧光 X 射线具有不同能量的特点，将其分开并检测，不必使用分光晶体，而是依靠半导体探测器来完成的。这种半导体探测器有锂漂移硅探测器、锂漂移锗探测器、高能锗探测器、Si-PIN 光电二极管探测器（图 8-10）等。早期的半导体探测器需要利用液氮制冷，随着技术的进步，新型的探测器利用半导体制冷技术代替了笨重的液氮罐，只有大拇指般粗细。

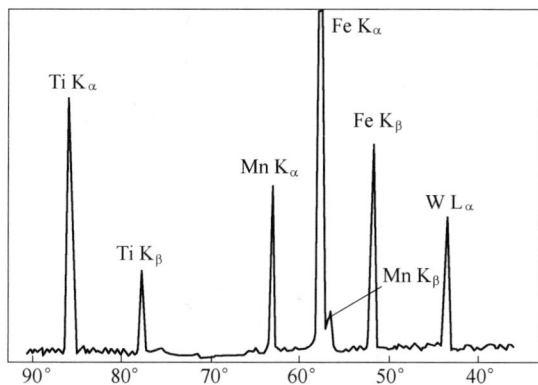

图 8-9　一种合金钢的荧光 X 射线图谱

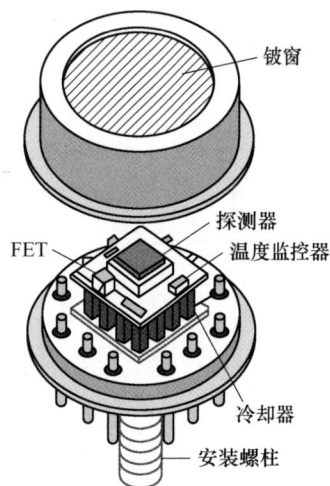

图 8-10　Si-PIN 光电二极管探测器结构

　　X 光子射到探测器后会形成一定数量的电子-空穴对，电子-空穴对在电场作用下形成电脉冲，脉冲幅度与 X 光子的能量成正比。在一段时间内，来自试样的荧光 X 射线依次被半导体探测器检测，得到一系列幅度与光子能量成正比的脉冲，经放大器放大后送到多道脉冲分析器（通常要 1000 道以上）。按脉冲幅度的大小分别统计脉冲数，脉冲幅度可以用 X 光子的能量标度，从而得到计数率随光子能量变化的分布曲线，即 X 光能谱图（图 8-11）。能谱图经计算机进行校正，然后显示出来，其形状与波谱类似，只是横坐标是光子的能量。

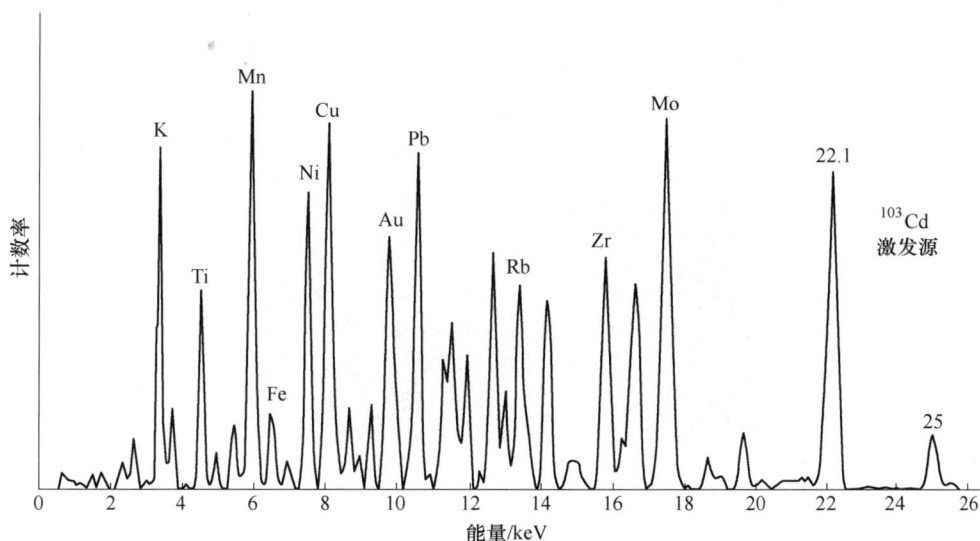

图 8-11　X 射线荧光光谱图

能量色散的最大优点是可以同时测定样品中几乎所有的元素（图 8-12），因此其分析速度快。另一方面，由于能谱仪对 X 射线的总检测效率比波谱高，因此可以使用小功率 X 光管激发荧光 X 射线。另外，能谱仪没有波谱仪那么复杂的机械机构，因而工作稳定，仪器体积也小。从现在的发展趋势来看，能谱仪已经逐渐在各个领域替代波谱仪。

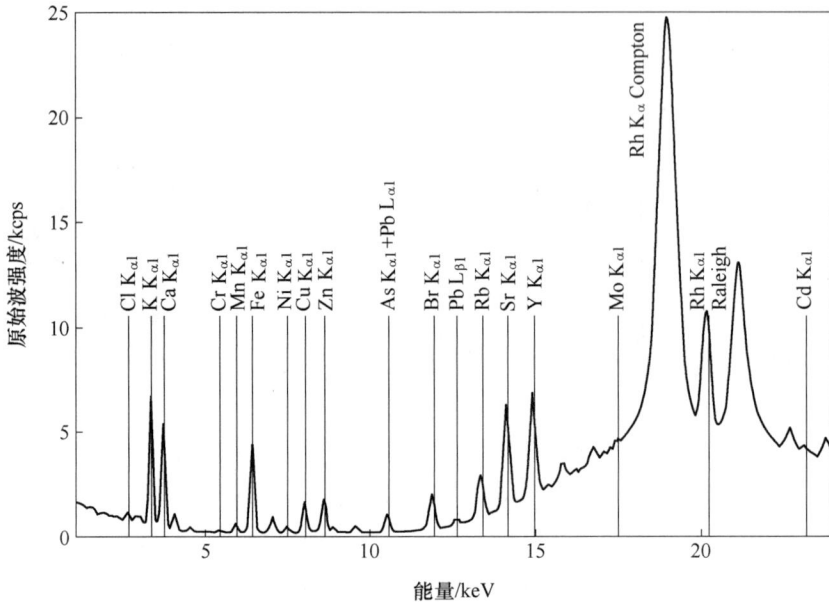

图 8-12　典型的多元素谱图

8.3.3　X 射线荧光光谱设备举例

图 8-13 所示为布鲁克 M4 TORNADO 高性能微区 X 射线荧光光谱仪示意图。

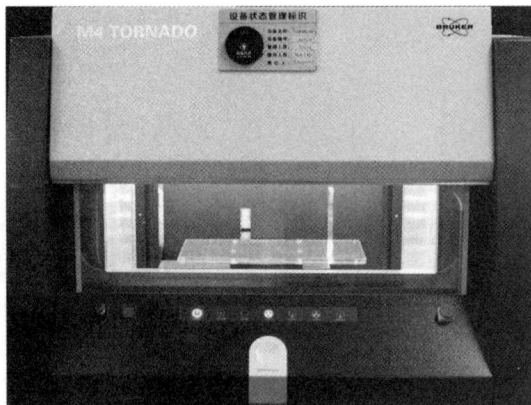

图 8-13　布鲁克 M4 TORNADO 高性能微区 X 射线荧光光谱仪

8.3.3.1　主要技术参数

（1）样品类型：固体、颗粒、液体、多层膜。

（2）样品室尺寸（$W \times D \times H$）：600 mm×350 mm×260 mm。

（3）样品台尺寸（$W \times D$）：330 mm×170 mm。

（4）测量气氛：大气/真空，在100 s内准备就绪。

（5）样品移动：最大移动范围（$W \times D \times H$）：270 mm×240 mm×120mm。

（6）移动速度：涡轮增速样品台最大移动速度可达100 mm/s。

（7）激发：配多导毛细管聚焦镜的高强度X射线光管。

（8）选项：可同时使用不同靶材的双光管。

（9）X射线光管参数：

1）靶材：Rh，可选靶材：Mo、Ag、Cu、W；

2）电压：50 kV，800 μA；

3）光斑大小：小于30 μm（对于Mo-K）；

4）滤光片：根据用户要求，最多6块滤光片；

5）探测器：XFlash$^{©}$硅漂移探测器；

6）选项：可最多同时使用3个探测器。

（10）探测器参数：

1）有效面积：10 mm^2，选项：30 mm^2；

2）能量分辨率：计数率250,000 cps时分别优于125 eV、135 eV；

3）仪器控制功能：光管参数、滤光片、光学显微镜、样品照明和样品定位的全面控制。

（11）光谱评估：谱峰识别、人工和自动背景校正、峰面积计算、对于块状样品和多层膜样品基于标样和无标样模式的定量分析。

（12）分布分析："飞行中"测量模式，HyperMap软件功能，结果显示：定量结果、统计计算、元素分布（线扫描、面分布）。

（13）电源要求：110~240 V（1P），50/60 Hz。

（14）尺寸（$W \times D \times H$）815 mm×680 mm×580 mm，130 kg。

（15）质量和安全：DIN EN ISO 9001：2000认证，CE认证。

（16）完全辐射防护系统，辐射剂量小于1 μSv/h。

8.3.3.2   Bruker M4-TORNADO X射线荧光光谱仪操作规程及注意事项

A   开机

（1）打开总电源插座开关，旋转设备开关钥匙至1位置，按下旁边的绿色按钮，打开设备电源。

（2）开电脑，在控制电脑打开操作软件M4-TORNADO，在弹出界面中点击"login"，在弹出的对话框中点击"yes"。

（3）打开X-ray，仪器顶端黄色指示灯亮，预热30 min。

B   装样及软件操作

（1）装样品时，可在样品槽的平面进行装样并将样品压平，或在样品槽的凹面装入样品，样品高度要填满凹槽，并用载玻片将样品刮平。

（2）点击软件上的"Eject"，仪器门会自动打开，将装好的样品放在十字中心。

（3）点击软件上的"Load"，载物台自动回归到初始位置，仪器门会自动关闭。

（4）样品聚焦：在 Point 界面下，在左侧上面的视野窗口内（overview），按住鼠标左键并向上拖，样品将在 z 轴方向移动，直到样品接近黑色阴影时松开鼠标。

（5）将 overview 小窗口切换到 10×，进行自动聚焦。

（6）点击 ⊞ ，按住鼠标左键拖动到目标观察区域。

（7）样品测试：将 Point 切换到 Multi-Point 界面，在红色长方形边框选取多个测试点，点击右侧的"acquire"开始测试。

（8）样品分析：在谱图下面选中测试完成的结果，注意选中不是在前面打"√"，而是鼠标选中该结果（灰色变为黄色），点击谱图右侧的"Periodic table"，确保未选任何元素，点 Quantify 右侧的倒三角，选择 Auto. mtd 方法，点击"Quantify"进行自动分析。

（9）自动分析出结果后，在周期表中把分析出的 W 去掉，再选择倒三角里的方法（倒数第 2 个或最后那个），点击"Quantify"，显示去掉元素 W 后的结果。在每个测试显示"2~3 s left"即将要结束的时候，不要点"Quantify"分析，因为每个测试完成后，选中要分析的结果会跳到最新测试的结果处。

（10）数据导出：出报告的时候，在谱图下按"Ctrl"，把几个点的结果都选中，分别点击"视野小窗口（Image）"、"谱图"和 Table 右侧的"add to report"，再由 Multi-Point 切换到 Report 界面，将出现导出后的结果。点击"export to WORD"，选择需要导出的页面，将该 word 另存在 DATA 文件夹下。

（11）每次测试数据采用光盘刻录。

（12）做完实验后做好详细使用记录，使用机时以设备日志为准。

C　关机

（1）当连续有测试任务时请勿关机。关闭 X-ray，X-ray 黄色指示灯灭；关闭 M4-TORNADO 软件。

（2）将钥匙打到 0 位置，关闭仪器电源，关闭电脑。

D　注意事项

（1）上机操作人员必须通过培训测试，才能上机操作，严禁没有经过管理员许可随意上机操作。

（2）按照软件的使用说明操作，不能随意更改测试之外的设备参数。

（3）每次进入实验室都需要检查设备状况及实验室环境，室内温度应恒定在 20 ℃左右，湿度不高于 45%，若设备不正常，则应及时报告仪器管理员。

（4）为确保仪器计算机的正常工作，外来 U 盘一律不准上机使用，数据用光盘刻录。

（5）不要在电脑上安装其他软件，删改其他数据。

（6）离开实验室前，最后一项工作是擦拭桌面和清扫地面，确保桌面地面无灰尘。

8.4　X 射线荧光光谱的样品准备

进行 X 射线荧光光谱分析的样品，可以是固态，也可以是水溶液。无论是什么样品，样品制备的情况对于测定误差的影响都很大。对于金属样品，要注意成分偏析产生的误差；化学组成相同、热处理过程不同的样品，得到的计数率也不同；成分不均匀的金属试样要重熔，快速冷却后车成圆片；对于表面不平的样品，要打磨抛光；对于粉末样品，要研磨至300~400目，然后压成圆片，也可以放入样品槽中测定。对于固体样品，如果不能得到均匀平整的表面，则可以把试样用酸溶解，再沉淀成盐类进行测定。对于液态样品，可以将其滴在滤纸上，用红外灯蒸干水分后测定，也可以将试样密封在样品槽中。总之，所测样品中不能含有水、油和挥发性成分，更不能含有腐蚀性溶剂。如果不能破坏待测样品，而该待测样品的表面又不平整（如贵金属首饰），那么利用天瑞公司独有的修正算法进行测量及计算，也可以达到令人满意的效果。

8.4.1　样品的基本要求

荧光分析中标样与分析样品的一致性是影响分析结果的重要因素，有时甚至将一致性放在最重要的地位。最好是两者具有相似的组成、相似的状态、相同的加工方式、相似的大小。在样品制备过程中，还要考虑均匀、无夹杂、无气孔、无污染、代表性等问题。

（1）有足够的代表性（因为荧光分析样品的有效厚度一般只有10~100 μm）。

（2）试样均匀。

（3）表面平整、光洁、无裂纹。

（4）试样在X射线照射及真空条件下应该稳定、不变形、不会引起化学变化。

（5）组织结构一致。

8.4.2　样品的基本展示形态

（1）固体：铸块类；板、陶瓷、玻璃类；橡皮、木材、纸类。

（2）小零件类。

（3）粉末及压块。

（4）液体和溶液。

（5）支撑式样品：薄膜和镀层。

（6）熔融产物。

8.4.3　常用的制样方法

（1）金属块状样品和其他块状材料：浇铸—切割—磨光或抛光或车制。

要求：1）块状大小合适；2）有合适的平面，且平整、光洁、无裂纹、无气孔；3）表面干净无污染。

（2）粉末样品压片法：一些脆性材料，如矿石、水泥、陶瓷、耐火材料、渣、部分合金，可以制成粉末样品。一般是以粒度在200目以上为平均指标。一般疏松样品不易成块，压片成型时可以加入10%~15%的黏结剂，如甲基或乙基纤维素、淀粉、硼酸等。

（3）粉末样品熔融法：一些基体复杂、矿物效应严重、不能采用压片法的样品可考虑熔融。将样品铸成适合X射线荧光光谱仪测量形状的玻璃片，测量玻璃片中待测元素的X射线荧光强度，根据校准曲线来得到待测元素的含量。

熔融一般使用5%黄金95%铂金的坩埚，溶剂与粉体的质量比一般为10∶1。常用溶剂为$Li_2B_4O_7$（熔点为930 ℃）、$LiBO_2$（熔点为850 ℃）；常用的脱模剂为NaBr、LiF、

NH_4I、NH_4Br；助溶剂为四硼酸锂（熔点为 920 ℃）、偏硼酸锂（熔点为 850 ℃）。

常见混合比例：四硼酸锂：偏硼酸锂=12：22/67：33。

常用熔融比：1：5/1：10/1：20。

氧化剂：硝酸钠、硝酸铵、硝酸锂。

熔样设备及温度：高频熔样机（1050 ℃）。

适用样品范围：黏土、沙子、硅石、硅砖、石英岩、长石头、沸石、铝土矿、硅酸盐、氧化铝、石灰石、白云石、镁砂、氧化钛催化剂、二氧化钛、耐火材料、有机物（煤焦、纸）灼烧的灰分、粉煤灰、各种焚烧残渣等，其中含有金属质的样品需要经过预氧化处理。

仪器品牌及型号：PANalytical 荷兰帕纳科，AxiosMAX。

浓度范围：0.1%～100%。

准确度：浓度大于 10% 的组分在同一实验室内重复性优于 1%（相对偏差）。

测试元素范围：常见金属元素，具体可见测试案例。

熔样流程：熔剂及样品称量—放入坩埚搅拌均匀—高频熔样机熔解—浇注成型—样品脱膜。

送样注意点：样品在熔融前必须确认有没有金属单质存在。XRF 只能进行元素分析，不能进行价态分析（即测试结果包括所有价态的元素总量）。由于熔剂加入样品被稀释，分析元素强度降低，因此无法对轻质元素和痕量元素进行测试。

8.4.4　应用范围

X 射线荧光光谱仪不仅成为对物质的化学元素、物相、化学立体结构、物证材料进行测试，对产品和材料质量进行无损检测，对人体进行医检和微电路的光刻检验等的重要分析手段，也是材料科学、生命科学、环境科学等普遍采用的一种快速、准确而又经济的多元素分析方法。同时，该仪器也是野外现场分析和过程控制分析等方面的仪器之一。

使用 X 射线荧光仪精确分析矿物样品时需要适当的样品制备，所有样品经粗磨后还必须进一步细磨，并在 30 MPa 压力下加压成型，以减小颗粒效应、矿物效应、元素间吸收-增强效应。

8.5　X 射线荧光光谱的应用领域

目前 X 射线荧光光谱分析不仅成为地质、冶金、石油化工、半导体工业和医药卫生等领域的重要分析手段，也是材料科学、生命科学、环境科学等普遍采用的一种快速、准确而又经济的多元素分析方法。

8.5.1　X 射线荧光分析的优点

（1）样品处理相对简单；

（2）峰背比较高，分析灵敏度高；

（3）不破坏试样，无损分析；

（4）分析元素多（一般从 8～92 号），分析含量范围广（10^{-6}～100%）；

（5）试样形态多样化（固体、液体、粉末等）；

（6）快速方便。

8.5.2　X射线荧光分析的缺点

（1）基体效应还是比较严重，试样要求严格；

（2）仪器复杂，价格高；

（3）轻元素分析困难；

（4）一般来说，X射线光谱法的灵敏度比光学光谱法至少低两个数量级，但非金属元素例外。

8.5.3　X射线的防护

联合国世界卫生组织制定全身照射年累积剂量为 $5R = 50$ mSv；2001 年我国制定的有关标准为 50 mSv/a，VXQ-150A 机外：$\ll 0.001$ mSv/h $\sim < 9$ mSv/a。

一般金属 0.5mm 就可以衰减 99%。一个人可以工作 600 年而没有危险。人体不同的部位对 X 射线的承受能力也不相同，按承受能力弱到强的顺序排列，依次为眼>腹部>盆腔>头部>胸部>四肢> X 线防护的方法和措施，经过严格的测试，岛津 X 射线系列设备完全符合中国射线设备安全使用标准。在正常操作情况下可工作 600 年。并且，仪器有双重安全防护措施，即快门和门开关 $\ll 50$ mSv/a。

如何防护 X 线：X 线穿透人体将产生一定的生物效应。若接触的 X 线量过多，就可能产生放射反应，甚至产生一定程度的放射损害。但是，如 X 线曝射量在容许范围内，则一般影响极小。可采取屏蔽防护、距离防护及时间防护原则。

8.6　应　用　举　例

在当今众多的元素分析技术中，X 射线荧光技术是一种应用较早，且至今仍在广泛应用的多元素分析技术。曾经成功地解决了矿石中 Nb 和 Ta、Zr 和 Hf 及单个稀土元素（REE）的测定问题；地质与无机材料分析中工作量最大、最繁重、最耗时的主次量组分快速全分析的难题；以及高精度、海量的地球化学数据的获取问题等。

由于常规 XRF 的入射束一般采用大于 40° 的入射角，因此不仅样品会产生二次 X 射线，载体材料也会受到激发从而在记录谱上产生峰，对测量造成干扰。

8.6.1　X射线荧光光谱的微区分析技术介绍

铜矿物在自然界中的存在形式多样，有原生带、次生富集带和氧化带等，共生矿物和伴生矿物众多，各类矿物均存在类质同象或者镜下光学特征相似的现象，传统的岩矿鉴定方法利用偏光、反光显微镜或实体显微镜等设备难以鉴别，对于此类矿物的鉴别需要借助化学分析方法或微区分析技术。

微区分析技术（电子探针、同步辐射、全反射微区分析）已在地质、环境、考古和材料科学等领域获得了应用。在半导体材料方面，微探针和同步辐射技术为掺杂元素的行为研究提供了新的方法。在考古方面，应用微区能量色散 X 射线荧光元素成像法测定了陶瓷中的重金属元素；在地质学方面，应用 X 射线荧光光谱（XRF）微区分析技术分析了陨石，应用微束 X 射线荧光微区测定了铀矿石，应用微束微区 X 荧光探针分析仪检测了矿石内的矿物颗粒。

8.6.2　全反射 X 射线荧光仪器

TXRF 的改进，TXRF 以掠射角入射（即入射角仅为 0.1°左右）。由于入射角小于临界角，因此在被测物表面将发生全反射，从而减少了透射光线的进入，载体的受激发光也就相应减弱了。通常，激发荧光是用厘米宽的原级 X 射线束作为传播波来完成的。假定波场强度在真空中是常数，而在微米或毫米厚的固体样品中则呈指数下降。然而在 TXRF 中，原级束以局部相关振荡的驻波或损耗波场出现。在这些场中的原子以正比于波场强度的概率被激发，产生荧光。

按照国际理论与应用化学联（IUPAC）的定义，TXRF 是一种微量分析（microanalysis）方法，而且总是需要将样品进行一定的预处理，制备成溶液、悬浊液、细粉或 薄片，而一般原样则很少能直接进行分析。

目前，虽然大多数 X 射线荧光谱仪为波长色散型，但能量色散光谱仪的数量在快速增加。全世界有约 15000 台波长色散仪器，而能量色散仪器仅有 3000 台左右。全反射装置只适用于能量色散谱仪，目前大约有 300 台这样的仪器在运行。

第一台商品 TXRF 仪器（EXTRA）是由 Rich. Seifert&Co. 于 1980 年在德国阿伦斯堡制造的，并获得了多项专利。但应该指出，与现代的其他多元素分析技术，如电感耦合等离子体光谱（ICP-AEC）、电感耦合等离子体质谱（ICP-MS）和仪器中子活化分析（INAA）相比，XRF 最明显的缺点就是灵敏度低、取样量大。

8.6.3　物质成分分析

（1）定性和半定量分析具有谱线简单、不破坏样品、基体的吸收和增强效应较易克服、操作简便、测定迅速等优点，较适于用作野外和现场分析，而且一般使用便携式 X 射线荧光分析仪即可达到目的。如在室内使用 X 射线能谱仪，则可一次在荧光屏上显示出全谱，对物质的主次成分一目了然，有其独到之处。

（2）定量分析可分为两类，即实验校正法（或称标准工作曲线法）和数学校正法。它们都是以分析元素的 X 射线荧光（标识线）强度与含量具有一定的定量关系为基础的。20 世纪 70 年代以前，数学校正法发展较慢，主要用于一些组成比较简单的物料方面；大量采用的是实验校正法，其中常用的有外标法、内标法、散射线标准法、增量法、质量衰减系数测定法和发射-吸收法等。70 年代以后，随着 X 射线荧光光谱法分析理论和方法的深入发展，以及仪器自动化和计算机化程度的迅速提高，人们普遍采用数学校正法，其中主要包括经验系数法、基本参数法和经验系数与基本参数联用法等。应用这些方法于各种不同的分析对象，可有效地计算和校正由于基体的吸收和增强效应而对分析结果造成的影响。对于谱线干扰和计数时间，也可以得到有效的校正。这些方法除基本参数法外，一般都比较迅速、方便，而且准确度较高。在许多领域中，无论是少量元素还是常量元素分析，其结果都足与经典的化学分析法媲美，因而在常规分析中，X 射线荧光分析法和原子吸收光谱法、等离子体光谱分析法一起，并列为仪器分析的主要手段。

X射线荧光光谱法与原级X射线发射光谱法相比，X射线荧光光谱法不存在连续X射线光谱，以散射线为主构成的本底强度小，谱峰与本底的对比度和分析灵敏度显著提高，操作简便，适合于多种类型的固态和液态物质的测定，并易于实现分析过程的自动化。由于样品在激发过程中不受破坏，因此强度测量的再现性好，便于进行无损分析。其次，X射线荧光光谱法除轻元素外，特征（标识）X射线光谱基本上不受化学键的影响，定量分析中的基体吸收和增强效应较易校正或克服，谱线简单，互相干扰比较少，且易校正或排除。

X射线荧光光谱法可用于冶金、地质、化工、机械、石油、建材等工业部门，以及物理、化学、生物、地学、环境科学、考古学等领域，还可用于测定涂层和金属薄膜的厚度和组成以及动态分析等。

在常规分析和某些特殊分析方面，包括工业上的开环单机控制和闭环联机控制，X射线荧光光谱法均能发挥重大作用。其分析范围包括原子序数 $Z \geq 3$（锂）的所有元素，常规分析一般用于 $Z \geq 9$（氟）的元素。其分析灵敏度随仪器条件、分析对象和待测元素而异，新型仪器的检出限一般可达 $10^{-5} \sim 10^{-6}$ g/g；在比较有利的条件下，其对许多元素检出限还可以达到 $10^{-7} \sim 10^{-9}$ g/g（或 $10^{-7} \sim 10^{-9}$ g/cm^3）。而当采用质子激发的方法时，其灵敏度更高，检出限有时可达 10^{-12} g/g（对 $Z > 15$ 的元素）。至于对常量元素的测定，X射线荧光分析法的迅速和准确性，是许多其他仪器分析方法难以相比的。

随着大功率X射线管和同步辐射源的应用、各种高分辨率X射线分光计的出现、计算机在数据处理方面的广泛应用，以及固体物理和量子化学理论计算方法的进步，通过X射线光谱的精细结构（包括谱线的位移、宽度和形状的变化等）来研究物质中原子的种类及基的本质、氧化数、配位数、化合价、离子电荷、电负性和化学键等，已经取得了许多其他手段难以取得的重要结构信息，在某些方面（如配位数的测定等）甚至已经得到非常满意的定量结果。这种研究方法具有不破坏样品、本底低、适应范围广、操作简便等优点，不仅适用于晶体物质的研究，而且对于无定形固体物质、溶液和非单原子气体也可以发挥其独特的作用，可以解决X射线衍射法和其他光谱、波谱技术所不能解决的一些重要难题。

X射线荧光光谱法同其他分析技术一样，不是完美无缺的。在物质成分分析中，它对于一些最轻元素（$Z \leq 8$）的测定还不完全成熟，尚处于初期应用的阶段。其在常规分析中对于某些元素的测定灵敏度不如原子发射光谱法高（采用同步辐射和质子激发的X射线荧光分析除外），根据各个工业部门生产自动化的要求（如选矿流程中的自动控制分析），X射线荧光分析法正在不断完善中。某些新发展起来的激发、色散和探测新技术还未能得到普遍的推广应用，仪器的自动化和计算机化水平尚待进一步提高。尤其突出的是，在快速分析方面，至今实验室的制样自动化水平仍然是很低的，还不能适应全自动X射线荧光分析仪连续运转的要求。

在仪器技术的改进方面，对于常规的X射线荧光光谱法来说，为提高分析灵敏度，这种改进主要仍取决于激发、色散和探测三个基本环节。在激发源方面，常规X射线管对轻元素的激发，除铑靶外，还发现钪靶的效率较高。新型的强大的同步辐射源在分析上的应用研究也已开始，在特征X射线外延吸收谱精细结构研究中更是引起人们的高度重视。在色散元件方面，随着一些新型晶体，尤其是轻、重元素交替淀积的碳化物多层膜质晶体的发展，在提高衍射效率方面，对于轻元素的分析有可能获得较大的效益。对于超长波 X 射线色散用的各种分析晶体和光栅，在提高分辨率和扩大应用范围方面，不断取得新的进步。在探测器方面，作为能谱仪的心脏，可以在室温下工作，具有优良能量分辨本领的碘化汞晶体探测器也正在开发之中。可以说，以上仪器三个基本环节的突破，以及仪器结构的不断改进（如能量与波长色散谱仪的结合等），对于提高仪器的使用水平，必将有很大的促进作用。此外，基本参数法的推广应用，尚有赖于有关方面不断地提高质量衰减系数、吸收陡变、荧光产额和原级 X 射线光谱的强度分布等基本参数的准确度。

　　XRF 中的表面效应可以在现代钢球轴承的示例中被轻松证明。直径为 5 mm 的球形物体具有光滑但弯曲的表面，除了主要的基质元素（铁）外，它还含有 1.5% 的铬和约 0.3% 的锰。假设这些元件均匀分布在滚珠轴承的整个体积中。该实验的目的是展示铁和铬的特征 X 射线（K_α 线）的强度如何取决于 X 射线微束照射的位置。由于锰的浓度较低，以及 Mn K_α 线与铬 Cr K_β 线的干扰，锰的特征 X 射线被省略了。使用微型 XRF 系统在两个水平方向（X，Y）上以 0.1 mm 的步长扫描滚珠轴承。采集时间为每个点 2 s。X 射线管电流设置为仅 0.2 mA，因为生产和检测这两种元素的特征 X 射线的效率很高。由于球体的直径为 5 mm，因此选择了 5.6 mm × 5.6 mm（56 × 56 = 3136 个点）的扫描区域来覆盖整个滚珠轴承。总光谱，即这 3136 个单独光谱的总和，包括铬、锰和铁的峰（图 8-14）。

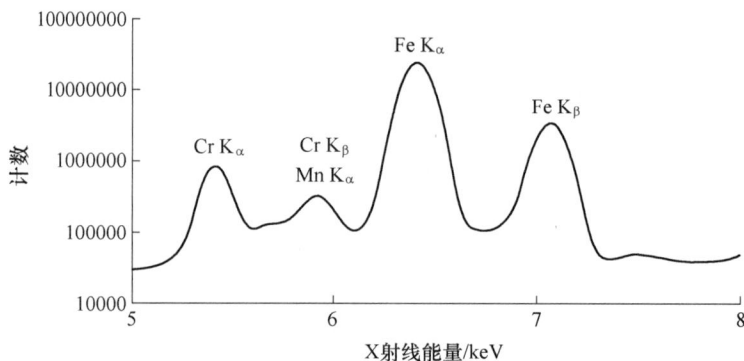

图 8-14　现代钢球轴承的 X 射线荧光总光谱

参 考 文 献

［1］吉昂，陶光仪，卓尚军，等. X 射线荧光光谱分析［M］. 北京：科学出版社，2003.

［2］KLOCKENKAMPER R. 全反射 X 射线荧光分析［M］. 北京：原子能出版社，2002.

［3］TROJEK T, TROJKOVÁ D. Uncertainty of Quantitative X-ray Fluorescence Micro-Analysis of Metallic Artifacts Caused by Their Curved Shapes［J］. Materials，2023，16：1133.

习　题

参考答案

8-1　X 射线荧光光谱分析的优缺点？

8-2　制备 X 荧光测定的粉末固体样品，一般采用哪几种方法，各有什么优缺点？

8-3　制定定量分析方法的基本步骤是什么？

9 X射线衍射分析

本章内容导读：
- ·X射线衍射的概述和原理
- ·X射线衍射种类、结构、实验流程等
- ·X射线衍射实验方法
- ·X射线衍射数据分析方法的简介
- ·实验数据的修饰，XRD在材料分析中的应用实例

9.1　概　　述

　　X射线衍射技术（X-ray diffraction，XRD）发展有着光辉的历史。1895年，伦琴（Roentgen）发现了X射线，这一发现对推动材料科学领域的进步具有关键作用。在随后的研究中，劳厄（Laue）首先发现了晶体对X射线的衍射作用。晶体材料的晶格间距大多数集中在1~10 Å（1 Å = 0.1 nm），恰好在X射线的波长范围之内，因此晶体的长程有序结构对于X射线来说是一种天然的光栅。此后不久，布拉格（Bragg）父子用简单明了的布拉格公式对这一现象进行了归纳总结。至此，X射线衍射技术作为一种晶体结构解析技术正式走进了材料科学的殿堂。

　　现如今，XRD技术已广泛普及，实验室的X射线衍射仪易于获取，操作相对简单，并且可以提供丰富的微观结构信息，如晶体结构、相纯度、晶粒尺寸、晶粒取向、结构缺陷识别、宏观应变和相量。目前，X射线衍射技术是研究材料结构的重要实验工具，其结果能够为材料的设计和改性提供重要的理论依据。本章将从X射线多晶衍射基本原理、实验方法、数据处理等方面简要介绍X射线衍射技术在材料研究中的应用。

9.2　X射线衍射的原理

9.2.1　X射线的简介

　　在基于实验室的X射线衍射仪中，X射线是在X射线管中通过使用高能带电粒子（如电子）轰击金属目标而产生的。当电子的能量高于一个阈值（取决于所使用的元素）时，一个电子从金属原子的一个内层电子壳中弹出。当来自外层的电子填补了被弹射出的内层电子留下的空位时，一个具有能量对应于这两个能级之差的特征X射线就产生了。铜是实验室X射线源的常用元素，但其他元素也被用作X射线管的阳极材料，以产生不同波长的X射线。较重的元素会产生较短波长的X射线，而较轻的元素则会产生较长波

长的 X 射线。X 射线波长的变化导致相应的 XRD 图遵循布拉格定律的"收缩"或"膨胀"。对不同波长 X 射线源的需求源于 X 射线与样品之间依赖波长的相互作用。波长较短的 X 射线源，如来自 Mo 和 Ag 的 X 射线源具有较高的穿透能力，并被使用或强 X 射线吸收样品，允许访问高阶反射，这对于更深入的晶体学分析是有用的，但同时造成了更高程度的峰重叠。图 9-1（b）显示了铜（Cu）X 射线管发射的特征 X 射线的典型光谱，它由不同波长的 $K_{\alpha 1}$、$K_{\alpha 2}$、K_{β} 线组成，这些线源于 9-1（a）所示的不同能级的更高电子壳层的电子跃迁。事实上，X 射线源通常不是单色的，而是产生多个（紧密间隔）波长，可导致在给定的晶体平面上产生多个衍射峰。这种多色性质会使数据分析复杂化，因为它会导致额外峰的出现，阻碍紧密间隔的衍射峰的分辨，并导致峰宽度的描述不准确。因此，希望有一个具有单一明确波长的 X 射线源，以产生"更干净"的 X 射线衍射图案。因此，X 射线源通常使用特定金属薄片过滤以抑制 K_{β} 线，其中滤料的 K 吸收边正好落在源的 K_{α} 和 K_{β} 特征线的能量之间。使用 K_{β} 金属可选择性地传输部分 $K_{\alpha 1}$ 和 $K_{\alpha 2}$ 特征线，同时以降低 K_{α} 束强度为代价过滤大部分 K_{β} 辐射，如图 9-1（b）所示。对于铜 X 射线源，通常选择镍（Ni）滤光片作为最合适的材料。

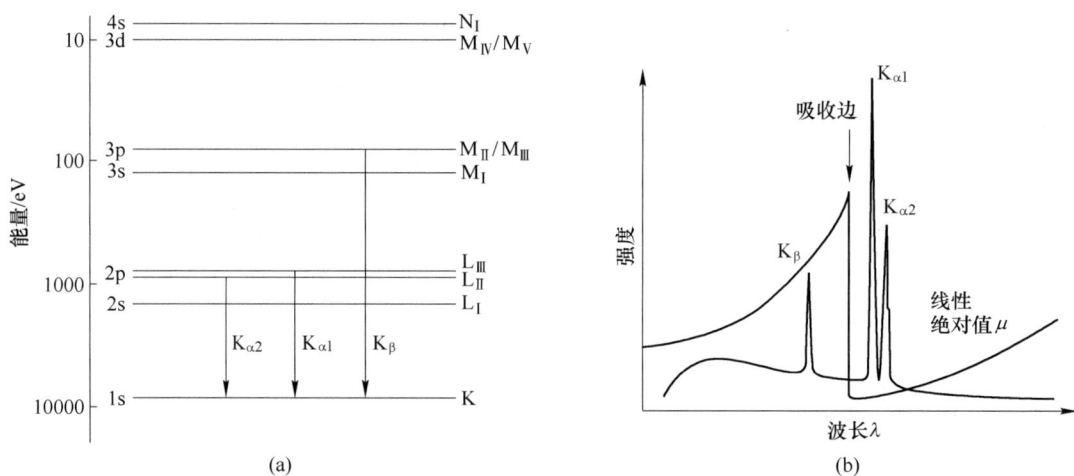

图 9-1　X 射线衍射的基本原理

（a）来自铜金属的各种 K 线（起因于电子从较高能级跃迁到 K 壳层）；（b）典型 X 射线源的光谱

9.2.2　X 射线与物质的相互作用

当 X 射线照射在样品上时，会与样品发生多种相互作用（图 9-2），X 射线通过物体后，其强度因散射和吸收而被衰减，并且吸收是造成强度衰减的主要原因。散射分为两部分，即相干散射和不相干散射。X 射线照射到物质的某个晶面可以产生反射线，当反射线与 X 射线的频率、位相一致时，在相同反射方向上的各个反射波相互干涉，产生相干散射；当 X 射线经束缚力不大的电子或自由电子散射后，产生波长比入射 X 射线波长长的 X 射线，且波长随着散射方向的不同而改变，这种现象称为不相干衍射。其中相干散射是 X 射线在晶体中产生衍射现象的基础。物质对 X 射线的吸收是指 X 射线通过物质时，光子的能量变成了其他形式的能量，即产生了光电子、俄歇电子和荧光 X 射线。当 X 射线入射到物质的内层时，若内层的电子受激发而离开物质的外层，则该电子就是光电子，与此同时产生内层空位。此时，外层电子将填充到内层空位，相应伴随着原子能量降低，放出的能量就是荧光 X 射线。当放出的荧光射线回到外层时，将使外层电子受激发，从而产生俄歇电子而出去。产生光电子和荧光 X 射线的过程称为光电子效应，产生俄歇电子的过程称为俄歇效应，如图 9-2（b）所示。

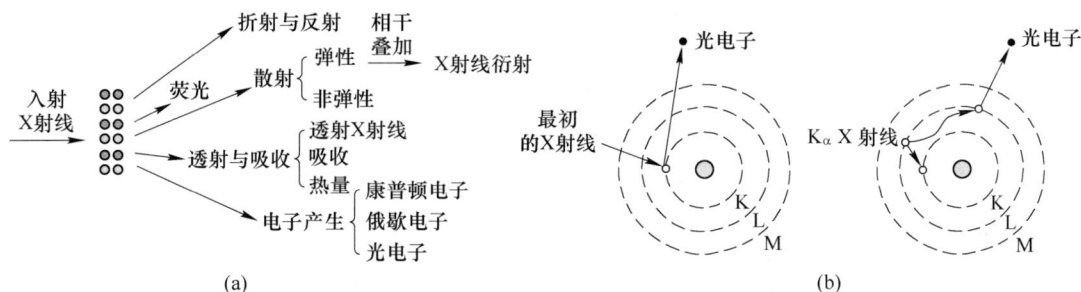

图 9-2　X 射线与物质的相互作用(a)和米歇尔效应示意图(b)

X 射线的弹性散射即经典散射，也称为汤姆逊散射（Thomson scattering），即入射 X 光与原子核外电子之间的相互作用，其本质为波长较短的入射电磁波在引起物质内部电子产生受迫振动后，辐射出相同波长电磁波的过程。图 9-3 所示为单原子对入射电磁波的散射示意图。作为弹性散射，其入射波矢量与出射波矢量大小相同，对应的散射矢量 Q 为：

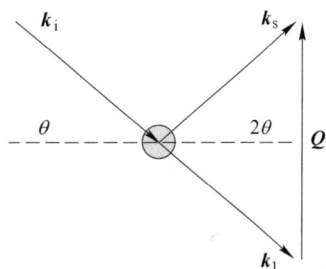

图 9-3　衍射矢量三角形

$$Q = k_1 - k_s \tag{9-1}$$

由三者构成一个等腰的矢量三角形，如果以该等腰三角形顶角角分线为参考，则入射波失与出射波失的方向刚好与反射定律中入射角等于出射角的定义相符合。

以此为基础，晶体学家布拉格将晶体周期性排列的点阵结构抽象为一组相互平行且等间距的平面（图 9-4）。只有当入射 X 射线与出射 X 射线的方向满足反射定律时，才有可能出现衍射现象。同时，出现衍射的条件还应包括不同原子平面内出射 X 射线之间的光程差应该为 X 射线波长的整数倍。这一规律，被布拉格用简练的方程表达出来，即布拉格方程：

$$2d\sin\theta = n\lambda \tag{9-2}$$

式中，$\sin\theta$ 为两束出射 X 射线之间的光程差，而发生衍射的必要条件是光程差是电磁波波长的整数倍，即 n 倍的 λ，这里 n 为正整数。通常，布拉格公式可以化简为：

$$2d\sin\theta = \lambda \tag{9-3}$$

这是因为第 n 级衍射也可以理解为晶面间距为 d/n 的平面。需要注意的是，布拉格方程是发生衍射的必要条件，最终是否有衍射花纹产生，还应该根据具体的晶体结构与消光规律等信息进行判断。

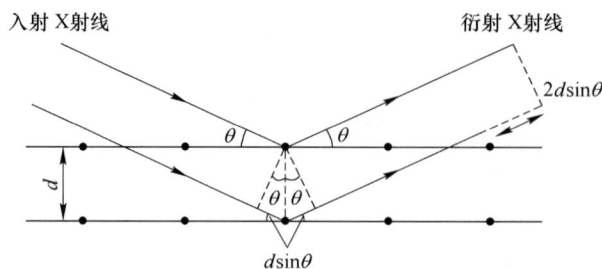

图9-4　布拉格公式意图

9.2.3　衍射图谱的基本信息

通过实验测试得到 X 射线衍射图谱后，会根据图谱中的峰位、峰强、峰型三要素对衍射谱做最基本的解读。影响这三个要素的主要因素如图9-5 所示。

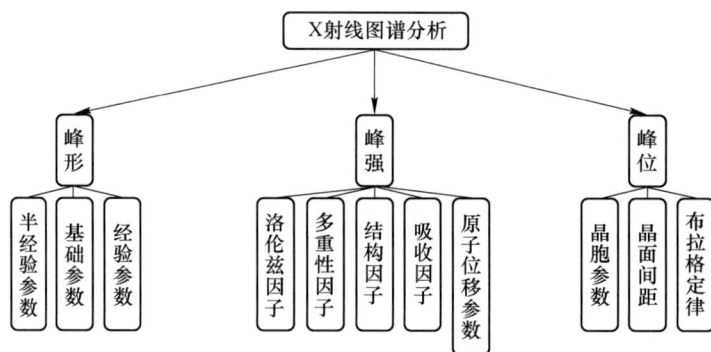

图9-5　X 射线衍射图谱三要素

衍射峰位可以直接由布拉格公式推导，每一条衍射峰都对应着一个特征的晶面间距 d，该数值直接由晶体结构决定，受到晶胞参数及所属空间群的约束。峰位与峰强是进行物相鉴定最基本的参数，也是粉末衍射精修中对精修结果影响较为明显的参数，因此得到准确的衍射峰位非常重要。在实验方法部分，会进一步讨论测试过程中影响峰位的主要因素。

X 射线衍射峰的强度会受到多重因素的影响，包括结构因子、洛伦兹因子、吸收因子及原子位移参数等。从材料的微观结构考虑，这些因素主要由原子位置、原子种类、原子占位、互占位及原子热振动等因素决定。因此，峰强中包含了大量的结构信息，对于谱图解析具有重要的参考意义。同时，峰强也较容易受到测试环境及方法的影响，样品表面不平整、样品台高度变化、荧光干扰、狭缝选择、择优取向、衍射峰重叠等因素都会对其产生干扰，从而影响对数据谱图的解析，因此对峰强的分析需要格外注意，应尽可能全面地分析各种因素对其产生的影响。

峰型主要指衍射峰的宽度，一般用半高全宽来表示。同时，峰型也包括衍射峰的对称程度、斜率等信息。最简单的应用是通过判断衍射图谱中出现的是谱峰（峰型尖锐）还是衍射峰包（无衍射峰或衍射峰不明显）来判断材料的结晶程度。同时，峰型中还包括材料晶粒尺寸、应力、缺陷等重要信息，可以通过对峰型变化的研究得到材料内部微观结构的演化信息。在进行粉末衍射结构精修时，也需要对峰型进行精确的定义，从而得到准确的峰强与峰位信息。通常，可以通过基础参数、经验参数及半经验参数对峰型进行定义，在峰型的定义中也要综合考虑仪器、结晶程度、晶粒尺寸、应力分布等因素的综合影响。

9.3　X射线衍射的设备及操作

9.3.1　X射线衍射仪的简介

目前，世界上应用最为广泛的X射线衍射仪主要来自三个国家，分别为日本、德国和荷兰。其中，日本生产的产品主要包括理学、岛津等品牌，德国仪器主要包括布鲁克、STOE等品牌，荷兰仪器则以帕纳科为主要代表。常见的仪器厂家及主流粉末衍射仪型号见表9-1，下文将对其进行简单的介绍。

表 9-1　实验室主流 X 射线衍射仪及其技术特点

厂　家	产　地	主流衍射仪	技术特点
理学	日本	Smart Lab 系列	转靶、交叉光路
津岛		XRD-7000/6100	单色器、光源
布鲁克	德国	D8 系列	探测器、软件
STOE		STADI P 系列	透射光路、单色器
帕纳科	荷兰	锐影系列	陶瓷光管、探测器

日本理学的产品相对于其他家产品最大的特色在于其采用了转靶技术。旋转的靶材能够承受更高强度的电子轰击而不出现熔断，因此能够提供更高强度的发射线束，对于低含量样品，微量物相、荧光背景较强样品，高温原位分析具有直接帮助。目前其在市场上的主推产品为 Smart Lab 系列产品，该系列产品具有较为人性的自动化设计，每个需要更换的光学器件都可以被仪器识别，可以避免错误更换光学器件，同时能够实现光路的自动调节。其新搭载的 256 通道一维阵列探测器大幅提高了探测效率，并能够有效去除荧光背底，配合高功率转靶技术能够使测试效率进一步提升。理学公司针对锂电池研究设计了电池附件和层压电池附件，适合电池材料充放电过程中的物相测试。

日本岛津是最早开始生产 X 射线衍射仪的公司之一。岛津的 X 射线发生器采用了可控硅控制技术，对于电压波动的耐受程度更好，一定程度上减小了光管的损耗，有利于延长光管寿命，同时对仪器的整体稳定也起到了保障作用。因此，岛津 XRD 的稳定及低故障率在客户群体中得到了较为正面的反馈。目前其主推型号为 XRD-7000 及 XRD-6100，与其他厂家一样，岛津也能够提供高低温、平行光路（多毛细管技术）等解决方案。其设计的电化学配件也能够满足电池研究中的原位实验需求。目前岛津公司更专注于反射模式仪器的研制，透射模式尚有待开发。

德国布鲁克公司的 X 射线衍射仪的特色在于配备了能量色散半导体二维探测器，该探测器具有较高的采集效率及优异的能量分辨率。其最新的 LynxEye XE-T 探测器能量分辨率达 380 eV。因此，布鲁克的 XRD 能够做到在光路中不增加任何滤波片的情况下得到无 K_β 衍射线的高信噪比数据，具有较高的探测效率。同时，其提供的自动光路切换方案能够实现从常规的 BB 几何测试（多晶粉末）到平行光几何（多晶薄膜测试）以及高分辨光路（外延单晶薄膜测试）之间的自由转换。目前其主推产品为 D8 系列，该系列产品具有集成好、模块化、支持拓展等优势。图 9-6 所示为一台布鲁克公司的 D8 Advance（Cu 靶）型号的 X 射线衍射仪（位于上海大学东区八号楼）。此外，布鲁克能够为用户提供其最新的数据处理、结构精修软件 TOPAS，该软件功能相对于开源软件优化更为强大，能够帮助用户更好地进行数据处理。

图 9-6　布鲁克- D8 Advance
（Cu 靶）X 射线衍射仪

德国 STOE 是一家专注于单晶/粉末 X 射线衍射仪的 XRD 研发与制造商，主要用户群在欧美，近年来开始服务国内。相比于常见的反射几何（布拉格-布伦塔诺几何），STOE 主要提供透射几何（德拜-谢勒几何）的粉末 XRD，更加适合量少的样品，有机样品，低角度衍射（$2\theta<5°$）、取向择优的样品，敏感需密封测试的样品等。STOE 利用前置单色器获得不同波长的 $K_{\alpha1}$ 纯色汇聚光路，适合实验室高分辨透射粉末 XRD 图谱的收集，可用于新结构解析、结构精修和原子对分布函数（PDF）的研究。采用最新的混合像素单光子计数（HPC）探测器 MYTHEN 2R，显著提高了实验室高分辨 XRD 的数据采集效率。利用透射几何和 $K_{\alpha1}$ 光路，在实验室中也可以较方便地原位研究软包电池在充放电过程中的相变及晶格变化。

荷兰帕纳科 XRD 衍射仪的前身是飞利浦公司的仪器分析部，目前已并入马尔文，同属思百吉集团。帕纳科公司在 X 射线领域具有多年的制造经验。帕纳科生产的 Empyrean 锐影系列产品是其粉末衍射仪的主打产品。帕纳科仪器配备了超能阵列探测器、金属陶瓷 X 射线光管及高精度测角仪，能够同时实现粉末、薄膜、块体等样品的分析测试。帕纳科仪器更换光管过程无需校准光路，用户体验较好，其独特的预校准全模块化技术及低角度测功能是其有力的竞争优势。仪器配备的 X'Pert High Score 软件功能较为强大，能够为用户提供 PDF 检索、物相分析、结构精修等功能。

9.3.2　X 射线衍射仪结构

典型的 X 射线衍射仪由三个基本部件组成，即 X 射线源、样品夹和 X 射线探测器。X 射线衍射仪的基本操作包括在其源处产生 X 射线束，然后在撞击样品之前对光束进行调理，最后使用探测器记录来自样品的衍射 X 射线。关于 X 射线衍射的实验方面的理论和背景，包括仪器、数据收集几何，以及样品制备方法等，在现有文献中已经广泛覆盖。以布鲁克-D8 Advance X 射线衍射仪为例，其结构由 X 射线发生器、测角仪、X 射线探测器、水冷系统部分组成（图 9-7）。

X 射线发生器：X 射线发生器由 X 射线管、高压发生器、管压和管流稳定电路以及各种保护电路等部分组成。在基于实验室的 X 射线衍射仪中，X 射线是在 X 射线管中通过

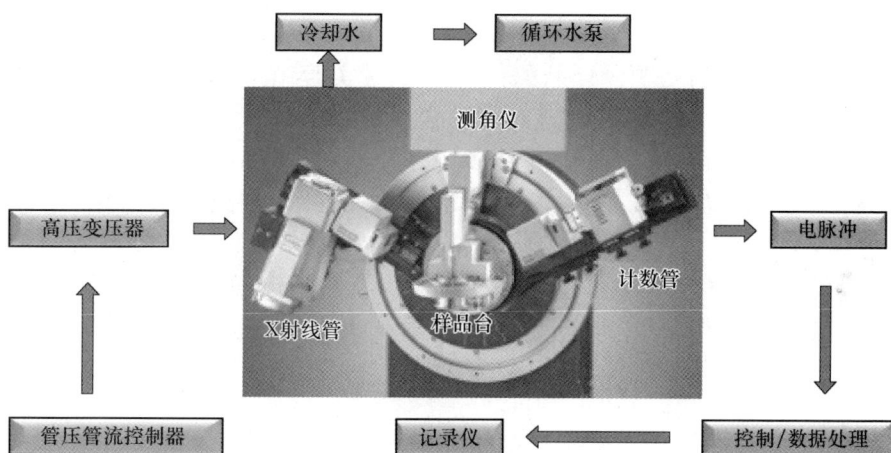

图 9-7 布鲁克-D8 Advance X 射线衍射仪结构简图

使用高能带电粒子（如电子）轰击金属目标而产生的。当电子的能量高于一个阈值（取决于所使用的元素）时，一个电子从金属原子的一个内层电子壳中弹出。当来自外层的电子填补了被弹射出的内层电子留下的空位时，一个具有能量对应于这两个能级之差的特征 X 射线就产生了。

X 射线探测器：X 射线衍射仪的 X 射线探测器为计数管。它是根据 X 射线光子的计数来探测衍射线是存在与否以及它们的强度。它与检测记录装置一起代替了照相法中底片的作用。其主要作用是将 X 射线信号变成电信号。探测器有不同的种类，有使用气体的正比计数器、盖革-弥勒计数器、闪烁计数器和半导体硅探测器。目前最常用的是闪烁计数器，在要求定量关系较为准确的场合下一般使用正比计数器，盖革-弥勒计数器现在已经很少用了。

水冷系统：水冷系统的主要作用是降低仪器工作时的温度，避免仪器零部件因工作温度过高造成损伤。

9.3.3 X 射线衍射实验基本流程

由于各公司生产的 X 射线衍射仪操作过程有差别，这里以布鲁克- D8 Advance 为例来简单介绍。X 射线衍射仪的操作步骤为（一般开机和机器参数的调配和测试由管理员负责）：样品制备→放置样品→测试参数的选择→数据采集。

样品的制备：将待测样品制备到样品载台上。

放置样品：首先要按仪器的扇门开关，然后平滑缓慢地打开扇门，接着将制备好的样品放入样品台，之后缓慢关闭扇门。

测试参数的选择：在实验时，需要选择的测试参数一般只有步长和扫描范围，一般样品的扫描范围在 5°~100°，禁止从 0°开始扫描。

数据采集：首先是数据的保存，将扫描得到的结果保存到数据文件夹下，通常保存为 txt、raw 两种格式，然后刻入提前准备好的光盘。

9.3.4　实验安全注意事项

（1）制样中应注意的问题：样品的制备质量对实验结果有着不可忽视的影响，以粉末样品为例，样品粉末的粗细对衍射峰的强度有很大的影响。要使样品晶粒的平均粒径在 5 μm 左右，以保证有足够的晶粒参与衍射。并避免晶粒粗大，晶体的结晶应完整，亚结构大，或镶嵌块相互平行，使其反射能力降低，造成衰减作用，从而影响衍射强度。

（2）X 射线对人体有害，应尽量防止或者减少其对人体的伤害。应关好玻璃防护罩的门，安全地进行实验测试。

（3）注意仪器放置场地的水、电、气安全。

9.4　实验测试方法

9.4.1　试验样品的制备

9.4.1.1　粉末样品的制备

X 射线粉末衍射要求粉末足够多且取向随机，样品的制备过程直接决定 XRD 图谱的质量。实验室中常用的 X 射线衍射仪一般采用 Bragg-Brentano 衍射几何，使用平板样品进行测试，因此要求样品的测试面平整致密，并且测试面与样品台的表面高度一致。如果样品测试面比较粗糙，则会增加样品对 X 射线的漫散射，引起衍射峰加宽、背底增强；如果测试面高于或低于样品台表面，则会引起衍射峰位的偏移。XRD 样品制备过程一般分为研磨和装样两个步骤：（1）XRD 测试时要求粉末样品粒度均匀，理想的颗粒尺寸为 10~50 μm。对于颗粒较大的样品及压片烧结的材料，测试前需要通过手工或机械研磨制备合适颗粒尺寸的粉末样品。如果颗粒过粗，参与衍射的晶粒数目不够，就不能满足获得正确的粉末衍射图谱数据的条件，即试样受光照体积中晶粒的取向应该是完全随机的；如果粉末颗粒过细（<10 μm），则会产生对 X 射线的微吸收，也会降低衍射强度，如果粉末颗粒太细（<100 nm），则会造成衍射峰的宽化。对于纳米材料，则需将其分散均匀。（2）由于需要制备平板测试面，通常会采用正压法和背压法进行测试。如图 9-8（a）所示，在所示的样品台上采用正压法对粉末样品进行装样。如图 9-8（c）所示，取适量样品撒在样品台中间，使松散粉末略高于样品台平面，取玻璃片轻压样品表面，使样品表面与样品台平面重合，刮去多余样品，反复平整表面使样品表面压实且不高于样品台平面。正压法（背压法）虽然具有制样简单快捷的优势，但由于其存在刮平与压实步骤，对于棒状或片状样品会产生较为明显的择优取向，影响测试结果。因此，对于容易产生择优的样品，一般会采用侧装法进行装样。对于难以制备的微量样品，还可以将粉末撒在玻璃或无衍射硅衬底上，然后滴上少许丙酮或酒精，使粉末成为薄层浆液状，均匀地涂布开来，粉末的量只需能够形成一个单颗粒层的厚度即可，待丙酮或酒精蒸发后，粉末黏附在玻璃片上，可供 XRD 测试使用。该方法同样适用于具有择优取向的样品制备。

9.4.1.2　块状样品的制备

薄膜/块状样品制备与粉末 XRD 样品制备并无本质区别，需注意样品的高度，以防

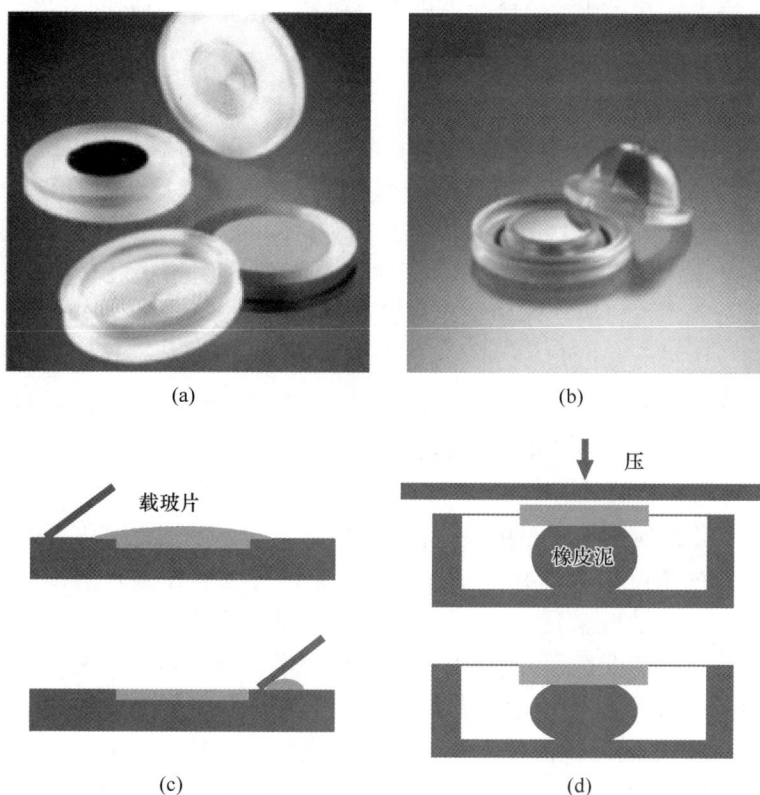

(a)　　　　　　　　　　(b)

(c)　　　　　　　　　　(d)

图9-8　粉末及薄片、块状样品架(a)，气氛保护样品盒(b)，普通粉末
样品制备示意图(c)和薄膜、块状样品制备示意图(d)

衍射峰位的偏移。图9-8（d）所示为具有一定厚度的薄膜/块状材料的样品制备过程：使用橡皮泥将薄膜样品固定在薄膜样品架（图9-8（a））上，并使用载玻片对其进行按压，即可确定样品表面与样品台平面重合。对于电极片、聚合物隔膜等超薄材料，将其平铺在无衍射的样品架上即可。

9.4.1.3　特殊条件下的样品制备

材料研究过程中，还会遇到一些需要在特殊条件下测试的样品，如高温、低温及气氛条件下的样品。特殊条件下样品的制备需要使用特殊的样品台。目前大多衍射仪厂商都配备有高低温样品台，满足液氮温度（-196 ℃）到1600 ℃范围的XRD测试。其中高温样品台分为环境加热和直接加热两类，环境加热样品台加热环境更均匀，但测试温度范围较窄（一般为1200 ℃以下），1200 ℃以上的样品测试可以使用直接加热样品台进行测试。基于受样品台窗口影响及安全考虑，高低温测试一般在抽真空状态或通入低压力惰性气氛下进行。但是这些样品台一般体积较大，不方便安装，并不适于对空气敏感样品的变温测试。图9-8（b）所示为气氛保护样品盒，可以用来制备对空气敏感的样品。

9.4.2　测试参数的选择

在测试过程中，需要根据样品量、样品纯度、所含元素、结晶性、数据用途等方面综合考虑测试条件的选取。下面，以布鲁克公司的D8-Advance（Cu 靶）为例介绍各个参数的选取规则。通常情况下，基本的参数设定主要包括测试角度选取、步长选取及计数时间选取三部分。

9.4.2.1　测试角度的选择

考虑到 X 射线与材料核外电子相互作用的特点，X 射线衍射谱的强度会随着测试角度的升高而不断减弱。因此，在一般性的简单定性或判断是否是纯相的实验中，无需选择较大的测试范围。通常 10°~80°、5°~90°都是较为常用的测试范围，多数常用材料的主要衍射峰位均出现在这两个角度范围中。如果测试者对材料的衍射峰产生位置具有一定了解，则可以根据自身需求，进一步地缩小或扩大测试范围。如果测试数据的用途是为了进行结构精修，则应该扩大测试角度，测试角度应至少达到 120°~130°。在精修过程中，会有相应的参数对 X 射线衍射强度随角度的变化进行拟合。同时，只有高角度、低角度的峰位、峰型均具有较小残差，才能够说明精修过程的可靠性。

9.4.2.2　测试步长的选择

步长的选取也是影响数据质量的关键因素之一。由于设计原因，X 射线衍射仪的步进长度（每一步变化的角度）并不是完全连续的，而是可以看作是对测试圆环进行了无限小的分割（类似于微分的概念），分割的小单元即仪器的最小步进精度。现代机械工艺的进步已经使仪器的步进精度达到 0.0001°，完全能够满足日常测试的要求。仪器的步进精度能够影响得到衍射谱的分辨率、峰位及峰型。一般情况下，取谱图中所有衍射峰中最小半高全宽的 1/2~1/3 之间的数值作为测试步长是比较合适的。如果谱图需要用作结构精修，则步长的选取应该设定为所有衍射峰中最小半高全宽的 1/3~1/5。需要注意的是，步长的选择并不是越短越好，而是应该综合考虑测试样品的性质、测试时间等因素。另外，步长的大小并不直接影响衍射强度，因此对于衍射较弱的样品，应采取其他方式提高强度而不是测试步长。在 Bruker D8 仪器中，0.02°的步长就能够满足大多数材料全谱精修所需要的数据要求。

9.4.2.3　计数时间的选择

计数时间是在测试过程中对衍射强度的影响较为明显的测试参数，其意义是 X 射线探测器在每一步上停留并记录接收光子数的时间。现代的 X 射线衍射仪探测器均会表明其线性范围，即在一定的信号计数下，计数强度与计数时间大致呈正相关的关系，因此计数时间能够直接影响计数强度。在普通的物相鉴定实验中，0.2 s/步的积分时间就能够满足定性分析的基本要求。一般情况下，测试一条 10°~80° 的谱图的时间约为 12 min。但是，当材料中可能存在微量的杂相时，为了避免杂相信号湮没在测试背底中，应适当增加计数时间，以增加第二相的峰强从而容易加以辨认。对于需要进行结构精修的样品，则对衍射峰的强度具有一定的要求。有实验表明，判断精修结果的 R 因子的数值大小与衍射峰强度之间存在一个类似于抛物线的关系，即峰强并非是越强越好，而是应该在一个合理的范围内。通常，较好的峰强应该在 5000~15000 计数之间。对于高精度的结构分析，则需要另行考虑，实验室内的 X 射线衍射仪已经无法满足这种应用需求，需要借助同步辐射 X 射线衍射实验来实现。同样的，对于存在少量第二相的样品，则应该适当增加计数时间，以便于对第二相的结构进行精修并定量分析两者含量。

9.4.3 实验过程误差引入及分析

9.4.3.1 样品表面平整度的影响

在 BB 几何中，因为衍射主要发生在平板样品的表面，因此样品表面的平整程度对衍射数据具有很大影响。图 9-9 所示为表面抹平样品 b 及未抹平的样品 a 的测试数据。从谱图中可以看到，样品表面不平整会导致衍射峰强度剧烈降低，同时，背底强度也会随之下降。这一现象主要受到两个方面的影响，其一是不平整表面的漫反射会降低产生衍射的晶面数量，从而降低衍射强度；其二是在极度不平整的表面，产生的衍射峰会被相邻颗粒阻挡，从而降低衍射强度。因此，在制备平板样品时要特别注意其表面平整度。

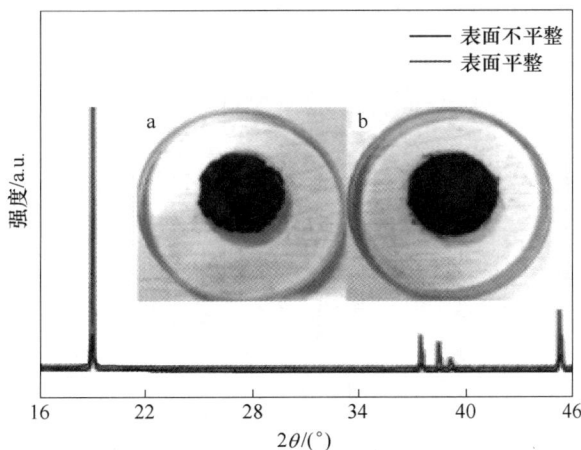

图 9-9 样品平整度对测试结果的影响

9.4.3.2 样品高度的影响

在测试过程中，样品台的高度、样品在样品槽中的填充情况都会影响到最终样品平面相对于衍射平面的高度变化。在正常的测试过程中，样品平面应该与测试圆、衍射圆均相切，样品高度变化后，会引起测试平面与测试圆偏离相切关系，从而导致测得的衍射峰位出现偏移。图 9-10 所示为样品台高度明显低于正常高度的情况下得到的衍射数据与正常测试情况的对比。可以发现，衍射平面的降低会造成衍射峰位的明显偏移，同时峰型也会出现一定的变化。

9.4.3.3 测试步长选择的影响

在测试参数 9.4.2 节已经对测试步长进行过简单介绍。步长的选择会影响衍射峰的峰位、峰型及测试精度，并能够间接影响到测试强度。如图 9-11 所示，步长对测试谱图最大的影响在于其会使衍射峰的半高宽发生变化，从而影响仪器的分辨率。从这组样品可以看出，当测试步长小于 0.05 后，材料的峰位及峰型基本保持不变，但半高宽还在不断缩小，衍射峰强也有一定的提升；当测试步长小于 0.03 后，半高宽的变化也逐渐缩小，只有峰强小幅提升；当测试步长小于 0.02 后，衍射峰的强度变化也变得不再明显。在测试过程中，可以根据实际需求判断测试条件，在对测试精度有需求或与衍射峰峰位极为接近的情况下，可以适当地缩短步长来提高测试精度。

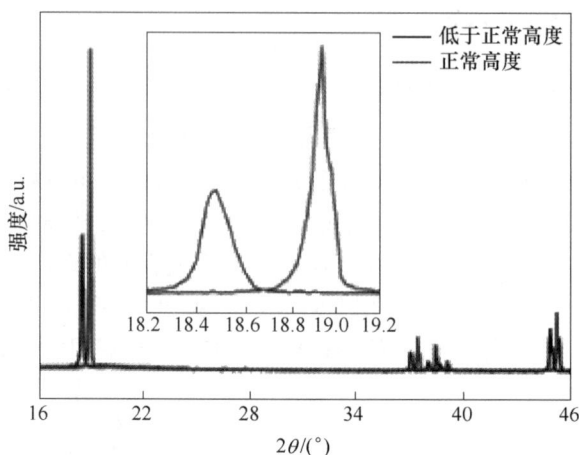

图 9-10　样品高度变化对测试结果的影响

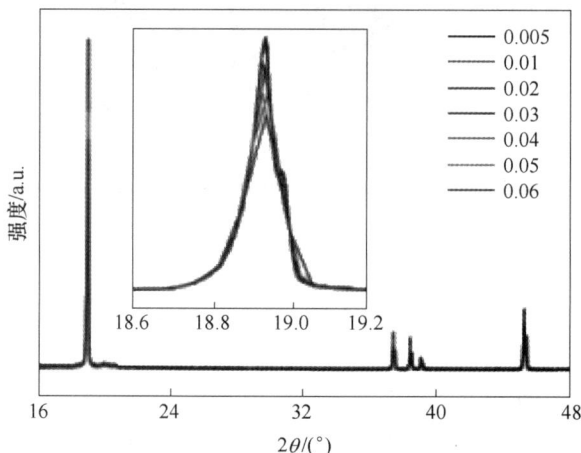

图 9-11　仪器步长对测试结果的影响

9.5　数据分析方法简介

9.5.1　数据的保存与处理

　　以布鲁克- D8 Advance 为例来简单介绍，数据的保存格式为 txt、raw 两种格式，然后刻入提前准备好的光盘。接下来就可以进行分析，并在绘图软件中进行数据的处理。常用的 XRD 分析软件有四种，即 Pcpdfwin、HighScore、Searchmatch、Jade。

　　（1）Pcpdfwin。有人认为 Pcpdfwin 是最原始的分析软件。它是在衍射图谱标定以后，按照 d 值进行检索。一般可以有限定元素，按照三强线、结合法等方法，其所检索出的卡片多数时候是不对的。

　　（2）Searchmatch。Searchmatch 可以实现和原始实验数据的直接对接，并可以自动或手动标定衍射峰的位置，对于一般的图都能很好地应付。而且该软件有几个小工具使用很方便，如放大功能、十字定位线、坐标指示按钮、网格线条等。最重要的是它有自动检索功能，可以很方便地检索出所要找的物相，也可以进行各种限定以缩小检索范围。如果对于材料较为熟悉，那么对于一张含有 4 相、5 相的图谱，检索仅需 3 min，效率很高。而且它还有自动生成实验报告的功能。

（3）HighScore。几乎 Searchmatch 中所有的功能，HighScore 都具备，而且它比 Searchmatch 更实用。它可以调用的数据格式更多，窗口设置更人性化，用户可以自己选择谱线位置的显示方式；可以更直接地看到检索的情况；手动加峰或减峰更加方便；可以对衍射图进行平滑等操作，使图更漂亮；可以更改原始数据的步长、起始角度等参数；可以对峰的外形进行校正，进行半定量分析、物相检索更加方便，检索方式更多。

（4）Jade 和 HighScore 相比，Jade 的自动检索功能稍差，但有更多的功能：它可以进行衍射峰的指标化；进行晶格参数的计算；根据标样对晶格参数进行校正；轻松计算峰的面积、质心；出图更加方便，可以在图上进行更加随意的编辑。对于基础物相检索分析，一般使用 Jade 软件。

9.5.2 数据基础物相检索分析

物相检索也就是"物相定性分析"，它基于以下三条原则：第一，任何一种物相都有其特征的衍射谱；第二，任何两种物相的衍射谱都不可能完全相同；第三，多相样品的衍射峰是各物相的机械叠加。因此，通过实验测量或理论计算，建立一个"已知物相的卡片库"，将所测样品的图谱与 PDF 卡片库中的"标准卡片"一一对照，就能检索出样品中的全部物相。物相检索的步骤包括：

（1）给出检索条件，包括检索子库（有机还是无机、矿物还是金属等），样品中可能存在的元素等。

（2）计算机按照给定的检索条件进行检索，将最可能存在的前 100 种物相列成一个表。

（3）从列表中检定出一定存在的物相。一般来说，判断一个相是否存在有三个条件：第一个条件，标准卡片中的峰位与测量峰的峰位是否匹配，换句话说，一般情况下标准卡片中出现的峰的位置，样品谱中必须有相应的峰与之对应，即使三条强线对应得非常好，但有另一条较强线位置明显没有出现行射峰，也不能确定是否存在该相，但是当样品存在明显的择优取向时除外，此时需要另外考虑择优取向问题；第二个条件，标准卡片的峰强比与样品峰的峰强比要大致相同，但一般情况下，对于金属块状样品，由于择优取向存在，导致峰强比不一致，因此峰强比仅可作参考；第三个条件，检索出来的物相包含的元素在样品中必须存在，例如，如果检索出一个 Fe_2O_3 相，但样品中根本不可能存在 Fe 元素，则即使其他条件完全吻合，也不能确定样品中存在该相，此时可考虑样品中存在与 Fe_2O_3 晶体结构大体相同的某相。当然，如果不能确定样品会不会受 Fe 污染，则需要做元素分析。

对于无机材料和黏土矿物，一般参考"特征峰"来确定物相，而不要求全部峰的对应，因为一种黏土矿物中可能包含的元素有可能不同。

下面将以 Jade 为处理数据软件，介绍物相检索步骤。

　　第一步：通用检索，类似于大海捞针。首先打开一个图谱，软件界面如图 9-12（a）所示，不做任何处理，鼠标右键点击"S/M"按钮，打开检索条件设置对话框，去掉"Use chemistry filter"项的对号，同时选择多种 PDF 子库，检索对象选择为主相（S/M Focus on Major Phases），再点击"OK"按钮，进入"Search/Match Display"窗口，如图 9-12（b）、（c）所示。"Search/Match Display"窗口分为三块，最上面是全谱显示窗口，可以观察全部 PDF 卡片的衍射线与测量谱的匹配情况，中间是放大窗口，可观察局部匹配的细节，通过右边的按钮可调整放大窗口的显示范围和放大比例，以便观察得更加清楚。窗口的最下面是检索列表，从上至下列出最可能的 100 种物相，一般"ERM"按由小到大的顺序排列 EAV 晶氏配离的例数，数值越小表示匹配性越高。在这个窗口中，鼠标所指的 PDF 卡片行显示的标准谱线为蓝色，已选定物相的标准谱线为其他颜色时会自动更换颜色，以保证当前所指物相谱线的颜色一定为蓝色。在列表右边的按钮中，正下双向箭头可用来调整标准线的高度，左右双向箭头则可调整标准线的左右位置，这个功能在固溶体合金的物相分析中很有用，因为固溶体的晶胞参数与标准卡片的谱线对比总有偏移（因为固溶原子的半径与溶质原子半径不同，造成晶格畸变）。物相检定完成后，关闭这个窗口返回到主窗口中。使用这种方式，一般可检测出主要的物相。

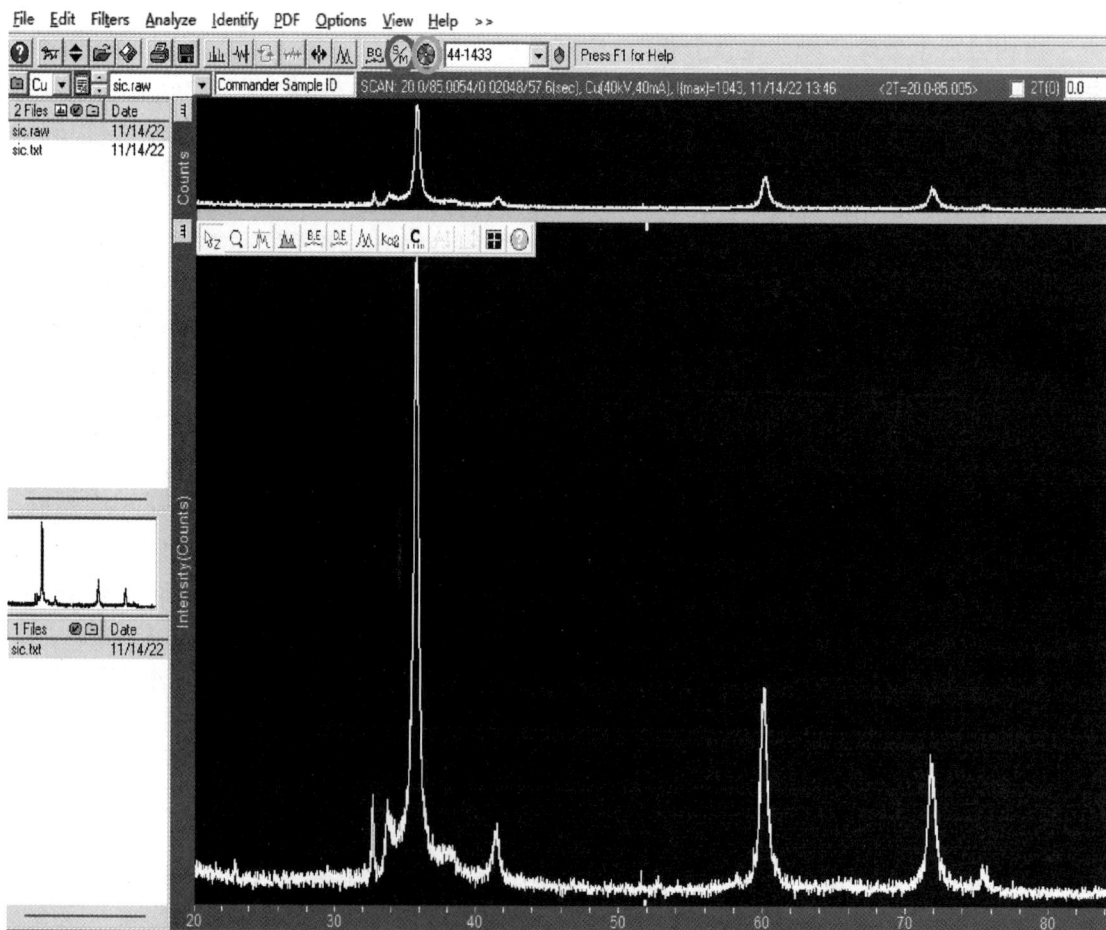

(a)

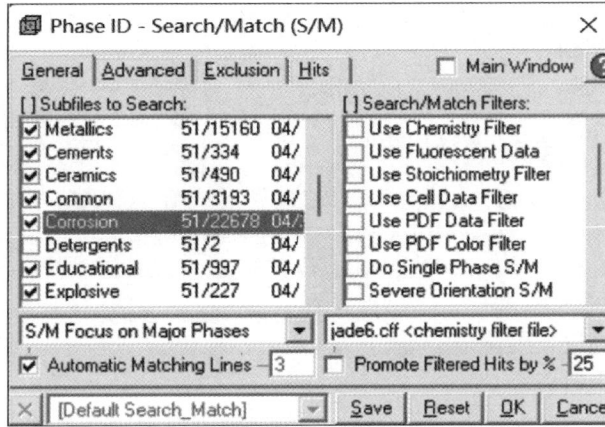

(b)

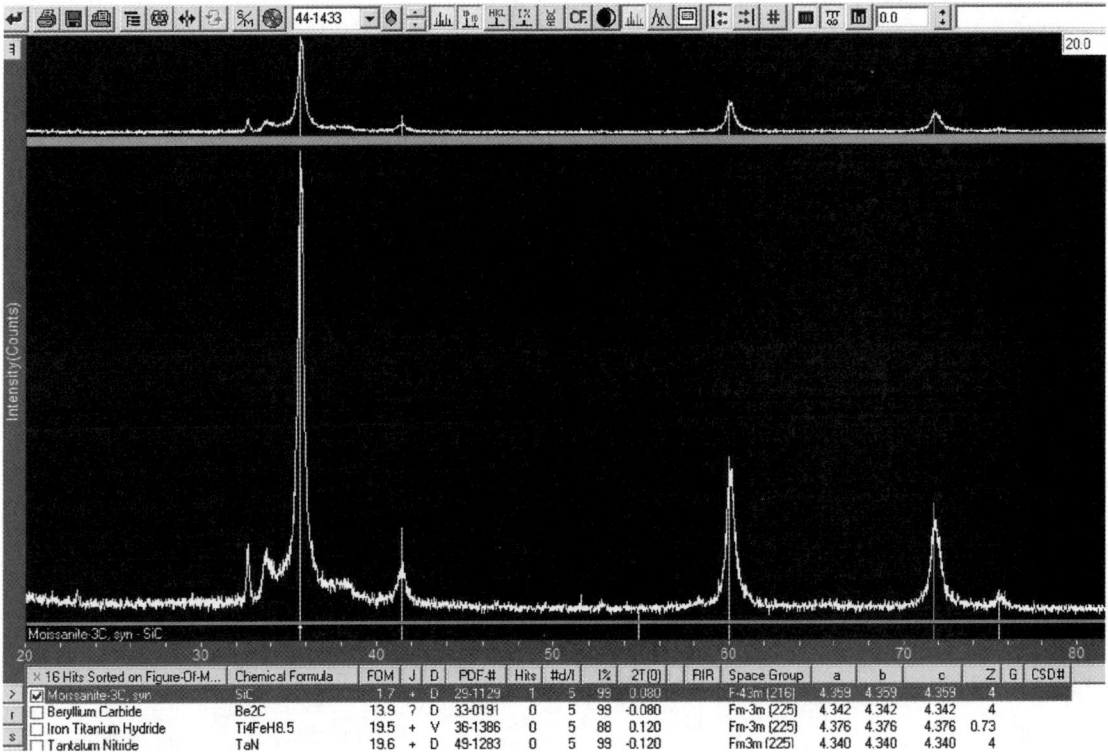

(c)

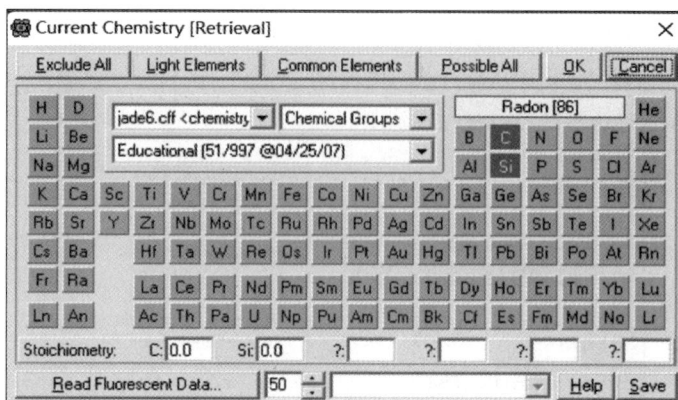

(d)

图 9-12　Jade 软件的主界面(a)、S/M 操作界面(b)、S/M 法检索后
的结果展示界面(c)和选择元素法检索界面(d)

第二步：限定条件的检索，限定条件主要是限定样品中存在的"元素"或化学成分，如图 9-12（d）所示，进入到一个元素周期表对话框，将样品中可能存在的元素全部输入，点击"OK"，其他下面的操作就完全相同了。此步骤一般能将剩余相都检索出来，如果检索尚未全部完成，即还有多余的衍射线未检定出相应的相，则可逐步减少元素个数，重复上面的步骤，或按某些元素的组合，尝试一些化合物的存在。

第三步：如果经过前两轮检索尚有不能检出的物相存在，也就是有个别的小峰未被检索出物相，那么此时最有可能成功的就是单峰搜索。在教材上有"三强线"检索法，这里使用单峰搜索，即指定一个未被检索出的峰，在 PDF 卡片库中搜索在此处出现衍射峰的物相列表，然后从列表中检出物相。方法如图 9-13 所示，在操作栏中选择"计算峰面积"按钮，在峰下画出一条底线，该峰被指定。鼠标右键点击"S/M"，此时可以限定元素或不限定元素，软件会列出在此峰位置出现行射峰的标准卡片列表，其他操作则无异样。

通过以上三轮搜索，99.9%的样品都能检索出全部物相。应当指出，正确并全面地检索物相不但需要熟练地掌握 Jade 物相检索的方法和技巧，而且更重要的是需要研究课题方面的专业知识。除此以外，还要不厌其烦地反复尝试各种可能。在物相检索不能完成时，应当先去查阅相关的文献。另外，虽然 PDF 卡片每年都有更新，目前已超过 140000 张卡片，但并不是每个物相都一定能从卡片库中找到。这时应当考虑是否有新的物相产生，或者确认检索中是否存在错误。

如图 9-14 所示，Xuetian Ma 等研究了不同样合成过程的物相变化，实验数据采集是每隔 50 s 或 60 s 实时采集一次 XRD 信号。在图 9-14（a）中，HCP 相已经在第一个光谱中形成（沉积的前 50s）。而在图 9-14（c）中，FCC 相的信号只能在 2 min 后的第三频谱中观察到。通过对比可以看出，FCC 相的成核比 HCP 更为均匀。总之，通过对不同样品、不同时间下样品 XRD 的物相分析，可以清楚地发现样品合成是物相的变化。

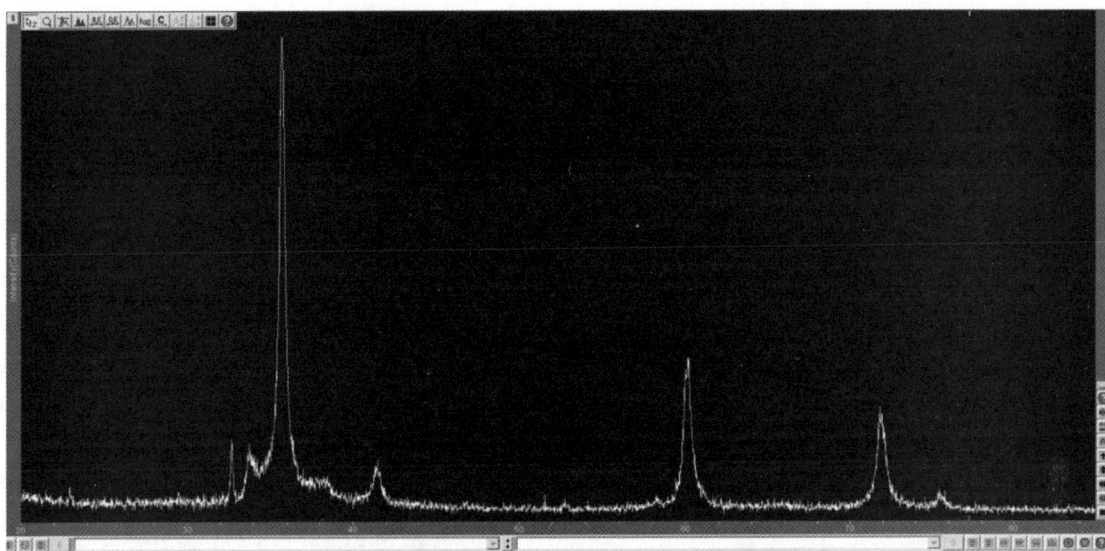

(a)

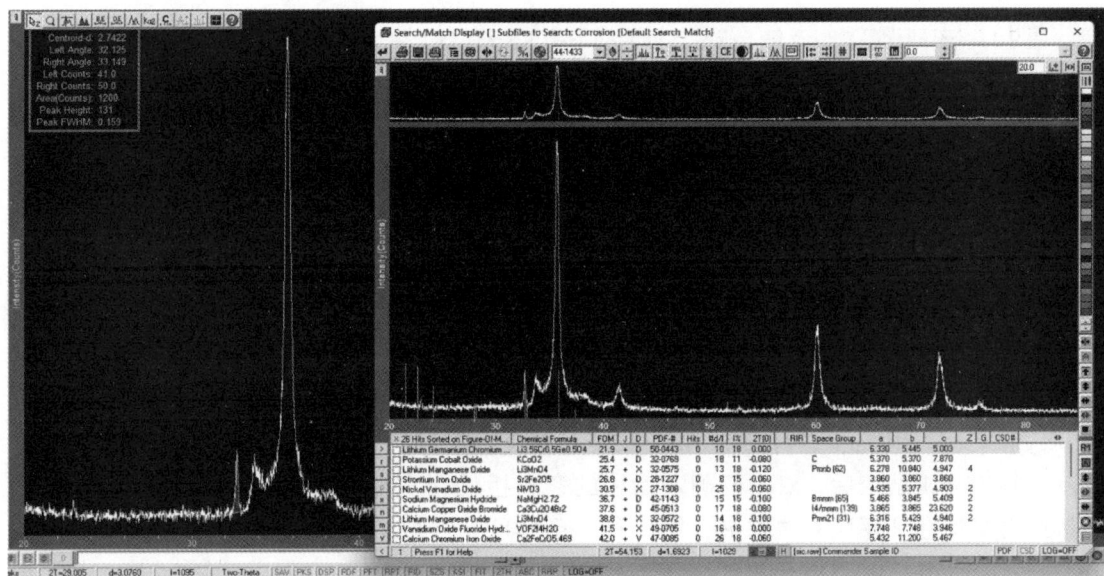

(b)

图 9-13　操作栏中选择"计算峰面积"按钮(a)和搜索结果界面(b)

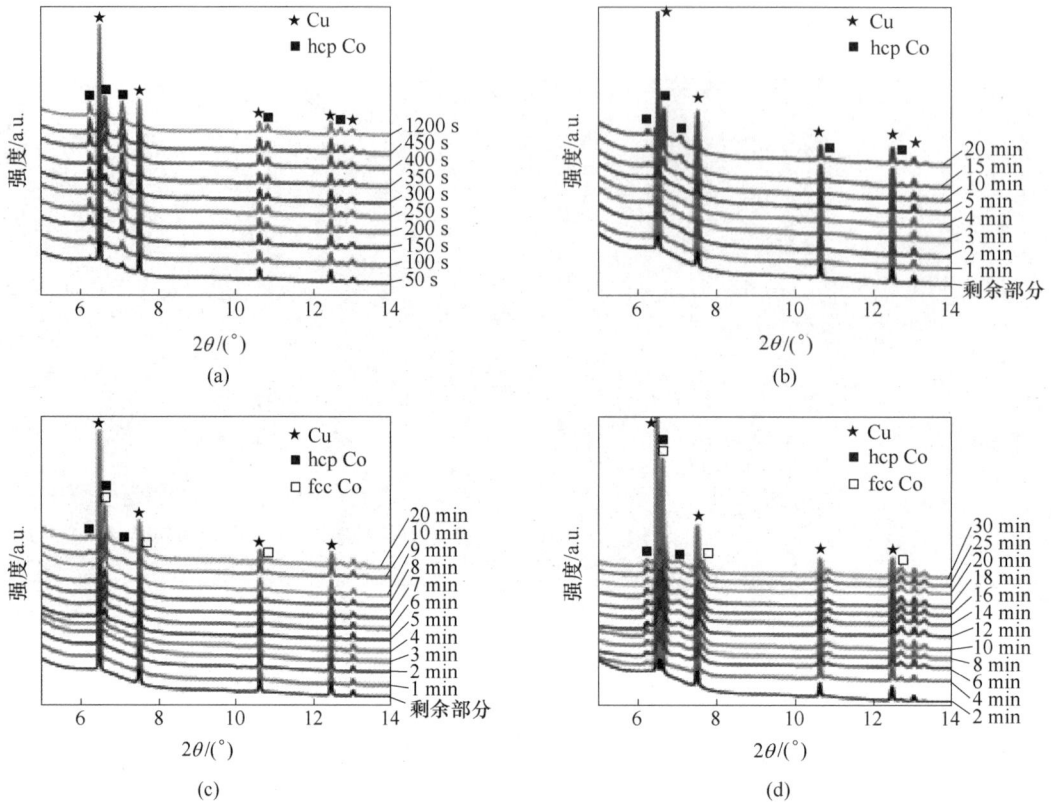

图 9-14　不同样品，以及每个样品不同时间下的 XRD 图像及物性的分析标定（$\lambda = 0.2362$ Å）
（a）N；（b）MA；（c）HA-LV；（d）HA-HV

9.5.3　PDF 卡片的导出

The Powder Diffraction File（PDF）衍射文档是研究物质以及晶体结构的重要工具。它包含已知晶体结构物相的标准数据，可以作为物质定性相分析的对比标准。即可以将测得的未知物相的衍射谱与 PDF 数据比较，从而确定所测试样中含有哪些物相、各相的化学式、晶体结构类型、晶胞参数等，以便用于确定物质使用性能和进行工艺控制。

下面将以 Jade 为处理数据软件介绍 PDF 卡片的导出方式。

一般来说，用 Jade 软件获取 PDF 卡片的方式有两种：第一种，如图 9-15（a）、（b）所示，物相分析结束后，双击已确定物相的资料栏就会出现相应的 PDF 卡片的信息，然后按照需要保存到相应的文件夹；第二种，已知所要获取的 PDF 卡片的编号，如图 9-15（c）、（d）所示，在 PDF 检索栏中输入已知的 PDF 卡片编号，之后点击图标就会得到相应的 PDF 卡片的信息，然后保存到相应位置即可。

9.5.4　晶粒尺寸的简单分析

晶粒尺寸分析的基本原理为半高宽（FWHM）。如果将衍射峰看作一个三角形，那么峰的面积就等于峰高乘以一半高度处的宽度，这个宽度就称为半高宽（FWHM）。在很多

(a)

(b)

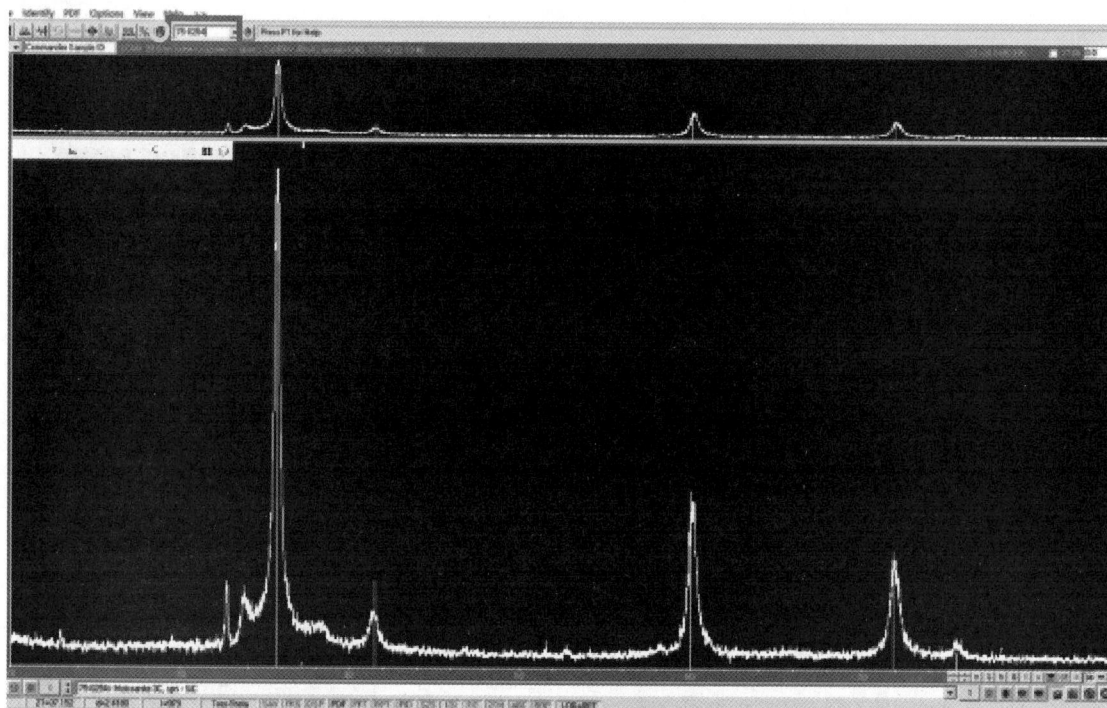

(c)

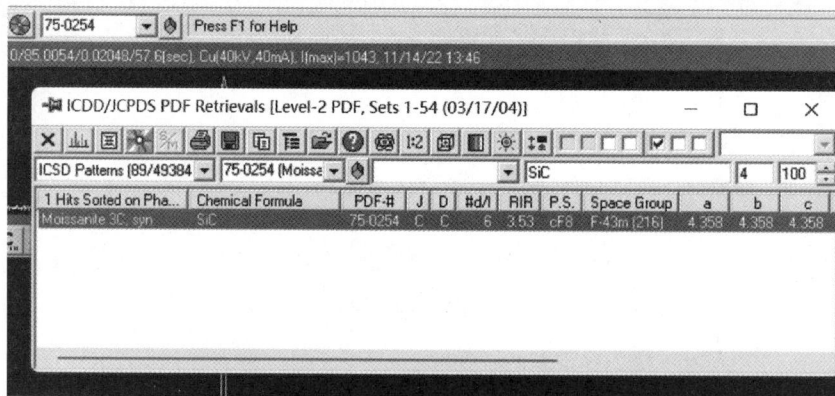

(d)

图 9-15　物相分析后 PDF 卡片的获取(a)、(b)和输入法搜取
已知编号的 PDF 卡片(c)、(d)

情况下，可以发现衍射峰变得比常规要宽，这是由于材料的微结构与衍射峰形有关系。在正空间中的一个很小的晶粒，在倒易空间中可看成是一个球，其衍射峰的峰宽很宽。而正空间中的足够大的晶粒，在倒易空间中则是一个点，与此对应的衍射峰的峰宽很窄。因此，晶粒尺寸的变化可以反映在衍射峰的峰宽上，据此可以测量出晶粒尺寸。晶粒尺寸的计算是基于谢乐（Ssherrer）公式，其表达式如式（9-4）所示：

$$D = \frac{K\gamma}{\beta \cos\theta} \tag{9-4}$$

式中，D 为直于反射晶面（hkl）的晶粒平均粒度；β 为该晶面衍射峰值半高宽的宽化程度；K 为谢乐常数，取决于结晶形状，常取 0.89；θ 为衍射角；γ 为入射 X 射线波长。

Vanessa L. Pool 等研究了 $FAPbI_3$ 钙钛矿退火时组织的变化。图 9-16 所示为三个具有代表性的样品，设定温度分别为 130 ℃、170 ℃和 330 ℃，涵盖了所使用的温度范围。温度剖面、峰面积和全宽半最大值（FWHM）随时间的变化被绘制出来，从而可以跟踪结构转变和晶体大小。从图 9-16（c）可以看出，在这一转变过程中，XRD 峰 FWHM 值没有变化，说明前驱体（未转化）和钙钛矿（转化）晶粒尺寸相同。这一行为表明，在前驱体钙钛矿的成核和生长过程中，一旦发生成核，钙钛矿就会生长很快；每个前驱体晶粒只有一个核。

9.5.5　晶格参数的计算

根据 XRD 测试数据计算晶格参数，最常用的方法为科恩最小二乘法。对于六方晶系，正则方程为：六方晶系（$\alpha = \beta = 90°$；$\gamma = 120°$；$a = b$）。

六方晶系的晶胞参数 a、c 可以根据六方晶系的晶胞参数计算公式求出：

$$1/d^2 = 4(h^2 + k^2 + hk)/3a^2 + l^2/c^2$$

具体计算步骤如下：（1）从 X 衍射数据可得到 2θ、d 值；（2）输入各晶面的 h、k、l；（3）用最小二乘法将方程变为 $y = kx + B$，$k = 1/c^2$，$B = 4/3a^2$。其中，$y = 1/(h^2 + hk + k^2)d^2$，$x = l^2/(h^2 + hk + k^2)$ 对于每个衍射峰都有与之对应的（x，y），把多组的数据点（x，y）根据最小二乘法原理作一条直线，求出其斜率 k 和截距 B 就可算出晶胞参数 a，c。

9.5.6　应力的简单分析

材料中是否存在应力，对材料后续的使用性能具有很大的影响。这里的应力计算，实际上是通过衍射数据对材料的应变进行分析，从而推断材料内部应力的大小。应变引起 X 射线衍射峰位的展宽最早由斯托克斯（Stokes）及威尔森（Wilson）于 1944 年提出。应变引起的峰展宽计算公式如式（9-5）所示：

$$\varepsilon = \frac{\beta}{4\tan\theta} \tag{9-5}$$

式中，ε 为加权平均应变；β 为对应衍射峰的积分宽度。

这种由应变导致的峰展宽与由晶粒尺寸引起的展宽随衍射角度的变化会呈现不同的变化规律，因此可以通过其变化趋势加以区分。与谢乐公式类似，应力计算也受到仪器参数、样品尺寸、形貌等因素的影响，在使用过程中应综合考虑各类因素的影响。

9.5.7　物相含量的定性分析

物相含量的定性分析主要有 K 值法，也叫 RIR 方法与 Rietveld 全谱精修定量等。为了测定 X 相的含量，必须得到 X 相的纯物质。它的计算公式如下。

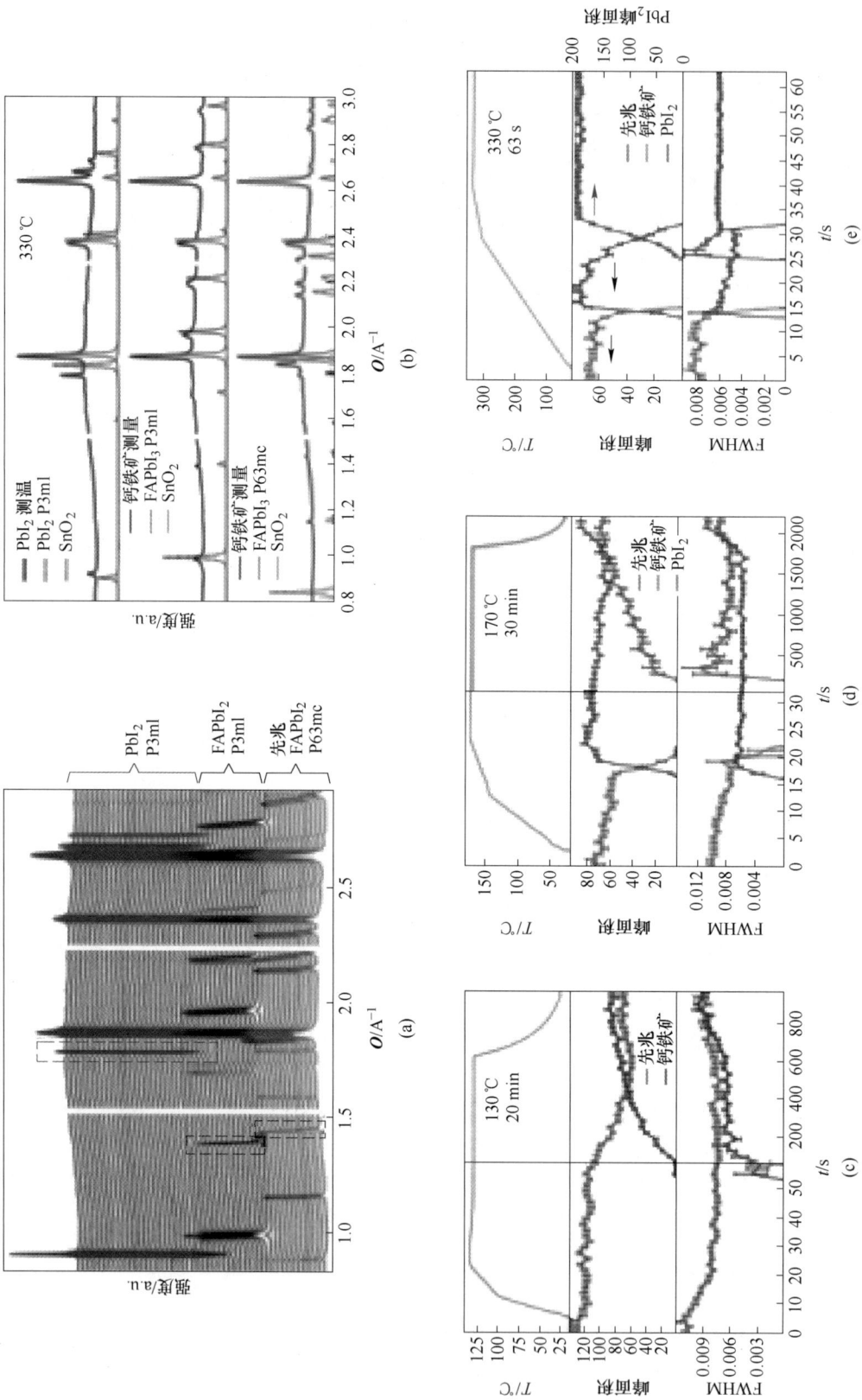

图 9-16　330 ℃ 样品的原位衍射，相位级数显示 (a)，330 ℃ 样品的原位相位识别（从上到下的扫描时间分别为 10.7 s、16.1 s 和 42.9 s）(b)，以及前体相（红线）、钙钛矿相（黑线）和 PbI$_2$ 相（蓝线）的峰值积分强度分别在 130 ℃、170 ℃ 和 330 ℃ 退火时随时间的变化 (c)~(e)

$$\frac{I_{\mathrm{X}}}{I_{\mathrm{S}}} = K_{\mathrm{X}}\frac{W_{\mathrm{X}}}{W_{\mathrm{S}}} \tag{9-6}$$

式中，X 为要测量含量的物相；S 为标样，也就是 Al_2O_3；I、W 分别为衍射强度和质量分数。

这里假定一个样品中存在 n 个相，其中任一相 X 的含量 W_{X} 与 X 相的衍射强度成正比（分子），与它的 K 值成反比。分母还有另一个组成部分，就是所有相的衍射强度除以自己的 K 值。要计算一个物相的含量（质量分数），需要知道两组数据：（1）每个物相的衍射强度，可以从衍射图上量出来；（2）每一个物相的 K 值。

这里的 K 值定义如下：用某种纯物质 X 与 Al_2O_3 按质量比 1∶1 混合均匀，测量二者的衍射强度之比。这里的"衍射强度"被定义为峰的高度（不是面积），这个比值称为 X 物相的 K 值。这个 K 值只与物相结构有关，因此可以被写入 PDF 卡片。

9.6　数据的修饰及应用

9.6.1　XRD 数据的修饰

XRD 的修饰不仅仅是为了让曲线看起来更美观，通过 XRD 的修饰还可以得到 XRD 检测的物质的多种信息，例如晶粒大小、晶面间距、应力等。下面将以 Jade 为处理数据软件介绍以下 XRD 数据修饰的步骤。

首先在软件中导入想要修饰的数据。接下来是图像的平滑，点击"Filters-Smooth Pattern"，或右击图 9-17（a）中左侧橙色圈中的图标，弹出对话框，选择"Smooth Background Only"，数值越大平滑度越高，但是过高的平滑度会影响曲线的准确性，通常根据曲线背底噪声的高低来选择。图中紫红色曲线即为平滑后的曲线。点击"Close"关闭平滑对话框，然后点击"Accept Derived Pattern"，即图 9-17（a）中右侧橙色圈中的图标，保留平滑后的曲线。注意，可左键单击图标，快捷平滑。如果曲线背底噪声很低，则可略过此步骤。然后修饰的步骤为去除 $K_{\alpha2}$，点击"Analyze-Fit Backgroun"或右击图 9-17（a）中蓝色圈中的图标，弹出对话框，如图 9-17（b）所示，点击"Apply-Strip K-alpha2"即可。下一步是寻峰，点击"Analyze-Find Peaks"，或右击图 9-17（a）中红色圈中的图标，弹出对话框，点击"Apply-Close"即可。由于有些峰较低，系统难以寻到峰，也可根据物相的 JCPDS 图谱（标准 XRD 图谱）人为加峰或扣除峰。点击"Peak Editing Cursor"或者图 9-17（c）中红色圈中的图标，然后将鼠标放到峰上点击即可，如果出现蓝色虚线，则表示此处认为有峰。如要扣除系统寻到的峰，则可点击"Peak Editing Cursor"，将鼠标放到峰上点击后按"Delete"键即删除。最后为拟合，点击"Analyze-Fit Peak Profile"或右击图 9-17（a）中绿色圈中的图标，弹出对话框如图 9-17（c）所示，点击"Fit All Peaks"即可。拟合完曲线后，点击左边的"Report"键，可以看到报告，其中包含了峰的信息及晶粒度，说明如下：2-Theta 为峰的角度；d 为对应的晶面间距；Height 为峰的高度；Area 为峰下包含的面积；Area% 以最强峰为 100%；FWHM 为半高宽。点击"Size and Strain Plot"，打开对话框，可以得到晶粒度的大小。每一个峰均能得到一个晶粒度，人工一般选取低角度、高强度的峰为准，按照谢乐公式，根

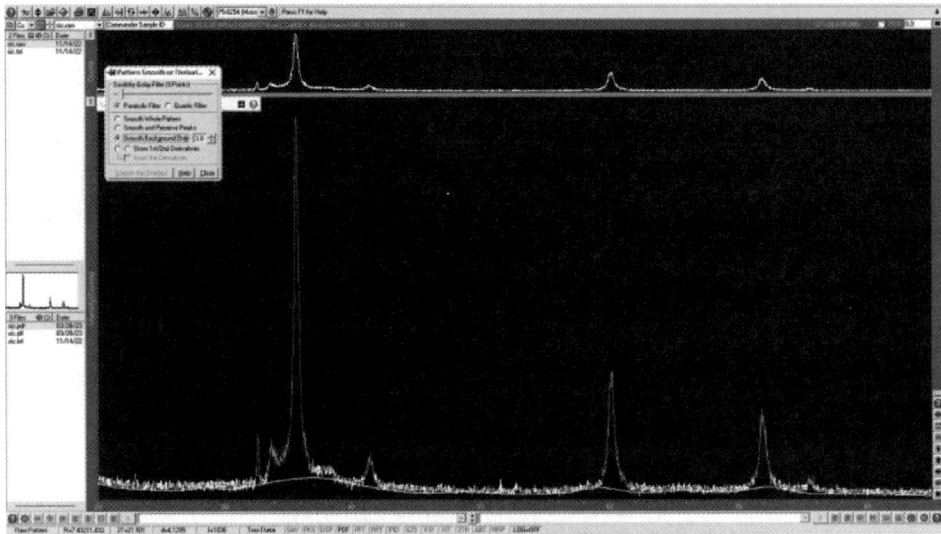

(a)

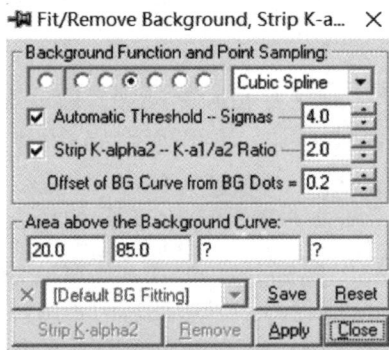

(b)

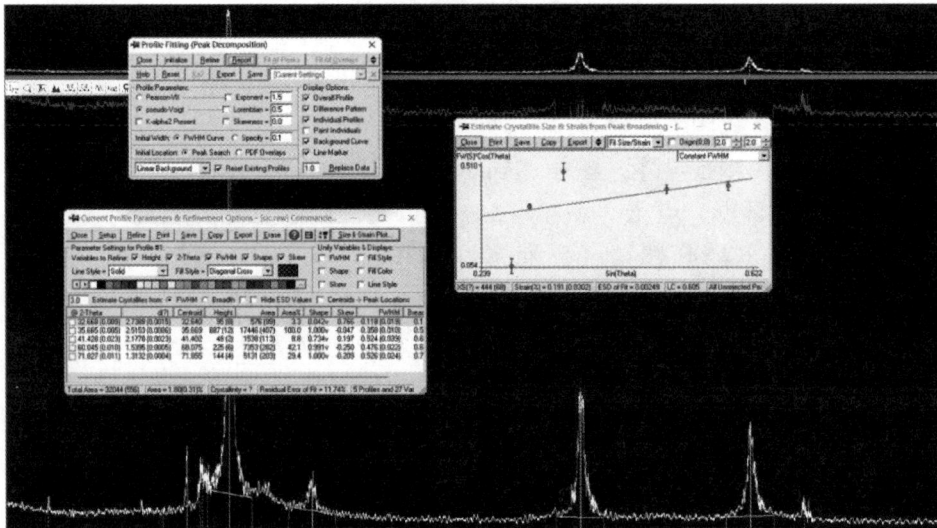

(c)

图 9-17　数据的平滑修饰(a)、去除 $K_{\alpha 2}$ 修饰(b)以及拟合修饰(c)

据 Report 中的峰值信息进行计算。系统计算的是平均值，为左下角的 XS 值。例中平均晶粒度为 XS（?）= 444（68），其中“?”为单位埃，444 为晶粒度大小，括号中的 68 为误差。

如图 9-18 所示，L. F. Liotta 等在 ESRF 的吉尔达设备中进行了实验，并计算了 Pt（1%）/$Ce_{0.6}Zr_{0.4}O_2$ 和 $Ce_{0.6}Zr_{0.4}O_2$ 氧化物经过一个氧化还原循环后的 XRD 谱（2θ 角在 18°~30°）。如表 9-2 所示，通过对 XRD 图谱进行 Rietveld 精修，可以清楚地得到样品中的物相组成及其比例，这能很好地帮助解释造成实验结果差异的原因所在。

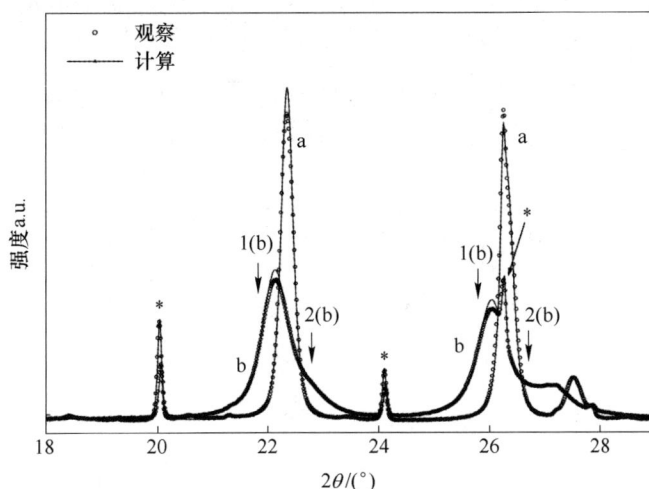

图 9-18　Pt(1%)/$Ce_{0.6}Zr_{0.4}O_2$(a) 和 $Ce_{0.6}Zr_{0.4}O_2$ 氧化物(b) 经过一个氧化还原循环后的 XRD 谱

*—α-Al_2O_3-NIST（美国国家标准与技术研究院）作为内部标准；

1(b)，2(b) —在氧化二氧化铈中两个立方相（见表 9-2）

表 9-2 所示为 Pt（1%）$Ce_{0.6}Zr_{0.4}O_2$ 和 $Ce_{0.6}Zr_{0.4}O_2$ 氧化物在一个氧化还原循环后的结构参数，通过对 Gilda 束线记录的 XRD 图进行 Rietveld 精修。

表 9-2　Pt(1%)$Ce_{0.6}Zr_{0.4}O_2$ 和 $Ce_{0.6}Zr_{0.4}O_2$ 氧化物在一个氧化还原循环后的结构参数

样　本	立方相		立方相		R_P^n	R_{wp}^b
	α/Å	wt%	α/Å	wt%		
$Ce_{0.6}Zr_{0.4}O_2$ 经过一个氧化循环	$Ce_{0.63}Zr_{0.37}O_2$		$Ce_{0.54}Zr_{0.46}O_2$		0.03	0.04
	5.314±0.002	70±3	5.291±0.005	30±3		
Pt(1%)$Ce_{0.6}Zr_{0.4}O_2$ 经过一个氧化循环	$Ce_{0.6}Zr_{0.4}O_2$				0.03	0.04
	5.295±0.002	100±3				

注：1. $R_p = \sum |I_0 - I_e| \sum I_e$；

2. $R_{wp} = [\sum w(I_0 - I_e)^2 / \sum wI_0^2]^{1/2}$；

3. 占用错误的范围在 7%~8%。

9.6.2　粉末 XRD 在矿相分析中的应用

随着 X 射线衍射技术越来越先进，X 射线衍射法的用途也越来越广泛，除了在无机晶体材料中的应用外，还已经在有机材料、钢铁冶金，以及纳米材料的研究领域中发挥出

192

巨大作用。众所周知，矿相的成分复杂多样，其物相检测十分不易，每种成分含量的确定也是一大困难，接下来结合实例介绍了 X 射线衍射技术在研究矿相材料及其在电解过程中的物相演化、反应机制、成分含量等方面的应用。

如图 9-19（a）所示，铁精矿原矿粉经过球磨后，经过 XRD 表征可以看出铁精矿原矿主要含有物相为 Fe_3O_4、$FeTiO_3$ 及少量 $CaAl_2Si_2O_8$。通过对比在 1150 ℃ 空气中烧结 2 h 之后的铁精矿 XRD 图谱（图 9-19（b）），可以发现烧结之后的物相发生了变化。即铁精矿的直接电解物质主要为 Fe_2O_3 和 Fe_2TiO_5。在不同电解温度和电解电压条件下，电解过程中原矿分的物相变化如图 9-19（c）、（d）所示。通过分析它们的 XRD 图谱，可以发现不同电解条件下的原矿粉的物相变化略有差异，但是最后的产物都是铁。另外，还可以发现铁精矿的直接电解具有非常快的速度，金属铁能够在很短时间内（0.5～1 h）还原析出。

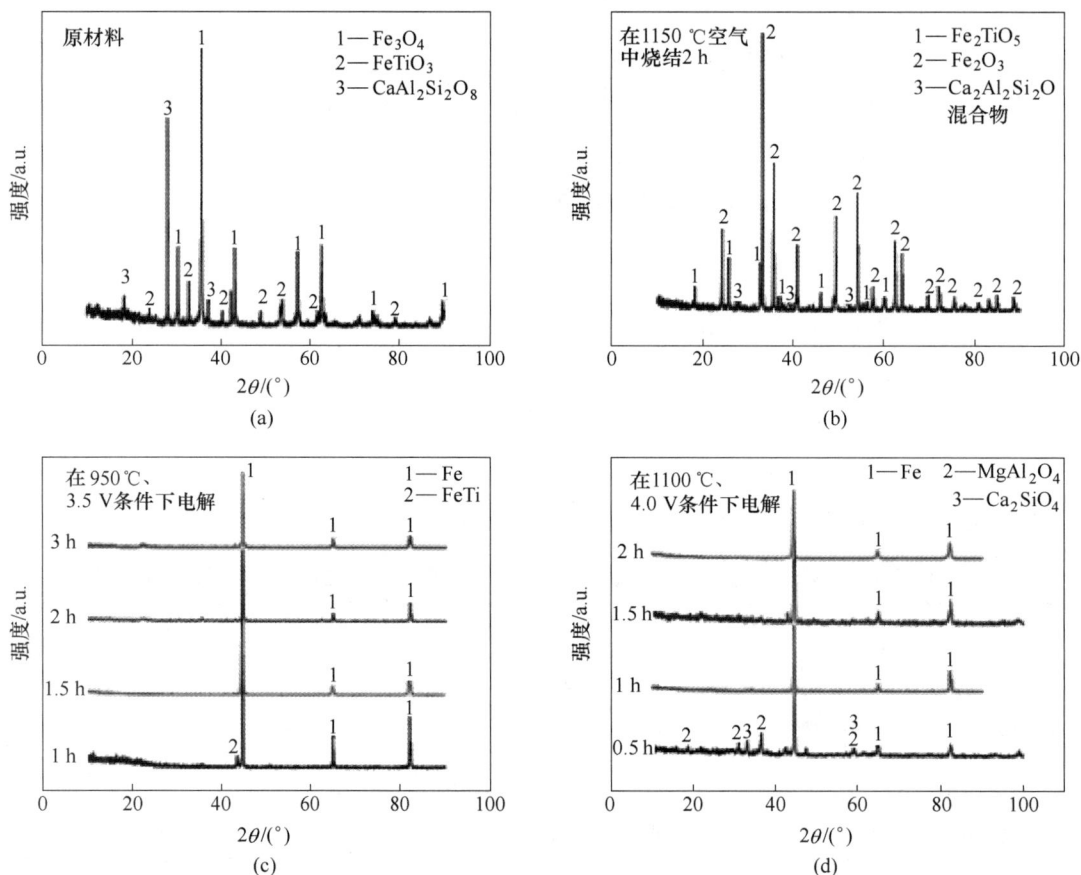

图 9-19　不同条件下铁精矿原矿及电解产物 XRD

（a）铁精矿粉原矿；（b）铁精矿粉烧结后；（c）铁精矿粉烧结后在 950 ℃、3.5 V 条件下电解不同时间后产物；
（d）铁精矿粉烧结后在 1100 ℃、4.0 V 条件下电解不同时间后产物

钛铁矿电解不同时间后的产物 XRD 图经过精修得到的物相含量变化如图 9-20 所示。从图中可以看出，原始物料中含 96.50 wt% 的 $FeTiO_3$（PDF 号 75-0519）和 3.50 wt% 的 Fe_3O_4（PDF 号 72-2303），在熔盐中浸泡 1.5 h 后，生成的 $CaTiO_3$（PDF 号 76-2400）的

含量为 33.40 wt%。中间物相在电解不同时间后的含量分别为 81.30 wt%（0.5 h）、68.20 wt%（1 h）。

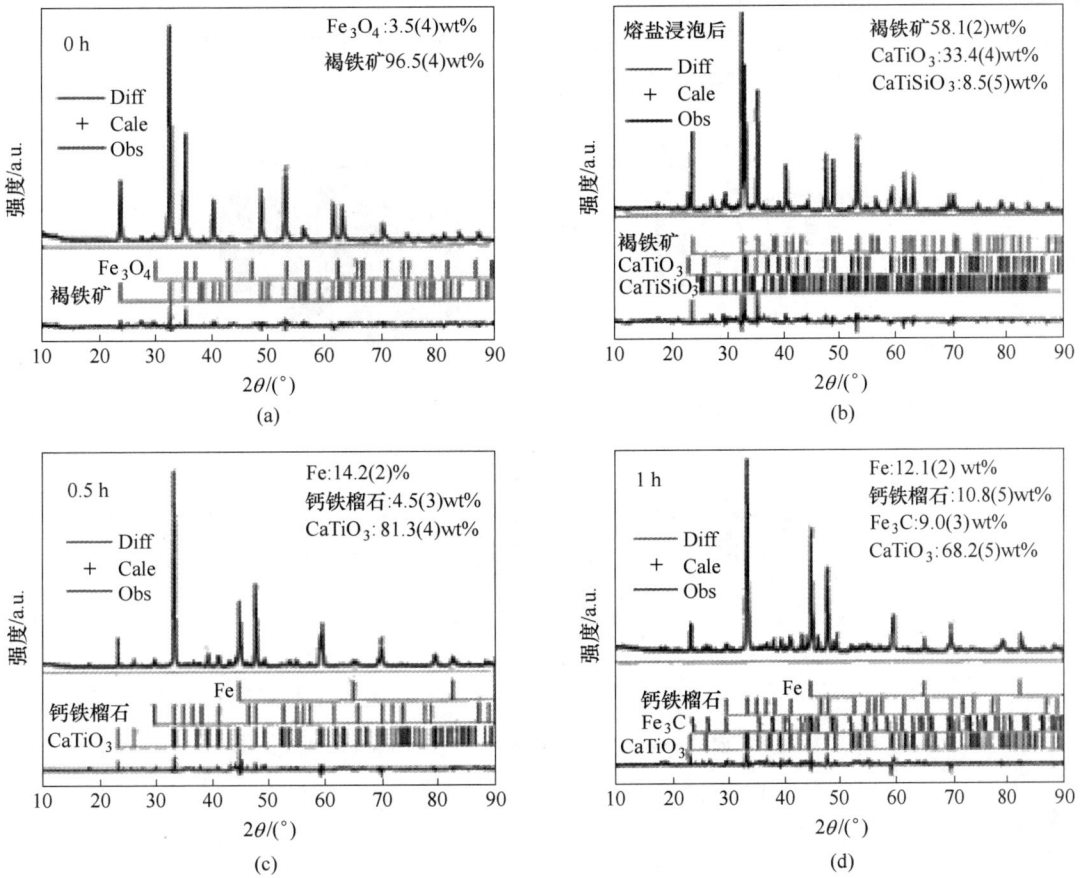

图 9-20　电解不同时间后 XRD 的物相含量分析

9.6.3　原位 XRD 在研究材料物相变化中的应用

原位 XRD（in situ X-ray diffraction）是指在结构或相变过程中进行 X 射线衍射测量的技术，它可以实时监测材料在受到外场（如温度、压力、电场等）作用时的结构变化。原位 XRD 技术在材料科学、物理化学、力学、电子学等领域都有广泛应用。常用的原位 XRD 技术有高温、高压、力学、电学、磁学等多种类型。其中高温原位 XRD 可以用于研究材料的热力学性质、相变和微观结构变化；电学原位 XRD 可以用于研究电子结构变化和电学性质变化。

原位同步辐射 XRD 可以应用于锂离子电池正极材料的微波合成过程中的结构演变规律及晶体学参数观测。Zhang 等利用原位同步辐射 XRD 跟踪层状正极材料 $LiNi_{1/3}Co_{1/3}Mn_{1/3}O_2$（NCM111）的微波水热合成过程中的相变规律，设计的微波水热合成过程原位 XRD 装置如图 9-21（a）所示。图 9-21（b）为不同温度下的 XRD 图谱，结果表明微波水热合成中氢氧化物前驱体在 160 ℃、240 s 的条件下就转变为层状氧化物产物。如图 9-21（c）所示，采用温度分辨 XRD 及 Rietveld 精修对比了固相合成、水热合成及微波水热合成正极材料前驱体的晶胞参数 c 随温度的变化规律。水热合成和微波水热合成时，c 从 0.461 nm 变化至 0.469 nm，但是微波水热明显比水热所需的温度更低。这项研究通过原位同步辐射 XRD 及结构精修解析了微波超快合成的晶体结构的变化规律，进一步揭示了微波水热合成过程中的传输机制。

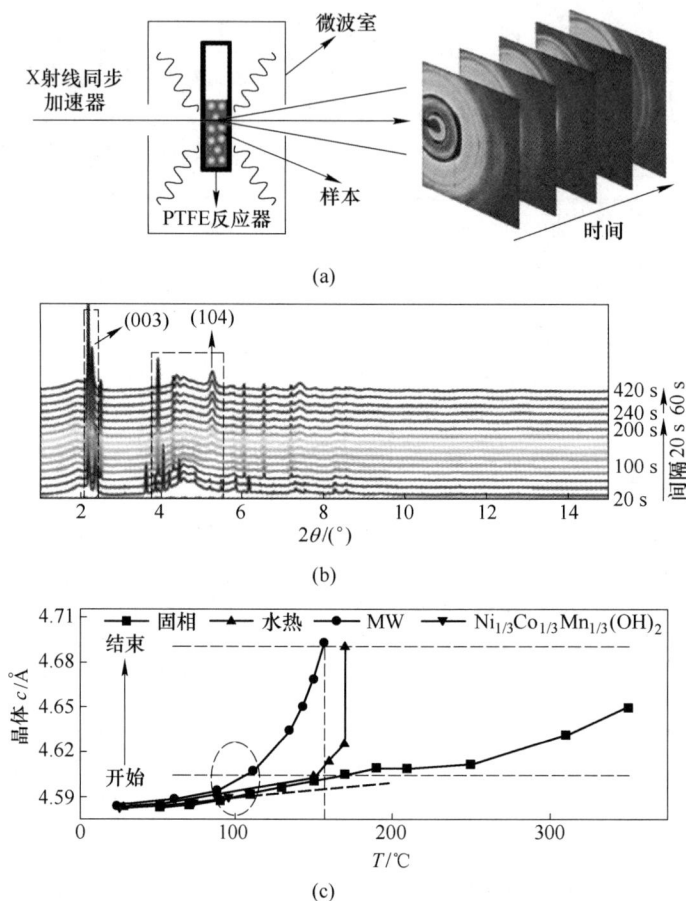

(a)

(b)

(c)

图 9-21　$LiNi_{1/3}Co_{1/3}Mn_{1/3}O_2$（NCM111）的微波水热合成原位 XRD 表征结果

唐蔚等利用高温原位 XRD 研究了 $CaCl_2$-CaO-TiO_2 熔盐体系物相随温度升高的变化，如图 9-22 所示。将 $CaCl_2$、CaO、TiO_2 三种原料按摩尔百分比 1:1:1 充分混合均匀，取适量样品进行测试，温度区间设置为室温至 850 ℃，温度记录间隔为 50 ℃。从图 9-22（a）中可以看出，当温度低于 400 ℃时，除了发生二水氯化钙结晶水的脱除外，其他原料之间不产生化学反应或化学变化。随着温度的升高，开始出现 Ca_4OCl_6 的 XRD 衍射峰，整个体系开始发生化学变化。当温度升至 750 ℃或更高时，$CaCl_2$、TiO_2 和 CaO 的峰消失不见，只出现 $CaTiO_3$ 这一个新物质的衍射峰，表明二氧化钛与氧化钙发生化学反应。根据这些结果，可将整个加热过程中发生的主要化学反应归纳为图 9-22（b）。

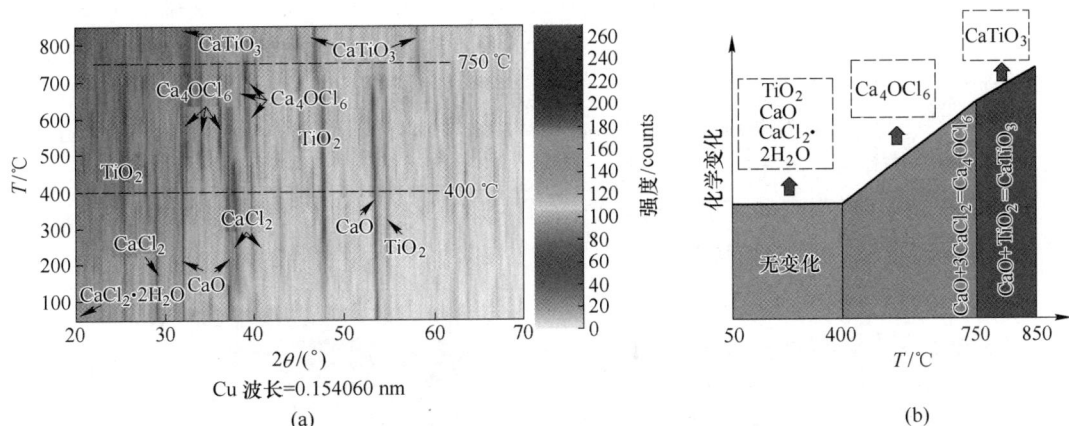

图 9-22 在氩气气氛下，$CaCl_2$-CaO-TiO_2 体系混合物在不同温度原位 XRD 图（a）和根据原位 XRD 分析加热过程中可能发生的化学反应（b）

9.6.4 XRD 在单晶材料分析中的应用

X 射线单晶衍射仪主要用于测定单个纯物质的晶体结构，对于已知结构，可以进行精修，对于未知结构，可以鉴定结构。要求所测的样品为块状单晶。一般在表征新化合物时，最好用单晶衍射仪，测量一个单晶体需要一到两天。

多晶体衍射仪（XRD）又称粉晶衍射，也是实验室中最常用的一种衍射仪，主要用来测定样品的物相组成，它主要依据 PDF 数据库，通过查找这个库中与样品衍射谱相同的物相来鉴定某个物相是否存在，因此鉴定的必须是已知物相。也可以测量单晶，前提条件是把单晶破碎成粉晶，这时测量的相当于是纯物质。样品可以是块状或粉末状的，容易制取，测量时间短，物相鉴定相对来说比较简单、快速。

如图 9-23 所示，何梓民等通过布里奇曼生长法成功制备出了 Bi-Se 单晶，图 9-23（a）所示为 Bi-Se 晶体结构，图 9-23（b）所示为样品外观及解理面图片，并对 Bi-Se 单晶样品解理面及样品粉末进行了物相表征，表征结果如图 9-23（c）所示，样品的衍射数据显示各个峰位都能很好地与 Bi-Se（PDF 号 29-0246）匹配，Bi-Se 单晶样品解理面的XRD 图谱中各衍射峰锐利明晰，且都属于（001）晶面族，表明样品结晶性良好，具有较强的方向性。最后对样品的（005）晶面进行摇摆曲线测试，结果如图 9-23（d）所示，图中横坐标为样品平面与（005）晶面的夹角，摇摆曲线半高宽为 4.7′，进一步表明样品具有良好的结晶性。在摇摆曲线的主峰附近观察到微弱的杂峰，这可能是采用胶带剥离法处理样品时未能使其完全平整，残留了些许与样品表面不完全平行的微小晶片所致。

9.6.5 XRD 在织构分析中的应用

多晶体是许多单晶体的集合体，如果各晶粒的排列是完全无规则的（取向概率分布相同），则多晶体在不同方向上宏观地表现出性能上的各向同性。多晶体在其形成过程中，由于受到外界的力、热、电、磁等各种不同条件的影响，多晶体中的各晶粒呈现出或多或少的统计不均匀分布（取向概率分布不同），这种现象称为择优取向，这种组织结构称为织构。多晶体在不同受力情况下，会出现不同类型的织构：

（1）纤维织构：轴向拉拔或压缩的金属或多晶体，往往以一个或几个结晶学方向平行或近似平行于轴向，这种织构称为丝织构或纤维织构。理想的丝织构常用与其平行的晶向指数<uvw>表示。

（2）面织构：在某些锻压、压缩多晶材料中，晶体往往以某一晶面法线平行于压缩力轴向，称为 面织构，常以 {hkl} 表示。

（3）板织构：轧制板材既受拉力又受压力，除以某些晶体学方向平行轧向外，还以某些晶面平行于轧面，称为板织构，常以 {hkl} 〈uvw〉表示。

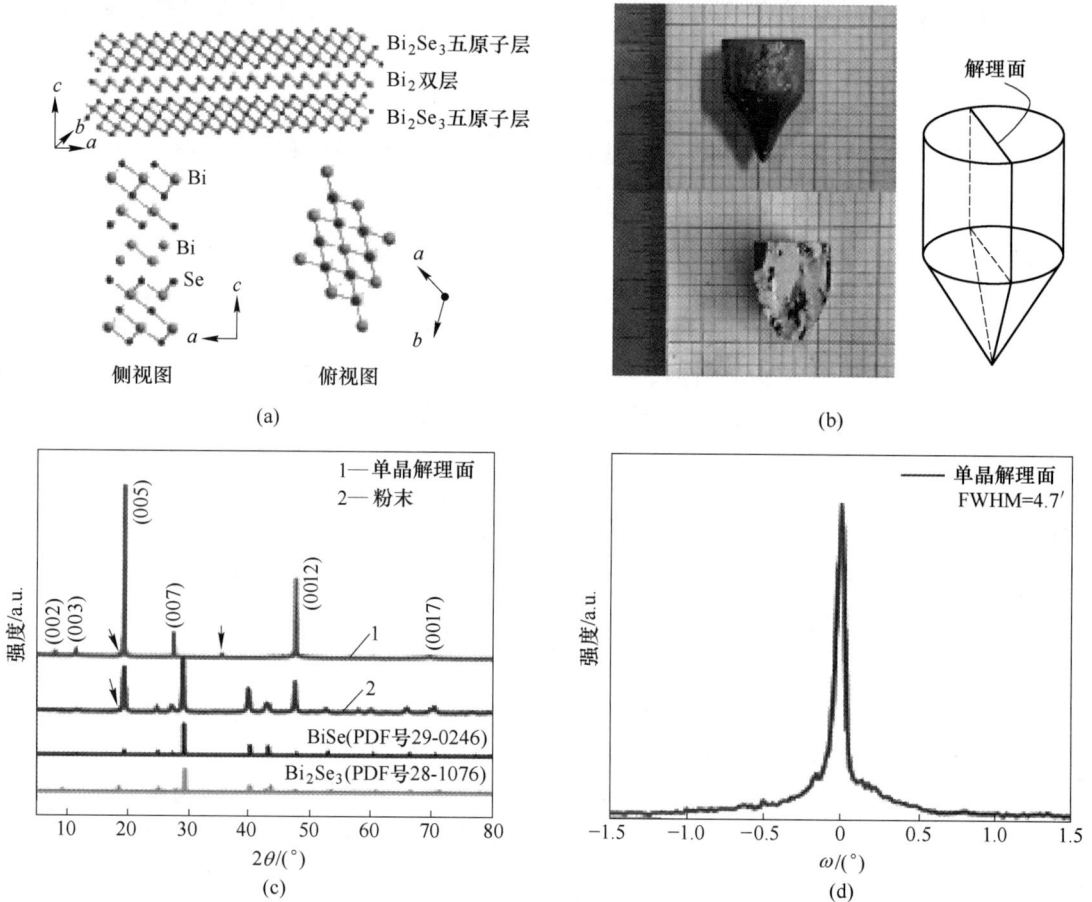

图 9-23　Bi-Se 单晶样品外观及物相表征

（a）Bi-Se 晶体结构；（b）样品外观及解理面图片；（c）解理面及粉末 XRD 图谱；
（d）（005）晶面摇摆曲线图谱

XRD 测试织构的工作原理有以下四点：

（1）晶体内一些晶粒优先沿着特定的方向排列的现象，称为择优取向。

（2）在粉末衍射法中，衍射强度 I：

$$I = P\,|F_{hkl}|^2 \cdot \frac{1 + \cos^2 2\theta}{\sin^2\theta\cos\theta} \tag{9-7}$$

式中，P 为多重性因子；$|F_{hkl}|^2$ 为结构（振幅）因子；θ 为衍射角。

（3）式（9-7）要求粉末样品中呈现完全的随机取向。

（4）若晶体中存在织构，则必将引起衍射强度发生起伏变化，这些强度变化反映了晶粒取向在空间的不均匀分布。

XRD测试织构的方法分为三种：

（1）极图：极图是表示某一取向晶粒的某一选定晶面 $\{hkl\}$，在包含样品坐标系方向的极射赤面投影图上的位置的图形，主要用来描述板织构。

（2）反极图：反极图可用于分析在晶体坐标系中某试样样品坐标轴的分布情况，一般用来描述丝织构。

（3）取向分布函数图ODF：实际中ODF是根据若干个极图计算出来的，ODF立体图表示不便，所以 y 一般用固定 φ_2 的一组截面来表示。

如图9-24所示，Yan-peng Wang等利用XRD研究了AZ31镁合金弯曲之后织构的演化。经SE（交错挤压）处理后，原坯料的晶粒大多向ED偏转，弯曲产物中出现纤维织。在 $\{0001\}$ 基面极点图中，SE过程中基面沿ED方向倾斜一定角度，最终形成较强的挤压纤维织构。在挤压过程中，大多数晶粒的 c 轴会在外力作用下发生偏转，趋于与外力方向平行。

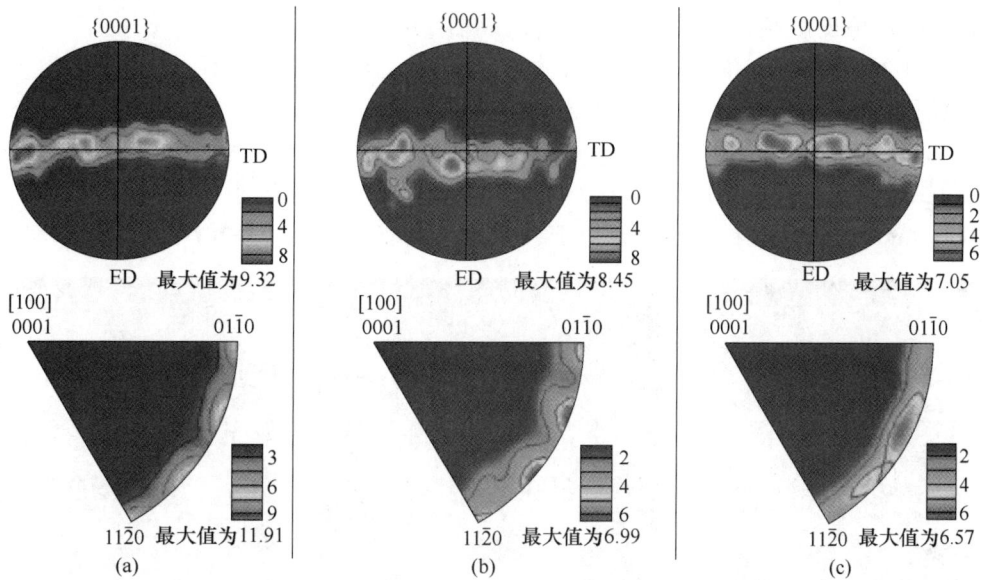

图9-24 AZ31镁合金弯曲产品的极点图和反极点图
（a）$\lambda = 44.4$；（b）$\lambda = 19.75$；（c）$\lambda = 11.11$

9.6.6 XRD检测中照相法在材料分析中的应用

所谓的照相法就是用底片来记录X射线的衍射，照相法中最常用的是德拜法。德拜法是用一条细长的底片围在试样周围形成一个圆筒来记录衍射线的。当X射线照射在试样上时，形成的衍射锥在底片上留下一个个圆弧（照片）（图9-25）。实验用的相机称为德拜相机。

德拜法所使用的试样都是由粉末状的多晶体微粒所制成的圆柱形试样，通常称为粉末

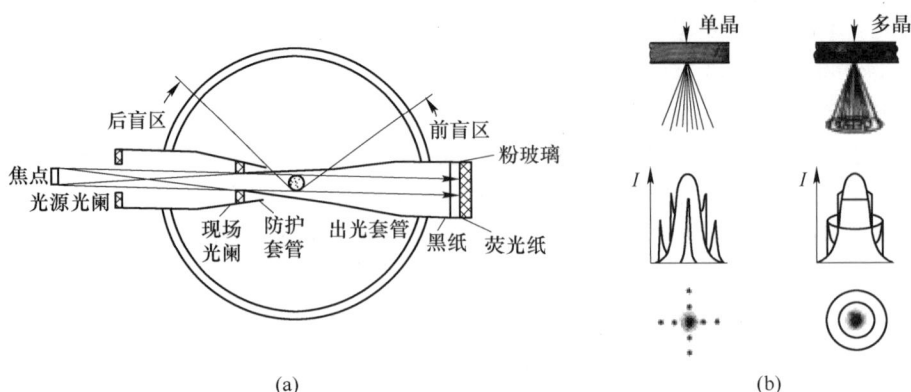

图 9-25　德拜相机构造示意图(a)和衍射图案形成原理示意图(b)

柱，柱体的直径约为 0.5 mm。粉末试样中晶体微粒的线性大小以 10^{-3} mm 数量级为宜，一般要过 $250\sim325$ 目筛，或用手指搓摸无颗粒感时即可。若粒径过粗，则参与衍射的晶粒太少，会使德拜图上的弧线变成点状而不连续；若粒径过细，则弧线弥散变宽。因此，研磨样品必须适度，颗粒太粗或过细都会造成不良的照相结果。

如图 9-26 所示，Ali K. Shargh 等通过 XRD 衍射花样图观察到不同压力条件下样品的平均晶粒尺寸的变化。图中每个环在每个压力下的斑数都可以用来估计基于聚焦 X 射线斑大小的晶粒的平均大小，当压力为 1.7 GPa 时，观测到的冰$_{\text{VI}}$表明冰$_{\text{VI}}$和 HDA 共存。与压力为 0.75 GPa 时相比，压力为 1.7 GPa 时冰$_{\text{VI}}$的晶粒尺寸较小。同时发现在冰$_{\text{VII}}$区域（图 9-26 (c)），样品呈粉末状，相对于 X 射线束具有非常小的晶粒尺寸。

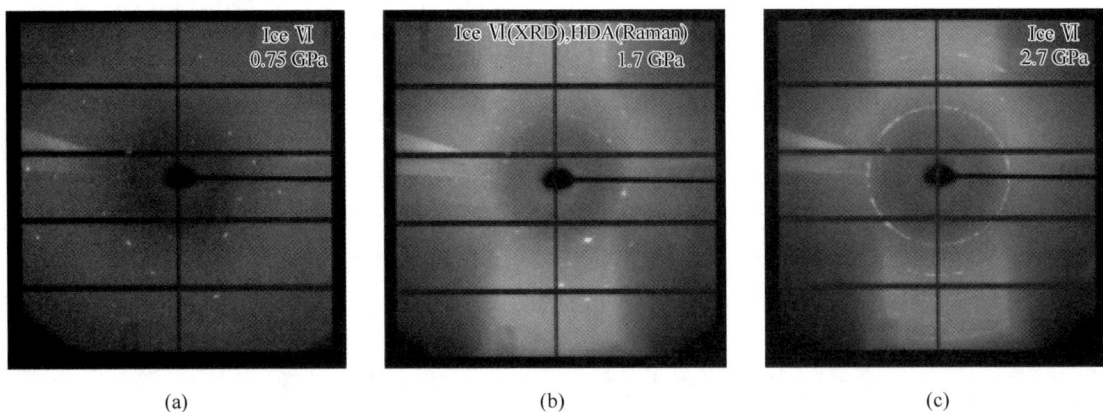

图 9-26　在单次实验中，室温下选择不同压力时 H_2O 样品的 XRD 衍射图案

（a）0.75 GPa；（b）1.7 GPa；（c）2.7 GPa

9.6.7　XRD 发展趋势

　　X 射线衍射技术具备应用广、制样方便、测试条件相对简单等特点，已经成为材料检测领域必不可少的测试手段。通过 X 射线衍射技术，能够快速判断材料的物相组成，并

且通过后期的修饰能够较为准确地得到材料的原子占位、晶胞参数、应力变化等信息，对理解材料结构与性能之间的研究提供了不可忽视的作用。随着科技的发展，许多多功能或者精细化的X射线衍射仪的出现，使得原位XRD、单晶XRD等的检测成为可能，高低温、电化学的实时测试，单晶物质的检测均已实现，并且XRD技术如今还应用于瞬间动态过程的测量。计算机的普遍使用让各种测量仪器的功能变得强大，测试过程变得简单快捷，双晶衍射、多重衍射也越来越完善。纵观整个X射线衍射领域，可以看出仪器设备的精密化和多用途化是一个发展趋势。

参 考 文 献

［1］ WEI X J, WANG X P, AN Q Y, et al. Operando X-ray diffraction characterization for understanding the intrinsic electrochemical mechanism in rechargeable battery materials ［J］. Small Methods, 2017, 1 (5)：1700083.

［2］ 张杰男, 汪君洋, 吕迎春, 等. 锂电池研究中的X射线多晶衍射实验与分析方法综述 ［J］. 储能科学与技术, 2019, 8 (3)：444-466.

［3］ WEN L T, CHRISTOPHER R M. X-ray diffraction of photovoltaic perovskites：Principles and applications ［J］. Applied Physics Reviews, 2022：021310.

［4］ DINNEBIER R E, BILLINGE S J L. Powder Diffraction：Theory and Practice ［M］. Cambridge：The Royal Society of Chemistry, 2008：582.

［5］ 梁敬魁. 粉末衍射法测定晶体结构 ［M］. 2版. 北京：科学出版社, 2011.

［6］ MA X T, MA Y F, ADELAIDE M N, et al. Understanding the polymorphism of cobalt nanoparticles formed in electrodeposition-an in situ XRD study ［J］. ACS Materials Letters, 2023, 5：979-984.

［7］ MA X T, MA Y F, DOUGLAS G V C, et al. Thermal engineering of $FAPbI_3$ perovskite material via radiative thermal annealing and in situ XRD ［J］. Nature Communication, 2017, 8：14075.

［8］ 张庆礼, 王宜申, 肖进, 等. 最小二乘法计算晶格参数 ［J］. 量子电子学报, 2009, 26 (2)：177-186.

［9］ 郭常霖, 黄月鸿. 多晶X射线衍射图指标化和晶胞参数求解的通用计算方法 ［J］. 硅酸盐学报, 1986 (2)：3-13.

［10］ LIOTTA L F, LONGO A, MACALUSO A, et al. Influence of the SMSI effect on the catalytic activity of a $Pt(1\%)/Ce_{0.6}Zr_{0.4}O_2$ catalyst：SAXS, XRD, XPS and TPR investigations ［J］. Applied Catalysis B：Environmental, 2004, 48 (2)：133-149.

［11］ 邹星礼. 含钛复合矿直接选择性提取制备 TiM_x (M = Si, Fe) 合金研究 ［D］. 上海：上海大学, 2012.

［12］ 李尚书. 含钛复杂矿物电化学制备钛合金/碳化物/复合材料的基础研究 ［D］. 上海：上海大学, 2019.

［13］ 唐蔚. 氯化物熔盐电沉积制备 Ti_5Si_3 及其机理研究 ［D］. 上海：上海大学, 2021.

［14］ LI J, DOWNIE L E, MA L, et al. Study of the failure mechanisms of $LiNi_{0.8}Mn_{0.1}Co_{0.1}O_2$ cathode material for lithiumion batteries ［J］. Journal of the Electrochemical Society, 2015, 162 (7)：1401-1408.

［15］ ZHANG M J, DUAN Y D YIN C, et al. Ultrafast solid-liquid intercalation enabled by targeted microwave energy delivery ［J］. Science Advances, 2020, 6 (51)：1-9.

［16］ 杨卓, 卢勇, 赵庆, 等. X射线衍射Rietveld精修及其在锂离子电池正极材料中的应用 ［J］. 无机材料学报, 2023, 38 (6)：589-605.

［17］ 何梓民, 吴荣, 赖晓芳, 等. BiSe单晶及其Sb掺杂单晶的制备和热电输运性质 ［J］. 中国科学：物

理学 力学 天文学, 2022, 52 (11): 117311.

[18] WANG Y P, LI F, WANG Y, et al. Effect of extrusion ratio on the microstructure and texture evolution of AZ31 magnesium alloy by the staggered extrusion (SE) [J]. Journal of Magnesium and Alloys, 2020, 8: 1304-1313.

[19] ALI K S, AUDE P, ROSTISLAV H, et al. Coexistence of vitreous and crystalline phases of H_2O at ambient temperature [C] // Proceedings of the National Academy of Sciences of the United States of America, 2022, 119 (27): e2117281119.

习　题

参考答案

9-1　试述布拉格公式中各参数的含义，以及该公式有哪些应用？

9-2　当 X 射线在原子上发射时，相邻原子散射线在某个方向上的波程差若不为波长的整数倍，则在此方向上必然不存在放射，为什么？

9-3　如何从一种晶体的多晶 X 射线衍射图上判别其是立方还是四方？

9-4　衍射宽化是由哪些因素引起的？

9-5　简述 X 射线粉末衍射法物相定性分析的过程及应注意的问题。

9-6　简述布拉格方程的意义。

9-7　简述影响 X 射线衍射强度的因素。

9-8　试总结德拜法衍射花样的背底来源，并提出一些防止和减少背底的措施。

9-9　粉末样品颗粒过大或过小对衍射花样有什么影响，为什么？板状多晶体样品晶粒过大或过小对衍射峰形有什么影响？

9-10　试从入射光束、样品形状、成像原理（厄瓦尔德图解）、衍射线记录、衍射花样、样品吸收与衍射强度（公式）、衍射装备及应用等方面比较衍射仪法与德拜法的异同点。

第2篇　电子显微分析

10　电子与固体物质的相互作用

本章导读：

- 电子与物质相互作用的基本物理过程
- 电子与物质相互作用产生的各种信号及特点
- 电子与物质相互作用产生的信号再电子显微分析中的应用
- X 射线衍射数据分析方法的简介
- 实验数据的修饰、XRD 在材料分析中的应用实例

随着扫描电镜、透射电镜、电子探针、俄歇电子能谱仪、X 射线光电子能谱仪等现代分析仪器的发展，促进了电子、X 光子等辐射粒子与物质相互作用的研究。下面就电子与物质相互作用的基本物理过程，电子与物质相互作用产生的各种信号，这些信号的特点及其在电子显微分析中的应用作一些概要介绍。

10.1　电　子　散　射

当一束聚焦电子束沿一定方向射入试样内时，在原子库仑电场作用下，入射电子方向发生改变，称为散射。原子对电子的散射可分为弹性散射和非弹性散射。在弹性散射中，电子只改变方向，基本无能量的变化；在非弹性散射中，电子不但改变方向，能量也有不同程度的减小，转变为热、光、X 射线和二次电子等。

为了定量地分析和研究电子的散射作用，需要引入散射截面的概念。一个电子被一个试样原子散射后偏转角等于或大于 α 角的概率可用原子散射截面 $\sigma(\alpha)$ 来度量，它可定义为电子被散射到等于或大于 α 角的概率除以垂直入射电子方向上单位面积的原子数，量纲为面积。可以将弹性散射和非弹性散射看成是相互独立的随机过程，原子散射截面是弹性散射截面与非弹性散射截面之和，即：

$$\sigma(\alpha) = \sigma_e(\alpha) + \sigma_i(\alpha) \tag{10-1}$$

式中，$\sigma(\alpha)$ 为原子散射截面；$\sigma_e(\alpha)$ 为原子的弹性散射截面；$\sigma_i(\alpha)$ 为原子的非弹性散射截面。

原子对电子的散射又可分为原子核对电子的弹性散射，原子核对电子的非弹性散射和

核外电子对电子的非弹性散射，下面分别予以讨论。

10.1.1　原子核对电子的弹性散射

入射电子与试样中的原子核发生碰撞时，可以用经典力学方法近似处理。当一个电子从距离为 r 处通过原子序数为 Z 的原子核库仑电场时，将受到散射。由于核的质量远远大于电子的质量，电子散射后只改变方向而不损失能量，因此电子受到的散射是弹性散射，根据卢瑟福的经典散射模型，散射角 α 是：

$$\alpha = \frac{Ze^2}{E_0 r_n} \tag{10-2}$$

式中，E_0 为入射电子的能量，eV。

由式（10-2）可知，试样原子序数越大，入射电子的能量越小，距原子核的距离越近，散射角 α 越大。显然，这是一个相当简化的模型，实际上除了要考虑原子核对电子的散射作用外，还应考虑核外电子负电荷的屏蔽作用。

由图 10-1（a）可知，在垂直于电子入射方向，以原子核为中心、r 为半径的圆面积 πr 内通过的入射电子，其散射角均大于或等于 α，πr 相当于一个核外电子对入射电子的非弹性散射截面。

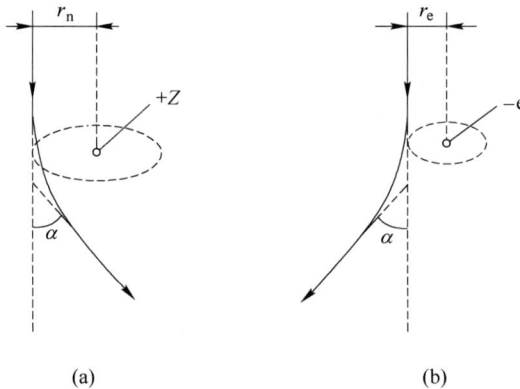

图 10-1　原子核对入射电子的弹性散射（a）和核外电子对入射电子的非弹性散射（b）

弹性散射电子由于其能量等于或接近于入射电子能量 E，因此是透射电镜中成像和衍射的基础。

10.1.2　原子核对电子的非弹性散射

入射电子运动到原子核附近，除受核的库仑电场的作用发生大角度弹性散射外，入射电子也可以被库仑电势制动而减速，成为一种非弹性散射，入射电子损失的能量 ΔE 转变为 X 射线，它们之间的关系是：

$$\Delta E = h\nu = \frac{hc}{\lambda} \tag{10-3}$$

式中，h 为普朗克常数；c 为光速；ν、λ 为 X 射线的频率与波长。

由于能量的损失不是固定的，因此这种 X 射线无特征波长值，能量损失越大，X 射线波长越短，波长连续可变，一般称为连续辐射或韧致辐射。它本身不能用来进行成分分析，反而会在 X 射线谱上产生连续衬底，影响分析的灵敏度和准确度。

10.1.3 核外电子对入射电子的非弹性散射

入射电子与原子核外电子的碰撞为非弹性碰撞。此时入射电子的运动方向发生改变，能量受到损失，而原子则受到激发。

非弹性散射机制如下。

10.1.3.1 单电子激发

入射电子和原子的核外电子碰撞，将核外电子激发到空能级或脱离原子核成为二次电子，而原子则变成离子，此过程称为电离。

入射电子在试样内产生二次电子是一个级联过程，也就是说入射电子产生的二次电子还有足够的能量继续产生二次电子，如此继续下去，直到最后二次电子的能量很低，不足以维持此过程为止（图 10-2）。一个能量为 20 keV 的入射电子，在硅中可以产生约 3000 个二次电子。但并不是所有产生的二次电子都能逸出试样表面成为信号，由于二次电子的能量较低（小于 50 eV），因此仅在试样表面10 nm 层内产生且能克服几个电子伏逸出功的电子才有可能逸出。二次电子的主要特点是其对试样表面

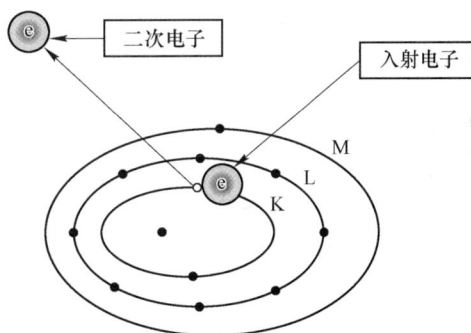

图 10-2　二次电子发生机理

状态非常敏感，显示表面微区的形貌结构非常有效。二次电子像的分辨率较高，是扫描电镜中的主要成像手段。二次电子易受样品电场和磁场影响。二次电子的产额对样品的表面状态非常敏感，常用来分析表面形貌（morphology/topology image）。二次电子的产额除了和电子入射角、样品表面状态有关外，还与电子束加速电压、样品组成等有关。

入射电子使得固体中价电子激发到空能级或游离时损失的能量较小，使得内层电子激发或游离时损失的能量相当大，因此价电子激发的概率远远大于内层电子的激发概率。价电子激发使得入射电子主要产生小角度散射；而内层电子激发则可引起入射电子的大角度散射，但其概率很小。因此，单电子激发主要使入射电子受到小角度非弹性散射。

10.1.3.2 等离子激发

晶体是处于点阵固定位置的正离子和弥漫在整个空间的价电子云组成的电中性体。因此，可以把晶体看成是等离子体。入射电子会引起价电子的集体振荡。当入射电子经过晶体时，在其路径近旁会使价电子受斥而做径向发散运动，从而在入射电子路径的附近产生带正电的区域及在较远处产生带负电的区域，瞬时地破坏了那里的电中性。该区域的静电作用又使负电区域多余的价电子向正电区域运动，当运动超过平衡位置后，负电区变成正电区，如此往复不已，这种纵波式的往复振荡是许多原子的价电子参加的长程作用，称为价电子的集体振荡。

如价电子的这种集体振荡的角频率为 ω，则振荡的能量 ΔE 是量子化的：

$$\Delta E_p = \frac{h}{2\pi} \omega_p \tag{10-4}$$

这种能量量子称为等离子。

入射电子激发等离子后就要损失能量 ΔE，因其有固定值，且随不同元素及成分而异，因此称为特征能量损失，损失能量后的电子称为特征能量损失电子。

在透射电子显微镜中，可以用能量分析器把具有不同的能量透射电子分开，得到电子能量损失谱。由于试样的厚度大于等离子激发平均自由程，电子在透射试样时有数次激发等离子的机会，因此在透射电子的能量损失谱上会出现 AEP 的 1 倍到几倍的几个峰。可以利用电子能量损失谱进行成分分析，称为能量分析电子显微术；也可选择有特征能量的电子成像，称为能量选择电子显微术。

10.1.3.3　声子激发

晶格振动的能量也是量子化的，它的能量量子称为声子，等于 $h\omega/(2\pi)$（ω 为晶格振动的角频率），其最大值约为 0.03 eV，所以热运动很容易激发声子。在常温下，固体中的声子很多，声子的波长可以小到零点几个纳米，比等离子振荡波长小两三个数量级，因此声子的动量可以相当大。入射电子和晶格的作用可以看作是电子激发声子或吸收声子的碰撞过程，碰撞后入射电子的能量变化很小，但动量改变可以相当大，即可以发生大角度的散射。

10.2　内层电子激发后的弛豫过程

当试样原子的内层电子被运动的电子轰击而脱离原子后，原子处于高度激发状态，它将跃迁到能量较低的状态，这种过程称为弛豫过程。弛豫过程可以是辐射跃迁，即特征 X 射线发射；也可以是非辐射跃迁，如俄歇电子发射，这些过程都具有能量特征。能谱仪和波谱仪就是利用 X 射线来进行成分分析的谱仪。

10.3　自由载流子

当能量较高的入射电子照射到半导体、磷光体和绝缘体上时，不仅可使内层电子被激发产生电离，还可使满带的价电子激发到导带中去，这样就在满带和导带内产生大量空穴和电子等自由载流子。阴极荧光、电子束电导和电子束伏特效应等都是由这些自由载流子产生的。

10.3.1　阴极荧光

阴极荧光是指半导体、磷光体和一些绝缘体在高能电子束的照射下发射出的可见光（或红外光、紫外光）。物质显示发光的能力通常与是否存在"刺激剂"有关，这些"刺激剂"可以是主体物质中浓度较低的杂质原子，也可以是由于物质中元素的非化学计量而产生的某种元素过剩或晶格空位等晶体缺陷。

在定性分析中，电子束在试样表面扫描或使其照射到试样的较大面积上，用仪器备有的光学显微镜直接观察阴极荧光的颜色并进行分析。在定量分析中，可通过单色仪等将阴极荧光强度随波长变化的曲线绘制出来，得到阴极荧光光谱。

10.3.2 电子束电导和电子生伏特

由上文可知，在高能电子束的照射下，半导体材料中将产生自由载流子。如果此时在试样的两端加上外接直流电源建立的电位差，则自由载流子将向异性电极运动，产生附加的电导，这就是电子束电导。当自由载流子在半导体的局部电场作用下各自运动到一定的区域（例如 pn 结）积累起来时，将形成净空同电荷而产生电位差，这就是电子生伏特。

电子束电导与半导体内的杂质和缺陷有关，而电子生伏特则可用来测量半导体中少数载流子的扩散长度和寿命。因此，它们对于半导体材料和固体电路的研究是非常重要的物理信号。

10.4　各种电子信号

在电子与固体物质相互作用的过程中产生的电子信号，除了二次电子、俄歇电子和特征能量损失电子外，还有背散射电子、透射电子和吸收电子等初次电子。

10.4.1　背散射电子

电子射入试样后，将受到原子的弹性和非弹性散射，有一部分电子的总散射角大于 $90°$，重新从试样表面逸出，称为背散射电子，这个过程称为背散射。按入射电子受到的散射次数和散射性质，背散射电子又可进一步分为弹性背散射电子、单次非弹性散射电子和多次非弹性散射电子。如果在试样上方安放一个接收电子的探测器，则可探测出不同能量的电子数目。由于探测器只能分别探测不同能量的电子，而不能把能量相近的二次电子和背散射电子区分开来，因此习惯上把能量低于 50 eV 的电子当成"真正的"二次电子，将能量大于 50 eV 的电子归入背散射电子。背散射电子束来自距样品表面几百纳米的深度范围，其产额随着原子序数的增大而增多，且会受到样品形貌的影响。

在扫描电镜和电子探针仪中应用背散射电子成像，称为背散射电子像。背散射电子能量较高，如图 10-3 所示，其产额随原子序数的增大而增大，如图 10-4 所示。因此，背散

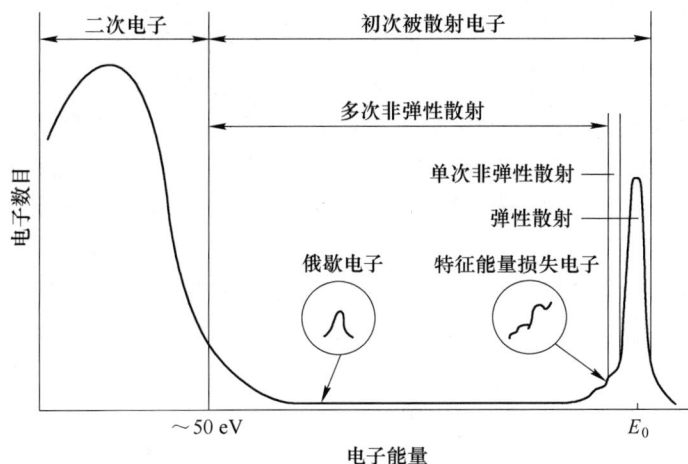

图 10-3　在试样表面接受到的电子谱

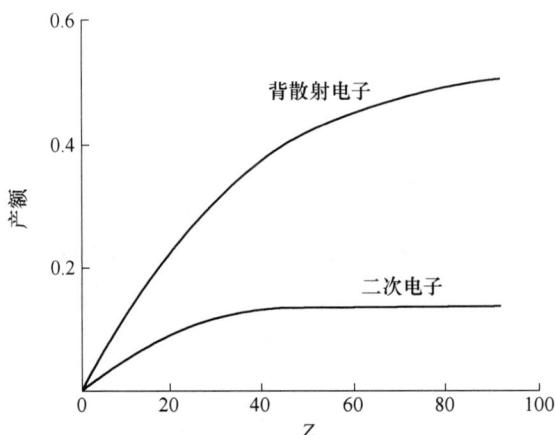

图 10-4　背散射电子和二次电子产额随原子序数的变化
（加速电压为 30 kV）

射电子的衬度与成分密切相关，可以根据背散射电子像的衬度得出一些元素的定性分布情况。背散射电子像的分辨率较低。

10.4.2　透射电子

当试样厚度小于入射电子的穿透深度时，入射电子将穿透试样，从试样的另一表面射出，称为透射电子。透射电子显微镜是应用透射电子来成像的，如果试样很薄，只有 10~20 nm 的厚度，则透射电子的主要组成部分是弹性散射电子，成像比较清晰，电子衍射斑点也比较明锐。如果试样较厚，则透射电子中有相当一部分是非弹性散射电子，能量低于入射电子的能量，并且是一变量，经磁透镜成像后，由于色差，将影响成像清晰度。

10.4.3　吸收电子

入射电子经过多次非弹性散射后能量损失殆尽，不再产生其他效应，被试样吸收，这种电子称为吸收电子。如果将试样与一纳安表连接并接地，则会显示出吸收电子所产生的吸收电流。显然，试样的厚度越大，密度越大，原子序数越大，吸收电子就越多，吸收电流就越大，所以，吸收电子的信号强度与背散射电子的信号强度相反，即如背散射电子的信号强度弱，则吸收电子的强度就强；反之亦然。因此，不但可以利用吸收电流这个信号成像，还可以得出原子序数不同的元素的定性分布情况。它被广泛地应用于扫描电镜和电子探针仪中。随着背散射检测器的不断进步，现在吸收电子像的分辨率通常不如背散射电子像，一般很少用。

如果试样接地保持电中性，则入射电子强度 I 和背散射电子信号强度 I_b、二次电子信号强度 I_s、透射电子信号强度 I_t、吸收电子信号强度 I_a 之间存在以下关系：

$$I = I_b + I_s + I_t + I_a \tag{10-5}$$
$$\eta + \delta + \alpha + T = 1 \tag{10-6}$$

式中，$\eta = I_b/I$，为背散射系数；$\delta = I_s/I$，为二次电子发射系数；$\alpha = I_a/I$，为吸收系数；$T = I_t/I$，为透射系数。

试样的密度与厚度和的乘积越小，则透射电子系数越大；反之，则吸收电子系数和背散射电子系数越大。

10.4.4　俄歇电子

在电子跃迁的过程中，如果过剩的能量不是以 X 射线的形式放出去的，而是把这部分能量传递给同层（或者外层）的另一个电子，并使之发射出去，则该电子即为俄歇电子（Auger electron），俄歇电子的能量较低，通常在 50～1500 eV。每种元素都具有各自特征的俄歇电子能量。

俄歇电子的平均自由程很小（1 nm 左右），而在较深区域产生的俄歇电子，在向表面运动时，必然会因碰撞而损失能量，使之失去具有特征能量的特点。而只有表面 1 nm 左右范围内逸出的俄歇电子才具有分析意义。因此俄歇电子特别适合用作表面层的成分分析。

10.4.5　X 射线

10.4.5.1　连续 X 射线

连续 X 射线与 X 射线管产生连续 X 射线的原理一样，不同的是，这里作阳极的不是磨光的金属表面，而是试样。

当电子束轰击试样表面时，有的电子可能与试样中的原子碰撞一次就停止，而有的电子则可能与原子碰撞多次，直到能量消耗殆尽为止。每次碰撞都可能产生一定波长的 X 射线，由于各次碰撞的时间和能量损失不同，产生的 X 射线的波长也不相同，加上碰撞的电子极多，因此将产生各种不同波长的 X 射线——连续 X 射线。连续 X 射线在电子探针定量分析中作为背景值应予以扣除。

10.4.5.2　特征 X 射线

根据能量或波长确定的 X 射线称为特征 X 射线。各元素的原子受电子束或高能 X 射线的激发，使处于较低能级的内壳层电子电离，整个原子呈不稳定的激发态，较高能级上的电子便会自发地跃迁到内壳层空位，同时释放出多余的能量，使原子回到基态，这部分能量可以以 X 射线光子的形式释放出来。对于任一原子而言，各能级之间的能量差都是确定的，因此各原子受激发而产生的 X 射线的能量或波长也都是确定的。电子束与固体物质作用会产生特征 X 射线，这与 X 射线管产生特征 X 射线的过程和原理相同。特征 X 射线的波长取决于原子的核外电子能级结构。每种元素都有其特定的特征 X 射线谱。一种元素的某根特征 X 射线（如 $K_{\alpha 1}$）的波长是特定的，它是识别元素的一种特有标志。

由于入射电子的能量及分析的元素不同，将会产生不同线系的特征 X 射线，如 K 线系、L 线系、M 线系。当原子的 K 层电子被激发时，L 层电子将向 K 层跃迁，所产生的特征 X 射线称为 K_{α}，M 层电子向 K 层跃迁产生的 X 射线称为 K_{β}。电子探针和扫描电镜用 WDS 或 EDS 的定性和定量分析时，就是利用电子束轰击样品所产生的特征 X 射线。每一个元素都有一个特征 X 射线波长与之对应，不同元素分析时采用不同线系，轻元素用 K_{α} 线系，中等原子序数元素用 K_{α} 或 L_{α} 线系，一些重元素常用 M_{α} 线系。入射到样品表面的电子束能量，必须超过相应元素的相应壳层的临界激发能 E_k，电子束加速电压一般为临界激发电压的 2～3 倍，通常在 10～30 kV。常用的特征 X 射线名称与壳层电子跃迁的关系，如图 10-5 所示。

如在 X 射线谱中发现了某种元素的特征 X 射线，就可以肯定该元素的存在。所以，特征 X 射线是电子探针微区成分分析所检测的主要信号。

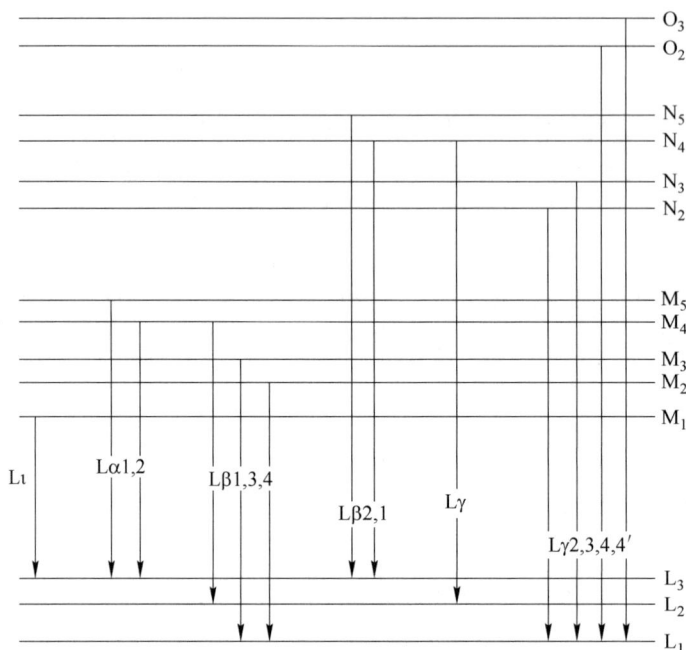

图 10-5　特征 X 射线能级图

10.4.5.3　荧光 X 射线

由 X 射线激发而产生的次级 X 射线称为荧光 X 射线。其产生机理与 X 射线管产生 X 射线的机理是一样的，不同的是荧光 X 射线以 X 射线作为激发源。

高能电子束轰击试样，会产生特征 X 射线和连续 X 射线，特征 X 射线会激发另一些元素的内层电子而产生次级特征 X 射线。这种由特征 X 射线激发出来的二级特征 X 射线，称为特征 X 荧光。

综上所述，高能电子束照射在固体试样上将产生各种电子及物理信号，如图 10-6 所示。

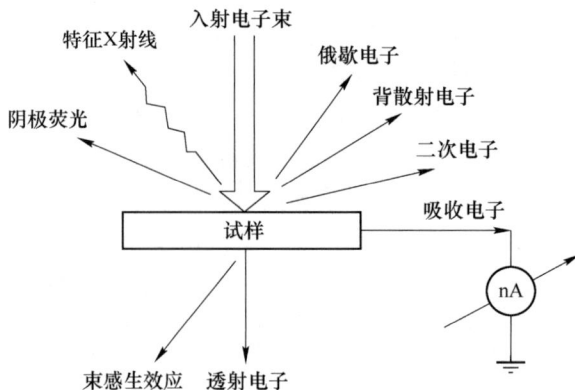

图 10-6　电子与固体试样作用产生的信号

这些信号的用途如下：

（1）成像，显示试样的亚微观形貌特征，还可以利用有关信号在成像时显示元素的定性分布。

（2）根据衍射及衍射效应可以得出试样的有关晶体的结构资料，如点阵类型、点阵常数、晶体取向和晶体完整性等。

（3）进行微区成分分析。

10.5　相互作用体积和信号产生的深度和广度

10.5.1　相互作用体积

当电子射入固体试样后，受到原子的弹性和非弹性散射，入射电子经过多达百次以上的散射后会完全失掉方向性，也就是向各个方向散射的概率相等，一般称为扩散或漫散射。由于存在这种扩散过程，因此电子与物质的相互作用不限于电子入射方向，而是有一定的体积范围，此体积范围称为相互作用体积。

电子与固体物质的相互作用体积可通过蒙特-卡洛电子弹道模拟技术予以显示。图 10-7所示为电子与铝相互作用的蒙特-卡洛电子弹道模拟，它显示了电子在铝中的扩散和相互作用体积范围。

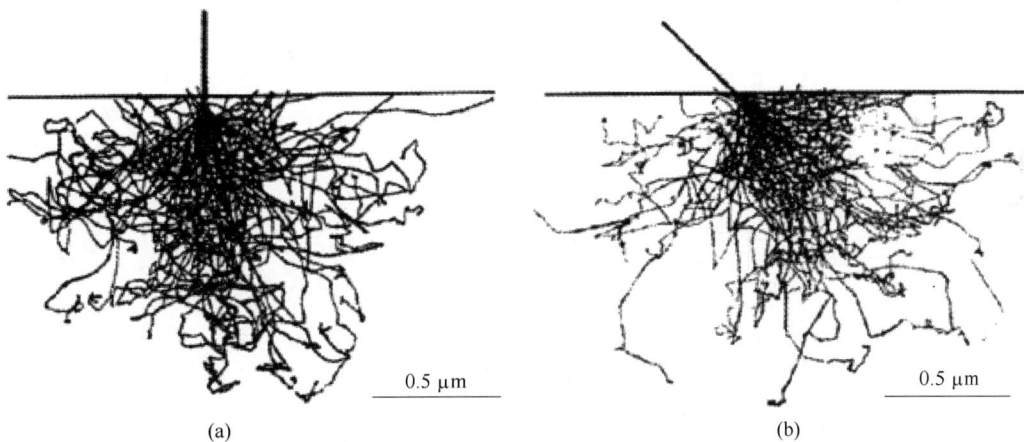

0.5 μm

0.5 μm

(a)　　　　　　　　　　　　　　　(b)

图 10-7　电子与铝相互作用的蒙特-卡洛电子弹道模拟
（a）电子束垂直入射；（b）电子束倾斜入射

电子与固体试样相互作用体积的形状和大小与入射电子的能量、试样原子序数和电子束入射方向有关。对于轻元素试样，其相互作用体积呈梨形；对于重元素试样，其相互作用体积呈半球形。入射电子能量增加只改变相互作用体积的大小，但形状基本不变（图10-8）。与垂直入射相比，电子倾斜入射时相互作用体积在靠近试样表面处横向尺寸增加，相互作用体积的形状和大小决定了各种物理信号产生的深度和广度范围。

10.5.2　各种物理信号产生的深度和广度

相互作用体积呈梨形时，各种信号产生的深度和广度范围如图10-9所示。由图可知，俄歇电子仅在表面 1 nm 层内产生，适用于表面分析。

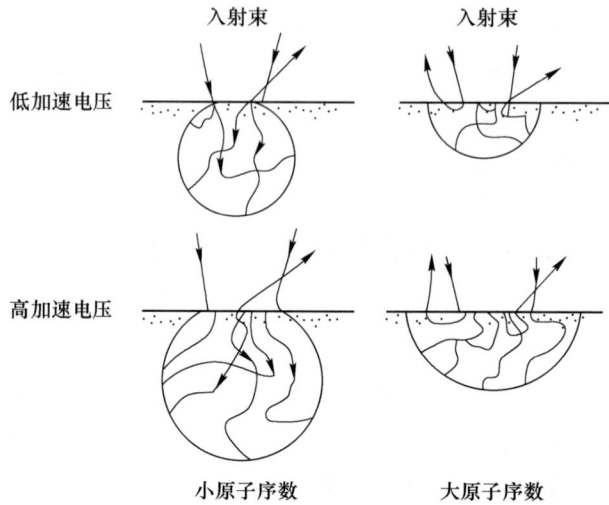

图 10-8　入射电子能量和试样原子序数不同时的相互作用体积

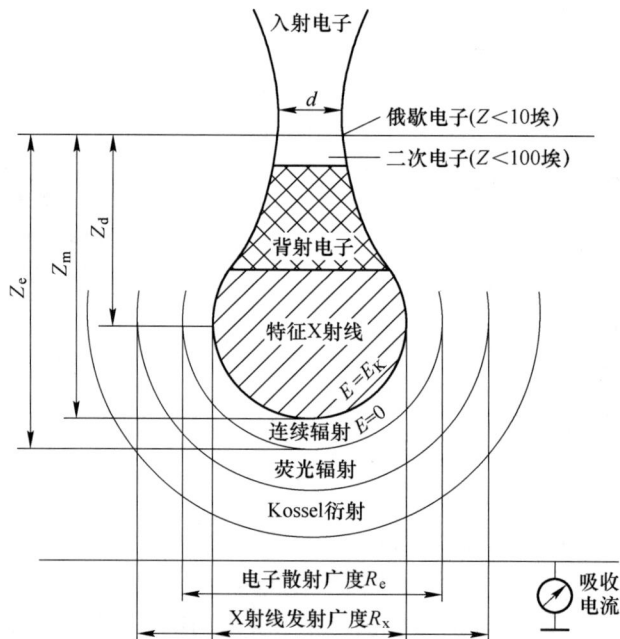

图 10-9　入射电子产生的各种信号的深度和广度范围

Z_e—电子达到完全扩散的深度；Z_m—电子穿透深度；Z_d—特征 X 射线产生的深度

二次电子在表面 10 nm 层内产生，在这么浅的深度内，电子还没有经过多少次散射，基本上还是按入射方向前进，因此二次电子发射的广度与入射电子束的直径相差无几。在扫描电镜成像的各种信号中，二次电子像具有最高的分辨率。

　　背散射电子，由于其能量较高，接近于 E_0，可以从距离试样表面较深处射出，此时入射电子已充分扩散，发射背散射电子的广度要比电子束直径大，因此其成像分辨率要比二次电子低得多，它主要取决于入射电子能量和试样原子序数。

　　X 射线（包括特征 X 射线、连续辐射和 X 光荧光）信号产生的深度和广度范围较大。对于特征 X 射线，只有能量大于 E_K（K 激发）的电子才有可能激发该元素的 K 系特征 X 射线。因此，激发初级 K 系特征 X 射线的深度及广度由电子能量 $E>E_K$ 的范围决定。对于不同元素，由于 E 不同，其范围也不同。不仅如此，对于同一元素，激发 K、L、M、…各系的特征 X 射线的范围也不同，随 E_K、E_L、E_M、…的依次变小而增大。对于连续辐射，只要电子能量 $E>0$ 就可以激发，因此其产生范围较初级特征 X 射线大。X 光荧光是由特征 X 射线及连续辐射激发的次级特征辐射。X 射线在固体中具有较强的穿透能力，无论是特征 X 射线还是连续辐射，都能在试样内达到较大的范围，因此 X 光荧光产生的范围就更大。由于特征 X 射线的范围大，因此不但使 X 射线图像的分辨率低于二次电子、背散射电子和吸收电子的图像，还会使 X 射线显微分析的区域面积远大于入射电子束照射的面积，这一点在微区成分分析时应特别注意（表 10-1）。

表 10-1　电子束与固体样品作用时产生的各种信号的比较

项目		分辨率/nm	能量范围/eV	来源	可否作成分分析	应用
背散射电子	弹性背散射电子	50~200	数千~数万	距离样品表层几百纳米	可以	成像、成分分析
	非弹性背散射电子		数十~数千			
二次电子		5~10	<50，多数几个	距离表层5~10 nm	不能	成像
吸收电子		100~1000			可以	成像、成分分析
透射电子					可以	成像、成分分析
特征 X 射线		100~1000			可以	成分分析
俄歇电子		5~10	50~1500	距离表层小于1 nm	可以	表面层成分分析

参 考 文 献

[1]　任小明. 扫描电镜/能谱仪原理及特殊分析技术 [M]. 北京：化学工业出版社，2020.

习　题

参考答案

10-1　电子束和固体样品作用时会产生哪些物理信号，它们各具有什么特征？

10-2　什么是二次电子，其主要特点有哪些？二次电子像主要反映试样的什么特征，用什么衬度解释？

11 透射电子显微镜分析

本章内容导读:

- 透射电镜的概述和原理
- 透射电镜的结构介绍
- 透射电镜的工作模式介绍
- 球差电镜的使用
- 透射电镜分析在材料分析中的应用实例

11.1　概　　述

透射电子显微镜（transmission electron microscope，TEM），可以看到在光学显微镜下无法看清的小于 0.2 μm 的细微结构，这些结构称为亚显微结构或超微结构。要想看清这些结构，就必须选择波长更短的光源，以提高显微镜的分辨率。

1897 年，J. J. Thompson 在研究阴极射线的时候发现了电子，打破了原子不可分的经典的物质观，证明了原子并不是构成物质的最小单元，它具有内部结构，是可分的。电子的发现，开辟了新的纪元。

1924 年，德布罗意提出物质波的概念，将波粒二象性推广到一切实物粒子，由此得到了计算电子的波长的公式：$\lambda = h/p$。

在电子显微镜中，正是利用了这个公式，通过发射高能电子，可以得到比光波小得多的波长，从而提高了分辨率（如一个 60 kV 能量的电子，波长可以达到 0.005 nm，而光波波长一般在几百纳米，差了好几个数量级）。

1926 年，布施发现轴对称非均匀磁场能够使电子波聚焦。正是利用这个原理，有了电子显微镜中非常重要的部分——磁透镜。其效果和光学仪器中的凸透镜是一样的，起到聚焦的作用，只不过凸透镜是让光线聚焦起来，而磁透镜则是利用施加的磁场，让发射过来的电子束发生偏转，然后聚焦在一点上，也就是焦点。

所以，虽然电子显微镜的分辨率不受波长的限制，但是会受到磁透镜的限制。因为磁透镜不可能是完全理想的，这时候，电子就没有办法真的只汇聚到同一个点上，而是可能会有一个小范围的分布，形成像差，最后会有个分辨率极限，一般用衬度传递函数来定义。

1928~1929 年，德国科学家 E. Ruska 搭建了第一台装有单一电磁透镜的"电子放大镜"，并于 1931 年与 M. Knoll 共同制造出装有两个电磁透镜的电子显微仪器，被公认为历史上第一台真正意义上的透射电子显微镜；1939 年，西门子公司对透射电镜实现了商业化并推广应用。自此，透射电镜逐步进入实验室和科研院所，分辨率由纳米尺度发展到现在的亚埃尺度，成为少数能够直接观察到"原子"的表征手段之一。1986 年，Ruska

因发明透射电镜荣获一半的诺贝尔物理学奖（另一半由扫描隧道显微镜的发明者 Binnig 和 Rohrer 共享）。

透射电镜在我国的发展也已经走过半个多世纪的历程。1949 年，我国政府在接收南京交通部广播电台时意外发现一台崭新设备，但不知其为何物。钱临照先生派人查看，发现原来是一台英国 Metropolitan-Vickers 公司制造的 EM2/1M 型透射电子显微镜。这是中国拥有的第一台透射电子显微镜，被分配到中国科学院物理研究所，自此开始了我国的电子显微镜工作。1957 年，Ruska 访问中国，在交流报告中提到中国完全有能力自己制造电子显微镜。1958 年起，当时在中国科学院长春光学精密机械与物理研究所工作的黄兰友等组织了一批青年骨干开始研制透射电子显微镜，并于 1959 年制造出第一台国产透射电子显微镜，献礼国庆十周年庆典。1980 年，由我国电镜研究领域的领袖郭可信院士、柯俊院士、黄友兰院士等 31 位科学家发起并筹备的中国电子显微镜学会在成都正式成立，距今已走过四十多个春秋。据不完全统计，我国目前已有透射电镜近 3000 台，其中球差校正透射电镜约 700 台（截至 2024 年上半年），为材料学科的发展做出了重要贡献。

近年来，球差校正透射电镜的研发与应用乃是最具革命性的发展，不但进一步延伸了通向微观世界之路，更为材料科学的快速发展提供了关键的工具与研究方法。十余年来，球差校正透射电镜的应用不仅对材料学科具有重要的贡献，而且支撑了多学科的交叉发展。以单原子催化剂为例，低载量、高效率的单原子催化剂是近年来的研究热点，在催化化学领域取得了巨大的成果和应用。透射电子显微镜是研究微观组织结构的有力工具，具备高分辨率和直观性，在材料、医学、生物、化学、物理等领域发挥着重要的作用。

目前，中国的透射电镜技术已经达到了国际先进水平，拥有多种不同类型的透射电镜，包括传统的透射电镜、高分辨率透射电镜、场发射透射电镜等。这些工具使得中国的科学家们能够开展各种各样的研究，包括材料科学、生物学、物理学等领域。

中国的透射电镜发展也对国家的科技创新和经济发展产生了积极的影响。透射电镜技术的应用可以带来更多的科技成果和经济利益，推动相关产业的发展和进步。

总的来说，中国透射电镜发展的成就和进步，展现了中国在科技创新和经济发展方面的实力和潜力。

11.2　透射电子显微镜的原理

透射电子显微镜可以把经加速和聚集的电子束透射到非常薄的样品上，电子与样品中的原子碰撞而改变方向，从而产生立体角散射。散射角的大小与样品的密度、厚度等有关，因此可以形成明暗不同的影像，影像在放大、聚焦后可以在成像器件（如荧光屏、胶片以及感光耦合组件）上显示出来。

透射电镜和光学显微镜的各透镜及光路图基本一致，都是光源经过聚光镜汇聚之后照射到样品上，光束透过样品后进入物镜，由物镜汇聚成像，之后物镜所成的一次放大像在光镜中经物镜二次放大后进入观察者的眼睛，而在电镜中则是由中间镜和投影镜再进行两次接力放大，最终在荧光屏上形成投影供观察者观察。电镜物镜成像光路图也和光学凸透镜放大光路图一致（图 11-1）。

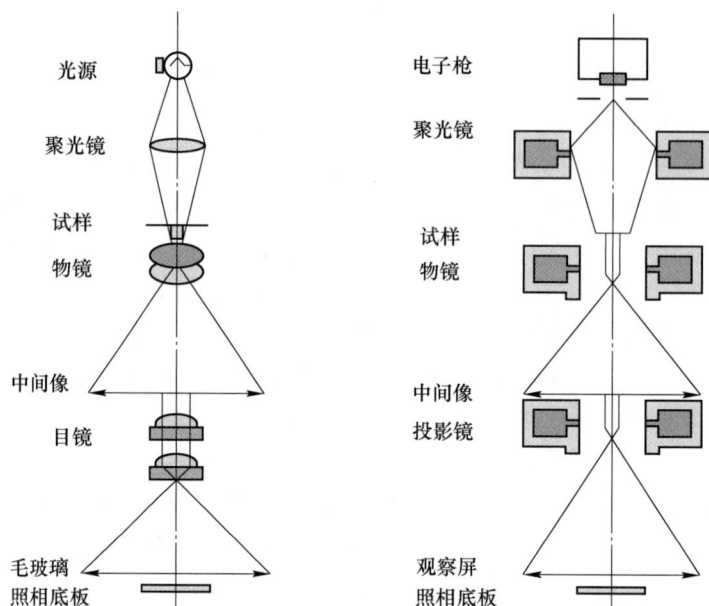

图 11-1　光学显微镜与透射电子显微镜成像原理的比较

　　在真空系统中，由电子枪发射出来的电子束，在真空通道中沿着镜体光轴穿越聚光镜，通过聚光镜将之汇聚成一束尖细、明亮而又均匀的光斑，照射在样品室内的样品上；透过样品后的电子束携带有样品内部的结构信息，样品内致密处透过的电子量少，稀疏处透过的电子量多；经过物镜的汇聚调焦和初级放大后，电子束进入下级的中间透镜和第 1、第 2 投影镜进行综合放大成像。电子成像原理是复杂的，可发生透射、散射、吸收、干涉和衍射等多种效应，使得在相平面形成衬度（即明暗对比），从而显示出透射、衍射、高分辨等图像。对于非晶样品而言，形成的是质厚衬度像。当入射电子透过此类样品时，成像效果与样品的厚度或密度有关，即电子碰到的原子数量越多，或样品的原子序数越大，越容易使入射电子与原子核产生较强的排斥作用——电子散射，使通过物镜光阑参与成像的电子强度降低，衬度像变淡。另外，对于晶体样品而言，由于入射电子波长极短，与物质作用满足布拉格方程，产生衍射现象。在衍射衬度模式中，像平面上图像的衬度来源于两个方面：一是质量、厚度因素；二是衍射因素。在晶体样品超薄的情况下（如 10 nm 左右），可使透射电子显微镜具有高分辨成像的功能，可用于材料结构的精细分析，此时获得的图像为相位衬度，它来自样品上不同区域透过去的电子（包括散射电子）的相位差异。

　　由于图像上不同区域间存在明暗程度的差别，即衬度的存在，才使得观察者能观察到各种具体的图像。只有了解像衬度的形成机理，才能对各种具体的图像给予正确解释，这是进行材料电子显微分析的前提。衍射波振幅很小，透射波振幅基本上及入射波振幅相同，非弹性散射可忽略不计，散射波振幅、电子受到散射后的能量损失（10~20 eV）和散射角（4~10 rad）均很小，散射电子差不多都能通过光阑而相干成像。

　　当物镜没有像差，并处于正焦状态时，透射波及散射波相干结果产生合成波，合成波振幅及透射波振幅相同或接近，只有相位稍许不同。由于两者振幅接近，强度差很小，所以不能形成相衬度。如果设法引入附加的相位差，使所产生的衍射波及透射波处于相等的或相反的相位位置，也就是说，让衍射波沿轴向右或向左移动，这样，透射波及衍射波相干就会导致振幅增加或减少，从而使像强度发生变化，相位衬度得到了显示。

综上所述，三种衬度的不同形成机制，反映了电子束及试样物质原子交互作用后离开下表面的电子波，通过物镜以后，经人为地选择不同的操作方式所经历的不同成像过程。在研究工作中，它们相辅相成，互为补充，在不同层次上，为人们提供了不同尺寸的结构信息，而不是互相排斥。

透射电子显微镜中产生电子的装置叫作电子枪，电子枪的研发与应用大致经历了三个阶段，即钨灯丝、六硼化镧单晶和场发射电子枪，它们所产生的电子束的质量越来越好，其亮度比普通钨灯丝亮几十倍甚至上万倍，而且单色性好，尤为适合于高级透射电子显微镜。电子枪分为热阴极型和场发射型两类，热阴极电子枪的材料主要有钨丝和六硼化镧（LaB_6），而场发射电子枪又可以分为热场发射、冷场发射两个分支。电子枪的功能是产生高速电子，以热阴极电子枪为例，它由处于负高压（或称加速电压）的阴极、栅极（电位比灯丝还要负几百到几千伏，数值可调）和处于 0 电位的阳极组成，加热灯丝发射电子束，并在阳极加电压使电子加速，经加速而具有高能量的电子从阳极板的孔中射出，电子束能量与加速电压有关，栅极则起到控制电子束形状的作用。另外，如果在某些金属的表面施加强电场，则金属表面会向外逸出电子，依照此原理可制成场发射电子枪，它没有栅极，但由阴极和两个阳极构成，第一个阳极主要使电子发射，第二个阳极使电子加速和汇聚。根据加速电压的数值，由电子枪发射出来的电子，在阳极加速电压（生物样品多采用 80~100 kV，金属、陶瓷等多采用 120 kV、200 kV、300 kV，超高压电镜则高达 1000~3000 kV）的作用下，经过聚光镜（2~3 个电磁透镜）汇聚为电子束照射到样品上。由此可见，由于电子的穿透能力很弱（比 X 射线弱得多），因此进行透射电子显微镜检测的样品必须很薄，其厚度与样品成分、加速电压等有关，一般范围在 100 nm 左右（甚至更低）。此外，整个主机系统必须保持在理想的真空状态下，真空系统通常由机械泵、油扩散泵、离子泵、真空测量仪表及真空管道组成，它的作用是抽出镜筒内的气体，使镜筒的真空度至少要在 10 Torr 及以下，目前最好的真空度可以达到 10 Torr 左右。如果真空度不理想，就可能产生多种副作用，如电子与空气中气体分子之间的碰撞可引起散射而影响衬度，还会使电子栅极与阳极间高压电离导致极间放电，从而影响电子枪的寿命，残余的气体还会腐蚀灯丝，污染样品。

电子枪发射出的电子束有一定的发散角，经后续调节后，可得到发散角很小的平行电子束，可通过调节会聚镜的电流束改变电子束的电流密度（也称束流）。在透射电子显微镜的观测过程中，需要亮度高、相干性好的照明电子束。因此，电子枪发射出来的电子束还要用两个电磁透镜进一步汇聚，以提供束斑尺寸不同、近似平行的照明束。图 11-2 所示为照明系统光路图，一般采用双聚光系统。该系统的功能是为下一级成像系统提供一个亮度大、尺寸小的照明光斑，其中聚光镜用于汇聚电子枪射出的电子束，以求最大限度地减少照明样品的损失，调节照明强度、孔径半角和束斑大小。在图 11-2 中，第一聚光镜常采用短焦距强励磁透镜，它的作用是将从电子枪得到的光斑尽量缩小；第二聚光镜为长焦距弱透镜，它的功能是将第一聚光镜得到的光源汇聚到试样上，该透镜通常可对光源起到放大作用。

　　成像系统包括样品室、物镜、中间镜、反差光阑、衍射光栅、投射镜以及其他电子光学部件。它的主要功能是，由于穿过样品的电子携带了样品本身的结构信息，将穿过试样的电子束在透镜后成像或成衍射花样，并经过物镜、中间镜和投影镜接力放大，最终以图像或衍射像的形式显示于荧光屏上。样品室有一套机关设置，以保证样品经常更换时不破坏主机的真空状态。实验操作时，样品可在 X 轴、Y 轴二维方向移动，以便找到所要观察的位置。

　　图 11-3 所示为成像系统示意图，物镜是主机中最关键的部分，这是因为透射电子显微镜分辨本领的高低主要取决于物镜。它的功能是将来自样品

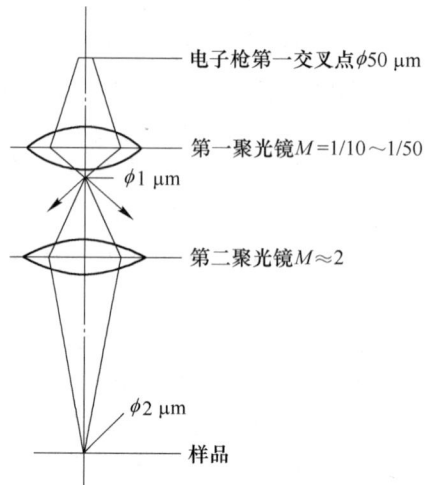

图 11-2　照明系统光路图

不同部位、传播方向和相位相同的弹性散射电子束汇聚于其后焦面上，构成含有试样结构信息的散射花样或衍射花样；将来自试样同一点的不同方向的弹性散射束汇聚于其像平面上，构成与试样组织相对应的显微像。实际上，物镜的任务就是形成第一幅电子像或衍射像，完成物到像的转换并加以放大，要求像差尽可能小而又要有较高的放大倍数（100~200 倍）。顺便提及，目前新一代透射电子显微镜的主要特点是大幅度改善了球差矫正参数，但此类设备的使用还不普及，在常见的透射电子显微镜中，物镜光阑可以挡掉大角度散射的非弹性电子，使色差和球差减少，在提高衬度的同时还可以得到样品的更多信息，在选择后焦面上的晶体样品衍射束成像后，可获得明、暗场像。另外，作为弱激磁长焦距可变率透镜，中间镜可放大 1~20 倍，它的作用是控制透射电镜总的放大倍数，把上方物镜形成的一次中间像或衍射像投射到投影镜的物平面上，而投影镜则是一种短焦距强磁透镜，它可把经过中间镜形成的二次中间像或衍射像投影到荧光屏上，最终形成放大的电子像或衍射像。

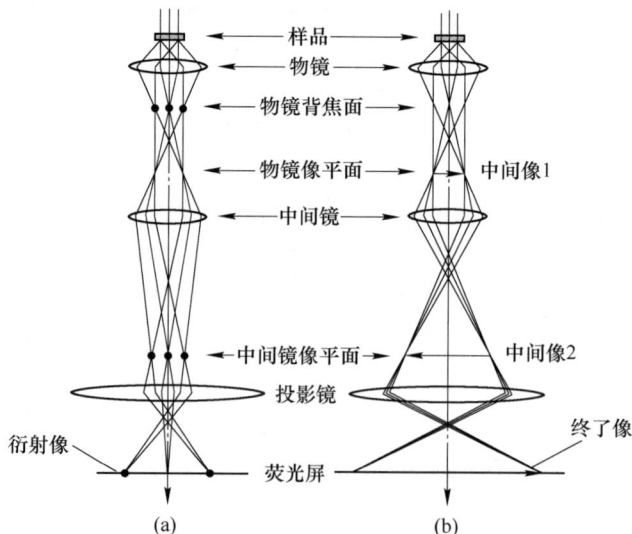

图 11-3　成像系统光路图

（a）衍射模式；（b）放大模式

　　在观察、记录系统中，为方便前期观察，高性能透射电子显微镜除了荧光屏外，还配有用于聚焦的小荧光屏和放大 5~10 倍的光学放大镜。荧光屏的分辨率为 50~70 μm，因此在观察细微结构时要有足够高的放大率，以使荧光屏能分辨并为人眼所能见。例如，如需要观察 0.5 nm 的颗粒，就需要 10 万倍的电子光学放大，再加 10 倍的光学放大。

　　透射电镜的结构示意图如图 11-4（a）所示，对应的图 11-4（b）为透射电镜的剖面图。大家所熟悉的光学显微镜，可见光被物镜和目镜偏转，通过汇聚、发散实现不同的放大倍数与聚焦等功能。在电子显微镜中，这个功能是通过各级电磁透镜实现的，包括聚光镜系统（C_1、C_2、C_3）、物镜（上物镜、下物镜）、中间镜及投影镜等（图 11-4（a））。现代电镜中使用的电磁透镜是由铜芯线圈绕在中空的软铁圆柱上得到的，如图 11-4（c）所示。入射电子束穿过圆柱中轴线上的小孔时，在受到通电线圈产生的磁场作用后，产生偏转，从而实现了透镜的功能。然而，电磁透镜的磁场分布特点具有不可避免的缺陷，因此导致其并非理想透镜，其对成像产生的影响统称为像差。像差有很多种，其中对电镜成像及分辨率影响较大的是"球差"和"色差"，如图 11-4（d）所示。球差是球面像差（spherical aberration）的简称，当电子束经过透镜时，接近透镜中轴的电子束受到磁场的影响较弱，其偏折角度较小；而远离透镜中轴（即更靠近线圈）的电子束受到磁场的影响较强，偏折角度较大。因此，经过电磁透镜后原本应汇聚于一点的电子束，却形成了一个弥散的圆斑，从而影响成像分辨率。同理，色差是指具有能量分散的电子束在经过透镜后无法汇聚于一点的现象。虽然电子枪对电子束施加了一定的加速电压 E，但是由于加速电压的波动、电子枪发射电子的能量分散，以及样品环境的干扰等因素，导致电子束能量有一定的分布区间 $E\pm\Delta E$，因此实际得到的电子束具有一定波长展宽。由物面上的一点发出的电子波在经过电磁透镜时，波长较长的电子束偏折角度较大，波长较短的电子束偏折角度较小，从而在像面上扩展成圆盘，即产生色差。

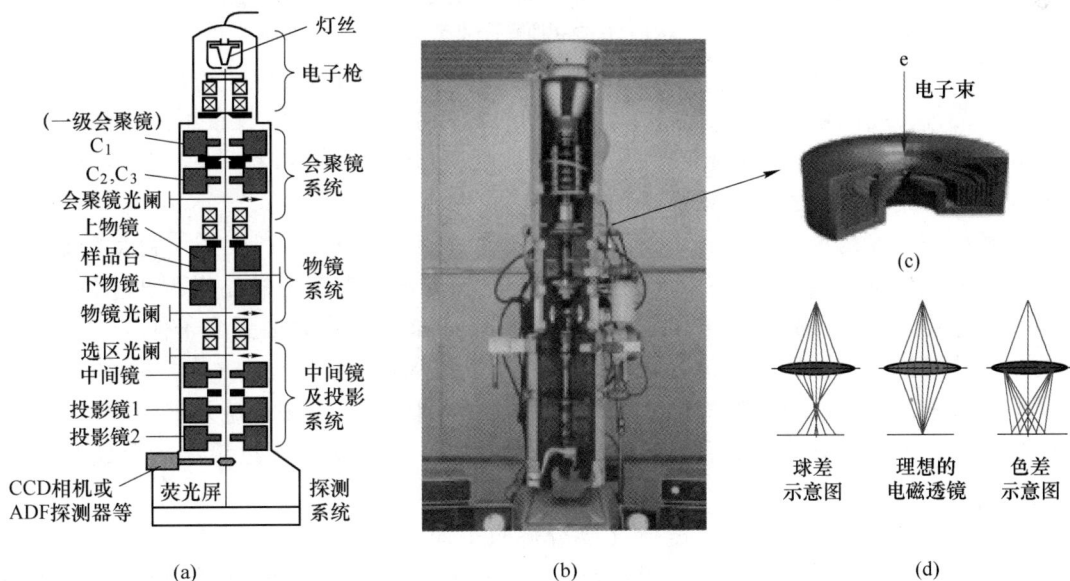

图 11-4　透射电镜结构示意图(a)、透射电镜剖面照片(我国第一台高分辨透射电镜 JEOL-200CX，
拍摄于中国科学院金属研究所)(b)、电磁透镜示意图(c)和像差(球差及色差)示意图(d)

透射电镜常用的三种工作模式为衍射（diffraction）、透射成像（TEM）、扫描透射成像（STEM），像差对各种工作模式的影响如下。

11.2.1　衍射模式

在衍射模式中，电子束经过周期性的晶体结构后产生衍射，并在背焦面上形成衍射花样。衍射花样是物质结构分析的基础，虽然物镜球差会使电子衍射（尤其是采用较小的选区光阑时）产生离域效应，但是一般认为电子衍射受到物镜球差的影响较为有限，因此常规的衍射分析无需考虑球差的影响。

11.2.2　透射成像模式

TEM 是最常用的成像模式，可以简单理解为平行入射的电子束经过样品材料的散射后，透射的电子抵达荧光屏或者 CCD 等探测器时所形成的电子显微像。根据像衬度产生机理，可以分为三种类型，即质厚衬度、衍射衬度和相位衬度。

质厚衬度与样品材料的元素组成、密度、厚度等因素有关。例如，对于同样厚度的样品，重元素对电子的散射程度大于轻元素，从而对应更少的透射电子并产生较暗的衬度；而同样元素组成的样品，较厚的区域能够透射的电子较少，从而产生较暗的衬度。衍射衬度与晶体取向有关，可以简单理解为当电子束透过同样组成与厚度的样品区域时，在一部分符合布拉格衍射条件的晶粒处产生衍射，即部分电子束被偏转，从而与不符合衍射条件的晶粒产生不同的衬度。质厚衬度与衍射衬度通常发生在较低的放大倍数下，球差对其的影响可以忽略不计。

相位衬度则是受到球差影响较大的衬度像。相位衬度发生在较高的放大倍数下，也就是常说的高分辨 TEM（HRTEM）像，一般对应于原子分辨率的成像范畴。相位衬度的成像原理可以简单理解为当电子束经过周期性晶体结构时，电子波受晶体势场影响，如图 11-5（a）所示，不同的晶体结构对应不同的原子种类及排列（如图中的 A 列和 B 列为不同类型的原子，呈周期排列），从而具有不同的晶体势场；当入射电子波进入晶体后，电子波受到晶体势场的影响，经过 A 列及其周围的波与经过 B 列的波具有不同的传播路径；在材料足够薄的情况下，仅仅相位被晶体势场改变，从而使离开材料时的出射波具有不同的相位，因此得到的衬度称为相位衬度。

理解相位衬度是理解高分辨原子像的基础，要点如下：（1）产生相位衬度的条件是弱相位物体近似（weak phase object approximation），即电子束穿透样品仅改变相位，而振幅的变化忽略不计，因此要求必须是薄晶体，也只有薄样品才能拍到原子像；（2）不同厚度的晶体得到的相位衬度像仅有衬度的区别，而无周期性的改变；（3）入射电子波受晶体势场影响之后的出射波的相位，反映了真实的晶体结构；（4）高分辨原子像并不是原子的照片，而是离开材料之后的出射波经过物镜、中间镜等各级透镜之后形成的衬度，即相位衬度。

那么像差是如何影响相位衬度像（高分辨原子像）的呢？如上所述，相位衬度像是出射波经过物镜等电磁透镜之后在探测器上形成的图像，而电磁透镜的像差对相位衬度像的影响，可以由衬度传递函数（CTF）来描述：

$$T(H) = A(H)\exp[i\chi_1(H)]\exp[-\chi_2(H)]T_s(H)$$

式中，H 为物镜的后焦面，相当于垂直于入射电子束且通过原点的倒易点阵平面内的二维坐标矢量。

该函数依次描述了物镜光阑、离焦和球差的综合效应、光源的时间相干性（即色差），以及光源的空间相干性（即入射束的发散度）这四个因素对 CTF 的贡献，简述如下：

（1）$A(H)$ 等于 1（物镜光阑孔内）或 0（物镜光阑孔外）。

（2）$\chi_1(H) = \dfrac{\pi}{2}C_s\lambda^3 H^4 + \pi\Delta f\lambda H^2$，描述离焦 Δf 与球差 C_s 的综合效应。

（3）$\chi_2(H) = \dfrac{1}{2}\pi^2\lambda^2 D^2 H^4$，其中 D 为色差离焦扩展，与色差有关。

（4）假设在光源呈高斯分布的条件下，$T_s(H) = \exp[-\pi^2\theta^2 H^2(C_s\lambda^2 H^2 + \Delta f)^2]$，其中 θ 为入射束的半发散角。

从公式中可以理解，电子波长 λ（受加速电压影响）、离焦量 Δf 以及球差系数 C_s 等都会影响 HRTEM 的成像质量。典型的 CTF 如图 11-5（b）所示，黄色的包络线描述了空间相干性与色差的影响，黑色的振荡部分则受球差和离焦量的影响。

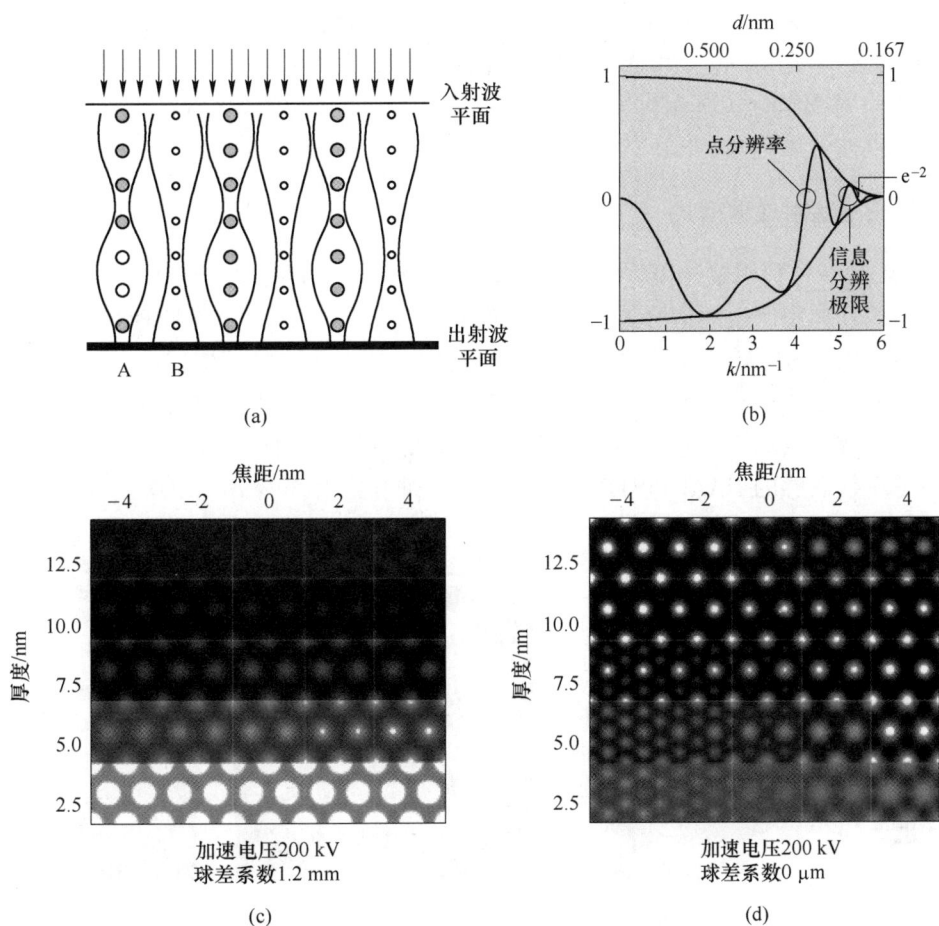

图 11-5 薄晶体相位衬度产生示意图（a）（出射波平面的相位受不同原子列影响而产生差异）、衬度传递函数示意图（b）和使用多片模型理论模拟的球差未校正和球差校正条件下，不同厚度 MoS_2 系列的离焦像（c）、（d）

CTF 的重要性在于其从理论上给出了不同条件下的点分辨能力和信息分辨率极限。对于一定的球差系数 C_s 和电子波长 λ，总能找到一个欠焦条件，使得 CTF 曲线在一个较宽的范围内是一个平坦区，且区域内 CTF 值接近 -1，这个欠焦条件称为 Scherzer 聚焦。点分辨能力（即最佳点分辨率）由 Scherzer 欠焦条件下 CTF 曲线与横坐标的第一个交点（零点）对应的空间频率（即第一次衬度翻转对应的倒矢量）决定。信息分辨率则可以理解为，能够从出射波平面传递到像平面的空间频率极限，由光源的空间相干性和时间相干性（即色差）决定（图 11-5 (b)）。C_s 对点分辨能力的影响，可以简化成为 $\rho_s \approx 0.66C_s^{1/4}\lambda^{3/4}$，因此减小 C_s 可以有效地提高点分辨能力，并逼近信息分辨极限。在常规 TEM 中，物镜球差系数为 1~2 mm（最低可至约 0.5 mm）；而经过校正的球差系数则可在亚微米范围内调节，甚至可以接近于 0。

最后通过成像模拟演示 CTF 与球差对成像的影响。图 11-5 (c)、(d) 所示为 MoS_2 的 HRTEM 像模拟，通过多片模型理论分别模拟了在物镜球差未校正（$C_s = 1.2$ mm）和球差校正（$C_s = 0$ μm）条件下，不同厚度（2.5~12.5 nm）的 MoS_2 的系列离焦像（$\Delta f = -4 \sim 4$ nm）。从图中可以看到：(1) 不同厚度的样品会产生不同的衬度，验证了相位衬度的产生机理；(2) 球差未校正的 HRTEM 只显示六次对称性，但图像分辨率较低，而球差校正后的 HRTEM 不但揭示了六次对称性，同时具有更高的分辨率，能够区分 Mo 和 S；(3) 离焦量对图像分辨率和衬度也有影响，正焦条件下的图像分辨率低于负焦，而实际工作中，最佳欠焦量 Scherzer 的焦点总是在负焦。

11.2.3　扫描透射成像模式

STEM 是一种利用聚光镜将电子束汇聚成探针后在样品上进行扫描，通过收集电子探针与样品相互作用产生的信号进行成像或分析的工作模式，其工作原理如图 11-6 (a) 所示。以最常用的 STEM 成像为例，当电子与材料作用发生卢瑟福散射时，散射电子的散射角与材料成分有关，重元素因具有更强的散射能力使更多的电子被散射到高角度，而轻元素对电子的散射较弱，一般采用高角环形暗场（HAADF）探测器进行收集成像，能够获得对原子序数敏感的 HAADF-STEM 像。同理，利用 X 射线能谱（EDX）、电子能量损失

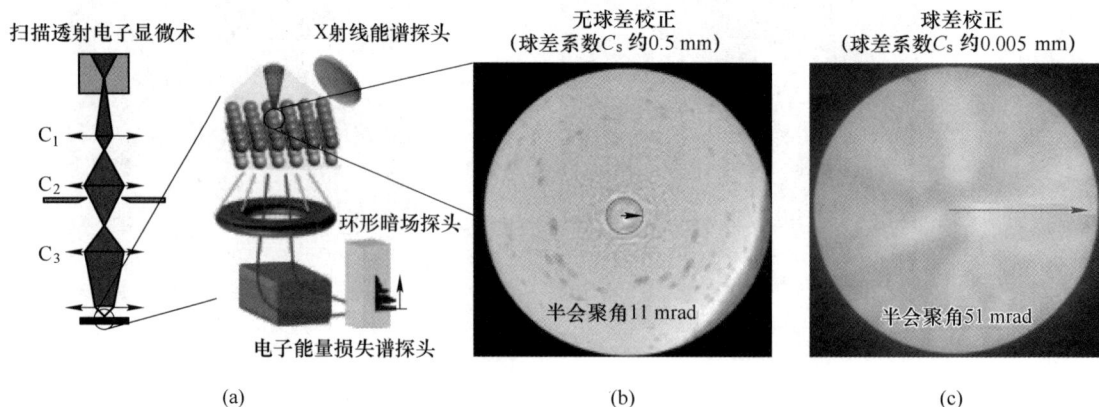

图 11-6　STEM 的光路示意图((a)左图)、应用 STEM 模式进行成像/分析的示意图((a)右图)，以及无球差校正(b)和球差校正后(c)的电子束探针对应的郎奇图

谱（EELS）等探测器收集被电子探针激发出的样品区域的特征 X 射线、非弹性散射电子等，可以在获取样品结构信息的同时获取其物理化学信息。

不难理解，提高 STEM 分析能力、实现原子分辨率甚至亚原子分辨率的关键，在于如何获得小于原子尺寸且不受像差影响的电子探针。由于电子探针是由聚光镜（C_1、C_2、C_3）的逐级偏转形成的（图 11-6（a）），因此消除聚光镜的球差起到了提高分辨率的关键作用。STEM 中电子束的球差校正一般通过郎奇图（Ronchigram）进行判定，郎奇图可以简单理解为汇聚束聚焦在非晶材料上形成的衍射斑，因与电子束探针的波函数相关，因此可用于判定像差。典型的郎奇图如图 11-6（b）、（c）所示，常规电镜形成的电子束仅在 11 mrad 的半会聚角范围内不受球差影响，而最小的聚光镜光阑（黑色圆圈及箭头所示）无法消除球差带来的畸变；而经过球差校正的聚光镜获得的探针具有 51 mrad 的半会聚角（红色箭头所示），大于光阑尺寸，从而可以通过选取光阑或调整半会聚角在较大范围内获得不受球差影响的亚埃尺寸的电子探针，实现原子甚至亚原子分辨率。

11.2.4 球差校正

球差主要对高分辨原子像产生影响，HRTEM 受物镜球差影响，HRSTEM 受聚光镜球差影响。因此，对球差的校正也是针对物镜和聚光镜分别展开的。物镜球差的校正则通过在物镜下方安装球差校正器实现，而对聚光镜球差的校正则通过在三级聚光镜（C3）的下方安装球差校正器实现（图 11-7（a）、（b））。基于此就不难理解，平常提到的"双球

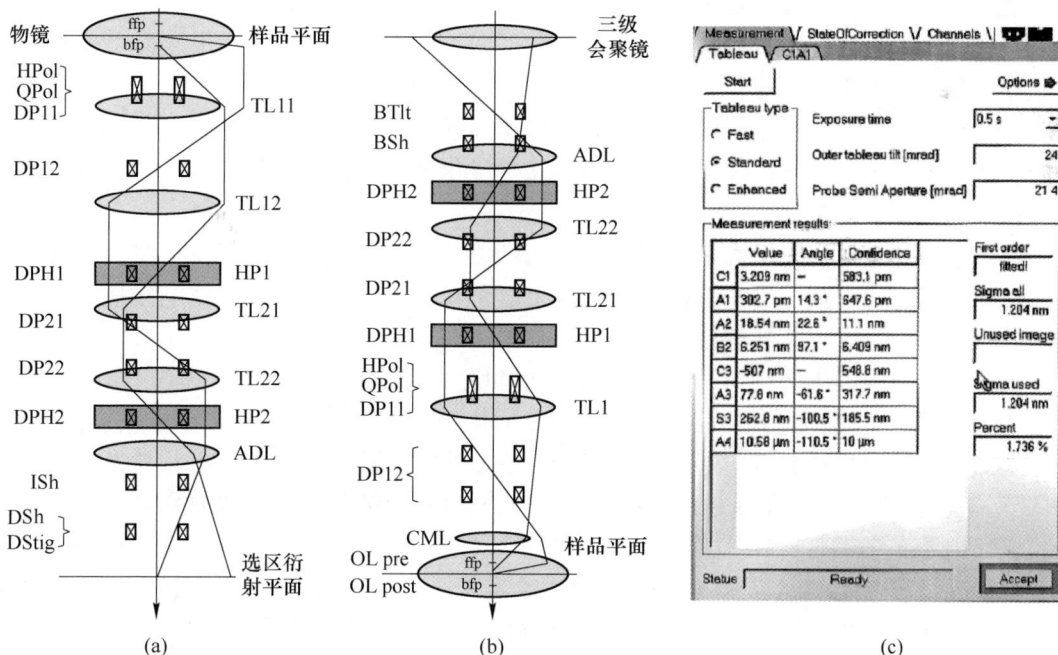

图 11-7　CEOS 公司设计制造的球差校正透射电镜构造示意图

（a）物镜球差校正示意图（当球差校正器置于物镜和选区衍射平面之间，可实现球差校正 TEM）；

（b）会聚镜球差校正示意图（当球差校正器置于三级聚光镜与样品平面之间，可实现球差校正 STEM）；

（c）球差校正软件工作界面

差"是指在一台电镜上同时安装了物镜球差校正器和聚光镜球差校正器，而"单球差"则需要明确是物镜球差还是聚光镜球差校正电镜，并根据实验需求（HRTEM 或 HRSTEM）选择对应的仪器。

这里仍然以物镜球差校正器为例，简述球差校正器的工作原理。在 11.2.3 节中，提到了相位衬度像受像差等因素影响，因此有像差函数如下：

$$\chi(\omega) = \Re\left\{ A_0\overline{\omega} + \frac{1}{2}C_1\omega\overline{\omega} + \frac{1}{2}A_1\overline{\omega}^2 + B_2\omega^2\overline{\omega} + \right.$$

$$\frac{1}{3}A_2\overline{\omega}^3 + \frac{1}{4}C_3(\omega\overline{\omega})^2 + S_3\omega^3\overline{\omega} + \frac{1}{4}A_3\overline{\omega}^4 + B_4\omega^3\overline{\omega}^2 +$$

$$D_4\omega^4\overline{\omega} + \frac{1}{5}A_4\overline{\omega}^5 + \frac{1}{6}C_5(\omega\overline{\omega})^3 + S_5\omega^4\overline{\omega}^2 + R_5\omega^5\overline{\omega} +$$

$$\frac{1}{6}A_5\overline{\omega}^6 + B_6\omega^4\overline{\omega}^3 + D_6\omega^5\overline{\omega}^2 + F_6\omega^6\overline{\omega}^2 + \frac{1}{7}A_6\overline{\omega}^7 +$$

$$\left. \frac{1}{8}C_7(\omega\overline{\omega})^4 + S_7\omega^5\overline{\omega}^3 + R_7\omega^6\overline{\omega}^2 + G_7\omega^7\overline{\omega} + \frac{1}{8}A_7\overline{\omega}^8 \right\}$$

式中，ω 及 $\overline{\omega}$ 互为共轭，与 CTF 函数中的 **H** 矢量含义一致，但为方便函数表达，分解为互为共轭的参数；A_1，B_2，C_1，S_3 等代表各种像差，如 A_1，$\cdots$，A_7 代表 n（$n = 1$，$\cdots$，7）级像散，B_2，$\cdots$，B_6 为 n（$n = 2$，$\cdots$，6）级慧差，C_1 为离焦量等，C_3 为球差系数。通过调整这些系数，便可调节像差对成像的影响。图 11-7（c）为球差校正软件工作状态下的截屏，显示的正是这些像差的数值，而当科研工作者调整校正器时，实际调节的即为像差系数。因此，球差校正器虽以球差命名，但实际通过调整各种像差，优化 CTF，提升图像分辨率。类似地，聚光镜球差校正器同样通过优化各项系数，获得接近理想状态的电子探针，具体过程不再赘述。

图中物镜和选区衍射平面之间/三级汇聚镜和样品平面之间为球差校正器，包含一系列透镜和线圈，皆由英文简写标识。其中两个蓝色长方形标识 HP 为六极电磁透镜，四个灰色椭圆形标识为圆形传导透镜。

虽然球差对成像影响的电子显微理论在 20 世纪中期就已成熟，但是受限于技术难度，直至 20 世纪 80 年代才由 H. Rose 和 M. Haider 两位德国科学家开始了球差校正器的研发。他们设计了多极子校正装置，通过多组可调节磁场的磁透镜组对电子束的洛伦兹力作用逐步调节，实现对球差的校正；并按照设计思路初步制造了由六极、八极磁铁和圆形透镜共同组成的电子光学器件，在实验室初步取得了成效。1989 年，两位科学家与 Jülich 研究中心电子显微实验室的主任 K. Urban 共同讨论出两个六极电磁透镜和四个圆形传导透镜的组合设计方案（图 11-7（a）、（b））。三位科学家讨论的方案最终成功实施，并得到了令人欣喜的结果。1998 年 4 月，《Nature》期刊正式发表由 200 kV 球差校正透射电镜拍摄到的 GaAs 原子结构像，使点分辨率突破了 1.4 Å；Haider 等也创办了 CEOS 公司，并致力于推动像差校正器的商业化。Rose、Haider 和 Urban 三人作为球差校正透射电镜的重要贡献者，获得了 2011 年的沃尔夫奖。

球差校正透射电镜逐步成熟，分辨率也逐步提升，以 300 kV 加速电压为例，球差校正透射电镜具有至少 0.7 Å 的点分辨能力。如图 11-8 所示，在单晶硅样品中对比球差校正前后的 HRTEM 像（（a）、（b））和 CTF（（c）、（d）），可以看到球差校正后能清晰地分辨 Si(110) 哑铃状结构，且具有清晰的晶界，点分辨率逼近信息分辨极限。值得一提的是，有一种对球差校正透射电镜的误解是"只有球差校正透射电镜能分辨原子"，这种说法并不准确，因为早在 20 世纪 70 年代，透射电镜的发展就已经实现了原子分辨率，即使非球差校正的场发射透射电镜也能够实现约 2 Å 的点分辨率。球差校正透射电镜的意义在于将点分辨率提高至亚埃级的同时，还能抑制离域效应，对材料的表面和界面结构的研究尤其有利。

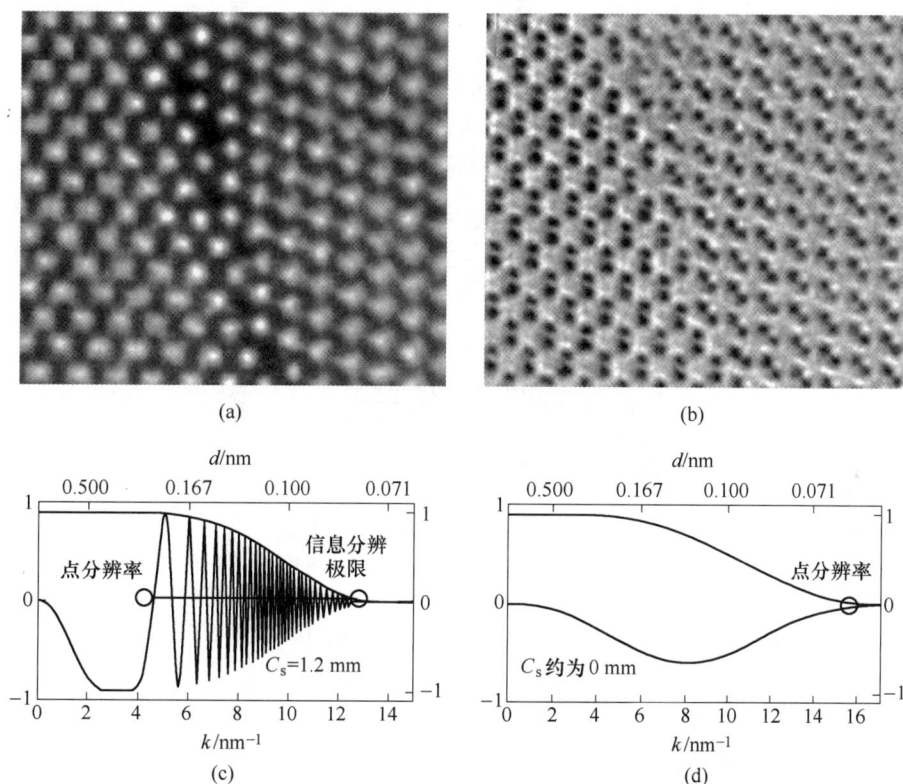

图 11-8　球差校正前后单晶硅晶界的 HRTEM 像(a)、(b)，及对应的 CTF(c)、(d)

11.3　透射电子显微镜设备及操作

11.3.1　透射电子显微镜的结构

透射电子显微镜的结构包括主机和辅助系统两大部分，主体部分（图 11-9）包含电子源、照明系统、成像系统和观察记录系统等；辅助系统包含真空系统（机械泵、离子泵等）、电路系统（变压器、调整控制）、水冷系统等。

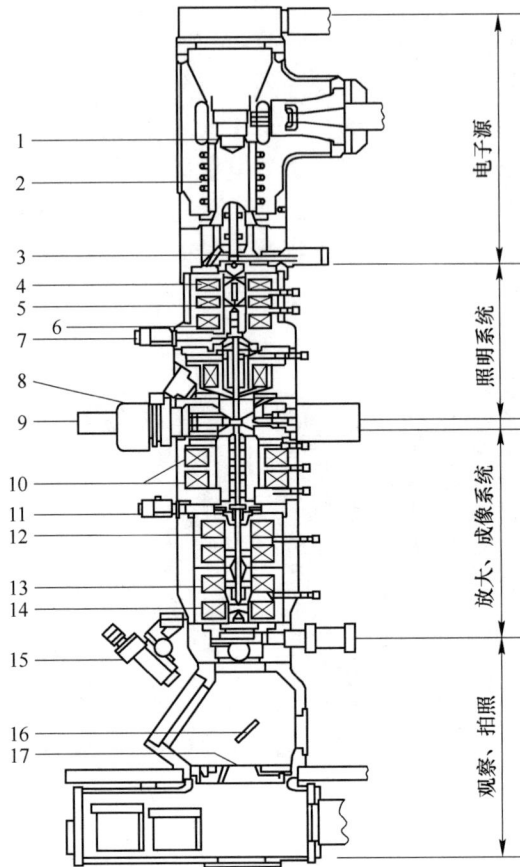

图 11-9　透射电子显微镜基本构造

1—电子枪；2—加速管；3—阳极室隔离阀；4—第一聚光镜；5—第二聚光镜；
6—聚光后处理装置；7—聚光镜光阑；8—测角台；9—样品杆；10—物镜；11—选区光阑；
12—中间镜；13—投影镜；14—投影镜；15—光学显微镜；16—小荧光屏；17—大荧光屏

仪器各组成部分的结构及功能、主要用途如下：

（1）电子枪：发射高能电子束，提供光源。

（2）聚光镜：将发散的电子束汇聚得到平行光源。

（3）样品杆：装载需观察的样品。

（4）物镜：电镜最关键的部分，起到聚焦成像一次放大的作用。

（5）中间镜：二次放大，并控制成像模式（图像模式或者电子衍射模式）。

（6）投影镜：三次放大。

（7）荧光屏：将电子信号转化为可见光，供操作者观察。

（8）底片盒：传统的底片照相。

（9）CCD 相机：电荷耦合元件，将光学影像转化为数字信号；先进的电子相机，拍照效率比传统底片高很多。

透射式电子显微镜（TEM）与投射式光学显微镜的原理很相近，它们的光源、透镜虽不相同，但放大和成像的方式却完全一致。

在实际情况下，无论是光镜还是电镜，其内部结构都要比图示复杂得多，图中的聚光镜（condonser lens）、物镜（object lens）和投影镜（projection lens）为光路中的主要透镜，在实际制作中它们往往各是一组（多块透镜构成），在设计电镜时为达到所需的放大率、减少畸变和降低像差，常在投影镜之上增加一至两级中间镜（intemediate lens）。

透射式电子显微镜的总体结构包括镜体和辅助系统两大部分，镜体部分包括：（1）照明系统（电子枪 G，聚光镜 C_1、C_2）；（2）成像系统（样品室，物镜 O，中间镜 I_1、I_2，投影镜 P_1、P_2）；（3）观察记录系统（观察室、照相室）；（4）调校系统（消像散器、束取向调整器、光阑）。辅助系统包括：（1）真空系统（机械泵、扩散泵、真空阀、真空规）；（2）电路系统（电源变换、调整控制）；（3）水冷系统。

下面将分别对各系统中的主要结构和原理予以介绍。

11.3.1.1　照明系统

照明系统包括电子枪和聚光镜两个主要部件，它的功能主要在于向样品及成像系统提供亮度足够的光源和电子束流，对它的要求是输出的电子束波长单一稳定，亮度均匀一致，调整方便。

A　电子枪

电子枪（electronic gun）由阴极（cathode）、阳极（anode）和栅极（grid）组成。

（1）阴极：阴极是产生自由电子的源头，一般有直热式和旁热式两种。旁热式阴极是将加热体和阴极分离，各自保持独立。在电镜中通常由加热灯丝（filament）兼作阴极，称为直热式阴极，材料多用金属钨丝制成，其特点是成本低，但其亮度低，寿命也较短。灯丝的直径为 0.10~0.12 mm，当几安培的加热电流流过时，即可开始发射自由电子，不过灯丝周围必须保持高度真空，否则就像漏气灯泡一样，加热的灯丝会在顷刻间被氧化烧毁。灯丝的形状最常采用的是发叉式，也有采用箭斧式或点状式的，后两种灯丝发光亮度高，光束尖细集中，适用于高分辨率电镜照片的拍摄，但其使用寿命更短。

阴极灯丝被安装在高绝缘的陶瓷灯座上，既能绝缘、耐受几千摄氏度的高温，还方便更换。灯丝的加热电流值是连续可调的。

在一定的界限内，灯丝发射出来的自由电子量与加热电流强度成正比，但在超越这个界限后，电流继续加大，只能降低灯丝的使用寿命，却不能增大自由电子的发射量，这个临界点称为灯丝饱和点，即自由电子的发射量已达"满额"，无以复加。正常使用中常把灯丝的加热电流调整设定在接近饱和而不到饱和的位置上，称为"欠饱和点"。这样在保证能获得较大的自由电子发射量的情况下，可以最大限度地延长灯丝的使用寿命。钨制灯丝的正常使用寿命为 40 h 左右，现代电镜中有时使用新型材料六硼化镧（LaB_6）来制作灯丝，其价格较贵，但发光效率高、亮度大（能提高一个数量级），并且使用寿命远较钨制灯丝长得多，可以达到 1000 h，是一种很好的新型材料。

（2）阳极：阳极为一中心有孔的金属圆筒，处在阴极下方。当阳极上加有数十千伏或上百千伏的正高压，加速电压时，将对阴极受热发射出来的自由电子产生强烈的引力作用，并使之从杂乱无章的状态变为有序的定向运动，同时把自由电子加速到一定的运动速度（与加速电压有关，前面已经讨论过），形成一股束流射向阳极靶面。凡在轴心运动的电子束流，将穿过阳极中心的圆孔射出电子枪外，成为照射样品的光源。

（3）栅极：栅极位于阴、阳极之间，靠近灯丝顶端，为形似帽状的金属物，中心也有一小孔供电子束通过。栅极上加有 0~1000 V 的负电压（对于阴极而言），这个负电压称为栅偏压 V_G，它的高低不同，可由使用者根据需要调整，栅极偏压能使电子束产生向中心轴汇聚的作用，同时对灯丝上自由电子的发射量也有一定的调控抑制作用。

（4）工作原理：在灯丝电源 V_F 作用下，电流 I_F 流过灯丝阴极，使之发热达 2500 ℃以上时，便可产生自由电子并逸出灯丝表面。加速电压 V_A 使阳极表面聚集了密集的正电荷，形成了一个强大的正电场，在这个正电场的作用下，自由电子便飞出了电子枪外。调整 V_F 可使灯丝工作在欠饱和点，在电镜使用过程中可根据对亮度的需要调节栅偏压 V_G的大小，从而控制电子束流量的大小。

电镜中加速电压 V_A 也是可调的，当 V_A 增大时，电子束的波长 λ 缩短，有利于电镜分辨力的提高。同时穿透能力增强，对样品的热损伤小，但此时会由于电子束与样品碰撞，导致弹性散射电子的散射角随之增大，成像反差会因此而有所下降。因此，在不追求高分辨率观察应用时，选择较低的加速电压反而可以获得较大的成像反差，尤其对于自身反差对比较小的生物样品，选用较低的加速电压有时是有利的。

还有一种新型的电子枪，即场发射式电子枪，由一个阴极和两个阳极构成。第 1 阳极上施加一稍低（相对于第 2 阳极）的吸附电压，用以将阴极上面的自由电子吸引出来；而第 2 阳极上面的极高电压，则将自由电子加速到很高的速度发射出电子束流。这需要超高电压和超高真空为工作条件，它工作时要求真空度达到 10^{-7} Pa，热损耗极小，使用寿命可达 2000 h；电子束斑的光点更为尖细。场发射式电子枪因其技术先进、造价昂贵，目前只应用于高档高分辨电镜当中。

B　聚光镜

聚光镜（condonser lens）处在电子枪的下方，一般由 2~3 级组成，从上至下依次称为第 1 聚光镜、第 2 聚光镜（以 C_1 和 C_2 表示）。关于电磁透镜的结构和工作原理已经在 11.3 节中介绍，电镜中设置的聚光镜的用途是将电子枪发射出来的电子束流汇聚成亮度均匀且照射范围可调的光斑，投射在下面的样品上。C_1 和 C_2 的结构相似，但极靴形状和工作电流不同，所以形成的磁场强度和用途也不同。C_1 为强磁场透镜，C_2 为弱磁场透镜，各级聚光镜组合在一起使用，可以调节照明束斑的直径大小，从而改变照明亮度的强弱，在电镜操纵面板上一般都设有对应的调节旋钮。C_1、C_2 的工作原理是通过改变聚光透镜线圈中的电流，来改变透镜所形成的磁场强度，磁场强度的变化（即折射率发生变化）能使电子束的汇聚点上下移动，在样品表面上，电子束斑汇聚得越小，能量越集中，亮度也越大；反之束斑发散，照射区域变大，则亮度就减小。通过调整聚光镜的电流来改变照明亮度的方法，实际上是一种间接的调整方法，亮度的最大值受到电子束流量的限制。如想更大程度地改变照明亮度，只有通过调整前面提到的电子枪中的栅极偏压，才能从根本上改变电子束流的大小。在 C_2 上通常装配有活动光阑，用以改变光束照明的孔径角，一方面可以限制投射在样品表面的照明区域，使样品上无需观察的部分免受电子束的轰击损伤；另一方面也能减少散射电子等不利信号带来的影响。

11.3.1.2　成像系统

A　样品室

样品室（specimen room）处在聚光镜之下，内有载放样品的样品台。样品台必须能

做水平面上 X、Y 方向的移动，以选择、移动观察视野，相应地配备了两个操纵杆或者旋转手轮，这是一个精密的调节机构，每一个操纵杆旋转 10 圈，样品台才能沿着某个方向移动 3 mm 左右。现代高档电镜可配有由计算机控制的马达驱动的样品台，力求样品在移动时精确、在固定时稳定；并能由计算机对样品做出标签式定位标记，以便使用者在需要做回顾性对照时能够依靠计算机定位查找，这是在手动选区操作中很难实现的。

生物医学样品在做透射电镜观察时，基本上都是将原始样品以环氧树脂包埋，然后用非常精密的超薄切片机切成薄片，刀具为特制的玻璃刀或者钻石刀。切下的生物医学样品的厚度通常只有几十个纳米（nm），这在一般情况下用肉眼是不能直接看到的，必须让切片漂浮在水面上，由操作熟练的技术人员借助特殊的照明光线，并以特殊的角度才能观察到如此薄的切片。切好的薄片被捞放在铜网上，经过染色和干燥后才能用于观察。透射电镜样品的制作是一个漫长、复杂而又精密的过程，技术性非常强。但是前面介绍过，要想获得优良的电镜影像，制作优良的样品标本乃是非常重要的第一步。

盛放样品的铜网根据需要可以是多种多样的，直径一般为 3 mm，通常铜网上有多少个栅格，就把它称作多少目。之所以选择铜制作样品网，是由于它不会与电子束及电磁场发生作用，同理还可以选择其他磁导率低的金属材料（如镍）制作样品网，样品网属于易耗品，铜网加工容易、成本低，故使用十分普及。

透射电镜常见的样品台有两种：（1）顶入式样品台：要求样品室空间大，一次可放入多个（常见为 6 个）样品网，样品网盛载杯呈环状排列，使用时可以依靠机械手装置进行依次交换。优点是每观察完多个样品后，才在更换样品时破坏一次样品室的真空，比较方便、省时间；但由于其所需空间太大，致使样品距下面物镜的距离较远，不适于缩短物镜焦距，会影响电镜分辨力的提高。（2）侧插式样品台：样品台制成杆状，样品网载放在前端，只能盛放 1~2 个铜网。样品台的体积小，所占空间也小，可以设置在物镜内部的上半端，有利于电镜分辨率的提高；缺点是一次不能同时放入多个样品网，每次更换样品时都必须破坏一次样品室的真空，略显不便。

在性能较高的透射式电镜中，大多采用上述侧插式样品台，为的是最大限度地提高电镜的分辨能力。高档次的电镜可以配备多种式样的侧插式样品台，某些样品台通过金属连接能对样品网进行加热或者制冷，以适应不同的用途。样品是先盛载在铜网上，然后固定在样品台上的，样品台与样品握持杆合为一体，是一个非常精巧的部件。样品杆的中部有一个"O"形橡胶密封圈，胶圈表面涂有真空脂，以隔离样品室与镜体外部的真空（两端的气压差极大，比值可达 $10^{-6} \sim 10^{-9}$）。

样品室的上下电子束通道各设了一个真空阀，用以在更换样品时切断电子束通道，只破坏样品室内的真空，而不影响整个镜筒内的真空，这样在更换样品后样品室又重新抽回真空时，可节省许多时间。当样品室的真空度与镜筒内达到平衡时，再重新开启与镜筒相通的真空阀。

B　物镜

物镜（object lens）处于样品室下面，紧贴样品台，是电镜中的第一个成像元件，在物镜上产生哪怕是极微小的误差，都会经过多级高倍率放大而明显地暴露出来，所以这是电镜最重要的部件，决定了一台电镜的分辨本领，可看作是电镜的心脏。

（1）特点：物镜是一块强磁透镜，焦距很短，对材料的质地纯度、加工精度、使用中污染的状况等工作条件都要求极高。致力于提高一台电镜的分辨率指标的核心问题，便是对物镜的性能设计和工艺制作的综合考核。尽可能地使其焦距短、像差小，又希望其空间大，便于样品操作，但这中间存在着不少相互矛盾的环节。

（2）作用：进行初步成像放大，改变物镜的工作电流，可以起到调节焦距的作用。电镜操作面板上粗、细调焦旋钮，即为改变物镜工作电流之用。

为满足物镜的前述要求，不仅要将样品台设计在物镜内部，以缩短物镜焦距；还要配置良好的冷却水管，以降低物镜电流的热飘移；此外，还装有提高成像反差的可调活动光阑，及其要达到高分辨率的消像散器。对于高性能的电子显微镜，都通过物镜装有以液氮为媒质的防污染冷阱，给样品降温。

C　中间镜和投影镜

在物镜下方，依次设有中间镜（intemediate lens）和第 1 投影镜（projection lens）、第 2 投影镜，以共同完成对物镜成像的进一步放大任务。从结构上看，它们都是相类似的电磁透镜，但由于各自的位置和作用不尽相同，故其工作参数、励磁电流和焦距的长短也不相同。电镜总放大率：

$$M = M_O \cdot M_I \cdot MP_1 \cdot MP_2$$

即为物镜、中间镜和投影镜的各自放大率之积。当电镜放大率在使用中需要变换时，就必须使它们的焦距长短相应做出变化，通常是改变靠中间镜和第 1 投影镜线圈的励磁工作电流来达到的。电镜操纵面板上的放大率变换钮即为控制中间镜和投影镜的电流之用。

对中间镜和投影镜这类放大成像透镜的主要要求为：在尽可能缩短镜筒高度的条件下，得到满足高分辨率所需的最高放大率，以及为寻找合适视野所需的最低放大率；可以进行电子衍射像分析，做选区衍射和小角度衍射等特殊观察；同样也希望它们的像差、畸变和轴上像散都尽可能地小。

11.3.1.3　观察、记录系统

A　观察室

透射电镜的最终成像结果，显现在观察室内的荧光屏上，观察室处于投影镜下，空间较大，开有 1~3 个铅玻璃窗，可供操作者从外部观察分析用。对铅玻璃的要求是既有良好的透光特性，又能阻断 X 射线散射和其他有害射线的逸出，还能可靠地耐受极高的压力差以隔离真空。

由于电子束的成像波长太短，不能被人的眼睛直接观察，电镜中采用了涂有荧光物质的荧光屏板把接收到的电子影像转换成可见光的影像。观察者需要在荧光屏上对电子显微影像进行选区和聚焦等调整与观察分析，这就要求荧光屏的发光效率高，光谱和余辉适当，分辨力好。目前多采用能发黄绿色光的硫化锌-镉类荧光粉作为涂布材料，直径在15~20 cm。

荧光屏的中心部分为一直径约 10cm 的圆形活动荧光屏板，平放时与外周荧屏吻合，可以进行大面积观察。使用外部操纵手柄可将活动荧屏拉起，斜放在 45°角位置，此时可用电镜置配的双目放大镜，在观察室外部通过玻璃窗来精确聚焦或细致分析影像结构；而活动荧光屏完全直立竖起时能让电子影像通过，照射在下面的感光胶片上进行曝光。

B　照相室

在观察过程中，电子束长时间轰击生物医学样品标本，必会使样品污染或损伤。所以

对有诊断分析价值的区域，若想长久地观察分析和反复使用电镜成像结果，应该尽快把它保留下来，将由电子束轰击生物医学样品造成的污染或损伤降低到最小。此外，荧光屏上的粉质颗粒的解像力还不够高，尚不能充分反映电镜成像的分辨本领。将影像记录存储在胶片上照相，便解决了这些问题。

照相室处在镜筒的最下部，内有送片盒（用于储存未曝光底片）和接收盒（用于收存已曝光底片）及一套胶片传输机构。电镜生产的厂家、机型不同，片盒的储片数目也不相同，一般在 20 ~ 50 片/盒左右，底片尺寸日本多采用 82.5 mm×118 mm，美国常用82.5 mm×101.6 mm，而欧洲则采用 90 mm×120 mm。每张底片都由特制的一个不锈钢底片夹夹持，叠放在片盒内。工作时由输片机构相继有序地推放底片夹到荧光屏下方电子束成像的位置上。曝光控制有手控和自控两种方法，快门启动装置通常并联在活动荧光屏板的扳手柄上。电子束流的大小可由探测器检测，给操作者以曝光指示；或者应用全自动曝光模式，由计算机控制，按程序选择曝光亮度和最佳曝光时间，完成影像的拍摄记录。

现代电镜都可以在底片上打印出每张照片拍摄时的工作参数，如加速电压值、放大率、微米标尺、简要文字说明、成像日期、底片序列号及操作者注解等备查的记录参数。观察室与照相室之间有真空隔离阀，以便在更换底片时，只打开照相室而不影响整个镜筒的真空。

C 液晶显示器

液晶显示器主要用于电镜总体工作状态的显示、操作键盘的输入内容显示、计算机与操作者之间的人机对话交流提示以及电镜维修调整过程中的程序提示、故障警示等。

11.3.1.4 调校系统

A 消像散器

像散（指轴上像散）的产生除了前面介绍的受材质、加工精度等因素影响以外，实际上在使用过程中，还会因为各部件的疲劳损耗、真空油脂的扩散沉积，以及生物医学样品中的有机物在电子束照射下的热蒸发污染等众多因素的逐渐积累而不断变化，所以像散的消除是电镜制造和应用中必不可少的重要技术。

早期电镜中曾采用过机械式消像散器，通过利用手动机械装置来调整电磁透镜周围的小磁铁组成的消像散器，从而改变透镜磁场分布的缺陷。但由于调整的精确性和使用的方便性均难令人满意，现在这种方式已被淘汰。目前的消像散器由围绕光轴对称环状均匀分布的八个小电磁线圈构成，用以消除（或减小）电磁透镜因材料、加工、污染等因素造成的像散。其中每四个互相垂直的线圈为一组，在任一直径方向上的两个线圈产生的磁场方向相反，用两组控制电路来分别调节这两组线圈中的直流电流的大小和方向，即能产生一个强度和方向均可变的合成磁场，以补偿透镜中原有的不均匀磁场缺陷，从而达到消除或降低轴上像散的效果。

一般电镜在第 2 聚光镜和物镜中各装有两组消像器，称为聚光镜消像散器和物镜消像散器。聚光镜产生的像散可从电子束斑的椭圆度上看出，它会造成成像面上的亮度不均匀和限制分辨率的提高。调整聚光镜消像散器（镜体操作面板上装有对应的可调旋钮），使椭圆形光斑恢复到最接近圆状，即可基本消除聚光镜中存在的像散。

物镜像散能在很大程度上影响成像质量，消除起来也比较困难。通常使用放大镜观察样品支持膜上的小孔在欠焦时产生的费涅尔圆环的均匀度，或者使用专门的消像散特制标本来调整消除，这需要一定的经验和操作技巧。近年来，在一些高档电镜机型中，开始出现了自动消像散和自动聚焦等新功能，为电镜的使用和操作提供了极大的方便。

B　束取向调整器及合轴

最理想的电镜工作状态，应该是使电子枪、各级透镜与荧光屏中心的轴线绝对重合。但这是很难达到的，它们的空间几何位置多多少少会存在着一些偏差，轻者会使电子束的运行发生偏离和倾斜，影响分辨力；稍微严重时会使电镜无法成像甚至不能出光（电子束严重偏离中轴，不能射及荧光屏面）。为此，电镜采取的对应的弥补调整方法为机械合轴加电气合轴的操作。

机械合轴是整个合轴操作的先行步骤，通过逐级调节电子枪及各透镜的定位螺丝，来形成共同的中心轴线。这种调节方法很难达到十分精细的程度，只能较为粗略地调整，再辅之以电气合轴补偿。

电气合轴是利用束取向调整器来完成的，它能使照明系统产生的电子束做平行移动和倾斜移动，以对准成像系统的中心轴线。束取向调整器分枪（电子枪）平移、倾斜和束（电子束）平移、倾斜线圈两部分。前者用以调整电子枪发射出电子束的水平位置和倾斜角度；后者用以对聚光镜通道中电子束的调整。二者均为在照明光路中加装的小型电磁线圈，通过改变线圈产生的磁场强度和方向，可以推动电子束做细微的移位动作。

合轴的操作较为复杂，不过在合轴操作完成后，一般不需经常调整。只是束平移调节作为一个经常调动的旋钮，放在电镜的操作面板上，供操作者在改变某些工作状态（如放大率变换）后，将偏移了的电子束亮斑中心拉回荧光屏的中心，此调节器旋钮也称为亮度对中钮。

C　光阑

如前所述，为限制电子束的散射，更有效地利用近轴光线，消除球差，提高成像质量和反差，电镜光学通道上多处都加有光阑，以遮挡旁轴光线及散射光。光阑有固定光阑和活动光阑两种，固定光阑为管状无磁金属物，嵌入透镜中心，操作者无法调整（如聚光镜固定光阑）。活动光阑是用长条状无磁性金属钼薄片制成的，上面纵向等距离排列有几个大小不同的光阑孔，直径从数十到数百微米不等，以供选择使用。活动光阑钼片被安装在调节手柄的前端，处于光路的中心，手柄端在镜体的外部。活动光阑手柄整体的中部，嵌有"O"形橡胶圈来隔离镜体内外部的真空。可供调节用的手柄上标有 1 号、2号、3号、4号定位标记，号数越大，所选的孔径就越小。光阑孔要求形状很圆而且光滑，并能在 X、Y 方向上的平面里做几何位置移动，使光阑孔精确地处于光路轴心。因此，活动光阑的调节手柄，应能让操作者在镜体外部方便地选择光阑孔径，调整、移动活动光阑在光路上的空间几何位置。

电镜上常设有三个活动光阑供操作者变换选用：（1）聚光镜 C_2 光阑，孔径在 $20\sim200\ \mu m$，用于改变照射孔径角，避免大面积照射对样品产生不必要的热损伤。光阑孔的变换会影响光束斑点的大小和照明亮度。（2）物镜光阑，能显著改变成像反差，孔径在 $10\sim100\ \mu m$，光阑孔越小，反差就越大，亮度和视场也越小（低倍观察时才能看到视场的变化）。当选择的物镜光阑孔径过小时，虽能提高影像反差，但会因电子线衍射增大而影响分辨能力，且易受到照射污染。如果真空油脂等非导电杂质沉积在上面，就可能在电子束的轰击下充放电，形成的小电场会干扰电子束成像，引起像散，所以物镜光阑孔径的选择也应适当。（3）中间镜光阑，也称选区衍射光栅，孔径在 $50\sim400~\mu m$，通常应用于衍射成像等特殊的观察之中。

11.3.1.5　真空系统

电镜镜筒内的电子束通道对真空度的要求很高，电镜工作必须保持在 $10^{-3}\sim10~Pa$ 以上的真空度（高性能的电镜对真空度的要求更达 10 Pa 以上），因为镜筒中的残留气体分子如果与高速电子碰撞，就会产生电离放电和散射电子，从而引起电子束不稳定，增加像差，污染样品，并且残留气体将加速高热灯丝的氧化，缩短灯丝寿命。高真空是由各种真空泵来共同配合抽取的。

A　机械泵（旋转泵）

机械泵因在其他场合使用非常广泛而比较常见，它工作时是靠泵体内的旋转叶轮刮片将空气吸入、压缩、排放到外界的。机械泵的抽气速度每分钟仅为 160 L 左右，工作能力也只能达到 $0.1\sim0.01~Pa$，远不能满足电镜镜筒对真空度的要求，所以机械泵只作为真空系统的前级泵来使用。

B　油扩散泵

油扩散泵工作原理是用电炉将特种扩散泵油加热至蒸气状态，高温油蒸气膨胀向上升起，靠油蒸气吸附电镜镜体内的气体，从喷嘴朝着扩散泵内壁射出，在环绕扩散泵外壁的冷却水的强制降温下，油蒸气冷却成液体时将析出气体排至泵外，由机械泵抽走气体，油蒸气冷却成液体后靠重力回落到加热电炉上的油槽里循环使用。扩散泵的抽气速度很快，约为每秒钟 570L 左右，工作能力也较强，可达 $10^{-4}\sim10^{-3}~Pa$。但它只能在气体分子较稀薄时使用，这是由于氧气成分较多时易使高温油蒸气燃烧，所以扩散泵通常与机械泵串联使用，在机械泵将镜筒真空度抽到一定程度时，才启动扩散泵。

近年来，电镜厂商在制作电镜过程中为实现超高压、超高分辨率，必须满足超高真空度的要求，为此在电镜的真空系统中又推出了离子泵和涡轮分子泵，把它们与前述的机械泵和油扩散泵联用，可以达到 10 Pa 的超高真空度水平。

C　真空阀、真空规

真空阀是用于启闭真空通道各部分的关卡，使各部分能独立放气、抽空而不影响整个系统的真空度。

真空规可用于镜筒各部位真空度的检测，向真空表和真空控制电路提供信号，根据检测目标的真空度不同，真空规分为皮拉尼规（pirani gauge）和潘宁规（penning gauge）两种。前者可用于低真空检测，后者可用于高真空检测，被安装在镜体的不同部位。

D　空气压缩机

电镜中的真空阀多为气动式，动力源自空气压缩机，这是因为如采用电磁动力的真空阀门，则易产生干扰电磁场，影响电镜工作。电镜外部专配的空气压缩机能经常、自动地保持在 4 个大气压以上，以提供足够的气体压力。由空气压缩机输出的高压气体经多根软塑细管送出，先经过在计算机程序控制下动作的总操纵集合电磁阀，然后连接到镜体内各部位安装的气动阀门处。这样，就可以通过固定程序（或人为）来操纵控制镜体外部的集合电磁阀，切断或联通任一路软塑细管，间接地启闭镜体内部的任一气动阀。

E　抽气过程

真空抽气系统由两部分组成，即一套机械泵（RP）和一套扩散泵（DP），分别连接镜体的上半部镜筒部分和下半部照相室部分。抽气过程为：先由机械泵将该部分（如镜筒）真空抽至 10 Pa 以下，当"皮拉尼"真空规（P）监测真空度达到这个值时，会提供一个信号至给中央微处理器，由控制电路自动操纵扩散泵启动工作；当（镜筒）真空度达到 10 Pa 时，"潘宁"规（PE）将发出可以接通镜体电源电路的信号，而如果镜筒因某种原因突然漏气，真空度一旦低于设定值，"潘宁"规（PE）就会立即"通知"控制电路切断工作电源。在电镜工作中，镜筒总会或多或少地漏进一些气体（不可能绝对密封），所以真空泵也一直在不停地工作着，使镜体的真空度维持在一个较高的数值，达到平衡状态。在工作过程中，如需要更换样品，则控制电路会自动操纵控制镜体外部的集合电磁阀，向电子枪阀门（GV）和镜筒阀门（CV）提供气压动力，令其关闭，只给镜筒中部放气，待到换毕样品重新抽取真空达到原来的真空度时，再切断气压动力使两阀门开启，联通镜筒的上下真空和光路通道，以此类推。

11.3.1.6　电路系统

A　电源变换装置

镜体和辅助系统中的各种电路都需要工作电源，且因性质和用途不同，对电源的电压、电流和稳压度也有不同的要求。如电子枪的阳极需要数十至数百千伏的高电压，它的稳定度应在每分钟不漂移 10^{-5} 以上（每分钟的偏离量低于十万分之一），这专门由高压发生器和高压稳定电路（埋于油箱内）来提供；在物镜电源中则要求电流的稳定度优于 $10^{-5} \sim 10^{-6}$；其他透镜电源、操纵控制等电路则要求工作电压从几伏到几百伏，电流从几毫 安到几安培不等，全部由相应的电源电路变换配给，其中包括变换电路、稳压电路、恒流电路等。

B　调整、控制电路

这部分电路最为复杂，操纵面板上的每一个变化，都对应着相应元件、部件工作状态的变化，每一步骤都要由电路做出一系列相应的动作来实现。调整控制电路实质上是由许多形形色色的操纵、检测、自控、保护等电路交织而成的。

11.3.1.7　水冷系统

水冷系统是由许多曲折迂回、密布在镜筒中的各级电磁透镜、扩散泵、电路中大功率发热元件之中的管道组成的。外接水制冷循环装置，为保证水冷充分（10～25 ℃，不可过高或过低）、充足（4～5 L/min）、可靠（0.5～2 kg/mm），在冷却水管道的出口装有水压探测器，当水压不足时，既能报警，又能通过控制电路切断镜体电源，以保证电镜在正常工作时不会因为过热而发生故障。水冷系统的工作要开始于电镜开启之前，结束于电镜关闭 20 min 以后。

11.3.2　高分辨率 TEM 影像的拍摄与分析

11.3.2.1　透射电子显微镜的操作规程

透射电子显微镜的操作规程如下（以 JEM-2010F 透射电镜为例，如图 11-10 所示）：

（1）检查仪器状态及实验室环境：

1）离子泵真空度必须优于 $4×10^{-5}$ Pa。

2）电子枪、镜筒、照相室、储气罐真空状态必须显示为 READY。

3）冷却水箱的温度，包括进水口（左）、出水口（右），均必须在 17.5~18.5 ℃。

4）电脑操作界面无警报提示。

5）室内温度在 17~25 ℃，湿度在 60% 以下。

注意：出现以上任何一点异常，均不得进行下一步操作，须立即告知仪器管理员。

（2）登录用户界面：

1）在登录界面输入用户名和密码。

2）启动主程序 Tecnai User Interface（一般是开启状态）。

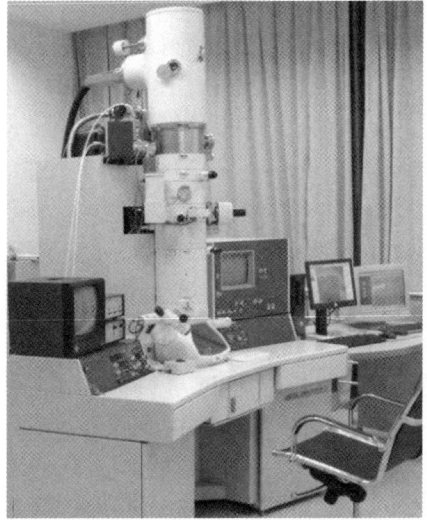

图 11-10　JEM-2010F 透射电镜实物图

3）再次检查仪器是否处于正常状态。

4）确认"Column Valves Closed"按钮处于关闭状态（黄色）。

5）查看真空和高压值是否正常：

① 真空：在 Setup→Vacuum 控制面板中，Gun（1）、Column（6）、Camera（30-32）的压力指示条都应该是绿色的才为正常。

② 高压：在软件中，在 Setup→HighTension 控制面板中，正常情况下，High Tension 指示条为黄色，高压指示值为 200 kV（高压平时一直加到 200 kV）；在 FEG Control 控制面板中，Operate 是黄色的（灯丝开启状态）。

6）查看样品台位置是否正常。

注意：Vacuum 中，Status 显示为 COL. VALVES，Gun 的真空值必须为 1，Column 值必须为 6，Camera 值小于 40。如果出现红色，数值为 99，则说明仪器真空破坏，不得进行实验。High Tention 必须为黄色，数值为 200 kV。FEG 中 Operate 必须为黄色。

（3）装样品：将待测样品装入样品杆，样品正面需朝下。样品杆有两种类型：单倾，即只能在 A 方向倾转；双倾，即在 A、B 两个方向都能倾转（该仪器的双倾是 Be 双倾，做 EDAX 时可以直接去 Be）。如不需倾转样品，则选择单倾样品杆。

注意事项：样品杆属于仪器中极为精细的部件，需要小心操作，动作要轻，不要野蛮操作；绝对不能用手触摸样品杆 O 圈至样品杆顶端的任何部位。绝对不要在单倾样品杆上安装磁性样品。通常夹子力量不够大，不足以防止样品在受到物镜磁场作用下飞出并粘在物镜极靴上。样品杆的夹子应小心提起和放下，否则容易损坏样品杆。装好样品，一定要确定样品在凹槽处，并且不会掉落。装卸样品所用工具在使用后需及时放回原位。制备好的样品要等充分晾干后再装入电镜。样品杆如果使用时间较长，需要进行清洁，用酒精棉轻轻擦拭样品杆 O 圈至样品杆顶端，对于杆中部的 O 圈则可以取下进行清洁，安装时涂抹少许真空酯。

（4）进样：手握样品杆末端，绕轴逆时针旋转样品杆 120°，将样品杆的销钉对准样品台的圆孔。然后必须握紧样品杆末端（此时真空对样品杆有较强的吸力作用），使样品杆在真空吸力作用下慢慢滑入电镜，要送到底（要轻拿轻送，不要用力扭转，避免样品杆撞击样品台，装好后轻敲样品杆后座，确保到位）。进样过程中要注意观察真空值。

（5）图像观察：启动场发射电子枪，当真空值小于 20 时，打开阀门；设置共心高度，移动轨迹球找到样品区域，调节 Intensity（逆时针聚光，顺时针散光），使光斑汇聚到屏幕中心一点，调节 Z-axis，使影像聚焦到衬度最小（即中心光斑点没有光晕，一般情况此操作会使 Z 轴数值为负值）；调节物镜和光阑，调节物镜的像散。

（6）观察图像和照片获取：用轨迹球选择感兴趣的样品区域；用"Mag."旋钮选择合适的放大倍数，并将光发散至满屏；用"Focus"按钮选择合适的步长，粗调至样品衬度最小；按"R1"，将大荧光屏抬起；点击"Search"进行图像扫描；细调"Focus"至最佳聚焦值；看 Camera 控制栏下面的颜色条是否在绿区，如果没到，则调大 Screen 和曝光时间；点击"Acquire"进行拍照，拍照结束后点"Stop Camera"。保存图片：CCD 图像可以存储为 .dm3 原始格式（只有 Digital Micrograph 软件才能将其打开和处理）和 .tif 等格式（适用于普通图像处理软件）。

（7）TEM 图片分析：透射电镜分析有两个目的，一是看形貌，观察高倍放大的固体材料内部缺陷等；二是结合电子衍射（SAED）更进一步地对样品的晶体结构、晶相组成进行分析。关于看形貌，只需选择美观、清晰，能够表现出材料形貌特征的图即可，一般其比例尺在 20~200 nm。对于晶体结构及暴露晶面的分析，可分为通过 HRTEM（比例尺 ≤5 nm）进行晶格间距的分析和通过 SAED 对晶体结构和晶相进行判断，具体步骤如下：

1）标卡的标定。打开"Digital Mcrograph"（D. M.），依次点击"File—Open—选择文件—打开"（dm3 格式，.JPEG、.TIFF 也可，D. M. 可直接识别文件中的标尺、放大倍数、仪器型号等，故在有些情况下第一步"标卡的标定可以省略"）。通过右上角工具栏放大镜功能，选中后单击鼠标可放大图片（按住"Alt"并单击鼠标可缩小）。点击 ROI tools 中第二个画线工具，在标卡上画一条等长的线段（注意始末位置不要将标卡本身的线宽量进去；按住"shift"，画线不易倾斜）。选中刚刚画的线，依次点击"Analysis—Calibrate"，在弹出的对话框中，选择对应的单位输入标卡长度 5 nm，然后点击"OK"。

2）量取晶格宽度。通过 HRTEM 图可量取晶体的晶格宽度，选中 Standard Tools 中第一行第五个工具，量取 10 个晶格的宽度，再除以 10（画线要垂直于晶格，线段始末要同色条纹的相同位置，最好是放大后再量取）。选中所画线段，从左下角 Control 显示栏里可以读出线段长度，即 10 个晶格宽度，除以 10，得出晶格宽度为 0.2605 nm。

3）对应晶面。从 Jade 中找到所用物质的 XRD 标卡，点击红框中的"复制数据"，粘贴到 Excel 中。对应的 d 列就是晶格间距，但其单位是 Å，1 nm = 10 Å，最后可以将 .dm3 格式导出，依次点击"File—Save as—JPG 格式"，并在 PPT 或其他绘图工具中标出晶格和晶面。

11.3.2.2　SAED 分析

首先需完成上述标卡的标定过程。完成标定后，选取图中比较明亮的两个对称点（若有圆心，则需过圆心），量出两者之间的距离（鼠标长按移动可拖动网格中线条，可得出两个峰值之间对应的长度距离）。再重复上述利用 XRD 标准卡片对应晶面的过程。对于多晶材料，采用同样步骤得到其他衍射环所对应的晶面，得到完整的 SAED 分析图；单晶材料的处理过程一样，但由于单晶材料的平移对称性，测量过程中的测量中心点可以任意选择，一旦选择后，所有晶面都要相对于该中心点操作。

当所拿到 TEM 结果的文件格式为 .tiff 格式时，一般电脑直接双击就可以打开，方便预览，而 .dm3 格式则是测试的源文件，富含的有效信息最多，需要特定软件打开，常用 Digital Mcrograph 软件打开并进行分析。

11.3.3　TEM 设备的维护

（1）常开机，多使用，这样就能随时掌握仪器的工作情况，随时注意观察图、光、声、真空、气压、电源的变化情况，及时调节，并做好记录。

（2）注意空气湿度，防止老鼠破坏，电压要稳定、气体要清洁干燥，防止小样品掉入，尤其是细颗粒、粉末，防止碰撞。

（3）监视电子枪内的氟里昂是否降低，以及机械泵里的油是否降低到水平线以下。空气压缩机时应时常放气，循环水装置内的水要定期更换，保持室内湿度在 40%~70%，温度在 15~25 ℃。对于电镜的修理，要求修理人员有较高的技术水平，一要有兴趣，二要有悟性，主要是实际动手能力和高超的综合知识的灵活运用，同时还要靠经验的积累，最好是由电子学专业，且有实际能力的人来管理电镜。

（4）旋转泵用的真空油，有条件最好一年换一次。油脏的快慢主要和实验室清洁程度、湿度有关。电镜不用时最好也保持开机状态，每日进行抽真空处理，隔一两天给电路通电，学校放假时，最好每周开机两天，尤其是夏天，暑假结束刚开学是出机器出现故障最多的时候。

（5）操作步骤如下：

1）检查仪器是否运行正常；

2）登录用户界面（User Interface）；

3）装液氮装样品；

4）进样；

5）启动场发射枪电流（一直是开启状态）；

6）启动软件；

7）图片的保存设置；

8）开启阀门；

9）设置共心高度；

10）调节聚光镜像散和光阑；

11）调节物镜像散；

12）形貌观察及照片获得；

13）结束操作；

14）取出样品杆；

15）卸载样品。

（6）操作注意事项如下：

1）透射电镜及其附属设备中存在有高压电、低温、高压气流以及电离辐射等危险因素，不正确的使用有可能造成仪器损坏或者人身伤亡。因此一定要正确操作仪器，不要打开仪器的面板或试图接触没有经过培训的内容。

2）请勿用透射电镜观察磁性样品，磁性样品有可能对电镜造成严重伤害。

3）严禁用手触摸样品杆 O 圈至样品杆顶端的任何部位。

4）在下列情况下必须先关闭仪器：插入、拔出样品杆时，结束操作时，离开实验室或有任何意外情况发生时。

5）电镜样品台红灯亮时，不要插入或拔出样品杆。

6）插入或拔出样品杆之前必须确认样品台已回零。

7）任何机械操作都不能太用力（包括装卸样品、插拔样品杆、操作旋钮和按钮等）。

8）使用 CCD 相机拍照时，电子束一定要散开。

9）数据拷贝的方式是刻录光盘，严禁使用 U 盘。

10）定期检查实验室危险因素并及时排除。

11.4　透射电子显微镜的样品准备

只有厚度小于 100 nm 的样品（原子序数小的样品可以稍厚一些）才适合用 TEM 观察。在高真空条件下热稳定性差（易分解、易挥发、易变性、易变形）的样品一般不适合用 TEM 观察。TEM 样品制备是一项关键技术，其重要性及工作量一般要占整个测试工作的一半以上，甚至超过 90%。

制样原则：（1）不损害样品的微观结构。（2）不危害电镜设备。（3）获得尽量大的可观测薄区。（4）简单易行。（5）样品必须具有导电性。对于非导电样品，应在表面喷一层很薄炭膜，以防止电荷积累而影响观察。（6）防止样品被污染。在制样过程中，样品的超微结构必须得到完好的保存。应严格防止样品被污染和样品结构及性质的改变（如相变、氧化等）。由于透射电子显微镜收集的是透射过样品的电子束的信息，因而样品必须要足够薄，使电子束透过。一般透射样品的厚度在 100 nm 以下，对于高分辨电镜样品，厚度必须小于 10 nm。

常规制备方法：机械减薄、粉碎研磨、化学减薄、电解双喷、解理、超薄切片、离子减薄、聚焦离子束（图 11-11）。

试样分类：复型样品、超显微颗粒样品、材料薄膜样品等。

制样设备：真空镀膜仪、超声清洗仪、切片机、磨片机、电解双喷仪、离子薄化仪、超薄切片机等。

材料类 TEM 样品类型：块状（含横截面样品）、粉末、薄膜、纤维（线、棒）。上述样品类型在一定条件下可以进行转变，如块状—粉末。对于生物及有机类样品，有其专门的一套制样方法。

准备 TEM 观测前最重要的是搞清楚样品的几个相关特性，包括是否剧毒、是否有磁性、是否稳定、是否有放射性，并根据情况采取措施。

生物样品则必须先固定、硬化，然后切成超薄切片，再置于覆有支持膜的载网上。纳米粉末、纳米管、线、脆性粉末、FIB 样片用载网。

载网通常是一种多孔的金属片，对样品起加固和支撑作用。载网可以用 Cu、Ni、Mo、Al、W、Au 及尼龙等材料制作，但通常使用 Cu 制作，故统称铜网。它有许多不同的规格，可根据样品的性质选择使用。大多数透射电镜样品在制样时，为了确保样品能搭载在

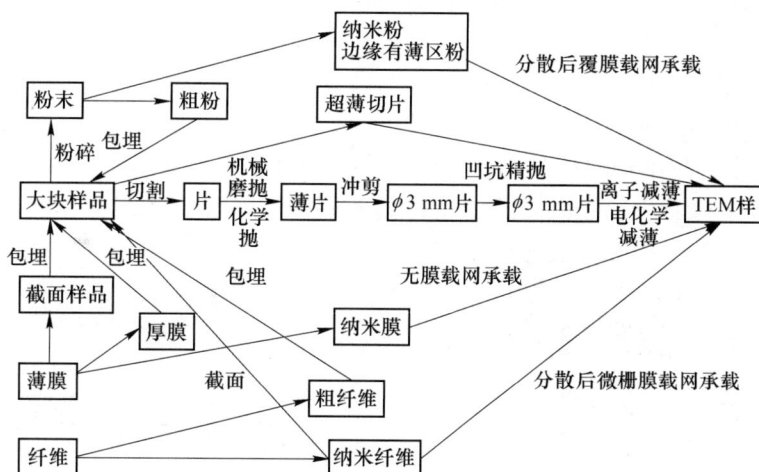

图 11-11　材料类 TEM 样品制备的基本流程

载网上，会在载网上覆一层有机膜，称为支持膜。这种具有支持膜的载网，称为载网支持膜。支持膜为一层非晶质的薄膜，厚约 20 nm。它在电子束照射下应该是"透明的"，本身并无任何结构，且与样品不会发生反应。支持膜通常在铜网上覆盖一层有机膜，然后喷碳，样品搭载在碳膜上，以便在透射电镜上观察。如图 11-12 所示，微栅碳支持膜由铜载网、微孔有机膜、微孔碳膜组成。

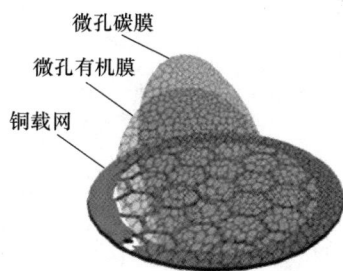

图 11-12　微栅碳支持膜

支持膜主要有微栅、FIB 微栅，超薄碳膜、碳支持膜、纯碳膜等。计划用于所有粉末样品和切片样品的 TEM 观察。

11.4.1　纳米粉末及线、棒制样

首先清楚样品的性质，是否易团聚；是否有磁性；是否稳定……选择合适的分散剂，通常用无水乙醇。合适的浓度，搅拌或超声波分散；根据观测样品和内容选用不同类型的载网。

粉末：覆膜网（铜、镍，…，根据 EDS 分析需要）；微栅覆膜网（用于高分辨观测）。

线、棒：微栅载网。

液滴上载网方式：

（1）悬空滴样：用镊子夹持载网，并用另一干净镊子（滴管）夹一滴溶液放在载网正面上，保持夹持状态至烘干。

优点：确保载网上有样品，且易实现单正面载样。

（2）滤纸支撑滴样：载膜正面朝上置于滤纸上，将溶液滴在网上。

优点：样品分散好。

缺点：有时液滴浸润性不好，没有挂在铜网上。

（3）捞取法：镊子夹持载网浸入溶液后捞取液滴。

优点：简单。

缺点：双面挂样。

整个过程注意不能带进污染。

图 11-13 所示为超细颗粒样品制备方法，先加塑料液在水面上扩散成膜，把膜加到专用铜网上，将粉末样品均匀分散在具有支持膜的铜网上。形貌及结构观察使用碳-塑料复合膜，寻求电子衍射分析使用金塑料复合膜。

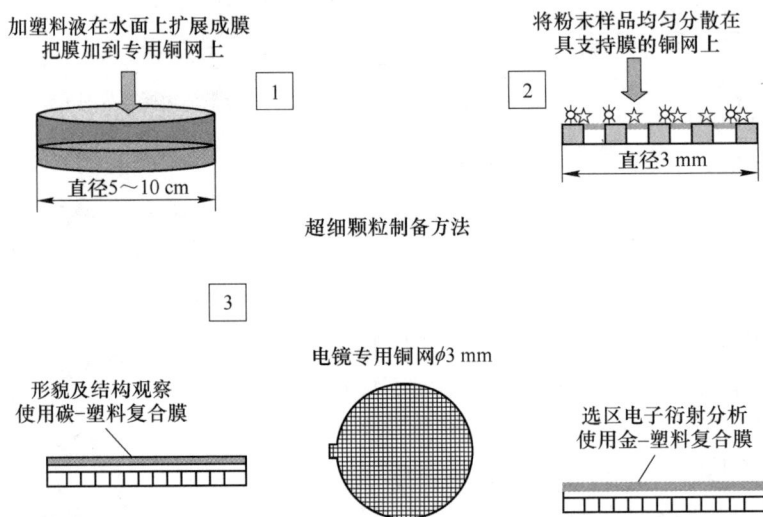

图 11-13　超细颗粒制备方法示意图

载网种类包括：

（1）方华支持膜：方华支持膜的化学成分是聚乙烯醇缩甲醛，由于它是纯的有机膜，所以膜的弹性好，厚度通常为 10 nm 左右，其在透射电镜观察时的背底影响小。但方华膜因其导电性不好，在电子束照射下，易因高温或电荷积累，产生样品漂移甚 至膜破损，通常在 100 kV 电镜和生物样品中使用较多。

（2）碳支持膜：碳支持膜是一种最常用的支持膜，有两层膜结构，从下至上依次为裸网、方华膜和碳膜。由于碳层具有较强的导电性和导热性，弥补了无碳方华膜的荷电效应以及热效应，增强了膜整体的稳定性，适合大多数纳米材料和生物样品的一般形貌观察，用于常规样品制样。

（3）微栅：在膜上制作出微孔，以便使样品搭载在微孔边缘，使样品"无膜"观察，提高图像衬度。在观察管状、棒状、纳米团聚物时的效果较好，特别是在观察这些样品的高分辨像及 mapping 时更是最佳选择。

（4）超薄碳膜：在微栅的基础上叠加了一层很薄的碳膜，一般为 3～5 nm。这层超薄碳膜的作用是把微孔堵住，主要针对粒度较小的纳米材料。如对于 10 nm 以下分散性很好的纳米材料，如果用微栅，则样品可能从微孔中漏出；如果在微栅孔边缘，则可能膜厚而影响观察，所以采用超薄碳膜就会得到很好的观察效果。

（5）纯碳膜：当样品所用的有机溶剂（氯仿、甲苯等）能够溶解方华膜时，载网膜中就要去除方华膜，只剩碳膜，称为纯碳膜，碳膜的厚度通常为 20 nm 左右，其在高分辨观察时背底的影响也比较明显。

（6）双联载网支持膜：双联载网支持膜将两片载网膜连在一起，负载样品后，将样品夹住，形成三明治结构，加强了对样品的固定，当其应用于磁性材料时可避免材料吸附到透射电镜的极靴上。

基于上述介绍的载网膜的结构及特点，可根据样品的特征来选择合适的载网膜，汇总如表 11-1 所示，需要说明的是一些特殊情况：

（1）用能谱分析铜元素时，不能选用铜载网，要选用镍、钼等其他材质的载网膜。同理，在分析碳元素时，要用氮化硅膜。

（2）当高分子、生物样品切片后需要染色时，要用裸网或微栅，因为染色剂通常会使方华膜染色。

（3）在负载一些二维方向尺度较大的薄膜样品时，比如大面积的石墨烯膜、有机膜，如果用碳支持膜，则背底影响较大；如用微栅膜，则在低倍观察时会有微栅孔的结构，因此可选用目数较高的裸网，如 1000 目、2000 目的铜裸网。

表 11-1　样品特征对应载网的选择

载网种类	膜厚/nm	微孔	适 用 范 围
碳支持膜	10～20	无	样品的一般结构观察，高倍率会有较大的背底
微栅	15～20	有	适用于线状、片状样品，能够搭载在微栅孔中，高分辨观察时无背底
超薄碳膜	3～5	无	分散性好的纳米颗粒，高分辨观察时背底衬度低
纯碳膜	20～40	无	分散样品的溶剂是能够溶解方华膜的有机溶剂（氯仿、甲苯等）

11.4.2　易剥离纳米薄膜制样

易剥离膜分为两种类型：

（1）基体可溶而膜不溶类，如晶盐表面沉积非水溶性膜、金属表面沉积陶瓷膜等。剥离后膜在溶液中漂浮，需数次清洗（用毛发捞取或拨动膜）。

（2）易剥离类，如玻璃表面蒸镀的金属膜、金属表面的萃取复型碳膜等。

制备易剥离膜时可采用捞取法，即使用镊子夹持载网浸入溶液后捞取膜（图 11-14）。对于不能剥离样品，则需用截面样品和大块样品制样方法制备。

11.4.3　大块样品一般制样

11.4.3.1　粉碎法

对于脆性材料，首先可考虑采用粉碎法制样，即将样品磨碎成粉，分散在覆膜载网上，寻找颗粒边缘可观测薄区。制备流程如图 11-15 所示，切割—平面磨—钉薄（凹坑）—离子减薄。

（1）机械切割：可以用手锯、砂轮切割机、超声切割机或其他方法将样品切成直径为 3 mm 的圆片或者小块，无论正方形还是长方形，对角线不超过 3 mm，长边 2.5 mm 即

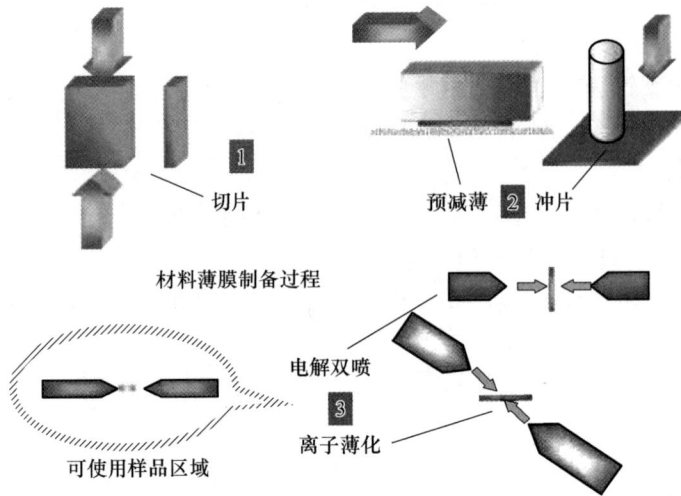

图 11-14 材料薄膜制样制备过程示意图

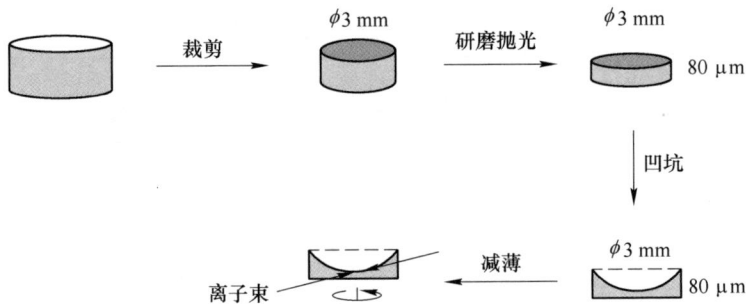

图 11-15 大块样品制样流程

可。把切好的样品放在加热炉上，自然冷却。

（2）平面磨：可采用机械磨或者手工磨的方法，把经机械切割的样品磨到 80 μm 以下。当采用手工平磨时，应不断变换样品角度，或者沿"8"字轨迹的手法，以避免过早出现样品边缘倾角。在磨到原始厚度的一半时，用力度 P1500 ~ P200 μm 的金刚石抛光膏抛光，每更换一次砂纸都需用水彻底清洗样品，再用无水乙醇棉球将样品擦干，然后翻面磨另一面，最终得到厚度在 80 μm 以内的样品。

（3）钉薄：用凹坑减薄仪进行钉薄，使薄圆片样品出现一个碗状凹坑，在碗底部样品最薄，小于 5 μm，其他部分较厚，以保证样品不易碎。

（4）离子减薄：其特点是不受材料电性能的影响，即不管材料是否导电；是金属或非金属，还是二者混合物；其结构有多复杂，均可用此方法制备薄膜。

注意事项如下：

（1）在钉薄（凹坑）过程中，试样需要精确地对中，先粗磨，后细磨抛光，磨轮负载要适中，否则试样易破碎。

（2）凹坑完毕后，要将凹坑仪的磨轮和转轴清洗干净。

（3）凹坑完毕后的试样需放在丙酮中浸泡、清洗和晾干。

（4）对于进行离子减薄的试样，在装上样品台和从样品台取下这两个过程中，需要非常地小心和细致地动作，因为此时 $\phi3$ mm 薄片试样的中心已非常薄，用力不均或过大，将很容易导致试样破碎。

（5）需要很好的耐心，欲速则不达。

11.4.3.2　电解双喷

受材料电性能的影响，电解双喷法只能用于金属样品，其耗时短、成本低。样品制备流程如下：

（1）样品裁剪：将样品冲压成直径为 3 mm 的圆片。

（2）研磨抛光：将样品圆片用手动研磨盘手动研磨直至厚度低于 100 μm。

（3）凹坑：采用凹坑仪单面凹坑至圆片中心厚度为 10~30 μm。

（4）电解双喷：设置好电解液、电压、温度，将样品减薄至出现足够薄区。

注意事项如下：

（1）电解减薄所用的电解液有很强的腐蚀性，需要注意人员安全，及对设备的清洗；

（2）电解减薄完的试样需要轻取、轻拿、轻放和轻装，否则容易破碎，导致前功尽弃。

11.4.4　微米粉末及线、棒样品树脂包埋制样方法

理想的包埋剂应具有高强度、高温稳定性、与多种溶剂和化学药品不起反应等优点，目前常用国产环氧树脂 618、Epon812 环氧树脂，及低黏度包埋。

包埋剂配制及使用过程中的注意事项如下：

（1）所有容器及玻璃棒等都应是清洁和干燥的。

（2）配制过程中应搅拌均匀，使用过程中应避免异物，特别是水、乙醇、丙酮等混入包埋剂。

（3）配制好的包埋剂应密封保存，避免受潮。剩余包埋剂可密封并储存在 -10~ -20 ℃冰箱中，延长其使用期。

包埋方法：将待观察的样品块放入灌满包埋剂的适当模具（如胶囊）中，并放入恒温箱内加温固化，在 Spurr 70 ℃烤箱内 8 h 即可固化，国产树脂 618、Epon812 环氧树脂需 37 ℃过夜，或经 45 ℃ 12 h、60 ℃ 24 h 即可固化。将包埋固化后的样品取出，在用超薄切片机切片后，分散于载网上，即可制得透射观察所需要的样品。

11.4.5　FIB 透射电镜样品制备方法

双束聚焦离子束系统可以简单理解为单束聚焦离子束系统与普通 SEM 的耦合。单束聚焦离子束系统由离子源、离子光学柱、束描画系统、信号采集系统和样品台五部分构成。离子源设置在离子束镜筒的顶端，在其上加较强的电场可以抽取出带正电荷的离子，这些离子通过静电透镜及偏转装置的聚焦和偏转来实现对样品的可控扫描。样品加工是通过用加速的离子轰击样品使其表面原子发生溅射来实现的，同时产生的二次电子和二次离子被相应的探测器收集并用于成像。为了避免离子束受周围气体分子的影响，与扫描电镜类似，样品腔和离子束镜筒需要在高真空条件下（$<7\times10^{-6}$ Pa）工作。图 11-16 所示为 FEI Hellos Nanolab 600i 双束聚焦离子束系统显微镜实物图。

242

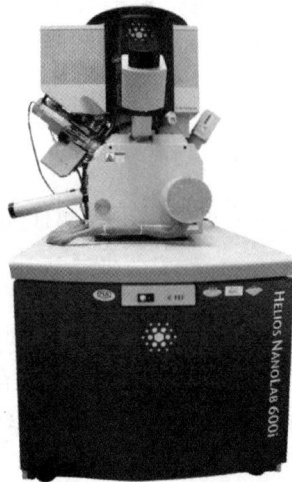

图 11-16　FEI Hellos Nanolab 600i 双束聚焦离子束系统显微镜

常见的双束设备是电子束垂直安装，离子束与电子束成一定夹角安装。通常称电子束和离子束聚焦平面的交点为共心高度位置。在使用过程中，样品处于共心高度的位置时即可同时实现电子束成像和离子束加工，并可以通过样品台的倾转使样品表面与电子束或离子束垂直。

双束系统还可以配备不同的附属设备以达到特定目的，如特定的气体注入系统（GIS）、能谱或电子背散射衍射系统、纳米操纵仪和各种可控的样品台。

聚焦离子束有三种基本工作模式，即成像、加工和沉积，如图 11-17 所示。

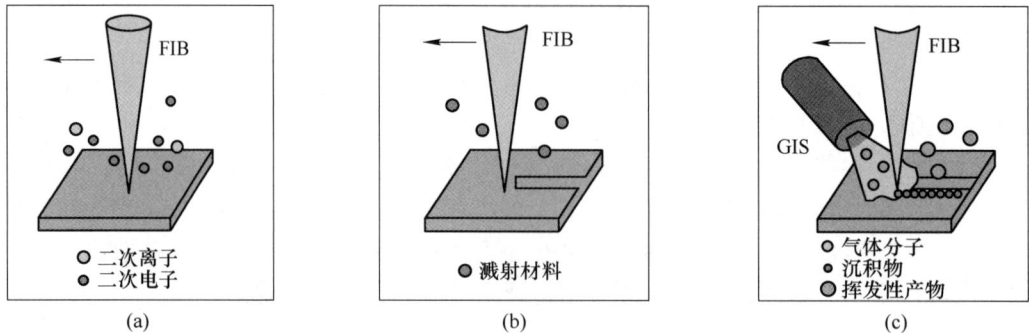

图 11-17　FIB 的三种工作方式
（a）成像；（b）溅射；（c）沉积

（1）成像。聚焦离子束可以像电子束一样在样品表面微区进行逐行扫描，在此过程中离子束与材料表层的原子发生交互作用产生二次电子和二次离子，这些电子或离子被相应的探测器收集后即可对材料表面进行成像。与 SEM 相比，离子束沿着不同晶向的穿透能力不同，因此离子束成像可用于分析多晶材料晶粒取向、晶界分布和晶粒尺寸分布。离子束成像还具有能更真实地反映材料表层详细形貌的优点。当用镓离子轰击样品时，正电荷会优先积聚到绝缘区域或分立的导电区域，抑制二次电子的激发，因此样品上绝缘区域和分立的导体区域在离子像上的颜色就会较暗，而接地导体则会亮些，这样就增加了离子成像的衬度。

利用离子沟道效应，多晶样品在离子束下成像，会有明显的通道效应，产生离子通道对比度。通道效应即不同取向的晶粒，有明显的衬度差异，由于离子束重，对于不同取向的晶粒，离子穿透深度有差异，不同取向晶粒的离子束激发出的二次电子信号量差异，形成了不同取向晶粒的衬度，以此可以判断晶体粒子的尺寸。

（2）溅射。溅射是入射离子将能量传递给固体靶材原子，使这些原子获得足够多的能量而逃逸出固体表面的现象，是 FIB 加工的最主要功能。离子溅射并不是一对一的过程。离子束轰击靶材会产生大量反弹原子，这些反弹原子会进一步将其能量传递给周围的原子，形成更多的反弹原子，其中靠近材料表面的一些反弹原子有可能获得足够动能，挣脱表面能的束缚，成为溅射原子。离子溅射的一个最主要的参数就是溅射产额，这也决定了 FIB 的加工效率。离子溅射产额不仅与入射离子能量有关，还与入射角度、靶材原子的密度和质量、晶体学去向有关。实际上对于镓离子束，能量在 30 keV 以上的溅射产额不再有明显变化。所以一般的商用聚焦离子束系统一般工作在 30 keV 以内。溅射一般还伴随着原子再沉积（redeposition）现象，随着加工深度的增加，被溅射的原子会越来越多地沉积在加工侧壁，通过减少驻留时间可以减少这种现象。

此外，还可以通入辅助气体，进行气体辅助刻蚀 GAE（gas assisted etching），可实现对某些材料刻蚀速度的大幅度提升与减少再沉积效应。GAE 有两种情况：一是使用与刻蚀样品材料不反应的气体，此气体只起到在刻蚀的时候形成表面气流的作用；二是使用反应气体刻蚀（Cl_2、I_2、Br_2、XeF_2），是指在直接物理溅射刻蚀的同时，气体可以与样品溅射产物发生反应，从而能够非常有效地抑制再沉积效应。

（3）沉积。除了利用离子束的溅射作用实现刻蚀功能外，离子束的能量还可激发化学反应来沉积金属材料（如 Pt、W、Au 等）和非金属材料（如 C、SiO_2等），实现诱导沉积。在 FIB 系统中添加气体注入系统，通过加热产生前驱气体通入样品表面，当离子束聚焦在该区域时，离子束的能量会诱导前驱气体发生反应产生固体成分保留在样品表面上，而其余可挥发的成分则被真空系统抽走。

诱导沉积过程中，离子束仍在不断地轰击材料表面，故离子溅射与分子沉积过程并存且相互竞争，只有仔细调整离子能量、单位时间剂量、通入气体的压力与流量，才能保证沉积速率大于溅射速率，从而使沉积薄膜不断增厚。

聚焦离子束技术（FIB）的作用如下：

（1）产生二次电子信号，取得电子像。此功能与 SEM（扫描电子显微镜）相似。

（2）用强电流离子束对表面原子进行剥离，以完成微米、纳米级表面的形貌加工。

（3）通常以物理溅射的方式搭配化学气体反应，有选择性地剥除金属、氧化硅层或沉积金属层。

聚焦离子束技术（FIB）的注意事项如下：

（1）样品大小为 5 cm×5 cm×1 cm，当样品过大时，需切割取样。

（2）样品需导电，不导电样品必须能喷金以增加导电性。

（3）切割深度必须小于 50 μm。

无论是透射电镜还是扫描透射电镜，都需要制备非常薄的样品，以便电子能够穿透样品，形成电子衍射图像。传统的制备 TEM 样品的方法是机械切片研磨，用这种方法只能分析大面积样品。而采用聚焦离子束则可以对样品的某一局部切片进行观察。与切割横截面的方法一样，制作 TEM 样品是利用聚焦离子束从前后两个方向进行加工，最后在中间留下一个薄的区域作为 TEM 观察的样品。

FIB 技术是当今精确定位制样效果最好的手段，而原 TEM 制样技术定位减薄的难度较大，一次制样的成功率较低，且对于单一器件的定位能力差的难题，可通过电视监测和聚焦离子磨削的方法加以克服。利用这种技术，可以完成以往难以实现的 IC 芯片的精密定位制样工作，使得透射电镜用于亚微米级 IC 分析进入了实用性阶段。

在研究人员感兴趣的样品区域内定点制备高质量的透射电子显微镜（TEM）样品，是双束系统在材料科学领域最重要的应用之一。聚焦离子束制备 TEM 试样的基本流程如下：

（1）Platinum deposition：用电子束或离子束辅助沉积的方法在待制备 TEM 试样的表面蒸镀铂保护覆层，以避免最终的 TEM 试样被镓离子束导致的辐照损伤。

（2）Bulk-out：在带制备的 TEM 试样两侧用较大的粒子束流快速挖取"V"形凹坑。

（3）U-cut：在步骤（2）中切取出的 TEM 薄片上切除薄片的两端和底部。

（4）Lift-out：用显微操控针将 TEM 试样从块状基体中移出，试样与针之间用蒸镀铂方式黏结。

（5）Mount on Cu half-grid：用显微操控针将移出的 TEM 薄片转移并粘在预先准备好的 TEM 支架上。

（6）Final milling：用较小离子束流将 TEM 薄片进一步减薄，直至薄片厚度约 100 nm 为止。

11.5　透射电子显微镜应用

作为电镜主要性能指标的分辨率已由当初的约 50 nm 提高到如今的 0.1~0.2 nm 的水平，它的应用几乎已扩展到包括材料科学、地质矿物和其他固体科学以及生命科学在内的所有科学领域，已经成为人类探索客观物质世界微观结构奥秘的强有力的手段。现代自然科学领域的所有重大成就，几乎都包含着电子显微技术的贡献。

11.5.1　表面形貌观察

由于电子束穿透样品的能力低，因此要求所观察的样品非常薄，对于透射电镜常用的 75~200 kV 加速电压来说，样品厚度应控制在 100~200 nm。复型技术是制备这种薄样品的方法之一，而用来制备复型的材料常选用塑料和真空蒸发沉积碳膜，它们都是非晶体。复型技术只能对样品表面形貌进行复制，不能揭示晶体内部组织结构等信息，受复型材料本身尺寸的限制，电镜的高分辨本领不能得到充分发挥，萃取复型虽然能对萃取物相做结构分析，但对基体组织仍然是表面形貌的复制。而由金属材料本身制成的金属薄膜样品则可以最有效地发挥电镜的极限分辨本领；能够观察和研究金属及其合金的内部结构和晶体缺陷，成像及电子衍射的研究，把形貌信息及结构信息联系起来；能够进行动态观察，研究在温度改变的情况下相变的形核长大过程，以及位错等晶体缺陷在应力下的运动及交互作用。

11.5.2 纳米材料分析

目前，透射电子显微镜已在纳米材料（陶瓷、金属及有机物）、纳米粉体、介孔材料、纳米涂层、碳纳米管、薄膜材料、半导体芯片线宽测量等领域已得到了广泛应用。即使是一般的材料研究，要得到更多显微结构信息的高分辨率照片，也需要场发射 TEM。

11.5.3 透射电镜显微分析在钢铁领域中的应用

现代透射电镜能在原子和分子尺度直接观察材料的内部结构（高分辨像）；在对复杂成分材料开展形貌观察的同时，进行原位化学成分及相结构的测定与分析；也可以对结构复杂的金属等传统材料进行形貌观察、测定成分（定性定量分析）、微相表征、结构鉴定等多功能对照分析；还可以将图像观察、高分辨研究，EDS 微区成分分析、会聚束衍射、选区电子衍射、衍衬分析等各种方法综合应用在具体研究中。

随着现代科学技术及工业水平的发展，对钢铁的性能也提出了更高的要求，使钢铁生产的工艺及掺杂也越来复杂。钢铁的很多性能都取决于纳米或更小尺度范围内物质结构、成分组成、掺杂元素的分布形式及状态、晶粒大小及晶粒界面的具体结构等。对这些小尺度范围内的物质结构、成分组成及分布进行鉴定和表征的需求使得分析电子显微学成为钢铁中微结构分析的主要方法。传统上，透射电镜在钢铁材料中的应用主要有：

（1）钢铁材料微观组织形貌的观察。例如，基于对合金元素在热机械加工中的作用、变化及热加工对组织影响规律的认识，可以更深入地理解材料的性能。

（2）位错、各种缺陷的观察。

（3）析出相的观察，包括形态、大小、分布等，并结合能谱进行成分分析。

（4）电子衍射进行微区的取向、晶体结构分析，并结合能谱进行成分分析。

（5）相界面的观察和分析。

透射电子显微镜作为"电子眼"，在形貌、结构、成分和性质等材料分析领域发挥着不可替代的作用。然而，在真空和室温等常规条件下表征得到的材料结构往往与其服役时的状态有差异。

常规的表征手段无法实时监测材料结构在服役过程中的演变，从而导致难以精确构建材料结构与服役性能之间的联系，材料科学的发展对相关的表征手段提出了新的要求。

11.5.4 球差校正透射电镜在材料研究中的应用

球差校正透射电镜的应用对材料学科的发展起到了巨大的推动作用。下面就球差电镜在材料分析中的应用进行简单概括。

11.5.4.1 球差校正透射电镜的优势

球差校正透射电镜的优势主要体现在三个方面：

（1）分辨率的提升。根据上面的介绍，物镜球差校正能使 C_s 系数在微米至亚微米范围内调节，甚至可以接近于 0，提升了 HRTEM 的空间分辨率。在此不做赘述。

（2）离域效应（delocalization）的抑制。离域效应可以简单理解为本应属于一个像点的信息出现在附近像点对应的位置上，通常会在 HRTEM 像中材料界面附近或样品边缘出现不该出现的衬度。离域效应的产生与球差有密切关系，对于 HRTEM 而言，离焦量越接近 Scherzer 焦点，图像分辨率越高，但离域效应越显著，只有提高电压或减小 C_s 才能够抑制离域效应。因此，球差校正透射电镜极大地推动了材料表面和界面的研究。

（3）低压条件下的成像。由点分辨能力公式 $\rho_s \approx 0.66 C_s^{1/4} \lambda^{3/4}$ 可知，分辨率与 C_s 和电子波长 λ 成正比。在高加速电压下，电子波长较小，能一定程度地弥补 C_s 对成像分辨率的影响，这也是 20 世纪六七十年代发展超高压电镜（高达兆伏）的原因之一。而电子波的粒子性又指出，高电压意味着高能量的电子束，会对辐照敏感的材料造成损伤。例如二维材料石墨烯、二硫化钼等，其撞击损伤电压阈值仅为 60～80 kV 甚至更低。但是，低电压加速的电子波长更长，在无球差校正的情况下，不但分辨率低，而且离域效应会更加突出。因此，球差校正的 HRTEM 对低电压成像有较显著的改善。以图 11-18（a）～（c）所示的碳纳米管为例，200 kV 无球差校正的碳纳米管表面有可见的损伤；120 kV 无球差校正时损伤几乎可忽略，但离域效应明显（箭头所示处为材料表面的离域效应）；而 80 kV 及球差校正条件下，不但没有损伤，实现了原子分辨率，而且没有离域效应，表面结构清晰。

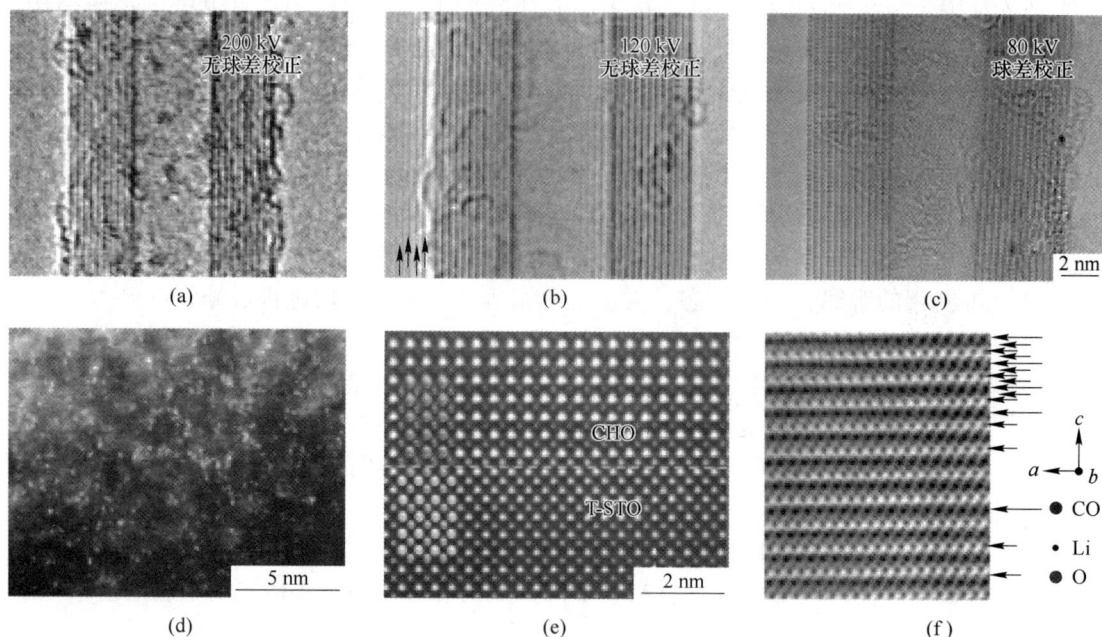

图 11-18　碳纳米管在 200 kV 无球差校正、120 kV 无球差校正及 80 kV 球差校正条件下的
HRTEM 像（a）～（c），Pt-Co 单原子催化剂的球差校正 HAADF-STEM 像（d），铁电氧化物
异质结的球差校正 HAADF-STEM 像（e）和锂电材料的球差校正 ABF-STEM 像（f）

简单总结来说，物镜球差校正的 HRTEM，对于损伤机制以撞击损伤为主的电子束敏感材料，例如石墨烯、碳纳米管、二硫化钼等二维材料，能够在低电压下获得原子级的分辨率；对于材料的表面/界面分析，能够通过抑制离域效应获得清晰的表界面结构。需要额外指出的是，由于 HRTEM 是相位衬度像，因此需要结合像模拟理解原子结构，切忌直观地理解为衬度的强弱直接对应于不同种类的原子或者真空（与质厚衬度不同）。

对于 STEM 模式而言，聚光镜球差校正通过获得亚原子尺度的电子探针实现了亚埃级的分辨率。STEM 的应用比 TEM 更广泛，且理解更直观。以最常用的 HAADF-STEM 为例，被高角环形探测器捕获的电子大部分是被重元素散射的电子，且其衬度与对应元素的原子序数相关，在获得原子结构像的同时能够获取成分的相对信息，因此在单原子催化剂（图 11-18（d））、复杂氧化物的界面表征（图 11-18（e））等方面有广泛的应用。而应用环形明场（ABF）探测器的 ABF-STEM，对轻元素也能进行成像，被 Ikuhara 等首先应用于锂电材料的研究中，实现锂的原子级成像（图 11-18（f））。需要注意的是，在中角度/低角度环形暗场（MAADF-/LAADF-）和 ABF-STEM 成像条件下，参与成像的电子不仅仅是卢瑟福散射的电子，衬度中还包含相位衬度、衍射衬度，因此也需要借助像模拟来理解相衬度与结构的关系。

除成像之外，聚光镜球差校正的 STEM 还极大地丰富了高空间分辨率下的化学信息表征。当球差校正后的电子探针结合 EDX、EELS 等谱学分析，能够在高空间分辨率成像的同时获取元素信息、价键信息等。

11.5.4.2　球差校正透射电镜的利用

虽然球差校正透射电镜有很大的优势，但也会有部分使用球差校正透射电镜的研究者提出一些疑惑：为什么费心预约的球差校正透射电镜机时没有得到文献中那样的结果，是样品不适合球差校正透射电镜，还是操作的问题？进一步来说，什么时候需要使用球差校正透射电镜，什么时候用常规透射电镜即可呢？下面将从如何获得高质量结构像的角度给出几个简单的判据。

（1）样品厚度。上文已经介绍了 HRTEM 形成相位衬度像的原理，即球差校正是针对相位衬度像提出的校正，而获取相位衬度像的前提条件是样品符合弱相位体近似条件，一般认为只有中/轻元素组成的样品材料厚度至少在 5 nm 以下才有可能符合弱相位体近似条件，通常情况下，几十纳米厚度的样品满足赝弱相位物体近似或柱体近似。对于纳米材料而言，二维纳米材料、纳米颗粒、纳米线等一般厚度较小；而对于块材而言，则需要通过样品减薄制备得到薄区，才有可能获取高质量的成像。因此，样品制备是限制材料在球差校正透射电镜上获得理想分辨率的瓶颈之一。对于 STEM 而言，厚度条件会相对宽松一些。但总的来说，样品厚度是影响成像质量的重要因素。很多时候，当研究者用较厚的样品进行分析时，是很难利用到球差校正透射电镜的优势的。

（2）结晶性。透射电子显微学以晶体材料为研究对象，通常沿着晶体结构的特定晶向投影成像。但随着材料学的发展，越来越多的纳米晶甚至非晶材料由于具有优异的性能而需要进行结构表征与研究。但由于其结晶性较差，通常难以获得理想的成像效果。一个比较实际的建议是选择 TEM 模式，能够相对较容易地获得晶格像，同时提高纳米材料的分散度，并使用超薄支撑膜。但从另一个角度来看，球差校正透射电镜也为非晶材料的研究提供了一个新的契机但前提是具有极薄的样品厚度。

（3）用好电子衍射。对于某些材料，如样品较厚、电子束极度敏感的材料，也可以通过电子衍射获得丰富的信息，与成像互相辅助。电子衍射几乎不会受到球差的影响，而且可以在极低的电子束剂量下工作，对于部分实验来说是一个很好的方案。

在理解了球差校正透射电镜的工作原理、适用条件以后，可以为材料表征实验进行初步的判断与规划，真正利用好球差校正透射电镜这个工具，并结合像模拟等手段正确理解球差校正透射电镜获得的图像衬度，真正理解所研究材料的结构。

11.5.4.3　球差校正透射电镜其他用途

提到球差校正透射电镜，部分研究者会比较直观地将其等同于拍原子像的工具。实际上，球差校正透射电镜在近年来不断发展，正在成为一个全面的研究工具。因篇幅有限，选取其中的一部分功能简述如下。

A　结合谱学探测

在电子与材料相互作用的过程中，除了用于成像的透射电子、衍射电子、散射电子等，还有其他信号产生，例如特征 X 射线、非弹性散射能量损失电子、二次电子等。因此在电镜中，通过安装 X 射线探测器、电子能量损失谱仪、二次电子探头等，对这些信号进行分析，在获取形貌和微结构信息的同时，得到元素、价态和配位等信息。结合球差校正 STEM，通过亚原子尺度的电子探针，能够在获取原子分辨率图像的同时获取原子分辨率的元素分布和价键信息等。在高温合金材料中，同时获取原子结构像以及 Cr、Pd、Fe、Co、Ni 元素的原子尺度分布，再结合球差校正 STEM 与电子能量损失谱，能够在原子尺度获取石墨烯中不同配位的碳原子的价态和价键（图 11-19（b））。因此，球差校正透射电镜的应用极大地拓展了原子尺度甚至是亚原子尺度上对材料物理化学的理解。

B　结合原位实验

常规的透射电镜实验都是在高真空的条件下获得材料的静态结构信息的，而在实际应用中不同的材料都有其特定的服役条件或环境。如结构材料在应力加载的条件下进行服役，而服役过程中的结构变化与其强度、塑性等力学性质密切相关；铁电材料等功能材料，会在外场条件如温度变化、电场驱动下发生相变；催化材料在液相或气氛反应环境中发生演变。而关注材料微结构是如何在外场作用或环境氛围中发生变化的实验，称为原位实验，是目前重要的研究方法（图 11-20（a））。结合球差校正透射电镜，发展原位或服役条件的样品台，能够在真实的反应条件中直接观察材料微结构的变化。例如结合气氛环境，能够在原子尺度直接观察 TiO_2 表面吸附水分子及其演变（图 11-20（b））。更多结合加热、电场、气氛、液体环境的原位电镜方法正在开展。需要指出的是，在气氛或者液体环境中，由于一定浓度的气体分子或液体会增强散射（等同于样品厚度大大增加），从而阻碍了原子尺度信息的获取，因此并不是所有的原位实验都能结合球差校正透射电镜实现原子分辨率，需要结合实际情况进行分析。

C　结合三维重构

透射电镜中的成像，无论是 TEM 还是 STEM，都是三维物体在二维平面内的投影，因此材料的三维结构信息是部分缺失的。如何利用二维投影重构材料的三维信息，也是当前研究的一个前沿课题。球差校正透射电镜通过获取原子尺度的投影，为原子尺度的三维重构提供了前提条件。例如通过多角度投影并结合傅里叶变换，获取原子的三维分布，甚至可以结合气氛环境的原位实验获取原子三维结构的动态变化。另外，还有电子叠层衍射（ptychography）、纵深剖析（depth profiling）等方法。虽然每种方法都有各自的限制条件与应用范围，但是球差校正透射电镜打开了通向三维原子世界的大门。

D　球差电镜新技术

球差校正透射电镜进入实际应用以来已有十余年的历程。目前，随着球差校正透射电镜的推广与普及，以及面临材料学研究涌现出的新问题，其相关技术也正在各研究领域蓬勃发展。

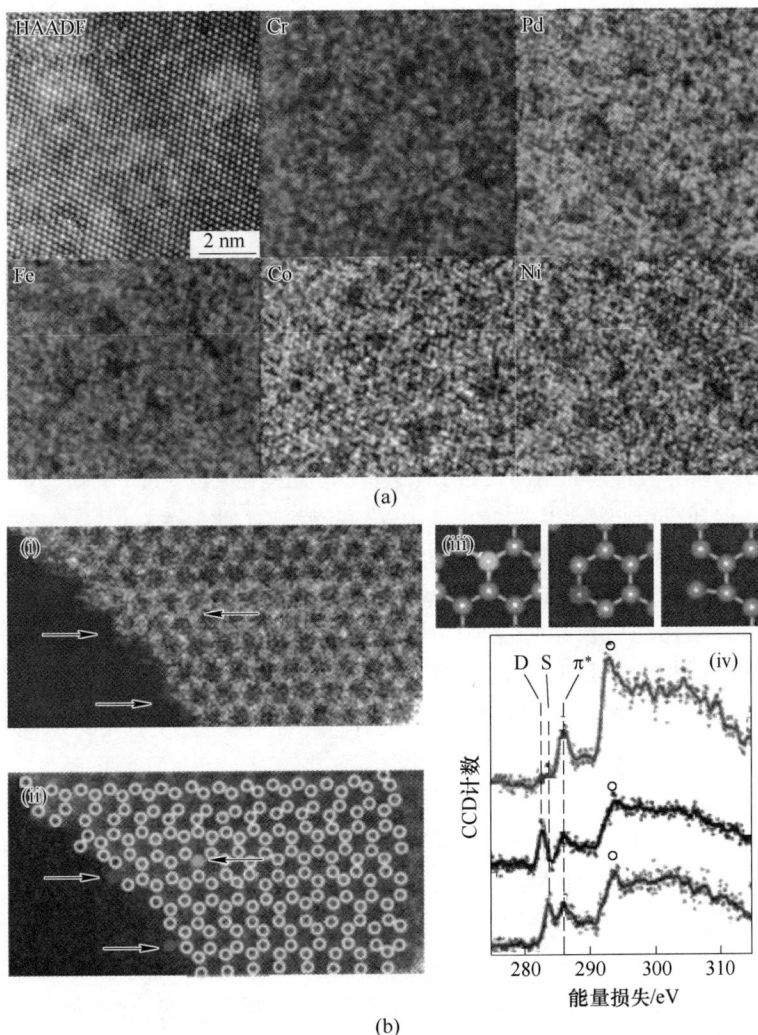

图 11-19　高温合金材料中的原子结构像及原子尺度的元素分布（a）和
石墨烯不同配位的碳原子的 STEM-EELS 分析（b）

（ⅰ）石墨烯的原子分辨率环形暗场 STEM 图像（绿色、蓝色和红色箭头分别表示 sp2 杂化的碳原子、
双原子配位的碳原子和单原子配位的碳原子）；（ⅱ）图（ⅰ）的示意图（圆圈标注为碳原子所在位置）；
（ⅲ）三种不同配位结构碳原子的结构图；（ⅳ）上述三种不同构型碳原子处获得的碳-K（1s）
能量损失近边结构谱（可以清晰地分辨不同配位环境对应的电子结构的异同）

　　从像差校正的角度来说，球差校正以后面临的是色差的校正。事实上，已有少数科研单位开始着手进行色差校正器的应用与研究，如德国于利希（Jülich）的 Ruska 研究中心等。然而，色差校正对分辨率的提升不如球差校正显著，且造价高昂，因此除部分特殊研究工作的需要，色差校正器还没有扩大推广。色差校正器的应用更多的是结合 EELS 等谱学表征方法，为化学结构、磁结构等在原子尺度的表征提供可能性。

　　丰富的原位表征手段，包括硬件的发展与方法学的发展，是继球差校正以后最主流的发展方向。尤其是面对多样化的材料特点及其在服役条件下的结构变化，在原子尺度直观

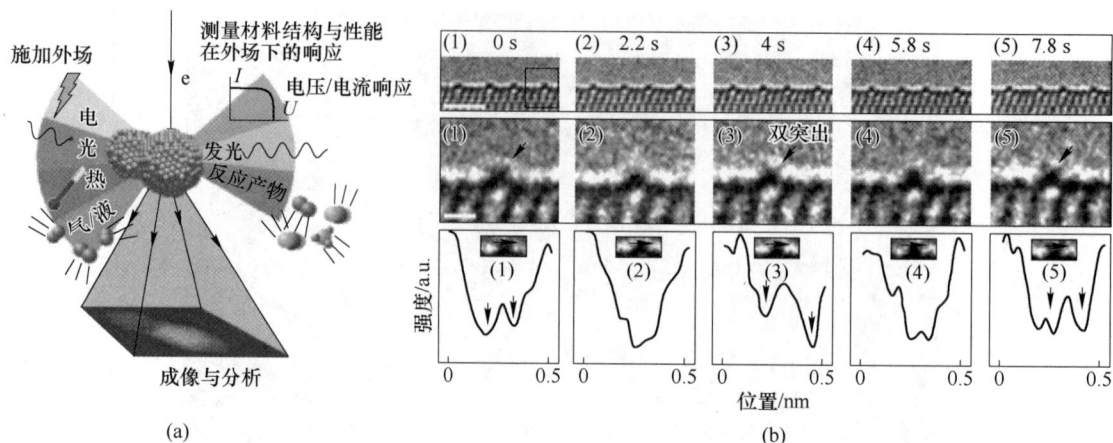

图 11-20　原位 TEM 示意图（a）和 TiO_2 表面原子结构在原位气氛中的动态变化（b）

（利用具有（1×4）重构的纳米晶锐钛矿二氧化钛（001）表面作为催化剂，在原位气氛（通入 CO 和 H_2O）

中动态观察到随着表面上的水吸附导致孪晶突起的形成（0 s，4 s，7.8 s））

观察并深入理解微结构在服役条件（如结合多种外场、不同的环境氛围）下的动态变化，与其他谱学方法相辅相成，具有巨大的潜力与发展空间。同时，只有深入理解电子束与环境氛围的相互作用，正确理解环境氛围中不同衬度的产生机理，才能正确理解构效关系，因此相关理论也迫切地需要发展。

面对原位表征提出的要求，虽然球差校正器已经从硬件上解决了空间分辨率的问题，但是动态的结构表征对时间分辨率提出了更高的要求。因此，探测器是目前的一大发展方向。如近年来直接电子探测器的发展，能够使数据采集能力达到毫秒甚至亚毫秒每帧，但同时会产生大量的数据，因此需要发展相应的大数据分析方法。

电子束辐照敏感材料的表征，也是当前发展的一个重要方向。以能源材料为例，如金属有机框架（MOF）材料、有机无机杂化卤素钙钛矿材料、纯无机卤素钙钛矿材料等，在电子束辐照的条件下结构迅速降解，且降解机制复杂。除了在入射电子的能量（电压）以及辐照剂量上进行优化，还可以通过采用冷冻样品方法、提升探测器的能力、发展电子显微学方法学等实现高质量成像及分析。如通过应用直接电子探测器或者集成差分相位对比（iDPC）探测器的方法，能够获得 MOF 材料的原子结构；而应用叠层衍射等电子显微方法学，也能通过低剂量电子辐照解析材料的原子结构。

球差校正透射电镜投入应用与发展不过十余年，然而因突破了球差对分辨率的限制，将空间分辨率拓展到亚埃尺度，在短短十余间已经取得了丰富的成果，并激发了多方法、多学科的交叉应用与蓬勃发展，为材料科学领域（以及生命科学领域）的飞速发展提供了不可忽视的助力。

11.5.5　透射电子显微镜应用举例

11.5.5.1　透射电镜分析在纳米材料中应用

张利等以 $RuCl_3 \cdot nH_2O$、$Al(NO_3)_3 \cdot 9H_2O$、$Ni(NO_3)_2 \cdot 6H_2O$、$(NH_4)_2CO_3$ 为原料，通过一步水解法并经 H_2 原位还原后制备出不同镍含量的双金属 Ru-xNi/γ-Al_2O_3 催化

剂。采用日本电子株式会社生产的 JEM-2010F 型场发射透射电子显微镜观察样品的形貌和微观结构，工作电压为 200 kV。将充分研磨的催化剂粉末在超声波辅助下分散于乙醇溶液中，取适量上清液滴在铜网上并干燥。图 11-21 所示为还原后 Ru-xNi/γ-Al$_2$O$_3$样品的代表性 TEM 图及 Ni 颗粒尺寸分布图。镍纳米颗粒的尺寸分布通过统计 TEM 图片上 200~250 个颗粒的数据得到。由图可知，所有还原后的 Ru-xNi/γ-Al$_2$O$_3$样品均具有均匀的蠕虫状介孔结构，在经过 H$_2$气氛 550 ℃还原 0.5 h 后，金属镍颗粒均匀地分散在载体表面上，并且没有发生严重的烧结现象。随着镍含量的增加，载体上镍颗粒的密度也相应地增加。当镍含量从 0 增加到 35 时，镍颗粒的尺寸从 5.4 nm 一直增加到了 10.5 nm。

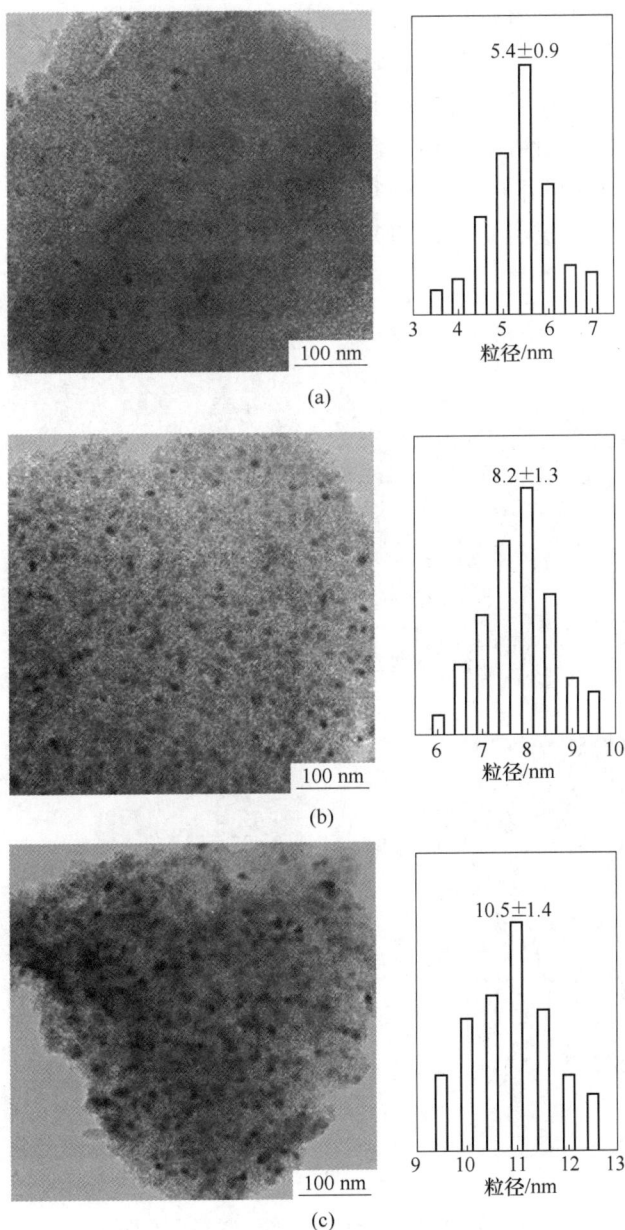

图 11-21　还原后 Ru-xNi/γ-Al$_2$O$_3$样品的 TEM 图及镍颗粒尺寸分布图

（a）Ru-5Ni/γ-Al$_2$O$_3$；（b）Ru-25Ni/γ-Al$_2$O$_3$；（c）Ru-35Ni/γ-Al$_2$O$_3$

　　盛瑶等用 CMK-3 作为载体，采用两步浸渍法在 N_2/H_2 气氛下将 N、Pt 负载到 CMK-3 上，最终制备得到氮掺杂有序介孔碳负载的高分散超细铂纳米颗粒（Pt/N-CMK-3）。图 11-22 所示为 Pt/CMK-3 和 Pt/N-CMK-3-x（x 表示催化剂氮源 2-甲基咪唑的用量为 1 g、2 g、3 g）的透射电镜图片。由图可见，所有样品均有明显的有序介孔孔道结构。图 11-22（a）所示为未掺氮处理的 CMK-3 负载铂纳米颗粒催化剂 Pt/CMK-3，从图中可以看到许多深颜色的纳米颗粒分布在载体上。通过对 200 个纳米颗粒进行粒径统计，得到样品 Pt/CMK-3 金属纳米颗粒的平均粒径为 5.5 nm。当对 CMK-3 进行氮元素掺杂后，样品 Pt/N-CMK-3-1 中金属铂纳米颗粒平均尺寸显著减小至 2.9 nm。当样品中氮含量逐渐增加时，在样品 Pt/N-CMK-3-2 中，金属铂纳米颗粒平均尺寸达到了一个最小值（约 1.2 nm）。当氮含量继续增加时，在样品 Pt/N-CMK-3-3 中，金属铂纳米颗粒的平均粒径为 2.2 nm，大于 Pt/N-CMK-3-2 的金属纳米颗粒尺寸。这是由于随着氮含量的增加，石墨氮的相对含量增加，而吡咯氮的相对含量降低，吡啶氮的相对含量变化不大。由于氮总含量的增加和吡咯氮相对含量的减少这两个因素的共同作用，使得吡咯氮和吡啶氮的总绝对含量在 Pt/N-CMK-3-2 催化剂表面上有最大值，这也是催化剂 Pt/N-CMK-3-2 有最小铂颗粒尺寸的原因。

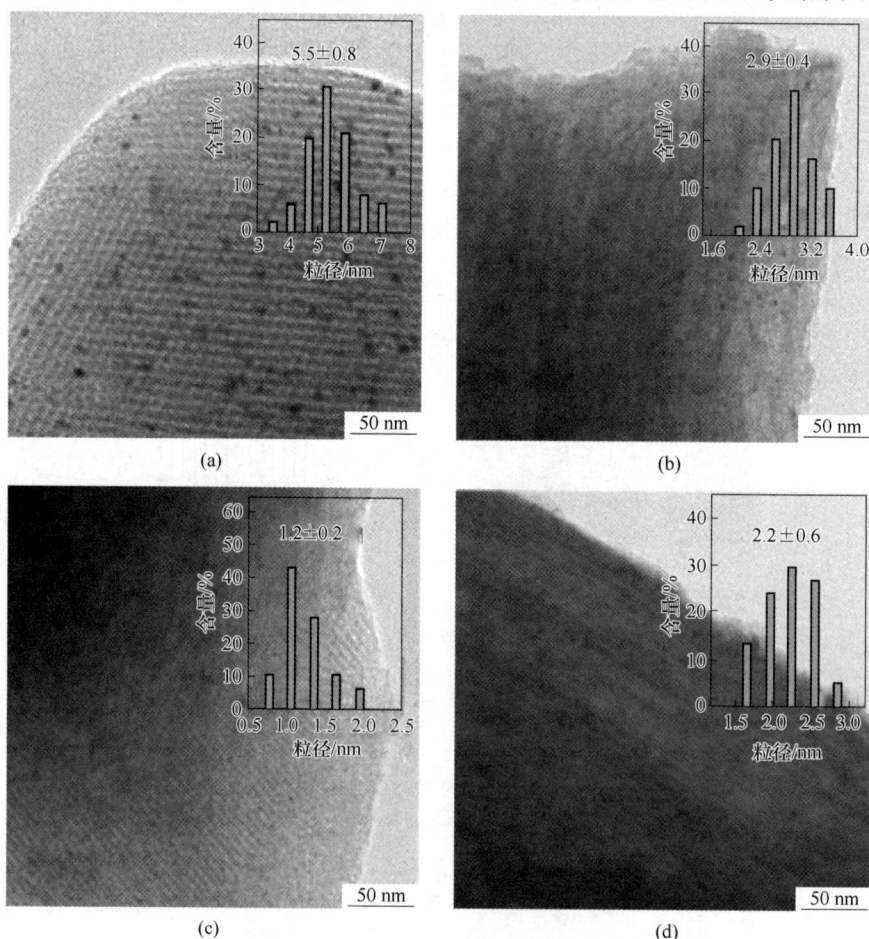

图 11-22　样品的 TEM 图、粒径分布图

（a）Pt/CMK-3；（b）Pt/N-CMK-3-1；（c）Pt/N-CMK-3-2；（d）Pt/N-CMK-3-3

李光石等利用熔盐中一步电化学蚀刻工艺合成多孔核壳碳材料的综合策略，通过搅拌涂层工艺，将具有良好附着力的聚多巴胺（PDA）简单地涂覆在 SiC 纳米球上，然后在熔融 NaCl-CaCl$_2$ 中通过电蚀和原位掺杂工艺，将预处理过的 SiC(SiC@PDA) 以电化学的方式转化为多孔 SiC 衍生的碳核和氮掺杂的碳壳（CDC@NC）。采用透射电子显微镜（TEM，JEOL JEM 2100F）在 200 kV 的加速电压下分析产物的形貌和微观结构。

如图 11-23（a）所示，SiC 前驱体表现出明显的球形，直径约为 100 nm；测量的晶格条纹间距为 0.25 nm，这与 3C-SiC(β-SiC)的（111）平面相对应。在搅拌处理 30 h 后，SiC 被涂上了厚度为 10 nm 的 PDA 层（图 11-23（b））。很明显，所获得的 SiC@PDA 仍然保持其最初的球形形态，表明 PDA 涂层是一个均匀的过程。通过碳化物衍生碳（CDC）的 TEM 和 HRTEM 图像（图 11-23（c）、（d））可知，具有球形形态的 CDC 颗粒具有高度无序的结构。这是由于在不同的碳化物晶格中，碳原子的占有体积是独一无二的，因此影响到 CDC 的结构。此外，电化学蚀刻参数也会影响 CDC 的结构，例如，高温往往会导致 CDC 的石墨化。关于蚀刻的 SiC@PDA，不同参数下得到的产物显示出完全不同的形态（图 11-23（e）、（f））。与纯 SiC 衍生的碳相比，SiC@PDA 衍生的碳（即 CDC@NC）显示出明显的核壳结构。基于上述分析，核心主要是来自 SiC 的无序碳，而外壳是 PDA 热解碳，显示出较高的有序结构，晶格条纹的间距约为 0.35 nm，如 HRTEM 图像（图 11-23（f））所示。

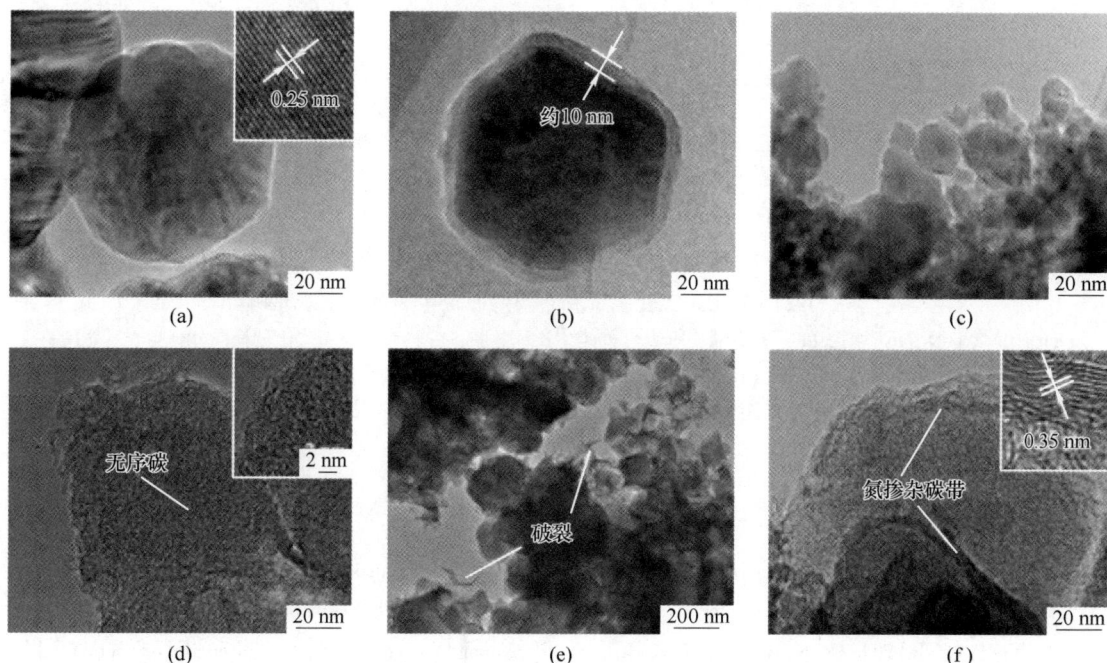

图 11-23　SiC 前体(a)，SiC@PDA(b)，CDC(c)、(d)，CDC@NC 的
TEM 和 HRTEM 图像(e)、(f)

11.5.5.2　像差校正环境透射电镜（AC-ETEM）在原子尺度上实时可视化石墨烯的成核和生长

Liu 等采用电子束物理气相沉积（PVD）方法在 NaCl 基底上制备了单晶 Cu(100) 薄

膜（约 50 nm），并将其转移到 Cu TEM 栅格上进行环境透射电镜（ETEM）实验。用分压为 0.01 Pa 的纯二氧化碳气体作为碳源，在 550 ℃ 的铜薄膜上生长石墨烯。

图 11-24（a）所示为 ETEM 观测的实验设置。CO_2 分子可以在铜表面解离成碳原子并形成覆盖铜表面的无定形碳层。该碳层充当其顶部石墨烯层进一步成核和生长的碳源（垂直模式），如图 11-24（b）所示。还观察到石墨烯在铜边缘的横向外延的另一种生长模式，如图 11-24（c）所示，其中碳原子附着在孔的台阶边缘以形成石墨烯晶格。图 11-24（d）~（f）所示为在石墨烯生长过程中捕获的典型高分辨率 TEM（HRTEM）图像，呈现出从无序碳原子（图 11-24（d））到部分有序碳晶格（图 11-24（e）），最后到完美的六边形石墨烯晶格（图 11-24（f））的逐渐的结构转变。图 11-24（g）所示也说明了这一过程，其主要在垂直模型中从预成型的非晶碳层观察到，如图 11-24（b）所示。该种透射电镜新技术 AC-ETEM 不仅可以从横截面观察石墨烯的逐层生长，还可以在真实生长环境中观察石墨烯在原子尺度上的面内结构信息。

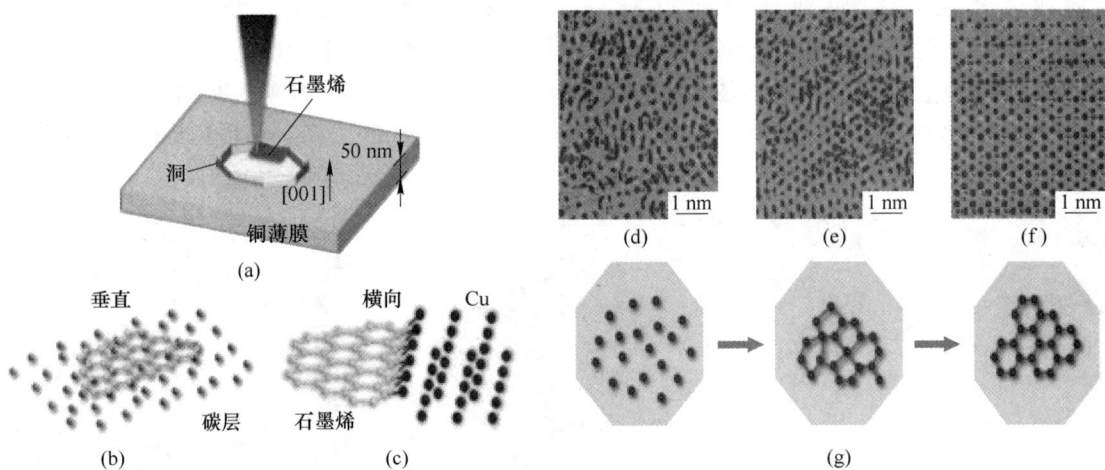

图 11-24　ETEM 实验装置和石墨烯原位生长的特征观察
（a）原位实验装置示意图；（b）石墨烯（垂直）外延生长示意图；（c）铜合金基底上的横向外延生长示意图；
（d）~（f）石墨烯生长过程中碳晶格的结构演变，由无序碳原子(d)、偏有序碳晶格(e)和完美石墨烯晶格(f)
的典型 HRTEM 图像代表；（g）无序碳原子向有序石墨烯晶格转变示意图

参 考 文 献

［1］SHI J J, ZHOU S A, CHEN H H, et al. Microstructure and creep anisotropy of Inconel 718 alloy processed by selective laser melting ［J］. Materials Science and Engineering：A, 2021, 805：921-5093.

［2］DANIEL C, BAPTISTE B, EMMANUEL C, et al. Anomalous slip in body-centred cubic metals ［J］. Nature, 2022, 609（7929）：936-941.

［3］JOO S K, JUNG-MIN H, GYEONG-SU P, et al. Ultra-bright, efficient and stable perovskite light-emitting diodes ［J］. Nature, 2022, 611（7937）：688-694.

［4］柯小行, 隋曼龄. 当谈论球差矫正透射电镜时, 我们在谈论什么？［J］. 物理, 2022, 51（7）：473-484.

［5］张利. 新型 Ni 基催化剂的制备及其催化性能研究 ［D］. 上海：上海大学, 2015.

［6］ 盛瑶. 芳硝基化合物还原制芳胺催化剂的研究［D］.上海：上海大学，2020.

［7］ PANG Z Y, LI G S, ZOU X L, et al. An integrated strategy towards the facile synthesis of core-shell SiC-derived carbon@ N-doped carbon for high-performance supercapacitors［J］. Journey of Energy Chemistry, 2021, 56: 512-521.

［8］ LIUY T, XU L, ZHANG L F, et al. Direct visualization of atomic-scale graphene Growth on Cu through Environmental Transmission Electron Microscopy［J］. ACS Applied Materials & Interfaces, 2020, 12 (46): 52201-52207.

［9］ LI X, SHI J J, WANG C H, et al. Effect of heat treatment on microstructure evolution of Inconel 718 alloy fabricated by selective laser melting. Ceramics International［J］. 2018, 764: 639-649.

［10］ LUO Q, LI X, LI Q, et al. Achieving grain refinement of α-Al and Si modification simultaneously by La-B-Sr addition in Al-10Si alloys［J］. Journal of Materials Science & Technology, 2023, 135: 97-110.

［11］ CHEN H, XIE T, LIU Q, et al. Mechanism and prediction of aging time related thermal conductivity evolution of Mg-Zn alloys［J］. Journal of Alloys and Compounds, 2023, 930: 167392.

［12］ XU W, ZHANG B, DU K, et al. Thermally stable nanostructured Al-Mg alloy with relaxed grain boundaries［J］. Acta Materialia, 2022, 226: 117640.

［13］ XIN T, TANG S, JI F, et al. Phase transformations in an ultralight BCC Mg alloy during anisothermal ageing［J］. Acta Materialia, 2022, 239: 118248 .

［14］ 付琴琴，单智伟. FIB-SEM 双束技术简介及其部分应用介绍［J］.电子显微学报，2016，35 (1)：81-88.

习　题

参考答案

11-1　透射电子显微镜中物镜和中间镜各处在什么位置，起什么作用?

11-2　试比较光学显微镜成像和透射电子显微镜成像的异同点。

11-3　简述选区衍射原理及操作步骤。

11-4　简述透射电镜对分析样品的要求。

11-5　简述用于透射电镜分析的超细粉末样品的制备方法。

11-6　简述用于透射电镜分析的晶体薄膜样品的制备步骤。

12 扫描电子显微镜分析

本章内容导读：

· 扫描电子显微镜的发展概述和原理
· 扫描电子显微镜结构、实验流程介绍
· 扫描电子显微镜制样方法
· 扫描电子显微镜分析设备操作与维护简介
· 扫描电子显微镜材料分析中的应用实例

12.1　概　　述

　　扫描电子显微镜（scanning electron microscope，SEM）是一种电子显微镜，通过利用聚焦高能电子束扫描样品表面来生成图像，电子和样品中的原子相互作用，激发包含样品表面形貌和成分信息的各种信号。同时，电子束以光栅扫描模式在样品表面进行扫描，结合电子束的位置和检测信号的强度以产生图像。

　　扫描电镜起源于电子衍射理论的提出与形成，其发展历史可以追溯到波粒二象性的提出，1924 年，法国物理学家德布罗意提出，一切接近于光速运动的粒子都具有波的性质，这个设想在 1927 年被戴维孙和革末用加速后的电子投射到晶体上，胶片上出现了类似光透过光栅的衍射图案实现，同年，汤姆逊将电子束穿过多晶膜，在感光片上产生圆环衍射图和 X 光通过多晶膜产生的衍射图样十分相似，这两个实验都证明了德布罗意波的存在。后续科学工作者又陆续发现了电子衍射中的基于德布罗意波发展出的电子衍射理论。1932 年，德国学者 Knoll 提出了扫描电镜的概念，并于 1935 年制备出了原始的扫描电镜雏形，且用其得到了非常重要的几个结果：

　　（1）从固态多晶样品中得到了样品的吸收电流像。

　　（2）晶粒间取向衬度是由电子隧穿效应的对比差异引起的两个晶粒的取向差异。

　　（3）发现不同材料的二次电子加背散射电子系数都是入射电子能量 E_0 的函数。

　　（4）写了早期关于定量电压衬度的译文。这些成果都对后世 SEM 的发展起到了非常积极的作用。

　　随后，德国物理学家 Von Ardenne、美国物理学家 Zworykin、英国剑桥大学的 Oatley 等分别对 SEM 相关理论和应用做出了巨大贡献。Von Ardenne 提出了二次电子的电子散射模型，表明了初始束展宽、大角度散射、扩散、BSE 逃逸以及每个阶段的二次电子激发，为后世的二次电子显微图像做出理论指导；Zworykin 给出了最早的二次电子图像，并对 X 射线微区分析和电子能量损失能谱仪（EELS）奠定基础；Oatley 教授团队研究了 SEM 的商业化应用，其团队的 Albert Crewe 教授提高了 SEM 分辨率，制备了第一台场发射扫描透射电镜（FE-STEM），并将分辨率提高到 50 nm，使得 SEM 能够真正应用在各个科研部门的科学研究中。

第一台商业化扫描电镜则在 1965 年由 Cambridge Scientific Instrument 公司推出，此时扫描电镜的分辨率已经高达 10 nm；而后，英国牛津大学的 Peter Hirsch 使用电子通道花样（ECP）研究晶体结构，同一时期，伦敦大学学院的 A. Boyde 开始研究 SEM 中的立体和生物方法，这些研究进一步推动了 SEM 的发展。不久之后，在美国的 Westinghouse，SEM 被应用于集成电路，并在英国和日本实现了扫描电镜的商业化生产。在其后的几十年里，扫描电镜迅速成为科研领域表征显微结构不可缺少的重要分析仪器。目前高分辨扫描电镜的分辨率已高达 0.4nm，并且实现了在 20 ~20 万倍内连续可调的放大倍数。随着畸变校正技术、内置透镜检查硅集成电路表面形貌、低损失电子成像和电脑控制 SEM 等新器件的产生和新方法的提出，SEM 将继续进步，发展出更高的分辨率和更广泛的应用。

早期的 EBSD 系统，使用相对原始的微光电视摄像机来采集 EBSD 花样。花样质量一般较差，但足够那个时期半自动标定方法的要求。对于需要高质量衍射花样的应用，可以用相机底片，但是很显然该方法一次只能采集一帧图像。

20 世纪 90 年代，商用 EBSD 探测器通常使用电荷耦合元件（CCD）或增强型硅靶（SIT）作为图像传感器。采集速度受限于电视摄像机速度，可达 25 Hz 或 33 Hz，此时衍射花样的自动处理与标定是限制速度的主要因素。慢速 CCD 探测器有时也用来满足一些需要最高花样质量的应用，如相鉴定。事实上，为了相鉴定的目的，Goehner 和 Michael 演示了如何利用制冷、高分辨率 CCD、YAG 闪烁体和光纤耦合技术，来采集非常高质量的 EBSD 花样。

在那个时代，多数商用的 EBSD 探测器都采用标准的荧光屏和传统透镜组，EBSD 花样数字化至约 512×512 像素。

全数字化的 CCD 探测器在 21 世纪早期得到了广泛的应用，它们有几个关键性能平衡得很好，特别适合 EBSD，如高像素分辨率（如超过百万像素）、高速（通过像素合并）及高动态范围。在这一时期，商用的 EBSD 仍保留了荧光屏和透镜组设计，速度提高到约 100 花样每秒。

在 2003~2004 年左右，第一款高速型 CCD EBSD 面世，其最大花样分辨率较低，只有 640×480 像素，但是由于采用双读出节点设计，极大地提高了分析速度，其代价是降低了灵敏度。随着向提高像素合并的不断推动，这类探测器的速度在 2015 年超过了 1500 pps。

2017 年，第一个使用互补金属氧化物半导体（CMOS）传感器的商用探测器发布。与 CCD 传感器不同，CMOS 传感器具有更并行的结构，可以高速读出更高分辨率的图像。这使得分析速度提高到了 3000 pps，同时还改进了花样分辨率。

近年来，CMOS 探测器技术有了持续的发展，同时，EBSD 也第一次尝试使用直接电子探测。

EBSD 改变了以往织构分析的方法，并形成了全新的科学领域，称为"显微织构"，即将显微组织和晶体学分析相结合，让结构分析更为方便。但随着 EBSD 技术的不断发展和普及，传统的 CCD-EBSD 探测器已不能完全满足广大科研工作者和工业用户的使用需求，EBSD 探头也在不断改进。

工欲善其事，必先利其器。扫描电镜等显微仪器所解决的核心问题就是如何显示肉眼不能直接观察到的物质的手段问题。随着科学家对物质的研究日益深入，物质的显微结构，也从最开始的宏观层面，到微观的晶粒尺寸、晶格常数和晶界形貌，物体显微表征目前已经成为表征物相不可或缺的一部分。这个过程中也伴随着扫描电镜的不断发展，例如分辨率越来越高，景深越来越大，并且开发出了 EDS、BSEM、电子探针显微镜和现在 STEM 等越来越丰富的功能，以及制作工艺的进步，商业化应用的推广等，现代的 SEM 相对于其刚问世时，不管是性能还是功能层面都不可同日而语。

在这个过程中，也不可忽视理论指导和分析仪器的相互作用，不管是早期电子衍射理论，还是后续提出的电子散射模型等，都起到了理论指导的作用，并且推动了扫描电镜的发展。扫描电镜的发展历程，除了科学家们在实践之中的改进应用，也和硅集成电路、计算机的应用等其他科学理论和技术的投入使用有紧密联系。而扫描电镜本身又为科研研究提供了优良的工具，推动了理论的发展。

在现在的科研任务之中，已经少不了扫描电镜等精密分析表征仪器的参与，高端的仪器对科研成果有着莫大的帮助，因此每一位科研工作者都必须掌握这些仪器的使用，但与此同时，也不能只会使用而忽略理论的学习。将理论作为指导开展科研工作，将分析仪器作为工具得到结果，兼具鱼和熊掌，才能在科研上有一番更好的建树。

12.2　扫描电子显微镜的原理

扫描电子显微镜是研究物质微米尺度显微结构的现代化仪器设备之一，其分辨率介于透射电镜和光学显微镜之间，在物理、化学、材料及生命科学等领域都有若干广泛的应用。扫描电镜相对于光学显微镜等显微仪器，其主要优点为扫描电镜主要集成了磁透镜系统、电子枪系统、电子收集系统、观察记录系统、真空系统、精细机械系统以及现代计算机控制系统等。目前扫描电镜基本都配备了 X 射线能谱仪装置，以方便同时进行组织形貌观察和微区成分分析，因此它是当今十分重要的科学研究仪器，

扫描电子显微镜类型多样，不同类型的扫描电子显微镜存在性能上的差异。根据电子枪种类，扫描电镜可分为三种：场发射电子枪、钨丝枪和六硼化镧。其中，场发射扫描电子显微镜根据光源性能可分为冷场发射扫描电子显微镜和热场发射扫描电子显微镜。冷场发射扫描电子显微镜对真空条件要求高，束流不稳定，发射体使用寿命短，需要定时对针尖进行清洗，仅局限于单一的图像观察，应用范围有限；而热场发射扫描电子显微镜不仅连续工作时间长，还能与多种附件搭配实现综合分析。在地质领域中，不仅需要对样品进行初步形貌观察，还需要结合分析仪对样品的其他性质进行分析，所以热场发射扫描电子显微镜的应用更为广泛。

扫描电镜相对于透射电镜、光学显微镜等其他显微分析设备，其优点主要有试样制备简单；有较高的放大倍数，2~20 万倍之间连续可调；有很大的景深，视野大，成像富有立体感，可直接观察各种试样凹凸不平表面的细微结构。

扫描电镜成像的基本原理为由镜体内电子枪阴极发出的直径为 20~30 nm 的电子束，受到阴阳极之间的加速电压的作用，射向镜筒。经过聚光镜和物镜聚焦后，形成一个具有一定能量、强度和斑点直径的入射电子束。在物镜上部扫描线圈产生的磁场作用下，入射电子束按一定时间、空间顺序做光栅式扫描，如图 12-1 所示。

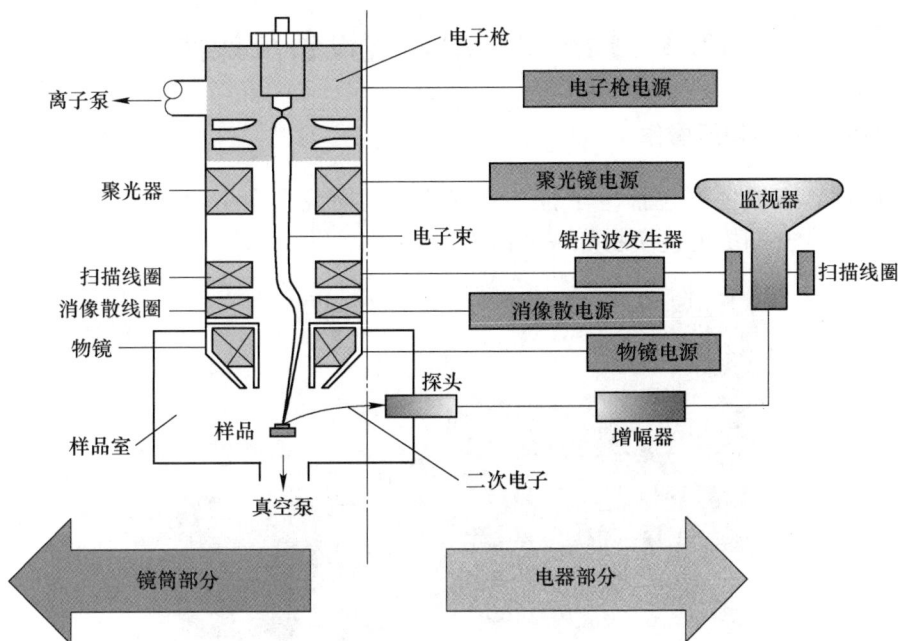

图 12-1 扫描电镜结构及工作原理示意图

电子束被入射到样品上之后，电子束与样品原子核或核外电子发生多种相互作用而被散射，引起束电子的运动方向或能量（或两者同时）发生变化，从而产生各种反映样品特征的信号，包括二次电子、背散射电子、吸收电子、透射电子、俄歇电子、电子电动势、阴极荧光、X 射线等。这些信号在通过后续信号收集和显示系统的后续同步检测、放大之后，最终在设于镜体外的液晶显示屏上形成一幅反映试样表面形貌、组成及其他信息的图像。

EBSD 分析中花样形成的主要原理为通过控制电子束瞄准晶态倾斜样品上感兴趣的位置。当电子束撞击到样品表面时，会向各个方向散射。所有非相干和准弹性散射的背散射电子，可以视作来自于晶体内部的点状电子源（这种非相干散射的大小决定了 EBSD 的空间分辨率，通常在几十纳米）。

这种散射在接近样品表面的地方，形成一个发散的电子源，其中一些电子以满足布拉格方程的角度，入射到原子晶面上：$n\lambda = 2d\sin\theta$。其中，n 为整数；λ 为电子的波长；d 为衍射晶面的间距；θ 为电子在衍射晶面上的入射角。

这些电子发生衍射，对应每个衍射晶面，形成一对大角度衍射锥，对应于一个（100）晶面。这些衍射锥投射到 EBSD 探测器的荧光屏（通常用荧光屏把电子信号转化成光）上，形成了包含衍射带特征的图像，被 EBSD 探测器检测并成像。由于衍射导致局部电子强度增减，形成了衍射带的特征。EBSD 探测器上成像的花样，是衍射锥的球心投影，这使得衍射带的边呈现双曲线形状。

在用背反射信号进行形貌分析时，其分辨率远比二次电子低。背反射电子能量较高，它们以直线轨迹逸出样品表面，对于背向检测器的样品表面，因检测器无法收集到背反射电子，而掩盖了许多有用的细节。因此，BE 形貌分析效果远不及 SE，故一般不用 BE 信号。

12.3　扫描电子显微镜设备及操作

12.3.1　扫描电镜结构及操作

SEM 的仪器组成主要包括电子枪、聚焦透镜、物镜、样品台、信号检测器等。FEI Nova NanoSEM 450 扫描电镜实物外观如图 12-2 所示。

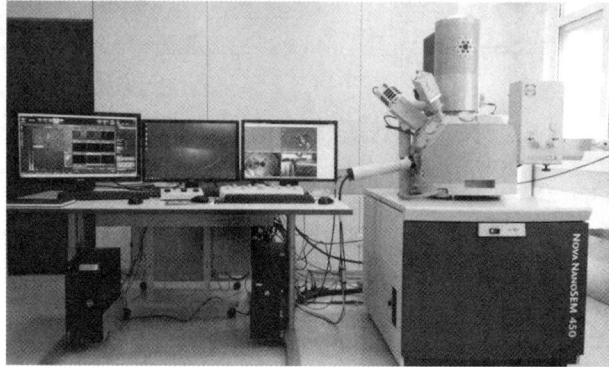

图 12-2　Nova NanoSEM 450 扫描电镜实物外观图

Nova NanoSEM 450 扫描电镜的性能参数见表 12-1。

表 12-1　Nova NanoSEM 450 的性能参数

技术指标	210~230 V，单相 50 Hz，工作温度在 18~25 ℃，磁场≤3 mGauss，湿度≤60%RH，独立接地	
性能指标	分辨率	0.8 nm@ 15 kV 1.6 nm@ 1 kVe
	加速电压	0.02~30 kV
	探针电流	12 pA~20 nA
	稳定性	优于 0.2%h
	放大倍数范围	10~1000000
电子光学系统	电子发射源	Schotky 型场发射（热场发射）电子源
	Gemini 镜筒	无交叉光路设计，电子束仅在样品表面进行一次汇聚，彻底消除电子束交叉三次发生能量扩大的问题
	电子束加速器	无需切换模式即可实现低电压模式下电子束在镜筒内维持较高能量到达样品表面，可低至 20 V
	透镜系统	电磁透 镜/静电透式复合物镜
	聚焦	工作距离：1~50 nm
	消像散器	八极电磁式系统
光栏	数量	七孔光阑，通过自动补偿套件可达到精准合轴
	调整圈	电磁选择和软件调整
	光阑尺寸	7 μm，10 μm，15 μm，20 μm，30 μm，60 μm，120 μm
	扫描速率	17 挡扫描速度可选

12.3.2 扫描电镜操作规程及注意事项

12.3.2.1 扫描形貌观察操作步骤

(1) 利用导电胶将样品固定在样品台上。

(2) 按下"Air"键卸真空，约100 s后卸真空完成，伴随三声提示音。

(3) 缓缓打开样品腔舱门，放入样品，利用高度控制器测量样品高度，保证安全工作距离，关闭舱门。

(4) 样品放入样品室内，按下真空键"EVAC"，等待样品室达到真空（抽真空完成有一声长音）。

(5) 加高压（开启屏幕左上方电压开关"ON"）。

(6) 在低倍率下手动设定亮度对比及聚焦。

(7) 寻找观测点（移动样品位置及调整倍率）。

(8) 进行影像调整及观测拍照。

(9) 观测结束后，关闭高压，关闭屏幕左上方电压开关"OFF"，电流值为0 μA。

(10) 泄真空（按下"Air"键，等待泄真空，100 s后真空卸完会发出三声提示音）。

(11) 轻轻打开样品室，取出样品。关闭样品室，并将样品室抽真空。

12.3.2.2 EBSD操作步骤

(1) 将样品70°倾斜置于样品台，放入SEM样品室。

(2) 操作SEM得到样品图像，并进行倾斜校正及动态聚焦补偿。

(3) 打开EBSD控制器，控制手柄将探头伸入样品室。

(4) 打开Aztec软件，新建项目。

(5) 在样品描述中，根据具体试样选择样品几何条件及相组成。

(6) 在采集图像中，点击"开始"按钮采集图像。

(7) 在优化花样中，确定合适的相机设置，然后点击曝光时间的"自动"按钮，收集静态背底。

(8) 利用优化求解器，标定菊池带，确定菊池带花样的正确性，优化MAG值。

(9) 采集分布图数据，确定采集区域及扫描步长，点击"开始"按钮，采集数据。

(10) 构建分布图数据中即为获得的EBSD图像。

(11) 保存文件。

12.3.2.3 测试条件选择原则

(1) 电镜的加速电压高，在样品上的作用区域大，EBSD花样的信号强，花样的带宽随加速电压的增加而细化，但是空间分辨率下降，会导致样品表面污染加剧。

(2) 如果样品导电性差，则更高的电压会加剧图像漂移。加速电压低，空间分辨率会提高，但信号会进一步降低。增大电子束束流，衍射花样清晰度提高，但是对样品的损伤会加大。

(3) 在实际测试过程中，需要根据实际情况选择合适的电压与束流。此外，样品的测试面需要正对探头磷屏，一般样品的倾斜角度为70°，同时测试前需对图像进行倾斜校正。

（4）EBSD 探头到样品的距离（detector distance，DD）增加，菊池带宽化，花样的角度分辨率提高，可以获得更好的取向衬度，取向标定更准确。DD 缩短，接收角度更大，可捕获更多的菊池带，提高标定的准确性。

（5）SEM 极靴到样品表面的工作距离（work distance，WD）。工作距离越小越好，电镜的分辨率提高，低电压时更明显。通常工作距离在 10 ~ 15 mm 比较合适，此时菊池花样质量较好。

（6）EBSD 数据获取软件参数主要包括像素合并模式（binning）、积分时间、增益、步长和扫描区域等。CCD 相机的像素合并模式会影响图像的分辨率和图像标定速度，降低分辨率可提高标定速度，扫描区域不能过小，进行每个扫描区域的总晶粒数不能太少，通常大于 500 个晶粒，必须具有统计意义。

（7）积分时间降低会使信噪比降低。低原子序数的材料要较长的积分时间，积分时间越长，图像的分辨率越高。增加标定需要的晶带数目，可以提高标定的准确率，但是标定率可能会下降。

（8）扫描的步长选择非常重要。步长太大，分辨率下降；步长太小，则标定速度会很慢。扫描步长是最小晶粒直径的 1/10 ~ 1/5。可以通过金相观察预先确定组织的平均晶粒尺寸和最小晶粒尺寸。在没有预先观察的情况下，可以先采用一定的参数快速扫描一部分区域，进行晶粒尺寸观察和估计。

12.3.2.4　操作注意事项

（1）控制好工作距离及探头与样品的距离，尤其是向上移动样品时，要缓慢，防止坚硬的试样撞击上方的探测器和极靴，损坏设备。

（2）样品一般保存在较低的温度下，确保样品表面没有产生氧化膜。

（3）样品在电镜中放置的位置要正确。

（4）控制好加速电压与电流的选择（加速电压越高，空间分辨率越低）。

（5）计算晶体学取向时，注意点与点之间的步长选取。

（6）夹取金属样品时，最好先用布条一类的东西把样品需要固定的部位包裹起来，防止样品被夹后表面产生损伤。

12.3.2.5　扫描电镜的维护

扫描电镜的整套设备是由电子枪、电磁透镜、样品仓和真空系统、控制电路，以及控制计算机和外围辅助设施等部件组装而成的。场发射扫描电镜的电子枪因在高真空中使用，一般不易受到污染。在维护时通常要清洗和保养的主要部位是镜筒光阑和真空系统的真空泵等。

扫描电镜的光阑需要经常清洗和更换。电子光学通道中的光阑在电子束的照射下，正是污染物最容易沉积的地方，由真空系统中的碳氢形成的聚合物慢慢沉积在光阑的表面，特别是光阑的上表面。物镜的光阑一旦受到污染，光阑孔的边缘就会受到污染物的堆积，使孔径变小，边缘又不整齐，从而使像散随之加大，信噪比下降，分辨率也会相应变差。光阑清洗可以使用镊子夹住，在酒精灯火焰中灼烧，当它变为黄色时保持 20 ~ 30 s；也可以使用离子溅射或金属研磨的方式进行清洗。

在真空系统中，需要经常检查机械真空泵和油扩散泵的油面，一旦发现油面下降，就应及时加油。机械泵若缺油，不仅会磨坏轴套上的油封密封圈，而且可能对机械泵的旋片端头和内腔壁造成永久性的损伤，使极限真空度下降。用真空计检查真空度是必要的，为了提高真空系统的可靠性，延长各部件的使用寿命，应随时做好维护和保养的措施。根据不同的地区和实验室环境的温湿度的大小，以及用气量的多少，及时排出空压机中的积水。经常检查冷水机的水管连接是否安全、牢靠，冷水机的流量、温度和压力是否合适。

12.3.3　FEI Nova NanoSEM 450 扫描电镜操作规程

12.3.3.1　开机

（1）按下"OPERATE"键，绿灯亮起。

（2）双击"xT microscope Server"，打开操作软件。

（3）设定适当的参数，检查仪器信号是否正常，若不正常则需要查找原因并进行相应的处理，正常后方可进行测量。

12.3.3.2　放置样品

（1）点击"Vent"，样品室放气。

（2）待样品室压力的数值消失，图标变为灰色，即可打开样品室，放入样品。

（3）点击"Pump"抽气。点击后，先轻轻推紧舱门，防止漏气，待确保密封后，即可松手。

（4）样品室压力下降，图标下半部分由灰色变为绿色，待压力下降至 e-3 以下时，即可开始观测。

12.3.3.3　观测样品

（1）选择需要的探头，点击"Beam On"打开电子束，图标由灰色变成黄色。左上窗格出现图像，若窗格无变化，请检查该窗口是否被暂停。

（2）选择合适的"Spot"和"High Voltage"大小，先在较小放大倍数下调焦，并视情况调整对比度、亮度。点击"F7"可在视野中显示绿框，便于调焦。可使用自动对比度和自动对焦功能。

12.3.3.4　观测结束

（1）观测结束后，先将放大倍数调小，再点击"Beam On"关闭电子束，图标由黄色变为灰色。然后点击"Vent"放气。

（2）待样品室压力的数值消失，图标由绿色变为灰色，即可打开样品室。

（3）先松开螺丝，再取出样品，然后关闭舱门。点击"Pump"抽气，直到图标再次变为绿色，即可结束操作。

12.3.3.5　注意事项

（1）日常操作时，不要关机。如需重启软件，按照开、关机步骤操作，但注意，不要执行"Standby"命令（不重启机器）。

（2）保证实验室内清洁；在样品室内操作时务必佩戴手套。

（3）每次使用前，认真检查仪器真空情况和水箱情况，定期更换冷却水、对空压机进行放水。

（4）对于在接触到样品座的所有操作，必须戴手套。

（5）在拧样品座上的螺丝时，要轻拧，不得使大力，防止固定螺丝损坏。

（6）换样品时，样品杆只能在水平方向上平行滑动，不得随意倾斜、旋转等，样品杆操作要在水平方向上轻推轻拉。

（7）样品预抽室放大气前必须关闭高压系统。

（8）关闭高压系统前必须先关闭"Gun"——灯亮，操作顺序不得反转。

（9）在打开"Gun"——灯灭时，样品室真空度必须达到 4.4×10^{-4} Pa。

（10）严禁测试磁性材料样品。

（11）样品测试前必须确定其黏结的牢固程度，防止悬浮颗粒进入电镜。

12.3.3.6 停电处理

（1）如遇短时间停电，则按照关机步骤操作，关闭软件，使机器进入待机模式，并关闭电脑。若停电时间较长，为使机器功耗最低，则在关闭软件前，将样品室放气。

（2）停电会使水箱和空调断电，故通电以后，需按下"RUN"，启动水箱，并开启空调。

12.3.4 扫描电镜维护保养

12.3.4.1 电子光学系统清洗的一般原则

扫描电镜电子光学镜筒的某些部位可能会观察到有不同程度的污染迹象，例如电子枪亮度减低、电子透镜的像散加大，这需要操作者判断污染的部位和程度。拆卸这些部位，朝向电子束的任何表面可能都需要一次或多次清洗和抛光。清洁的电镜，电子束亮度、图像信噪比较好，像散较小，像散器位置接近零位。

A 清洗频率

清洗扫描电镜的频率取决于一系列因素及条件，其中包括使用时间、样品种类、加速电压及电子束流等。

每次更换灯丝时，栅帽、栅帽光阑固定圈都要清洗，不必清洗阳极和阳极帽。当见到明显的污染及图像像散过大时，就应清洗物镜光阑柄并用酒精灯烧物镜光阑或换新光阑。如果上述部位都已被清洗过，还有明显的污染和像散迹象，则应拆下衬管进行清洗。

一般情况下，油扩散泵真空系统每三个月就要彻底清洗一次。涡轮分子泵真空系统在正常使用时，应每年彻底清洗一次。

B 清洗部位

需要强调指出的是，如想清洗物镜下极靴孔，则须由有经验的厂家维修工程师来清洗，一旦损伤物镜的表面或边缘，将严重影响扫描电镜的性能。在发现扫描电镜有信号减弱和像散增大的迹象后，就要判断污染所在的地方。这由扫描电镜的真空泵类型决定，一般根据"70/20/10"规则判断。

（1）带有离子泵发射室的，当发现存在污染时，70%的概率是物镜光阑污染；20%的概率是电子枪需要清洗；10%的概率是镜筒衬管、物镜极靴或探测器污染。

（2）不带有离子泵发射室的，当发现存在污染时，70%的概率是出现在电子枪区域；20%的概率是出现在物镜光阑；10%的概率是为镜筒衬管、物镜极靴或探测器污染。

12.3.4.2 物镜光阑的清洗和维护

所有的铂金光阑都可用酒精灯燃烧清洗（也可在镀膜机钼舟上烧）。光阑要轻拿轻放，只能用干净的镊子夹住其边缘，不要用镊子划伤光阑表面，也不要夹持光阑孔。

（1）从扫描电镜上拆下光阑，放进一只铂金光阑加热器具内，每次只加热一只光阑。没有加热器具的，用镊子夹住光阑的边缘，放在酒精灯的火焰上方。

（2）在酒精灯上烧半分钟，将光阑加热到鲜红色，不要烧至白色，因为过分加热将损害光阑。还要注意，如果光阑被烧成了看来像"鳄鱼皮"（表面呈颗粒状），就得放弃这只光阑再换一只新的了。

物镜光阑一定要定期从镜筒中拆下进行清洗。清洗频率不一定，主要根据扫描电镜的使用次数和样品等决定。像散增加或图像噪声增大直接地表示出光阑变脏。

12.3.4.3　电子枪的清洗和维护

扫描电镜钨灯丝的寿命取决于合适的电流饱和点、细致的灯丝加热、电子枪真空度和发射束流。如果灯丝在操作期间烧断，那么观察管上的图像信号将消失，发射束流将降到零，并且灯丝烧断，灯丝绿色指示灭。

（1）拆卸灯丝并清洗灯丝组件。用氨水将灯丝组件栅帽光阑附近的挥发物擦拭干净，然后再用酒精擦一遍。注意，如果灯丝组件用的时间较长，除了栅帽光阑附近，其他部位也较脏，那么就需要将整个组件全部拆下清洗，然后再重新组装。

（2）灯丝重装及灯丝调中。调节灯丝到栅极帽光阑的距离，并使得灯丝正好在栅极光阑中心。注意，灯丝对中可以使用低倍体视光学显微镜。目前大多数灯丝采用工厂预对中灯丝，标准化呼唤，不必进行调整。

（3）将装好的电子枪组件重新安放到发射室上，注意"O"形圈上不要沾有灰尘或毛状物；如果新灯丝的饱和点发射束流比理论值高或者低，则可能是灯丝的距离有错误。

在清洗完扫描电镜电子枪部件时，要多抽一段时间的真空，保持环境的干燥和清洁，因为这是电子束产生的源头。当清洗电子枪部件时，不要试图走捷径；不要立即为新灯丝加电流，要等到适当的高真空时再加；不要弯折电子枪高压电缆；不能指望钨灯丝栅帽中的钽栅帽光阑会持久。

12.3.4.4　镜筒衬管的维护和清洗

使用专用工具拆卸和清洗扫描电镜镜筒衬管，清洗前准备好镜筒衬管清洗棒、金属镜筒衬管拆卸工具和镜筒衬管光阑拆卸工具。

重装镜筒衬管光阑时应使用无毛布或无毛手套。注意，在重新安装光阑组件与安装镜筒衬管之前，应仔细检查清洗过的部件，不要留有有机物残渣；只能用小镊子来夹光阑。

光阑放在光阑帽内，当组件最终安装在衬管内后，光阑的较平滑一面应朝上，拧上光阑帽。

12.3.4.5　二次电子探测器维护

电子探测器维护包括三个主要组成部分，即闪烁体本身、闪烁体固定圈和栅网，它们需要阶段维护。由于闪烁体经过二次电子长时间的轰击，从而造成闪烁体表面污染，因此会造成闪烁体产生电荷积累而发生放电现象以及闪烁体发光效率降低，使图像的信噪比下降。

在观察图像时，可以观察到扫描电镜探测器的放电现象，在光栅扫描期间形成"脉冲闪烁"或"斑点"，有时即使在电子束关闭状态时也可在普通操作对比度下观察到这种放电现象。这些周期性出现的闪烁要与由于低信噪比引起的统计噪声和由于高对比度设置产生的光电倍增噪声区别开。当信号电平、信号质量及分辨率下降得非常明显时，就应更换闪烁体了。

12.3.4.6　真空系统维护

扫描电镜物镜光阑杆、样品室门和发射室的"O"形圈暴露后应拆下清洗。只需要在样品室门打开时检查一下，如果沾有毛绒或灰尘，则只要简单地用酒精沾湿的无毛布擦拭整个"O"形圈即可。物镜光阑杆上的"O"形圈每次清洗后都需要涂抹少量的硅树脂真空脂，应尽可能少量使用，不能涂多。

12.3.4.7　隔振和减震系统的维护

（1）震动来源于外界，并且有赖于系统内部的稳定性。扫描电镜系统抗震能力包括主动避震能力和被动避震能力。对减震避震系统的充分了解有利于提高维护意识。

（2）做好日常清洁工作，保持扫描电镜室洁净、无尘；利用空调和抽湿机调整室内温度和湿度环境，使室内温度处于20℃左右，湿度保持60%以下。

（3）场发射电镜需长期保持开机状态，以确保电镜处于良好的真空状态（电镜样品室真空度一般要求在 10^{-4} Pa 以上，最好能达到 10^{-5} Pa；过渡室真空度一般要求在 10^{-7} Pa 以上；电子枪室真空度一般要求在 10^{-8} Pa 以上）。

（4）每天工作前检查机械泵的油液面，观看其液面是否在油位刻度线的安全水平线上。

（5）定期开启电镜不常用的背散射电子成像、成分分析等功能系统，防止电气元件老化。

（6）制备好的样品若暂时未测试，则应放在干燥器内保存，样品粘台后最好用红外灯烤 3~5 min，充分去除水分后再放入电镜观察。

（7）加速电压不宜设置得过高，满足要求即可，能用低电压就不用高电压。

（8）定期检测电镜的 X 射线是否泄漏，加强防护措施，保障人身安全。

12.3.5　扫描电子显微镜的样品准备

12.3.5.1　扫描电镜 SEM 样品整体要求

（1）样品不含水分。湿的样品会释放出水蒸气，往往真空度很难上去，而且水蒸气遇到高能电子束会被电离，还会增加电子束能量分散，使成像模糊、分辨率降低；水蒸气还会与高温钨丝反应，加速电子枪灯丝挥发，极大地降低灯丝的寿命；在高真空状态下，大部分含水样品的表面都易发生变形，从而导致结果失真。样品必须无水无油，对于多孔类或易潮解的样品，需进行真空干燥处理。

（2）样品不含挥发物、污染物。样品中的挥发物会造成探测器、光阑等部件污染。还有有机油脂类污染物，在电子束的作用下容易分解产生碳氢化物，会遮盖样品表面的细节或吸附在探测器晶体表面，最终降低成像信号产量以及探测器检测效率。

（3）样品要有导电性。SEM 成像原理是通过探测器获得二次电子和背散射电子信号，样品不导电会造成表面多余电子或游离粒子的累积进而不能及时导走，到达一定程度后就会反复出现充放电现象，最终影响电子信号的传递，造成图像扭曲、变形、晃动。所以对于不导电的试样，其表面一般都需要镀金（影像观察）或者镀碳（成分分析）。

（4）样品不能具有磁性。易分解样品需明确分解条件（如温度等），若样品极易分解，则不能安排测试，因为分解后产生的物质可能会对测试仪器造成影响，对 SEM 仪器造成破坏。

12.3.5.2　块体样品的制备

块体样品应该尽可能地小，一定不能超过电镜样品台尺寸，样品最大直径应不超过80 mm。对于太大的样品，必须要进行切割或裁剪；选取的样品要具有代表性。为了避免取样过程中样品被污染而影响结果分析，一般需要用溶剂先对样品进行超声清洗，特别是整个制样的过程中都不能用手直接接触样品。然后用导电胶把样品粘在样品台上，对于不导电或者导电性差的样品，需要在进行镀膜处理后再放入扫描电镜中观察；而对于导电样品，则可以直接放入扫描电镜中观察。如果样品的底面不平整，则需要采用导电银胶进行粘贴，银胶可以填满缝隙，从而更好地保证样品在抽真空时保持平稳不漂移。应保证块状样品的表面没有积聚灰尘或者其他的颗粒，没有划痕或者遭受其他更严重的变形；样品没有产生氧化层（对于一些材料来说这是不可能的，比如镁，在进行分析之前需要对其进行快速的重新抛光）；样品保存在较低的温度下，很多金属即使是在室温下，经过长时间也会发生再结晶。

12.3.5.3　粉末样品制备

先将导电胶带粘在样品台上，然后将粉末样品均匀地撒在导电胶上面，随后用压缩空气（或者洗耳球）吹去没有黏住的样品，能够很好地防止未被粘住的样品污染设备；切记，粘样品时不能挤压样品，主要是避免挤压过程中对样品表面的微观形貌造成破坏。同样的，对于不导电或者导电性差的样品，需要在进行镀膜处理后再放入扫描电镜中观察；而对于导电样品，则可以直接放入扫描电镜中观察。对于粉末样品，一般为了提高测试效率，一个样品台上会同时制备多个样品，但需要保证样品之间不会互相污染，位置不被混淆。样品不能受潮，对于一些特定材料，比如非常容易受到潮湿影响的岩盐，尤其需要注意，放置太久的样品需要经过再次烘干后才能进行测试。取少量样品进行充分的研磨，研磨好的粉末可以采用下面三种方法来制备扫描电镜样品：

（1）导电胶黏结法。用一薄层的导电胶带将粉末粘在样品台上，具体方法是先在样品台上均匀地粘贴一小条导电胶带（银胶带、碳胶带等），在粘好的胶带上用蘸有少量粉末的牙签涂敷一下，然后把样品台朝下，使未与胶带接触的颗粒脱落，再用洗耳球轻吹，吹掉黏结不牢固的粉末，这样胶带表面就留下均匀的一层粉末。用该方法制备粉末的关键在于所撒下的粉末不能太多，不要用玻璃板等压平粉末表面，否则会造成颗粒下陷于胶带内，导致图像失真。

（2）超声波法。将少量的粉末置于小烧杯中，加适量的乙醇或蒸馏水，超声处理几分钟即可，然后尽快用滴管将分散均匀的含粉末溶液滴到样品台或粘在样品台的锡纸上，再用日光灯烤干水分就可放入电镜中观测。此方法分散效果较好，特别适用于极易团聚的超细粉和纳米粉。

（3）直接撒粉法。将粉末直接撒落在样品台上，适当滴几滴分散剂（乙醇或其他分散介质），轻晃样品台使粉末分布平整均匀，分散剂挥发后，用洗耳球轻吹掉吸附不牢固的粉末，就可直接放入电镜中观测。该方法制样简单，但分散性较差，适用于本身分散性较好的固体粉末，但难以得到单层分布的颗粒。

需要注意的是，如果样品荷电严重，则可以在镀碳或者喷金之后再进行观察。

12.3.5.4 液体样品

液体样品制样时，一般需要借用薄铜片作为载体。首先将导电胶粘在样品台上，然后将干净的薄铜片粘在导电胶上，采用少量多次的方法把液体样品滴在铜片上，等待溶剂完全挥发干燥后就可以进行喷镀处理和扫描电镜测试。对于团聚十分严重的粉末样品，也可将粉末混合在易挥发溶剂（如乙醇、超纯水、环己烷等）中配成悬浊液。不过应该注意的是，选择的溶剂不能对要观察的样品有影响，否则会改变样品的初始形貌。

12.3.5.5 生物样品

生物样品性质较为特殊，一般都具有含水量高、质地柔软、导电性差、对热和电子束等敏感等特性。所以生物样品的制样过程较为复杂，主要包括取样、清洗、固定、脱水、干燥、粘样、导电处理几个步骤。

12.3.5.6 EBSD 制样制备

EBSD 制样制备一般经历以下几个步骤：线切割、除油、镶样、磨样、抛光（机械抛光及电解抛光）。对制样的不同要求主要表现在三个方面，即磨样、机械抛光、电解抛光。

（1）磨样：先把砂纸擦干净，然后找一块表面洁净的玻璃片垫在砂纸下面（若担心玻璃片移动，则可以在玻璃片下垫一块毛巾）。镁合金一般从 800 目开始逐级磨到 3000～5000 目。刚开始的时候，用 800～1500 目砂纸主要是为了把试样表面磨平，在保证试样表面与砂纸完全接触的前提下，用力可以稍微大一点，但用力一定要均匀。在磨到 1500～3000 目时用力就要更加注意了，要越来越轻，以手臂搭在实验台上的力延一个方向向前磨（听到蹭东西的声音而不是闷响），不能来回磨。每换一次砂纸都要把试样旋转 90°再磨，这样易于观察上一次磨痕消除的情况，也提高了消除前一次磨样留下的磨痕的效率，然后用纸巾擦拭掉试样表面残留的粉末。当磨面上只留下单一方向的均匀的细磨痕及较浅的变形层时才能进行抛光。

（2）机械抛光：机械抛光和制备金相试样的步骤一样，只是在机械抛光之后不进行腐蚀，而是直接进行电解抛光。进行机械抛光时，先启动抛光机（由于镁合金较软，转速应调到 300 r/min 以内），试样放在装有抛光布（材料一般用丝绸、毛绒或毛呢，使用时直接放置在抛光盘上，用压圈扣住，可以加适量的水使其和抛光盘连接得更牢固一些）的抛光盘上，在抛光布上不断喷洒抛光液（一般粗抛使用 15～0.25 μm 的金刚石悬浮液，细抛一般使用 1 μm 或者 0.25 μm 的硅乳胶溶液配合金丝绒软布）。若用研磨膏抛光，则应选用金刚石抛光膏，从大粒度到小粒度逐渐抛过去，每次抛光完后，要仔细清洗抛光布，以免留下大的颗粒，形成较深的抛痕。抛光过程中，用力一定要均匀，使样品表面与抛光布完全接触。细抛完成后，用金相显微镜观察，当试样表面平整且没有明显的深的抛痕时，再用水和酒精分别抛光，用酒精清洗样品，并迅速烘干。

（3）电解抛光：先接通电源，再放入试样。抛光完成后先取出试样，再断电。试样取出后立刻冲洗干净。电解液的浓度会随使用时间的延长而降低，因此要及时更换新的电解液。电解液需冷却，通过不断搅拌使温度保持恒定。

12.4 扫描电子显微镜的应用

12.4.1 扫描电子显微镜在材料检测分析中的应用

12.4.1.1 断口分析

材料断口的微观形貌往往与其化学成分、显微组织、制造工艺及服役条件存在密切联系，所以断口形貌的确定对分析断裂原因常常具有决定性作用。

12.4.1.2 金相组织观察与分析

在多相结构材料中，特别是在某些共晶材料和复合材料的显微组织和分析方面，由于可以借助于扫描电镜景深大的特点，所以完全可以采用深浸蚀的方法，把基体相溶去一定的深度，使得欲观察和研究的相显露出来，这样就可以在扫描电镜下观察到该相的三维立体的形态，这是光学显微镜和透射电镜所无法做到的。

12.4.1.3 断裂过程的动态研究

有些型号的扫描电镜带有较大拉力的拉伸台装置，这就为研究断裂过程的动态过程提供了很大的方便。在试样拉伸的同时既可以直接观察裂纹的萌生及扩展与材料显微组织之间的关系，又可以连续记录下来，为科学研究提供最直接的证据。

12.4.1.4 表面化学成分分析

扫描电镜附带功能可以增加能谱（EDS），还可以对断口表面异常部位或不清楚的异物进行表面化学成分测试，帮助分析和判断异物情况。其得到的测试结果是定性测量。相对于 ICP 之类定量测试的设备误差较大。

12.4.1.5 钢中夹杂物自动分析

Aspex Explorer 是 FEI 公司在传统扫描电镜+能谱分析仪的基础上将二者整合而开发出的新型全自动一体化非金属夹杂物分析检测仪器。相较于传统分析方法，Aspex 能够对夹杂物尺寸及元素成分等进行全自动快速统计分析，可一次性统计出钢中夹杂物的数量、形貌、尺寸分布、元素成分、团簇分布情况、趋势变化分布等信息，从而避免了以往在进行分析时出现的速度慢、准确性差、存在人为误差等问题，为生产过程优化、成品质量提升、钢铁清洁度评级、产品性能预测等工作提供帮助。

12.4.2 应用举例

12.4.2.1 钢中夹杂物分析

Li 等使用 Aspex 对磁控电渣重熔技术对 M2 高速钢的除杂效果进行了研究，并绘制出了如图 12-3 所示的夹杂物分布情况示意图；同时使用 Aspex 测定了钢中夹杂物的尺寸及数量分布情况，并对夹杂物的变化规律进行了总结，得出了夹杂物尺寸及数目会随外加轴向静磁场的增大而减小的结论。

Cao 等使用 Aspex 对超洁净轴承钢中的夹杂物分布情况进行了检测，并将检测结果与该研究中使用极值法建立的模型对钢中夹杂物的分布情况预测进行了对比验证，检测结果与验证结果如图 12-4 所示。该研究使用 Aspex 在纵向截面上用定量方法检查夹杂物，可

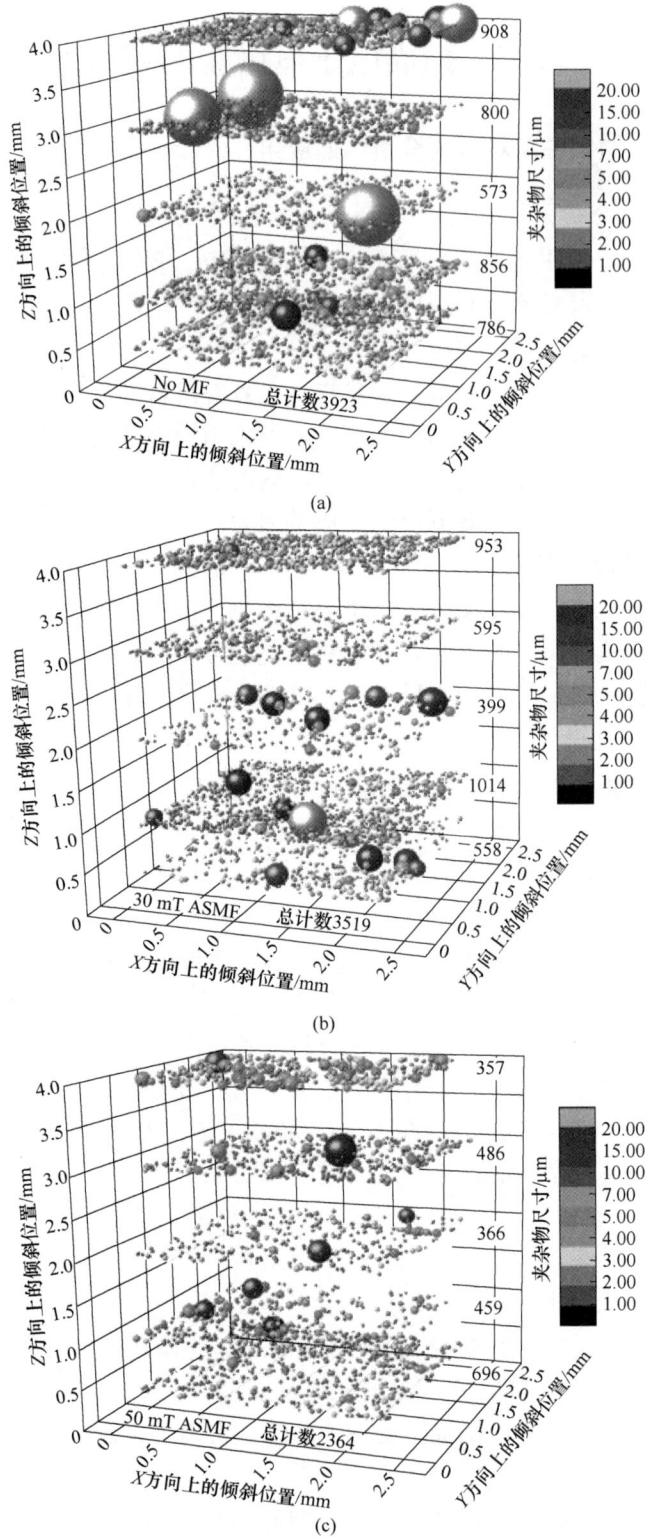

图 12-3　电渣重熔锭中三维空间中夹杂物的大小和数量的空间分布
（a）无外加磁场；（b）外加 30 mT 轴向静磁场；（c）外加 50 mT 轴向静磁场

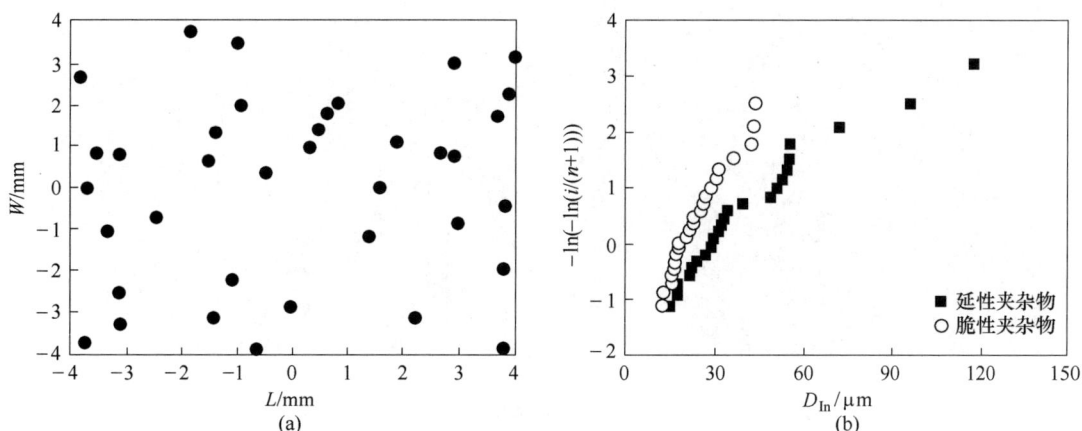

图 12-4　用 Aspex 检查 24 个试样的纵向截面上测得的夹杂物尺寸分布
（a）Aspex 扫描区域内的夹杂物位置（其中一个扫描区域内的夹杂物尺寸不小于 10 μm）；
（b）用极值法分析的延性夹杂物和脆性夹杂物的最大夹杂物（D_{In}）的分布情况

以看出夹杂物几乎均匀地分布在扫描区域，对比使用极值法对最大夹杂物进行静态分析的结果，可以看出线性拟合结果不能很好地描述夹杂物的实际分布情况，这说明极值法不能对非金属夹杂物进行预测。

12.4.2.2　微观形貌和颗粒大小分析

张利等通过一步部分水解硝酸盐法成功地制备了一系列大比表面积、大孔体积和狭窄孔径分布的 La 改性的 $NiAl_2O_4/\gamma\text{-}Al_2O_3$ 复合物，并将其应用在甲烷二氧化碳重整反应中。扫描电镜分析在 Hitachi S-4800 型场发射扫描电镜上进行，其分辨率高，可达到 1 nm，加速电压为 0.5～30 kV。取少量样品，用导电胶粘在样品台上并进行喷金处理。图 12-5（a）、（b）为反应后催化剂的 SEM 图。反应后催化剂表面积碳的形态和数量可以通过 SEM 表征进一步研究。如图 12-5（a）和（b）所示，$Ni/\gamma\text{-}Al_2O_3\text{-}S400$ 和 $Ni/\gamma\text{-}Al_2O_3\text{-}3La\text{-}S400$ 上的积碳都以晶须状或纤维状的形式存在，而不是无序的碳物种。$Ni/\gamma\text{-}Al_2O_3\text{-}S400$ 催化剂上的积碳又粗又长并且数量很多，而 $Ni/\gamma\text{-}Al_2O_3\text{-}3La\text{-}S400$ 催化剂的表面则相对非常干净。这直观地证明了 La 助剂的添加可以显著地提高催化剂的抗积碳性能。许多文献报道，纤维状的积碳不会包覆镍颗粒，但是大量的纤维状的积碳却会在堵塞反应器的同时破坏催化剂的结构。

在激光熔融沉积中，柱状到等轴的转变（CET）或杂散晶的形成对于单晶叶片的修复是十分不利的。陈超越等建立了三维直接能量沉积模型（DED），对传热过程和凝固条件进行了数值研究。基于 DED 过程中的逐层沉积，对微观结构演变和外延生长进行了数值和实验研究。实验过程中将 DED 试样切片，镜面抛光，并用 $FeCl_3$、盐酸、酒精配制的溶液进行蚀刻。通过光学显微镜（OM，Leica DM4000）和扫描电子显微镜（SEM，FEI Quenta 450）对沉积物的几何形状和微观结构进行了表征。

如图 12-6 所示，对 DED 样品的衬底/沉积部分和界面区域进行了 SEM 观察。在图 12-6（a）中，左边是沉积层，右边是基底区域。很明显，DED 样品的微观结构在基底热影响区/沉积界面处突然改变。基底区域显示出典型的铸造单晶超合金形态，立方体 γ' 相

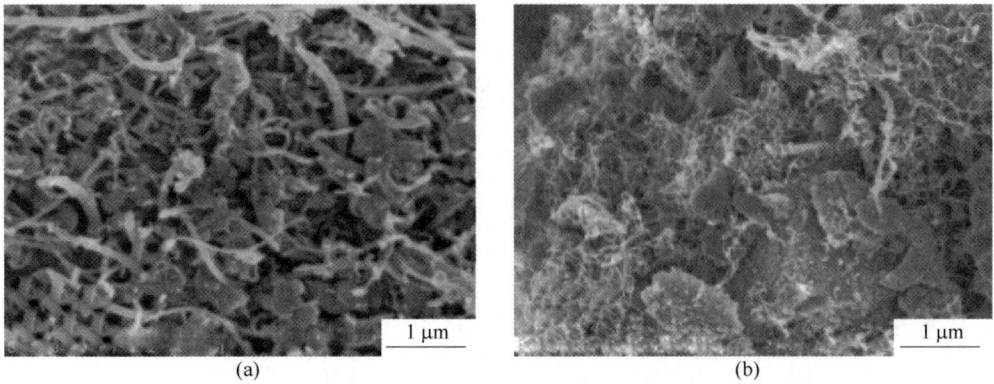

图 12-5　反应后催化剂的 SEM 图和扫描电镜图像

（反应条件：GHSV = 1.8×10^5 mL$/g_{cat}\cdot$h，CO$_2$/CH$_4$ = 1，750 ℃，1 atm）

（a）Ni/γ-Al$_2$O$_3$-S400；（b）Ni/γ-Al$_2$O$_3$-3La-S400

均匀地分散在 γ-Ni 基体上。然而，尽管与基体有一定的距离，球形的 γ' 相还是分散地分布在沉积物的 γ-Ni 基体上。对基体区域和沉积层的 γ' 相尺寸进行了统计分析，沉积层的 γ' 相尺寸为 0.1007 μm，而基底部分的 γ' 相尺寸为 0.2213 μm。由于在 DED 沉积层的形成过程中，冷却速度非常快，γ' 相的析出不能充分进行，因此析出的尺寸受到限制。

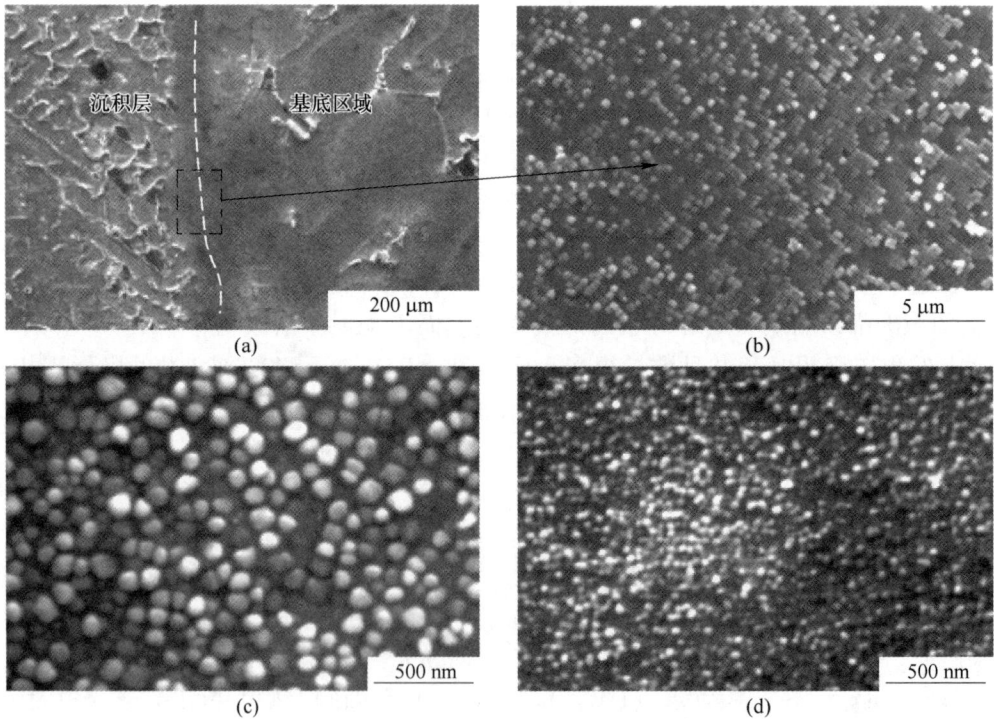

图 12-6　不同位置的空冷 DED 样品的 SEM 图像

（a），（b）界面；（c），（d）空冷 DED 样品和水冷 DED 样品在同一高度的 γ' 相的形态和尺寸

强制水冷装置不仅可以提供更高的温度梯度，还可以提高冷却速度。图 12-6（c）和

（d）直观地显示了不同冷却条件下 DED 样品在同一高度的 γ' 相的形态和尺寸。很明显，强制水冷下的样品中的 γ' 相比空气冷却下的要小。

参 考 文 献

[1] LI Q, XIA Z B, GUO Y F, et al. Enhancement of inclusion removal in electroslag remelted M2 high-speed steel assisted by axial static magnetic field ［J］. Metallurgical and Materials Transactions A, 2021, 52（12）: 5135-5139.

[2] CAO Z X, SHI Z Y, YU F, et al. A new proposed Weibull distribution of inclusion size and its correlation with rolling contact fatigue life of an extra clean bearing steel ［J］. International Journal of Fatigue, 2019, 126: 1-5.

[3] 张利. 新型 Ni 基催化剂的制备及其催化性能研究 ［D］. 上海: 上海大学, 2015.

[4] 链接: https://www.zhihu.com/question/406173811/answer/1495851049.

参考答案

习　题

12-1　电子"吸收"与光子吸收有何不同？

12-2　入射 X 射线比同样能量的入射电子在固体中的穿入深度大得多，而俄歇电子与 X 光电子的逸出深度则相当，这是为什么？

12-3　配合表面分析方法用离子溅射实行纵深剖析是确定样品表面层成分和化学状态的重要方法，试分析纵深剖析应注意哪些问题。

12-4　简述电子与固体作用产生的信号及据此建立的主要分析方法。

12-5　为什么扫描电镜的分辨率和信号的种类有关？试将各种信号的分辨率高低作出比较。

12-6　二次电子像的衬度和背散射电子像的衬度各有何特点？

12-7　试比较波谱仪和能谱仪在进行微区化学成分分析时的优缺点。

13　电子探针显微分析 EPMA

本章内容导读：
- 电子探针显微分析发展概述和原理
- 电子探针显微分析仪结构、实验流程介绍
- 电子探针显微分析制样方法
- 电子探针显微分析设备操作与维护简介
- 电子探针显微分析在材料分析中的应用实例

13.1　概　　述

电子探针是电子探针 X 射线显微分析仪的简称（electron probe X-ray micro-analyzer, EPMA），还有一种常用来对比的、同类型的仪器扫描电子显微镜，简称扫描电镜（scanning electron microscope，SEM）。这两种仪器是分别发展起来的，现在的 EPMA 具有 SEM 的图像观察、分析功能，SEM 配备附属设备后也具有 EPMA 的成分分析功能，这两种仪器的基本构造、分析原理及功能日趋相同。由于 EDS 分析速度快等特点，现在 EPMA 通常也附加 EDS 附件。虽然 EDS 可以满足一般样品的成分分析要求，但是其定量分析准确度和检测极限都不如 EPMA 的波谱仪（wavelength dispersive spectrometer, WDS）。

由于 EPMA 与 SEM 设计的初衷不同，所以二者还有一定差别，例如 SEM 以观察样品形貌特征为主，电子光学系统的设计注重图像质量，图像的分辨率高、景深大。现在钨灯丝 SEM 的二次电子像分辨率可达 3nm，场发射 SEM 的二次电子像分辨率可达 1 nm。

EPMA 一般以成分分析为主，必须有 WDS 进行元素成分分析，真空腔体大，成分分析时电子束电流大，所以通常 EPMA 二次电子像分辨率较 SEM 略低，钨灯丝型为 6 nm，EPMA-1720H 配备高亮度 CeBix 灯丝，分辨率达到 5 nm，EPMA-8050G 场发射型可达 3 nm。EPMA 配有光学显微镜，用于直接观察和寻找样品分析点，使样品分析点处于聚焦圆（罗兰圆）上，以保证成分定量分析的准确度。

EPMA 和 SEM 都是用聚焦得很细的电子束照射被检测的样品表面，用 X 射线能谱仪或波谱仪，测量电子与样品相互作用所产生的特征 X 射线的波长（能量）与强度，从而对微小区域所含元素进行定性或定量分析，并可以用二次电子或背散射电子等进行形貌观察。它们是现代固体材料显微分析（微区成分、形貌和结构分析）最有用的仪器之一，应用十分广泛。

电子探针分析的基本原理可追溯到 1913 年 Moseley 提出的理论，他发现了 X 射线谱与原子构造的关系，引起了许多专家的兴趣。20 世纪 40 年代末，法国的 Castaing 和 Guinier 写出了第一篇关于电子探针的论文，论文中讲述了如何将一台静电型电子显微镜

改造成电子探针。1951 年 6 月，Castaing 完成了他的博士论文，文中不仅介绍了他所设计的电子探针细节，而且还提出了定量分析的基本原理。现在电子探针的定量修正方法尽管做了许多修正，但是他的一些基本原理仍然适用。1955 年，Castaing 在法国物理学会的一次会议上，展出了电子探针的原形机。当时的电子探针是静止型的，电子束没有扫描功能。1956 年，英国 Duncumb 发明了电子束扫描方法，并在 1959 年安装到电子探针仪上，使电子探针的电子束不仅能固定在一点进行定性和定量分析，而且可以在一个小区域内扫描，能给出该区域的元素分布和形貌特征，从而扩大了电子探针的应用范围。

在基体修正的理论研究中，1962 年，Poole 和 Thomas 创立了第一个实际可用的原子序数修正方法。1963 年，Philibert 使用半经验半理论的方法推导了第一个吸收修正的解析表达式。1965 年，Reed 提出了特征谱荧光修正公式，这个公式以其方便和准确性而一直被人们所用。1968 年，Duncumb-Reed 及 Philibert-Tixier 各自完成了他们的原子序数修正，这两个公式是现在应用最为广泛的原子序数修正公式。虽然各种理论逐渐成熟，但是计算的过程十分繁复，因此直到 20 世纪 70 年代，随着引入电子计算机辅助控制分析过程和进行数据处理，才使电子探针显微分析进入了一个新的阶段。

现代新型号的 EPMA，已大规模减少各种物理按钮，完全由屏幕显示，用鼠标进行调节和控制，易用性和便利性都得到了很大的提高。

EPMA 是微束分析领域中一个应用极为广泛的技术，是高技术产业、基础工业、农业、冶金、地质、生物、医药卫生、环境保护、商检贸易乃至刑事法庭等行业中需要通过各种材料或产品的微米尺度成分和结构分析来进行质量管理和质量检验所不可缺少的技术手段。

电子探针显微分析有以下几个特点：

（1）显微结构分析。电子与样品交互作用区域在微米量级，即分析所用到的特征 X 射线、二次电子、吸收电子、背散射电子及阴极荧光等信息来自分析样品的零点几到几立方微米范围内，即所分析能代表的就是这几个立方微米范围内的成分、形貌和化学结合状态等特征。微区分析是它的重要特点之一，它能将微区化学成分与显微结构对应起来，是一种显微结构的分析。而一般化学分析、X 光荧光分析及光谱分析等，是分析样品较大范围内的平均化学组成，无法与显微结构相对应，不能对材料显微结构与材料性能的关系进行研究。

（2）元素分析范围广。电子探针所分析的元素范围从硼（B）~铀（U）。因为电子探针成分分析是利用元素的特征 X 射线，而氢原子和氦原子只有 K 层电子，不能产生特征 X 射线，所以无法进行电子探针成分分析。锂（Li）虽然能产生 X 射线，但产生的特征 X 射线波长太长，通常无法进行检测，配备专用的大面间距的 LSA200/LSA300 晶体已经可以检测铍元素。

（3）定量分析准确度高。电子探针是目前微区元素定量分析最准确的仪器。电子探针的检测极限（能检测到的元素最低浓度）一般为 50~100 ppm；不同测量条件和不同物质/元素有不同的检测极限。在做了基体修正以后，在大多数情况下定量测试结果相对误差小于 2%。

（4）不损坏试样、分析速度快。电子探针属于无损分析，一般不损坏样品，样品分析后，可以完好保存或继续进行其他方面的分析测试。因此，用它进行贵重、稀有试样，

276

如文物、古陶瓷、古硬币及犯罪证据等样品分析尤为重要，以及用它在生产过程中提供中间检验数据或进行供检验后要求复验的试样的分析也最为适宜。随着辅助计算机技术的发展，原来定量分析中复杂的修正计算问题得到了解决，现在无论定性、定量或其他分析速度都非常快。

由于以上特点，现代电子探针应用非常广泛，对任何一种在真空中稳定的固体，均可以用电子探针进行成分分析和形貌观察，例如金属、硅酸盐材料、医学试样、纤维、氧化膜、涂层、废气颗粒、文物、油漆等。尤以在材料科学、地学、矿物学及冶金学等领域应用最为广泛和活跃。

13.2　电子探针显微分析的原理

电子显微探针是指用聚焦很细的电子束照射要检测的样品表面，用 X 射线分光谱仪测量其产生的特征 X 射线的波长和强度。由于电子束照射面积很小，因而相应的 X 射线特征谱线将反映出该微小区域内的元素种类及其含量。

显然，如果将电子放大成像与 X 射线衍射分析结合起来，就能将所测微区的形状和物相分析对应起来（微区成分分析），这是电子探针的最大优点。

13.2.1　定性分析的基本原理

电子探针除了用电子与样品相互作用产生的二次电子、背散射电子进行形貌观察外，主要是利用波谱仪或能谱仪，测量入射电子与样品相互作用产生的特征 X 射线的波长与强度，从而对样品中的元素进行定性、定量分析。

定性分析的基础是莫塞莱（Moseley）定律：

$$E = h\nu$$

$$\nu = k(Z - \sigma)^2$$

$$\nu = c/\lambda$$

$$E = \frac{hc}{\lambda} = \frac{12.399(keV)}{\lambda(A)} \tag{13-1}$$

式中，ν 为元素的特征 X 射线频率；λ 为其波长；Z 为原子序数；k 与 σ 均为常数；h 为普朗克常量；c 为光速。

由式（13-1）可知，组成样品的元素（原子序数 Z）与它产生的特征 X 射线波长（λ）有对应关系，即每一种元素都有一个特定波长的特征 X 射线与之相对应，它不随入射电子的能量而变化。如果用 X 射线分光谱仪（WDS）测量电子激发样品所产生的特征 X 射线波长值，即可确定样品中所存在元素的种类，这就是定性分析的基本原理。

而 EDS 定性分析主要是根据不同元素之间的特征 X 射线能量不同，通过检测样品中不同能量的特征 X 射线，从而进行元素的定性分析。EDS 定性分析速度快，但由于它分辨率低、灵敏度差，不同元素的特征 X 射线谱峰容易重叠，当元素含量较低时，容易漏测，所以其准确性不如 WDS。

13.2.2 定量分析的基本原理

样品中 A 元素的相对含量 C_A 与该元素产生的特征 X 射线的强度 I_A（X 射线计数）成正比，即 $C_A \propto I_A$。如果在相同的电子探针分析条件下，同时测量样品和已知成分的标样中 A 元素的同名 X 射线（如 K_α 线）强度，则经过修正计算，就可以得出样品中 A 元素的相对百分含量 C_A：

$$C_A = KI_A/I_{(A)}$$

式中，C_A 为样品中 A 元素的百分含量；K 为常数，根据不同的修正方法，K 可用不同的表达式表示；I_A 和 $I_{(A)}$ 分别为样品中和标样中 A 元素的特征 X 射线强度。采用同样方法可求出样品中其他元素的百分含量。

定量分析必须在定性分析的基础上进行，根据定性分析结果确定样品中所含元素的种类，然后对各元素进行定量分析。定量分析已有各种分析程序，每种分析程序都要进行复杂的修正过程。

电子探针的功能主要是进行微区成分分析。其原理是用细聚焦电子束入射样品表面，激发出样品元素的特征 X 射线。由莫塞莱定律可知，各种元素的特征 X 射线都具有各自确定的波长，并满足以下关系：

$$\sqrt{1/\lambda} = K(Z - \sigma)$$

通过探测特征 X 射线的波长（或特征能量），即可知道样品中所含元素的种类，这就是电子探针定性分析的依据。而将被测样品与标准样品中元素 Y 的衍射强度进行对比，就能进行电子探针的定量分析。

图 13-1 所示为电子探针仪的结构示意图。由图可知，电子探针的镜筒及样品室和扫描电镜并无本质上的差别，因此要使一台仪器兼有形貌分析和成分分析两个方面的功能，往往把扫描电子显微镜和电子探针组合在一起。

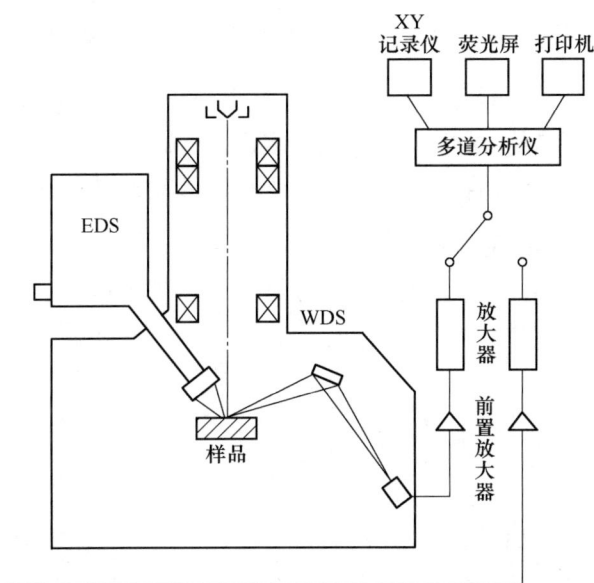

图 13-1　电子探针仪的结构示意图

电子探针的信号检测系统是 X 射线谱仪，用来测定特征波长的谱仪叫作波长分散谱仪（WDS）或波谱仪。用来测定 X 射线特征能量的谱仪叫作能量分散谱仪（EDS）或能谱仪。

A　波长分散谱仪

波长分散谱仪的工作原理为当在样品上方水平放置一块具有适当晶面间距 d 的晶体（分光晶体），且入射 X 射线的波长、入射角和晶面间距三者符合布拉格方程 $2d\sin\theta = 1$ 时，这个特征波长的 X 射线就会发生强烈衍射，如图 13-2 所示。当不同波长的 X 射线以不同的入射方向入射时会产生各自的衍射束，若面向衍射束安置一个接收器，便可记录下不同波长的 X 射线，从而使样品作用体积内不同波长的 X 射线分散并展示出来。

B　能量分散谱仪

a　工作原理

每种元素都具有其特定的 X 射线特征波长，而特征波长的大小则取决于能级跃迁过程中释放出的特征能量 DE。能谱仪就是利用不同元素 X 射线光子特征能量不同这一特点来进行成分分析的。

图 13-2　分光晶体

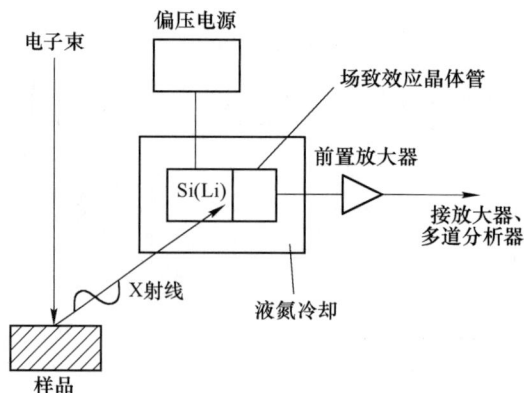

图 13-3 所示为采用锂漂移硅检测器能量谱仪的方框图。X 射线光子由锂漂移硅 Si(Li) 检测器收集，当光子进入检测器后，在 Si(Li) 晶体内激发出一定数目的电子-空穴对。产生一个空穴对的最低平均能量 E 是一定的，设由一个 X 射线光子造成的电子-空穴对的数目为 N，则 $N=\dfrac{\Delta E}{\varepsilon}$。入射 X 射线光子的能量越高，$N$ 就越大。利用加在晶体两端的偏压收集电子-空穴对，经前置放大器转换成电流脉冲，电流脉冲的高度取决于 N 的大小，电流脉冲经主放大器转换成电压脉冲进入多道脉冲高度分析器。脉冲高度分析器按高度把脉冲分类并进行计数，这样就可以描出一张特征 X 射线按能量大小分布的图谱。

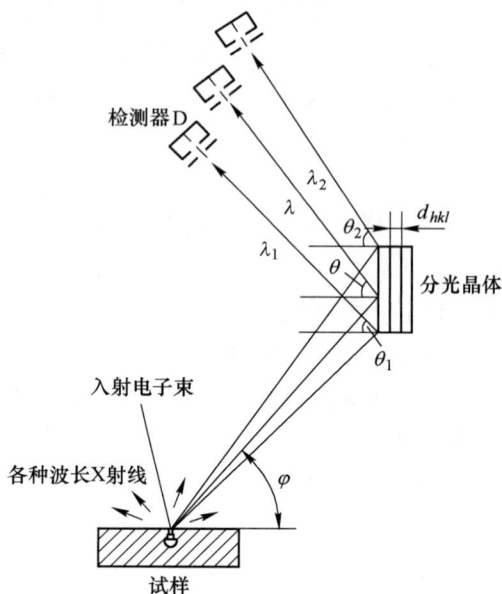

图 13-3　采用锂漂移硅检测器能量谱仪的方框图

b　能谱仪成分分析的特点

和波谱仪相比，能谱仪具有下列几方面的优点：

（1）能谱仪探测 X 射线的效率高。Si(Li) 晶体对 X 射线的检测率极高，能谱仪的灵敏度比波谱仪高一个数量级。

（2）能谱仪可在同一时间内对分析点内所有元素 X 射线光子的能量进行测定和计数，在几分钟内即可得到定性分析结果，而波谱仪只能逐个测量每种元素的特征波长。

（3）能谱仪的结构比波谱仪简单，没有机械传动部分，因此稳定性和重复性都很好。

（4）能谱仪不必聚焦，因此对样品表面没有特殊要求，适合于粗糙表面的分析工作。

但是，能谱仪仍有其不足之处：

（1）能谱仪的分辨率比波谱仪低。在一般情况下，Si(Li) 检测器的能量分辨率约为 160 eV，而波谱仪的能量分辨率可达 5~10 eV。

（2）能谱仪中因 Si(Li) 检测器的铍窗口限制了超轻元素 X 射线的测量，因此它只能分析原子序数大于 11 的元素，而波谱仪则可测定原子序数从 4 到 92 之间的所有元素。

（3）能谱仪的 Si(Li) 探头必须保持在低温状态，必须用液氮冷却。

13.3　电子探针显微分析设备及操作

现代电子探针的主要组成及结构基本相同，早在 20 世纪 60 年代，岛津就开始研制电子探针，图 13-4 所示为岛津电子探针的发展历程。新型的电子探针操作面板旋钮和开关基本消失，分析过程和操作过程全部用计算机鼠标操作，图 13-5 所示为岛津 EPMA-1720 系列和场发射 EPMA-8050G 系列电子探针外观。

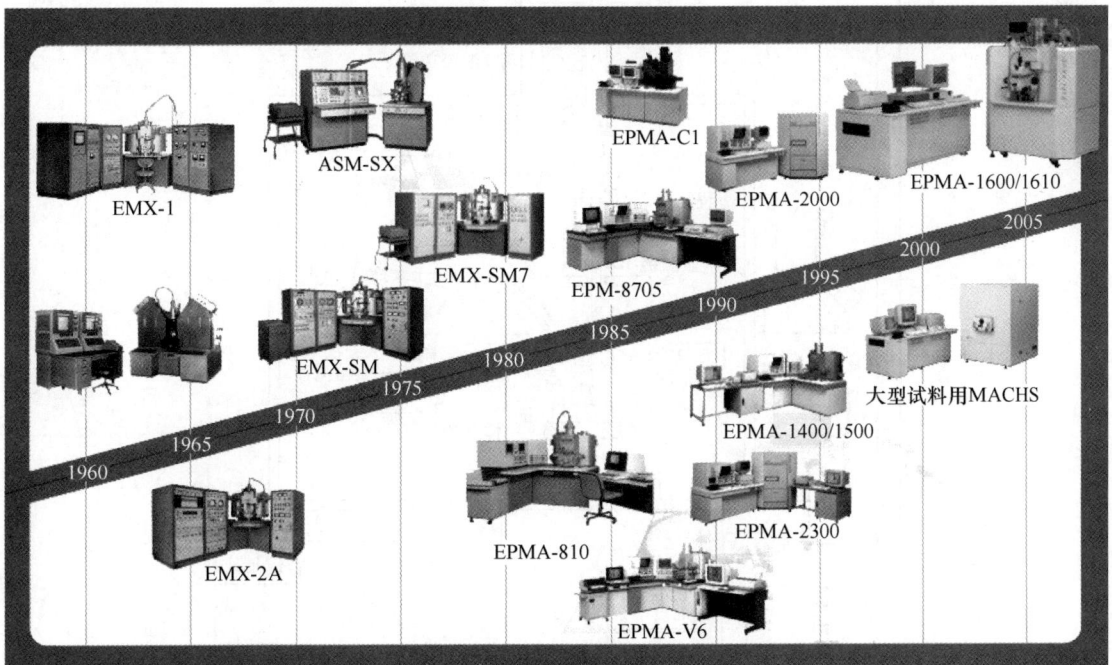

图 13-4　岛津电子探针发展史

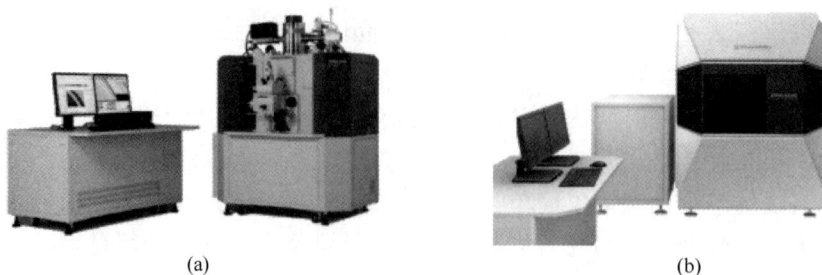

图 13-5　岛津当前型号电子探针外观
（a）EPMA-1720 系列；（b）EPMA-8050G 系列

　　电子探针的主要组成部分为电子光学系统、X 射线谱仪系统、样品室、电子计算机、扫描显示系统、真空系统等。图 13-6 所示为 EPMA-1720 系列和 EPMA-8050G 系列电子探针的基本构造图。

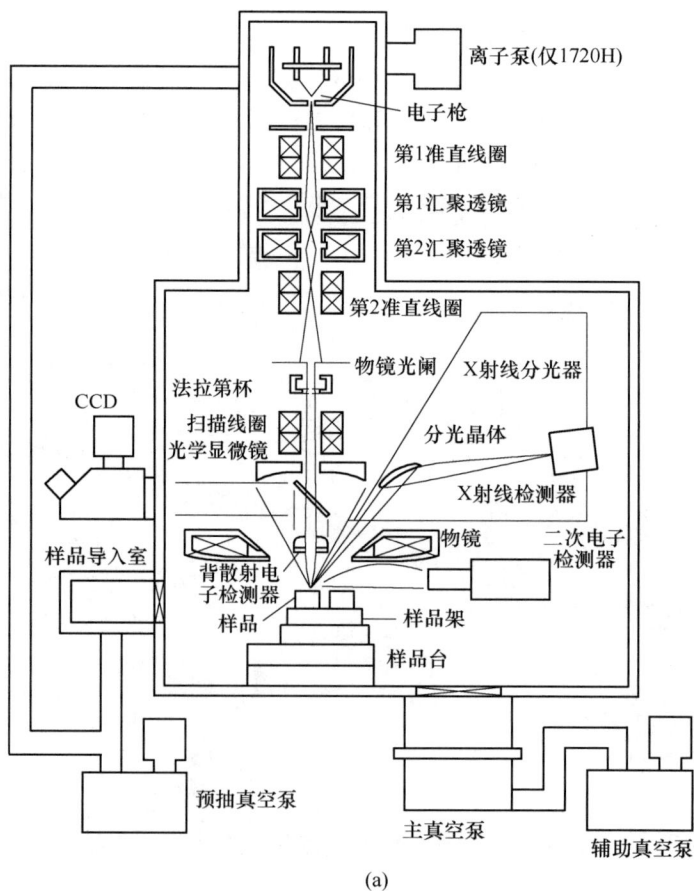

(a)

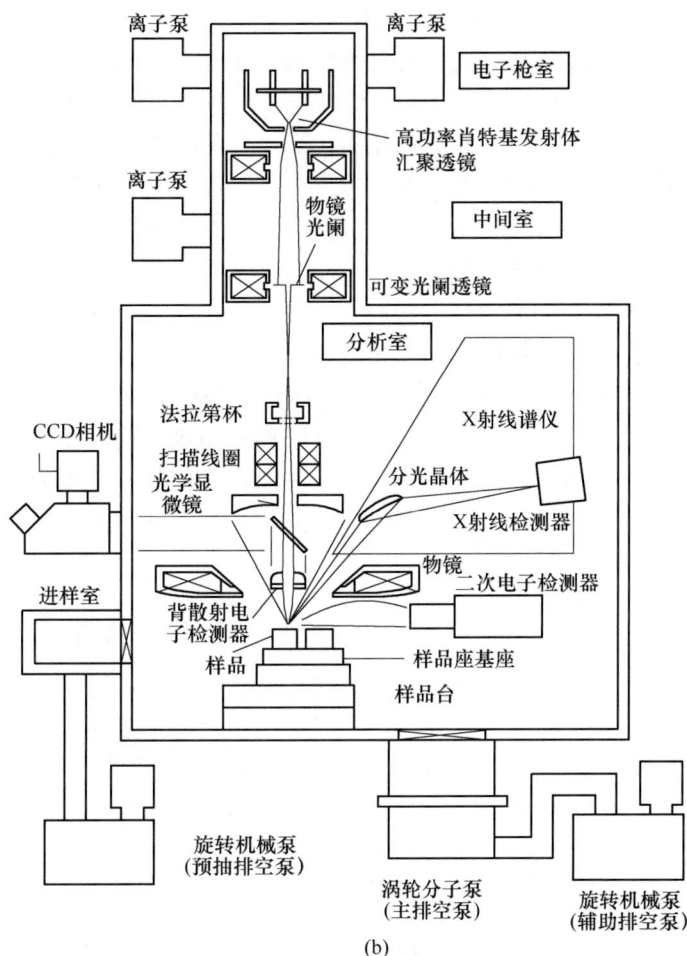

(b)

图 13-6　电子探针 EPMA 结构图

(a) EPMA-1720 系列；(b) EPMA-8050G 系列

13.3.1　电子光学系统

电子光学系统包括电子枪、电磁透镜、消像散器和扫描线圈等。

13.3.1.1　电子枪

电子枪是由阴极（灯丝）、栅极和阳极组成的。它的主要作用是产生具有一定能量的细聚焦电子束（探针）（图 13-7）。

（1）钨灯丝：常由直径约 100 μm 的钨丝（tungsten wire）弯曲成过渡圆角约 100 μm 的"V"形发卡（hairpin），在加热到 2000～2700 K 的白热状态下，从"V"形圆角的 100 μm×150 μm 的区域内发射出热电子。热电子经栅极聚焦和阳极加速后，形成一个10～100 mm 的交叉点，再经过二级汇聚透镜和物镜的聚焦作用，在试样表面形成一束细聚焦的电子探针。电子束直径和束流随电子枪的加速电压的改变而改变，加速电压可变范围一般为 0.5~30 kV。

（2）六硼化铈/六硼化镧：六硼化镧具有更低的功函数（即在相同的加热温度下发射出更多的电子，功函数是指电子挣脱材料自身束缚发射出电子所需的最小能量），其亮度为钨灯丝的 5~10 倍，但其化学活性很强，需要离子泵高真空保护（优于 10^{-4} Pa）。其灯丝由直径 100 μm，长度 0.5 mm，尖端直径 2 μm 的单晶构成，使用和 CeB_6/LaB_6 不发生化学反应的碳或铼固定。相同加速电压下，尖端越细，亮度越高，但寿命越短。

六硼化铈功函数相对于六硼化镧，其功函数更低，在相同条件下亮度更高，可以获得更高的二次电子分辨率，具有更高的寿命。

（3）场发射：与前面利用高温使阴极材料（钨灯丝和六硼化镧/六硼化铈）的一部分自由电子克服功函数势垒离开阴极不同，场发射是另外一种产生电子的方法。场发射时的阴极呈杆状，在它的一端有锋利的尖点（一般直径为 100 nm 或更小）。当阴极相对于阳极为负电位时，尖端的电场非常强，电子能够直接离开阴极，而并不需要任何热能使电子能量提高并越过势垒。在相同的工作电压下，场发射体即使处于室温时也能提供比热电子源高几百倍的有效亮度。

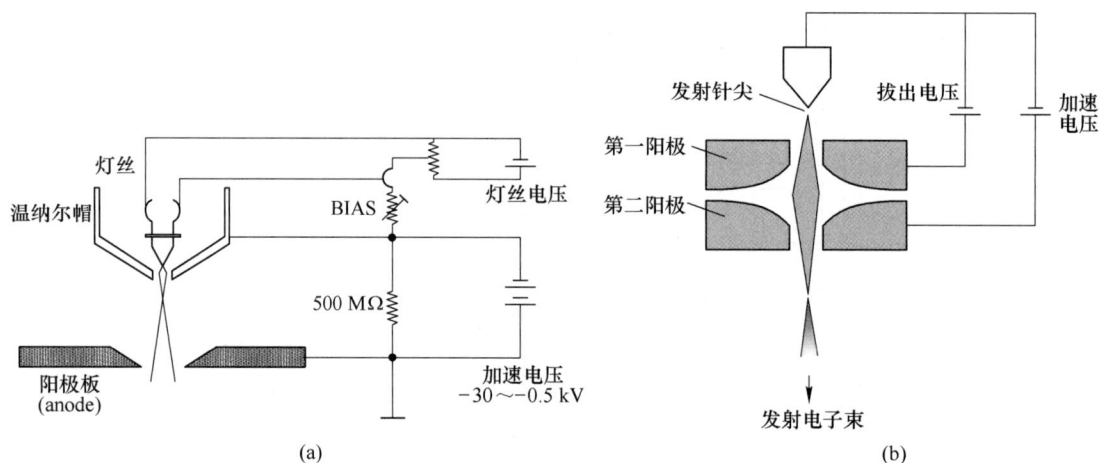

图 13-7　电子枪的结构

（a）热电子枪；（b）场发射枪

13.3.1.2　电磁透镜

电磁透镜分汇聚透镜和物镜，靠近电子枪的透镜称为汇聚透镜，汇聚透镜一般分两级，是把电子枪形成的 10~100 mm 的交叉点缩小 1~100 倍后，进入样品上方的物镜，物镜可将电子束再缩小并聚焦到样品上。为了挡掉大散射角的杂散电子，使入射到样品的电子束直径尽可能小，汇聚透镜和物镜下方都有光阑（图 13-8）。

与其他厂商不同，岛津电子探针改变电子束流的方法是通过改变电磁透镜的聚光能力，从而改变单位面积内束流的数量来实现的，而使用的光阑孔径是固定不变的（图 13-9）。相对于通过改变光阑孔径实现束流的改变的方式，这样设计的好处是，在改变束流的过程中，不需要频繁对中合轴。

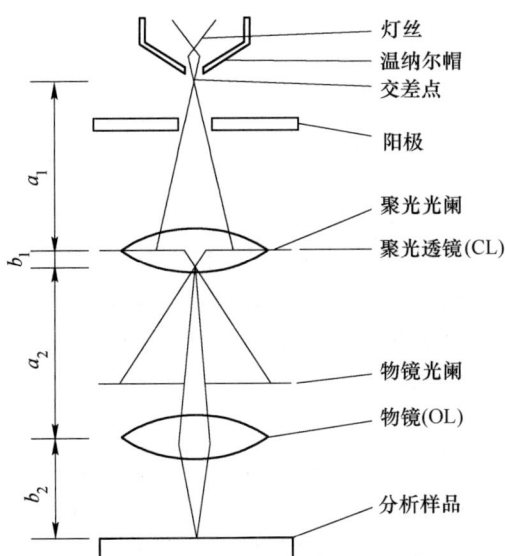

图 13-8　EPMA-1720 电子光学图

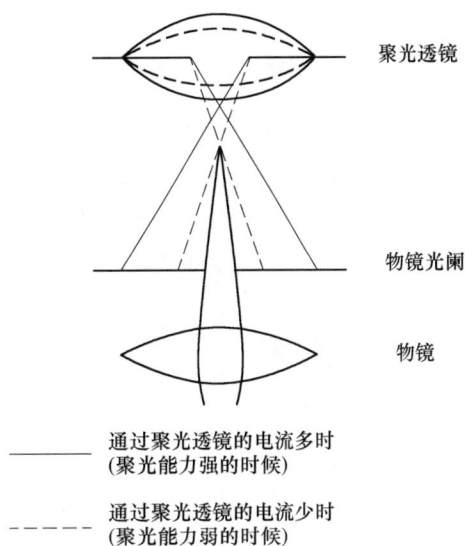

图 13-9　电子探针改变束流的方法

13.3.1.3　消像散线圈

像散是由于电磁透镜的磁场非旋转对称而引起的像差，如极靴内孔的轴线错位、线圈的不对称分布或污染等都会引起透镜的磁场产生椭圆度，使原本是圆形的点被拉长成某个方向的线，可以通过引入一个强度和方位都可以调节的校正磁场来进行补偿，使像散得以消除。在大于 10000× 的情况下进行 x 轴和 y 轴的调整，实际调整过程中需要不断地进行调整，直到获得清晰的图像。岛津电子探针的消像散线圈是八极电磁型。通过清洗电子光路，更换光学部件，可以减小由像散引起的图像畸变（图 13-10）。

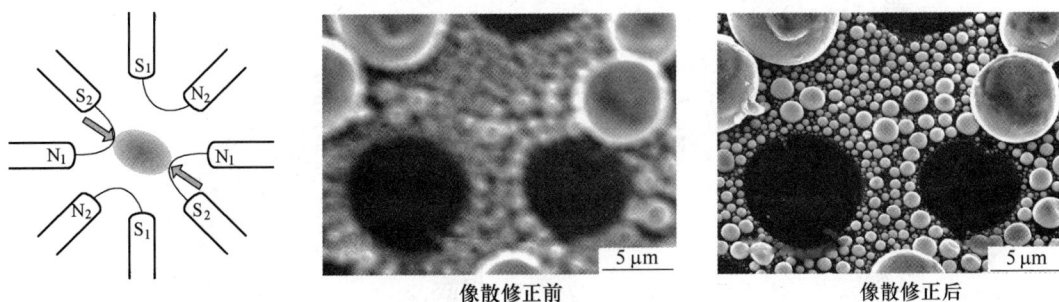

像散修正前

像散修正后

图 13-10　消像散线圈的原理

13.3.1.4　扫描线圈

扫描线圈由双偏转线圈组成，可以使电子束在样品表面做栅极式扫描，同时在显示器上的电子图像区域进行同步采集。显示器上所观察到的图像，与电子束在样品表面扫描的区域相对应。图像的放大倍率为电子图像的尺寸与样品扫描尺寸之比。同时要注意，由于电子图像可以二次缩放，图像中显示的放大倍数可能略有偏差，但标尺经过校正，可以与电子图像同时缩放，所以关注标尺更有意义。

13.3.2　X 射线谱仪

13.3.2.1　波长色散谱仪

X 射线谱仪的性能，直接影响到元素分析的灵敏度和分辨本领，它的作用是测量电子与样品相互作用产生的 X 射线波长和强度。谱仪分为两类：一类是波长色散谱仪（WDS），一类是能量色散谱仪（EDS）。X 射线是一种电磁辐射，具有波粒二象性，因此可以用两种方式对它进行描述。如果把它视为连续的电磁波，那么特征 X 射线就能看作具有固定波长的电磁波，不同元素就对应不同的特征 X 射线波长，如果不同 X 射线入射到晶体上，就会产生衍射，根据布拉格（Bragg）公式：

$$2d\sin\theta = n\lambda$$

可以选用已知面间距 d 的合适晶体进行分光，只要测出不同特征射线所产生的衍射角 θ，就可以求出其波长 λ，再根据莫塞莱定律就可以知道所分析的元素种类，特征 X 射线的强度由波谱仪的探测器（正比计数管）测得。根据以上原理制成的谱仪称为波长色散谱仪（WDS）。

谱仪的分光原理如图 13-11（a）所示，图中以 R 为半径的圆称为罗兰（Rowland）圆，也称聚焦圆（对 X 射线聚焦）。电子束入射到样品表面时，会产生反映样品成分的特征 X 射线，特征 X 射线经晶体分光聚焦后，被 X 射线计数管接收。为了满足布拉格条件，样品分析位置、分光晶体和检测器必须时时处在同一个罗兰圆周上。

现在的电子探针一般采用直进式，即分光晶体沿着直线朝向或背向分析样品移动，这样可以保证探测到的特征 X 射线的检出角的一致性，同时在移动的过程中转动晶体以改变特征 X 射线的入射角，以便覆盖不同的波长；为了满足布拉格定律，检测器也随着做轨迹复杂的运动，如图 13-11（b）所示。

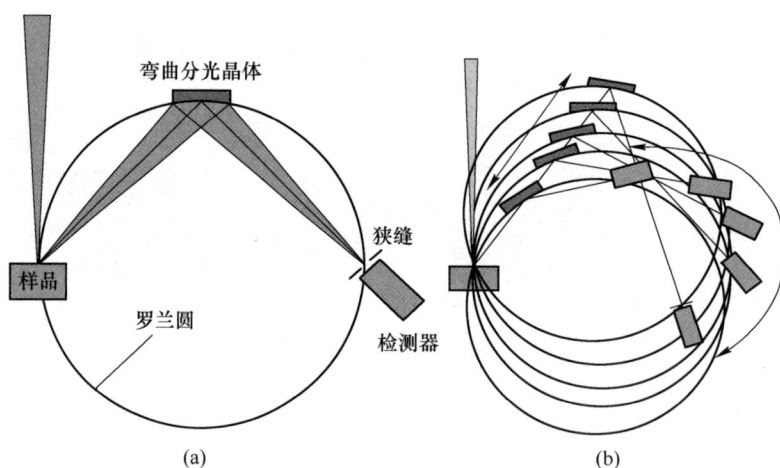

图 13-11　X 射线分光原理
（a）分光晶体分光原理；（b）分光晶体和探测器的运行轨迹

分光晶体分为两类，半聚焦的约翰（Johan）型和全聚焦的约翰逊（Johanson）型

（图 13-12）。全聚焦型的晶体平面以 $2R$ 为曲率半径被弯曲，晶体表面本身也以 R 为曲率半径被磨制，由于这种几何条件，点源产生的全部 X 射线在晶体上有相同的入射角 θ，并且聚焦在探测器的一个点上，因此该种谱仪的总收集效率最高，并且保持良好的波长分辨率。

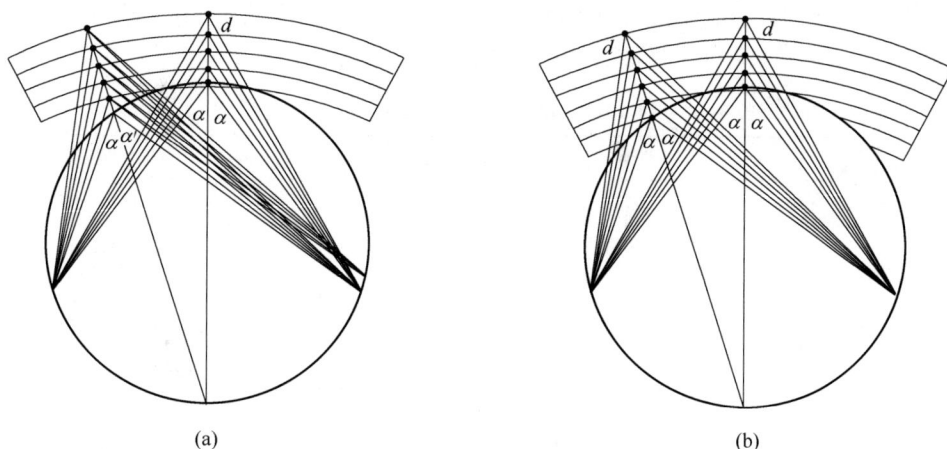

(a)   (b)

图 13-12　全聚焦和半聚焦晶体点光源 X 射线衍射

（a）半聚焦头晶体点光源 X 射线衍射；（b）全聚焦晶体点光源 X 射线衍射

分光晶体不同的晶面间距 d，所能覆盖的检测元素范围也不同，表 13-1 所示为岛津所配备的分光晶体种类信息。

表 13-1　分光晶体的种类

分光晶体		晶面	面间距 $d/\text{Å}$
名称	化学式		
LiF（氟化锂） lithiμm fluoride	LiF	(200)	2.01
PET（季戊四醇） pentaerythritol	$C(CH_2OH)_4$	(002)	4.40
ADP（磷酸二氢铵） ammoniμmu dihydrogen phosphate	$NH_4H_2PO_4$	(110)	5.32
RAP（邻苯二甲酸氢铷） rubidiμm acid phtharate	$C_6H_4(COOH)(COORb)$	(001)	13.05
PbST（硬脂酸铅） lead stearate	$Pb\text{-}(CH_3(CH_2)_{16}COO)_2$		50.10

13.3.2.2　能量色散谱仪

如果把 X 射线看成由一些不连续的光子组成，光子的能量为 $E = h\nu$，式中 h 为普朗克常数；ν 为光子振动频率。不同元素发出的特征 X 射线具有不同频率，即具有不同能量，把不同能量的 X 射线光子分开来，并在输出设备上显示出脉冲数-脉冲高度曲线，纵坐标为脉冲数，与所分析元素含量有关；横坐标为脉冲高度，与元素种类有关，这样就可以测出 X 射线光子的能量和强度，从而得出所分析元素的种类和含量，这种谱仪称为能量色散谱仪（EDS），简称能谱仪。

相对于波谱仪的先分光再采集，能谱仪是先采集全部的特征 X 射线，再分光，以分析元素的种类和含量。

13.3.2.3 能谱仪与波谱仪的比较

对于特征 X 射线波粒二象性的不同理解方式，以及采集和分光处理顺序的不同，波谱仪和能谱仪具有各自不同的特点，两者的主要区别见表 13-2。

表 13-2 能谱仪与波谱仪的比较表

项　目	WDS（波长色散型）	EDS（能量色散型）
分析元素范围	$(_4Be)_5B \sim _{92}U$	$(_4Be)_5B \sim _{92}U$
检测方法	波长色散方式（色散晶体） 正比计数器检测方式	能量色散方式 Si(Li) 半导体检测器
照射样品电流	大（$10^{-6} \sim 10^{-12}$ A）	小（$10^{-9} \sim 10^{-10}$ A）
能量分辨率	高（10 eV 左右）	低（130 eV 左右）
分析检测极限	高（50～100 ppm） 特定元素可以检测 10 ppm	低（1500～2000 ppm） 轻元素为 X% 以上
定量分析精度	高（1% 以下、Be～U）	低（2%～3%、Na～U）
全元素定性分析时间	较快（2 min 左右、根据同时使用 的色散晶体数量而变化）	快（1～2 min）
分析能力	元素的种类与数量化学结合状态	元素的种类与数量

关系到微区定量分析准确性的比较重要的两点区别是分辨率和灵敏度。相对于能谱仪，波谱仪在这两方面具有很大的优势。

有些元素产生的特征 X 射线的能量差异很小，表现在 EDS 谱峰上就是重叠非常严重，有时根本没法区分，当然也就给定量测试结果带来很大的疑问。由于 WDS 比 EDS 的分辨率高了一个数量级，因此这样的情况在 WDS 谱峰中就能够很好地分辨开来。图 13-13 所示为 WDS 和 EDS 测试一些元素时的谱峰对比，可以看出 WDS 结果谱峰分离情况（图 13-13（a））明显优于下一行的 EDS 结果（图 13-13（b））。

图 13-14 所示为铝合金试样的 WDS 和 EDS 测试对比。使用相同的测试条件（加速电压 25 kV，束流 200 nA，测试面积 128×96 μm，测试时间 50 ms/点，一次测试时间约 48 min），测试相同的区域。从图中可以看出，在面分析结果中，由于 EDS 的计数率太低，在查看元素的分布上，EDS 不能很好地显示出元素的分布差异情况，特别是当元素的含量很低的时候，表现得更为明显，如含量较高的 Fe，通过 EDS 的测试结果还能隐约查看元素的分布情况，对于含量很低的 Si，EDS 测试效果就没有意义了。

13.3.3 扫描显示系统

扫描显示系统是将电子束在样品表面和观察图像的荧光屏进行同步光栅扫描，把电子束与样品相互作用产生的二次电子、背散射电子及 X 射线等信号，经过探测器及信号处理系统后，送至显示器显示图像或照相记录图像。以前采集图像一般为模拟图像，现在基本为数字图像，数字图像可以进行图像处理。

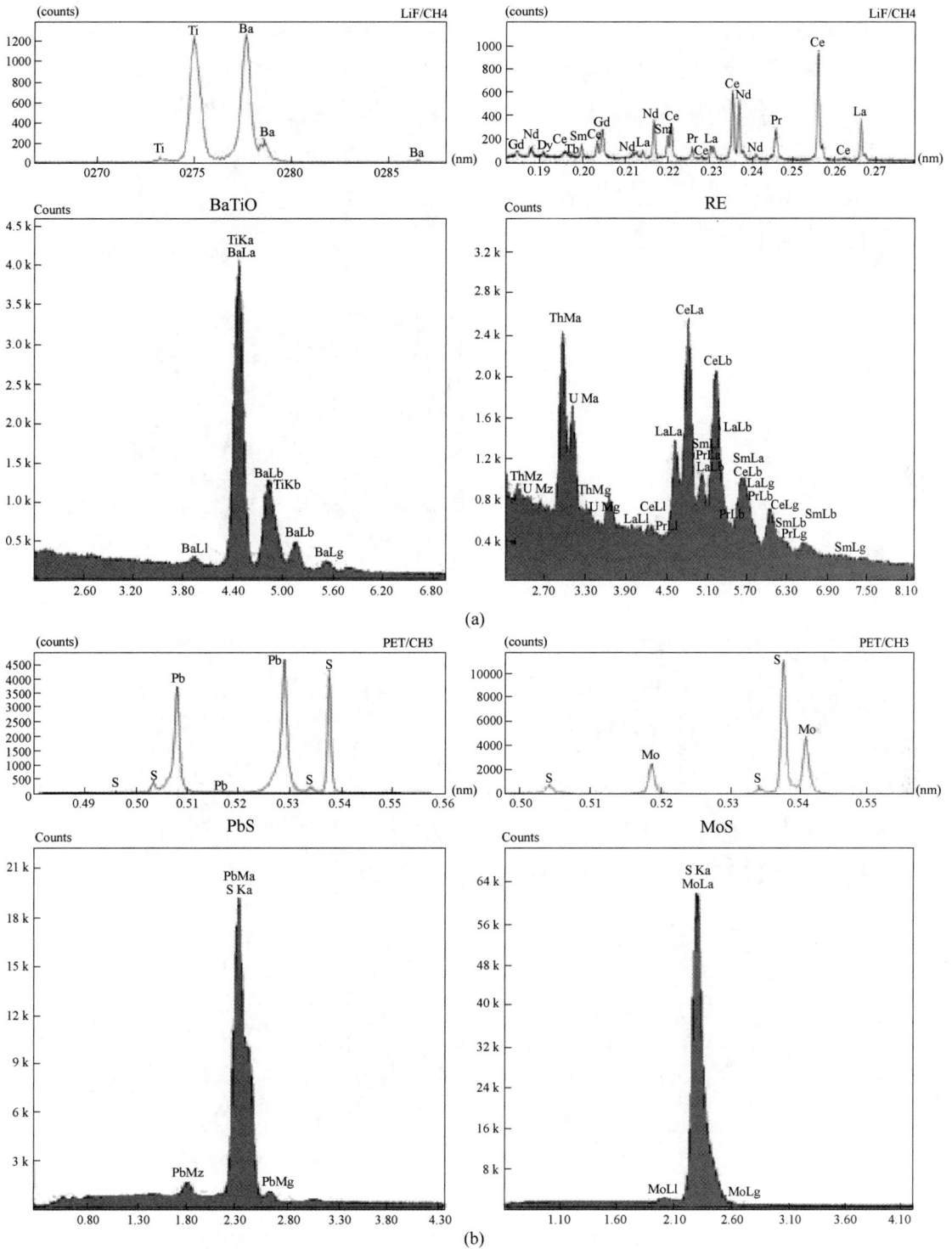

图 13-13 一些元素的 WDS 和 EDS 谱峰比较

（a）WDS 谱峰结果；（b）EDS 谱峰结果

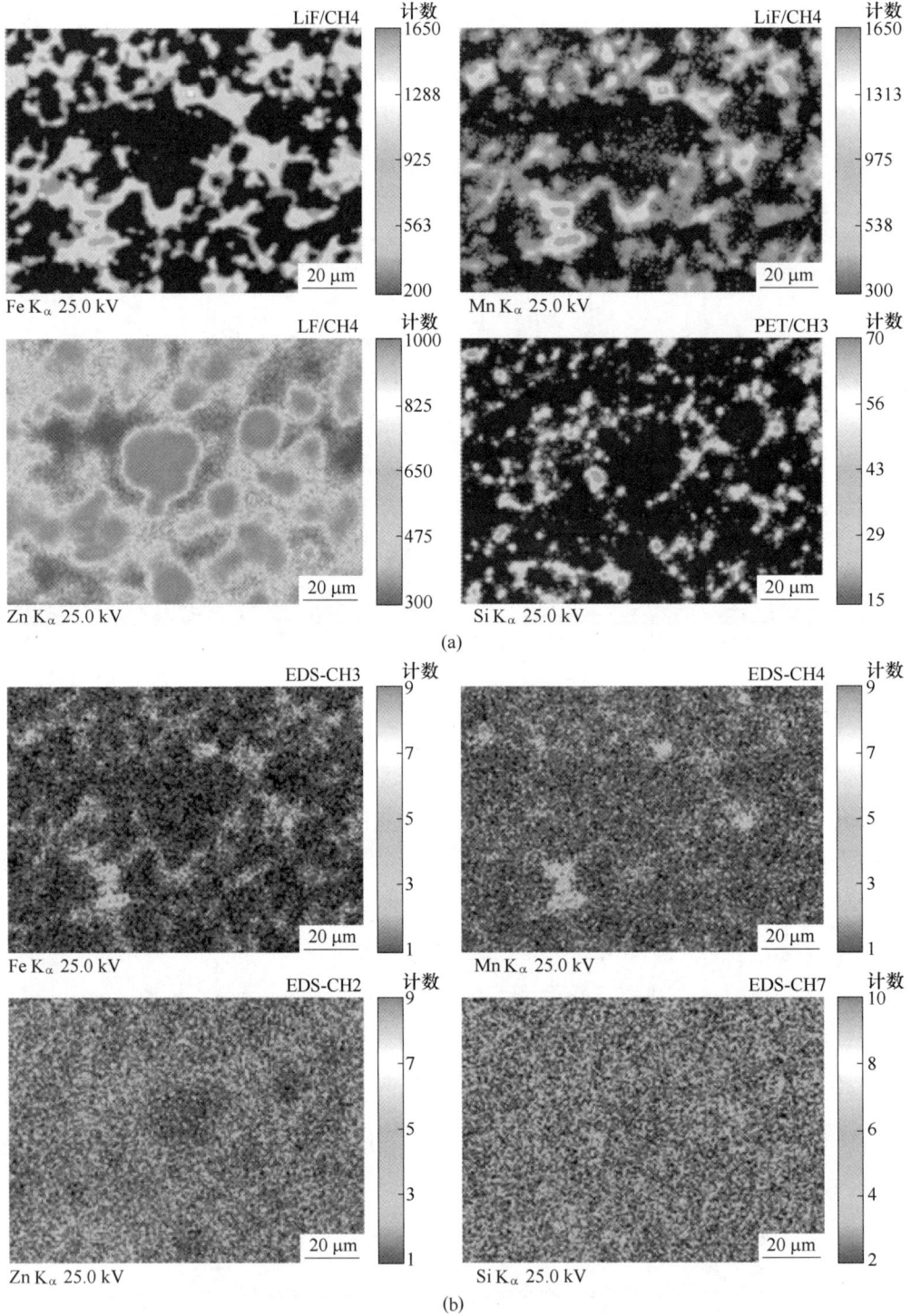

(a)

(b)

图 13-14　WDS 和 EDS 对铝合金中微量元素面分布的测试对比

（a）WDS 测试情况；（b）EDS 测试情况

13.3.4 真空系统

真空系统可保证电子枪和样品室有较高的真空度，高真空度能减少电子的能量损失和提高灯丝寿命，并减少电子光路的污染。通常用机械泵-油扩散泵抽真空（图 13-15）。油扩散泵的残余油蒸气在电子束的轰击下，会分解成碳的沉积物，影响超轻元素的定量分析结果，特别是对碳的分析影响严重。当然，也可以使用涡轮分子泵替代油扩散泵。新推出的场发射型 EPMA-8050G 默认配置主副两套旋转机械泵和两套涡轮分子泵，由于场发射源对高真空度的要求，电子枪室和中间室再各配置一台离子泵。

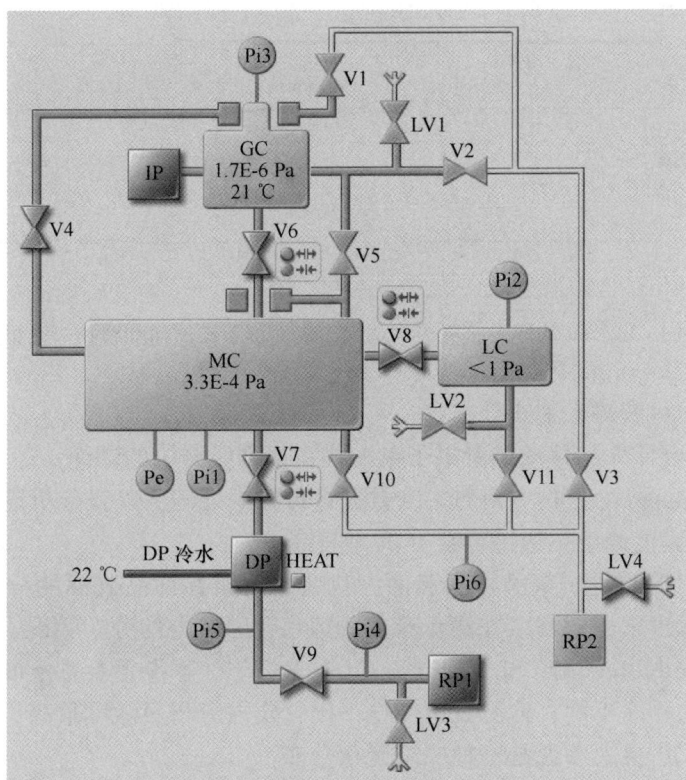

图 13-15　EPMA-1720 真空系统

13.3.5 样品分析方法

（1）点分析。将电子探针固定在样品感兴趣的点上，进行定性或定量分析。该方法可用于显微结构的成分分析，例如对材料晶界、夹杂、析出相、沉淀物等的研究。

（2）线分析。电子束沿一条分析线进行扫描（或样品扫描）时，能获得元素及其含量变化的线分布曲线（图 13-16）。如果和样品形貌像（二次电子像或背散射电子像）对照分析，能直观地获得元素在不同相或区域内的分布及变化趋势。

线分析是测得样品一维方向上元素定量分布的分析方法。将分光器固定到特定元素峰的位置上，通过电子束扫描或者驱动样品台动作，对样品分布进行确认。可以增长每一点的积分时间，对于调查微量浓度扩散十分有效。

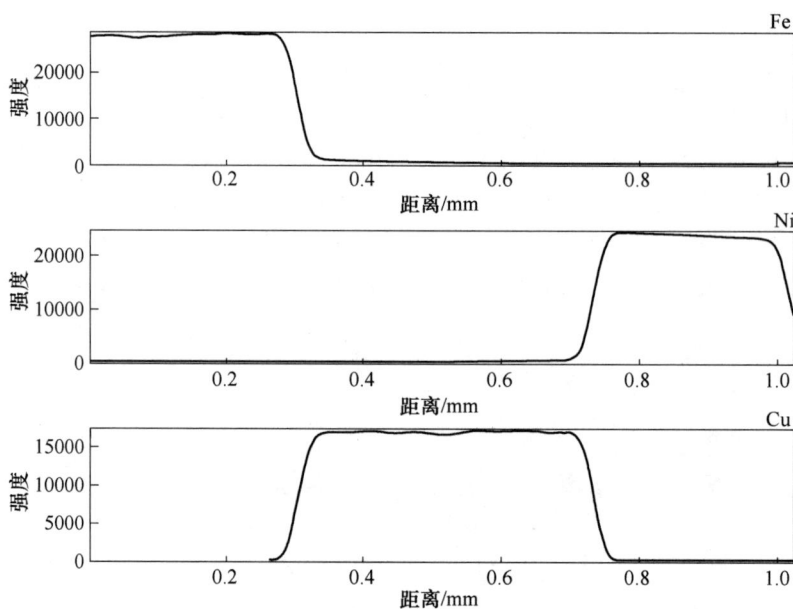

图 13-16　Fe 基体表面覆盖一层钢，表面覆盖镍试样的线扫描结果

通过以下方式可获得元素线分布：

1）驱动样品台使样品移动或者电子束扫描，得到线分析的谱图；

2）对 Color Mapping 法收集到的二维数据进行数据处理，以线分析谱图的形式显示；

3）一边进行高度修正一边进行线分析（跟踪线分析）。

（3）面分析。当将电子束沿样品表面扫描时，元素在样品表面的分布能在屏幕上以不同计数分布显示出来，即可以查看元素在所感兴趣区域内的分布情况，图 13-17 所示为花岗岩中某个区域内 Mg、Al、Si、K、Ca、Mn、Fe 和 Zr 等各元素的分布现象。

上述三种方法用途不同，检测灵敏度也不同，定点分析灵敏度最高，面扫描分析灵敏度最低。面分析，广义上来说是一种二维元素分布。

早前，面分析指的是通过电子束扫描得到的 X 射线像，与 Color Mapping 有所区别。不过就现在来说，面分布、Mapping 和 Color Mapping 一般指代的意义相同。

X 射线像的显示原理是进入 X 射线检测器的 X 射线光量子数与亮度成正比。通过亮度密度的疏密程度可以定性地知道元素以何种形式分布。可以在很短的时间内得到所需的信息。

面分析/Mapping 是用于确认得到样品中元素分布情况的分析方法。将元素分布以可视方式显示出来是非常有视觉冲击力的，是 EPMA 分析功能中十分重要的分析方法之一。其方法是将谱仪放在特定元素峰的位置，若为大区域，则驱动样品台（样品台扫描），若为小区域，则电子束摆动（电子束扫描），确认元素的二维分布。Mapping 分析，具有可以在像中任意位置显示出线分析的结果、将二值化处理（只显示某个强度部分的功能）后的像重叠在背散射电子图像上等功能。

在元素面分布 Mapping 测试后得到的图像中，是使用伪彩色来表示元素的分布状况

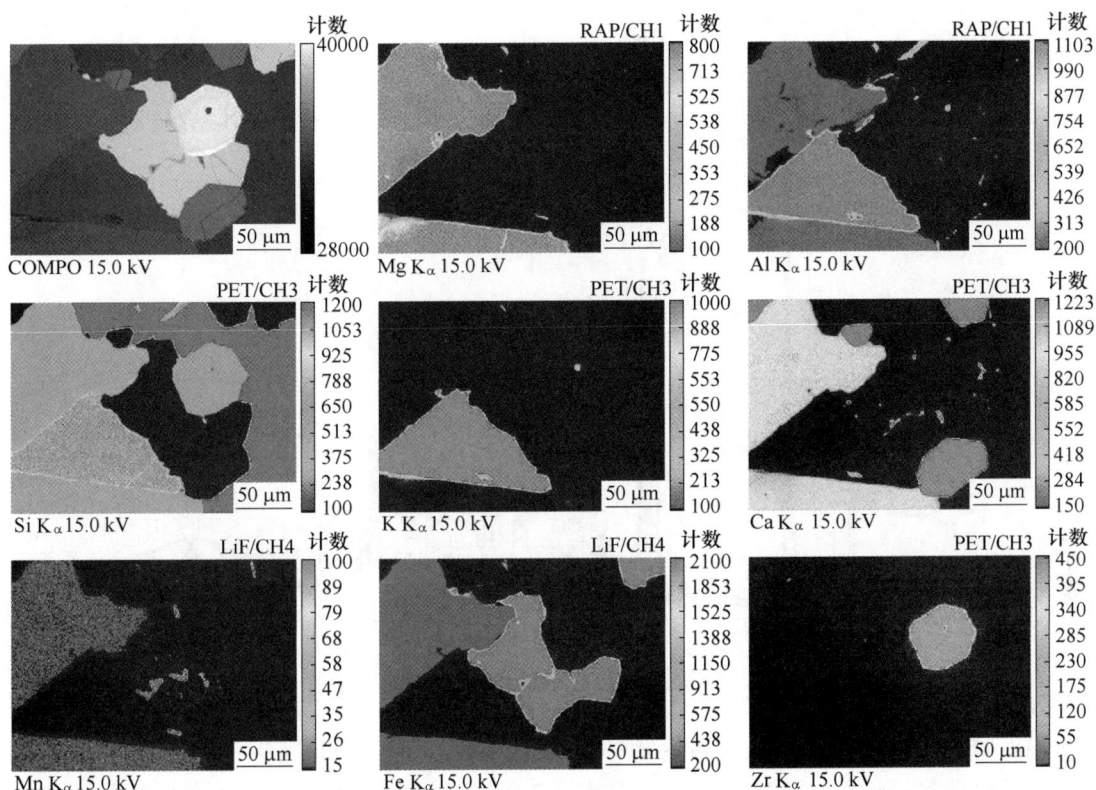

图 13-17　花岗岩中元素的分布情况

的，即不同的彩色表示不同的计数范围，通常为大于某个上限值的计数都表示为红色，低于某个下限值均显示为黑色（当作背景或噪声来处理），在上下限之间的计数按不同颜色分配。通过调整图像对比度显示，可使面分布图更易看、更清晰。

13.3.6　定性和定量分析

13.3.6.1　定性分析

定性分析主要确定所分析样品的元素组成。用波谱分析时，首先在电子探针的光学显微镜或扫描图像上选定分析部位，然后选用不同分光晶体进行测试。定性分析过程及元素鉴别均由计算机程序完成。计算机鉴别有时会出现错误，这主要是由元素的不同线系或高次衍射线互相重叠引起的。要根据其他知识及不同衍射线强度的关系仔细检查。

能谱的定性分析速度快，几十秒就能完成。但由于能谱的分辨率低，谱峰重叠严重，需认真鉴别。虽然现在能谱有重叠峰剥离程序，但还不能完全避免元素峰值干扰的影响。由图 13-18 可见，分辨率高一个数量级的波谱仪的优势是很明显的。

13.3.6.2　定量分析

A　检量线法

检量线法也称工作曲线法，主要用于低含量元素的分析，例如碳钢和低合金钢中碳的定量分析以及工件表面碳氮共渗等。该方法是根据元素在低含量范围内，元素的特征 X

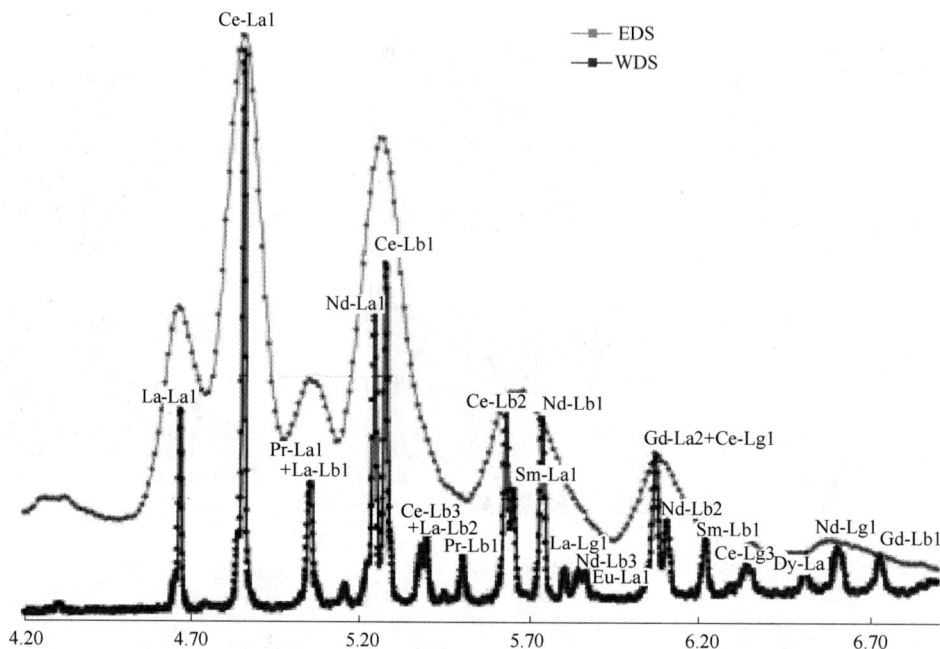

图 13-18　能谱仪和波谱仪分辨率的比较——干扰重叠峰的情况

射线强度与元素含量接近线性关系的规律，选用五种以上的套标（标样基体元素与待测样品元素要非常接近），利用它们的元素特征 X 射线强度与相应标样中元素浓度的关系线，将在相同实验条件下测得的试样中元素的特征 X 射线强度直接换算成质量分数的方法。以碳氮共渗表面不同深度的碳氮元素含量测试为例，首先测量标样中碳和氮的 X 射线强度与含量之间的关系，作出对应的工作曲线，如图 13-19 所示。然后测量样品中碳和氮的 X 射线强度，从而换算成样品中含碳量。

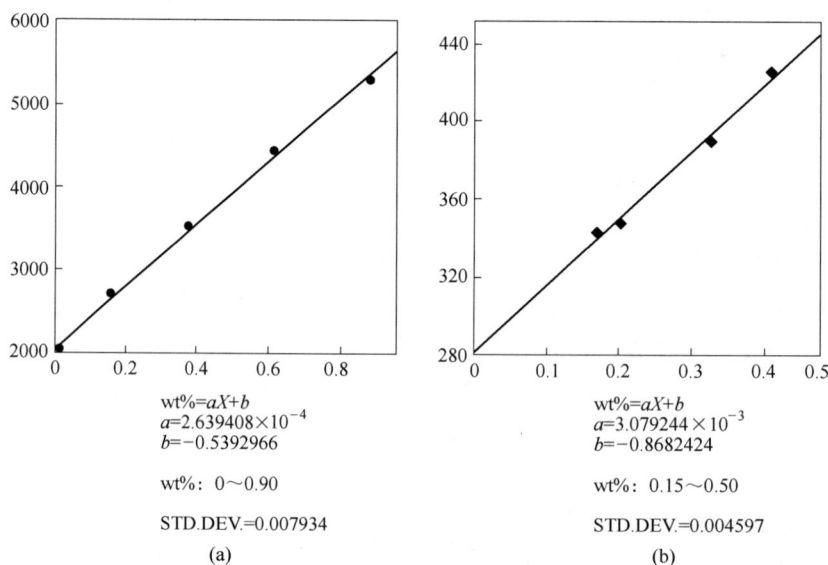

wt%=$aX+b$
a=2.639408×10^{-4}
b=−0.5392966

wt%: 0～0.90

STD.DEV.=0.007934

(a)

wt%=$aX+b$
a=3.079244×10^{-3}
b=−0.8682424

wt%: 0.15～0.50

STD.DEV.=0.004597

(b)

图 13-19　碳和氮的强度-含量曲线
（a）碳（C）；（b）氮（N）

对于低合金钢中碳元素含量的测试，可参看《碳钢和低合金钢中碳的电子探针的定量分析方法》（GB/T 15247—1994）国家标准。

B ZAF 定量修正方法

ZAF 定量修正方法是最常用的一种理论修正法，一般电子探针或能谱都有 ZAF 定量分析程序。

试样中 A 元素特征 X 射线的强度 I_{unk} 与试样中单位体积内的该元素的原子数，即和其含量成比例，所以只要在相同条件下（如加速电压、探针电流等相同），测出试样中该元素的 X 线强度 I_{unk} 与纯物质（标样）的 X 射线强度 I_{std} 之比，$K_A = I_{unk}/I_{std}$。但在一般情况下，K_A 并不等于此元素的含量 C_A。这是由于在激发、传播及探测过程中，存在电子在固体试样中的散射、特征 X 射线的激发和吸收、特征 X 射线的荧光效应等复杂过程以及探测器的效率等问题，这些都会影响到所有检测和分析的 X 射线的强度，使得所检测到的 X 射线的强度并不等于电子所激发的 X 射线强度。这一系列过程都随试样和标样的组成而变化，K_A 与 C_A 不成简单的线性关系。所以，定量分析时必须要考虑这些问题。要从实测的 X 射线强度比 K_A 求得 C_A，必须进行如下三方面的修正：

（1）原子序数效应（Z）的修正。由于试样的平均原子序数和标样的原子序数不同，在相同测试条件下，对入射电子的交互作用也会有所不同，主要包括两个方面，即进入样品中激发 X 射线的电子数（背散射因子 R）和样品对电子进入深度的阻碍能力（阻止本领 S）。对于由原子序数不同造成的影响进行修正，称为原子序数效应的修正。一般说来，平均原子序数大，则进入样品的深度小，而背射电子的数目多。

（2）吸收效应（A）的修正。当从试样内部产生的 X 射线射出表面时，要受到样品本身的吸收，由于标样和试样所组成的元素种类和含量不同，因此对 X 射线的吸收程度也不同，必须加以修正，这项修正称为吸收修正，在定量分析中这是一项主要修正。特别是对于轻元素来说，这是最重要的修正。

（3）荧光效应（F）的修正。连续 X 射线或某种元素的特征 X 射线在出射过程中激发其他元素产生二次 X 射线的现象称为二次荧光，简称荧光。这会导致某些元素的特征 X 射线的检测量的增加，以及激发出这种特征 X 射线的其他元素的特征 X 射线计数量的减少，所以也需要修正。这种修正称为荧光效应的修正。

上述三种修正总称为 ZAF 修正，C_A 和 K_A 的关系为：

$$C_A = K_A \cdot ZAF$$

式中，Z 为原子序数修正因子；A 为吸收修正因子；F 为荧光修正因子。

这种修正方法称为 ZAF 修正法，目前认为这是理论修正的可靠方法，误差为 1%～2%。这种修正方法如果用手工计算，过程令人望而生畏。所幸的是现在的电子探针都有 ZAF 修正计算程序，用计算机程序大大节省了计算时间。

13.3.7 测试条件的选择

电子探针的分析结果首先取决于仪器性能，此外，与实验条件、标准样品、样品制备方法以及定量修正方法等密切相关。对于仪器本身的性能一般是无法改变的，如 X 射线检出角、仪器稳定性、谱仪和探测器的性能等，但分析前必须使仪器处于最佳状态，如束流要稳定、电子束合轴良好、流气式谱仪的 PR 气体要开 1 h 以上等。

各分析条件并不是独立的，必须根据分析的样品情况全盘考虑。下面是几个主要条件的选择方法。

13.3.7.1　加速电压

特征 X 射线产生的强度随着加速电压的增加而增加，与此同时，入射电子束进入样品的深度也随之增加，入射电子与样品的交互作用区域更深。更深的特征 X 射线产生区域，意味着 X 射线在出射时需要经过更长的距离（图 13-20（a）），被基体吸收的风险也就加大了，尤其对于特征 X 射线波长较长、穿透能力较弱的轻元素，被吸收的量的增加更为显著。图 13-20（b）所示为 B、Al 和 Ni 三个元素在不同的加速电压下检测出的 X 射线的变化情况，从图中可以看出，对于轻元素 B，其最佳的加速电压在 10 kV 左右。通常在测试的时候，对于轻元素（$Z<10$），加速电压一般选用 10 kV；对于原子序数在 11~30 的元素，加速电压可选用 15~20 kV；对于原子序数大于 30 的元素，加速电压可选用 20~25 kV。在国标《电子探针定量分析通则》（GB/T 15074—2008）中，按分析物质的种类推荐加速电压：（1）金属及合金：20~25 kV。（2）硫化物：15~20 kV；氧化物矿物：15~20 kV；超轻元素：5~10 kV。

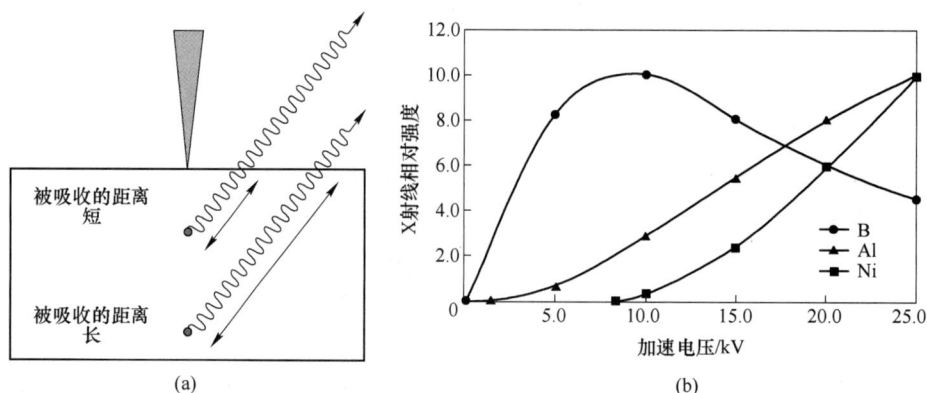

图 13-20　加速电压的影响

（a）加速电压与吸收距离；（b）B、Al 和 Ni 的计数与加速电压的关系

13.3.7.2　特征 X 射线

电子探针的分辨率和灵敏度都比较高，同一种元素在测试过程中可能会检测到很多种类的特征 X 射线，在测试时应选择其中强度最强的线系。如在 15 kV 的加速电压下镍的主峰 L_α 会在 RAP 晶体上检出，K_α 会在 LiF 晶体上检出，但 L 线系不如 K 线系计数强度高。使用一系列不同含量的镍的标样进行测试，发现镍 L_α 的计数与含量的曲线不如 K_α 线更趋近线性，如图 13-21 所示。这意味着选择镍的 L_α 测试时可能会发生意外的偏差。

国标中，推荐选择的方法是：分析元素的原子序数 $Z<32$ 时，通常选用 K 线系；分析元素的原子序数 $32 \leqslant Z \leqslant 72$ 时，通常选用 L 线系；当 $Z>72$ 时，选用 M 线系。有时为了避免样品中各元素之间的干扰（峰重叠），也选用其他线系或高次线。

由于电子探针的分辨率和灵敏度较高，各元素的不同线系和不同衍射级之间的干扰在分析过程中会经常发生，因此必须预判并排除干扰带来的影响。

13.3.7.3　束流与计数时间

电子探针图像观察通常使用的束流为 0.1~10 nA，测试分析过程中所用的束流通常在

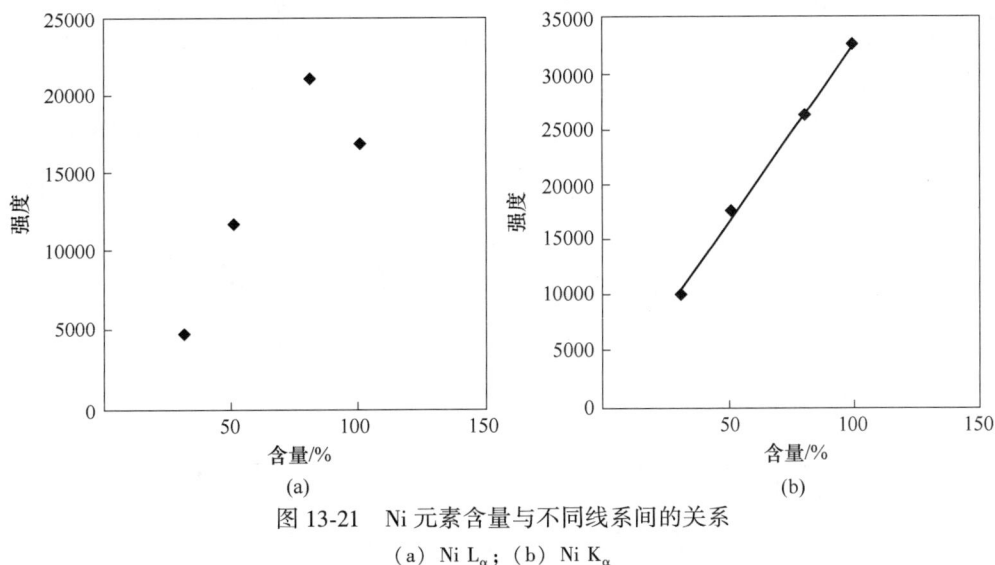

图 13-21   Ni 元素含量与不同线系间的关系

（a）Ni L$_{\alpha}$；（b）Ni K$_{\alpha}$

10~100 nA 范围内。入射电子束流的大小是决定 X 射线强度的重要因素，在元素分析时应尽可能增大束流值，以得到更强的特征 X 射线计数。束流增加时，各信号（二次电子、背散射电子及 X 射线）强度增加，但电子束也变得更不易被压缩，分辨率会变差，如图 13-22 所示，这对于进行微小区域的分析是不利的。另外，随着束流的增加，在有些样品，特别是导电性较差的有机物中，电荷的累积及样品的损伤也会变得更加严重。

图 13-22   不同束流对图像分辨率的影响

特征 X 射线强度除与束流成正比外，与计数时间也是正比关系。在不能增大束流的情况下可以考虑延长计数时间。当然，随着测试时间的延长，样品的损伤也必须考虑到，如在图 13-23 的试样中，在测试玻璃样品时，钠元素的迁移受电子束的影响非常敏感。单纯地增加计数时间在某些类型的测试中会使得总体的测试时间变得漫长，效率低下，因此计数时间和束流应该进行全面的权衡。

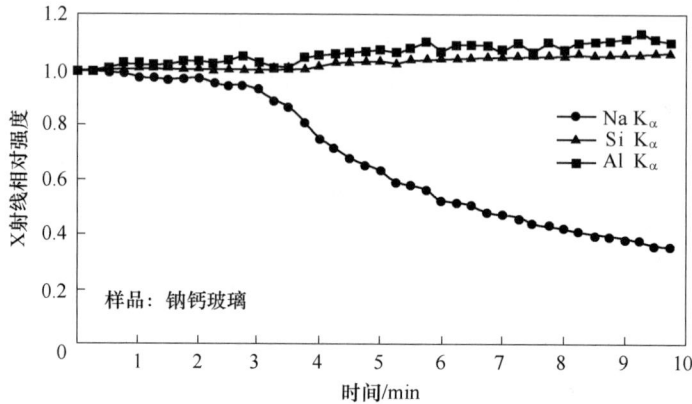

图 13-23　元素计数时间与 X 的线强度间的关系

13.3.7.4　标准样品的选择

标准样品的选择是否合适，是影响分析结果的重要因素之一。标样的化学组成和结构要尽可能与待测样品相近；要尽可能选择与所分析元素之间无谱线重叠的标样；标样要有化学成分定值，均匀性、稳定性需要符合标准要求。

由于微区标样的制作难度较高，而且相对于未知试样种类的丰富性，可用来作为标准样品的却很少，因此只好用纯物质或成分已知的简单化合物来作为标样。即使如此，也不是所有纯元素或化合物都可以作为标样，比如化学性质活泼的碱金属和碱土金属、常温下为气态的氧和氮等都不能作为标样使用。

另外，作为比较的基准，还应排除制样方面的干扰，即保持标样的镶嵌、抛光和喷镀方法与试样一致。

最后，作为比较基准的标准样品的检查和检验的重要性和必要性，在标样的选择时也应注意这一点。

13.4　电子探针显微分析的样品准备

13.4.1　样品的要求

13.4.1.1　样品尺寸

由于电子探针是微区分析，定点分析区域是几个立方微米，均匀样品没有必要做得很大，有代表性即可。如果样品均匀，那么在可能的条件下，样品应尽量小，特别是在分析不导电样品时，小样品能改善导电性和导热性能。

13.4.1.2 具有较好的电导和热导性能

金属材料一般都有较好的导电和导热性能，而硅酸盐材料和其他非金属材料一般导电性和热导性都较差。后者在入射电子的轰击下将产生电荷积累，造成电子束不稳定，图像模糊，并经常放电，使分析和图像观察无法进行。样品导热性差还会造成电子束轰击点的温度显著升高，往往使样品中某些低熔点组分挥发而影响定量分析精度。电子束轰击样品时，只有 0.5% 左右的能量转变成 X 射线，其余能量大部分转换成热能，热能使样品轰击点温度升高，Castaing 用如下公式来表示温升 $\Delta T(\mathrm{K})$：

$$\Delta T = 4.8 \frac{V_0 i}{kd}$$

式中，V_0 为加速电压，kV；i 为探针电流，μA；d 为电子束直径，μm；k 为材料热导率，W/(cm·K)。例如，对于典型金属（$k=1$ 时），当 $V_0=20$ kV，$d=1$ μm，$i=1$ μA 时，$\Delta T=96$ K。对于热导差的典型晶体，$k=0.1$，典型的有机化合物 $k=0.002$。对于热导差的材料，如 $k=0.01$，$V_0=30$ kV，$i=0.1$ μA，$d=1$ μm 时，则 $\Delta T=1440$ K。如果在样品表面镀上 10 nm 的铝膜，则 ΔT 减少到 760 K。因此，对于硅酸盐等非金属材料，必须在其表面均匀喷镀碳膜、铝膜或金膜等来增加样品表面的导电和导热性能。

13.4.1.3 样品表面光滑平整

样品表面必须抛光，因为 X 射线是以一定的角度从样品表面射出的，如果样品表面凸凹不平，就可能使出射 X 射线受到不规则的吸收，降低 X 射线的测量强度。在进行定量测试时，对试样和标样表面的平整度的要求非常重要。

而一般的定性分析，由于电子探针具有一定的取出角设计，因此在有些试样的测试要求中，对略微有些凹凸的表面状态的试样也能进行分析。图 13-24 所示为金属断面的观察和分析结果。

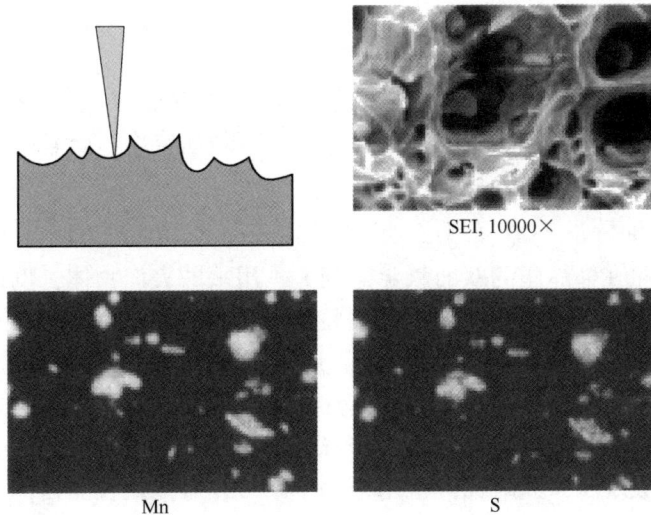

图 13-24　金属断面的形貌和元素分布

对于不同型号的电子探针仪，其 X 射线取出角有时不同，岛津电子探针的 X 射线取出角为 52.5°，其他厂商由于结构受限，取出角为 40°。高取出角可以减小由于样品不平产生台阶而引起的附加吸收距离，同时也缩短了光滑样品出射 X 射线的吸收距离，如图 13-25 所示。

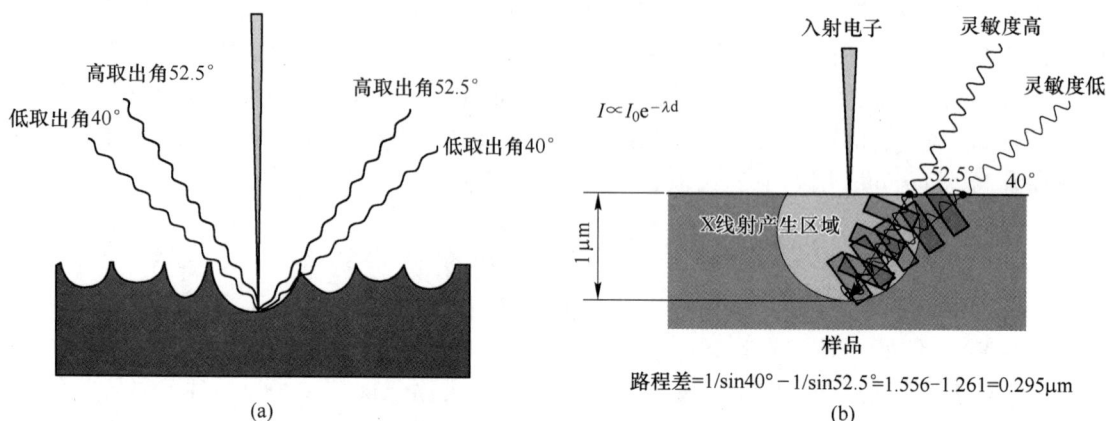

图 13-25　不同检出角对分析结果的影响

（a）高检出角具有更好的视野；（b）高检出角减少吸收距离

显然，大 X 射线取出角缩短了吸收距离，提高了 X 射线强度。由于吸收修正量的减小而提高了定量分析的准确度，大 X 射线取出角还提高了 X 射线的空间分辨率。有时在分析显微组织的成分时，需要对样品表面进行腐蚀，试样腐蚀后，会使表面不光滑（特别是晶界），并且选择性地去掉一部分元素，在分析时会产生一些假象。所以，对于必须腐蚀的试样，要尽量采用浅腐蚀，或者腐蚀后将需要分析的部位附近打上显微硬度压痕，然后轻轻地抛去腐蚀层，留下压痕作为分析标记。抛光样品的制备方法和金相及地质光学显微镜样品的制备方法基本相同。

13.4.2　样品制备方法

电子探针定量分析结果的准确性与样品制备技术密切相关，要根据样品的不同特点，制备满足定量分析要求的样品。下面主要讨论无机材料研究中，经常分析的几种样品类型的制备方法。

13.4.2.1　粉体样品

粉体可以直接撒在样品座的双面碳导电胶上，用平的表面物体，例如玻璃板压紧，然后用压缩空气吹去黏结不牢固的颗粒。当颗粒比较大时，例如大于 5 μm，可以寻找表面尽量平的大颗粒进行分析。也可以将粗颗粒粉体用环氧树脂等镶嵌材料混合后，进行粗磨、细磨及抛光方法制备。对于小于 1 μm 小颗粒，严格来讲它是不符合定量分析的条件的，但在实际工作中有时可以得到较好的分析结果。要得到较好的定量分析结果，最好将粉体用压片机压制成块状，此时标样也用粉体压制。在对细颗粒的粉体进行分析时，特别是进行形貌观察时，将粉体用酒精或水在超声波机内分散，再用滴管把均匀混合的粉体滴在样品座上，待液体烘干或自然干燥后，粉体靠表面吸附力即可黏附在样品座上。

13.4.2.2　块状样品

块状样品可以用环氧树脂等镶嵌后，进行研磨和抛光。较大的块状样品也可以直接研磨和抛光；对于尺寸小的样品，则只能镶嵌后加工。对于多孔或较疏松的样品，例如有些烧结材料、腐蚀产物等，需采用真空镶嵌方法。这可以避免在研磨和抛光过程中脱落，同时可以避免抛光物进入样品孔内引起污染。样品研磨、抛光时，要根据样品材料选用不同粒径、不同材料的抛光剂（抛光膏、抛光粉），例如 Al_2O_3、SiC、Cr_2O_3、金刚石研磨膏等。抛光剂的粒径从几微米到零点几微米，抛光以后必须把抛光剂等污染物用超声波清洗机清洗干净。对于易氧化或在空气中不稳定的样品，制备后应立即分析。待分析样品应防止油污（或其他碳氢化合物）和锈蚀对样品的污染。

对于不导电的样品，最好在样品加工完毕后，立即镀金或者碳等导电膜，镀膜后应马上分析，避免表面污染和导电膜脱落。一般在进行形貌观察时，镀金导电膜的导电性好，二次电子发射率高，可以拍摄出质量好的图像。如果进行成分定性、定量分析，则必须蒸镀碳导电膜。碳为超轻元素，对所分析元素的 X 射线吸收小，对定量分析的结果影响小。镀金可以用真空镀膜仪或离子溅射仪，蒸镀碳只能用真空镀膜仪。镀膜要均匀，厚度控制在 15~20 nm。真空镀膜仪在蒸镀过程中会产生 1000~2000 ℃的高温，而样品距蒸发源约为 15 mm，对熔点低的有机物样品、生物样品及镶嵌材料等都会产生影响。必须控制蒸镀时间，长时间镀膜不但会温升影响样品，而且镀膜厚度增加会影响定量分析结果。如果金膜太厚，则金粒子会聚集成岛状结构，在高倍图像观察时产生假象，同时也会覆盖样品的微细结构。镀膜厚度会对结果的分析造成一定的影响，所以膜厚的控制至关重要，图 13-26 所示为在玻璃试样上喷镀不同厚度的碳膜和金膜时的颜色变化情况。

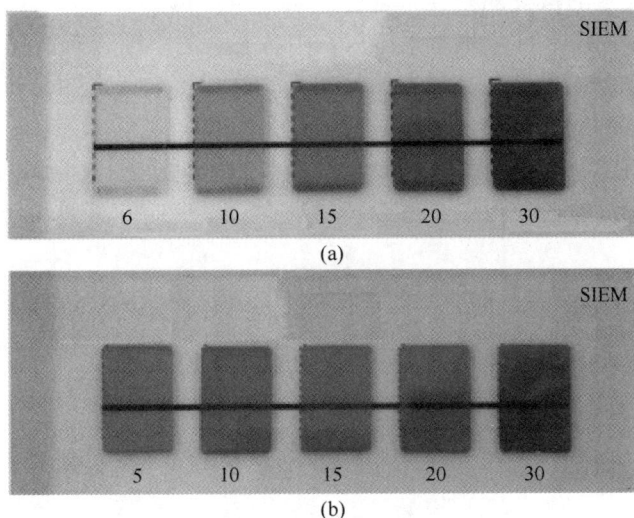

图 13-26 玻璃试样上不同厚度的碳膜和金膜（单位：nm）
（a）碳膜；（b）金膜

对于特殊样品，例如生物样品、软样品、含水矿物样品、测定表面镀层厚度和元素扩散深度样品等，要用特殊的制样方法。矿物岩石样品的制备方法已有国家标准《矿物岩石的电子探针分析试样的制备方法》（GB/T 17366—1998）。标准规定了光片、光薄片、颗粒等样品的制备方法。

13.4.2.3 标样的质量要求和确认

电子探针定量分析是一种物理方法，分析过程中需有标准样品进行对比，然后进行定量修正计算。即使无标样，定量分析也是以标样为基础，建立所有标样的数据库，分析时不用每次测量标样数据，但要定期用标准样品校准。标准样品的制备与块状分析样品的制备方法基本相同，但要按照《电子探针分析标准样品通用技术条件》（GB/T 4930—1993）的要求进行制备。标样要求微米量级范围内成分均匀、有准确的成分定值、物理和化学性能稳定、在真空中电子束轰击下稳定、颗粒直径不小于 0.2 mm。要根据《电子探针分析标准样品通用技术条件》（GB/T 4930—1993）测定均匀性和稳定性，要满足均匀性判别指数（HI）和稳定性判别指数（SI）的要求。

13.5 电子探针显微分析应用

13.5.1 电子探针微区分析

电子探针微区分析是一种高精度、高分辨率的微区分析技术，它能够定量地分析固体材料中的微量元素和化学计量比，同时还可以测量样品中的晶体结构、晶体缺陷、表面形貌等多个物理性质。

元素含量：EPMA 技术可以定量测量固体材料中微量元素的含量，通常可以达到 ppm 级别（百万分之一）。它可以测量固体材料中所有元素的含量，包括金属元素、非金属元素、稀土元素等。由于不同元素的电子结构不同，因此不同元素的激发能也不同，EPMA 技术可以利用不同元素的激发能差异来进行元素定量分析。

元素分布：EPMA 技术可以测量固体材料中各元素的空间分布情况，包括元素在样品内部的分布、元素在晶粒界面和晶界上的分布等。通过测量元素的分布情况，可以了解固体材料中元素的迁移和分配规律。

化学计量比：EPMA 技术可以测量固体材料中的化学计量比，即不同元素之间的比例关系。通过测量化学计量比，可以了解固体材料中化学反应的类型和程度，从而帮助分析材料的性质和特性。

晶体结构：EPMA 技术可以通过测量样品中的晶体衍射图案，来确定样品的晶体结构。这项技术可以用于分析晶体中的缺陷和晶格畸变等问题，从而帮助理解材料的物理性质。

晶体缺陷：EPMA 技术可以通过测量样品中的晶体衍射图案，来分析晶体中的缺陷类型和分布情况，包括位错、薄片、晶界等。通过分析晶体缺陷，可以了解材料的物理性质和机械性能等问题。

表面形貌：EPMA 技术可以通过测量样品表面的形貌和纹理来分析样品的表面结构和表面性质。该项技术在材料科学、环境科学和生命科学等领域都有广泛的应用。

13.5.2 EPMA 的实际应用

在实际应用中，EPMA 技术可以与其他技术相结合，如 SEM 扫描电镜、TEM 透射电镜、X 射线衍射、X 射线荧光光谱（XRF）等，来对材料进行全面分析。

（1）测定合金中的相成分。合金中的析出相往往很小，有时几种相同时存在，因而用一般方法鉴别十分困难。例如不锈钢在 1173 K 以上长期加热后会析出很脆的 σ 相和 X

相，其外形相似，金相法难以区别。但通过用电子探针测定 Cr 和 Mo 的成分，可以从 Cr/Mo 的比值来区分 σ 相（Cr/Mo 为 2.63~4.34）和 X 相（Cr/Mo 为 1.66~2.15）。

（2）测定夹杂物。大多数非金属夹杂物都会对性能起到不良的影响。用电子探针和扫描电镜附件能很好地测出它们的成分、大小、形状和分布，为选择合理的生产工艺提供了依据。

（3）测定元素的偏析。晶界与晶内，树枝晶中的枝干和枝间，母材与焊缝常造成元素的富集或贫乏现象，这种偏析有时会对材料的性能带来极大的危害，用电子探针通常很容易分析出各种元素偏析的情况。

（4）测定元素在氧化层中的分布。表面氧化是金属材料经常发生的现象。利用二次电子像和特征 X 射线扫描像，可把组织形貌和各种元素分布有机地结合起来进行分析，也可用线分析方法，清楚地显示出元素从氧化层表面至内部基体的分布情况。如果把电子探针成分分析和 X 射线衍射像分析结合起来，这样就能把氧化层中各种相的形貌和结构对应起来。而用透射电镜难于进行这方面的研究，因为氧化层场疏松，难以制成金属薄膜。用类似的方法还可测定元素在金属渗层中的分布，为工艺的选择和渗层组织的分析提供有益的信息。

13.5.3 电子探针仪器的分析特点

（1）微区性、微量性：在几个立方微米范围内能将微区化学成分与显微结构对应起来。而一般化学分析、X 射线荧光分析及光谱分析等，只能分析样品较大范围内的平均化学组成，无法与显微结构相对应，不能对材料显微结构与材料性能关系进行研究。

（2）方便快捷：制样简单，分析速度快。

（3）分析方式多样化：可以连续自动进行多种方法分析，如进行样品 X 射线的点、线、面分析等。自动进行数据处理和数据分析。

（4）应用范围广：可用于各种固态物质、材料等。

（5）元素分析范围广：一般从铍（^{4}Be）~铀（^{92}U）。因为氢和氦原子只有 K 层电子，不能产生特征 X 射线，所以无法进行电子探针成分分析。锂虽然能产生 X 射线，但产生的特征 X 射线波长太长，通常无法进行检测。电子探针用大面间距的皂化膜作为衍射晶体，已经可以检测铍元素。

（6）不损坏样品：样品分析后，可以完好保存或继续进行其他方面的分析测试，这对于文物、古陶瓷、古硬币及犯罪证据等稀有样品的分析尤为重要。

（7）定量分析灵敏度高：相对灵敏度一般为 0.01%~0.05%，检测绝对灵敏度为 10~14 g，定量分析的相对误差为 1%~3%。

（8）一边观察一边分析：对于显微镜下观察的现象，均可进行分析。

电子探针应用领域：广泛应用于材料科学、矿物学、冶金学、犯罪学、生物化学、物理学、电子学和考古学等领域。

EPMA 发展趋势：向更自动化、操作更方便、更微区、更微量、功能更多的方向发展。彩色图像处理和图像分析功能会更完善，定量分析结果的准确度会提高，特别是对超轻元素（$Z<10$）的定量分析方法将会逐步完善。

13.5.4　EPMA 分析举例

量化 Fe-Mn-Si-C 合金中保留 γ 的化学成分分析：Fe-1.5Mn-1.5Si-0.25C（wt%）合金表现出复杂的相结构。图 13-27 所示为钢的典型微观结构，二次电子（SE）图像图 13-27（a）显示了复杂的微观结构；波段对比图 13-27（b）显示了缺陷偏少的 α-铁素体（明亮对比）和缺陷富集 α′-马氏体或 α_b-贝氏体（深色对比）。在图 13-27（c）相图中也检测到保留的 γ。由于合金在 800 ℃下经历了临界间退火，a 晶粒中的 $\alpha′/\alpha_b$ 的各种取向源自于 γ 向 $\alpha′/\alpha_b$ 的转变（图 13-27（d））。进一步进行分析以揭示 γ 的微观组织。图 13-27（a）、（b）显示了高倍放大倍后下保留 γ 的形貌。保留的 γ 在 SE 和带对比度图像中显示出突出、干净和细长的形态（图 13-27（a）~（c））。

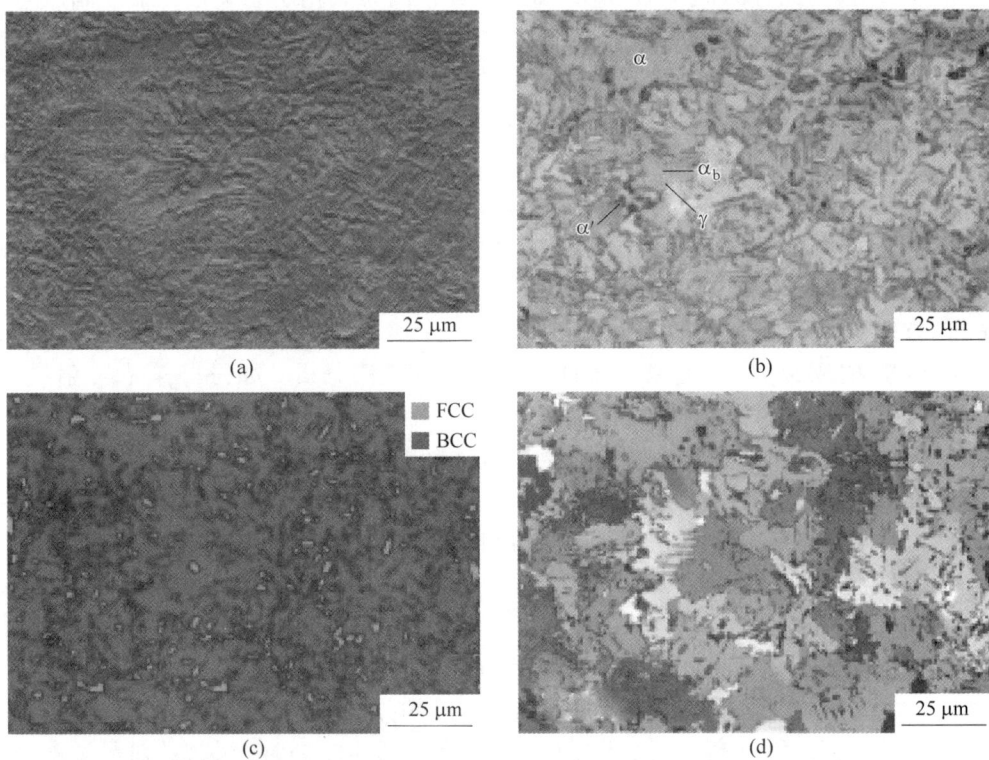

图 13-27　Fe-1.5Mn-1.5Si-0.25C 合金微观图像

（a）二次电子像；（b）波段对比图；（c）相图；（d）逆极点函数图

通过 EPMA 分析以测量保留 γ 的化学成分。图 13-28（a）和（b）分别显示了背散射电子和 SE 图像。相应的 EPMA 图如 13-29 所示。选择两个保留的 γ，使用校准曲线将强度转换为绝对组成。有趣的是，γ 薄膜（位点 2）的碳含量（1.39 wt%）高于块状 γ（1.29 wt%）。

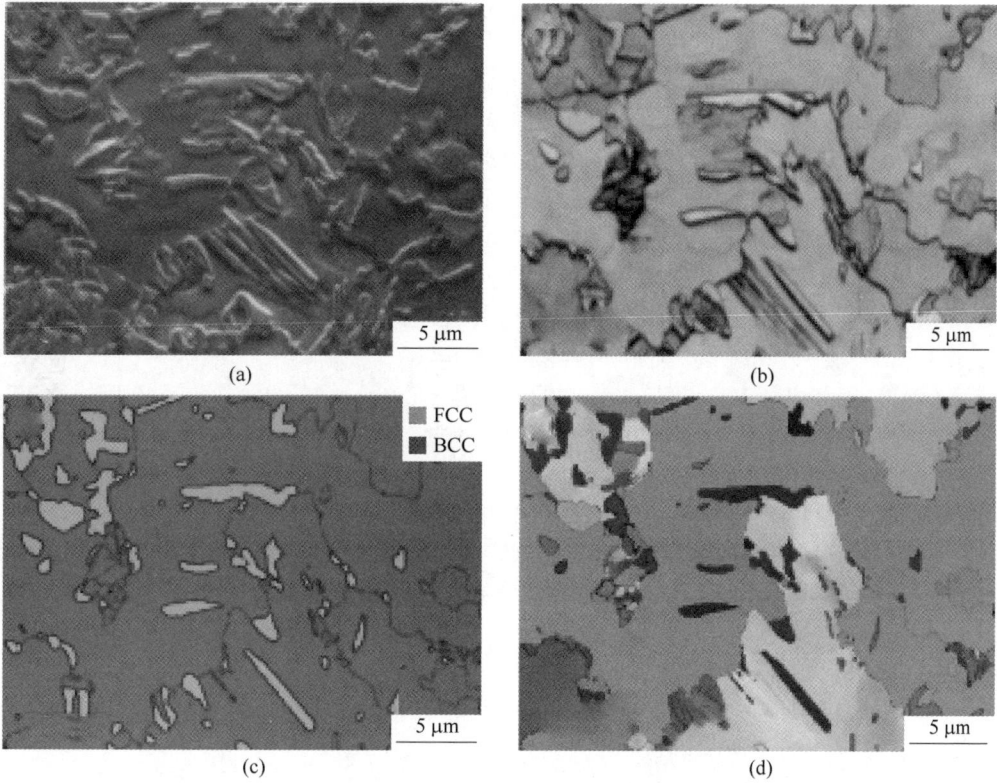

图 13-28　高放大倍数下残留 γ(FCC) 的形貌

（a）二次电子像；（b）波段对比图；（c）相图；（d）逆极点函数图

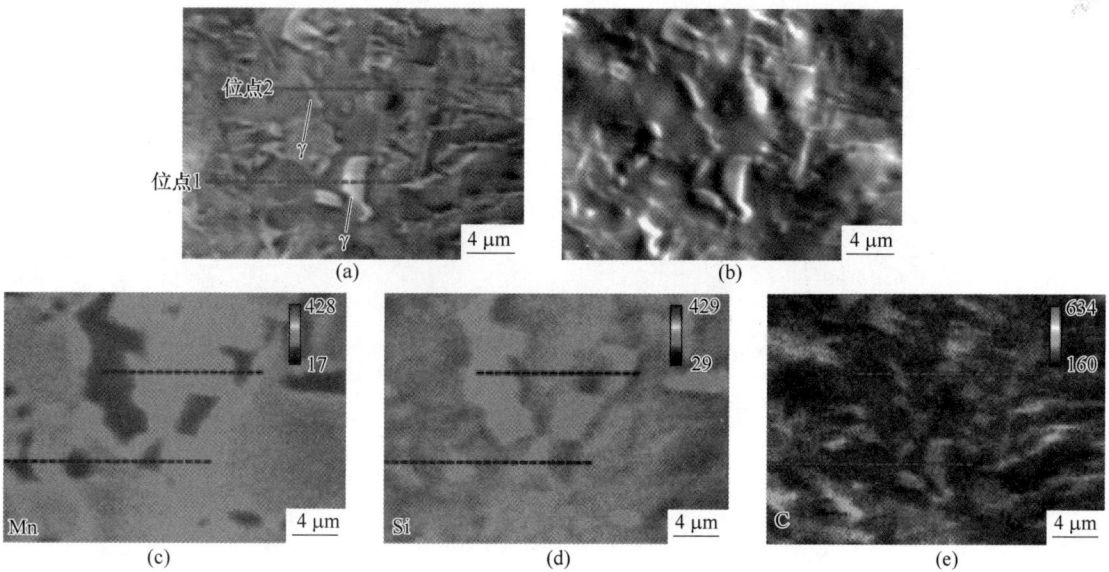

图 13-29　保留的 γ 相 EPMA 分析

（测试条件：20 kV，3×10^{-7} A，15 ms）

（a）背散射电子像；（b）二次电子像；（c）Mn K_α EPMA 图；（d）Si K_α EPMA 图；（e）C K_α EPMA 图

参 考 文 献

［1］李香庭. 电子探针和扫描电镜显微分析 ［M］. 上海：上海科学技术出版社，2008.

［2］里德，电子探针显微分析 ［M］. 上海：上海科学技术出版社，1980 .

［3］内山郁 . 电子探针 X 射线显微分析仪 ［M］. 北京：国防工业出版社，1982.

［4］戈尔茨坦 . 扫描电子显微技术与 X 射线显微分析 ［M］. 北京：科学出版社，1988.

［5］徐萃章，电子探针分析原理 ［M］. 北京：科学出版社，1990.

［6］UK H Y, GON J C, HYUN K S, et al. EPMA quantification on the chemical composition of retained austenite in a Fe-Mn-Si-C-based multi-phase steel ［J］. Applied Microscopy, 2022, 52 （1）: 14.

习　题

参考答案

13-1　为什么说电子探针是一种微区分析仪？

13-2　要分析钢中碳化物成分和基体中碳含量，应选用什么仪器，为什么？

13-3　若要在观察断口形貌的同时，分析断口上粒状夹杂物的化学成分，则应选用什么仪器，怎样操作？

13-4　举例说明电子探针的三种工作方式在显微成分分析中的应用。

14 X射线光电子能谱分析

本章内容导读：
- ·X射线光电子能谱分析发展概述和原理
- ·X射线光电子能谱分析仪结构、实验流程介绍
- ·X射线光电子能谱分析制样方法
- ·X射线光电子能谱分析分析设备操作与维护简介
- ·X射线光电子能谱分析在材料分析中的应用实例

14.1 概　　述

1981 年，西格班（Kai M. Siegbahn）因发明了高分辨率电子能谱仪并将其用作化学元素的定量分析，与布洛姆伯根（Nicolaas Bloembergen）和肖洛（Arthur L. Schawlow）共同分享了该年度诺贝尔物理学奖。此后，X 射线光电子能谱（X-ray photoelectron spectroscopy，XPS）在金属、合金、半导体、无机物、有机物、各种薄膜等许多固体材料的研究中都发挥了很大的作用。尤其是德国 Fritz-Haber 研究所 Gerhard Ertl 教授巧妙地利用 X 射线光电子能谱和其他表面分析技术（紫外光电子能谱（ultraviolet photoemission spectroscopy，UPS）、俄歇电子能谱（auger electron spectroscopy，AES）、红外光谱（infrared spectrography，IR）、高分辨电子能量损失谱（high resolusion electron energy loss spectroscopy，HREELS）、低能电子衍射仪（low energy electron diffraction，LEED）、光发射电子显微镜（photo emission electron microscopy，PEEM）、扫描隧道显微镜（scanning tunneling microscopy，STM）等）详细地研究了气-固界面处发生的基本分子过程。

早在 1912 年，I. Sabatier 就发现了存在精细金属时有机化合物氢化的方法，使得有机化学在 近些年得以快速发展，因此得到了当年的诺贝尔奖。后来认识到此方法中关键因素是氢分子在金属表面上离解成氢原子去加氢有机化合物，但一直没有实验证据。G. Ertl 定量描述了氢暴露到一些金属表面上，发生解离生成氢原子并吸附到金属表面某些特定的位置上，从而形成活性物种去参加反应。

X 射线光电子能谱是在 20 世纪 60 年代由瑞典科学家 Kai Siegbahn 教授发展起来的。由于在光电子能谱的理论和技术上的重大贡献，1981 年，Kai Siegbahn 获得了诺贝尔物理奖。四十多年以来，X 射线光电子能谱无论在理论上还是在实验技术上都已获得了长足的发展。XPS 已从刚开始主要用来对化学元素的定性分析，发展为表面元素定性分析、半定量分析及元素化学价态分析的重要手段。XPS 的研究领域也不再局限于传统的化学分析，而扩展到现代迅猛发展的材料学科。目前该分析方法在日常表面分析工作中的份额约占 50%，是一种最主要的表面分析工具。

14.2　X 射线电子能谱分析的原理

　　XPS 是以 X 射线为激发光源的光电子能谱，是一种对固体表面进行定性分析、定量分析和结构鉴定的实用性很强的表面分析方法。其基本原理是用单色射线照射样品，使样品中原子或分子的电子受激发射，然后测量这些电子的能量分布。通过与已知元素的原子或离子的不同壳层的电子的能量相比较，就可确定未知样品表层中原子或离子的组成和状态。根据爱因斯坦光电发射定律有：$E_k = h\nu - E_B$。式中，E_k 为出射的光电子动能；$h\nu$ 为 X 射线源光子的能量；E_B 为特定原子轨道上的结合能（不同原子轨道具有不同的结合能）。从式中可以看出，对于特定的单色激发源和特定的原子轨道，其光电子能量是特征的。当激发源能量固定时，其光电子的能量仅与元素的种类和所电离激发的原子轨道有关。因此，可以根据光电子的结合能分析物质的元素种类。原子因所处化学环境不同，其内壳层电子结合能会发生变化，这种变化在谱图上表现为谱峰的位移，可以定性地分析元素的化学态与分子结构。

　　X 射线光电子能谱基于光电离作用，当一束光子辐照到样品表面时，光子可以被样品中某一元素的原子轨道上的电子所吸收，使得该电子脱离原子核的束缚，以一定的动能从原子内部发射出来，变成自由的光电子，而原子本身则变成一个激发态的离子。在光电离过程中，固体物质的结合能可以用下面的方程表示：

$$E_k = h\nu - E_B - \Phi_s \tag{14-1}$$

式中，E_k 为出射的光电子的动能，eV；$h\nu$ 为 X 射线源光子的能量，eV；E_B 为特定原子轨道上的结合能，eV；Φ_s 为谱仪的功函，eV。

　　谱仪的功函主要由谱仪材料和状态决定，对于同一台谱仪基本是一个常数，与样品无关，其平均值为 3~4 eV。

　　在 XPS 分析中，由于采用的 X 射线激发源的能量较高，不仅可以激发出原子价轨道中的价电子，还可以激发出芯能级上的内层轨道电子，其出射光电子的能量仅与入射光子的能量及原子轨道结合能有关。

　　在普通的 XPS 谱仪中，一般采用的 Mg K_α 和 Al K_α X 射线作为激发源，光子的能量足够促使除氢、氦以外的所有元素发生光电离作用，产生特征光电子。由此可见，XPS 技术是一种可以对所有元素进行一次全分析的方法，这对于未知物的定性分析是非常有效的。

　　经 X 射线辐照后，从样品表面出射的光电子的强度与样品中该原子的浓度成线性关系，可以利用它进行元素的半定量分析。鉴于光电子的强度不仅与原子的浓度有关，还与光电子的平均自由程、样品的表面光洁度、元素所处的化学状态、X 射线源强度以及仪器的状态有关。因此，XPS 技术一般不能给出所分析元素的绝对含量，仅能提供各元素的相对含量。由于元素的灵敏度因子不仅与元素种类有关，还与元素在物质中的存在状态，仪器的状态有一定的关系，因此不经校准测得的相对含量也会存在很大的误差。还须指出的是，XPS 是一种表面灵敏的分析方法，具有很高的表面检测灵敏度，可以达到 10^{-3} 原子单层，但对于体相检测灵敏度，则仅为 0.1% 左右，然而即便是在体成分含量低于这个百分比的情况下（如 ppb 量级），只要该元素在距所检测的试样表面 2~3 nm 深度内富集

（偏析）而达到 0.1 at%，XPS 仍然能够检测到该元素的存在并给出其所处的化学状态。XPS 是一种表面灵敏的分析技术，其表面采样深度为 2.0~5.0 nm，它提供的仅是表面上的元素含量，与体相成分会有很大的差别。而它的采样深度与材料性质、光电子的能量有关，也同样品表面和分析器的角度有关。

虽然出射的光电子的结合能主要由元素的种类和激发轨道所决定，但由于原子外层电子的屏蔽效应，芯能级轨道上的电子的结合能在不同的化学环境中是不一样的，有一些微小的差异。这种结合能上的微小差异就是元素的化学位移，它取决于元素在样品中所处的化学环境。一般来说，当元素获得额外电子时，化学价态为负，该元素的结合能降低。反之，当该元素失去电子时，化学价为正，XPS 的结合能增加。利用这种化学位移可以分析元素在该物种中的化学价态和存在形式。元素的化学价态分析是 XPS 分析的最重要的应用之一。

14.3　X 射线光电子能谱分析的设备及操作

XPS 方法的原理虽然比较简单，但其仪器结构却非常复杂。图 14-1 所示为 X 射线光电子能谱的方框图。从图中可见，X 射线光电子能谱仪由进样室、超高真空系统，X 射线激发源、离子源、能量分析系统及计算机数据采集和处理系统等组成，下面对各主要部件进行简单的介绍。具体的操作方法详见仪器操作使用说明书。

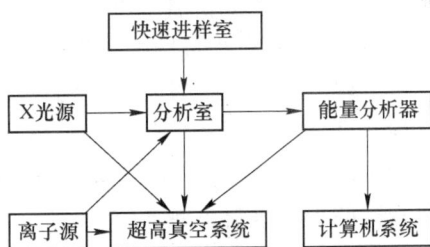

图 14-1　X 射线光电子能谱仪结构框图

XPS 装置主要由 X 射线源、样品台、电子能量分析器、电子探测和倍增器、数据处理与控制系统、真空系统组成，其中的核心部件为激发源、能量分析器、电子探测器。主要功能如下：

（1）根据光电子的能量，确定样品表面存在的元素；
（2）根据光电子的数量，确定元素在表面的含量；
（3）X 射线束在表面扫描，可以测得元素在表面的分布；
（4）采用离子枪溅射及变角技术，得到元素在深度方向的分布；
（5）根据不同化学环境下光电子峰位移动、峰形、峰间距变化，获得化学信息。

14.3.1　超高真空系统

超高真空系统是进行现代表面分析及研究的主要部分。XPS 谱仪的激发源、样品分析室及探测器等都安装在超高真空系统中。通常超高真空系统的真空室由不锈钢材料制成，真空度优于 1×10^{-9} Torr。在 X 射线光电子能谱仪中必须采用超高真空系统，原因如下：（1）使样品室和分析器保持一定的真空度，防止电子在运动过程中同残留气体分子发生碰撞而损失信号强度；（2）降低活性残余气体的分压，这是因为在记录谱图所必需的时间内，残留气体会吸附到样品表面上，甚至有可能和样品发生化学反应，从而影响电子从样品表面上发射并产生外来干扰谱线。

一般 XPS 采用三级真空泵系统。前级泵一般采用旋转机械泵或分子筛吸附泵，极限真空度能达到 10^{-2} Pa；采用油扩散泵或分子泵，可获得高真空，极限真空度能达到 10^{-8} Pa；而采用溅射离子泵和钛升华泵，可获得超高真空，极限真空度能达到 10^{-9} Pa。这几种真空泵的性能各有其优缺点，可以根据各自的需要进行组合。现在新型 X 射线光电子能谱仪，普遍采用机械泵-分子泵-溅射离子泵-钛升华泵系列，这样可以防止扩散泵油污染清洁的超高真空分析室。标准的 AXIS Ultra DLD 就是利用这样的泵组合。样品处理室（smaple treatment center，STC）借助于一个为油扩散泵所后备的涡轮分子泵进行抽真空。样品分析室（sample analysis center，SAC）借助于一个离子泵和附加于其上的钛升华泵（TSP）来抽空。

14.3.2　样品台系统

XPS 的样品台系统用于将样品置于 X 光照射之下，并使样品发射的光电子以最高的效率进入电子分析系统。

一方面，为了分析位于样品托上不同位置上的样品，或有选择地分析样品上感兴趣的区域和获得最佳的分析灵敏度，样品台至少应具备三维移动能力；另一方面，为了实现角分辨 XPS 分析和离子刻蚀的深度剖析功能，样品台应可升级至 4 轴或 5 轴。

可倾斜的样品台能够在不改变 X 射线光源和光电子接收系统的几何关系的情况下，改变检测到的光电子的信息深度，从而在不使用离子刻蚀的情况下，得到样品表面数纳米深度范围内的元素（及其化学状态）的深度分布信息。样品台的倾斜角度可变范围越大，可以获得的表面信息就越丰富。

可旋转的样品台能够在长时间的离子刻蚀过程中，在刻蚀部位的底部形成碗状刻蚀坑，有效地避免由于较深的离子刻蚀造成的单向斜坡，即所谓的"弧坑效应"。

为了增加一次性装入样品的数量，进样室中还可以搭载一个多样品停放台，以一次破坏真空的代价，同时装入多个样品托，实现更多的样品分析的目的。另外，为了提高分析效率，有些厂商还在进样室中增加了一个光学显微镜，利用抽真空的空暇时间，预先设定每个样品的分析位置和分析条件，在进样室真空度达标后，样品转入分析室，在控制软件的配合下实施全自动的分析工作，可以大幅度地提高工作效率。

14.3.3　X 射线激发源

目前高级的 XPS 均使用单色化的 X 射线光源，通常选用能量适中的 Al K_α 辐射。为了有效分析过渡金属元素，消除 X 光产生的俄歇电子峰对光电子峰的影响，还可配备非单色化的 Mg/Al 双阳极。

使用单色化 Al 阳极的一个重要的原因是将 X 射线 Al $K_{\alpha1,2}$ 的本征宽度大大降低，并同时将卫星线（如 $K_{\alpha3,4}$）和韧致辐射过滤掉，可以大幅度提高 XPS 谱图的能量分辨率并消除 X 射线卫星线造成的伴峰。

X 射线单色化的原理是利用布拉格衍射，将阳极靶发出的含有卫星线和韧致辐射的 X 射线经由石英晶体组成的单色器，在特定的角度上获取特定的 X 射线。

经过 500 mm 直径罗兰圆的石英单色器单色化以后，Al $K_{\alpha1,2}$ 的本征线宽将会从 0.8 eV 下降到 0.25 eV 左右。

XPS 的阳极靶材一般为在铜基材上镀相应的金属膜（Al/Mg/Ag/Ti/Zr 等），属于消耗品，需定期重镀或更换。

很多厂商开发出可移动的阳极靶，可以在一个靶面上更换若干个新鲜的靶点，提高了阳极靶的使用寿命，还有的厂商开发出了自动软件驱动的可以动阳极靶和自动软件控制的石英单色器，二者配合使用可令使用者极其方便地更换新鲜靶点，并由软件方便地实现优化，达到最好的分析指标。

对于一些特殊的分析目的，如过渡金属的氧化状态分析，普通的非单色化 Mg/Al 双阳极很多时候已经不能满足需要，此时可采用更高能量的 X 射线光源。一些厂商（典型的是 Thermo-Fisher 公司）推荐采用非单色化的 Zr/Ti 双阳极，但是由于其 X 射线的本征宽度过宽（分别为 1.7/2.0 eV），实际应用并不理想。有些厂商（典型的是 Kratos 公司）采用 Al 单色化 X 光源的石英单色器，将 Ag L_α 单色化，得到本征线宽仅为 0.7 eV 的高能 X 射线，对于分析过渡金属的氧化状态有非常理想的效果，也有厂商单独使用 Cr 阳极靶（典型的是 Ulvac-PHI 公司），并增加额外的单色器来单色化 Cr K_α 辐射。

14.3.4　离子源

离子源可用于产生一定能量、一定能量分散、一定束斑和一定强度的离子束。在 XPS 中，配备的离子源一般用于样品表面清洁和深度剖析实验。在 XPS 谱仪中，常采用 Ar 离子源。它是一个经典的电子轰击离子化源，气体被放入一个腔室并被电子轰击而离子化。Ar 离子源又可分为固定式和扫描式。固定式 Ar 离子源，将提供一个使用静电聚焦而得到的直径从 125 μm 到毫米量级变化的离子束。由于不能进行扫描剥离，对样品表面刻蚀的均匀性较差，仅用作表面清洁。对于进行深度分析用的离子源，应采用扫描式 Ar 离子源，提供一个可变直径（直径从 35 μm 到毫米量级）、高束流密度和可扫描的离子束，用于精确的研究和应用。

14.3.5　荷电中和系统

用 XPS 测定绝缘体或半导体时，由于光电子的连续发射而得不到足够的电子补充，使得样品表面出现电子"亏损"，这种现象称为荷电效应。荷电效应将使样品出现一个稳定的表面电势 V_S，它对光电子逃离有束缚作用，使谱线发生位移，还会使谱锋展宽、畸变。因此，XPS 中的这个装置可以在测试时产生低能电子束来中和试样表面的电荷，减少荷电效应。

在聚焦 X 射线束系统中，X 射线只是照射在样品上一个较小的区域，在此情形下，低能电子源（聚焦性很差）会在 X 射线照射区域之外累积大量的负电荷，所以必须使用一个额外的低能正离子源将这些多余的负电荷中和掉，才能确保低能电子持续地向样品表面补偿负电荷。低能离子源通常使用惰性气体（通常为氩气），在枪内产生离子，并将其导向样品表面。

14.3.6　能量分析器

能量分析器的功能是测量从样品中发射出来的电子能量分布，是 X 射线光电子能谱仪的核心部件。常用的能量分析器，基于电（离子）在偏转场（常用静电场而不再是磁场）或在减速场产生的势垒中的运动特点。通常，能量分析器有两种类型，半球型分析器和筒镜型能量分析器。半球型能量分析器由于对光电子的传输效率高和能量分辨率好等特点，多用在 XPS 谱仪上；而筒镜型能量分析器由于对俄歇电子的传输效率高，主要用在俄歇电子能谱仪上。对于一些多功能电子能谱仪，由于考虑到 XPS 和 AES 的共用性和使用的侧重点，选用能量分析器的主要依据是以哪一种分析方法为主。以 XPS 为主的采用半球型能量分析器，而以俄歇为主的则采用筒镜型能量分析器。

14.3.7　检测器系统

光电子能谱仪中被检测的电子流非常弱，一般在 $10^{-13} \sim 10^{-19}$ A/s，所以现在多采用电子倍增器加计数技术。电子倍增器主要有两种类型，即单通道电子倍增器和多通道电子检测器。单通道电子倍增器可有 $10^6 \sim 10^9$ 倍的电子增益。为提高数据采集能力，减少采集时间，近代 XPS 谱仪越来越多地采用多通道电子检测器。最新应用于光电子能谱仪的延迟线检测器（delay line detector，DLD），采用多通道电子检测器，尤其在微区（10 μm 左右）分析时，可以大大提高收谱和成像的灵敏度。

14.3.8　成像 XPS

表面分析时的成像 XPS 可以提供表面相邻区中空间分布的元素和化学信息。对使用其他表面技术难以分析的样品而言，成像 XPS 是特别有用途的。这包括从微米到毫米尺度范围内非均匀材料、绝缘体、电子束轰击下易损伤的材料或要求了解化学态在其中是如何分布的材料。在成像 XPS 中，除了提供元素和化学态分布外，还能用于标出覆盖层稠密度，以估算 X 射线或离子束斑大小和位置或检验仪器中电子光学孔径的准直。因而成像 XPS 成为能得到空间分布信息的常规应用方法。

XPS 成像把小面积能谱的接收与非均质样品的光电子成像结合起来，可以在接近 15 μm 的空间分辨率下通过连续扫描的方法进行采集。商品化的仪器现在组合了成像和小束斑谱采集的能力，能够在微米尺度上进行微小特征的表面化学分析。该技术的未来方向是在更小的区域内达到更高的计数率，将 XPS 成像推向真正的亚微米化学表征技术。

14.3.9　数据系统

X 射线电子能谱仪的数据采集和控制十分复杂，涉及大量复杂的数据的采集、储存、分析和处理。数据系统由在线实时计算机和相应软件组成。在线计算机可对谱仪进行直接控制并对实验数据进行实时采集和处理。实验数据可由数据分析系统进行一定的数学和统计处理，并结合能谱数据库，获取对检测样品的定性和定量分析知识。常用的数学处理方法有谱线平滑，扣背底，扣卫星峰，微分，积分，准确测定电子谱线的峰位、半高宽、峰高度或峰面积（强度），以及谱峰的解重叠（peak fitting）和退卷积，谱图的比较等。现代的软件程序包含广泛的数据分析能力，复杂的峰形可在数秒内被拟合出来。

14.4　X 射线光电子能谱分析的样品准备

X 射线能谱仪对分析的样品有特殊的要求，在通常情况下只能对固体样品进行分析。

由于涉及样品在真空中的传递和放置，待分析的样品一般都需要经过一定的预处理，分述如下：

由于在实验过程中样品必须通过传递杆，穿过超高真空隔离阀，送进样品分析室。因此，样品的尺寸必须符合一定的大小规范，以利于真空进样。对于块状样品和薄膜样品，其长宽最好小于10mm，高度小于5 mm。对于体积较大的样品则必须通过适当方法制备成合适大小的样品。但在制备过程中，必须考虑处理过程可能对表面成分和状态的影响。

对于粉体样品，有两种常用的制样方法：一种是用双面胶带直接把粉体固定在样品台上，另一种是把粉体样品压成薄片，然后再固定在样品台上。前者的优点是制样方便，样品用量少，预抽到高真空的时间较短，缺点是可能会引进胶带的成分。后者的优点是可以在真空中对样品进行处理，如加热、表面反应等，其信号强度也要比胶带法高得多。缺点是样品用量太大，抽到超高真空的时间太长。在普通的实验过程中，一般采用胶带法制样。

对于含有挥发性物质的样品，在样品进入真空系统前必须清除掉挥发性物质。一般可以通过对样品加热或采用溶剂清洗等方法。

对于表面有油等有机物污染的样品，在进入真空系统前必须用油溶性溶剂如环己烷、丙酮等清洗掉样品表面的油污，最后再用乙醇清洗掉有机溶剂。为了保证样品表面不被氧化，一般采用自然干燥。

由于光电子带有负电荷，在微弱的磁场作用下，也可以发生偏转。当样品具有磁性时，由样品表面出射的光电子就会在磁场的作用下偏离接收角，最后不能到达分析器，因此，得不到正确的XPS谱。此外，当样品的磁性很强时，还可能有使分析器头及样品架磁化的危险，因此，绝对禁止带有磁性的样品进入分析室。一般对于具有弱磁性的样品，可以通过退磁的方法去掉样品的微弱磁性，然后就可以像正常样品一样进行分析。

14.4.1　离子束溅射技术

在X射线光电子能谱分析中，为了清洁被污染的固体表面，常常利用离子枪发出的离子束对样品表面进行溅射剥离，清洁表面。然而，离子束更重要的应用则是样品表面组分的深度分析。利用离子束可定量地剥离一定厚度的表面层，然后再用XPS分析表面成分，这样就可以获得元素成分沿深度方向的分布图。作为深度分析的离子枪，一般采用0.5~5 keV的Ar离子源。扫描离子束的束斑直径一般在1~10 mm，溅射速率在0.1~50 nm/min。为了提高深度分辨率，一般应采用间断溅射的方式。为了减少离子束的坑边效应，应增加离子束的直径。为了降低离子束的择优溅射效应及基底效应，应提高溅射速率和降低每次溅射的时间。在XPS分析中，离子束的溅射还原作用可以改变元素的存在状态，许多氧化物可以被还原成较低价态的氧化物，如Ti、Mo、Ta等。在研究溅射过的样品表面元素的化学价态时，应注意这种溅射还原效应的影响。此外，离子束的溅射速率不仅与离子束的能量和束流密度有关，还与溅射材料的性质有关。一般的深度分析所给出的深度值均是相对于某种标准物质的相对溅射速率。

14.4.2　样品荷电的校准

对于绝缘体样品或导电性能不好的样品，经X射线辐照后，其表面会产生一定的电荷积累，主要是荷正电荷。样品表面荷电相当于给从表面出射的自由的光电子增加了一定的额外电压，使得测得的结合能比正常的要高。样品荷电问题非常复杂，一般难以用某一种方法彻底消除。在实际的 XPS 分析中，一般采用内标法进行校准。最常用的方法是用真空系统中最常见的有机污染碳的 C 1s 的结合能为 284.6 eV，进行校准。

14.4.3　XPS 的采样深度

X 射线光电子能谱的采样深度与光电子的能量和材料的性质有关。一般定义 X 射线光电子能谱的采样深度为光电子平均自由程的 3 倍。根据平均自由程的数据可以大致估计各种材料的采样深度。一般对于金属样品，采样深度为 0.5~2 nm，对于无机化合物，采样深度为 1~3 nm，而对于有机物，采样深度则为 3~10 nm。

14.4.4　XPS 谱图分析技术

14.4.4.1　表面元素定性分析

这是一种常规分析方法，一般利用 XPS 谱仪的宽扫描程序。为了提高定性分析的灵敏度，一般应加大分析器的通能（pass energy），提高信噪比。图 14-2 所示为是典型的 XPS 定性分析图。通常 XPS 谱图的横坐标为结合能，纵坐标为光电子的计数率。在分析谱图时，首先必须考虑的是消除荷电位移。对于金属和半导体样品，由于其不会荷电，因此不用校准。但对于绝缘样品，则必须进行校准。因为，当荷电较大时，会导致结合能位置有较大的偏移，从而导致错误判断。在使用计算机自动标峰时，同样会产生这种情况。一般来说，只要该元素存在，其所有的强峰都应存在，否则应考虑是否为其他元素的干扰峰。激发出来的光电子依据激发轨道的名称进行标记。如从 C 原子的 1s 轨道激发出来的光电子用 C 1s 标记。由于 X 射线激发源的光子能量较高，可以同时激发出多个原子轨道的光电子，因此在 XPS 谱图上会出现多组谱峰。大部分元素都可以激发出多组光电子峰，可以利用这些峰排除能量相近峰的干扰，以利于元素的定性标定。由于相近原子序数的元素激发出的光电子的结合能有较大的差异，因此相邻元素间的干扰作用很小。

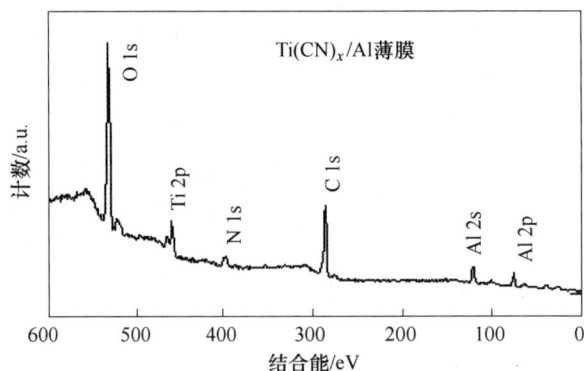

图 14-2　高纯 Al 基片上沉积的 Ti(CN)$_x$ 薄膜的 XPS 谱图（激发源为 Mg K$_\alpha$）

由于光电子激发过程的复杂性，在 XPS 谱图上不仅存在各原子轨道的光电子峰，同时还存在部分轨道的自旋裂分峰，K$_{\alpha2}$ 产生的卫星峰，携上峰以及 X 射线激发的俄歇峰等伴峰，在定性分析时必须予以注意。现在，定性标记的工作可由计算机进行，但经常会发生标记错误，应加以注意。对于不导电样品，由于荷电效应，经常会使其结合能发生变化，导致定性分析得出不正确的结果。

从图 14-2 中可见，在薄膜表面主要有 Ti、N、C、O 和 Al 元素存在。Ti、N 的信号较弱，而 O 的信号很强。结果表明形成的薄膜主要是氧化物，氧的存在会影响 $Ti(CN)_x$ 薄膜的形成。

14.4.4.2　表面元素的半定量分析

首先应当明确的是 XPS 并不是一种很好的定量分析方法。它给出的仅是一种半定量的分析结果，即相对含量而不是绝对含量。由 XPS 提供的定量数据是以原子百分比含量表示的，而不是平常所使用的质量分数。这种比例关系可以通过下式进行换算：

$$c_i^{\text{wt}} = \frac{c_i \times A_i}{\sum\limits_{i=1}^{i-n} c_i \times A_i} \tag{14-2}$$

式中，c_i^{wt} 为第 i 种元素的质量分数；c_i 为第 i 种元素的 XPS 摩尔分数；A_i 为第 i 种元素的相对原子质量。

在定量分析中必须注意的是，XPS 给出的相对含量也与谱仪的状况有关。因为不仅各元素的灵敏度因子是不同的，XPS 谱仪对不同能量的光电子的传输效率也是不同的，并随谱仪受污染程度的不同而改变。XPS 仅提供表面 3~5 nm 厚的表面信息，其组成不能反映体相成分。样品表面的 C、O 污染以及吸附物的存在也会大大影响其定量分析的可靠性。

14.4.4.3　表面元素的化学价态分析

表面元素化学价态分析是 XPS 的最重要的一种分析功能，也是 XPS 谱图解析最难，且比较容易发生错误的部分。在进行元素化学价态分析前，首先必须对结合能进行正确的校准。因为结合能随化学环境的变化较小，而当荷电校准误差较大时，很容易标错元素的化学价态。此外，有一些化合物的标准数据依据不同的作者和仪器状态存在很大的差异，在这种情况下，这些标准数据仅能作为参考，最好是自己制备标准样，这样才能获得正确的结果。有一些化合物的元素不存在标准数据，要判断其价态，必须用自制的标样进行对比。还有一些元素的化学位移很小，用 XPS 的结合能不能有效地进行化学价态分析，在这种情况下，可以从线形及伴峰结构进行分析，同样也可以获得化学价态的信息。

从图 14-3 中可见，在 PZT 薄膜表面，C 1s 的结合能为 285.0 eV 和 281.5 eV，分别对应于有机碳和金属碳化物。有机碳是主要成分，可能是由表面污染所产生的。随着溅射深度的增加，有机碳的信号减弱，而金属碳化物的峰增强。结果表明在 PZT 薄膜内部的碳主要以金属碳化物的形式存在。

14.4.4.4　元素沿深度方向的分布分析

XPS 可以通过多种方法实现元素沿深度方向分布的分析，这里介绍最常用的两种方法，分别为 Ar 离子剥离深度分析和变角 XPS 深度分析。

A　Ar 离子束溅射法

Ar 离子剥离深度分析方法是一种使用最广泛的深度剖析的方法，是一种破坏性分析

314

方法，会引起样品表面晶格的损伤，以及择优溅射和表面原子混合等现象。其优点是可以分析表面层较厚的体系，深度分析的速度较快。其分析原理是先把表面一定厚度的元素溅射掉，然后再用 XPS 分析剥离后的表面元素含量，这样就可以获得元素沿样品深度方向的分布。由于普通的 X 光枪的束斑面积较大，离子束的束斑面积也相应较大，因此其剥离速度很慢，深度分辨率也不是很好，其深度分析功能一般很少使用。此外，由于离子束剥离作用时间较长，样品元素的离子束溅射还原会相当严重。为了避免离子束的溅射坑效应，离子束的面积应比 X 光枪束斑面积大 4 倍以上。对于新一代的 XPS 谱仪，

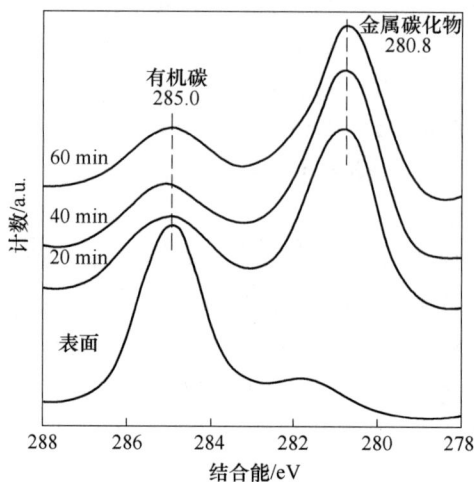

图 14-3　PZT 薄膜中碳的化学价态谱

由于采用了小束斑 X 光源（微米量级），XPS 深度分析变得较为现实和常用。

B　变角 XPS 深度分析

变角 XPS 深度分析是一种非破坏性的深度分析技术，但只能适用于表面层非常薄（1~5 nm）的体系。其原理是利用 XPS 的采样深度与样品表面出射的光电子的接收角的正弦关系，可以获得元素浓度与深度的关系。图 14-4 所示为 XPS 变角分析的示意图。图中，α 为掠射角，定义为进入分析器方向的电子与样品表面间的夹角。取样深度（d）与掠射角（α）的关系如下：$d = 3l\sin\alpha$。其中，l 为与实验条件或材料特性相关的常数。当 α 为 90° 时，XPS 的采样深度最深，减小 α 可以获得更多的表面层信息；当 α 为 5° 时，可以使表面灵敏度提高 10 倍。在运用变角深度分析技术时，必须注意下面因素的影响：（1）单晶表面的点阵衍射效应；（2）表面粗糙度的影响；（3）表面层厚度应小于 10 nm。

图 14-5 所示为 Si_3N_4 样品表面 SiO_2 污染层的变角 XPS 分析。从图中可见，在掠射角为 5° 时，XPS 的采样深度较浅，主要收集的是最表面的成分。由此可见，在 Si_3N_4 样品表面的硅主要以 SiO_2 物种存在。当掠射角为 90° 时，XPS 的采样深度较深，主要收集的是次表面的成分。此时，Si_3N_4 的峰较强，是样品的主要成分。通过 XPS 变角分析的结果，可以认为表面的 Si_3N_4 样品已被自然氧化成 SiO_2 物种。

14.4.4.5　XPS 伴峰分析技术

在 XPS 谱中最常见的伴峰包括携上峰、X 射线激发俄歇峰（XAES）以及 XPS 价带峰。这些伴峰一般不太常用，但在不少体系中可以用来鉴定化学价态，研究成键形式和电子结构，是 XPS 常规分析的一种重要补充。

A　XPS 的携上峰分析

在光电离后，由于内层电子的发射引起价电子从已占有轨道向较高的未占轨道的跃迁，这个跃迁过程称为携上过程。在 XPS 主峰的高结合能端出现的能量损失峰即为携上峰。携上峰是一种比较普遍的现象，特别是对于共轭体系，会产生较多的携上峰。在有机

体系中，携上峰一般由 p—p* 跃迁所产生，即由价电子从最高占有轨道（HOMO）向最低未占轨道（LUMO）的跃迁所产生。某些过渡金属和稀土金属，由于在 3d 轨道或 4f 轨道中有未成对电子，也常常表现出很强的携上效应。

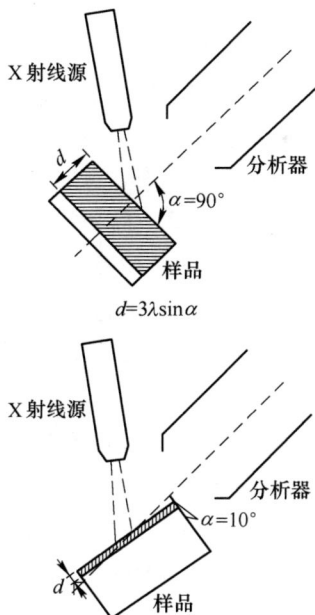

图 14-4　变角 XPS 示意图

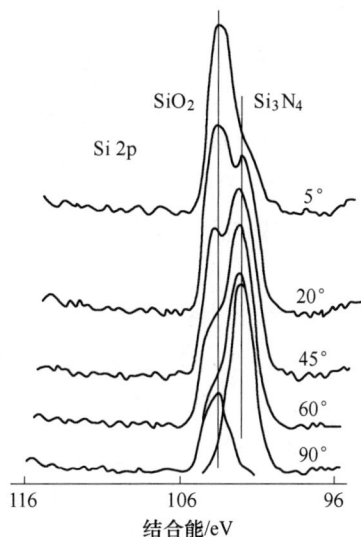

图 14-5　Si_3N_4 表面 SiO_2 污染层的变角 XPS 谱

图 14-6 所示为是几种碳材料的 C 1s 谱。从图中可见，C 1s 的结合能在不同的碳物种中有一定的差别。在石墨和碳纳米管材料中，其结合能均为 284.6 eV；而在 C_{60} 材料中，其结合能为 284.75 eV。由于 C 1s 峰的结合能变化很小，难以通过 C 1s 峰的结合能来鉴别这些纳米碳材料。但从图 14-6 中可见，其携上峰的结构有很大的差别，因此也可以通过 C 1s 的携上伴峰的特征结构来进行物种鉴别。在石墨中，由于 C 原子以 sp^2 杂化存在，并在平面方向形成共轭 p 键。这些共轭 p 键的存在可以导致在 C 1s 峰的高能端产生携上伴峰。这个峰是石墨的共轭 p 键的指纹特征峰，可以用来鉴别石墨碳。从图中

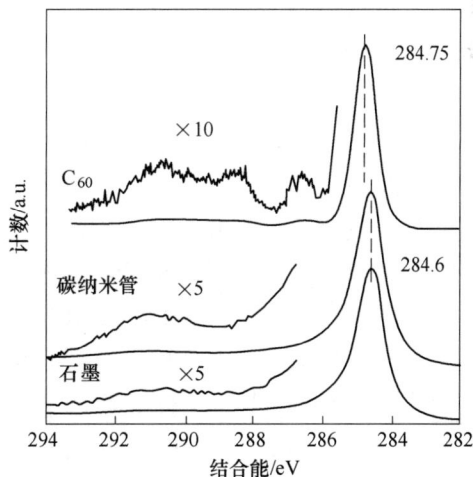

图 14-6　几种碳纳米材料的 C 1s 峰和携上峰谱图

还可见，碳纳米管材料的携上峰基本和石墨的一致，这说明碳纳米管材料具有与石墨相近的电子结构，这与碳纳米管的研究结果是一致的。在碳纳米管中，碳原子主要以 sp^2 杂化并形成圆柱形层状结构。C_{60} 材料的携上峰的结构与石墨和碳纳米管材料的有很大的区别，可分解为 5 个峰，这些峰是由 C_{60} 的分子结构决定的。在 C_{60} 分子中，不仅

存在共轭 p 键，并还存在 s 键。因此，在携上峰中还包含了 s 键的信息。综上所述，不仅可以用 C 1s 的结合能来表征碳的存在状态，也可以通过它的携上指纹峰来研究其化学状态。

B　X 射线激发俄歇电子能谱（XAES）分析

在 X 射线电离后的激发态离子是不稳定的，可以通过多种途径产生退激发。其中一种最常见的退激发过程就是产生俄歇电子跃迁的过程，因此 X 射线激发俄歇谱是光电子谱的必然伴峰。其原理与电子束激发的俄歇谱相同，仅是激发源不同。与电子束激发俄歇谱相比，XAES 具有能量分辨率高、信背比高、样品破坏性小及定量精度高等优点。同 XPS 一样，XAES 的俄歇动能也与元素所处的化学环境有密切关系。同样可以通过俄歇化学位移来研究其化学价态。由于俄歇过程涉及三电子过程，其化学位移往往比 XPS 的要大得多。这对于元素的化学状态鉴别非常有效。对于有些元素，XPS 的化学位移非常小，不能用来研究化学状态的变化。不仅可以用俄歇化学位移来研究元素的化学状态，其线形也可以用来进行化学状态的鉴别。

从图 14-7 中可见，俄歇动能不同，其线形有较大的差别。天然金刚石的 C KLL 俄歇动能为 263.4 eV，石墨的为 267.0 eV，碳纳米管的为 268.5 eV，而 C_{60} 的则为 266.8 eV。这些俄歇动能与碳原子在这些材料中的电子结构和杂化成键有关。天然金刚石是以 sp^3 杂化成键的，石墨则是以 sp^2 杂化轨道形成离域的平面 p 键，碳纳米管主要也是以 sp^2 杂化轨道形成离域的圆柱形 p 键，而在 C_{60} 分子中，主要以 sp^2 杂化轨道形成离域的球形 p 键，并有 s 键存在。因此，在金刚石的 C KLL 谱上存在 240.0 eV 和 246.0 eV 的两个伴峰，这两个伴峰是金刚石 sp^3 杂化轨道的特征峰。在石墨、碳纳米管及 C_{60} 的 C KLL 谱上仅有一个伴峰，动能为 242.2 eV，这是 sp^2 杂化轨道的特征峰。因此，可以用这伴峰结构判断碳材料中的成键情况。

C　XPS 价带谱分析

XPS 价带谱反映了固体价带结构的信息，由于 XPS 价带谱与固体的能带结构有关，因此可以提供固体材料的电子结构信息。由于 XPS 价带谱不能直接反映能带结构，还必须经过复杂的理论处理和计算。因此，在 XPS 价带谱的研究中，一般通过 XPS 价带谱结构的比较来进行研究，而理论分析则相应较少。

图 14-8 所示为几种碳材料的 XPS 价带谱。从图中可见，在石墨、碳纳米管和 C_{60} 分子的价带谱上都有三个基本峰。这三个峰均是由共轭 p 键所产生的。在 C_{60} 分子中，由于 p 键的共轭度较小，其三个分裂峰的强度较强。而在碳纳米管和石墨中，由于共轭度较大，特征结构不明显。从图中还可见，在 C_{60} 分子的价带谱上还存在其他三个分裂峰，这些都是由 C_{60} 分子中的 s 键所形成的。由此可见，从价带谱上也可以获得材料电子结构的信息。

D　俄歇参数

元素的俄歇电子动能与光电子的动能之差称为俄歇参数，它综合考虑了俄歇电子能谱和光电子能谱两方面的信息。由于俄歇参数能给出较大的化学位移，且其与样品的荷电状况及谱仪的状态无关，因此，可以更为精确地用于元素化学状态的鉴定。

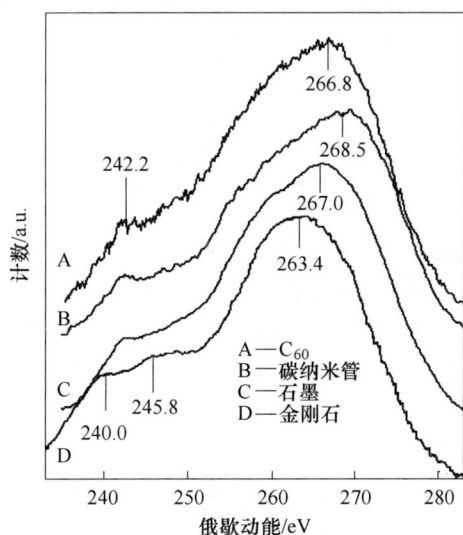

图 14-7 几种纳米碳材料的 XAES 谱

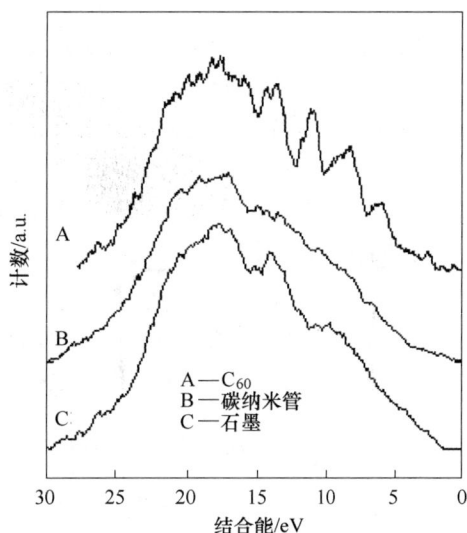

图 14-8 几种纳米碳材料的 XPS 价带谱

14.5 X射线光电子能谱分析的应用领域

按 XPS 应用的对象可分为无机物、有机物和高聚物的分析。具体领域又可细分为表面科学、催化、防腐、摩擦、润滑、微电子学、合金、生物、地质、考古、环境、涂料、建材、薄膜、辐射、纳米材料、宇航等。下面举例说明 XPS 的应用。

14.5.1 SiO_2 自然氧化层超薄膜的 XPS 分析步骤

（1）样品处理和进样：将大小合适、带有自然氧化层的硅片经乙醇清洗干燥后，送入快速进样室。开启低真空阀，用机械泵和分子泵抽真空到 10^{-3} Pa。然后关闭低真空阀，开启高真空阀，使快速进样室与分析室连通，把样品送到分析室内的样品架上，关闭高真空阀。

（2）仪器硬件调整：通过调整样品台位置和倾角，使掠射角为 90°（正常分析位置）。待分析室真空度达到 5×10^{-7} Pa 后，选择和启动 X 枪光源，使功率上升到 250 W。

（3）仪器参数设置和数据采集：

1）定性分析的参数设置：扫描的能量范围为 0~1200 eV，步长为 1 eV/步，分析器通能为 89.0 eV，扫描时间为 2 min。

2）定量分析和化学价态分析的参数设置：扫描的能量范围依据各元素而定，扫描步长为 0.05 eV/步，分析器的通能为 37.25 eV，收谱时间为 5~10 min。

（4）数据处理：

1）定性分析的数据处理：用计算机采集宽谱图后，首先标注每个峰的结合能位置，然后根据结合能的数据在标准手册中寻找对应的元素。最后通过对照标准谱图，一一对应其余的峰，确定有哪些元素存在。原则上当一个元素存在时，其相应的强峰都应在谱图上出现。一般来说，不能根据一个峰的出现来确定元素的存在与否。现在新型的 XPS 能谱仪，可以通过计算机进行智能识别，自动进行元素的鉴别。但由于结合能的非单一性和荷电效应，计算机自动识别经常会出现一些错误的结论。

2）定量分析的数据处理：收完谱图后，通过定量分析程序，设置每个元素谱峰的面积计算区域和扣背底方式，由计算机自动计算出每个元素的相对原子百分比。也可依据计算出的面积和元素的灵敏度因子进行手动计算浓度。最后得出单晶硅片表面 C 元素、O 元素和 Si 元素的相对含量。

3）元素化学价态分析：利用上面的实验数据，在计算机系统上用光标定出 C 1s、O 1s 和 Si 2p 的结合能。依据 C 1s 结合能数据判断是否有荷电效应存在，如有，则先校准每个结合能数据，然后依据这些结合能数据，鉴别这些元素的化学价态。

14.5.2　单晶硅表面自然氧化层的深度分析

（1）样品处理和进样：将大小合适、带有自然氧化层的硅片经乙醇清洗干燥后，送入快速进样室。开启低真空阀，用机械泵和分子泵抽真空到 10^{-3} Pa。然后关闭低真空阀，开启高真空阀，使快速进样室与分析室连通，把样品送到分析室内的样品架上，关闭高真空阀。

（2）仪器硬件调整：待分析室真空度达到 5×10^{-7} Pa 后，选择和启动 X 枪光源，使功率上升到 250 W。变角深度分析是通过调整样品台位置和倾角，使掠射角为 90°、60°、45°、30°和 18°。而对于离子剥离深度分析，则是提高 X 光枪位置，启动离子枪，调节氩气分压使得分析室的真空度优于 3×10^{-5} Pa。样品与分析器的掠射角为 90°。

（3）仪器参数设置和数据采集：

1）变角深度分析的参数设置：扫描的能量范围依据各元素而定，扫描步长为 0.10 eV/步，分析器的通能为 37.25 eV，收谱时间为 5~10 min。

2）离子剥离深度分析的参数设置：扫描的能量范围依据各元素而定，扫描步长为 0.25 eV/步，分析器的通能为 37.25 eV。深度分析采用交替模式，溅射时间依据离子枪的溅射速率而定（1~10 min），循环次数依据薄膜厚度而定。

（4）数据处理：

1）变角深度分析的数据处理：通过计算机计算不同角度时各元素的原子百分比浓度的变化规律。观察 Si 2p 谱中的单质硅和氧化硅峰强度与掠射角的变化规律。

2）离子剥离深度分析的数据处理：通过深度分析程序可以获得 XPS 信号强度与溅射时间的关系。再通过定量处理获得原子百分比与溅射时间的关系。而溅射时间与样品的深度有线性关系，可以通过标定获得剥离深度。

14.5.3　聚乙烯薄膜的 XPS 的特殊分析

（1）样品处理和进样：用适当的溶剂（异丙醇）清洗，并用高纯氩气吹干，将固定好的样品放入 XPS 的进样室，确保样品台正确安装。

（2）仪器硬件调整：待分析室真空度达到 5×10^{-7} Pa 后，选择和启动 X 枪光源，使功率上升到 250 W。调整样品台位置和倾角，使掠射角为 90°。

（3）仪器参数设置和数据分析：

1）C 1s 峰的携上峰：C 1s 结合能的扫描范围可以设置为 280～300 eV，扫描步长为 0.05 eV/步，分析器通能为 17.25 eV，收谱时间通常为 10 min 左右。这样获得的谱图有较高的能量分辨率和信噪比，有利于携上峰的分析。

2）XAES C KLL 谱：由于俄歇峰的能量（结合能）与激发源的能量有关，因此在设置扫描范围时必须注意 Al 靶与 Mg 靶的区别。且由于俄歇峰的能量分辨率较低，为了减少收集时间，可以适当增加扫描步长和通能。通常设置扫描步长为 0.1～0.2 eV/步，通能为 37.25 eV，收集时间为 20～30 min，这样获得的 C KLL 俄歇谱的背底很高。

3）XPS 价带谱：从 C 1s 谱上很难区别聚乙烯和聚丙烯，这是因为碳原子在这些材料中所处的化学环境基本相同。但这两种材料的电子结构是不同的，这种变化可以从其价带谱上进行区分。为了收集 C 元素的价带谱，必须对窄扫描的条件进行修改。结合能的扫描范围可以设置为 -5～30 eV，扫描步长为 0.05 eV/步，通能为 17.25 eV，收谱时间通常为 40 min 左右。这样获得的谱图有较高的能量分辨率和信噪比，有利于价带结构的分析。

（4）数据处理：

1）C 1s 峰的携上峰：为了提高携上峰的能量分辨率，可以对谱峰进行去卷积处理。由于携上峰的信号仅为主峰的 5%～10%，谱峰很弱，分析之前还应进行谱图放大处理。通过携上峰与主峰的能量差可以研究价电子的跃迁机理和进行结构判断。

2）XAES C KLL 谱：为了理论分析的需要，还须对谱图进行扣背底处理。此外，为了与电子束激发的俄歇谱相比较和提高信背比，还可以对谱图进行数字微分处理。

3）XPS 价带谱：XPS 的价带谱需要经过扣背底处理，必须注意的是，不同的扣背底处理方法会对价带峰形造成不同的影响。由于从价带结构分析材料的能带结构，需要对价带谱进行一定的物理处理和理论计算，因此在通常的研究中主要比较价带谱的结构，进行唯象分析。

14.5.4 催化剂 XPS 分析

顿瑞瑞等采用化学还原法，以双亲性非离子三嵌段共聚物 P123 为稳定剂，$NaBH_4$ 为还原剂，制备了纳米钯溶胶颗粒。催化剂的表面原子价态分析在 ESCALAB 250Xi 型电子能谱仪上进行。实验条件为 Al K_α 射线（1486.6 eV），真空度为 1×10^{-9} Torr，选取 C 1s 谱中信号最强的峰用 $E_b = 285.0$ eV 对结合能能谱进行结合能校正。图 14-9 所示为由 Na_2CO_3 溶液或 HCl 溶液调整的不同 pH 值的纳米钯的 XPS 谱图，其中制备 XPS 样品所用纳米钯溶胶的浓度为 5×10^{-4} mol/L，[P123]/[Pd] = 10，[$NaBH_4$]/[Pd] = 2。未调整 pH 值（3.5）的纳米钯颗粒

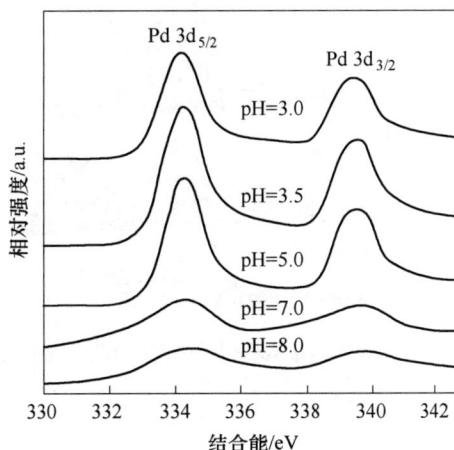

图 14-9 不同 pH 值纳米钯溶胶的 XPS 结合能能谱

在 Pd $3d_{5/2}$ 和 Pd $3d_{3/2}$ 处的结合能分别为 334.0 eV 和 339.3 eV，低于体相钯对应的结合能（Pd $3d_{5/2}$（335 eV）和 Pd $3d_{3/2}$（340.3 eV））。对于该现象，Endo 等认为这种现象是由于表面活性剂向纳米金属颗粒传递电子的结果。此外，纳米颗粒本身的尺寸效应以及形状效

应都对结合能造成一定的影响。不同 pH 值的纳米钯在 Pd 3d$_{5/2}$处的 XPS 结合能有如下的对应关系：pH = 3，334.1 eV，pH = 3.5，334.2 eV；pH = 5，334.3 eV，pH = 7，334.4 eV；pH = 8，339.5 eV。由此可见，随着 pH 值的增加，纳米钯的 XPS 结合能逐渐变大。此实验制备的未经调整的纳米钯溶胶的 pH 值为 3.5，在 UV-vis 表征下可知该 pH 值下的溶胶完全被还原成零价的钯，因此推测 pH 值增加后的纳米钯表面原子部分价态变成了正价。这是因为当过渡金属失去电子后其结合能会变大，这就意味着当溶液的 pH 值增加时，会有电子远离钯使得钯阳离子化，但这可能并不是形成了 Pd^{2+}，只是电子对的偏离。曾有文献报道指出，表面活性剂会影响纳米颗粒表面原子的电子转移。结合本实验所出现的现象，推测这是在特定的 pH 值环境下纳米钯的表面原子与稳定剂 P123 相互作用的结果。

此外，从图 14-9 中还可以看出，当纳米钯的 pH 值增大至中性或弱碱性时，对应的 XPS 峰强度明显降低，因此纳米颗粒表面的钯原子数明显下降，这同时也意味着中性或碱性环境中的纳米钯在发生催化反应时活性位的数量会小于在酸性环境中的数量。

刘洋等利用磷源植酸对椰壳炭材料进行磷掺杂改性，以处理后的椰壳炭为载体，通过浸渍法制备出磷掺杂椰壳炭负载高分散 Pt 金属纳米催化剂 Pt/P-ACC，并将其用在酸性环境中催化硝基苯加氢制对氨基苯酚。使用配备有单色 Al K$_\alpha$ 辐射（$h\nu$ = 1486.6 eV）的 ESCALAB 250Xi 光谱仪，在电压 12 kV，真空度约 1×10^{-9} Torr 条件下，通过 X 射线光电子能谱分析催化剂的表面性质。所有数据以 C 1s 最强峰处的结合能（E_b = 284.6 eV）为标准，对光谱 结合能进行校正。对 P-ACC、1%Pt/ACC 和 1%Pt/xP-ACC 材料进行 XPS 表征，结果如图 14-10 所示。

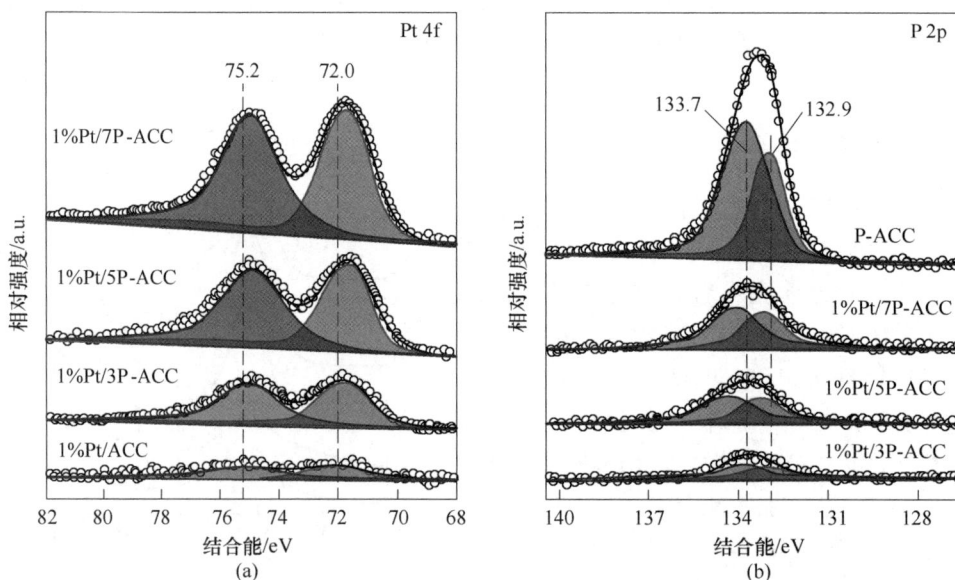

图 14-10　样品 P-ACC、1%Pt/ACC 和 1%Pt/xP-ACC 的 XPS 谱图

图 14-10（a）显示了 1%Pt/ACC 和 1%Pt/xP-ACC（x = 3，5，7）的 Pt 4f XPS 光谱。对于 1%Pt/ACC，可以清楚地观察到两条相对对称的结合能曲线在 72.0 eV 和 75.2 eV 处达到峰值，归属于 Pt^0，表明 Pt 物种主要以金属单质的形式存在。该结合能高于固

体 Pt 结合能（$4f_{7/2}$ = 71.2 eV），表明 Pt 金属颗粒和载体之间存在相互作用，导致 Pt 4f 的结合能发生偏移。显然，1%Pt/ACC 的 Pt 4f 光谱强度远低于 1%Pt/xP-ACC，1%Pt/xP-ACC 的表面 Pt 峰强度显著增加，然后趋于稳定值，说明表面金属 Pt 物种的浓度随着 P 含量的增加而逐渐增加。此外，与 1%Pt/ACC 相比，1%Pt/xP-ACC 的 Pt 4f 光谱显示出负位移，说明 Pt 和 P 之间的强电子相互作用。在 P-ACC 和 1%Pt/xP-ACC 的相应 P 2p 光谱（图 14-10（b））中，结合能分别为 132.9 eV 和 133.7 eV 的两个主峰分别归属于 P—C 和 P—O 键，表明 P 元素被成功地掺杂进碳载体。1%Pt/xP-ACC 显示出的 Pt 4f 峰的负位移和 P 2p 峰的正位移证实了 Pt 和 P 之间的相互作用，出现这种情况的主要原因是 P 掺杂在碳表面引入了带负电的富电子供体，伴随着电子从载体 P-ACC 转移到 Pt，导致其电子密度更高，从而影响了 Pt 催化剂的催化选择性。

庞忠亚等报告了一种通过熔盐中一步电化学蚀刻工艺合成多孔核壳碳材料的综合策略。通过搅拌涂层工艺，将具有良好附着力的聚多巴胺（PDA）简单地涂覆在 SiC 纳米球上，然后在熔融 NaCl-CaCl$_2$ 中通过电蚀和原位掺杂工艺，将预处理过的 SiC（SiC@PDA）以电化学的方式转化为多孔 SiC 衍生的碳核和 N 掺杂的碳壳（CDC@NC）。采用 XPS 分析，以确定合成产物的化学性质。

图 14-11（a）所示的 CDC 的光谱清楚地显示了两个标为 C 1s 和 O 1s 的峰。相比之

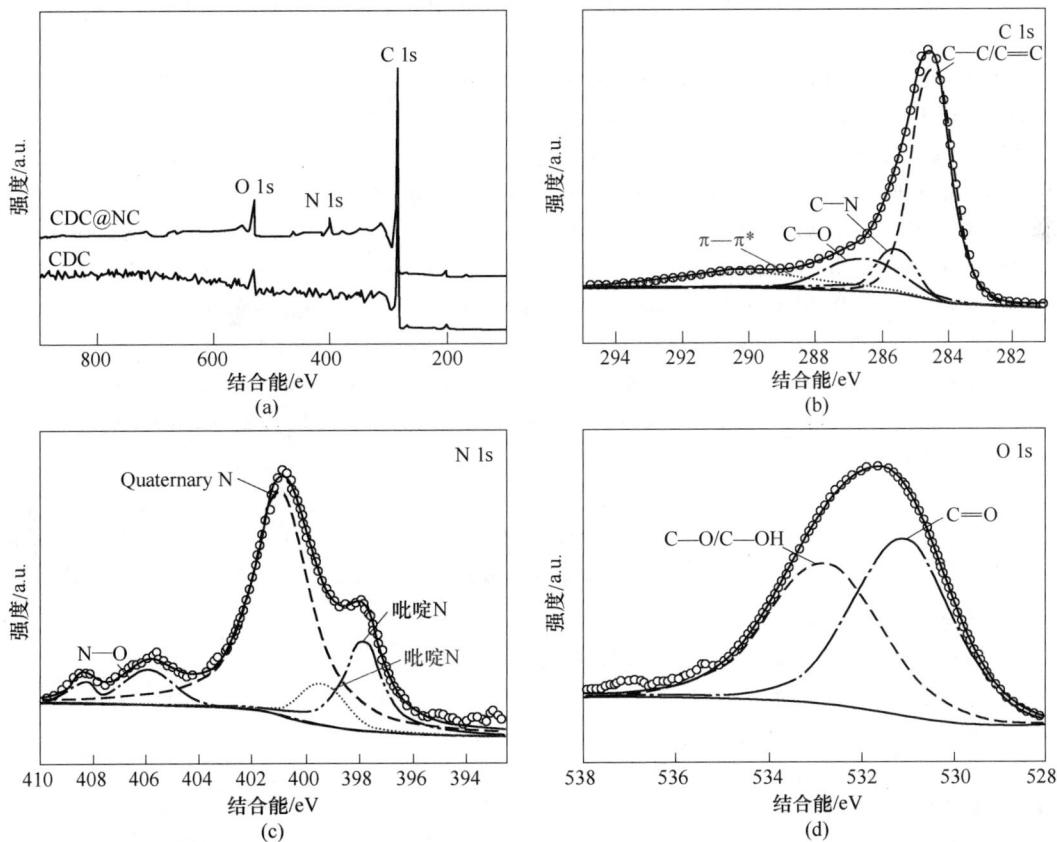

图 14-11　CDC@NC 和 CDC 的 XPS 光谱(a)、CDC@NC 的 C 1s(b)、N 1s(c)和 O 1s 光谱(d)

下，CDC@ NC 的光谱中有一个明显的 N 1s 峰，意味着从 PDA 中有效地引入了氮。图 14-11（b）~（d）所示为 CDC@ NC 相应的 C 1s、N 1s 和 O 1s 光谱，其中 C 1s 光谱可以观察到四个单独的峰，分别是 C—C/C ═C（284.5 eV）、C—N 基（285.6 eV）、C—O（286.6 eV）和 π—π* 键（289.9 eV）。关于 N 1s 光谱，在 397.9 eV、399.5 eV 和 401.1 eV 的三个单峰则归因于碳框架中三种典型的氮键类型，即吡啶氮、吡啶/吡咯啉氮和四价氮。事实上，吡啶氮是稳定的键，在碱性电解质的超级电容器循环过程中可以提供大量的活性点。位于 405.8 eV 和 408.3 eV 的谱峰是由 N—O 键引起的。图 14-11（d）所示的 O 1s 光谱可以解析为 C═O（531.4 eV）和 C—O/C—OH（532.7 eV）峰，这可能是由含氧基团或有机物的吸附而引起的。根据 XPS 的结果，证实实现了稳定的 N 掺杂的核壳碳。

参 考 文 献

［1］顿瑞瑞. 纳米钯溶胶制备及其催化性能研究［D］. 上海：上海大学，2014.

［2］刘洋. 硝基苯催化加氢制对氨基苯酚铂催化剂的研究［D］. 上海：上海大学，2022.

［3］CHEN H X, ZHANG R D, BAO W J, et al. Effective catalytic abatement of indoor formaldehyde at room temperature over TS-1 supported platinum with relatively low content［J］. Catalysis Today, 2020, 355：547-554.

［4］WANG L, TANG R, KHERADMAND A, et al. Enhanced solar-driven benzaldehyde oxidation with simultaneous hydrogen production on Pt single-atom catalyst［J］. Applied Catalysis B：Environmental, 2021, 284：119759.

［5］ZHANG B, YANG F, LIU X, et al. Phosphorus doped nickel-molybdenum aerogel for efficient overall water splitting［J］. Applied Catalysis B：Environmental, 2021, 298：120494.

［6］LI Y, LIU Y, WANG M, et al. Phosphorus-doped 3D carbon nanofiber aerogels derived from bacterial-cellulose for highly-efficient capacitive deionization［J］. Carbon, 2018, 130：377-383.

［7］AN M C, DU C Y, DU L, et al. Phosphorus-doped graphene support to enhance electrocatalysis of methanol oxidation reaction on platinum nanoparticles［J］. Chemical Physics Letters, 2017, 687：1-8.

［8］AN M C, DU L, DU C Y, et al. Pt nanoparticles supported by sulfur and phosphorus co-doped graphene as highly active catalyst for acidic methanol electrooxidation［J］. Electrochimica Acta, 2018, 285：202-213.

［9］PANG Z Y, LI G S, ZOU X L, et al. An integrated strategy towards the facile synthesis of core-shell SiC-derived carbon@ N-doped carbon for high-performance supercapacitors［J］. Journey of Energy Chemistry, 2021, 56：512-521.

习 题

参考答案

14-1 简述电子能谱法的特点。

14-2 什么时候需要进行全谱分析，全谱分析的目的是什么？

14-3 全谱分析有何不足之处？

14-4 XPS 全谱分析与 EDS 有何异同？

14-5 什么叫荷电校正，为什么需要进行荷电校正？

14-6 如何进行荷电校正？

14-7 如何通过高分辨谱判定样品中某种元素的价态？并列举高分辨谱的其他常见用途。

15 原子力显微分析

本章内容导读:

- 原子力显微分析发展概述和原理
- 原子力显微分析仪结构、实验流程介绍
- 原子力显微分析制样方法
- 原子力显微分析设备操作与维护简介
- 原子力显微分析在材料分析中的应用实例

15.1 概　　述

　　原子力显微镜（atomic force microscopy，AFM）是由 IBM 公司的 Binnig 与斯坦福大学的 Quate 于 1985 年所发明的，在理想状态下其成像分辨率可达原子级。其目的是使非导体也可以采用扫描探针显微镜（SPM）进行观测。1988 年初，中国科学院化学所白春礼等成功研制出我国第一台原子力显微镜。原子力显微镜起源于扫描隧道显微镜技术，属于扫描探针显微镜（scanning probe microscope，SPM）家族中的一种（不同显微镜的比较见表 15-1）。它广泛应用于生物、物质的表面结构、分子生物学等领域，在蛋白单分子结构与功能研究中得到了广泛的应用。和经典的透射电镜相比，AFM 不受成像环境限制，无需采用重金属喷涂或染色来提高成像反差，并且分辨率高。AFM 与传统的 X 射线衍射、核磁共振、旋光色散等方法相比，具有分辨率高、制样简单以及在保持生物活性下成像等优点。原子力显微镜的应用范围十分广泛，其适用于高分子、金属材料、陶瓷、矿物、皮革等固体材料的显微结构和纳米结构的观测，以及粉末、微球、颗粒形状、尺寸以及粒径分布的观测等，并且容易获得形貌特征信息和纳米尺度上的粗糙度等，AFM 已经成为常规表征方法非常好的研究工具。

表 15-1　不同显微镜比较

分析方法	分辨率	工作环境 样品环境	温度	对样品破坏程度	检测深度
扫描探针显微镜（SPM）	原子级（0.1 nm）	实环境、大气、深液、真空	室温或低温	无	100 μm 量级
透射电镜（TEM）	点分辨（0.3~0.5 nm），晶格分辨（0.1~0.2 nm）	高真空	室温	小	接近 SEM，但实际上为样品厚度所限，一般小于 100 nm
扫描电镜（SEM）	6~10 nm	高真空	室温	小	10 mm（10 倍时），1 μm（10000 倍时）

15. 2   原子力显微分析的原理

AFM 是用一个一端装有探针而另一端固定的弹性微悬臂来检测样品表面信息的，当探针扫描样品时，与样品和探针距离有关的相互作用力作用在针尖上，使微悬臂发生形变。AFM 系统就是通过检测这个形变量，从而获得样品表面形貌及其他表面相关信息。

15. 2. 1   原子力显微镜原理

当两个物体的距离小到一定程度的时候，它们之间将会有原子力作用。这个力主要与针尖和样品之间的距离有关。从对微悬臂形变的作用效果来分，可简单将其分为吸引力和排斥力，它们分别在不同的工作模式下、不同的作用距离起主导作用。探针与样品的距离不同，作用力的大小也不相同，针尖/样品距离与原子之间的相互作用力关系曲线如图 15-1 所示。曲线的斥力区，力与距离的大小关系近似于线性，反馈回路简单，有利于精确控制力的大小；其缺点是探针与样品均处于斥力接触的环境中，横向力的影响不可避免，黏软样品在采用接触模式成像时表面可能会被探针

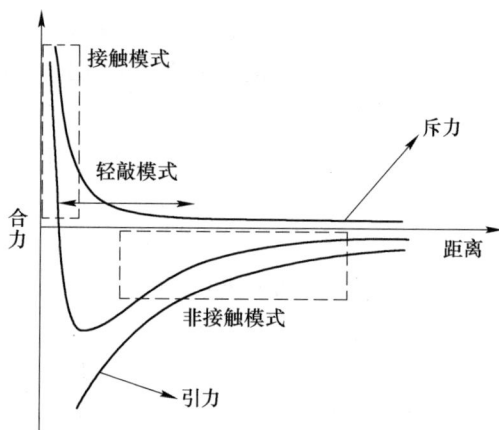

图 15-1   原子之间的相互作用力
与其距离之间的关系

破坏。在空气中使用接触成像模式时，由于吸附在样品表面的水膜导致毛细力的作用，探针与样品之间的作用力比较大，有可能损伤样品。轻敲模式工作时，探针在其共振频率附近做受迫的振动（振动频率为几十千赫兹至数百千赫兹），与样品表面间歇接触，几乎没有横向力效应，在对表面较软的样品进行成像时，其相互作用力的区间横跨引力区与斥力区，当探针接近样品表面时，两者的相互作用力使探针的振幅发生变化，可根据振幅变化来反推探针与样品的相互作用力的大小；其缺点在于振幅变化与相互作用力的大小之间不成线性关系，造成反馈回路比较复杂，力的大小不易精确控制。因为振动在真空中的耗散时间长，导致反馈时间过长，影响成像速度，所以轻敲模式在真空条件下不适用；液相下的操作由于振动频率在人耳敏感区，测试过程中受噪声影响，导致其在液相中的使用有一定局限性。

原子力显微镜的系统可分成三个部分，即力检测部分、位置检测部分、反馈系统，其主要工作原理如图 15-2 所示。

假设两个原子中，一个是在悬臂（cantilever）的探针尖端，另一个是在样本的表面，它们之间的作用力会随距离的改变而变化，其作用力与距离的关系如图 15-1 所示，当原子与原子很接近时，彼此电子云斥力的作用大于原子核与电子云之间的吸引力作用；所以

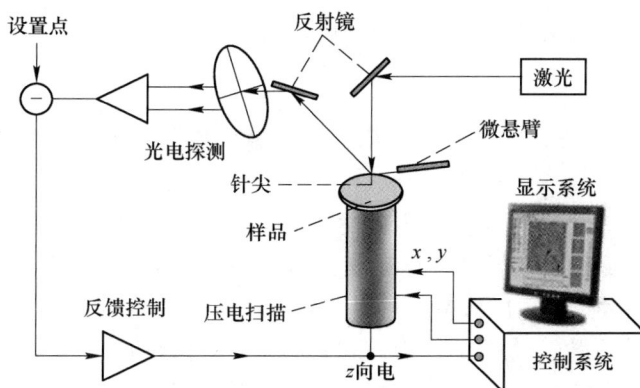

图 15-2　原子力显微镜的工作原理图

整个合力表现为斥力的作用；反之，若两原子分开有一定距离，则其电子云斥力的作用小于彼此原子核与电子云之间的吸引力作用，故整个合力表现为引力的作用。若从能量的角度来看，这种原子与原子之间的距离与彼此之间能量的大小也可从 Lennard-Jones 的公式中得到另一种印证。

$$E^{\mathrm{par}}(r) = 4\varepsilon\left[\left(\frac{\sigma}{r}\right)^{12} - \left(\frac{\sigma}{r}\right)^{6}\right] \tag{15-1}$$

式中，σ 为原子的直径；r 为原子之间的距离。

从式（15-1）中可知，当 r 降低到某一程度时，其能量为正值，代表在空间中两个原子是相当接近的值；当 r 增加到某一程度时，其能量就会为负值，说明空间中两个原子之间距离相当远。不管是从空间上去看两个原子之间的距离与其所导致的吸引力和斥力，或是从当中能量的关系来看，原子力显微镜就是利用原子之间那奇妙的关系来把原子的样子呈现出来的，让微观的世界不再神秘。

原子力显微镜的系统是利用微小探针与待测物之间交互作用力，来呈现待测物的表面的物理特性的。所以在原子力显微镜中也利用斥力与吸引力的方式发展出两种操作模式：

（1）利用原子斥力的变化而产生表面轮廓的为接触式原子力显微镜（contact AFM），探针与试片的距离约数个埃。

（2）利用原子吸引力的变化而产生表面轮廓的为非接触式原子力显微镜（non-contact AFM），探针与试片的距离约数十到数百埃。

在 AFM 中对微弱力极敏感的微悬臂上安装一个极细探针，当探针与样品接触时，由于它们原子之间存在极微弱的作用力（吸引或排斥力），引起微悬臂偏转。扫描时控制这种作用力恒定，带针尖的微悬臂将对应于原子间作用力的等位面，在垂直于样品表面方向上起伏运动，因而会使反射光的位置改变而造成偏移量，通过光电检测系统（通常利用光学、电容或隧道电流方法）对微悬臂的偏转进行扫描，测得微悬臂对应于扫描各点的位置变化，此时激光检测器会记录此偏移量，也会把此时的信号给反馈系统，以利于系统做适当的调整。将信号放大与转换从而得到样品表面原子级的三维立体形貌图像。

　　AFM 的核心部件是力的传感器件，包括微悬臂（cantilever）和固定于其一端的针尖。根据物理学原理，施加到微悬臂末端力的表达式为：

$$F = K\Delta Z$$

式中，ΔZ 为针尖相对于试样间的距离；K 为微悬臂的弹性系数，力的变化均可以通过微悬臂被检测。

　　AFM 的关键部分是力敏感元件和力敏感检测装置。所以微悬臂和针尖是决定 AFM 灵敏度的核心。为了能够准确地反映出样品表面与针尖之间微弱的相互作用力的变化，得到更真实的样品表面形貌，提高 AFM 的灵敏度，微悬臂的设计通常要求满足下述条件：（1）较低的力学弹性系数，使很小的力就可以产生可观测的位移；（2）较高的力学共振频率；（3）高的横向刚性，针尖与样品表面的摩擦不会使它发生弯曲；（4）微悬臂长度尽可能短；（5）微悬臂带有能够通过光学、电容或隧道电流方法检测其动态位移的镜子或电极；（6）针尖尽可能尖锐。

15.2.2　原子力显微镜的针尖技术

　　探针是 AFM 的核心部件，如图 15-3 所示。目前，一般的探针式表面形貌测量仪垂直分辨率已达到 0.1 nm，因此足以检测出物质表面的微观形貌。但是，探针针尖曲率半径的大小将直接影响测量的水平分辨率。当样品的尺寸大小与探针针尖的曲率半径相当或更小时，会出现"扩宽效应"，即实际观测到的样品宽度偏大。这种误差来源于针尖边壁同样品的相互作用以及微悬臂受力变形。某些 AFM 图像的失真在于针尖受到污染。一般的机械触针为金刚石材料，其最小曲率半径约 20 nm。普通的 AFM 探针材料是硅、氧化硅或氮化硅（Si_3N_4），其最小曲率半径可达 10 nm。由于可能存在"扩宽效应"，针尖技术的发展在 AFM 中非常重要：一是发展制得更尖锐的探针，如用电子沉积法制得的探针，其针尖曲率半径在 5～10 nm；二是对探针进行修饰，从而发展起针尖修饰技术。

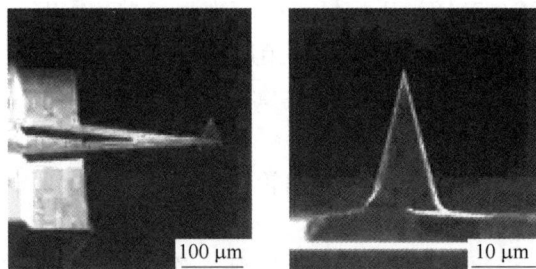

图 15-3　原子力显微镜的探针

　　探针针尖的几何物理特性制约着针尖的敏感性及样品图像的空间分辨率。因此针尖技术的发展有赖于对针尖进行能动的、功能化的分子水平的设计。只有设计出更尖锐、更功能化的探针，改善 AFM 的力调制成像（force modulation imaging）技术和相位成像（phase imaging）技术的成像环境，同时改进被测样品的制备方法，才能真正地提高样品表面形貌图像的质量。

15.2.3   原子力显微镜的工作模式

AFM 有三种不同的工作模式：接触模式（contact mode）、非接触模式（noncontact mode）和共振模式或轻敲模式（tapping mode），如图 15-4 所示。

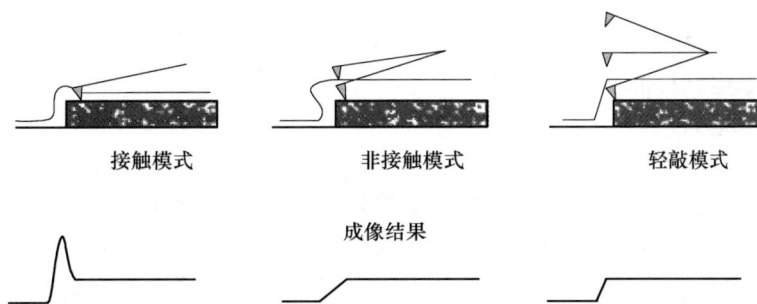

接触模式   非接触模式   轻敲模式

成像结果

图 15-4   三种工作模式

（1）接触模式。接触模式包括恒力模式（constant force mode）和恒高模式（constant height mode）。在恒力模式中，过反馈线圈调节微悬臂的偏转程度不变，从而保证样品与针尖之间的作用力恒定，当沿 x、y 方向扫描时，通过记录 z 方向上扫描器的移动情况来得到样品的表面轮廓形貌图像。这种模式由于可以通过改变样品的上下高度来调节针尖与样品表面之间的距离，因此样品的高度值较准确，适用于物质的表面分析。在恒高模式中，保持样品与针尖的相对高度不变，通过直接测量出微悬臂的偏转情况，即扫描器在 z 方向上的移动情况来获得图像。这种模式对样品高度的变化较为敏感，可实现样品的快速扫描，适用于分子、原子的图像观察。接触模式的特点是探针与样品表面紧密接触并在表面上滑动。针尖与样品之间的相互作用力是两者相接触原子间的排斥力，一般为 $10^{-8} \sim 10^{-11}$ N。接触模式通常就是靠这种排斥力来获得稳定、高分辨的样品表面形貌图像的。但由于针尖在样品表面上滑动及样品表面与针尖的黏附力，可能使得针尖受到损害，样品产生变形，故对于不易变形的低弹性样品存在缺点。

（2）非接触模式。非接触模式是指探针针尖始终不与样品表面接触，在样品表面上方 5~20 nm 距离内进行扫描。针尖与样品之间的距离是通过保持微悬臂共振频率或振幅恒定来控制的。在这种模式中，样品与针尖之间的相互作用力是吸引力——范德华力。由于吸引力小于排斥力，故灵敏度比接触模式高，但分辨率比接触模式低。非接触模式不适用于在液体中成像。

（3）轻敲模式。在轻敲模式中，通过调制压电陶瓷驱动器使带针尖的微悬臂以某一高频的共振频率和 0.01~1 nm 的振幅在 z 方向上共振，而微悬臂的共振频率可通过氟化橡胶减振器来改变。同时反馈系统通过调整样品与针尖的间距来控制微悬臂的振幅与相位，记录样品的上下移动情况，即在 z 方向上扫描器的移动情况来获得图像。由于微悬臂的高频振动，使得针尖与样品之间频繁接触的时间相当短，针尖与样品可以接触，也可以不接触，且有足够的振幅来克服样品与针尖之间的黏附力，因此适用于柔软、易脆和黏附性较强的样品，且不会对它们产生破坏。这种模式在高分子聚合物的结构研究和生物大分子的结构研究中应用广泛。

三种模式的优缺点如下：

（1）接触模式。

优点：快，是唯一能够获得"原子分辨率"图像的 AFM，垂直方向上有明显变化的质硬样品，有时更适于用接触模式扫描成像。

缺点：横向力影响图像质量。在空气中，因为样品表面吸附液层的毛细作用，使针尖与样品之间的黏着力很大。横向力与黏着力的合力导致图像降低，而且针尖刮擦样品会损坏软质样品（如生物样品，聚合体等）。

（2）非接触模式。

优点：没有力作用于样品表面。

缺点：由于针尖与样品分离，为了避免接触吸附层而导致针尖胶粘，其扫描速度低于轻敲模式和接触摸式。通常仅用于非常怕水的样品，吸附液层必须薄，如果太厚，则针尖会陷入液层，引起反馈不稳，刮擦样品。由于上述缺点，非接触模式的使用受到限制。

（3）轻敲模式。

优点：很好地消除了横向力的影响，降低了由吸附液层引起的力，适于观测软、易碎或胶粘性样品，不会损伤其表面。

缺点：比接触模式的扫描速度慢。

15.2.4　原子力显微镜中针尖与样品之间的作用力

AFM 检测的是微悬臂的偏移量，而此偏移量取决于样品与探针之间的相互作用力。其相互作用力主要是针尖最后一个原子和样品表面附近最后一个原子之间的作用力。

当探针与样品之间的距离 d 较大（大于 5 nm）时，它们之间的相互作用力表现为范德华力（Van der Waals forces）。如假设针尖是球状的，样品表面是平面的，则范德华力随 $1/(pd^2)$ 变化（p 为球体半径）。如果探针与样品表面相接触或它们之间的间距 d 小于 0.3 nm，则探针与样品之间的力表现为排斥力（pauli exclusion forces）。这种排斥力与 d^{13} 成反比，且比范德华力随 d 的变化大得多。探针与样品之间的相互作用力为 $10^{-6} \sim 10^{-9}$ N，在如此小的力的作用下，探针可以探测原子，而不损坏样品表面的结构细节。样品与探针的作用力还有其他形式，如当样品与探针在液体介质中相接触时，往往在它们的表面有电荷，从而产生静电力；样品与针尖都有可能发生变形，这样样品与针尖之间有形变力；特定磁性材料的样品和探针可产生磁力作用；对于另一些特定样品和探针，可能样品原子与探针原子之间存在相互的化学作用，而产生化学作用力。但在研究样品与探针之间的作用力的大小时，往往假设样品与探针特定的形状（如平面样品、球状探针），可对样品和探针精心设计与预处理，避免或忽略静电力、形变力、磁力、化学作用力等的影响，而只考虑范德华力和排斥力。

15.3　原子力显微分析设备及操作

15.3.1　原子力显微镜仪器结构

原子力显微镜的系统可分成三个部分，即力检测部分、位置检测部分、反馈系统，如图 15-5 所示。

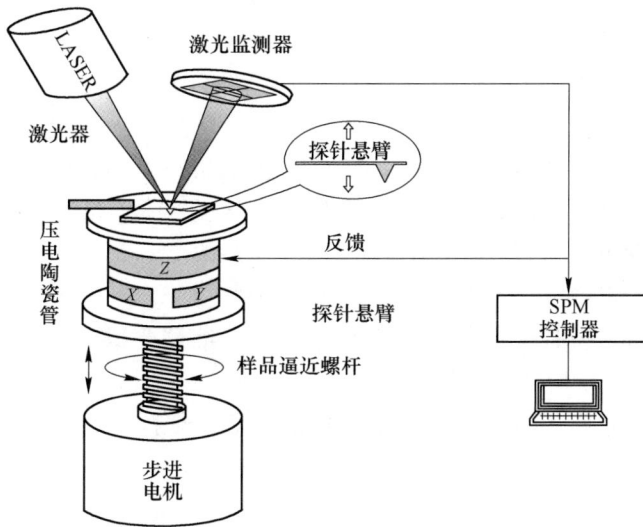

图 15-5　原子力显微镜（AFM）系统结构

（1）力检测部分。在原子力显微镜（AFM）的系统中，所要检测的力是原子与原子之间的范德华力。所以在本系统中是使用微小悬臂来检测原子之间力的变化量。微悬臂通常由一个 100~500 μm 长和 500 nm~5 μm 厚的硅片或氮化硅片制成。微悬臂顶端有一个尖锐针尖，用来检测样品-针尖间的相互作用力。微小悬臂有一定的规格，例如长度、宽度，以及针尖的形状，而这些规格的选择是依照样品的特性，以及操作模式的不同，而选择不同类型的探针。

（2）位置检测部分。在原子力显微镜（AFM）的系统中，当针尖与样品之间有了交互作用之后，会使得悬臂摆动，所以当激光照射在微悬臂的末端时，其反射光的位置也会因为悬臂摆动而有所改变，这就造成偏移量的产生。在整个系统中，依靠激光光斑位置检测器将偏移量记录下并转换成电的信号，以供 SPM 控制器做信号处理。

（3）反馈系统。在原子力显微镜（AFM）的系统中，将信号经由激光检测器取入之后，在反馈系统中会将此信号当作反馈信号，作为内部的调整信号，并驱使通常由压电陶瓷管制作的扫描器做适当的移动，以保持样品与针尖保持一定的作用力。

AFM 系统使用压电陶瓷管制作的扫描器精确控制微小的扫描移动。压电陶瓷是一种性能奇特的材料，当在压电陶瓷对称的两个端面加上电压时，压电陶瓷会按特定的方向伸长或缩短。而伸长或缩短的尺寸与所加的电压的大小成正比。也就是说，可以通过改变电压来控制压电陶瓷的微小伸缩。通常把三个分别代表 X、Y、Z 方向的压电陶瓷块组成三脚架的形状，通过控制 X、Y 方向伸缩达到驱动探针在样品表面扫描的目的；通过控制 Z 方向压电陶瓷的伸缩达到控制探针与样品之间距离的目的。

原子力显微镜（AFM）便是结合以上三个部分来将样品的表面特性呈现出来的。在原子力显微镜（AFM）的系统中，首先使用微小悬臂来感测针尖与样品之间的相互作用，该作用力会使微悬臂摆动，再利用激光将光照射在悬臂的末端，当摆动形成时，会使反射光的位置改变而造成偏移量，此时激光检测器会记录此偏移量，也会把此时的信号给反馈系统，以利于系统做适当的调整，最后将样品的表面特性以影像的方式呈现出来。

15.3.2　原子力显微镜操作步骤

（1）依次开启计算机—控制机箱—高压电源—激光器。

（2）用粗调旋钮将样品逼近微探针至两者间距小于 1 mm。

（3）用细调旋钮使样品逼近微探针：顺时针旋细调旋钮，直至光斑突然向 PSD 移动。

（4）缓慢地逆时针调节细调旋钮并观察机箱上反馈读数：Z 反馈信号稳定在 $-150 \sim$ -250（不单调增减即可），就可以开始扫描样品。

（5）读数基本稳定后，打开扫描软件，开始扫描。

（6）扫描完毕后，逆时针转动细调旋钮退样品，细调要退到底。再逆时针转动粗调旋钮退样品，直至下方平台伸出 1 cm 左右。

（7）实验完毕，依次关闭激光器—高压电源—控制机箱。

（8）处理图像，得到粗糙度。

15.3.3　注意事项

原子力显微镜操作注意事项（接触模式根据）如下：

（1）换接触模式的探针时，利用短一点的探针会比较好，所以在换针的过程中可以把探针放偏一些，以保证短针能在中间，可以良好地反射激光。

（2）调节光路过程中，可以根据反射光点的大小和探测器的位置对探针进行适当的调节，让光斑照射在探针针尖上。同时可以利用光学显微镜进行细调。Sum 值不一定大于 4.0，也有小于 4.0 的情况存在。

（3）在调节光路完毕后，必须把保护盖盖上，减少电磁波的干扰。

（4）利用减震架和关闭日光灯，避免不必要的干扰信号。如果干扰信号仍存在，则可以打开低通滤波，适当选择等级（用 1、2、3、4 级）。

（5）在扫描过程中，最好扫描两次，因为第二次扫描对图像有一定的矫正作用。

（6）扫描器的选择和扫描范围：最佳扫描范围是最大扫描范围的十分之一。

15.4　原子力显微分析的样品准备

原子力显微镜的研究对象可以是有机固体、聚合物以及生物大分子等，样品的载体选择范围很大，包括云母片、玻璃片、石墨、抛光硅片和某些生物膜等，其中最常用的是新剥离的云母片，主要原因是其非常平整且容易处理。而抛光硅片最好要用浓硫酸与 30% 的 7∶3 混合液在 90 ℃下煮 1 h。利用电性能进行测试时需要使用导电性能良好的载体，如石墨或镀有金属的基片。试样的厚度，包括试样台的厚度，最大为 10 mm。如果试样过重，则有时会影响 Scanner 的动作，因此不要放过重的试样。试样的大小以不大于试样台的大小（直径 20 mm）为大致的标准，稍微大一点也没问题，但是最大值约为 40 mm。如果未固定好就进行测量，则可能产生移位，因此需固定好后再测定。

样品的制备要求如下：

（1）样品表面应该是干净、平整和均匀的。任何污染物或不均匀的表面都会影响 AFM 测试的精确性和准确性。

（2）样品必须保持在干燥的环境中。如果样品表面有水分或其他液体残留物，则可能会导致测试结果不准确，因为液体可能会在扫描过程中干扰样品表面的结构。

（3）样品尺寸应该足够小，以确保在测试过程中样品表面的任何变化都可以被检测到。如果样品过大，则可能会导致一些细节被忽略或掩盖。

（4）样品应该具有相应的硬度和强度。如果样品太软或太脆，则在测试过程中可能会发生形变或破裂，从而导致测试结果不准确。

（5）样品表面应该具有一定的反射性和导电性。这可以确保样品表面的形态和结构可以准确地被探测到。

（6）样品的形态和结构应该与所需测试的目的相匹配。例如，如果要测试材料的表面粗糙度，则需要选择具有所需粗糙度的样品。

其他注意事项：

（1）在测试之前，应该进行预热和冷却等样品处理，以确保样品处于稳定状态。并对扫描参数进行仔细调整和测试，以确保扫描的准确性和精确性。

（2）在测试过程中，应该避免任何外力的干扰，以确保测试结果的准确性和可靠性。

综上所述，样品的准备和选择对 AFM 测试的精确性和准确性至关重要。只有在选择了合适的样品并进行了正确的样品处理后，才能获得准确、可靠的 AFM 测试结果。

以下为经常分析的几种样品类型的制备方法：

（1）粉末样品的制备：粉末样品的制备通常用的是胶纸法，先把双面胶纸粘贴在样品座上，然后把粉末撒到胶纸上，吹去没粘贴在胶纸上的多余粉末即可。

（2）块状样品的制备：玻璃、陶瓷及晶体等固体样品需要抛光，注意固体样品表面的粗糙度。

（3）液体样品的制备：液体样品的浓度不能太高，否则粒子团结会损伤针尖（纳米颗粒：纳米粉末分散到溶剂中，越稀越好，然后涂于云母片或者硅片上，手动滴涂或用旋涂机旋涂均可，并自然晾干）。

15.5　原子力显微分析应用

AFM 最基本的功能便是可以获得样品表面的三维形貌，并提供可靠的表面形貌的三维数据、相衬图像中的力学数据和力谱。AFM 在水平方向具有 0.1~0.2 nm 的高分辨率，在垂直方向的分辨率约为 0.01 nm。AFM 与扫描电子显微镜（SEM）两种技术间最根本的区别在于处理试样深度变化时有不同的表征，AFM 能够以数值形式准确地获取膜表面的高低起伏状态。图 15-6 所示为接触式操作模式下得到的二氧化硅增透薄膜原子力图像，可以逼真地看到其表面的三维形貌。图 15-7 所示为不同的温度下快速退火后 PZT 薄膜的 AFM 形貌图。

原子力显微镜与扫描电子显微镜相比有几个优点。与电子显微镜不同，电子显微镜提供样品的二维投影或二维图像，原子力显微镜提供三维表面轮廓。此外，原子力显微镜观察的样品不需要任何会不可逆地改变或损坏样品的特殊处理（如金属/碳涂层），并且在最终图像中通常不会受到带电伪影的影响。电子显微镜只有在昂贵的真空环境下才能正常工作，而大多数原子力显微镜可以在环境空气甚至液体环境中非常好地工作。这使得研究

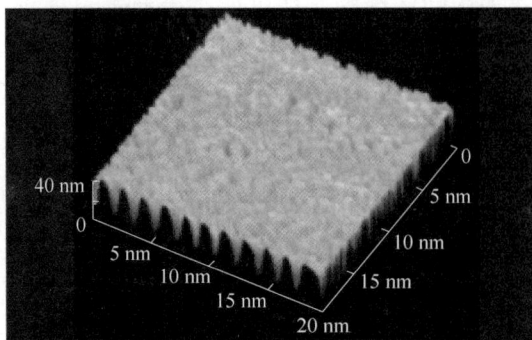

图 15-6　二氧化硅增透薄膜的 AFM 图

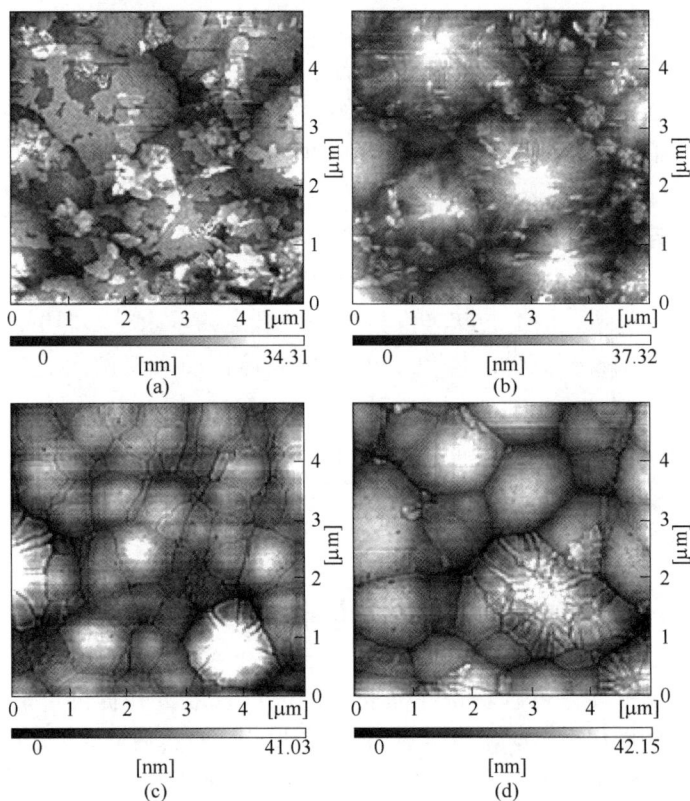

图 15-7　不同的温度下快速退火后 PZT 薄膜的 AFM 形貌图

（a）550 ℃；（b）600 ℃　（c）650 ℃；（d）700 ℃

生物大分子甚至生物有机体成为可能。原则上，原子力显微镜可以实现比扫描电镜更高的分辨率，它已经被证明能在超高真空（UHV）和液体环境中实现真正的原子分辨率。高分辨率原子力显微镜在分辨率上与扫描隧道显微镜和透射电子显微镜相当。原子力显微镜还可以与各种光学显微镜和光谱学技术相结合，例如红外光谱的荧光显微镜，从而产生扫描近场光学显微镜、纳米傅里叶变换红外光谱，并进一步扩展其适用性。原子力显微镜和光学仪器的结合主要应用于生物科学，但最近引起了人们对光伏、储能研究、聚合物科学、纳米技术，甚至医学研究的浓厚兴趣。

15.5.1　原子力显微镜在二维材料领域的应用

二维材料的研究已经在世界范围内成为材料领域的主流研究方向之一。从基础物理角度来看，二维材料是实验观测低维凝聚态中奇异物态的理想体系。对奇异物态的解析是推动凝聚态物理取得基础性突破的关键动力。对二维转角体系中强、弱关联态的转换过程及机制的研究正促进人们对（高温）超导等强关联体系的理解。在工程应用方面，与现有硅半导体工艺兼容的二维材料微加工工艺是实现其电子学应用的前提条件；充分利用二维材料在结构、性能等方面优势，开发新型器件，实现与传统半导体器件的比较优势是二维材料工程化应用的决定性因素。

原子力显微镜因其探针的特殊工作模式，AFM 在压痕技术的研究方面大放异彩，已经成为二维纳米材料研究领域中最主要使用的仪器之一。表征无支撑的二维材料及其异质结构的面内力学特性是基于 AFM 的纳米压痕技术的主要应用。更高的精度使其远比检测垂直表面变形的纳米压痕技术更适合评估范德瓦尔斯材料的层间机械特性。从这个角度看，AFM 方法补充了纳米压痕技术的层间力学问题和纳米压痕技术的不足之处。

2007 年，业内第一次利用原子力显微镜测量了二维材料的力学性质，实验中 2 ~ 8 nm 厚的若干层石墨烯被置于宽度为 1 μm 的长方形沟槽上，由 AFM 探针在沟槽上施加正压力，从而使样品产生垂直方向的位移，引起面内拉伸，测得石墨烯弹性模量的数值为 500 GPa。对此偏差，Lee 等将若干层石墨烯改为单层石墨烯，采用圆形孔洞，针尖在二维薄膜中心施加点载荷，从而实现更对称的应变分布。探针尖端的位移可用于控制二维材料的表面形变，正压力数值即是光斑偏转信号与悬臂梁弹簧常数的乘积，对以上两个物理量间的相应关系作图，最终得到压力-位移曲线，如图 15-8 所示。

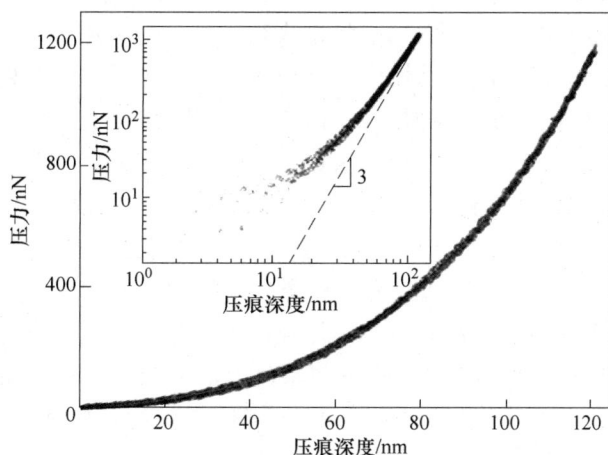

图 15-8　悬空石墨烯纳米压痕压力-位移本构关系

图 15-8 所示为悬空单层石墨烯的压力-位移曲线和对应式 $F = (\sigma_2 D_0)\delta + (E_2 D q_3 r_2)\delta_3$ 的拟合。在多次进行实验并取得多组数据后，即可绘制出如图 15-9 所示的二维弹性模量的统计直方图。在设定 0.34 nm 作为单层石墨烯厚度的前提下，Lee 等得到单层石墨烯弹

性模量的结果与自然界中的金刚石接近，这些数据可证实单层石墨烯基本达到了固体材料刚度的上限。

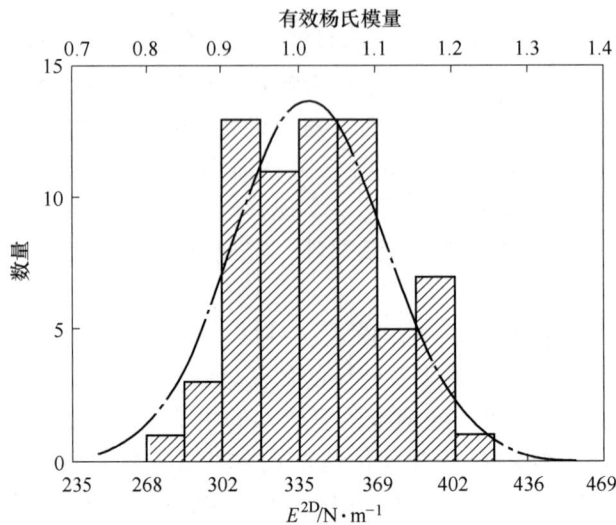

图 15-9 石墨烯面内弹性模量统计直方图

15.5.2 原位原子力显微镜在电化学中的应用

15.5.2.1 在电化学腐蚀研究中的应用

电化学是对化学变化过程中的电荷转移现象及原理进行研究的学科，其研究的化学反应通常发生在液-液、液-气和液-固等界面上。电化学测试以电势、电流测定为基本手段，通过测定界面上的电势差或流过界面的电流来表征化学反应的进程，或者对界面施加一个小的电势扰动，采集电流的响应，常用的测试技术有循环伏安法、计时电位法、计时电流法、电化学阻抗谱以及电化学噪声测量等。EC-AFM 可以在微纳尺度上探究电化学反应过程，其本质是在化学反应过程中实时观测表面形貌或电学性能随化学反应进程的变化，来定性或定量地揭示电化学反应与微区表面形貌的对应关系，以推测反应机理或路径。EC-AFM 的搭建方式如图 15-10 所示，电化学测试时可以通过施加电压、电流等信号同时获取表面三维形貌信息。在实际的使用过程中，对电化学液池以及相应电极的改造较大，一般是将电极小型化至微米或更小的尺寸以适应原子力显微镜较小的操作空间，电极电路也会重新设计以满足被测样品需要固定在 AFM 样品台上的要求。被测样品会被设计为工作电极，自侧面引出电源线，对于电极和参比电极与工作电极的距离远小于传统电化学液池，其中的 AFM 部分可以直接采用商用的样品放置空间大的仪器，几乎不需改造。

扫描电化学显微镜是将电化学技术与 AFM 有机结合发展出的新技术，其核心是将原子力显微镜的探针引入电极体系，成为其中的一个电极（一般作为工作电极），通过检测其电流/电势来获得探针电极附近的电化学反应的动力学/热力学信息，以进一步探究或证实电化学反应的机理。

1989 年，Bard 等使用超微电极作为探针发明了第一代的扫描电化学显微镜 SECM

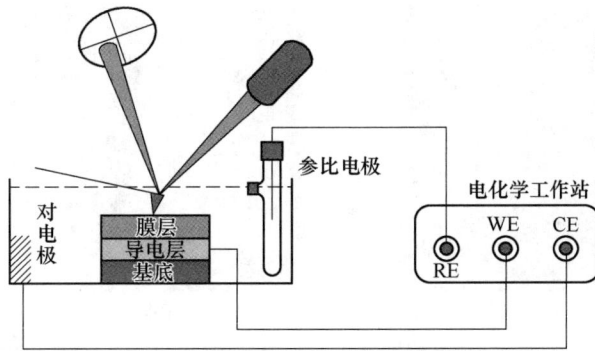

图 15-10　电化学原子力显微镜（EC-AFM）结构

（图 15-11（a）），受限于超微电极的直径以及恒高工作模式的影响，该机的分辨率在微米尺度。Knittel 等发布了一款商用的 SECM 仪器（图 15-11（b）），将 AFM 探针与压电陶瓷整合在一起，通过压电陶瓷的形变改变探针在三维空间的位置，实现探针与待测样品基底之间的相对空间位置的改变，克服了恒高模式的不利影响；此外，探针针尖的曲率半径最细为 50 nm，可达到数十纳米的分辨率。

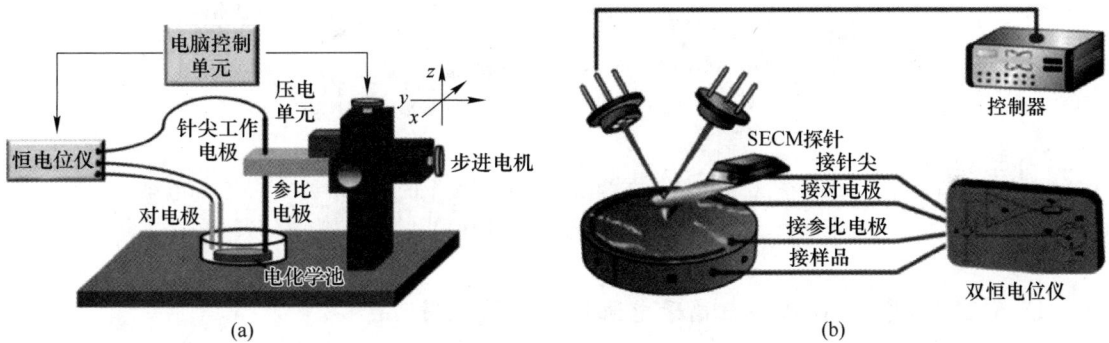

图 15-11　第一代 SECM(a)及新 SECM 体系(b)的结构

　　研究腐蚀机理、发展防腐技术在金属加工、船舶航运等领域中的应用具有重要意义。传统的防腐蚀研究集中在宏观领域，随着研究的深入，在微纳米尺度上研究金属腐蚀的机理成为迫切需求。1998 年，Schmutz 等首次将 KPFM 技术引入腐蚀科学研究领域，发展至今，AFM 已经成为微纳尺度上研究金属腐蚀的有力工具，在大气腐蚀研究、微生物腐蚀研究以及缓蚀剂作用机理的研究等方面发挥了重要作用。

　　潮湿环境中，金属材料表面的液膜充当了表面微阳极和微阴极之间的导电通路，加速了金属腐蚀过程，因此原位检测液膜中的微区电位分布是研究金属材料大气腐蚀的关键之一。作为一种可以在大气气氛中工作的微区分析技术，KPEM 可以有效实现这一需求功能。Örnek 等研究了冷轧双相不锈钢的微观结构，利用 SEM-EBSD 与 KPFM 关联成像技术，同位表征了在相对湿度为 38% 的条件下该材料表面的三维形貌和电势分布（图 15-12）。结果表明，冷轧工艺使不锈钢的微观结构因局部应变而产生了内应力，同时减小了两相间的表面电势差，进而造成了双相不锈钢的点腐蚀多出现在奥氏体内的现象。

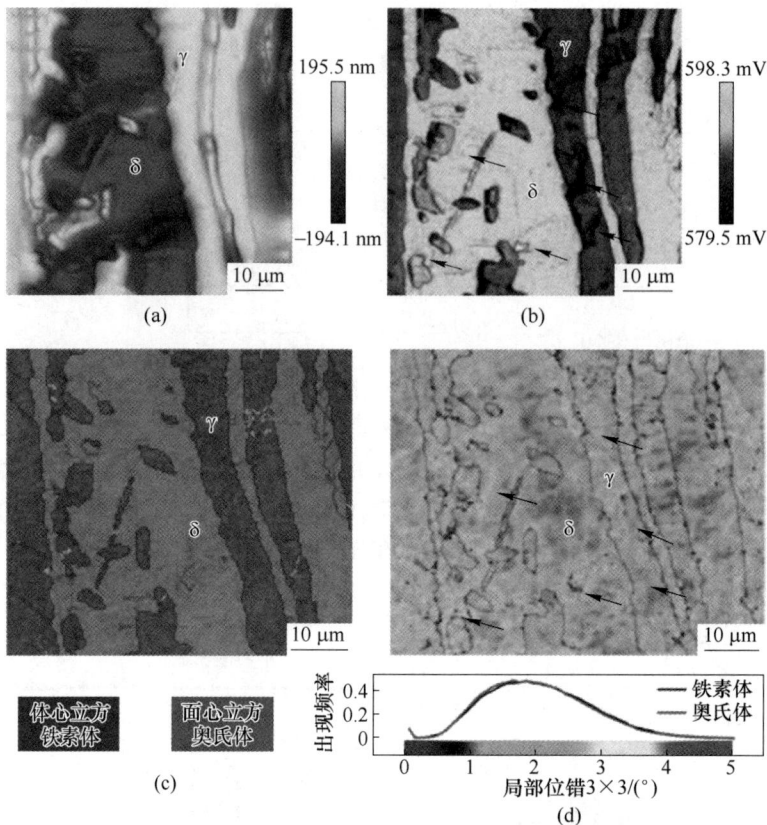

图 15-12　2205 冷轧双相不锈钢在 38% 的相对湿度下的表面形貌(a)、表面电势
分布(b)，以及对应区域的 EBSD 相图(c)和局部位错图(d)

15.5.2.2　原位 AFM 在锂离子电池研究中的应用

A　SEI 膜的形成及其结构在充放电前后的变化

SEI 膜是锂离子电池在首次充放电过程中形成的，它是电极材料与电解液在固-液界面发生反应形成并沉积在电极表面的不溶物，其厚度为 100~120 nm，它是电子绝缘体，却是锂离子的优良导体。SEI 膜的生成虽然降低了锂离子电池的可逆容量，但是因抑制了溶剂分子的进一步嵌入，对电极表面起到了保护作用，保证了后续锂离子的可逆脱嵌，其存在对于全电池的反应动力学稳定性及安全性至关重要。然而，由于 SEI 膜对电子束敏感，在电镜下难以表征，加之形成过程复杂，研究人员对其了解并不透彻。为了探究 SEI 膜的成因和演变，Cresce 等用 EC-AFM 原位探究了高定向热解石墨（HOPG）表面 SEI 膜的形成过程（图 15-13），发现当开路电压在 2.5~2.1 V 时，HOPG 表面没有 SEI 膜形成，直到当电压降至低于 1.5 V 时，表面才开始形成 SEI 膜，由这一现象推测出 SEI 膜的早期成因是电解质溶剂在电极表面的还原。当电压降为 1.0 V 时，HOPG 的表面完全被 SEI 膜覆盖（图 15-14），说明碳酸盐在 HOPG 表面发生了还原反应，这一点能够被 AFM 图及相应的 CV 曲线上的电流数据所证实。此后，不同的科研小组还利用原位的 EC-AFM 技术研究了锂离子电池电解液的溶剂组分、电解液添加剂与 SEI 膜初始形成电压以及膜的表面形

貌之间的关联，厘清了电解液溶剂组分、添加剂等对 SEI 膜生成的影响规律。

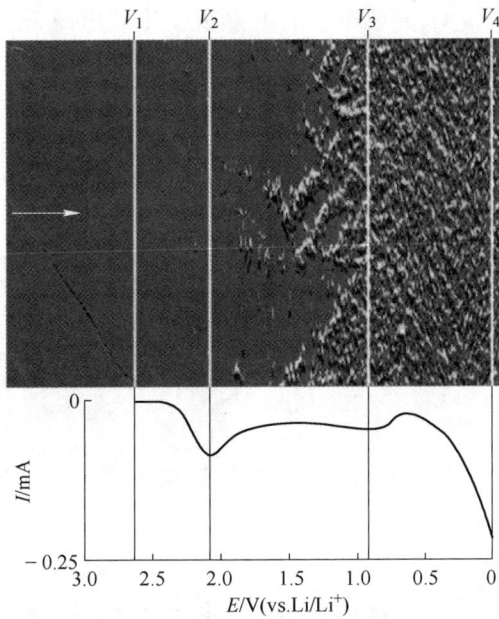

图 15-13　HOPG 基底上 SEI 膜形成过程的 AFM 形貌

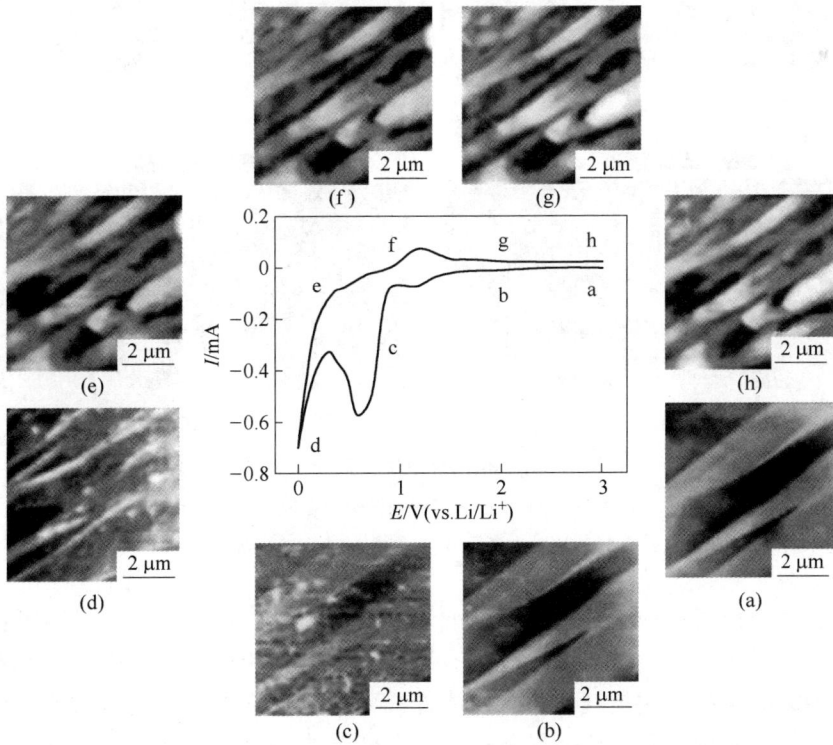

图 15-14　HOPG 基底上锂离子电池电极在循环过程中不同电位对应的 AFM 形貌

B　电极材料在充放电循环过程中的导电性变化

电极材料的导电性对锂离子电池的性能有重要影响。Zeng 等通过 AFM 获得了富锂正极材料 $Li_{1.2}Co_{0.13}Ni_{0.13}Mn_{0.54}O_2$ 充放电前后的形貌变化与电流分布的关系，发现在充放电的不同阶段其导电性不同。在样品未充电的初始状态下，晶粒边界上的导电性比晶粒内部好；而充电之后整个材料的导电性均明显提高，且未发现明显差别；放电后，晶粒边界和内部的导电性差别明显大于充电状态，但是比样品未充电的初始状态下导电性的差别小（图 15-15），他们将其归因于第一次充放电过程对电极形貌起到的修饰作用。

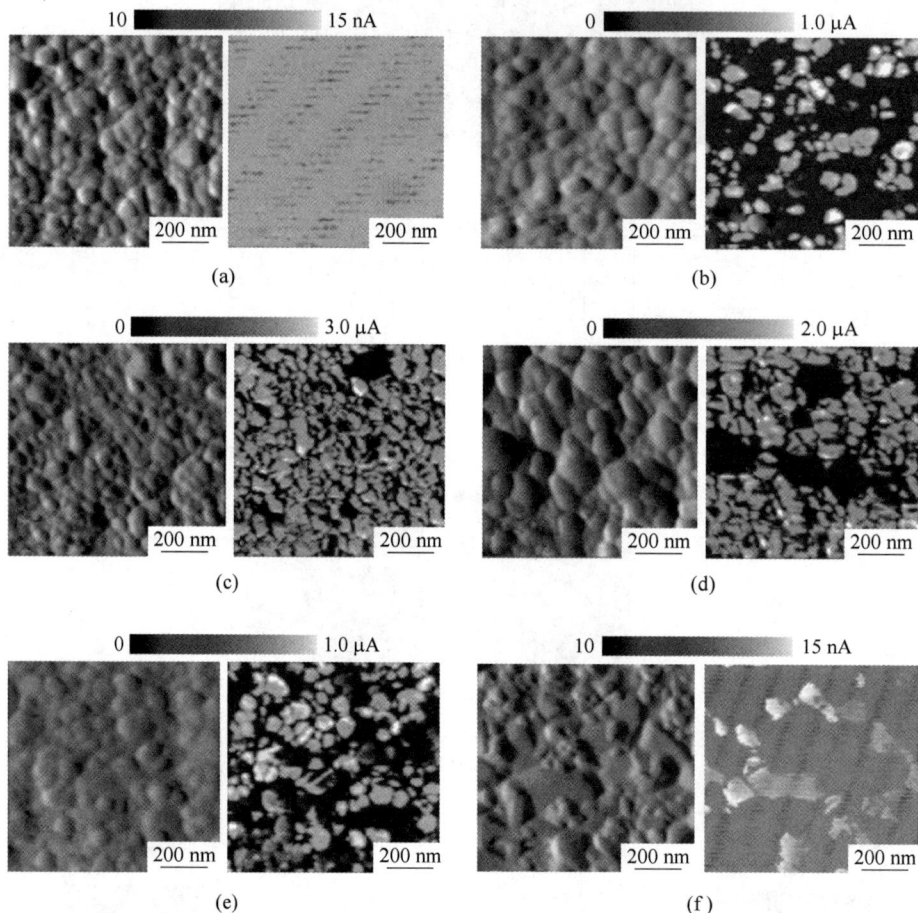

图 15-15　$LiNi_{1/3}Co_{1/3}Mn_{1/3}O_2$ 薄膜的 AFM 形貌与电流分布

（（a）~（f）对应的 $LiNi_{1/3}Co_{1/3}Mn_{1/3}O_2$ 薄膜的电极的状态依次分别为未循环、放电 50%、放电至 1.5V、放电至 1.0V、充电 50%、充电到 2.0 V）

原子力显微镜作为一种非常具有潜力的表面表征工具，在测量材料表面形貌和力学性质的同时，不会损坏材料，这一优势对具有高度非均质性的地质材料进行微纳米尺度下的研究时有着很大的帮助，这是其他高分辨成像技术无法实现的。随着实验和设备的进步，原子力显微镜有望实现研究模拟地层条件下的孔隙结构和表面信息等。

与扫描电子显微镜相比，原子力显微镜的缺点之一是扫描图像尺寸单一。在一次扫描中，扫描电镜可以对景深为毫米的平方毫米的区域进行成像，而原子力显微镜只能对最大扫描面积约为 150 μm×150 μm，最大高度为 10~20 μm 的区域进行成像。一种改进原子力显微镜扫描区域大小的方法是以类似于千足虫数据存储的方式使用平行探针。

原子力显微镜的扫描速度也是一个限制。传统上，原子力显微镜扫描图像的速度不如扫描电子显微镜快，典型扫描需要几分钟，而扫描电子显微镜能够几乎实时扫描，尽管扫描质量相对较低。原子力显微镜成像过程中相对较慢的扫描速度经常导致图像中的热漂移，使得原子力显微镜不太适合测量图像上形貌特征之间的精确距离。然而，几个快速动作的设计被建议用来提高显微镜的扫描效率。为了消除由热漂移引起的图像失真，已经引入了几种方法。原子力显微镜伪影产生于一个高曲率半径的尖端相对于要可视化的特征。

原子力显微镜与任何其他成像技术一样，存在图像伪影的可能性，这可能是由不合适的尖端、恶劣的操作环境，甚至是样品本身引起的，产生图像伪像是不可避免的；然而，它们的出现和对结果的影响可以通过各种方法来减少。由过于粗糙的尖端导致的伪像可能是由于例如不适当的处理、扫描过快或者表面不合理粗糙而与样品发生事实上的碰撞，从而导致尖端的实际磨损。

由于原子力显微镜探头的性质，它们通常不能测量陡峭的墙壁或悬高。特制的悬臂和原子力显微镜可以用来调节探头的侧面和上下方向（如动态接触和非接触模式），以更昂贵的悬臂、更低的横向分辨率和额外的人为因素为代价来测量侧壁。

综上所述，原子力显微镜具有较为成熟的物理学测量原理，能对测定样品表面有着较好的测量表征能力。尽管 AFM 对于样品表面的形貌有着不俗的表现，但同时它对于样品内部的构造组成等方面无能为力。这也解释了为什么实际在实验室中研究人员通常将 AFM 与其他仪器（TEM、SEM、XRD 等）配合使用，从而达到综合各方面表征样品的目的。随着人工智能以及 IT 系统的飞速发展，更优良的测量部件的应用以及更精确的系统控制和反馈，必将引领 AFM 在测量精度等方面的提升，使得其必将作为一种最基本、最常用的表征手段被应用于化学、材料、生物等各领域。

参 考 文 献

[1] 吴召洪，陈建，附青山，等 . 原子力显微镜探针针尖修饰的研究进展 [J]. 材料导报，2014，28（15）：62-68.

[2] 李云刚 . 红外窗口用二氧化硅/氧化钇增透膜的优化制备与评价 [D]. 哈尔滨：哈尔滨工业大学，2010.

[3] GEISSE N A. AFM and Combined Optical Techniques [J]. Materials Today，2009，12 (7/8)：40-45.

[4] HUTH F，SCHNELL M，WITTBORN J，et al. Infrared-spectroscopic nanoimaging with a thermal source [J]. Nature Materials，2011，10 (5)：352-356.

[5] BECHTEL H A，MULLER E A，OLMON R L，et al. Ultrabroadband infrared nanospectroscopic imaging [C] // Proceedings of the National Academy of Sciences，2014，111 (20)：7191-7196.

[6] PALUSZKIEWICZ C，PIERGIES N，CHANIECKI P，et al. Differentiation of protein secondary structure in clear and opaque human lenses：AFM-IR studies [J]. Journal of Pharmaceutical and Biomedical Analysis，2017，139：125-132.

[7] LAPSHIN R V. Feature-oriented scanning methodology for probe microscopy and nanotechnology [J]. Nanotechnology，2004，15 (9)：1135-1151.

［8］ LAPSHIN R V. Automatic drift elimination in probe microscope images based on techniques of counter-scanning and topography feature recognition ［J］. Measurement Science and Technology，2007，18（3）：907-927.

［9］ YUROV V Y, KLIMOV A N. Scanning tunneling microscope calibration and reconstruction of real image：Drift and slope elimination ［J］. Review of Scientific Instruments，1994，65（5）：1551-1557.

［10］ SCHITTER G, ROST J M. Scanning probe microscopy at video-rate ［J］. Materials Today，2008，11：40-48.

［11］ 马晓军，马艳丽. 原子力显微镜在膜技术中的应用 ［J］. 天津科技大学学报，2018，33（4）：1-6.

［12］ 刘金超，崔洁. 原子力显微镜的工作原理及其在电化学原位测试中的应用 ［J］. 材料导报，2022，36（14）：1-11.

［13］ 陈一唯. 原子力显微镜在二维材料领域的应用 ［J］. 信息记录材料，2023，24（1）：45-47.

习　题

参考答案

15-1　简述原子力显微镜的原理。

15-2　简述原子力显微镜的结构和作用。

15-3　原子力显微分析样品的要求有哪些?

16 三维原子探针层析

本章内容导读：

- 三维原子探针的概述和原理
- 三维原子探针的结构介绍
- 三维原子探针层析设备操作
- 三维原子探针层析样品准备
- 三维原子探针层析的应用

16.1 概　　述

　　原子探针层析技术的发展大概经过场离子显微镜到原子探针这两个阶段，从场离子显微镜到原子探针技术，几乎都是 E. Müller 教授个人的天才发明。场离子显微镜基本是由一个真空容器构成的，真空容器的一端是典型尺寸为直径 75 mm 的荧光屏，另一端放置针尖状的待测样品，针尖的曲率半径一般小于 100 nm。在真空容器中冲入低压的惰性气体，通常是氦气或氖气。工作时在针尖样品施加高压电场，惰性气体在非常接近尖端表面的位置被电离，随后在强电场的作用下飞速离开，气体离子撞击荧光屏形成的图像就刻画下了针尖表面的电场分布，电场的分布与尖端的局域表面形貌具有内在的关联。通过在极低的温度下优化空间分辨率，可以使分辨率高到足以直接提供单个表面的原子图像。通过进一步增强样品尖端表面电场，使样品尖端表面原子剥离，称为场蒸发。场离子显微镜连续一层层剥离样品表面的原子，并通过高速 CCD 相机连续捕捉荧光屏的图像，便可使样品表面结构可视化。图 16-1 所示为场离子显微镜的原理示意图以及所得到的图像。

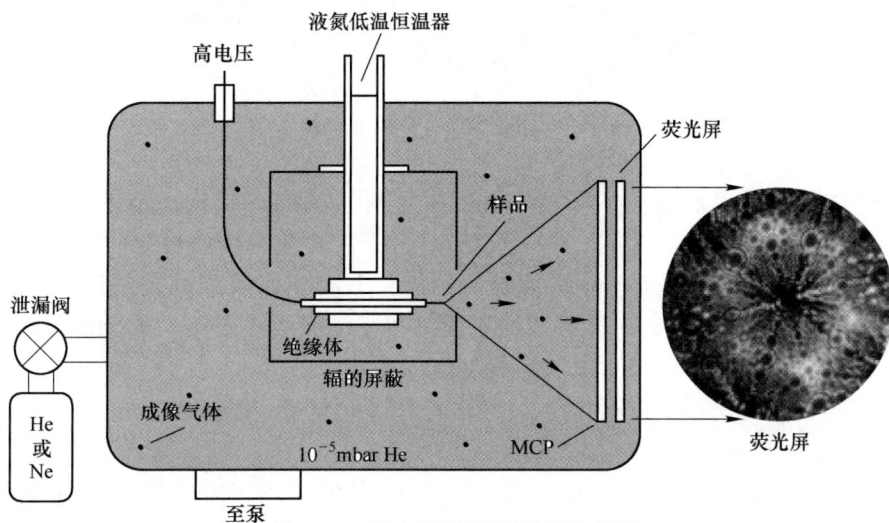

图 16-1　场离子显微镜原理示意图

对于三维原子探针层析（APT），则是在场离子显微镜的基础上发展起来的。不同的是它不再电离尖端表面的惰性气体，而是直接将样品表面的原子一个一个电离，并借助电场将其剥离出来。Müller、Vanselow 和 Schmidt 首先使用质谱仪测定了室温和高于室温的场蒸发的各种特性。Barofaky 和 Müller 将场离子显微镜和磁偏转质谱仪组合，在低温下鉴别了场蒸发元素，但不能对样品进行有选择的区域分析。1967 年，Müller、Panitz 和 McLane 开拓了飞行时间原理，第一次使得区别单个被选择的离子成为可能。原子探针层析的基本原理也很简单，首先通过场蒸发连续将样品尖端的原子去除，在脉冲电场的作用下使单个离子离开样品表面到达荧光屏，利用飞行时间质谱仪确定原子的种类，利用位置敏感探头确定原子离开样品表面的位置。通过连续的场蒸发，一层层剥离样品尖端的原子，并在后续通过软件进行重构，以得到三维状态下的原子分布信息。

16.2　三维原子探针层析的原理

对曲率半径小于 100 nm 的针形样品施加较大的直流偏压（5~20 V），针尖处由于曲率半径非常小，会产生非常大的静电场（10~60 V/nm）。在高静电场的作用下针尖处的原子就会从表面电离蒸发。样品表面原子被场蒸发后离开样品表面，并沿着直流电场飞至位置敏感探测器上，在飞行过程中，利用飞行时间质谱记录每个离子的飞行时间，可得到其离子种类信息，当离子被位置敏感探测器捕捉到，可获得其位置信息。通过离子种类信息和位置信息可重构出离子在材料中的三维分布（图 16-2）。

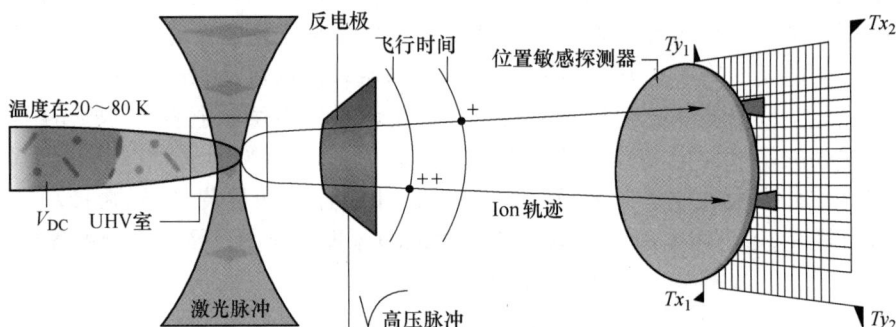

图 16-2　三维原子探针层析原理示意图

3D-APT 的特性就是从最小的尺度来逐点揭示材料的内部结构，不论简单抑或复杂。可以轻松获得纳米尺度结构的细节——化学成分和三维形貌，因而可专门应对材料研发中令人棘手的小尺度结构的测量与分析问题。例如，沉淀相或团簇结构的尺寸、成分及分布；元素在各种内界面（晶界、相界、多层膜结构中的层间界面等）的偏聚行为等。

16.3　三维原子探针层析设备及操作

原子探针设备最早由法国 CAMECA 公司生产，目前国内在用的多为 LEAP 4000X HR（图 16-3）和 LEAP 5000X HR。

图 16-3　LEAP 4000X HR 设备

仪器主要由控制系统、真空预抽室、真空存储样品室、分析室、激光控制系统等组成。

首先将制备好的样品放入第一层的真空室预抽真空 6 h，并进行加热干燥操作，去除残余水蒸气等杂质。真空到达后送入第二真空室，利用样品操作杆将待测样品送入分析室。然后进行测试，测试时施加的脉冲有电压脉冲和激光脉冲两种，相应的分为电压模式和激光模式。电压模式的特点是电离的离子多为一价态，质谱的峰较为干净，但蒸发速率慢，蒸发相同离子数下测试时间较长，且背底噪声较高。激光模式最大的优点是蒸发速率快，测试效率高，背底噪声低，但会有许多的二价态峰以及杂峰，给分辨原子种类带来难度。实验室一般多用激光模式。在进行激光模式测试之前，需要在电压模式下首先找寻到针尖位置，检查针尖质量，并通过调整针尖位置将场蒸发的离子完整铺满荧光屏，然后在激光模式下调整激光位置，最后使用激光脉冲，即在激光模式下完成对样品的收集，并通过软件对样品进行重构分析。在测试时对样品施加的脉冲频率一般在 200 MHz，探测率约为 1%。此外，不同样品需要调整不同的温度，以及激光能量参数。对于普通钢、镍基合金、中高熵等，一般在温度 50 K、激光能量 60 pJ 下进行测试。对于铝合金、硅基样品，一般在温度 30 K、激光能量 30 pJ 下进行测试。具体测试参数还需根据样品的状态以及测试状态进行细微的调整，调整一般参考样品的已知信息，如成分特点、析出相的成分、形状等特点，对测试温度、脉冲分数、激光能量等进行调整使测得结果与实际相符。

16.4　三维原子探针层析的样品准备

如前所述，原子探针的测试需要准备针尖样品，针尖的曲率半径一般小于 100 nm。针尖样品的制备可分为两种，一种是电解抛光；另一种是利用聚焦离子束进行切割，也就是 FIB 切割。FIB 切割几乎适用于所有种类样品的制备，对于感兴趣的分析区域基本可以做到精确切割，尤其适用于分析样品的晶界、相界面以及大尺寸析出相针尖样品的制备。对于一些辐照样品等特殊样品的制备，FIB 也是唯一选择。但 FIB 所需切割时间较长，价格较贵，切割精度受操作技术限制。电解抛光是一种快速、方便的制备方式，制备时间一般仅需 20 min 左右，且具有较高的经济性。但相应的，它只适合导电的金属样品，制备针尖样品的分析区域随机，适合具有小尺寸析出相样品以及细晶等样品的制备。下面简单介绍电解抛光针尖样品的制备过程，具体示意图如图 16-4 所示。

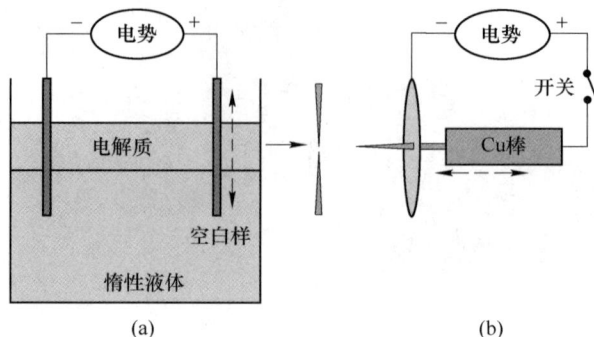

图 16-4　电解抛光示意图

电解抛光的制备过程大致分为粗抛（图 16-4（a））和精抛（图 16-4（b））两个阶段。对于一般的钢铁样品，首先将样品利用线切割切成 0.5 mm×0.5 mm×15 mm 的棒状样品，使用 25%高氯酸酒精溶液通过施加直流电压进行粗抛，大致将一端抛出针状。然后进行使用不同浓度的高氯酸乙二醇丁醚溶液在铂丝环中进行精抛。最终电解抛光后的针状样品尖端的曲率半径小于 100 nm。对应到具体种类的样品，会对直流电压以及电解抛光液的种类、浓度进行相应的调整。

16.5　三维原子探针层析应用领域

三维原子探针，用这种仪器可以了解金属材料中不同合金元素在微区中不均匀分布的问题；合金元素在各种界面及晶体缺陷处的偏聚分布；显微组织变化初期时只有数十个不同原子发生团聚时的过程。三维原子探针是目前最微观的分析仪器，能够进行成分的定量分析，在研究金属材料的许多问题时都可以发挥重要的作用。

在传统金属材料、新型金属材料、新能源材料、电子信息材料及其器件、存储介质、先进材料（纳米线、量子阱）、LED 芯片、光伏材料、复合材料与集成器件等材料、物理、化学等多学科的研究领域中均有应用。

16.6　三维原子探针层析应用举例

如前所述，三维原子探针对于团簇、析出相的成分、体积分数、数量密度等的分析，以及晶界、相界面元素的偏聚、成分分布等问题进行定量的统计分析，是目前为止在原子级别上能给出的最精确的分析手段，在诸多行业领域发挥着不可替代的作用，下面列举一些三维原子探针技术的具体应用实例。

随着工业的发展，高强度钢的研究从未停止。对于钢的强化手段，目前主流的有析出强化、细晶强化、异质结构强化等，其中析出强化是最为有效的一种强化方式。Y. Tong 等制备了两种成分相同的相干纳米沉淀物强化 $FeCoNiCrTi_{0.2}$ 高熵合金，研究了其在室温（293 K）和低温（77 K）下的拉伸性能及相应的缺陷-组织结构演变，分析了析出相的强化机制以及变形机制。在 1073 K 温度下 1 h 后，由于非均相和均相的形核机制，析出相分别在晶界附近和晶内形成了层状和球状析出相。这两种类型的析出相成分相同，但片状具有 LPSO 结构、化学无序，而纳米颗粒则是有序的、L_{12} 结构的 γ' 相。与单相 FeCoNiCr HEA 相比，沉淀强化 FeCoNiCrTi$_{0.2}$ HEA 的屈服强度和极限抗拉强度显著提高，但塑性略有降低。与单相 HEA 相似，沉淀强化 FeCoNiCrTi$_{0.2}$ HEA 的变形行为表现出强烈的温度依赖性。当温度从 293 K 降低到 77 K 时，其屈服强度和极限抗拉强度分别从 700 MPa 增加到 860 MPa 和 1.24 GPa 增加到 1.58 GPa，塑韧性从 36% 提高到 46%（图 16-5 和图 16-6）。

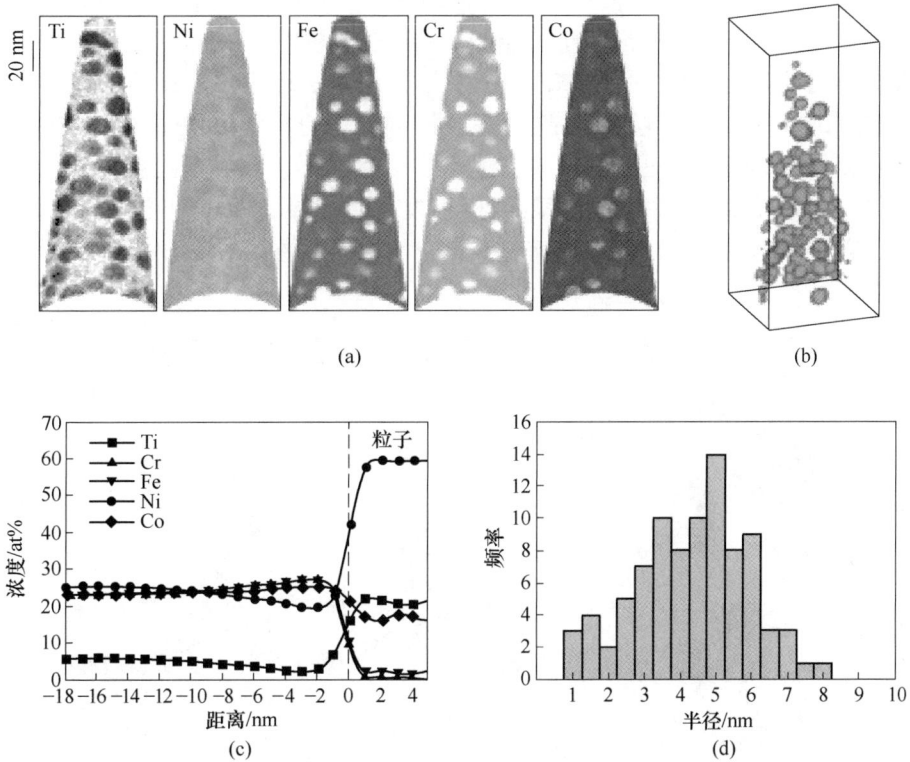

图 16-5   基体中的各元素分布图(a)、40 at%Ni 的等浓度面图(b) 球形析出相及
其界面两侧各元素的成分分布(c)和球形析出相的尺寸分布(d)

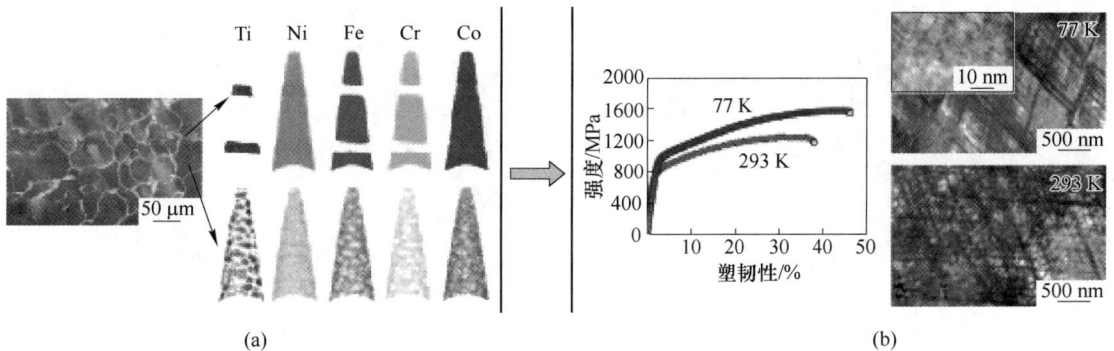

图 16-6   晶界层片状析出相和晶界内球形析出相的元素分布(a)和
室温与低温拉伸曲线以及拉伸后的透射形貌图(b)

金属材料的腐蚀会对材料的服役性能造成巨大影响，研究金属腐蚀的机理以及开发耐腐蚀的金属材料对建筑、能源、环境科学等领域具有重要意义。Wang 等利用 APT 以及透射电镜等手段对 Fe-12Cr ODS 钢中硅的添加对其耐腐蚀性的提升进行了深入的研究讨论。结果发现，相较于一般铬含量较高的传统合金，不添加硅的 Fe-12Cr ODS 合金虽然耐腐蚀性较高，但这主要是由于其晶界密度增大，纳米氧化物数量密度增大，有利于形成富铬氧化垢。硅的加入使 Fe-12Cr ODS 合金的晶界密度和纳米氧化物数密度进一步提高，使合金在超临界二氧化碳中的腐蚀速率降低了一个数量级。含硅 ODS 合金的腐蚀行为与传统合金不同，其内部氧化层/基体界面不存在 SiO_2 愈合层。相反，在内部氧化层或内外氧化层界面处观察到一些 SiC 的形成，这可以归因于局部增加的碳活性，从而稳定了 SiC。图 16-7 展示了添加不同硅含量基体中纳米氧化物的成分以及界面处各元素的变化。总的来说，ODS 结构和硅的加入提高了其在超临界二氧化碳环境下的抗氧化和抗渗碳性能。

晶界和相界面的研究也是一个很大的热点，了解晶界、相界面处各元素的分布规律，对于一些碳化物等析出强化相在界面处的析出规律、晶界脆性等问题的研究具有重要作用。李等研究了在晶界碳化物析出之前 690 合金与 304 不锈钢中杂质或溶质原子在晶界处

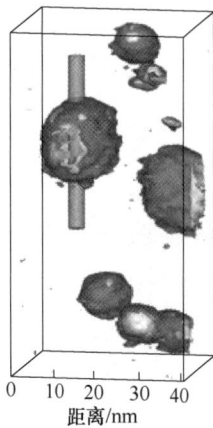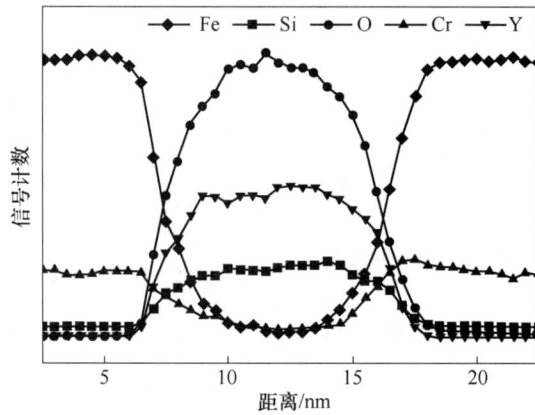

(a)

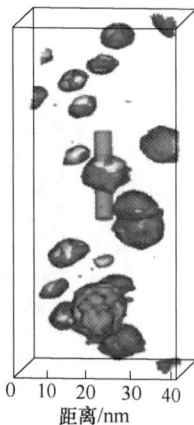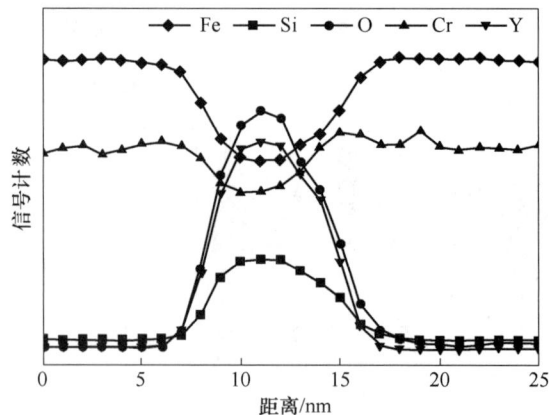

(b)

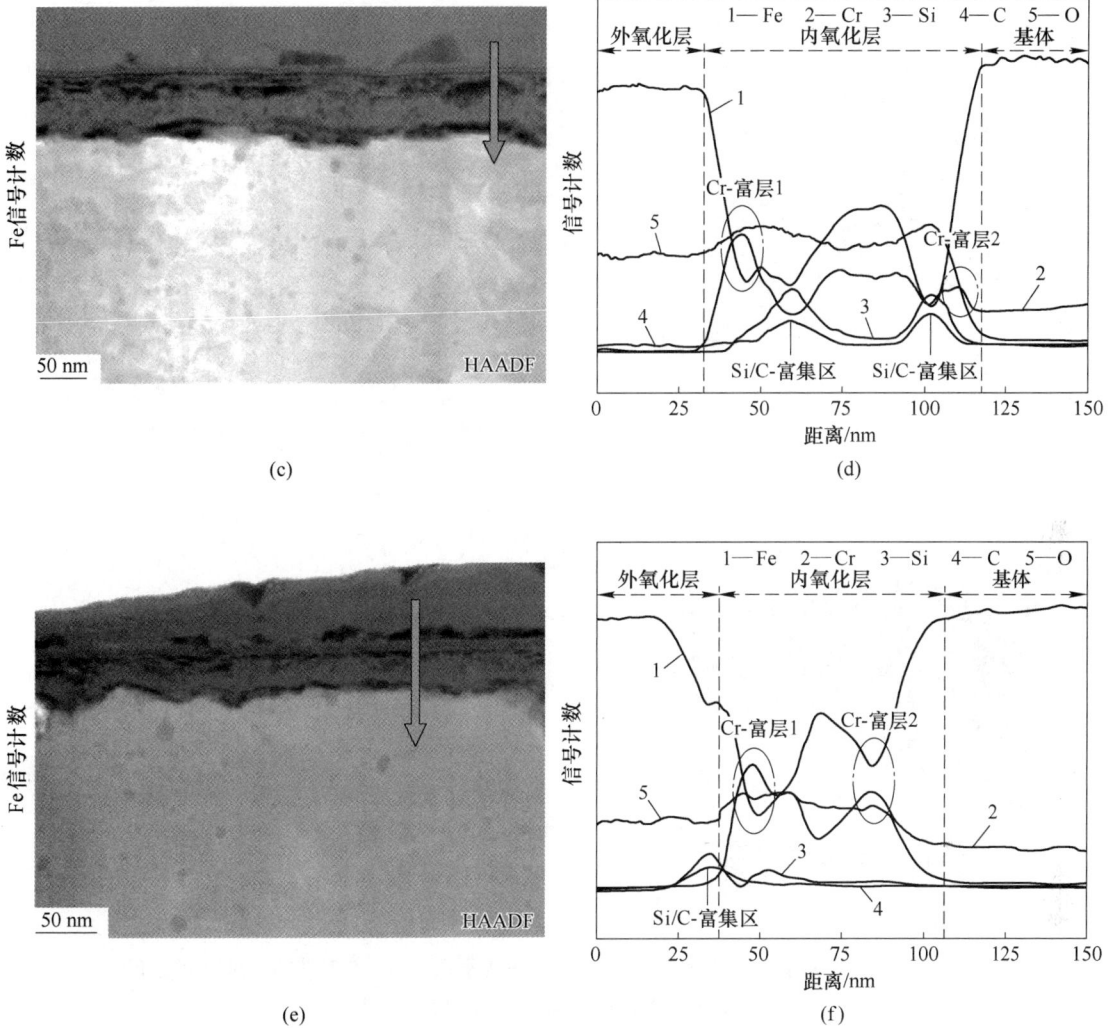

图 16-7　添加不同含量后基体形成的纳米氧化物颗粒的一维成分分析

(a) 12Cr1Si；(b) 12Cr2Si；(c) ～ (f) 不同硅含量腐蚀界面处的各元素的一维分布

的偏聚情况。结果表明，B、C、Si 会向 690 合金晶界处偏聚，B、C、N、P 会向 304 不锈钢晶界处偏聚。在两种合金中，杂质或溶质原子向同一晶界的不同区域偏聚的情况不同，在不同晶界处的偏聚情况也不同，但是杂质或溶质原子向这两种合金中晶界处偏聚的倾向相似，都是 B>C>P>N。基于 APT 等的实验结果，讨论了晶界碳化物的形核规律。图 16-8 和图 16-9 展示了 690 合金与 304 不锈钢的元素分布图以及晶界处各元素的成分分布。

　　V. Soni 等利用 APT 以及高分辨透射电子显微镜等分析手段对 $Al_{0.5}NbTa_{0.8}Ti_{1.5}V_{0.2}Zr$ 难熔高熵合金中 BCC 相与 B_2 相的析出演变进行了详细的研究。在 600 ℃ 的等温退火过程中，合金从高温单相 BCC/B_2 向两相组织分解，在立方 BCC 析出物周围形成连续的 B_2 通道网络。在 600 ℃ 下退火约 5 h 时，两相的组成不断变化，之后保持不变。在 600 ℃ 下长时间退火后，会导致沿着 B_2 通道的缩颈收缩，最终将这些通道掐断，该组织演变为 B_2 相

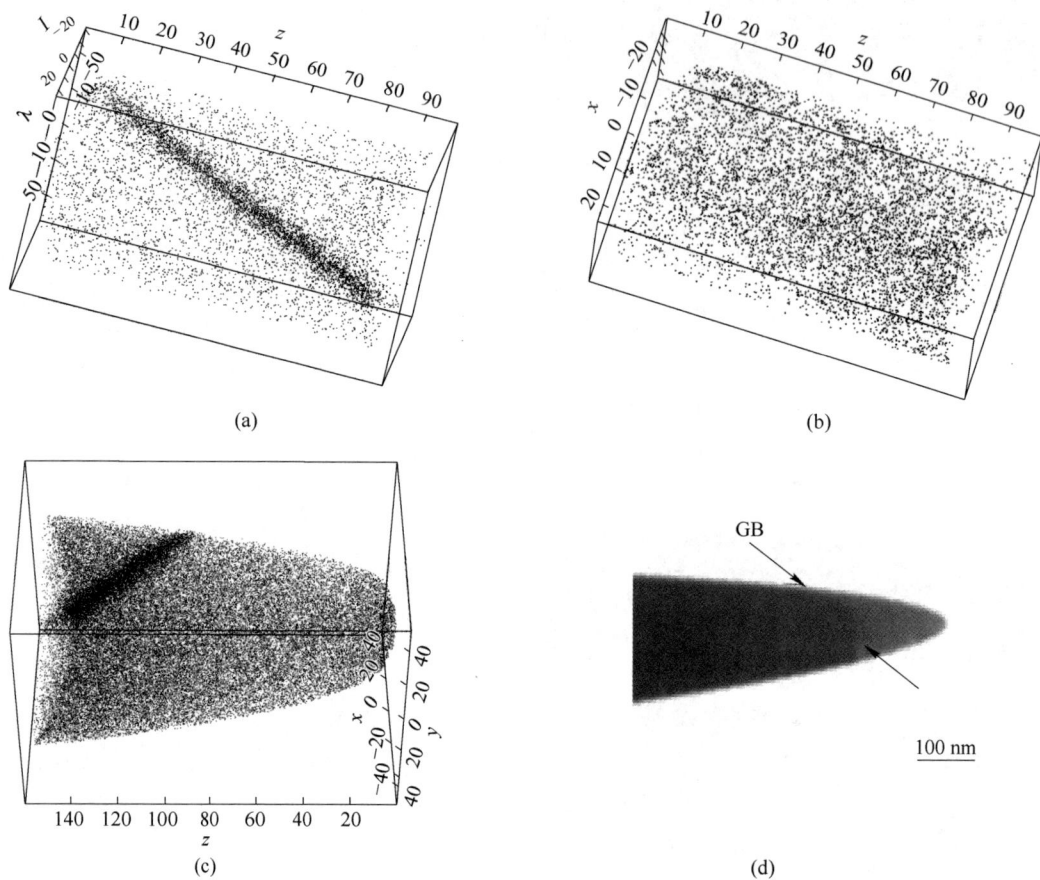

图 16-8　C 与 B 原子在 690 合金(a)、(b)与 304 不锈钢(c)晶界处的三维空间分布，
以及 304 不锈钢针尖样品的 TEM 像(d)
(图中每一小点代表一个原子；(a) 和 (c) 是沿着晶界面方向观察，(b) 是垂直于晶界面方向观察)

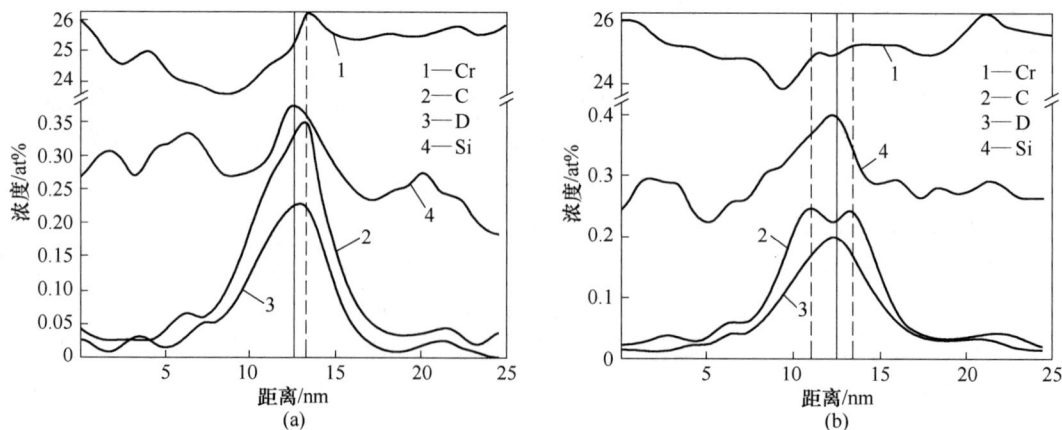

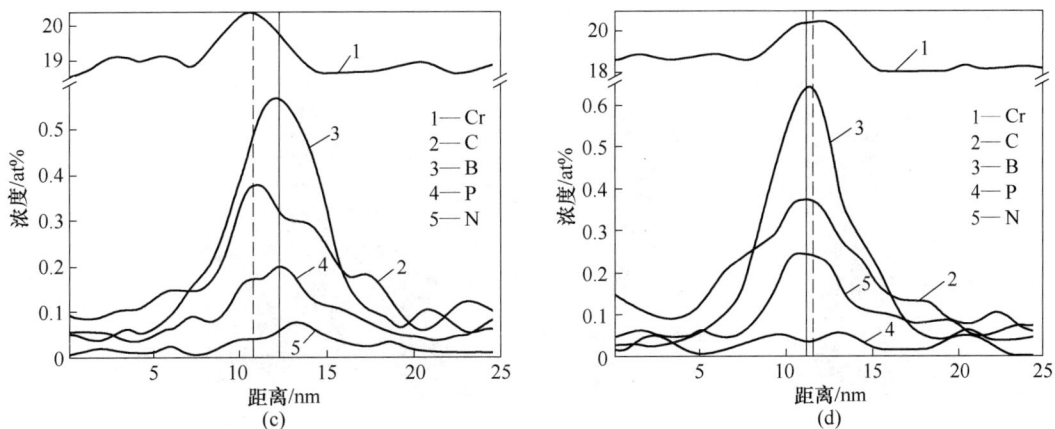

图 16-9　C、B、Si、Cr 在 690 合金晶界附近的浓度分布(a)、(b)，以及
C、B、N、P、Cr 在 304 不锈钢晶界附近的浓度分布(c)、(d)
(图中数据统计方向（x 轴方向）垂直于晶界面，实线代表晶界位置，虚线代表 C-Cr 共偏聚区位置)

分离，使 BCC 相连续，发生相反转。这种反向转变是由系统弹性应变能和界面能的降低引起的。在长达 5 h 的退火过程中，由于成分的变化导致 B_2 相模量的增加，导致 BCC 和 B_2 相之间的弹性不均匀性增加。这增加了体系的弹性能，使微观结构不稳定。较硬的相（B_2）试图得到隔离，以减少系统的弹性应变能。此外，由于两相球化导致的界面面积和界面能的减少有利于反演，这是由于体积约束引起的最近的 BCC 粒子的合并（图 16-10 和图 16-11）。

　　除在钢铁金属等领域外，原子探针在地质研究中同样发挥着重要作用。由于地质矿物材料的不导电特性，早期的原子探针并未得到应用，随着原子探针技术的发展以及激光模块的出现，对于一些不导电的样品同样可以进行三维重构分析，从而引起地质界的广泛研究兴趣。原子探针层析为繁多的矿物种类的可视化分析以及定量分析提供了关键的技术支持，通过重建样品的元素空间含量信息，在亚纳米尺度上为一些地质过程的解释提供了全新的视野，代表性的研究成果包括对矿物内部的晶体缺陷（如点缺陷、位错环等缺陷）、纳米地质年代学、矿物的生长以及行星科学等方面的研发。下面简单介绍下原子探针在纳米地质年代学方面的应用。

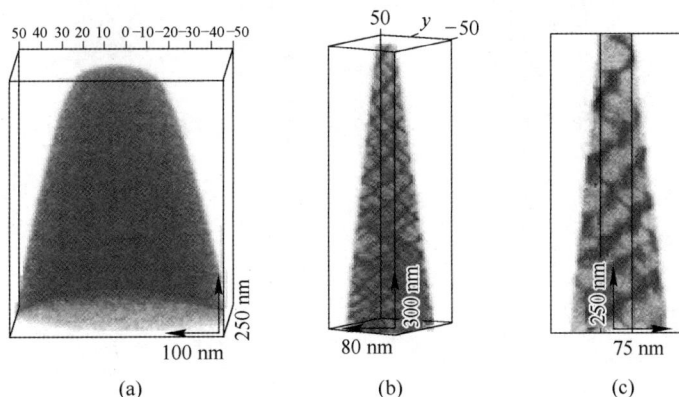

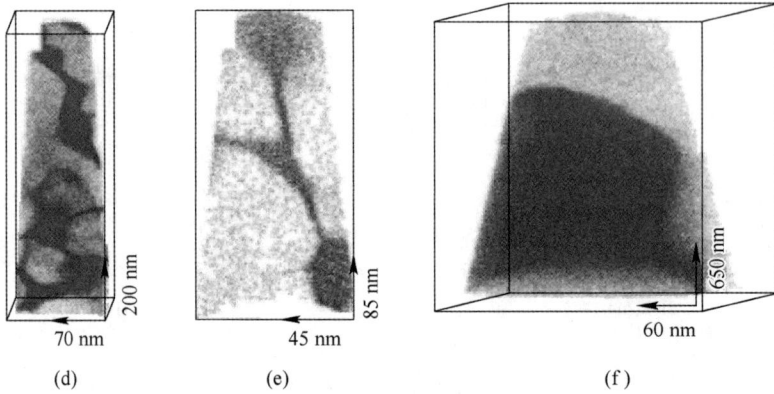

图 16-10　600 ℃等温退火不同时间下 Al 元素在三维空间中的分布
（a）0 h；（b）0.5 h；（c）5 h；（d）12 h；（e）24 h；（f）120 h

　　Valley 等在对 44 亿年前的冥古代锆石进行分析时，发现了许多孤立的纳米级的 Pb 富集团簇，该研究为关于古老锆石 U-Pb 同位素体系不一致的研究提供了思路，对不同类型的冥古代、太古代锆石的 APT 分析提供了 U-Pb 同位素组成和分布信息，为相关年龄数据的解释提供了纳米尺度的视野。在独居石、黄铁矿、金红石这些矿物中均发现了不含 U 或 Th 的纳米级 Pb 富集团簇，反映了在后期地质作用时期母子体的分离（图 16-12）。除此之外，APT 技术在对其他体系，如 Re-Os 体系的同位素分析中也取得了相关重要成果，这证明了 APT 可用于更多体系的同位素测定的可能性。

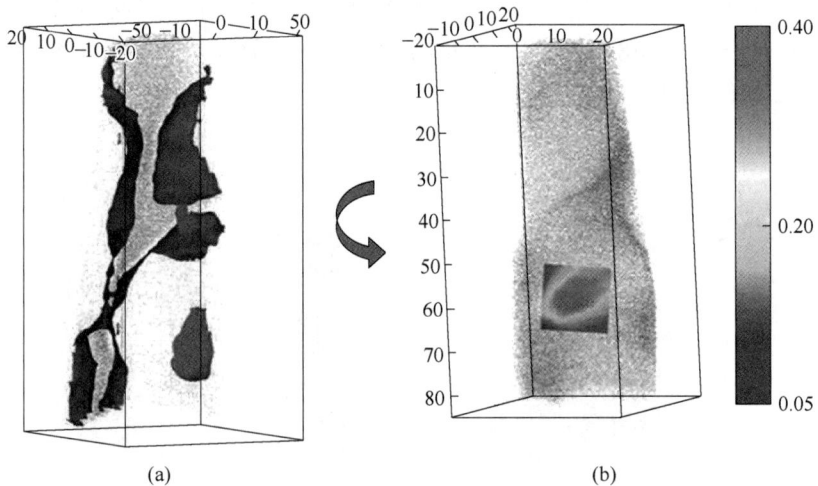

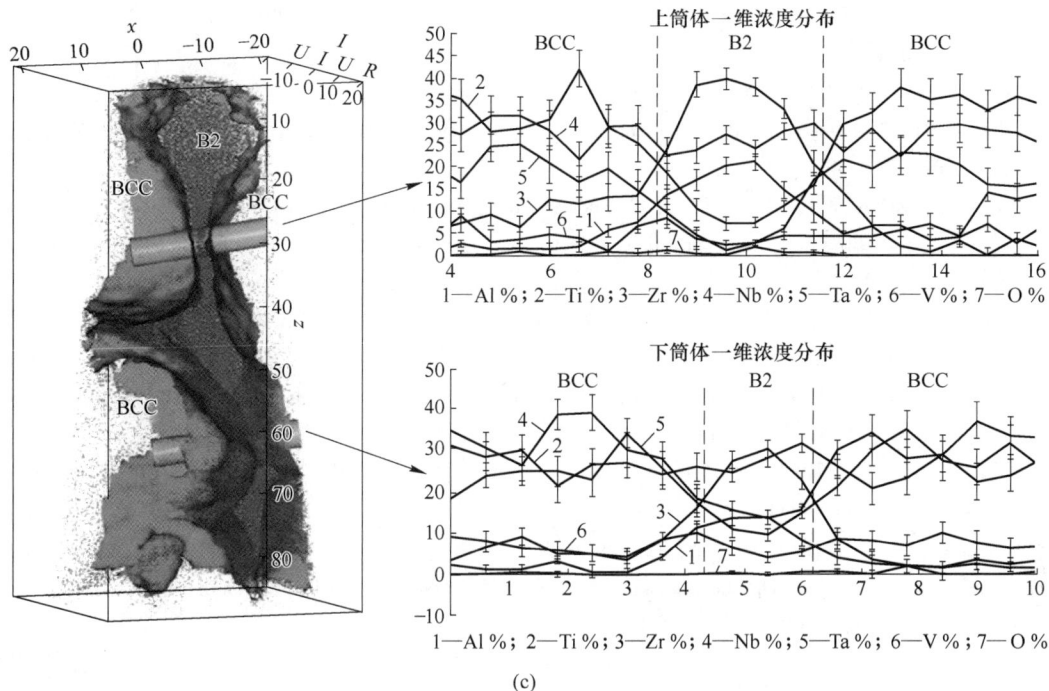

图 16-11 BCC 相与 B$_2$ 相两相界面处的元素成分分布

（a）10 at% Al 的等浓度面；（b）BCC 元素（Nb、Ta、Ti 和 V）在即将合并的 B$_2$ 通道中的二维浓度分布；

（c）Nb 浓度面（绿色）与 Al 元素（红色）及沿两个圆柱体的各元素的一维浓度分布

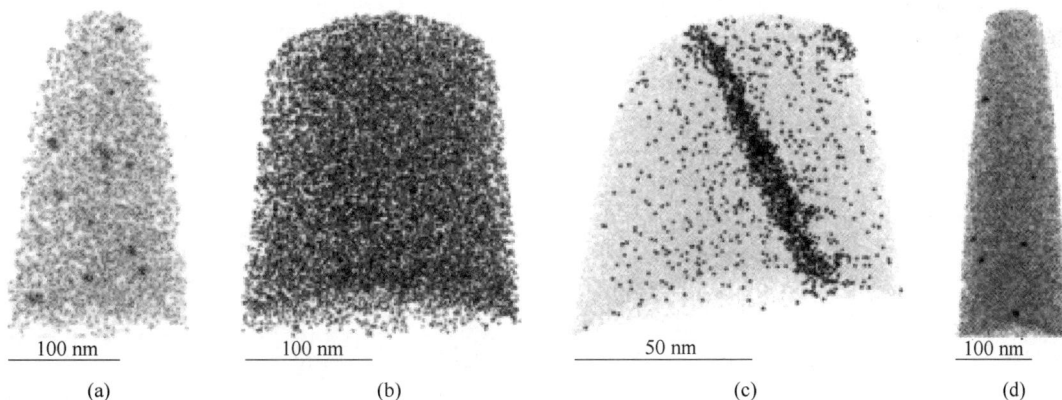

图 16-12 样品中 Pb 的分布

（a）锆石；（b）独居石；（c）黄铁矿；（d）金红石

参 考 文 献

[1] MILLER M K, FORBES R G. Atom Probe Tomography. The Local Electrode Atom Probe ［M］. New York：Springer, 2014.

[2] MILLER M K, FORBES R G. Atom Probe Tomography ［J］. Materials Characterization, 2009, 60（6）：461-469.

［3］ DAVID J L, TY J P, ROBER M. U, et al. Local Electrode Atom Probe Tomography ［M］. New York： Springer，2013.

［4］ TONG Y, CHEN D, HAN B, et al. Outstanding tensile properties of a precipitation-strengthened FeCoNiCrTi0. 2 high-entropy alloy at room and cryogenic temperatures-ScienceDirect ［J］. Acta Materialia, 2019, 165：228-240.

［5］ WANG A, ZHOU Z J, JIA H D, et al. Understanding the excellent corrosion resistance of Fe-12Cr ODS alloys with and without Si in supercritical CO_2 through advanced characterization ［J］. Corrosion Science, 2023, 210：1-9.

［6］ 李慧，夏爽，周邦新，等 . 原子探针层析技术对 Ni-Cr-Fe 合金晶界偏聚的研究 ［C］//2011 中国材料研讨会论文摘要集，2011.

［7］ SONI V, GWALANI B, ALAM T, et al. Phase Inversion in a Two-phase, BCC＋B2, Refractory High Entropy Alloy ［J］. Acta Materialia, 2019, 185（2）：89-97.

［8］ 王碧雯，李秋立 . 原子探针工作原理及其在地球科学中的应用 ［J］. 矿物岩石地球化学通报, 2020, 39（6）：1108-1118.

［9］ VALLEY J W, REINHARD D A, CAVOSIE A J, et al. Nano-and micro-geochronology in Hadean and Archean zircons by atom-probe tomography and SIMS：New tools for old minerals ［J］. American Mineralogist, 2015, 100（7）：1355-1377.

习 题

参考答案

16-1 三维原子探针与二次离子质谱之间的共同点与区别有哪些？

16-2 三维原子探针的主要应用场景有哪些？

第3篇 色谱质谱分析

17 色 谱 分 析

本章内容导读：
- 色谱分析发展概述和色谱法的分类
- 色谱分析的基本原理
- 色谱分析仪结构、实验流程介绍
- 色谱分析样品要求
- 色谱分析设备操作与维护简介
- 色谱分析在材料分析中的应用实例

17.1 概　　述

色谱分析法简称色谱法或层析法（ahromatographic analysis，CA），是实验室非常重要且常用的分析方法，由于色谱分析可以连续对样品进行浓缩、分离、提纯及测定，因此成为每一个分析工作者普遍采用的分析、检测手段，并已广泛应用于各个行业中，可以说只要有分析任务的地方都在使用色谱分析法。气相色谱的发展与下面两个方面的发展是密不可分的：一是气相色谱分离技术的发展；二是其他学科和技术的发展。

色谱法的创始人是俄国的植物学家茨维特（M. Tswett）。1906年，俄国植物学家茨维特发表了他的实验结果。为了分离植物色素，他将含有植物色素的石油醚提取液倒入装有碳酸钙粉末的玻璃管中，并用石油醚自上而下淋洗，由于不同的色素在碳酸钙颗粒表面的吸附力不同，随着淋洗的进行，不同色素向下移动的速度不同，从而形成一圈圈不同颜色的色带，使各色素成分得到了分离。他将这种分离方法命名为色谱法。

1952年，James和Martin提出气液相色谱法，同时也发明了第一个气相色谱检测器。这是一个接在填充柱出口的滴定装置，用来检测脂肪酸的分离。用滴定溶液体积对时间作图，得到积分色谱图。此后，他们又发明了气体密度天平。

1954年，Ray提出热导计，开创了现代气相色谱检测器的时代。此后至1957年，是填充柱、TCD年代。

1958年，Gloay首次提出毛细管，同年，Mcwillian和Harley同时发明了FID，Lovelock

发明了氩电离检测器（AID），使检测方法的灵敏度提高了 2~3 个数量级。

20 世纪 60 至 70 年代，由于气相色谱技术的发展，柱效大为提高，环境科学等学科的发展提出了痕量分析的要求，又陆续出现了一些高灵敏度、高选择性的检测器。如 1960 年，Lovelock 提出电子俘获检测器（ECD）；1966 年，Brody 等发明了 FPD；1974 年，Kolb 和 Bischoff 提出了电加热的 NPD；1976 年，美国 HNU 公司推出了实用的窗式光电离检测器（PID）等。同时，由于电子技术的发展，原有的检测器在结构和电路上又做了重大的改进。如 TCD 出现了衡电流、衡热丝温度及衡热丝温度检测电路；ECD 出现衡频率变电流、衡电流脉冲调制检测电路等，从而使性能又有所提高。

20 世纪 80 年代，由于弹性石英毛细管柱的快速广泛应用，对检测器提出了体积小、响应快、灵敏度高、选择性好的要求，特别是计算机和软件的发展，使 TCD、FID、ECD、和 NPD 的灵敏度和稳定性均有很大提高，TCD 和 ECD 的池体积大大缩小。

进入 20 世纪 90 年代，由于电子技术、计算机和软件的飞速发展，MSD 的生产成本和复杂性下降，稳定性和耐用性增加，从而成为最通用的气相色谱检测器之一。其间出现了非放射性的脉冲放电电子俘获检测器（PDECD）、脉冲放电氦电离检测器（PDHID）和脉冲放电光电离检测器（PDECD）以及集此三者为一体的脉冲放电检测器（PDD），四年后，美国 Varian 公司推出了商品仪器，它比常用 FPD 的灵敏度高 100 倍。另外，快速 GC 和全二维 GC 等快速分离技术的迅猛发展，促使快速 GC 检测方法逐渐成熟。

GC-MS 的发展历程如下：20 世纪 50 年代，Roland Gohlke 和 Fred Mclafferty 首先开发出气相色谱-质谱联用仪。然而当时所使用的质谱仪体积庞大、易损坏，只能作为固定的实验室装置使用，不适用于商业推广。1964 年，Bob Finnigan 和 P. M. Uthe 共同制造出了用于气体分析的第一台商业化的四级杆质谱。1966 年，美国电子联营公司（EAI）子公司开发出新的四极杆气相色谱-质谱（GC-MS）技术。1968 年，Finnigan 公司给斯坦福大学和普渡大学发送了第一台 GC-MS 的最早雏型。Finnigan 公司坚定地相信，组合的 GC-MS 系统的色谱应用将为新的企业仪器提供相当大的市场。1980 年，Finnigan 公司推出了第一台商品化双曲面四极杆质谱 MAT44。1981 年初，Finnigan 生产的第一台商品化三重四极杆质谱仪以 300000 美金的价格卖给了壳牌公司，开创了商业化三重四极杆的先河。1990 年，GC8000-MD800 GC-MS 正式发布。同年，Finnigan 加入赛默飞大家庭。

17.2　色谱分析的原理

色谱分析是以分离为基础的，要进行有效的气相色谱分析，必须在色谱柱中将样品中各组分完全分离。气相色谱分离过程中，溶质分子与固定相之间的相互作用，决定了溶质在固定相和载气之间的相平衡关系，与溶质的保留值直接相关，这是影响色谱分离的热力学因素。溶质在色谱柱内移动时，质量传递过程对谱带宽度有直接影响，这是影响色谱分离的动力学因素。色谱分离的结果是热力学因素和动力学因素影响的综合反映，了解色谱分离的影响因素，对正确选择色谱条件，提高操作技术水平，合理运用色谱技术进行各种复杂体系的分析研究，都十分必要。

在色谱法中存在两相，一相是在色谱分离中固定不动，对样品产生保留，称为固定相；另一相则带动样品向前移动，称为流动相。色谱法的分离原理就是利用待分离的各种物质在两相中的分配系数、吸附能力等亲和能力的不同来进行分离的。

含有样品的流动相（气体、液体）通过一固定于柱子或平板上、与流动相互不相溶的固定相表面；当流动相中携带的混合物流经固定相时，混合物中的各组分与固定相发生相互作用，由于混合物中各组分在性质和结构上的差异，与固定相之间产生的作用力的大小、强弱不同，随着流动相的移动，混合物在两相间经过反复多次的分配平衡，使得各组分被固定相保留的时间不同，从而按一定次序由固定相中先后流出。与适当的柱后检测方法结合，实现混合物中各组分的分离与检测。

17.2.1　色谱法的分类及其原理

17.2.1.1　按两相状态分类

气相色谱法：（1）气固色谱法；（2）气液色谱法。

液相色谱法：（1）液固色谱法；（2）液液色谱法。

17.2.1.2　按固定相的几何形式分类

（1）柱色谱法（column chromatography）：柱色谱法是将固定相装在一金属或玻璃柱中或是将固定相附着在毛细管内壁上做成色谱柱，试样从柱头到柱尾沿一个方向移动而进行分离的色谱法。

（2）纸色谱法（paper chromatography）：纸色谱法是利用滤纸作为固定液的载体，把试样点在滤纸上，然后用溶剂展开，各组分在滤纸的不同位置以斑点形式显现，根据滤纸上斑点的位置及大小进行定性和定量分析。

（3）薄层色谱法（thin-layer chromatography，TLC）：薄层色谱法是将适当粒度的吸附剂作为固定相涂布在平板上形成薄层，然后用与纸色谱法类似的方法操作以达到分离目的。

17.2.1.3　按分离原理分类

按色谱法分离所依据的物理或化学性质的不同，又可将其分为：

（1）吸附色谱法：利用吸附剂表面对不同组分物理吸附性能的差别而使之分离的色谱法称为吸附色谱法。适于分离不同种类的化合物（如分离醇类与芳香烃）。

（2）分配色谱法：利用固定液对不同组分分配性能的差别而使之分离的色谱法称为分配色谱法。

（3）离子交换色谱法：离子交换色谱法是利用离子交换原理和液相色谱技术的结合来测定溶液中阳离子和阴离子的一种分离分析方法，利用被分离组分与固定相之间发生离子交换的能力差异来实现分离。离子交换色谱主要是用来分离离子或可离解的化合物。它不仅广泛地应用于无机离子的分离，而且广泛地应用于有机物质和生物物质，如氨基酸、核酸、蛋白质等的分离。

（4）尺寸排阻色谱法：尺寸排阻色谱法是按分子大小顺序进行分离的一种色谱方法，体积大的分子不能渗透到凝胶孔穴中而被排阻，较早地淋洗出来；中等体积的分子部分渗透；小分子可完全渗透入内，最后洗出色谱柱。这样，样品分子基本按其分子大小先后排阻，从柱中流出。被广泛应用于大分子分级，即用来分析大分子物质相对分子质量的分布。

（5）亲和色谱法：亲和色谱法是将相互间具有高度特异亲和性的两种物质之一作为固定相，利用与固定相不同程度的亲和性，使成分与杂质分离的色谱法。例如利用酶与基质（或抑制剂）、抗原与抗体、激素与受体、外源凝集素与多糖类及核酸的碱基对等之间的专一的相互作用，使相互作用物质中的一方与不溶性担体形成共价结合化合物，用来作为层析用固定相，将另一方从复杂的混合物中选择可逆地截获，达到纯化的目的。可用于分离活体高分子物质、过滤性病毒及细胞，或用于对特异的相互作用进行研究。

17.2.1.4 按原理分类

色谱过程的本质是待分离物质分子在固定相和流动相之间分配平衡的过程，不同的物质在两相之间的分配会不同，这使其随流动相运动的速度各不相同，随着流动相的运动，混合物中的不同组分在固定相上相互分离。根据物质的分离机制，又可以分为吸附色谱、分配色谱、离子交换色谱、凝胶色谱等类别。

（1）吸附色谱：吸附色谱利用固定相吸附中心对物质分子吸附能力的差异来实现对混合物的分离，吸附色谱的色谱过程是流动相分子与物质分子竞争固定相吸附中心的过程。

（2）分配色谱：分配色谱利用固定相与流动相之间对待分离组分溶解度的差异来实现混合物分离。分配色谱的固定相一般为液相的溶剂，依靠图布、键合、吸附等手段分布于色谱柱或者担体表面。分配色谱过程本质上是组分分子在固定相和流动相之间不断达到溶解平衡的过程。

（3）离子交换色谱：离子交换色谱利用被分离组分与固定相之间发生离子交换的能力差异来实现分离。离子交换色谱的固定相一般为离子交换树脂，树脂分子结构中存在许多可以电离的活性中心，待分离组分中的离子会与这些活性中心发生离子交换，形成离子交换平衡，从而在流动相与固定相之间形成分配。固定相的固有离子与待分离组分中的离子之间相互争夺固定相中的离子交换中心，并随着流动相的运动而运动，最终实现分离。

（4）凝胶色谱：凝胶色谱的原理比较特殊，类似于分子筛。待分离组分在进入凝胶色谱后，会依据分子量的不同，进入或者不进入固定相凝胶的孔隙中，不能进入凝胶孔隙的分子会很快随流动相洗脱，而能够进入凝胶孔隙的分子则需要更长时间的冲洗才能够流出固定相，从而实现了根据分子量差异对各组分进行分离。调整固定相使用的凝胶的交联度可以调整凝胶孔隙的大小；改变流动相的溶剂组成会改变固定相凝胶的溶胀状态，进而改变孔隙的大小，获得不同的分离效果。

17.2.1.5 按操作方式分类

吸附薄层色谱法是指根据各成分对同一吸附剂吸附能力的不同，使在移动相（溶剂）流过固定相（吸附剂）的过程中，连续地产生吸附、解吸附、再吸附、再解吸附，从而达到各成分的互相分离的目的。

色谱法常见的方法有柱色谱法、薄层色谱法、气相色谱法、高效液相色谱法等。

（1）柱色谱：柱色谱法是最原始的色谱方法，这种方法将固定相注入下端塞有棉花或滤纸的玻璃管中，将被样品饱和的固定相粉末摊铺在玻璃管顶端，以流动相洗脱。常见的洗脱方式有两种，一种是自上而下依靠溶剂本身的重力洗脱，另一种是自下而上依靠毛细作用洗脱。收集分离后的纯净组分也有两种不同的方法，一种方法是在柱尾直接接受流出的溶液；另一种方法是烘干固定相后用机械方法分开各个色带，以合适的溶剂浸泡固定相提取组分分子。柱色谱法被广泛应用于混合物的分离，包括对有机合成产物、天然提取物以及生物大分子的分离。

（2）薄层色谱：薄层色谱法是应用非常广泛的色谱方法，这种色谱方法将固定相图布在金属或玻璃薄板上形成薄层，用毛细管、钢笔或者其他工具将样品点染于薄板一端，之后将点样端浸入流动相中，依靠毛细作用令流动相溶剂沿薄板上行展开样品。薄层色谱法成本低廉、操作简单，被用于对样品的粗测、对有机合成反应进程的检测等用途。

（3）气相色谱：GC 主要是利用物质的沸点、极性及吸附性质的差异来实现混合物的分离，其过程如图 17-1 所示。

图 17-1 色谱分析流程图

待分析样品在气化室气化后被惰性气体（即载气，也叫作流动相）带入色谱柱，柱内含有液体或固体流动相，由于样品中各组分的沸点、极性或吸附性能不同，每种组分都倾向于在流动相和固定相之间形成分配或吸附平衡。但由于载气是流动的，这种平衡实际上很难建立起来。也正是由于载气的流动，使样品组分在运动中进行反复多次的分配或吸附/解吸附，结果是在载气中浓度大的组分先流出，而在固定相中分配浓度大的组分后流出色谱柱。当组分流出色谱柱后，立即进入检测器。检测器能够将样品组分转变为电信号，而电信号的大小与被测组分的量或浓度成正比。当将这些信号放大并记录下来时，就是气相色谱图了。气相色谱被广泛应用于小分子量复杂组分物质的定量分析。

（4）高效液相色谱：高效液相色谱法是在经典色谱法的基础上，引用了气相色谱的理论，在技术上，流动相改为高压输送（最高输送压力可达 4.9×10^7 Pa）；色谱柱是以特殊的方法用小粒径的填料填充而成的，从而使柱效大大高于经典液相色谱（每米塔板数可达几万或几十万）；同时柱后连有高灵敏度的检测器，可对流出物进行连续检测。

高效液相色谱（HPLC）是目前应用最多的色谱分析方法，高效液相色谱系统由流动相储液体瓶、输液泵、进样器、色谱柱、检测器和记录器组成，其整体组成类似于气相色谱，但是针对其流动相为液体的特点做出了很多调整。HPLC 的输液泵要求输液量恒定平稳；进样系统要求进样便利切换严密；由于液体流动相黏度远远高于气体，为了降低柱压，高效液相色谱的色谱柱一般比较粗，长度也远小于气相色谱柱。HPLC 应用非常广泛，几乎遍及定量定性分析的各个领域。

17.2.2 色谱图及其基本参数

（1）色谱流出曲线和色谱峰：色谱柱流出物通过检测器时所产生的响应信号对时间的曲线图如图 17-2 所示，其纵标为信号强度（mV），横坐标为保留时间（min）。

曲线上突起部分就是色谱峰。如果进样量很小，浓度很低，则在吸附等温线（气固吸附色谱）或分配等温线（气液分配色谱）的线性范围内，色谱峰是对称的。

（2）基线：当色谱柱中没有组分进入检测器时，在实验操作条件下，色谱柱中没有

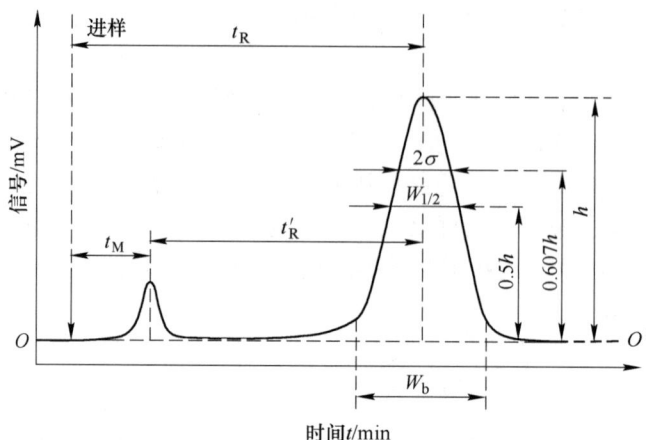

图 17-2　气相色谱图示意图

样品组分流出时的流出曲线称为基线，稳定的基线应该是一条水平直线。

（3）峰高：色谱峰顶点与基线之间的垂直距离，以 h 表示。

（4）保留值：

1）死时间 t_M：不被固定相吸附或溶解的物质进入色谱柱时，从进样到出现峰极大值所需的时间称为死时间，它正比于色谱柱的空隙体积，因为这种物质不被固定相吸附或溶解，故其流动速度将与流动相流动速度相近。测定流动相平均线速 $\bar{u}$ 时，可用柱长 L 与 t_M 的比值计算，即：

$$\bar{u} = L/t_M$$

2）保留时间 t_R：试样从进样到柱后出现峰极大点时所经过的时间，称为保留时间。

3）调整保留时间 t'_R：某组分的保留时间扣除死时间后，称为该组分的调整保留时间，即：

$$t'_R = t_R - t_M$$

由于组分在色谱柱中的保留时间 t_R 包含了组分随流动相通过柱子所需的时间和组分在固定相中滞留所需的时间，所以 t_R 实际上是组分在固定相中保留的总时间。

保留时间是色谱法定性的基本依据，但同一组分的保留时间常受到流动相流速的影响，因此色谱工作者有时用保留体积来表示保留值。

4）死体积 V_0：指色谱柱在填充后，柱管内固定相颗粒间所剩留的空间、色谱仪中管路和连接头间的空间以及检测器的空间的总和。当后两相很小可忽略不计时，死体积可由死时间与色谱柱出口的载气流速 F_{co}（cm^3/min）计算。

$$V_0 = t_M F_{co}$$

式中，F_{co} 为扣除饱和水蒸气压并经温度校正的流速。该公式仅适用于气相色谱，不适用于液相色谱。

5）保留体积 V_R：指从进样开始到被测组分在柱后出现浓度极大点时所通过的流动相的体积。保留时间与保留体积的关系如下：

$$V_R = t_R F_{co}$$

6）调整保留体积 $V_{R\ell}$：某组分的保留体积扣除死体积后，称为该组分的调整保留体积。

$$V_{R\ell} = V_R - V_0 = t_{R\ell}F_{co}$$

7）相对保留值 $R_{2,1}$：某组分 2 的调整保留值与组分 1 的调整保留值之比，称为相对保留值。

$$R_{2,1} = t_{R_2\ell}/t'_{R_1} = V_{R_2}/V_{R_1\ell}$$

由于相对保留值只与柱温及固定相性质有关，而与柱径、柱长、填充情况及流动相流速无关，因此它在色谱法中，特别是在气相色谱法中，广泛用作定性的依据。在定性分析中，通常固定一个色谱峰作为标准 (s)，然后再求其他峰 (i) 对这个峰的相对保留值，此时可用符号 a 表示，即：

$$a = t_{R\ell}(i)/t_{R\ell}(s)$$

式中，$t_{R\ell}(i)$ 为后出峰的调整保留时间，所以 a 总是大于 1 的。

相对保留值往往可作为衡量固定相选择性的指标，又称选择因子。

（5）区域宽度：色谱峰的区域宽度是色谱流出曲线的重要参数之一，用于衡量柱效率及反映色谱操作条件的动力学因素。表示色谱峰区域宽度通常有三种方法：

1）标准偏差 s。即 0.607 倍峰高处色谱峰宽的一半。

2）半峰宽 $W_{1/2}$。即峰高一半处对应的峰宽。它与标准偏差的关系为：

$$W_{1/2} = 2.354s$$

3）峰底宽度 W。即色谱峰两侧拐点上的切线在基线上截距间的距离。它与标准偏差 s 的关系为：

$$W = 4s$$

从色谱流出曲线中，可得许多重要信息：

（1）根据色谱峰的个数，可以判断样品中所含组分的最少个数；

（2）根据色谱峰的保留值，可以进行定性分析；

（3）根据色谱峰的面积或峰高，可以进行定量分析；

（4）色谱峰的保留值及其区域宽度，是评价色谱柱分离效能的依据；

（5）色谱峰两峰间的距离，是评价固定相（或流动相）选择是否合适的依据。

色谱分析的目的是将样品中各组分彼此分离。组分要达到完全分离，两峰间的距离必须足够远，两峰间的距离是由组分在两相中的分配系数决定的，即与色谱过程的热力学性质有关。但是两峰间虽有一定的距离，如果每个峰都很宽，以至彼此重叠，则还是不能分开。这些峰的宽或窄是由组分在色谱柱中传质和扩散行为决定的，即与色谱过程中的动力学性质有关。因此，要从动力学和热力学两方面来研究色谱行为。

17.2.3　色谱理论

17.2.3.1　分配系数 K 和分配比 k

A　分配系数 K

分配色谱的分离是基于样品组分在固定相和流动相之间反复多次的分配过程，而吸附色谱的分离则是基于反复多次的吸附-脱附过程。这种分离过程经常用样品分子在两相间的分配来描述，而描述这种分配的参数就称为分配系数 K。它是指在一定温度和压力下，组分在固定相和流动相间达到分配平衡时的浓度比值，即：

$$K = \frac{c_s}{c_M}$$

分配系数是由组分和固定相的热力学性质决定的，它是每一个溶质的特征值，仅与两个变量有关，即固定相和温度，而与两相体积、柱管的特性以及所使用的仪器无关。组分一定时，K 值主要取决于固定相性质；组分及固定相一定时，温度增加，K 值减小。试样中的各组分具有不同的 K 值是分离的基础，选择适宜的固定相可改善分离效果。

B　分配比 k

分配比又称容量因子，它是指在一定温度和压力下，组分在两相间分配达平衡时，分配在固定相和流动相中的质量比。即：

$$k = 组分在固定相中的质量 / 组分在流动相中的质量 = m_s/m_m$$

k 值越大，说明组分在固定相中的量越多，相当于柱的容量大。它是衡量色谱柱对被分离组分保留能力的重要参数。k 值也决定于组分及固定相的热力学性质，不仅随柱温、柱压的变化而变化，而且还与流动相及固定相的体积有关。

$$k = m_s/m_m = c_s V_s/c_m V_m$$

式中，c_s、c_m 分别为组分在固定相和流动相的浓度；V_m 为柱中流动相的体积，近似等于死体积；V_s 为柱中固定相的体积，在不同类型的色谱中有不同的含义。例如，在分配色谱中，V_s 表示固定液的体积；在尺寸排阻色谱中，V_s 则表示固定相的孔体积。

分配系数 K 与分配比 k 的关系如下：

$$K = k \cdot \beta$$

式中，β 为相比率，它是反映各种色谱柱柱型特点的又一个参数。例如，对于填充柱，β 值一般为 6~35；对于毛细管柱，β 值一般为 60~600。

C　分配系数 K 及分配比 k 与选择因子 α 的关系

对 A、B 两组分的选择因子，用下式表示：

$$\alpha = k(A)/k(B) = K(A)/K(B)$$

通过选择因子 α 把实验测量值 k 与热力学性质的分配系数 K 直接联系起来，α 对于固定相的选择具有实际意义。如果两组分的 K 或 k 值相等，则 $\alpha = 1$，两个组分的色谱峰必将重合，说明分不开。两组分的 K 或 k 值相差越大，则分离得越好。因此，两组分具有不同的分配系数是色谱分离的先决条件。

作为一个色谱理论，它不仅应说明组分在色谱柱中移动的速率，而且应说明组分在移动过程中引起区域扩宽的各种因素。塔板理论和速率理论均以色谱过程中分配系数恒定为前提，故称为线性色谱理论。

17.2.3.2　塔板理论

塔板理论最早由 Martin 等提出，把色谱柱比作一个精馏塔，沿用精馏塔中塔板的概念来描述组分在两相间的分配行为，同时引入理论塔板数作为衡量柱效率的指标。即色谱柱是由一系列连续的、相等的水平塔板组成。每一块塔板的高度用 H 表示，称为塔板高度，简称板高。

简单地认为，在每一块塔板上，溶质在两相间很快达到分配平衡，然后随着流动相按一个一个塔板的方式向前移动。对于一根长为 L 的色谱柱，溶质平衡的次数应为：

$$n = \frac{L}{H}$$

式中，n 为理论塔板数。与精馏塔一样，色谱柱的柱效随理论塔板数 n 的增加而增加，随板高 H 的增大而减小。

该理论假定：

（1）在柱内一小段长度 H 内，组分可以在两相间迅速达到平衡，这一小段柱长称为理论塔板高度 H。

（2）以气相色谱为例，载气进入色谱柱不是连续进行的，而是脉动式，每次进气为一个塔板体积（ΔV_m）。

（3）所有组分开始时都存在于第 0 号塔板上，而且试样沿轴（纵）向的扩散可忽略。

（4）分配系数在所有塔板上是常数，与组分在某一塔板上的量无关。

根据塔板理论可得出以下结论：

（1）当溶质在柱中的平衡次数，即理论塔板数 n 大于 50 时，可得到基本对称的峰形曲线。在色谱柱中，n 值一般很大，如气相色谱柱的 n 为 $10^3 \sim 10^6$，因而这时的流出曲线可趋近于正态分布曲线。

（2）当样品进入色谱柱后，只要各组分在两相间的分配系数有微小差异，那么在经过反复多次的分配平衡后，仍可获得良好的分离。

（3）理论塔板数与色谱参数之间的关系为：

$$n = 5.54 \left(\frac{t_R}{W_{1/2}} \right)^2 = 16 \left(\frac{t_R}{W} \right)^2$$

式中，n 为理论塔板数；t_R 为保留时间；W 为色谱峰底宽；$W_{1/2}$ 为色谱峰半峰宽。

当色谱柱长度一定时，塔板数 n 越大（塔板高度 H 越小），被测组分在柱内被分配的次数越多，柱效能越高，所得色谱峰越窄。

通常填充色谱柱的 n 大于 10^3，H 小于 1 mm；而毛细管柱的 n 则在 $10^5 \sim 10^6$，H 小于 0.5 mm。由于死时间 t_M 包括在 t_R 中，而实际的 t_M 不参与柱内分配，所计算的 n 值较大，H 很小，但与实际柱效能相差甚远。所以，提出把 t_M 扣除，采用有效理论塔板数 n_{eff} 和有效塔板高 H_{eff} 评价柱效能。不同物质在同一色谱柱上的分配系数不同，用有效塔板数和有效塔板高度作为衡量柱效能的指标时，应指明测定物质。

塔板理论是一种半经验性理论。它用热力学的观点定量说明了溶质在色谱柱中移动的速率，解释了流出曲线的形状，并提出了计算和评价柱效高低的参数。但是，色谱过程不仅受热力学因素的影响，而且与分子的扩散、传质等动力学因素有关，因此塔板理论只能定性地给出板高的概念，却不能解释板高受哪些因素影响；也不能说明为什么在不同的流速下，可以测得不同的理论塔板数，从而限制了它的应用。

17.2.3.3　速率理论

1956 年，荷兰学者 van Deemter（范第姆特）等在研究气液色谱时，提出了色谱过程动力学理论——速率理论。他们吸收了塔板理论中板高的概念，并充分考虑了组分在两相间的扩散和传质过程，从而在动力学基础上较好地解释了影响板高的各种因素。该理论模型对气相、液相色谱都适用。van Deemter 方程的数学简化式为：

$$H = A + B/u + Cu$$

式中，H 为理论塔板高度；u 为载气的线速度，cm/s；A、B、C 为常数，分别代表涡流扩散系数、分子扩散项系数、传质阻力系数。

A　涡流扩散项 A

在填充色谱柱中，当组分随流动相向柱出口迁移时，流动相由于受到固定相颗粒的阻碍，不断改变流动方向，使组分分子在前进中形成紊乱的类似涡流的流动，故称涡流扩散。

由于填充物颗粒大小的不同及填充物的不均匀性，使组分在色谱柱中路径长短不一，因而同时进入色谱柱的相同组分到达柱口的时间并不一致，引起了色谱峰的变宽。色谱峰变宽的程度由下式决定：

$$A = 2\lambda d_p$$

上式表明，A 值与填充物的平均直径 d_p 的大小和填充不规则因子 λ 有关，与流动相的性质、线速度和组分性质无关。为了减少涡流扩散，提高柱效，使用细而均匀的颗粒，并且填充均匀是十分必要的。对于空心毛细管，不存在涡流扩散，因此 $A = 0$。

B　分子扩散项 B/u（纵向扩散项）

纵向分子扩散是由浓度梯度造成的。组分从色谱柱入口加入，其浓度分布的构型呈"塞子"状。它随着流动相向前推进，由于存在浓度梯度，"塞子"必然自发地向前和向后扩散，造成谱带展宽。分子扩散项系数为：

$$B = 2\gamma D_g$$

式中，γ 为填充柱内流动相扩散路径弯曲的因素，也称弯曲因子，它反映了固定相颗粒的几何形状对自由分子扩散的阻碍情况；D_g 为组分在流动相中的扩散系数，cm³/s，分子扩散项与组分在流动相中的扩散系数 D_g 值成正比。

D_g 值与流动相及组分性质有关：

（1）相对分子质量大的组分 D_g 值小，D_g 值反比于流动相相对分子质量的平方根，所以采用相对分子质量较大的流动相，可使 B 项降低。

（2）D_g 值随柱温的增高而增加，但反比于柱压。

另外，纵向扩散还与组分在色谱柱内的停留时间有关，流动相流速小，组分停留时间长，纵向扩散就大。因此，为降低纵向扩散影响，要加大流动相速度。对于液相色谱，组分在流动相中的纵向扩散可以忽略。

C　传质阻力项 Cu

由于气相色谱以气体为流动相，液相色谱以液体为流动相，因此它们的传质过程不完全相同。

a　气液色谱

传质阻力系数 C 包括气相传质阻力系数 C_g 和液相传质阻力系数 C_1 两项，即：

$$C = C_g + C_1$$

气相传质过程是指试样组分从气相移动到固定相表面的过程。这一过程中试样组分将在两相间进行质量交换，即进行浓度分配。有的分子还来不及进入两相界面，就被气相带走；有的则进入两相界面，但来不及返回气相。这样使得试样在两相界面上不能瞬间达到分配平衡，引起滞后现象，从而使色谱峰变宽。对于填充柱，气相传质阻力系数 C_g 为：

$$C_g = 0.01k^2/(1+k)^2 \cdot d_p^2/D_g$$

式中，k 为容量因子。

由上式看出，气相传质阻力系数与填充物粒度 d_p 的平方成正比，与组分在载气流中的扩散系数 D_g 成反比。因此，采用粒度小的填充物和相对分子质量小的气体（如氢气）做载气，可使 C_g 减小，提高柱效。

液相传质过程是指试样组分从固定相的气/液界面移动到液相内部，并发生质量交换，达到分配平衡，然后又返回气/液界面的传质过程。这个过程也需要一定的时间，此时，气相中组分的其他分子仍随载气不断向柱口运动，于是造成峰形扩张。液相传质阻力系数 C_1 为：

$$C_1 = 2/3 \cdot k/(1+k)^2 \cdot d_f^2/D_1$$

由上式可以看出，固定相的液膜厚度 d_f 薄，组分在液相中的扩散系数 D_1 大，则液相传质阻力就小。降低固定液的含量，可以降低液膜厚度，但 k 值随之变小，又会使 C_1 增大。当固定液含量一定时，液膜厚度随载体的比表面积增加而降低，因此，一般采用比表面积较大的载体来降低液膜厚度。但比表面太大，会由于吸附而造成拖尾峰，也不利于分离。虽然提高柱温可增大 D_1，但会使 k 值减小，为了保持适当的 C_1 值，应控制适宜的柱温。

b　液液分配色谱

传质阻力系数（C）包含流动相传质阻力系数（C_m）和固定相传质阻力系数（C_s），即：

$$C = C_m + C_s$$

其中，C_m 又包含流动的流动相中的传质阻力和滞留的流动相中的传质阻力，当流动相流过色谱柱内的填充物时，靠近填充物颗粒的流动相流速比在流路中间的稍慢一些，故柱内流动相的流速是不均匀的。这种传质阻力对板高的影响与固定相粒度的平方成正比，与试样分子在流动相中的扩散系数成反比。固定相的多孔性，会造成某部分流动相滞留在一个局部，滞留在固定相微孔内的流动相一般是停滞不动的，流动相中的试样分子要与固定相进行质量交换，必须首先扩散到滞留区。如果固定相的微孔既小又深，那么传质速率就慢，对峰的扩展影响就大。显然，固定相的粒度越小，微孔孔径越大，传质速率就越快，柱效就越高。对高效液相色谱固定相的设计就是基于这一考虑。

气相色谱速率方程和液相色谱速率方程的形式基本一致，主要区别在液液色谱中纵向扩散项可忽略不计，影响柱效的主要因素是传质阻力项。

D　载气流速对理论塔板高度的影响

较低线速时，分子扩散项起主要作用；较高线速时，传质阻力项起主要作用。其中，流动相传质阻力项对板高的贡献几乎是一个定值。较高线速度时，固定相传质阻力项成为影响板高的主要因素，随着速度的增快，板高值越来越大，柱效急剧下降。

E　固定相粒度大小对板高的影响

粒度越细，板高越小，并且受线速度影响也越小。这就是在 HPLC 中采用细颗粒作为固定相的根据。当然，固定相颗粒越细，柱流速就越慢。只有采取高压技术，流动相流速才能符合实验要求。

17.3　色谱分析设备及操作

17.3.1　气相色谱结构组成

气相色谱仪由以下五大系统组成：载气系统、进样系统、分离系统、检测系统、记录系统，组成示意图如图 17-3 所示。

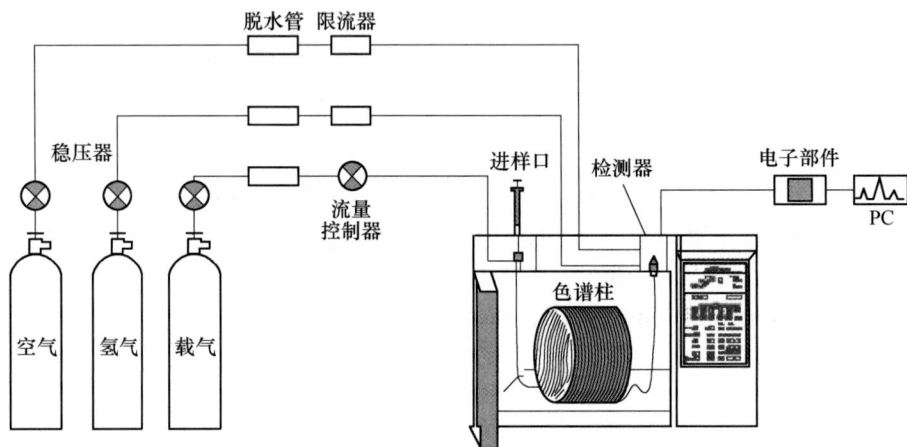

图 17-3　气相色谱仪的组成部分示意图

17.3.1.1　载气系统

载气系统主要用于提供可控而纯净的载气源。载气从起源钢瓶/气体发生器出来后依次经过减压阀、净化器、气化室、色谱柱、检测器，然后放空。

载气必须是纯洁的（99.999%），要求化学惰性，不与有关物质反应。载气的选择除了要求考虑对柱效的影响外，还要与分析对象和所用的检测器相配。常用的载气有氢气、氮气、氦气等惰性气体。一般用热导检测器时，使用氢气、氦气，其他检测器使用氮气。

净化器多为分子筛和活性炭管的串联，可除去水、氧气以及其他杂质。

17.3.1.2　进样系统

进样系统包括气化室和进样装置，保证样品瞬间完全气化而引入载气流。常以微量注射器（穿过隔膜垫）将液体样品注入气化室。

进样条件的选择会影响色谱的分离效率以及分析结果的精密度和准确度，一般要求如下：

（1）气化室温度：一般稍高于样品沸点，以保证样品瞬间完全气化。

（2）进样量：不可过大，否则会造成拖尾峰，进样量不超过数微升；柱径越细，进样量应越少；采用毛细管柱时，应分流进样以免过载。

（3）进样速度（时间）：应 1 s 内完成进料，时间过长可引起色谱峰变宽或变形。

17.3.1.3　分离系统

分离系统是色谱分析的心脏部分，是在色谱柱内完成试样的分离，因为大多数分离都强烈依赖于温度，故色谱柱要安装在能够精密控温的柱箱内。

（1）色谱柱的选择：色谱柱的种类分为填充柱和毛细管/空心柱两类。填充柱材质多为不锈钢或玻璃，毛细管柱的材质多为石英。

（2）固定相的选择：

1）固体固定相：是指表面有一定活性的固体吸附剂，如活性炭、硅胶、氧化铝分子筛等，不同的分析对象选用不同的吸附剂。

2）液体固定相：由固定液和载体组成。固定液均匀地涂布在载体表面。

3）载体：要求比表面积大，化学稳定性和热稳定性好，颗粒均匀，有一定的机械强度。

（3）固定液的选择：高沸点有机液体，在操作范围内蒸气压低，热稳定性好，对样品各组分有适当的溶解能力，选择性高，挥发性小，不与样品发生化学反应等。一般根据"相似性原则"选择固定液，即组分的结构、性质或极性与固定液相似时，在固定液中的溶解度就大，保留时间长，有利于相互分离；反之，则溶解度小，保留时间短。常用固定液有甲基聚硅氧烷（如 SE-30、OV-17 等）、聚乙二醇（如 PEG-20M 等）。

（4）柱温的选择：柱温可以采用恒温或程序升温。在能保证 R 的前提下，尽量使用低柱温，但应保证适宜的保留时间及峰不拖尾，减小检测本底。

根据样品沸点情况选择合适柱温，柱温应低于组分沸点 $50 \sim 100 \ ℃$，宽沸程样品应采用程序升温。其优点在于可改善分离效果，缩短分析周期，改善峰形，提高检测灵敏度。

17.3.1.4 检测器

检测器是将流出色谱柱的载气流中被测组分的浓度（或量）变化转化为电信号变化的装置，是气相色谱仪的核心部件之一。检测器的输出信号经转化放大后成为色谱图。

气相色谱所用检测器有热导池检测器（TCD）、氢火焰离子化检测器（FID）、电子捕获检测器（ECD）、氮磷检测器（NPD）等。

（1）热导检测器（TCD）。TCD 是一种应用较早的通用型检测器，对任何气体均可产生响应，因而通用性好，而且线性范围宽、价格便宜、应用范围广，但灵敏度较低，现仍在广泛应用。它由金属池体和装入池体内两个完全对称孔道内的热敏元件组成，是基于被分离组分与载气的导热系数不同进行检测的。

所有气体都能够导热，但是氢气和氦气的热导系数最大，故是优选的载气。

（2）氢火焰电离检测器（FID）。FID 是使用最广泛的检测器，它是利用有机物在 H_2-Air 燃烧的高温火焰中电离成正负离子，并在外加电场的作用下做定向移动形成电子流，其电流的强度与单位时间内进入检测器离子室的待测组分含碳原子的数目有关，所以它适用于含碳有机物的测定。FID 为典型的质量型检测器，具有结构简单、稳定性好、灵敏度高、响应迅速、比热导检测器的灵敏度高出近 3 个数量级、检测下限可达 $10 \sim 12 \ g/g$ 等特点。对有机化合物具有很高的灵敏度，但对无机气体、水、四氯化碳等含氢少或不含氢的物质的灵敏度低或不响应。

FID 检测器操作条件如下：

1）气体流速：FID 检测器须使用三种不同气体，即载气、氢气（燃气）和空气（助燃气），通常三种气体的流速比约为 $1:1:10$。

2）FID 检测器温度：温度对 FID 检测器的灵敏度和噪声的影响不显著，为了防止有机物冷凝，一般控制在比柱温箱高 30~50 ℃。此时氢在检测器中燃烧生成水，以水蒸气逸出检测器，若温度低，则水冷凝在离子化室会造成漏电并使色谱基线不稳，故检测温度应高于 150 ℃，一般控制在 250~350 ℃。

17.3.1.5　信号记录处理系统

信号记录处理系统包括信号记录和数据显示等。检测器得到的电信号经过转化放大后，由数据处理机/积分仪/记录仪/色谱工作站接收处理成为色谱图，可对样品进行定性、定量分析。

17.3.2　GC9800 气相色谱仪标准操作规程

（1）开机：

1）打开载气（即氮气）气源，调节钢瓶减压阀输出压力为 0.35~0.4 MPa，气相色谱仪主机处载气压力为 0.06 MPa，尾吹压力为 0.03 MPa。

2）打开气相色谱仪主机电源设置柱箱、汽化、检测器的温度，具体步骤为：

① 按"柱箱"键；

② 按数字键输入所需温度；

③ 按"输入"键。

到此柱箱温度就设定好了。汽化和检测器的温度按同样方法操作即可，然后按"运行"键。此时，按"显示"键即可查看其温度。

参考温度：柱箱温度 65 ℃、汽化温度 150 ℃、检测器温度 150 ℃。

如出现秒表计时，则按顺序按"秒表 1""秒表 2""退出"，即进入温度设定。

3）温度稳定后打开空气气源，同样调节钢瓶减压阀输出压力为 0.35~0.4 MPa，气相色谱仪主机处空气压力为 0.03 MPa。（此处压力在安装调试中已经设好，请勿随意变动）。

4）打开氢气气源，调节钢瓶减压阀输出压力为 0.2 MPa，打开色谱仪上"氢气开关"，显示压力为 0.02 MPa。

5）打开 FID 放大器电源，放大器中"讯号衰减"默认为 1，"灵敏度选择"默认为 2。

6）在电脑上打开在线工作站，打开"通道一"，点击"查看基线"，当左下角出现表明时间与高度的红色字体时即工作正常。

7）打开点火开关，点火，点火后必须关闭点火开关，当基线平稳时就可开始制作标样或进行实验。

（2）测试：

1）将试样裁出 10 cm×10 cm，剪碎后放入试验瓶中并封口，用力旋转瓶盖，如果可以被拧动则表示未封紧；将封瓶试样放进烘箱，在 80 ℃下烘 30 min。

2）时间到达后，将封瓶试样从烘箱中取出，再从中抽取 1 mL 气体打入色谱仪，然后迅速按下"数据采集"按钮。（注：打入气体要干脆，并且每次实验按下"数据采集"按钮的时间间隔应相等）。

3）出完峰后在"在线工作站"软件中做如下相应操作：

① 按"停止采集"，在弹出窗口中输入文件名；

② 按"打开"，打开一个方法文件，例如之前刚做好的方法文件；

③ 按"预览"，如无问题，按"打印"即可打印结果。

（3）关机：

1）关闭色谱仪上氢气开关，关闭氢气气源。

2）关闭空气气源（此步骤必须在关闭氢气气源之后）。

3）退出温控：依次按"输入""退出"。

4）关闭 FID 放大器电源。

5）温度全部下降到 70 ℃以下后，关闭色谱仪电源，关闭氮气气源。

（4）数据查阅：

1）在离线工作站中按"打开"，打开需要查阅的文件（org 格式）。

2）按"加载"，打开需要的方法文件（mtd 格式）。

3）按"预览"，如无问题，按"打印"即可打印结果。

（5）标样制作：

1）取各种标样溶剂，按等比例混合。

2）摇晃混合溶剂使充分混合，然后用微量进样器抽取 1 μL 混合溶剂注入已封口空瓶中，将标样瓶放进烘箱，在 80 ℃下烘 30 min。

3）将标样取出，抽取 1 mL 气体注入色谱进样器中，然后迅速按下"数据采集"按钮（注：打入气体要干脆，并且每次实验按下"数据采集"按钮的时间间隔应相等）。

4）出峰完毕后，在在线工作站软件中按"停止采集"，在弹出窗口中输入保存文件名。

5）出峰完毕后，在离线工作站软件中制作标样，操作如下：

① 按"打开"，在弹出窗口中选择标样的谱图打开；

② 选择"积分方法"，选择"面积""外标法"，再点"采用"；

③ 在"组分表"页中点"全选"，选择最高的几个峰，按几种溶剂的出峰顺序输入峰名称，然后点"采用"。

6）依次点击"校正""标准含量"，在弹出的组分含量表中输入按照溶剂的组分含量计算公式计算出的各种溶剂的组分含量，点"OK"；然后点"加入标样"，打开刚才打开的标样谱图，最后点"校正完毕"。

7）将方法保存一下，即点击"输出"，输入文件名，方法文件格式为 . mtd 文件。

（6）老化：

1）查看色谱柱说明书，确定色谱柱最高使用温度，柱箱温度无论在任何情况下都绝不可超过此温度。老化参考温度：柱箱温度 200 ℃、汽化温度 220 ℃、检测器温度 250 ℃。

2）为了使检测器免受污染，检测器温度应时刻高于柱箱温度，由于柱箱温度升温远快于汽化温度与检测器温度，因此建议柱箱分段升温，即先使柱箱温度达到平时的使用温度，然后每隔 10 min 提高一次温度，直至达到老化温度为止。

3）在老化温度下维持 30 min，然后降温。

（7）维护与注意事项：

1）必须注意氢气安全，氢气泄漏遇明火即会产生爆炸，工作环境最好通风，并用肥皂水对管路各个接头定期进行检漏。

2）点火开关在打开后，无论点着火与否都应该再将点火开关关闭，以免造成氢气泄漏。

3）在熄火后切记将仪器氢气开关、减压阀、氢气总开关关闭，以免泄漏。

4）色谱柱在工作过程中（包括降温过程）必须有氮气通过，否则色谱柱会因此造成损坏。

5）在仪器工作过程中，柱箱温度不可超过色谱柱最高使用温度，否则色谱柱会因此造成损坏，色谱柱最高使用温度可参考色谱柱说明书。

6）毛细管色谱柱在工作过程中禁止打开柱箱盖，否则温差可能导致色谱柱断裂。

7）长期不使用仪器，在重新使用时需先老化。

8）应将仪器放置于标准实验室环境中使用。

9）需要注意进样垫的使用情况，如有漏气必须更换，漏气会使结果偏小。

10）定期清理衬管，如果出峰的形状发生异常，则可能是衬管堵塞，必须清理衬管。

11）进样器、玻璃瓶必须清洁干净，否则可能使结果偏大。

12）检漏，各个接头有无漏气现象，特别是氢气，氢气泄漏遇明火即会产生爆炸，此处务必小心。

13）操作步骤顺序不要随意更改。

质谱部分包括：

（1）离子源：接受样品产生离子。

（2）质量分析器：将电离室中生成的离子按质荷比大小分开。

（3）检测器：将离子束转变成电信号，并将信号放大。

主要用途：

（1）用于疾病诊断，可以用于羊水样品检测，也可对分娩或产后关键疾病做出高度准确的判断。

（2）农药残留分析，香味成分鉴定，酒类产品中酯、醇、醛、酸类化合物分析。

（3）可用于分析临床实验期间的药物行为，如研究药物动力学（研究药物在体内如何运动）和药效学（研究药物的作用和工作原理）。

17.3.3　MS8100GC/MS 气质联用仪操作规程及注意事项

（1）开机：

1）打开氨气钢瓶总阀，设置分压网压力至 0.5 MPa。

2）依次打开 MSQ8100GC、GC1290 电源，等待仪器自检完毕。

3）在桌面双击图标，进入 MSD 化学工作站。

4）查看仪器状态及真空泵运行状态。

5）使用自动或手动调谐，调谐应在仪器至少开机 2 h 后方可进行，若仪器长时间未开机，则建议将此时间延长。

（2）样品测定：

1）对检测器、柱箱、GC-MS 接口温度等参数进行设定。

2）进样，检测，分析结果。

（3）关机：

1）将检测器、柱箱、GC-MS 接口等温度设置为环境温度。

2）等待 15 min 左右，分子涡轮泵转速完全降下来；再等待 GC-MS 接口和 GC 柱箱温度小于 100 ℃。

3）退出工作站软件，并依次关闭 MSD、GC 电源，最后关掉载气，在关载气之前要确保 GC 炉和 GC-MSD 接口已冷却。

（4）注意事项：

1）上机操作人员必须通过培训测试，才能上机操作，严禁没有经过管理员许可随意上机操作。

2）如实登记测试日期、操作者姓名、测试内容及使用情况等内容，并签名。

3）为确保仪器计算机的正常工作，外来 U 盘一律不准上机使用。

4）不要在电脑上安装其他软件，删改其他数据。

5）离开实验室前，及时擦拭桌面和清扫地面，确保桌面地面干净整洁。

（5）维护：

1）色谱柱：在使用色谱柱，尤其是使用极性色谱柱时，要除去载气中的氧，并注意在更换气瓶时不要混入空气，也可以在气体流路中安装氧气净化器。充分做好试样的前处理，不要使难于挥发的成分进入柱内，避免污染色谱柱。

2）载气和流路系统：气相色谱质谱联用仪的载气是高纯的氦气，纯度大于99.999%，并且在测试过程中要有 10% 的钢瓶气保有量。每天要检查钢瓶压力，压力范围为 0.5~0.9 MPa，一般为 0.6 MPa。

3）质谱真空检漏、调谐：质谱仪的调谐是为了得到好的质谱数据，在进行样品测试前要进行质谱真空检漏、调谐。在开关机、换灯丝之后要做调谐，如仪器一直处于开机状态，则 1~2 周要做一次调谐。调谐完之后要重新绘制标准曲线。检查水峰、氮峰，如果氮气 $M/Z=28$ 的峰高是水 $M/Z=18$ 峰高两倍以上，就有可能存在漏气。

设备参数：以实验室某催化剂为例，程序升温：60 ℃，以 5 ℃/min 升至 250 ℃，保持 18 min；载气（He，纯度 99.999% 以上）流速 1.6 mL/min；进样口温度为 250 ℃，分流进样，分流比 20:1；进样量为 1 μL。

质谱条件：电子轰击（EI）离子源；电子能量为 70 eV；传输线温度为 280 ℃；离子源温度为 230 ℃；四级杆温度为 150 ℃。SCAN 扫描范围在 15~400。

17.4　色谱分析的样品准备

气相色谱-质谱联用仪，广泛应用于复杂有机混合物，如石油化工产品、香精香料、药物、有机溶剂、毒品等组分的分离和结构定性分析，尤其适用于对未知物的定性和定量分析；主要用于气体和可挥发的物质分析。

（1）样品要求如下：

1）样品应为可挥发、热稳定好的、沸点一般不超过 300 ℃ 的小分子量（分子量范围为 40~650）的有机化合物。不能直接进样的样品，需进行前处理。

2）气相色谱仪均使用毛细管柱（不能使用填充柱），样品必须能在色谱柱的工作温度范围内完全汽化。

3）固体或液体 0.1~1 mg。所谓"溶液"，是指含有微量溶剂的液体，含溶剂较多的，应在测试前尽量去除溶剂。

4）样品能完全溶解在送样者所注明的溶剂中，并预先经 0.45 μm 膜过滤或离心处理，不得有颗粒物；配成溶液的样品需标明浓度。

5）样品不含金属离子、表面活性剂、磷酸盐、硼酸盐等不挥发盐，否则会毁坏离子源。

6）pH 值在 5~7，样品中严禁含有无机或有机强酸、强碱。

7）应标明内容物的大致成分和相对含量，并尽可能提供样品成分的结构式、分子量或所含官能团。

8）样品应标识清楚。

（2）送样时需写清楚自己的要求。若对样品检测有特殊要求，送样者应提供相关检测标准，并提供具体实验条件。

（3）应在送样单上对具有毒性、腐蚀性、刺激性、易燃、易爆、放射性、磁性等对人员和仪器有害的样品（包括溶剂和分散介质）做出说明。

17.5 色谱分析应用

17.5.1 定性分析

气相色谱分析中最常用的方法是利用保留值进行定性分析，保留值是保留时间和保留体积的总称。当操作条件不变时，物质的保留值只与其化学性质相关，因此可用于定性分析。利用保留值进行定性分析时，当样品中某一组分与已知标准品的保留值相同时，可初步判断该组分与标准品可能是同一化合物。但需要注意的是，有时多种物质在一定的操作条件下具有相同的保留值，所以不能完全根据保留值相同而断定它们是同一物质。常见处理方法为：选用其他具有不同极性的色谱柱进行二次乃至多次分析，若在不同色谱柱上测得的保留值均相同，则基本可以断定为同一物质。与其他方法结合的定性分析法例如质谱、红外光谱等仪器联用，与化学方法配合进行定性分析。

17.5.2 定量分析

色谱分析的重要作用之一是对样品进行定量分析。色谱法定量的依据为组分的质量或在载气中的浓度与检测器的响应信号成正比。在此，响应信号指峰面积或峰高，表示为 $w_i = f_i A_i$。式中，w_i 为欲测组分 i 的量；A_i 为组分 i 的峰面积；f_i 为比例系数，在此称为校正因子。由此可见，要准确定量，首先要准确测出峰面积与定量校正因子。

17.5.2.1 峰面积的测量

A 对称峰面积的测量

对称色谱峰近似地看作一个等腰三角形，按照三角形求面积的方法，峰面积为 $A_i = h_i w_{h/2}i$。经验证明，该方法计算的面积只有实际面积的 0.94 倍，故再乘一系数 1.065，即 $A_i = 1.065 h_i w_{h/2}i$，这是目前应用较广的计算法。

B 不对称峰面积的测量

在色谱分析中，经常会遇到不对称峰，多数不对称峰为拖尾峰，峰面积的计算方法为：取峰高 0.15 倍处和 0.85 倍处峰宽的平均值，乘峰高，即：

$$A = \frac{1}{2}(W_{0.15h} + W_{0.85h}) \times h$$

C 大色谱峰尾部的小峰面积的测量

分析某主成分中的痕量组分时，常会遇到主峰未到基线，杂质峰开始馏出的情况。此时，杂质峰面积计算方法为：沿主峰尾部划出杂质峰的基线，由峰顶作主峰基线的垂线。峰顶为 A，垂线与主峰尾部交点为 B，峰高一半处峰宽为 b，则峰面积 $A = AB \cdot b$。

D 基线漂移时峰面积的测量

基线漂移时的峰面积，形状与大峰后面拖尾的小峰的峰缝相似，计算方法相同。

E 重合峰面积的测量

在色谱分析中，常会遇到分离不完全的重合峰，峰面积的计算方法如下：

(1) 两峰重合，如果交点位于小峰半高以下，则可由峰高乘半高峰宽法计算两峰面积。

(2) 如果两峰交点位于小峰半高以上，则通常是由交点作基线的垂线，再用剪纸称重法计算。

F 峰高乘保留时间法

同系物间，半高峰宽与保留时间呈线形关系：$W_{h/2} = bt_R + a$，对于填充柱，$a \approx 0$。

当色谱峰很尖、很窄、半高峰宽不易测准时，可用保留时间代替半高峰宽 $A = 1.065h \cdot bt_R$。

G 自动积分仪法

使用自动积分仪测量峰面积，速度快，比其他方法测量的精密度高，可大大节省人力，提高分析自动化程度。

H 峰高在定量分析中的作用

峰高也可作为定量指标，对于一定的样品，如果操作条件保持不变，则在一定的进样量范围内，半高峰宽是不变的，峰高可直接代表组分的浓度，由峰高代替面积计算。该方法快速、简便，适用于固定不变的常规分析。与使用面积定量法比较，对于出峰早的组分，由于半高峰宽很小，相对测量误差大，这时用峰高定量更准确；对于出峰晚、峰较宽的组分，用峰面积定量更准确。

17.5.2.2 定量校正因子

A 定量校正因子的提出

定量校正因子是指定量计算公式中的比例常数，其物理意义是单位峰面积所代表的被测组分的量。

定量分析的依据是被测组分的量与响应信号成正比，但是同一含量的不同物质，由于其物理、化学性质的差别，即使是在同一检测器上，产生的信号大小也不同，直接用响应信号定量，必然产生较大误差。因此提出了定量校正因子，利用定量校正因子对信号加以校正，校正后的峰面积可定量地代表物质的含量。

物质的响应还与检测器的灵敏度有关。单位量的同一物质在不同灵敏度检测器上，校正因子的不同，但物质间的相对响应值相同，故进行面积校正时，常用相对值。由此提出了相对校正因子，即某物质与标准物质绝对校正因子的比值。常用的标准物质，热导池是苯，氢焰离子化检测器是正庚烷。人们通常将相对二字省略，仍称校正因子。

随着被测组分使用的计量单位不同，校正因子又可分为质量校正因子、摩尔校正因子和体积校正因子。

B　校正因子的表达式

a　质量校正因子 f_m'

质量校正因子 f_m' 是指单位面积所代表组分质量，是最常用的定量校正因子。

$$f_m' = \frac{f_{i,m}}{f_{s,m}} = \frac{A_s m_i}{A_i m_s} \tag{17-1}$$

式中，m_i、A_i 分别为被测物的质量和峰面积；m_s、A_s 分别为标准物的质量和峰面积。

b　摩尔校正因子 f_M'

摩尔校正因子 f' 是指单位峰面积所代表组分的摩尔数。

$$f_M' = \frac{f_{i,M}}{f_{s,M}} = \frac{A_s M_s m_i}{A_i M_i m_s} = f_m' \cdot \frac{M_s}{M_i} \tag{17-2}$$

式中，M_s、M_i 分别为被测物和标准物的相对分子质量。

c　体积校正因子 f_V'

对于气体样品，体积校正因子按下式进行计算：

$$f_V' = \frac{f_{i,V}}{f_{s,V}} = \frac{A_s m_i M_s \times 22.4}{A_i m_s M_i \times 22.4} = f_M' \tag{17-3}$$

d　相对响应值 S_{is}'

相对响应值也叫作相对应答值、相对灵敏度等，指某组分 i 与等量基准组分 s 的响应值之比，当计算单位与相对校正因子相同时，他们与相对校正因子的关系为：

$$S_{is}' = \frac{1}{f_{is}'} \tag{17-4}$$

C　峰高定量校正因子

对于用峰高进行定量的峰，要使用峰高定量校正因子，峰高定量校正因子受操作条件的影响较大，因此一般不能直接引用文献值，必须在实际操作条件下用标准纯物质测定。

对于同系物，峰高定量校正因子可按下式进行估算：

$$f_{i,s}^h = \frac{a + b t_{Ri}}{a + b t_{Rs}} f_{i,s}^A \tag{17-5}$$

式中，$f_{i,s}^A$ 为组分对标准物面积校正因子；a、b 为常数。

对于保留值较大的组分，a 值可忽略不计，上式近似表示为：

$$f_{i,R}^h = \frac{t_{Ri}}{t_{Rs}} f_{i,s}^A \tag{17-6}$$

具体计算方法为：测两个纯物质（标准物与欲测样品组分）的 W 与 t 值，根据

$W_{h/2} = a + bt_R$，解方程组求和 a 和 b 值，然后根据测得的保留时间，从文献上查得面积校正因子 $f_{i,s}^A$，即可求出 $f_{i,s}^h$。

该方法不适用于不对称的色谱峰和保留时间过小的色谱峰。

D　校正因子的测量方法

a　测量方法

准确称取被测组分和标准物质，最好使用色谱纯试剂，在实验条件下，准确称量进样，准确测量峰面积，分别按式（17-1）~式（17-3），计算质量校正因子、摩尔校正因子和体积校正因子。

b　校正因子的换算

如果将校正因子改为相对于另一标准物的校正因子，则可按下式进行计算：

$$f_{m(i,s)} = \frac{f_{m(s,\Phi)}}{f_{m(s,\Phi)}} \qquad (17\text{-}7)$$

$$f_{M(i,s)} = \frac{f_{M(s,\Phi)}}{f_{M(i,\Phi)}} \qquad (17\text{-}8)$$

式中，Φ、s 表示两种不同的标准物。

E　校正因子的估算

a　热导检测器校正因子的估算

（1）内插法。同系物的摩尔相对响应值 S_{is}^M 与其分子量成线性关系：$S_{is}^M = a + bM$，式中，a、b 为常数；M 为被测组分的相对分子质量。

若已知同系物中两个组分的相对响应值，就可求出 a、b 值，从而求出同系物中其他组分的 S_{is}^M 值。该方法计算值能与实测值较好地吻合。

（2）加和法。加和法也称基团截面积法，Littwood 等证实，一个化合物的摩尔相对响应值 S_{is}^M，可由该分子剖析后各指定的结构单位的相对响应值采用单位加和法计算，各种结构基团的相对响应值见表 17-1。

例如，甲乙酮有 2 个甲基、1 个乙基、1 个羰基，查表计算值为 99，实验值为 98；又如叔丁醇有 3 个—CH，1 个—COH，查表计算值为 96，实测值为 96。此法适合于估算基本醇、酮、醚和卤化物的相对响应值。

表 17-1　有机物各结构因子的相对响应值

基　团	相对响应值	基　团	相对响应值
—CH₃	12	—C—OH	60
—CH₂—	11	—CH—OH	61
—CH	10	—CH₂—OH	62
—C—	9	C₆H₅—	99
H—	1	F	57
—O—	62	Cl	67
—C＝O	64	Br	74
—O—C＝O	77	I	83

b　氢焰离子化检测器校正因子的估算

（1）内插法。与热导池的内插法相同，在同系物中，摩尔相对响应值与分子中在碳数或分子量的关系也是线性的。因此，可以在知道同系物中两个组分的相对响应值后，计算其他组分的相对响应值。

（2）有效碳数法。实验证明，相对响应值与其有效碳数成正比。如以正庚烷为标准，即正庚烷的有效碳数为 7.00，质量校正因子为 1，其他有机物的质量校正因子按下式计算：

$$f_m = \frac{7M_i}{100N_C} \tag{17-9}$$

式中，M_i 为组分 i 的分子量；N_C 为有效碳数。

有机物原子的有效碳数见表 17-2。

表 17-2　有机物中有效碳数的贡献

原子	有机物类型	有效碳数的贡献	原子	有机物类型	有效碳数的贡献
C	烷烃	1.0	O	伯醇（RH_2-OH）	−0.6
C	芳烃	1.0	O	仲醇 R_2CHOH	−0.75
C	烯烃	0.95	O	叔醇 $RCOH$	−0.25
C	炔烃	1.3	O	酯类	−0.25
C	羰基	0.9	Cl	两个或两个以上在烷基上的碳	−0.12（每个）
C	羧基	0.032	Cl	在烯烃上的碳	+0.05
C	腈基	0.3	N	胺类	类似 O 在相应醇上
C	醚类	−1.0			

17.5.2.3　百分含量的计算

A　归一化法

归一化法是常用的一种简便、准确的定量方法。使用这种方法的条件是样品中所有组分都出峰，将所有出峰组分的含量之和按 100% 计，当测量参数为面积时，计算式如下：

$$x_i = \frac{f_r A_i}{\sum (f_i A_i)} \times 100\% \tag{17-10}$$

式中，x_i 为试样中组分 i 的百分含量；f_i 为组分 i 的校正因子；A_i 为组分 i 的峰面积。

如果测量参数为峰高，则计算式如下：

$$x_i = \frac{f_i^h h_i}{\sum (f_i^h h_i)} \times 100\% \tag{17-11}$$

式中，f_i^h 为组分 i 的峰高校正因子；h_i 为组分 i 的峰高。

如果样品中组分是同分异构体或同系物，若已知校正因子近似相等，就可以不用校正因子，将面积直接归一化，即可按下式计算：

$$x_i = \frac{A_i}{\sum A_i} \times 100\% \tag{17-12}$$

或

$$x_i = \frac{h_i}{\sum h_i} \times 100\% \tag{17-13}$$

归一化定量的优点是方法准确，进样量的多少与结果无关，仪器与操作条件对结果影响小。缺点是某些组分在所用检测器上可能不出峰，如 H_2O 在氢焰离子化检测器上等；当样品中含有沸点高、出峰很慢的组分时（如果用其他定量方法，则可用反吹法除去），不需定量的个别组分可能分离不好，重叠在一起，影响面积的测量，使其应用受到一定程度的限制。在使用选择性检测器时，一般不用该法定量。

B　内标法

当分析样品不能全部出峰，不能用归一化法定量时，可考虑用内标法定量。

方法：准确称取样品，选择适宜的组分作为欲测组分的参比物，在此称为内标物。加入一定量的内标物，根据被测物和内标物的质量及在色谱图上相应的峰面积比按下式求组分的含量：

$$x_i = \frac{m_s A_i \cdot f_{si}}{m \cdot A_s} \times 100\% \tag{17-14}$$

式中，x_i 为试样中组分 i 的含量；m_s 为加入内标物的质量；A_s 为内标物的峰面积；m 为试样的质量；A_i 为组分 i 的峰面积；$f_{si}=f_i/f_t$。

对内标物的要求为：不能与样品或固定相发生反应；能与样品完全互溶；能与样品组分很好地分离，又比较接近；加入内标的量要接近被测组分的含量；要准确称量。

如果用峰高作为测量参数，则式（17-14）也可将面积改为峰高，将面积校正因子改为峰高校正因子进行定量。

内标法定量也比较准确，而且不像归一化法有使用上的限制。主要缺点是每次需要用分析天平准确称量内标和样品，日常分析使用很不方便，样品中多了一个内标物，显然对分离的要求更高些。

C　外标法

外标法又称校正曲线法。用已知纯样品配成不同浓度的标准样进行试验，测量各种浓度下对应的峰高或峰面积，绘制响应信号-百分含量标准曲线。分析时，进入同样体积的分析样品，从色谱图上测出面积或峰高，从校正曲线上查出其百分含量。

在一些工厂的常规分析中，样品中各组分中的浓度一般变化不大，在检量线通过原点（O 点）时可不必作校正曲线，而用单点校正法来分析。即配制一个和被测组分含量十分接近的标准样，定量进样，由被测组分与外标组分峰面积或峰高比来求被测组分的百分含量。

$$x_i = E_i \cdot \frac{A_s}{A_E} \tag{17-15}$$

式中，x_i 为试样中组分 i 的含量；E_i 为标准样中组分 i 的含量；A_E 为标准样中组分 i 的峰面积。

该方法的优点是操作简单和计算方便。缺点是仪器和操作条件对分析结果影响很大，不像归一化和内标法定量操作中可以互相抵消。因此，标准曲线使用一段时间后应当进行校正。

17.5.2.4　定量分析误差的来源

除峰面积与校正因子测量精度外，定量结果的准确性还受如下因素的影响。

A　样品的稳定性及代表性

样品的代表性是得到准确定量结果的前提。

气相色谱分析的许多样品是气体或挥发性液体，因此要特别注意泄露、挥发等问题；同时，从取样到进样要快速，尽量避免样品组分的挥发损失。

液谱中取样要注意样品的代表性、均匀性，样品是否完全溶解组成均匀的液体，溶解样品的溶剂最好就是流动相，或是与流动相互溶的溶剂。

B　进样系统影响

采用定体积进样法做定量分析时，进样的重复性是一个很关键的问题。对于气体样品，一般都采用进样阀，其重复性好；液体样品一般用微量注射器，其重复性主要取决于分析人员的操作技术，还与进样量大小、进样器质量、插针位置等有关。

C　柱系统的影响

如果色谱柱不能将组分完全分离，有重叠峰或严重拖尾峰，那么无论用何种测量方法都会有误差。因此，保证色谱峰良好的分离是定量准确的必要条件。同时，柱子要稳定，以保证良好的重现性。

D　气相色谱操作条件的影响

a　柱温

柱温直接影响保留值和峰高，不同组分保留值的对数值随柱温（$1/T_c$）变化的直线斜率是不同的，如果要减小柱温造成的误差，柱温应控制在±0.5 ℃范围以内。

b　检测温度

对于热导池检测器，温度升高，灵敏度下降，该温度的影响比柱温影响小，允许温度变化为±1 ℃。当采用相对测量法定量时，此影响可抵消。

对于氢焰，检测室温度对灵敏度没有影响，等于或高于柱温即可。

c　载气流速的影响

对于浓度型检测器，如热导检测器，是测量流动相中组分浓度的瞬间变化，即响应信号与流动相中组分浓度成正比。流速加大，浓度不变，故峰高与流速无关，峰面积与流速成反比。在绝对法定量中，当采用校正曲线法时，用峰高定量比用面积定量好，不受流速影响。在用内标、归一化法定量时，流速的影响可抵消。

对于质量型检测器，如氢火焰离子化检测器，测量的是单位时间进入检测器的物质的量。流速加大，单位时间进入的量增大，峰高增加，面积与流速无关，因此在采用绝对法定量时，用面积定量的误差小些。

E　检测器的影响

检测器种类的选择，检测器灵敏度、检测限、线形范围等，都可影响定量结果的准确性。

17.5.3　气相色谱的应用领域

17.5.3.1　气相色谱常用领域

气相色谱分析是重要的仪器分析手段之一，它具有分离效能高、分析速度快、灵敏度高、对复杂的多组分混合物定性与定量分析结果准确、容易自动化、高选择性等特点。日益广泛地应用于石油、精细化工、医药、生化、电力、白酒、矿山、环境科学等各个领域，成为工农业生产、科研、教学等部门不可缺少的重要分离、分析工具。具体如下：

（1）在石油化学工业中，采用气相色谱法来分析原料和产品，进行质量控制；

（2）在电力部门中，用来检查变压器等的潜伏性故障；

（3）在环境保护工作中，用来监测空气和水的质量；

（4）在农业上，用来监测农作物中残留的农药；

（5）在商业部门，检验及鉴定食品质量的好坏；

（6）在医学上可用来研究人体新陈代谢、生理机能，在临床上用于鉴别药物中毒或疾病类型；

（7）在宇宙舱中可用来自动监测飞船密封舱内的气体；

（8）在有机合成领域内的成分研究和生产控制；

（9）在尖端科学上进行军事检测控制和研究等。

17.5.3.2 色谱分析技术在化工分析领域中的实际应用

A 对脂肪酸类进行有效检测

在之前的化工分析方面对脂肪酸类进行检测过程中，例如比色法等很多经常使用的方法均存在一系列不足，如可用范围与可检测范围较小等。然而色谱分析技术可以更好地解决这些问题，其既能够进行大范围的检测，同时又具有多样化的优势。另外，使用色谱分析技术检测脂肪酸类时，还可以根据相应的特点分离定性样品，有效划分样品中检测目标物，进而可以更好地监督与控制脂肪酸类，充分了解有机物的降解情况，最后使化学分析检测的总体质量与水平得到大大提高。

B 对农药残留进行有效检测

在化工生产行业、农产品及其他食物的农药残留检测方面需要大量应用化学分析。色谱分析技术在化学分析领域的使用可以代替陈旧的分析技术，有效弥补传统农药残留检测工作过程中存在的各种问题，防止由于各方面因素产生的影响，致使农药残留检测不能实现理想的检测效果，同时这个技术还可以更好地检测出残留化学物质。这种方法可以使我国注重农产品绿色、安全政策的要求得到满足，有利于使人们的身体健康得到有效保障。

C 对环境污染物进行检测

在环境污染物检测工作过程中同样呈现出色谱分析技术具有的优势，其可以在较短的时间内精准检测与分析水源、空气中污染物的含量、成分等。这样可以为有关工作人员创造更加方便的条件，同时又可以让人们对周边具体环境状况进行充分了解，进而实现优化环境的良好效果，有利于提高人们的实际生活水平。与此同时，色谱分析技术还能够精准地检测与辨别重大突发化学事故中出现的化学污染情况，这样一来可以为有关部门处理工作提供相应借鉴。

D 对药物进行分析

化工分析领域中还囊括了药物分析领域，在药物分析领域中充分体现出液相色谱分析技术具有的优势，其有利于药物化工人员采取物质定量、定性分析方法，同时为药物制剂生产工艺的完善提供参考，经过细致分析药物可以制定精准的药物质量标准，从而有利于推动我国药物分析领域健康稳定的良性发展。

参 考 文 献

［1］ 王春丽. 环境仪器分析［M］. 北京：中国铁道出版社，2014.

［2］ 康彦芳. 化工分离技术［M］. 北京：中央广播电视大学出版社，2014.

［3］ 周激，吴跃焕. 分析化学：仪器分析部分［M］. 北京：国防工业出版社，2013.

［4］ 于钦学，任文娥. 电气绝缘实验与分析［M］. 西安：西安交通大学出版社，2013.

［5］ 张海明，王林，胡亚莉，等. 色谱分析技术在化工分析中的应用［J］. 当代化工研究，2021（6）：91-92.

［6］ SHENG Y, WANG X G, XING Z K, et al. Highly active and chemoselective reduction of halogenated nitroarenes catalyzed by ordered mesoporous carbon supported platinum nanoparticles［J］. ACS Sustainable Chemistry and Engineering, 2019, 7（9）：8908-8916.

［7］ YUE S N, WANG X G, LI S T, et al. Highly selective hydrogenation of halogenated nitroarenes over Ru/CN nanocomposites by in situ pyrolysis［J］. New Journal of Chemistry, 2020, 44（27）：11861-11869.

［8］ DONG Z Y, ZHANG Q, CHEN B Y, et al. Oxidation of Bisphenol A by persulfate via Fe_3O_4-α-MnO_2 nanoflower-like catalyst：Mechanism and efficiency［J］. Chemical Engineering Journal, 2019, 49（3）：1435-1442.

［9］ WIDGER P, HADDAD A. Analysis of Gaseous By-Products of CF_3I and CF_3I-CO_2 after High Voltage Arcing Using a GCMS［J］. Molecules, 2019, 24（8）：1312-1318.

［10］ 张海明，王林，胡亚莉，等. 色谱分析技术在化工分析中的应用［J］. 当代化工研究，2021（6）：91-92.

习 题

参考答案

17-1 简述气相色谱的工作原理。

17-2 气相色谱仪的组成部分有哪些？

17-3 气相色谱定量的依据是什么，为什么要引入定量校正因子，有哪些主要的定量方法，各适于什么情况？

18 质谱分析法

本章内容导读：

· 质谱分析发展概述和质谱法的分类
· 掌握质谱分析的基本原理
· 质谱分析仪结构、实验流程介绍
· 质谱分析样品要求
· 质谱分析设备操作与维护简介
· 质谱分析在材料分析中的应用实例

18.1 概　　述

从 J. J. Thomson 制成第一台质谱仪，到现在已有一百多年的历史。早期的质谱仪主要是用来进行同位素测定和无机元素分析，20 世纪 40 年代以后开始用于有机物分析，60 年代出现了气相色谱-质谱联用仪，使质谱仪的应用领域大大扩展，开始成为有机物分析的重要仪器。计算机的应用又使质谱分析法发生了飞跃性的变化，使其技术更加成熟，使用更加方便。80 年代以后又出现了一些新的质谱技术，如快原子轰击电离子源、基质辅助激光解吸电离源、电喷雾电离源、大气压化学电离源，以及随之而来的比较成熟的液相色谱-质谱联用仪、感应耦合等离子体质谱仪、傅立叶变换质谱仪等。这些新的电离技术和新的质谱仪使质谱分析又取得了长足进展。目前，质谱分析法已广泛地应用于化学、化工、材料、环境、地质、能源、药物、刑侦、生命科学、运动医学等各个领域。

质谱分析法（mass spectrum，MS）是通过对被测样品离子的质荷比的测定来获得物质分子量的一种分析方法。而把化合物分子用一定方式裂解后生成的各种离子，按其质量大小排列而成的图谱称为质谱。质谱就是把化合物分子用一定方式裂解后生成的各种离子，按其质量大小排列而成的图谱。

质谱仪种类非常多，工作原理和应用范围也有很大的不同。从应用角度，质谱仪可以分为下面几类：

（1）按照质谱仪器的核心部分——质量分析器的工作原理分类：

1）静态仪器：质量分析器采用稳定的电磁场，并且按照空间位置把不同质荷比的离子区分开。

2）动态仪器：采用变化的电磁场构成质量分析器，按照时间或空间区分不同质荷比的离子（如飞行时间质谱仪、四极杆滤质器）。

（2）按照仪器的分辨本领分类：

1）低分辨仪器：分辨本领≤1000（测量离子的整数质量）。

2）中分辨仪器：分辨本领为数千。

3）高分辨仪器：分辨本领≥10000（测量离子的精确质量）。

（3）按照用途分类：

1）有机质谱（用低能量将样品分子电离或裂解）：如大型磁质谱、气相色谱-质谱联用仪（GC-MS）、液相色谱-质谱联用仪（LC-MS）等。

2）无机质谱（用高能量将样品原子或分子电离，一般采用高频火花源、表面电离源、等离子）：等离子光谱-质谱联用仪（ICP-MS）、火花源双聚焦质谱仪（SSMS）；感应耦合等离子体质谱仪（ICP-MS）、二次离子质谱仪（SIMS）、辉光放电质谱仪（GDMS）、同位素质谱仪、飞行时间质谱仪（专用质谱，测生物大分子，聚合物、气体（医用或环保））。

3）联用质谱：①气相色谱-质谱联用仪（GC-MS）。在这类仪器中，由于质谱仪工作原理不同，又有气相色谱-四极杆质谱仪、气相色谱-飞行时间质谱仪、气相色谱-离子阱质谱仪等。②液相色谱-质谱联用仪（LC-MS）。同样，有液相色谱-四极杆质谱仪、液相色谱-离子阱质谱仪、液相色谱-飞行时间质谱仪，以及各种各样的液相色谱-质谱-质谱联用仪。③其他有机质谱仪。主要有基质辅助激光解吸飞行时间质谱仪（MALDI-TOFMS）、傅里叶变换质谱仪（FT-MS）。

以上的分类并不十分严谨。因为有些仪器带有不同附件，具有不同功能。例如，一台气相色谱-双聚焦质谱仪，如果改用快原子轰击电离源，就不再是气相色谱-质谱联用仪，而称为快原子轰击质谱仪（FAB-MS）。另外，有的质谱仪既可以和气相色谱相连，又可以和液相色谱相连，因此也不好归于某一类。在以上各类质谱仪中，数量最多、用途最广的是有机质谱仪。除上述分类外，还可以根据质谱仪所用的质量分析器的不同，把质谱仪分为双聚焦质谱仪、四极杆质谱仪、飞行时间质谱仪、离子阱质谱仪、傅里叶变换质谱仪等。

质谱仪经过数十年的发展，技术与性能不断增强，应用也日趋广泛，越来越多的检测标准与检测方法采用了质谱法，质谱仪逐渐由高高在上的"少数派""贵族化"仪器，发展成为一种主流的常规分析测试仪器。实际上，这几十年来我国在质谱方面的研究生产并非真的是一片空白，20世纪60年代，北京分析仪器厂曾经研制成功中国最早的同位素质谱计；70年代，北京分析仪器厂和北京科学仪器厂也分别自主研发了气质联用仪，使我国成为美国之外第二个能研发生产质谱仪的国家。改革开放以后，北京分析仪器厂和北京科学仪器厂也曾经分别从惠普和岛津引进技术组装质谱仪。但由于种种原因，我国在质谱仪方面的研发生产一再被割裂和中断，这些前辈们的研究成果都变成了孤立的，无法延续下来，仅是昙花一现。而在此后，质谱的相关技术，如质量分析器等有了长足的进步，差距逐渐被拉大到难以想象的地步。形成了我国只有质谱仪市场，却缺乏质谱仪产品的局面，需要我国的相关科研工作者研发属于中国自主品牌的质谱仪。

18.2   质谱分析的原理

18.2.1   质谱分析原理概述

质谱法是将样品离子化，变为气态离子混合物，并按质荷比（m/Z）分离的分析技术；用高速电子束的撞击等不同方式使试样分子成为气态带正电离子，其中有分子离子 M^+ 和各种分子碎片阳离子。在高压电场（电压为 V）加速下，质量为 m 的带正电粒子在磁感应强度为 B 的磁场中做垂直于磁场方向的圆周运动，磁场半径与粒子的质荷比（m/Z）有如下关系（磁质谱基本公式）：

$$m/Z = H^2R^2/2V \qquad\qquad (18\text{-}1)$$

式中，m 为质量；Z 为电荷；V 为加速电压；R 为磁场半径；H 为磁场强度。

显然，质荷比大小不同的正离子将按不同的曲率半径依次分散成不同离子束。当连续改变加速板极电压或磁场时，就可将不同质量的粒子依次聚焦在出射狭缝上，通过出射狭缝的离子流碰撞在收集极上，然后被转化为光电信号记录成质谱图。根据质谱图的位置可进行定性和结构分析，而根据峰的强度可进行定量分析。

质谱仪是实现上述分离分析技术，从而测定物质的质量与含量及其结构的仪器。质谱分析法是一种快速、有效的分析方法，利用质谱仪可进行同位素分析、化合物分析、气体成分分析以及金属和非金属固体样品的超纯痕量分析。在有机混合物的分析研究中证明了质谱分析法比化学分析法和光学分析法具有更加卓越的优越性，其中有机化合物质谱分析在质谱学中占最大的比重，全世界几乎有 3/4 的仪器从事有机分析，现在的有机质谱法，不仅可以进行小分子的分析，而且可以直接分析糖、核酸、蛋白质等生物大分子，在生物化学和生物医学上的研究成为当前的热点，生物质谱学的时代已经到来，当代研究有机化合物已经离不开质谱仪。

18.2.2 质谱分析的特点

质谱仪是一种大型、复杂而精确的仪器，它涉及精密机械加工、真空科学技术、电子技术等，以及物理、化学和数学知识；而且仪器制造复杂，造价昂贵；另外，仪器的操作、维护要求有熟练的人员。

18.2.2.1 质谱技术的特点

质谱技术是一门综合技术，具有如下特点：

（1）灵敏度高、进样量少（≤微克级）；

（2）分析速度快（几秒）；

（3）能测定同位素；

（4）可以测定微小的质量和质量差（测量范围下限为一个原子质量单位；高分辨质谱仪能区分相差几十万分之一的两种质量）；

（5）能直接探讨物质的性质；

（6）分析范围广（能一机多用）。

目前，质谱与核磁共振、红外、紫外一样，已成为有机结构分析中必不可少的测试工具。

18.2.2.2 质谱数据的表示方法

（1）峰强度信号（峰形图）：由质谱仪记录下来，如图 18-1 所示。

（2）表格形式表示法：把各正离子的质荷比数值和它们的相对丰度准确地表示出来，包括低分辨数据、高分辨数据。

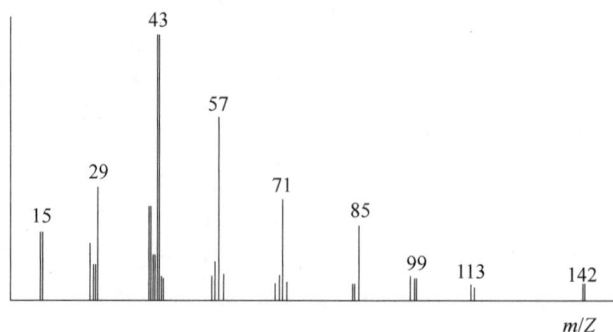

图 18-1　质谱仪分析的峰形图

18.2.2.3　质谱术语

（1）质荷比：m 为一个离子的质量数；Z 为一个离子的电荷数。一个离子的质量数对所带的电荷数的比值，称为质荷比，用 m/Z 表示。

（2）基峰（base peak）：谱图中最强的峰称为基峰。

（3）相对丰度，又称相对强度（relative abundance），最常用的是以谱图中最强的峰（即基峰）作为 100%，其他峰按基峰来归一化（有时离子峰的强度也以总离子量的百分数表示）。

（4）质谱图：横坐标表示离子的质荷比 m/Z，一般从左到右为质荷比增大的方向；纵坐标表示离子流强度（相对丰度）。

18.2.2.4　质谱仪器主要指标

（1）分辨率：指仪器鉴别质量的能力，即区分两个邻近质量峰的能力。

（2）质量测量范围：表示仪器能够分析样品的原子量（或分子量）范围。通常采用原子质量单位进行度量（国际上议定以碳的稳定同位素中丰度最大的 12C 原子质量的 1/12 作为统一的原子质量单位，记为 u（1 u = 1.6605655×10⁻²⁴ g））。

（3）灵敏度：实际上相当于检出样品的最小量（在质谱分析中，仪器出现峰（信号）的强度 E 应与物质的量或浓度 c 成线性关系：$E = S \cdot c$，比例系数 S 称为灵敏度）。

18.3　质谱分析设备及操作

质谱仪是用来分离和检测不同同位素的仪器。仪器的主要装置放在真空中，将物质气化、电离成离子束，经电压加速和聚焦，然后通过磁场电场区，不同质量的离子受到磁场电场的偏转不同，聚焦在不同的位置，从而获得不同同位素的质量谱。质谱方法最早于1913 年由 J. J. 汤姆孙确定，以后经 F. W. 阿斯顿等改进完善。现代质谱仪经过不断改进，仍然利用电磁学原理，使离子束按荷质比分离。质谱仪的性能指标是它的分辨率，如果质谱仪恰能分辨质量 m 和 $m+\Delta m$，则分辨率定义为 $m/\Delta m$。现代质谱仪的分辨率达 $10^5 \sim 10^6$ 量级，可测量原子质量到小数点后 7 位数字。

质谱仪最重要的应用是分离同位素并测定它们的原子质量及相对丰度。其测定原子质量的精度超过化学测量方法，大约 2/3 以上的原子的质量都是用质谱方法测定的。由于质量和能量的当量关系，由此可得到有关核结构与核结合能的知识。对于可通过矿石中提取的放射性衰变产物元素的分析测量，可确定矿石的地质年代。质谱方法还可用于有机化学分析，通过特别是微量杂质分析，通过测量分子的分子量，为确定化合物的分子式和分子结构提供可靠的依据。由于化合物有着像指纹一样的独特质谱，因此质谱仪在工业生产中也得到广泛应用。

18.3.1　质谱仪的基本组成

质谱仪都必须有电离装置把样品电离为离子，有质量分析装置把不同质荷比的离子分开，经检测器检测之后可以得到样品的质谱图。由于有机样品、无机样品和同位素样品、等具有不同形态、性质和不同的分析要求，因此所用的电离装置、质量分析装置和检测装置有所不同。但是，不管是哪种类型的质谱仪，其基本组成是相同的，大致组成如图 18-2 所示。都包括离子源、质量分析器、检测器和真空系统。

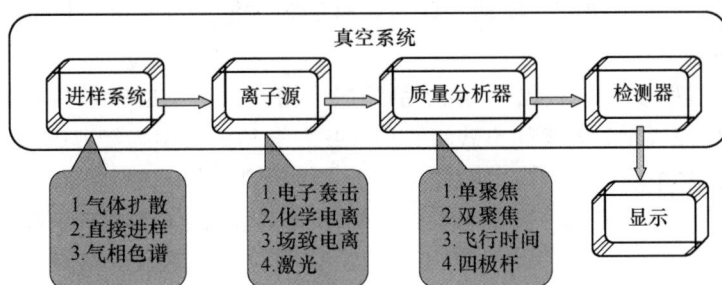

图 18-2　质谱仪结构组成示意图

18.3.1.1　进样系统和接口技术

将样品导入质谱仪可通过直接进样和通过接口两种方式实现。

A　直接进样

在室温和常压下，气态或液态样品可通过一个可调喷口装置以中性流的形式导入离子源。吸附在固体上或溶解在液体中的挥发性物质可通过顶空分析器进行富集，利用吸附柱捕集，再采用程序升温的方式使之解吸，经毛细管导入质谱仪。

对于固体样品，常用进样杆直接导入。将样品置于进样杆顶部的小坩埚中，通过在离子源附近的真空环境中加热的方式导入样品，或者可通过在离子化室中将样品从一可迅速加热的金属丝上解吸或者使用激光辅助解吸的方式进行。这种方法可与电子轰击电离、化学电离以及场电离结合，适用于热稳定性差或者难挥发物的分析。

B　接口技术

目前质谱进样系统发展较快的是多种液相色谱/质谱联用的接口技术，用以将色谱流出物导入质谱，经离子化后供质谱分析。主要技术包括各种喷雾技术（电喷雾、热喷雾和离子喷雾）、传送装置（粒子束）和粒子诱导解吸（快原子轰击）等。

a　电喷雾接口

带有样品的色谱流动相通过一个带有数千伏高压的针尖喷口喷出，生成带电液滴，经干燥气除去溶剂后，带电离子通过毛细管或者小孔直接进入质量分析器。传统的电喷雾接口只适用于流动相流速为 1~5 μL/min 的体系，因此电喷雾接口主要适用于微柱液相色谱。同时，由于离子可以带多电荷，使得高分子物质的质荷比落入大多数四极杆或磁质量分析器的分析范围（质荷比小于 4000），从而可分析分子量高达几十万道尔顿（Da）的物质。

b　热喷雾接口

存在于挥发性缓冲液流动相（如乙酸铵溶液）中的待测物，由细径管导入离子源，同时加热，溶剂在细径管中除去，待测物进入气相。其中性分子可以通过与气相中的缓冲液离子（如 NH_4^+）反应，以化学电离的方式离子化，再被导入质量分析器。热喷雾接口适用的液体流速量可达 2 mL/min，并适合于含有大量水的流动相，可用于测定各种极性化合物。由于在溶剂挥发时需要利用较高温度加热，因此待测物有可能受热分解。

c　离子喷雾接口

在电喷雾接口基础上，利用气体辅助进行喷雾，可提高流动相流速达到 1 mL/min。电喷雾和离子喷雾技术中使用的流动相体系含有的缓冲液必须是挥发性的。

d　粒子束接口

将色谱流出物转化为气溶胶，于脱溶剂室脱去溶剂，得到的中性待测物分子导入离子源，使用电子轰击或者化学电离的方式将其离子化，获得的质谱为经典的电子轰击电离或者化学电离质谱图，其中前者含有丰富的样品分子结构信息。但粒子束接口对样品的极性、热稳定性和分子质量有一定限制，最适用于分子量在 1000 Da 以下的有机小分子的测定。

e　解吸附技术

将微柱液相色谱与粒子诱导解吸技术（快原子轰击，液相二次粒子质谱）结合，一般使用的流速在 1~10 μL/min，流动相须加入微量难挥发液体（如甘油）。混合液体通过一根毛细管流到置于离子源中的金属靶上，经溶剂挥发后形成的液膜被高能原子或者离子轰击而离子化。得到的质谱图与快原子轰击或者液相二次离子质谱的质谱图类似，但是本底却大大降低。

18.3.1.2　离子源

离子源的性能决定了离子化效率，很大程度上决定了质谱仪的灵敏度。常见的离子化方式有两种：一种是样品在离子源中以气体的形式被离子化；另一种是为从固体表面或溶液中溅射出带电离子。在很多情况下，进样和离子化可同时进行。

A　电子轰击电离（EI）

气化后的样品分子进入离子化室后，受到由钨或铼灯丝发射并加速的电子流的轰击产生正离子。离子化室压力保持在 10^{-4}~10^{-6} mmHg。轰击电子的能量大于样品分子的电离能，使样品分子电离或碎裂。电子轰击质谱能提供有机化合物最丰富的结构信息，有较好的重现性，其裂解规律的研究也最为完善，已经建立了数万种有机化合物的标准谱图库可供检索。其缺点在于不适用于难挥发和热稳定性差的样品。

B　化学电离（CI）

引入一定压力的反应气进入离子化室，反应气在具有一定能量的电子流的作用下电离或者裂解。生成的离子和反应气分子进一步反应或与样品分子发生离子或分子反应，通过质子交换使样品分子电离。常用的反应气有甲烷、异丁烷和氨气。化学电离通常得到准分子离子，如果样品分子的质子亲和势大于反应气的质子亲和势，则生成 $[M+H]^+$；反之，则生成 $[M-H]^+$。根据反应气压力不同，化学电离源分为大气压、中气压（0.1~10 mmHg）和低气压（10^{-6} mmHg）三种。大气压化学电离源适合于色谱和质谱联用，检测灵敏度较一般的化学电离源要高 2~3 个数量级，低气压化学电离源可以在较低的温度下分析难挥发的样品，并能使用难挥发的反应试剂，但是只能用于傅里叶变换质谱仪。

C 快原子轰击（FAB）

将样品分散于基质（常用甘油等高沸点溶剂）制成溶液，涂布于金属靶上送入 FAB 离子源中。将经强电场加速后的惰性气体中性原子束（如氙）对准靶上样品轰击。基质中存在的缔合离子及经快原子轰击产生的样品离子一起被溅射进入气相，并在电场作用下进入质量分析器。如用惰性气体离子束（如铯或氩）来取代中性原子束进行轰击，所得质谱称为液相二次离子质谱（LSIMS）。

此法的优点在于离子化能力强，可用于强极性、挥发性低、热稳定性差和相对分子质量大的样品及 EI 和 CI 难以得到有意义的质谱的样品。FAB 比 EI 容易得到比较强的分子离子或准分子离子；不同于 CI 的一个优势在于其所得质谱有较多的碎片离子峰信息，有助于结构解析。缺点是对非极性样品的灵敏度下降，而且基质在低质量数区（400 以下）产生较多干扰峰。FAB 是一种表面分析技术，需注意优化表面状况的样品处理过程。样品分子与碱金属离子加合，如 $[M+Na]$ 和 $[M+K]$，有助于形成离子。这种现象有助于生物分子的离子化。因此，使用氯化钠溶液对样品表面进行处理有助于提高加合离子的产率。在分析过程中加热样品也有助于提高产率。

在 FAB 离子化过程中，可同时生成正负离子，这两种离子都可以用质谱进行分析。样品分子如带有强电子捕获结构，特别是带有卤原子，就可以产生大量的负离子。负离子质谱已成功用于农药残留物的分析。

D 场电离（field ionization，FI）和场解吸（field desorption，FD）

FI 离子源由距离很近的阳极和阴极组成，两极间加上高电压后，阳极附近产生高达 10^{+7}~10^{+8} V/cm 的强电场。接近阳极的气态样品分子产生电离形成正分子离子，然后加速进入质量分析器。对于液体样品（固体样品先溶于溶剂），则可用 FD 来实现离子化。将金属丝浸入样品液，待溶剂挥发后把金属丝作为发射体送入离子源，通过弱电流提供样品解吸附所需能量，样品分子即向高场强的发射区扩散并实现离子化。FD 适用于难气化、热稳定性差的化合物。FI 和 FD 均易得到分子离子峰。

E 大气压电离源（API）

API 是液相色谱/质谱联用仪最常用的离子化方式。常见的大气压电离源有三种，即大气压电喷雾（APESI）、大气压化学电离（APCI）和大气压光电离（APPI）。电喷雾离子化是从去除溶剂后的带电液滴形成离子的过程，适用于容易在溶液中形成离子的样品或极性化合物。因具有多电荷能力，所以其分析的分子量范围很大，既可用于小分子分析，又可用于多肽、蛋白质和寡聚核苷酸分析。APCI 是在大气压下利用电晕放电来使气相样品和流动相电离的一种离子化技术，要求样品有一定的挥发性，适用于非极性或低等、中等极性的化合物。由于极少形成多电荷离子，因此分析的分子量范围受到质量分析器质量范围的限制。APPI 是用紫外灯取代 APCI 的电晕放电，利用光化作用将气相中的样品电离的离子化技术，适用于非极性化合物。由于大气压电离源是独立于高真空状态的质量分析器之外的，故不同大气压电离源之间的切换非常方便。

F   基质辅助激光解吸离子化（MALDI）

将溶于适当基质中的样品涂布于金属靶上，用高强度的紫外或红外脉冲激光照射可实现样品的离子化。此方式主要用于可达 100000 Da 质量的大分子分析，仅限于作为飞行时间分析器的离子源使用。

G   电感耦合等离子体离子化（ICP）

等离子体是由自由电子、离子和中性原子或分子组成，总体上呈电中性的气体，其内部温度高达几千至一万摄氏度。样品由载气携带从等离子体焰炬中央穿过，迅速被蒸发电离并通过离子引出接口导入到质量分析器。样品在极高温度下完全蒸发和解离，电离的百分比高，因此几乎对所有元素均有较高的检测灵敏度。由于该条件下化合物分子结构已经被破坏，所以 ICP 仅适用于元素分析。

10.3.1.3　质量分析器

质量分析器将带电离子根据其质荷比加以分离，用于纪录各种离子的质量数和丰度。质量分析器的两个主要技术参数是所能测定的质荷比的范围（质量范围）和分辨率。

A   扇形磁分析器

离子源中生成的离子通过扇形磁场和狭缝聚焦形成离子束。离子离开离子源后，进入垂直于其前进方向的磁场。不同质荷比的离子在磁场的作用下，前进方向产生不同的偏转，从而使离子束发散。由于不同质荷比的离子在扇形磁场中有其特有的运动曲率半径，因此可通过改变磁场强度，检测依次通过狭缝出口的离子，从而实现离子的空间分离，形成质谱。

B   四极杆分析器

四极杆分析器因其由四根平行的棒状电极组成而得名。离子束在与棒状电极平行的轴上聚焦，一个直流固定电压（DC）和一个射频电压（RF）作用在棒状电极上，两对电极之间的电位相反。对于给定的直流和射频电压，特定质荷比的离子在轴向稳定运动，其他质荷比的离子则与电极碰撞湮灭。将 DC 和 RF 以固定的斜率变化，可以实现质谱扫描功能。四极杆分析器对选择离子分析具有较高的灵敏度。

C   离子阱分析器

离子阱分析器由两个端盖电极和位于它们之间的类似四极杆的环电极构成。端盖电极施加直流电压或接地，环电极施加射频电压（RF），通过施加适当电压就可以形成一个势能阱（离子阱）。根据 RF 电压的大小，离子阱就可捕获某一质量范围的离子。离子阱可以储存离子，待离子累积到一定数量后，升高环电极上的 RF 电压，离子按质量从高到低的次序依次离开离子阱，被电子倍增监测器检测。目前，离子阱分析器已发展到可以分析质荷比高达数千的离子。离子阱在全扫描模式下仍然具有较高灵敏度，而且单个离子阱通过时间序列的设定就可以实现多级质谱（MSn）的功能。

D   飞行时间分析器

在飞行时间分析器中，具有相同动能、不同质量的离子，因其飞行速度不同而分离。如果固定离子飞行距离，则不同质量离子的飞行时间不同，质量小的离子因飞行时间短而首先到达检测器。各种离子的飞行时间与质荷比的平方根成正比。离子以离散包的形式引入质谱仪，这样可以统一飞行的起点，依次测量飞行时间。离子包通过一个脉冲或者一个栅系统连续产生，但只在一特定的时间引入飞行管。新发展的飞行时间分析器具有大的质量分析范围和较高的质量分辨率，尤其适合蛋白等生物大分子的分析。

E　傅里叶变换分析器

在一定强度的磁场中，离子做圆周运动，离子运行轨道受共振变换电场限制。当变换电场频率和回旋频率相同时，离子稳定加速，运动轨道半径越来越大，动能也越来越大。当电场消失时，沿轨道飞行的离子在电极上产生交变电流。对信号频率进行分析可得出离子质量。将时间与相应的频率谱利用计算机经过傅里叶变换形成质谱。其优点为分辨率很高，质荷比可以精确到千分之一道尔顿。

18.3.1.4　数据处理和应用

检测器通常为光电倍增器或电子倍增器，所采集的信号经放大并转化为数字信号，计算机进行处理后得到质谱图。质谱离子的多少用丰度表示（abundance）表示，即具有某质荷比离子的数量。由于某个具体离子的数量无法测定，故一般用相对丰度表示其强度，即最强的峰叫作基峰（base peak），其他离子的丰度用相对于基峰的百分数表示。在质谱仪测定的质量范围内，由离子的质荷比和其相对丰度构成质谱图。在 LC/MS 和 GC/MS 中，常用各分析物质的色谱保留时间和由质谱得到其离子的相对强度组成色谱总离子流图。也可确定某固定的质荷比，对整个色谱流出物进行选择离子检测（selected ion monitoring，SIM），得到选择离子流图。质谱仪分离离子的能力称为分辨率，通常定义为高度相同的相邻两峰，当两峰的峰谷高度为峰高的 10% 时，两峰质量的平均值与它们的质量差的比值。对于低、中、高分辨率的质谱，分别是指其分辨率在 100~2000、2000~10000 和 10000 以上。

质谱具有很高的灵敏度和分辨率，在定性和定量方面具有较大优势，所以目前配置质谱的实验室越来越多，质谱相对于色谱来说，除了对环境的要求极高，操作和维护同样更加频繁。

质谱仪对周围环境的要求如下：

（1）周围无强烈震荡源及电磁感应装置；

（2）电源要求为接地交流电；

（3）室温要求：15~28 ℃；

（4）相对湿度要求：20%~80%。

可见，使用过程中要特别注意室内温度和湿度的控制。一般没有外置飞行管的飞行时间质谱对环境的要求更严格，外部环境会直接影响质量轴的准确性。质谱仪采用两级抽气结构，前级为机械泵，后级为分子涡轮泵。工作时，先由前级泵将真空腔内的压强降低几个数量级，再由后级泵降至工作所需的压强。

18.3.2　质谱仪操作规程

18.3.2.1　开机

质谱仪开机前应首先开气，然后开机械泵，再打开质谱仪的电源，等真空度达到后再开启分子涡轮泵，之后才可以进行协调校正，一般至少需要抽 12 h 才能达到。每次开机后都需要校正，而后才能使用质谱仪。

18.3.2.2　样品测试过程

与液相色谱联用时，流动相需要先用膜过滤，需要区别有机膜和水膜，样品也同样需要过滤或者用大于 10000 rpm 的转速离心去掉固体杂质。

流动相不能用难挥发的酸或盐，如磷酸盐和硼酸盐，液相常用的 TFA 会抑制离子电离，也不建议使用；表面活性剂在质谱中响应很高，尤其是 ESI 源，因此所有管和器具的清洗不能用洗洁精，用来改善分离和色谱峰形的离子对试剂也应慎用，与质谱联用时建议使用的是甲酸、乙酸、甲酸铵、乙酸铵和氨水等。

根据选用的离子源调整液相方法，ESI 源的流速一般用 0.3~0.6 mL/min，常规 HPLC 分析柱的规格是 5 μm×4.6 mm×250 mm，一般流速都是 1 mL/min，可以采用柱后分流的方式来调整进入质谱的流量。同时，要根据进入质谱的流量和样品性质调整雾化气温度和雾化气的流量。

样品测试结束后，需要清洗进样管路，清洗后停泵，待离子源温度降低后再选择待机状态。

18.3.2.3　日常定期维护

前期，随着样品的检测会有有机溶剂进入机械泵中，需要定期打开震气阀震气 20 min 左右，震气时间不能太长，太长会导致泵油消耗过快。根据检测量来调整震气的频率，一般建议一周一次。

离子源腔体和取样锥孔、挡盖用无尘纸和 50%甲醇水清洗，一般一周一次。

机械泵的泵油需要定期更换，一般半年更换一次，如果泵油看起来很脏，则需要提前更换。更换泵油时需要将泵油全部倒出，再更换新的泵油，不同品牌的泵油不能混用。一般实验室的质谱仪都会在长假的时候进行大的维护。

一般日常维护除了更换泵油之外，都是不需要在卸真空的状态下进行的，质谱内部的清理和维护一般比较少能做到，建议交给维修工程师来做，内部金属件可以用氧化铝粉来打磨，其他组件注意不要碰到有机试剂，尤其是密封圈之类的。

18.3.2.4　关机

关机需要先按下质谱仪上"vent"按钮 5 s，放空系统，等待约 30 min，关闭质谱电源，再关闭机械泵。

18.4　质谱分析的样品准备

有机质谱仪适合分析相对分子质量为 50~2000 μL 的液体、固体有机化合物样品，试样应尽可能为纯净的单一组分。

气相色谱-质谱联用仪、气相色谱仪均使用毛细管柱（不能使用填充柱）。进入气相色谱炉的样品，必须是在色谱柱的工作温度范围内能够完全气化的。

液相色谱-质谱联用仪的样品要求如下：

（1）易燃、易爆、毒害、腐蚀性样品必须注明。

（2）为确保分析结果准确、可靠，要求样品能够完全溶解，不得有机械杂质；未配成溶液的样品需注明溶剂，已配成溶液的样品需标明浓度。

（3）应尽可能提供样品的结构式、分子量或所含官能团，以便选择电离方式；如有特殊要求者，需提供具体实验条件。

（4）液相色谱-质谱联用时，所有缓冲体系一律用易挥发性缓冲剂，如由乙酸、醋酸铵、氢氧化四丁基铵等配成，凡要求定量分析者需提供标准对照品。

飞行时间质谱仪的样品要求如下：

（1）试样的种类、组分及样品量此类仪器擅长测定多肽、蛋白质，也可以测定其他生物大分子，如多糖、核酸和高分子聚合物、合成寡聚物以及一些相对分子质量较小的有机物，如 C_{60} 或 C_{60} 的接枝物等。被测样品可以是单一组分也可以是多组分的，但样品组分越多，谱图就越复杂，谱图分析的难度也越大；如果电离过程中组分之间存在相互抑制作用，则不一定能保证每个组分都出峰。常规测定的样品量为 $1 \sim 10$ pmol/μL。

（2）样品的溶解性。被测样品必须能够溶于适当的溶剂，最好是未溶解的固体或纯液体。若样品为溶液，则应提供样品的溶剂、浓度或含量等信息。

（3）纯度。为取得高质量的质谱图，多肽和蛋白质样品应避免含氯化钠、氯化钙、磷酸氢钾、三硝基甲苯、二甲亚砜、尿素、甘油、吐温、十二烷基硫酸钠等。如果被测样品在预处理过程中不能避免使用上述试剂，则必须用透析法和高效液相色谱法对样品进行纯化。水、碳酸氢铵、醋酸铵、甲酸铵、乙腈、三氟乙酸等都是用于纯化样品的合适试剂。蛋白质样品纯化后，应尽可能冻干。样品中的盐可通过离子交换法去除。

气质联用仪（GC-MS）适用于定性定量分析沸点较低、热稳定性好的小分子有机化合物和高分子化合物的结构分析、裂解机理分析，可应用于环保、食品、石油化工、生物医药、代谢组学、香精香料、法医毒物、烟草等众多领域。其对样品的要求如下：

（1）溶液：

1）有机溶剂体系。样品中水分含量应低于1‰，如有需要，可加入无水硫酸钠除去水分；样品中绝大多数组分应为小分子、易挥发有机物，基本不含沸点高于 280 ℃ 的难挥发组分（如聚合物和大分子）；样品中不含无机酸、碱等损伤柱子的物质。

2）水溶液体系。如样品中水含量超过 5%，则需要用到前处理附件，包括顶空进样（HS）和固相微萃取（SPME）。适用于水溶液、土壤等几乎所有的样品，检测范围是挥发性、半挥发性有机物。

（2）固体：

1）有机小分子。若分析固体样品中的易挥发组分，则可直接送样；若分析固体样品中的有机组分，则一般需用合适的有机溶剂将其中的有机组分提取出来，如果体系较复杂，则还需进一步净化。最后为提高检测灵敏度，一般需要浓缩。

2）高分子聚合物。进行该类样品分析，需要用到裂解附件。裂解温度在 200 ～ 750 ℃。若分析高分子样品中的易挥发组分，则裂解温度一般设定在 200~300 ℃，不破坏高分子主体结构。若需要分析高分子主要的链段结构，则裂解温度一般设定在 500 ～ 700 ℃，具体温度可自行根据 TG 曲线确定。

18.5　质谱分析应用

利用质谱可以测定分子量、原子量（一般质谱仪都能做到）；确定分子式（高分辨质谱仪才能做到）；推测有机化合物的结构 。因此，质谱仪是有机化学、药物化学、生物化学、石油化学以及环境保护等学科领域的主要分析仪器。质谱仪跟其他分析仪器联用可以拓展质谱的功能。

18.5.1　气-质联用仪应用

气-质联用是解决复杂样品全组分定性、定量分析的有力工具。在分析检测和研究的领域中起着越来越重要的作用，特别是在有机化合物常规检测工作中，几乎成为一种必备的手段。如石化、化工、食品（香味、营养成分、添加剂、农残等）、环保、药物研究、生产、质控以及进出口许多领域的众多环节中都要用到 GC/MS；法庭医学中各类案件的现场采集物分析（呕吐液、血液等），毒药、毒品的检验与鉴定；甚至在体育竞技运动中，国际公认用 GC/MS 对运动员进行兴奋剂检测的数据可靠。下面简单介绍 GC/MS 的一些应用。

例如，在分析天然芳香精油或其他多组分样品时，由于同时存在几十甚至几百个组分，把它们分离成纯样再分析是难以做到的。因此，选用分离很有效的气相毛细管柱进行分离，质谱仪检测是很理想的分析方法。这样做分离效率高，检出限量低，结构定性可靠且快速。

另外，随着我国加入 WTO，国际食品贸易中的各种检验项目，如添加剂、农残的分析都有相应规定。由于农药的高效性使施药量越来越小，AOAC 和 IUPAC 组织要求农药残留量分析方法有更低的测定底限，如果不启用这些联用仪器技术（气-质；液-质；毛细管电泳-质谱等），就难以做到。例如，俗称瘦肉精的盐酸克仑特罗经提取、净化、衍生化，采用 GC/MS 进行测定，利用外标法定量。该方法的回收率为 92%～99%，检出限低于 0.2 ppm。

随着计算机技术的迅猛发展，人们将在标准电离条件（EI 源，70 eV 电子束轰击）下得到的大量已知纯化合物的标准质谱图存储在计算机的磁盘里，做成已知化合物的标准质谱谱库，然后将在标准电离条件下得到的已被分离成纯化合物的未知化合物质谱图与计算机内谱库的质谱图按一定的程序进行比较，将匹配度（相似度）高的一些化合物检出，给出这些化合物的名称、分子量、分子式、结构式和匹配度（相似度），这对于解析未知化合物结构进行定性分析有很大帮助。

目前世界上最常用的部分质谱谱库如下：

（1）NIST 库。由美国国家科学技术研究所（National Institute of Science and Technology）出版，收有 64K 张标准质谱图。

（2）NIST/EPA/NIH 库。由 EPA 美国环保局，NIH 美国国立卫生研究院共同出版，收有 107K 张标准质谱图。

（3）Wiley/NIST 库（第六版本）。收有 275K 张标准质谱图。

（4）农药库（Standard Pesticide Libraray）。内有 340 个农药标准质谱图。

根据工作的需要可以选择使用，或选购药物库（Pfleger Drug Libraray）、挥发油库（Essential Oil Libraray）。

另外，还可建立用户库（User Libaray）。工作者可将自己实验中得到的标准质谱图及数据用文本文件（Text files）存在用户库中，以便加以充分利用。

18.5.2　液相色谱-质谱联机（LC-MS）

18.5.2.1　高效液相色谱-质谱（多级）联用技术简介

气-质联用对样品的要求是来样必须在色谱柱能承受的温度下气化，对于热不稳定的化合物及气化不了的样品，就得依靠其他分析手段来完成。在攻克液相色谱与质谱联机接口技术后，应运生产的高效液相色谱-质谱（多级）联用仪作为 20 世纪 90 年代推出的商品仪器，已逐步进入质谱界，并得到迅速发展，成为科研和诸多分析行业的有力工具，扩展了质谱仪分析化合物的范围，可谓当今质谱界最为新颖及活跃的领域。

高效液相色谱-质谱（多级）联用仪的在线使用，首先要解决的问题是真空的匹配。质谱工作需在高真空下完成，要与在常压下工作的高效液相色谱（即大量流动相的涌入）-质谱接口相匹配并维持足够的真空，只能采取增大真空泵的抽速，分段、多级抽真空的方法，形成真空梯度来满足接口和质谱正常工作的要求。现有的商品仪器多采用该方法。

18.5.2.2　液相色谱-质谱（多级）联用仪的应用

将液相的分析方法用于 HPLC/MS（多级）联用时，需要考虑以下几方面：分析目标化合物的离子化能力；流动相的混溶性；流速与柱子的匹配性等。

对于可以接受质子的碱性样品（如含 NH_2、N、NH、CO、COOR），采用正离子化模式；反之，对于易丢失质子的，有较多强负电性基团（如样品含—COOH、—SH、—NO_2、—Cl、—Br 和多个羟基时）的样品，则可尝试使用负离子化模式。有些酸碱性并不明确的化合物需要进行预试方可确定。此时也可优先考虑选用 APCl（+）进行测定，对于热不稳定的化合物则优先考虑选用 ESI。

对样品的一般要求：力求干净，不含显著量的杂质；不含高浓度的难挥发性酸（如硫酸，磷酸等）及其盐，因为这些酸及其盐的侵入会引起很强的噪声，严重时还会造成仪器喷口处放电；样品黏度不能过大，以防堵塞柱子、喷口及毛细管入口。因此，样品的制备或前处理在 HPLC/MS（多级）分析中同样是必要的。

HPLC/MS（多级）商品仪器的设计所达到的重现性和线性范围指标均能满足一般的定量分析精度要求。但由于其分析的样品来源广泛，本底复杂，因此 HPLC/MS（多级）定量中要解决的主要问题是化学基质和生物学基质的干扰。

应用范围：热不稳定大分子化合物（如生物药品，重组产物，医药学方面的药物及体内药物分析、药物降解、药物动力学、临床医学、中药分析）；生物化学领域的肽、蛋白质、寡核苷酸、糖等；环境化学分析方面（如有机污染物，土壤与水质分析）；农药兽药残留量分析（如检测蔬菜，水果及肉类食品中的农残和药残）；法医学方面的滥用药物、爆炸物和兴奋剂检测；合成化学方面的有机金属化合物、有机合成物及表面活性剂、天然产物、复杂混合物分析等。总之，只有无法离子化的样品质谱才不能检测。与 GC/MS 相比，LC/MS 的灵敏度更高。

质谱仪从其最基本的功能上而言，主要是一种定性分析工具。采用 LC 与 MS 联机的操作方式，可充分发挥液相色谱的分离功能和质谱仪的高灵敏度及高选择性（如单离子检测、中性丢失等），来获取一些混合物中单一组分的结构信息。选用混合编程扫描技术，进行多级质谱方式（MS/MS 或 MSn），可同时检测（准）分子离子和若干碎片离子，进一步获取相关化合物的结构信息。

（1）主要用以确定分子量。广泛用于有机物的分析，也可作为结构分析之用，因此是很好的定性分析的工具，在质谱图上利用分子峰的 m/Z 可以准确地确定该化合物的相对分子质量，通过同位素峰相对强度法来确定有机化合物的化学式。

（2）灵敏度高。目前用于有机物分析的质谱仪的灵敏度可达到 100 pg 数量级。

（3）操作简单，分析时间短，准确度高。

（4）与色谱仪联用，对混合物试样可以同时进行分离和鉴定，从而可快速获取有关信息。

（5）质谱仪器较为精密，价格较贵，工作环境要求较高，给普及带来一定的限制。

18.5.3　串联质谱及连用技术

18.5.3.1　串联质谱

两个或更多的质谱连接在一起，称为串联质谱。最简单的串联质谱（MS/MS）由两个质谱串联 而成，其中第一个质量分析器（MS_1）将离子预分离或加能量修饰，由第二级质量分析器（MS_2）分析结果。MS/MS 最基本的功能包括能说明 MS_1 中的母离子和 MS_2 中的子离子间的联系。MS/MS 在混合物分析中有很多优势。在质谱与气相色谱或液相色谱联用时，即使色谱未能将物 质完全分离，也可以进行鉴定。MS/MS 可从样品中选择母离子进行分析，而不受其他物质干扰。

18.5.3.2　联用技术

色谱可作为质谱的样品导入装置，并对样品进行初步分离纯化，因此色谱/质谱联用技术可对复杂体系进行分离分析。因为色谱可得到化合物的保留时间，质谱可给出化合物的分子量和结构信息，故对复杂体系或混合物中化合物的鉴别和测定非常有效。

18.5.4　质谱分析技术在化学分析中的应用

18.5.4.1　质谱定性分析

一张化合物的质谱包含着有关化合物的很丰富的信息。在很多情况下，仅依靠质谱就可以确定 化合物的分子量、分子式和分子结构。而且，质谱分析的样品用量极微，因此质谱法是进行有机物鉴定的有力工具。当然，对于复杂的有机化合物的定性，还要借助于红外光谱、紫外光谱、核磁共振等分析方法。

A　相对分子质量的测定

分子离子的质荷比就是化合物的分子量。因此，在解释质谱时首先要确定分子离子峰，在判断分子离子峰时要综合考虑样品来源、性质等其他因素。如果经判断没有分子离子峰或分子离子峰不能确定，则需要采取其他方法得到分子离子峰。

B　化学式的确定

利用一般的 EI 质谱很难确定分子式。在早期，曾经有人利用分子离子峰的同位素峰来确定分子组成式。有机化合物分子都是由 C、H、O、N 等元素组成的，这些元素大多具有同位素，由于同位素的贡献，质谱中除了有质量为 m 的分子离子峰外，还有质量为 $m+1$，$m+2$ 的同位素峰。由于不同分子的元素组成不同，不同化合物的同位素丰度也不同，贝农（Beynon）将各种化合物（包括 C、H、O、N 的各种组合）的 m、$m+1$、$m+2$ 的强度值编成质量与丰度表，如果知道了化合物的分子量和 m、$m+1$、$m+2$ 的强度比，即可通过查表确定分子式。

C　结构鉴定

纯物质结构鉴定是质谱最成功的应用领域，通过谱图中各碎片离子、亚稳离子、分子离子的化学式、m/Z 相对峰高等信息，根据各类化合物的分裂规律，找出各碎片离子产生的途径，从而拼凑出整个分子结构。根据质谱图拼出来的结构，对照其他分析方法，得出可靠的结果。

18.5.4.2　质谱定量分析

A　电感耦合高频等离子体质谱法（ICP-MS）

ICP-MS 技术是 20 世纪 80 年代发展成熟起来的一种痕量、超痕量多元素同时分析技术。ICP-MS 综合了等离子体极高的离子化能力和质谱的高分辨、高灵敏度及连续测定多元素的优点，检出限低至 $0.001 \sim 0.1$ ng/mL，测定的线性范围宽达 $5 \sim 6$ 个数量级，还可测定同位素比值。ICP-MS 测定贵金属元素在国外从 20 世纪 80 年代后期就开始有报道；在我国直到 20 世纪 90 年代中后期才开始研究。可以说在近十年的飞速发展中，该技术与不同的样品前处理及富集技术相结合，成为现今痕量、超痕量贵金属分析领域最强有力的工具。用同位素稀释法测定回收率低的元素，已成为高纯金属多元素测定最有潜力的方法之一。

采用 ICP-MS 测定贵金属元素时，选择恰当的待测元素同位素是很重要的。一般而言，同量异位干扰比多原子干扰严重，氧化物干扰比其他多原子干扰严重。因此，选择同位素总的原则为：若无干扰，则选择丰度最高的同位素进行测定；如果干扰小，则可用干扰元素进行校正；如果干扰严重，则选择丰度较低的没有干扰的同位素进行测定。获取待测元素结果常用的方法有外标法、内标法、标准加入法和同位素稀释法。

外标法适合于溶液成分简单的条件实验。内标法能在一定程度上克服基体效应，是常用的方法。标准加入法的优点是基体匹配、结果准确，但费时、费钱。同位素稀释法不受回收率的影响，能克服基体效应，是很精确的方法。采用同位素稀释法的关键是同位素平衡，目前的研究表明，高压酸分解或 Carioustube 酸溶法是同位素平衡最彻底的方法。但是 Au 和 Rh 是单同位素元素，不能用同位素稀释法测定。总之，条件实验用外标法；分析实际样品时，用内标法测 Rh 和 Au；其余贵金属元素用同位素稀释法；回收率测试用标准加入法。

多数情况下，等离子体质谱法采用溶液进样。激光烧蚀样品技术大大减少了样品前处理的时间。但是，固样进样基体影响严重，贵金属同位素不能达到平衡，所以该法一般用于快速分析或分析成分简单、贵金属分布均一的样品。此外，利用流动注射进样，可以克服 ICP-MS 要求可溶性固体含量低的缺点，还能克服基体效应，将越来越引起关注。

Jarvis 研究了采用离子交换树脂法分离富集 ICP-MS 测定 PGEs 的方法，取 1 g 地质材料用王水-HF 微波消解，残渣用 $Na_2O_2 + Na_2CO_3$ 或 Na_2O_2 熔融后阳离子交换树脂分离富集测定。我国学者分别用酸溶解样品后，直接采用 ICP-MS 测定地质物料中的铂族元素，样品检测下限可达到 ng/g 水平。在其他技术运用方面，James 用离子交换富集、USN（超声雾化）-ICP-MS 测定了地质样品中的贵金属元素；Goe-do 用离子螯合树脂分离基体 FI-ICP-MS 联用测定了地质样品中的贵金属，并讨论了样品处理、分析变量的优化和可测浓度水平。LA-ICP-MS 是当今国际上最热门的 ICP-MS 研究课题，Jorge 用 UV 激光烧蚀 ICP-MS 测定了硫化镍试金扣中的贵金属元素；Shibuya 研究了采用紫外激光高分辨率 ICP-MS 测定地质样品中的铂族元素和金。

　　B　负离子热表面电离质谱法（NTIMS）

　　负离子热表面电离质谱法是近年来发展的质谱技术，可以用于金属同位素年龄的研究，为年代学的研究提供了有力保障。和 ICP-MS 不同，该法是通过质谱对待测元素的负离子进行测试的。由于元素形成负离子所需的能量较形成正离子所需的能量低很多，所以离子化率高，检出限比 ICP-MS 低。Creaser 用 NTIMS 分析了 Re_2Os 体系，他们的离子产率分别为 2%~6%（Os）、大于 20%（Re），检出限达 pg/mL。由于该法分析 Re_2Os 没有同量异位干扰，因此不需要分离 Os 和 Re，简化了整个分析流程。尽管高纯金属多元素的分析越来越多地用等离子体质谱法测定，但是等离子体质谱法存在 Os 和 Re 同位素的同量异位干扰问题，所以能精确测试 Os 和 Re 的 NTIMS 方法有不可取代的作用。

　　与经典的化学分析方法和传统的仪器分析方法不同，现代分析科学中，原位、实时、在线、非破坏、高通量、高灵敏度、高选择性、低耗损一直是分析工作者追求的目标。在众多的分析测试方法中，质谱学方法被认为是一种同时具备高特异性和高灵敏度且得到了广泛应用的方法。电喷雾解吸电离技术、电晕放电实时直接分析电离技术和电喷雾萃取电离技术的提出，满足了时代的需要，满足了科学技术发展的要求，为复杂样品的快速质谱分析打开了一个窗口。

　　便携式质谱仪是新型质谱仪的研究热点之一，便携式质谱仪的研究主要集中在离子化技术、质量分析技术方面，检测器多采用 Detech 公司和 SGE 公司的商品化检测器。为适应离子化技术、质量分析技术的快速发展，开发高性能离子检测技术已迫在眉睫，而低噪声、高稳定性、宽质量范围、较低的质量歧视、长寿命、低成本将是离子检测技术发展中所要追求的目标。

参 考 文 献

[1] 杜金腾，刘敏. 质谱分析技术在化学分析中的应用研究 [C] //中国空间技术研究院，第三届空间材料及其应用技术学术交流会论文集，2011：214-219.

[2] 吕玉光，郝凤岭. 现代仪器分析方法及应用研究 [M]. 北京：中国纺织出版社，2018.

习　题

参考答案

18-1　以单聚焦质谱仪为例，说明组成仪器各个主要部分的作用及原理。

18-2　试比较电子轰击离子源、场致电离源及场解析电离源的特点。

18-3　如何利用质谱信息来判断化合物的相对分子质量和分子式？

18-4　色谱与质谱联用后有什么突出特点？

19 辉光放电质谱分析

本章内容导读：
- 辉光放电质谱仪的发展历程
- 掌握辉光放电质谱分析的基本原理
- 辉光放电质谱分析仪结构、实验流程介绍
- 辉光放电质谱分析样品要求
- 辉光放电质谱分析设备操作与维护简介
- 辉光放电质谱分析在材料分析中的应用实例

19.1 概　　述

辉光放电质谱法（glow discharge mass spectrometry，GDMS）是 20 世纪 70 年代左右开始发展的一项固体检测技术，是利用辉光放电源作为离子源与质谱仪器连接进行质谱测定的一种分析方法。20 世纪 80 年代，VG Isotopes 公司推出了 VG9000 型辉光放电质谱仪，VG9000 大大推广了化学、冶金、材料等重要领域中 GDMS 分析技术的应用，在高纯金属、合金、半导体分析中，GDMS 的优越性尤为突出。随着该技术的进步，英国质谱仪器公司（Mass Spectrometry Instruments Ltd.）在 2008 年推出了新型的 GD90 型辉光放电质谱仪，它主要由三部分组成，即离子源、分析器和检测器。辉光放电（GD）是气体在低压下放电的现象。

辉光放电质谱仪是直接分析导电材料中的固态痕量元素的最佳工具，能在一次分析过程中测定基体元素（~100 %）、主体元素（%）、微量元素（ppm）、痕量元素（ppb）和超痕量元素（ppt）。GDMS 在多个学科领域中均获得重要应用。在材料科学领域，GDMS 成为反应性和非反应性等离子体沉积过程的控制和表征的工具。GDMS 已成为无机固体材料，尤其是高纯材料杂质成分分析的强有力方法。目前广泛应用于高纯金属、合金乃至半导体和非导体样品中的痕微量组分测定。由于其样品制备简单，可固体直接进样，元素间灵敏度差异较小，具有优越的检测限和宽动态线性范围等优点，因而在近 20 多年来得到快速发展。

19.2 辉光放电质谱分析的原理

辉光放电质谱由辉光放电离子源和质谱分析器两部分组成。辉光放电离子源（GD 源）利用惰性气体（一般是氩气，压强为 10~100 Pa）在上千伏特电压下电离产生的离子撞击样品表面使之发生溅射，溅射产生的样品原子扩散至等离子体中进一步离子化，进而被质谱分析器收集检测。辉光放电属于低压放电，放电产生的大量电子和亚稳态惰性气

体原子与样品原子频繁碰撞，使样品得到极大的溅射和电离。同时，由于 GD 源中样品的原子化和离子化分别在靠近样品表面的阴极暗区和靠近阳极的负辉区两个不同的区域内进行，也使基体效应大为降低。GD 源对不同元素的响应差异较小（一般在 10 倍以内），并具备很宽的线性动态范围（约 10 个数量级）。因此，即使在没有标样的情况下，也能给出较准确的多元素半定量分析结果，十分有利于超纯样品的半定量分析。图 19-1 所示为辉光放电质谱仪结构和基本原理图，由离子源、双聚焦系统和检测系统组成。

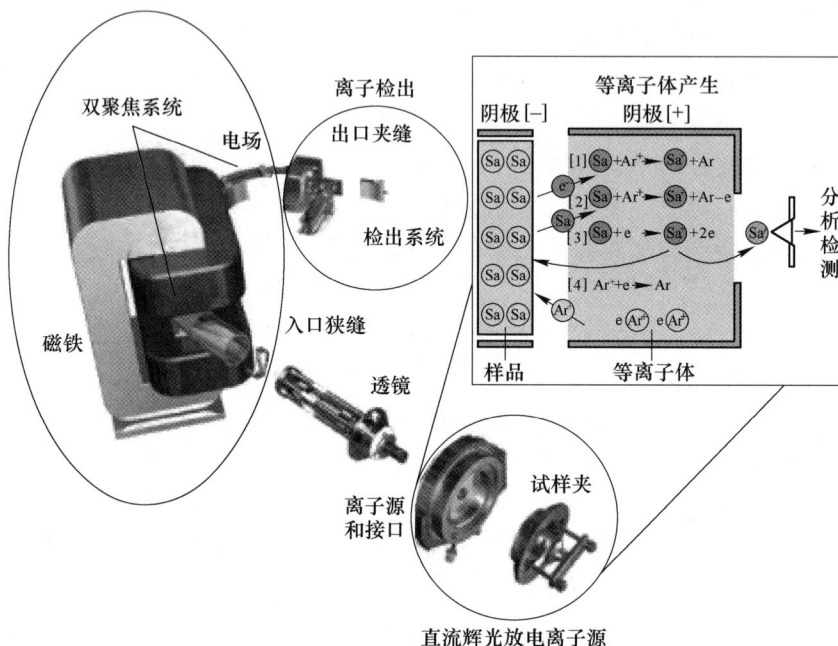

图 19-1　辉光放电质谱仪结构和基本原理图

图 19-2 所示为一个简单的辉光放电装置。放电池中通入压力为 $10 \sim 1000$ Pa 的惰性气体，在阴极和阳极之间施加一个电场。当达到足够高的电压时，惰性气体被击穿电离。电离产生的大量电子和正离子在电场作用下分别向相反方向加速，大量电子与气体原子的碰

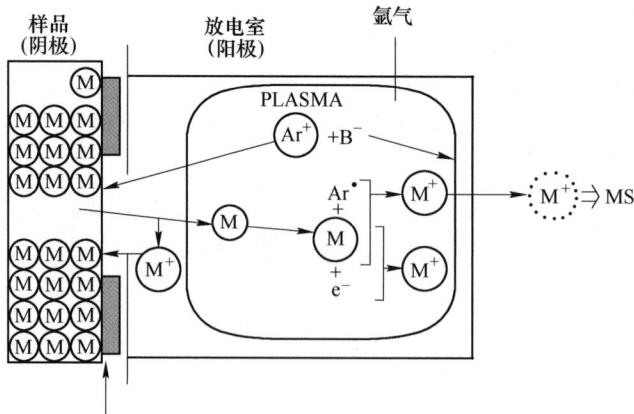

图 19-2　辉光放电质谱的基本原理

撞过程辐射出特征的辉光在放电池中形成"负辉区"。正离子则撞击阴极（样品）表面通过动能传递使阴极发生溅射。GD源的供电方式可分为三种，即直流辉光放电（DC-GD）、射频辉光放电（RF-GD）和脉冲辉光放电（pulsed-GD），其中直流源应用得最多。

19.2.1　GD 离子源机理

GD离子源的工作原理：在阴极（样品）和阳极之间充入一定量的稀有气体（一般为氩气）并施加一个电势差（500~1500 V），电子和离子会在电场作用下运动并发生一系列反应，从而完成样品的原子化、离子化过程。

有别于大多数元素含量分析手段（如 ICP-OES、ICP-MS、AAS）需要将样品以溶液形式引入离子源中，GDMS 可以直接从固体样品材料中得到可供分析的原子，这种现象称为阴极溅射，可以用打台球进行类比（图 19-3）。带有正电荷的气体离子被加速向处于负电势的样品阴极运送。在撞击之前，大部分这些高能量离子会重新与电子结合。这些带正电荷的离子以及产生的高能电中性粒子撞击到样品表面时，会将其动能（KE）传递至样品晶格中，进而引发样品内部一连串的碰撞过程，恰如碰到了原本堆放在一起的台球。如果传递的这个能量足够表面的原子克服原子间的结合能，那么这些原子就会被释放至气体当中去。

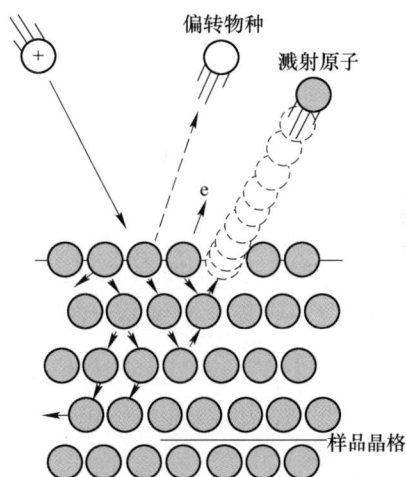

图 19-3　辉光放电离子源阴极溅射示意图

溅射速率的大小受到放电条件（气流、电流、电压）和材料性质的影响。然而，真正影响结果准确度的问题是阴极溅射产生的原子比例是否能代表样品中的原始组成。均一性良好的样品仅需被溅射掉几个原子层厚度后即可达到等比例溅射，而当杂质元素极低且样品均匀性较差时，则需要更长的时间达到稳定溅射。

溅射过程产生的原子在气流带动或者扩散作用下进入等离子体区域进行电离后，方能被后端的质谱仪检测。电离过程主要发生在碰撞过程频繁的负辉区，包含电子电离（electron ionization）、彭宁电离（Penning ionization）和电荷转移电离（charge transfer）三种主要电离机理和一些其他次要机理（图 19-4）。理解电离机理对于认识 GDMS 的技术特点非常重要，以下将进行详细介绍。

电子电离主要是通过高能电子与气相原子之间的碰撞过程。阴阳极之间施加电压后会产生少量电子，在电场作用下，电子加速向阳极运动并与气体原子碰撞，使之失去一个电子形成正离子。电子电离对于被溅射样品原子的电离贡献比例很小，但却是形成放电气等离子体的主要机理。

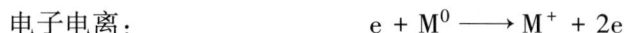

电子电离：
$$e + M^0 \longrightarrow M^+ + 2e$$

彭宁电离指的是亚稳态放电气原子（Ar^m）将能量转移至其他原子或分子。氩气作为常用的放电气，具有 $3P_2$ 和 $3P_0$ 两种亚稳态，能量分别为 11.55 eV 和 11.72 eV，高出大部分金属元素的第一电离能。亚稳态离子可存在较长的时间，加上较大的电离界面和足够电

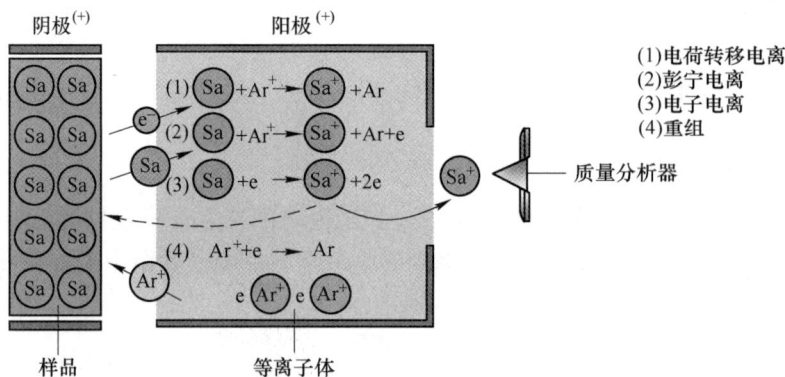

图 19-4   辉光放电离子源主要电离机理

离大多数元素的能量，使得彭宁电离成为 GD 中主要的电离方式。稳态直流辉光放电中 40%～80% 的样品电离都是以彭宁电离的方式发生的，且大部分元素的电离效率相近。

彭宁电离： $Ar^m + M^0 \longrightarrow M^+ + Ar^0 + e$

GD 离子源中第三种重要的电离机制是被溅射原子与 Ar^+ 之间的非对称电荷转移，指的是电荷从一个离子转移至其他元素的原子。这种电荷转移具有很高的选择性，只有当初始离子与产物离子的激发能存在足够的重叠范围时才可能发生。相比于彭宁电离和电子轰击电离，非对称电荷转移是一种选择性电离过程。鉴于此，人们普遍认为 GDMS 中相对灵敏度系数（relative sensitivity factors，RSFs）的差异正是取决于被溅射原子是否发生了非对称电荷转移的电离过程。与该过程略有不同的是对称电荷转移，指的是同种元素之间电荷从一个离子转移至另一个原子，该过程会形成快速氩原子，在阴极溅射中具有重要贡献。

非对称电荷转移： $Ar^+ + M^0 \longrightarrow M^+ + Ar^0$

GD 等离子体中还存在着大量其他次要的电离过程，包括快速运动的氩离子和氩原子的轰击电离或者连带电离。前者仅主要存在于阴极附近，氩离子或者氩原子的电离能量来自于电场的加速过程。即使考虑到整个放电区域，这种电离也仅仅贡献了整体氩气体原子电离的百分之几，但这对于维持放电过程仍然十分重要。连带电离包含了两种亚稳态的粒子，或者一个具有较高能量的激发态粒子与一个气相原子（也被称作 Hornbeck-Molnar 连带电离），两个粒子彼此反应生成一个分子粒子，同时释放出一个二次电子。连带电离对等离子体电离的贡献十分有限，但却是金属原子与氩原子结合生成干扰离子的主要机制。

19.2.2　GDMS 定量分析原理

常规浓度分析技术中，待测元素的含量可通过将样品信号强度与标准样品进行对比而计算得到，该方法同样适用于 GDMS。然而，实际操作时要获得基体完全一致的标准物质非常困难。因此，GDMS 建立了另外一种基于相对灵敏度系数（RSF）的校正方式，其公式表述如下：

$$RSF_x = \frac{I_{IS}/c_{IS}}{I_x/c_x} = \frac{I_{IS}}{I_x} \cdot \frac{c_x}{c_{IS}}$$

式中，下标 IS 和 x 分别为内标元素和待测元素；I 和 c 为元素信号强度和浓度；RSF_x 为元素（x）相对于内标元素（IS）的相对灵敏度系数。

GDMS 分析中通常采用基体元素作为内标元素。采用这种计算方法，可以抵消掉因溅射速率、电离和传输过程差异造成的绝对灵敏度波动。

以离子束强度比（ion beam ratio，IBRs）代表元素 x 和基体元素的实测信号强度比，高纯物质其基体含量可近似认为 100%，则上述公式可进一步表示为：

$$c_x = \frac{I_x}{I_x} \cdot RSF_x = IBR_x \cdot BSF_x$$

目前，商业化的 GDMS 出厂时均自带一套标准的 RSF 参数（StdRSF），其测定过程要求在多个实验室重复测量一套指定基体的标准物质。以 VG9000 为例，StdRSF 是通过测量六种基体（Al、Ti、Fe、Ni、Cu、Pt）金属标准物质，并将所得 IBR 与元素浓度进行拟合所得。实际上，由于每种标物中仅少数元素具有可靠的参考值，因此最终确定 RSF 系数的元素仅 56 种，且其中有 19 种元素仅测定了一种基体标准物质。另外，RSF 的准确度还受制于标物中元素含量本身的不确定度。

另一种 RSF 的标定方法是可以使用向某种高纯金属中定量添加一定浓度梯度的元素，这样一来就可以获得所有元素的梯度校准物质。Element GD Plus 上的 StdRSF 就是利用这种方法标定了 Fe 基体下的 74 种元素的 RSF。

严格来讲，日常分析中需要做到实际样品与 RSFs 完全匹配才能满足定量分析的要求，但这一要求同样受制于是否具备同基体的标准物质。一个可行的方法是，利用仪器自带的 StdRSF 来对不同基体样品进行半定量分析，这种校正方法的可靠性与 GD 离子源本身的特性有关。首先，阴极溅射过程中基体元素和杂质元素基本按照样品的原始组成等比例溅射；其次，负辉区样品原子电离过程主要通过无选择性的彭宁电离发生，其他次要电离过程（如非对称电荷转移）和元素电离能差异过大的影响已经通过 RSF 进行校正；最后，不同材料溅射速率的差异（如金属与非金属基体）也通过杂质与基体元素的归一化进行抵消。现有研究表明，使用 StdRSF 对不同基体中元素定量的准确度基本可达到 30% 左右。

对于高纯材料而言，杂质元素含量低，可容许的不确定度也较大（一般在 200% 水平），仅用 StdRSF 进行半定量分析即可，所得数据不会影响高纯物质的纯度确定。对于一些准确度要求较高的应用，例如合金中 ppm 级至百分含量级别的元素，可以通过基体匹配的标准物质修正部分关键元素的 RSF，而其余元素仍然采用 StdRSF 进行定量。

19.3 辉光放电质谱分析设备及操作

GDMS 是以辉光放电作为离子源的质谱技术，整个设备通常包括离子源、质量分离器（一般为双聚焦类型）、检测器、真空系统、软件操作平台五个主要部分。图 19-5 所示为赛默飞公司第一代 VG9000 和第二代 Element GD Plus 型号的 GDMS 外观及内部结构示意图。

(a)

(b)

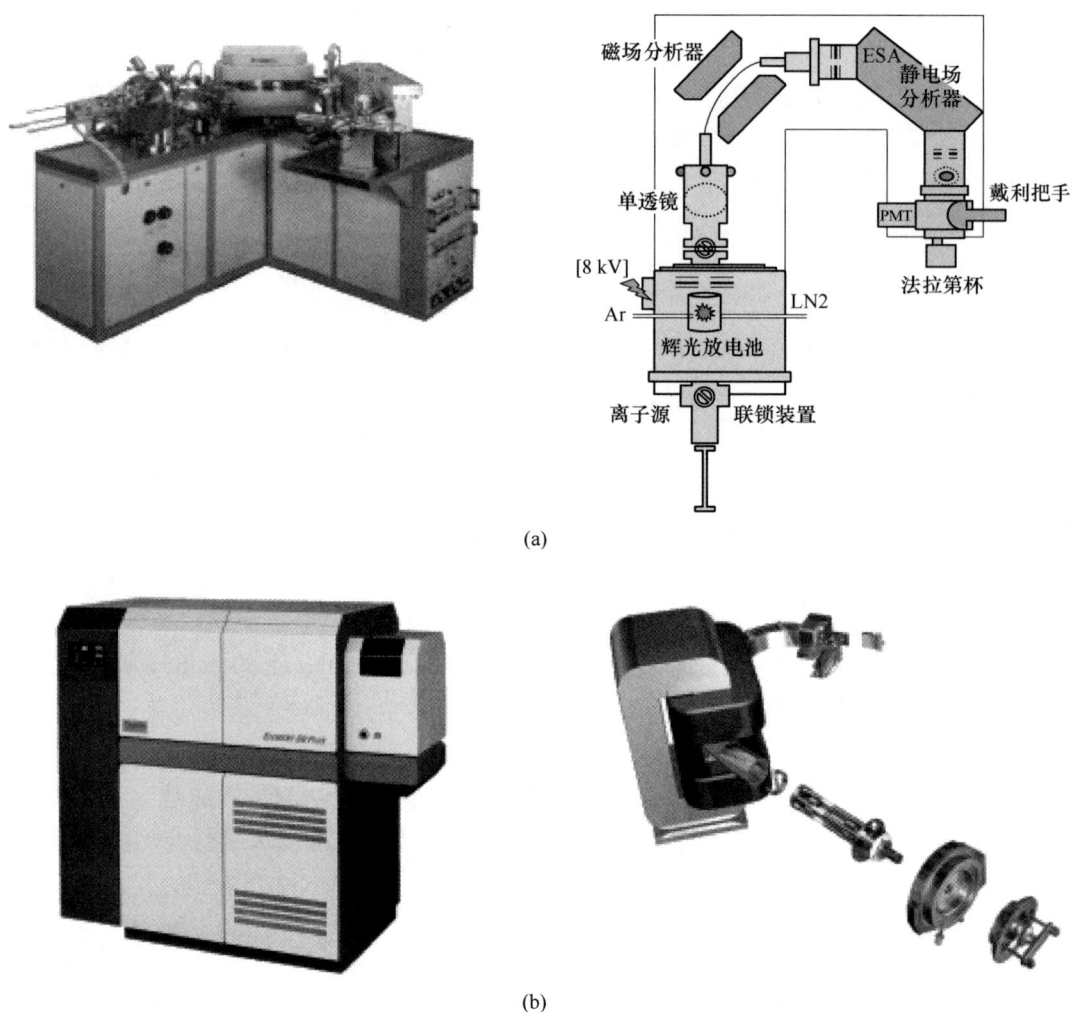

图 19-5　VG9000(a)和 Element GD-plus(b)系列 GDMS 外观及内部结构图

19.3.1　辉光放电质谱仪的组成

19.3.1.1　GD 离子源类型

根据离子源部分的真空和放电气流速，可将主流商业化 GD 离子源分为低速流（又称作静态真空）和快速流离子源。前者采用低流速放电气（一般不超过 1 sccm）、低功率（2~3 W）、低电流（2~3 mA）放电条件，被溅射原子通过扩散作用从样品表面达到负辉区。低流速离子源会具有较高的干扰物产率，特别是样品基体元素与放电气（氩气）、离子源残留气体元素（C、N、H、O 等）聚合的多原子离子干扰，例如高纯铜和铝基体中通常会观察到质量数 103 处存在较强信号，主要来自于 $^{63}Cu^{40}Ar$ 和 $^{27}Al^{36}Al^{40}Ar$ 的贡献。为了尽可能降低干扰物强度，低流速离子源会采用液氮进行制冷，放电气纯度要求在 6 N 以上，从而将来自于放电气以外的其他气体元素降到最低。与此同时，这种操作同时也会降低碳、氮、氧本身的背景，并将离子源维持在 10^{-5} mbar 的高真空水平，因此也被称作静态真空离子源。

快速流离子源也被称作 GRIMM 式离子源，在 GDMS 和 GD-OES 上广泛使用。这种离子源的特点是采用高流量放电气（400~500 mL/min）、高功率（数十瓦）、高电流（约40 mA）放电条件。由于放电气流速远超过静态真空离子源，所以样品的溅射速率和基体元素灵敏度也显著增加。快速流离子源中，粒子传输过程主要依靠气流带动而非扩散过程，因而产生连带电离的概率大大降低，也就是聚合物产率降低。以金属镓测试为例，Element GD 上 GaAr/Ga 和 GaArC/Ga 的产率要比 VG9000 分别降低 8 倍和 600 倍左右。目前，所有 GRIMM 设计的辉光放电离子源均使用半导体控温替代了成本较高的液氮冷却方式。同时，维持离子源稳定放电的真空度要求也降低至 1~10 mbar 即可，一般可在真空泵启动后 10 s 内达到。对于金属、合金而言，采用快速流离子源可降低样品表面洁净度要求，缩短预溅射时间。对于灵敏度较低的半导体样品，例如石墨、硅等，快速流离子源可获得较高的基体信号强度，从而确保 ppb 级别的检出限。

除连续直流放电外，GD 离子源还可以采用脉冲放电模式，即采用具有特定占空比的 μs-ms 的方波功率脉冲（图 19-6）。现有商业化的 GDMS 上采用的脉冲条件通常为频率在 1~2 kHz、脉冲长度在 10~200 μs。脉冲的占空比决定了总放电功率、溅射速率，以及信号积分强度。脉冲模式下，电压终止时电子通过碰撞冷却并与 Ar+ 离子结合形成亚稳态 Ar 原子的比例增加，提高了彭宁电离的概率，从而确保了较低的放电功率下仍具备几乎与连续直流相近的灵敏度。脉冲放电的另一个突出优势在于较低的整体溅射速率（同时具备高的瞬时溅射速率和高的信号强度），因而拓宽了薄膜分析领域（覆盖范围非常广泛，从几纳米至几十微米）的应用。一些熔点较低的金属（In 和 Ga）在脉冲模式下可直接分析，而不会出现快速短路或样品融化的问题。

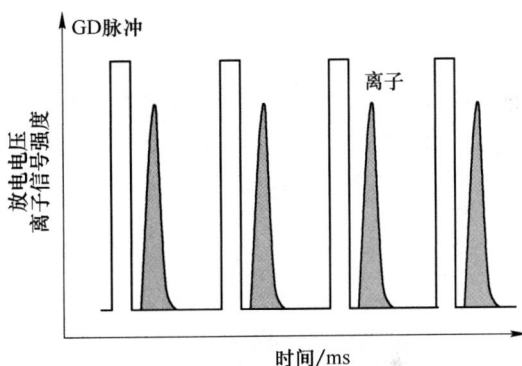

图 19-6　脉冲直流 GD 离子源电流与信号关系示意图

离子源使用气体高纯氩气是 GDMS 上使用最多的气体，主要作为放电气和动力气（例如狭缝切换）使用。静态真空离子源要求氩气的纯度达到 6 N 以上，GRIMM 式离子源使用 5 N 高纯氩气即可。少数文献中也有使用氦气作为放电气的报道，主要用于特定元素（例如氧）或者放电机理研究。实际分析中，考虑到放电气对 RSF 的影响，仍然几乎全部使用氩气作为放电气。

除上述三种直流放电模式外，GDMS 还可使用射频（RF）电源作为离子源。利用阴极自偏压原理，RF-GD 离子源可以直接溅射和分析非导体样品。相比之下，直流放电离子源需借助二次阴极进行辅助放电。

19.3.1.2　质量分析器

样品电离以后，在提取电压的作用下经由小孔或锥进入传输透镜，离子束进一步整形、聚焦、加速后便进入质量分析器部分。商业化的 GDMS 主要采用双聚焦质量分析器构型，包含一个扇形磁场质量分析器和一个静电场质量分析器。前者的原理是在洛伦兹力作用下，具有不同质荷比的离子束在磁场中的偏转半径不同，从而达到同位素分离的效果，即质量聚焦；后者则是在电场力作用下，不同动能的离子束将沿着不同的偏转半径前进，只有动能比较相近（差异小于 20 eV）的离子束能通过扇形静电场，达到能量聚焦。

磁场偏转半径：

$$r_{\mathrm{m}} = \sqrt{\frac{2U_{\mathrm{acc}}}{qB^2}}\sqrt{m}$$

式中，r_{s} 为离子束在磁场中的偏转半径；U_{acc} 为加速电压；q 为电荷数；B 为磁场强度；m 为离子束质量。

电场偏转半径：

$$r_{\mathrm{s}} = \frac{2U_{\mathrm{acc}}}{E}$$

式中，r_{s} 为离子束在静电场中的偏转半径；U_{acc} 为加速电压；E 为电场强度。

图 19-7 所示为两种 Nier-Johnson 结构的质量分离器。先磁场后电场的为反向结构，这种结构通常用于单接收检测系统，其优势是可以减少因气体碰撞产生的散射离子，从而达到更低的拖尾，这对于分析高含量基体中的痕量杂质非常关键。正向 Nier-Johnson 结构的磁场位于电场后方，可以确保多个离子束同时到达检测器，这种设计一般用于多接收检测器系统，主要开展高精度同位素比值分析。

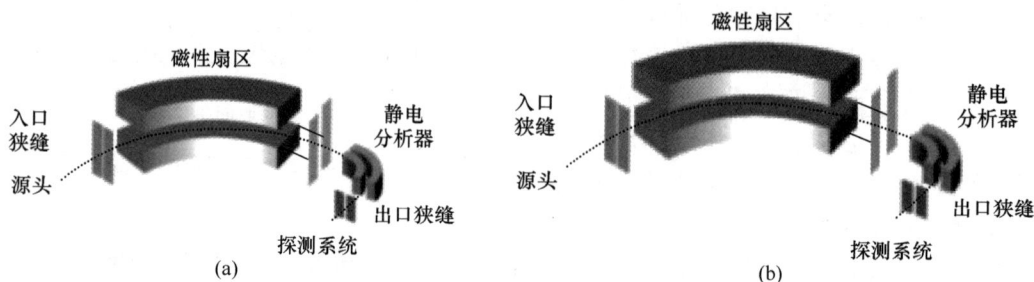

图 19-7　反向（a）和正向（b）Nier-Johnson 双聚焦质量分析器

19.3.1.3　检测器

GDMS 测定的元素含量可从亚 ppb 级至将近 100% 主元素，为此检测器系统也包含二次电子倍增器（SEM）和法拉第杯两个检测器。信号强度低于 2×10^6 cps 的信号可在 SEM 上直接测定，信号强度介于 $10^6 \sim 10^9$ cps 的信号可通过 SEM 的模拟（或衰减）模式进行测定，更高信号强度的离子束则采用法拉第杯进行测定。

19.3.1.4　真空系统

GDMS 一般采用机械泵和分子泵组合的差分真空系统，使得离子源、透镜、质量分析器和检测器部分达到仪器工作要求。如前所述，静态真空 GD 离子源的 GDMS 要求离子源部分达到 10^{-5} mbar 的高真空状态，以尽量减少聚合物干扰离子的强度；快速流 GRIMM 式的离子源则可以在 $1 \sim 10$ mbar 的条件下实现稳定放电。除离子源外，其他区域的真空度要求基本一致。

19.3.1.5　软件操作系统

软件操作系统包括 tune、sequence、method。

19.3.2　辉光放电质谱仪器的操作

特点：采用 Element GD-PLUS 高流速辉光放电源，原子化快；可在短时间内获得最大量的元素分布信息。分析高纯、超高纯金属和多元合金材料优势明显。

19.3.2.1　仪器调谐、测试与维护

GD-MS 仪器测试全流程包括以下内容：

（1）样品装载与离子源抽真空；

（2）仪器放电参数、透镜参数优化，获得足够的灵敏度和分辨率；

（3）建立方法文件，确定待测元素和数据采集参数；

（4）建立测试序列，确定样品测试顺序和校准 RSF；

（5）数据报告输出。

此外，还需要周期性地对质量轴和检测器效率进行校准。详细内容可参见仪器操作手册，故不在此赘述。

需要特别指出的是，当连续测量基体一致时，通常无需考虑样品间的交叉污染。但当样本基体不同时，需特别留心前一个样品中主量成分对后一个样本中痕量组分产生的记忆效应。静态真空离子源的需要更换放电池并对其进行彻底清洗。快速流离子源的 GDMS 则需要更换阳极帽、导流管和锥三个部件，一个比较实际的做法是用固定的一套离子源部件测定某类基体的样品。

比较极端的情况是前一个样品为溅射速率和信号强度均很高的金属材料，之后测量硅、石墨等低灵敏度样品。此时，由于非金属样品中基体信号较低，导致残留杂质的浓度会存在放大效应。此时，除更换管、帽、锥外，还需要更换后方的提取透镜，同时在真正测量样品前用高纯铊对整个进样系统进行预溅射，以彻底消除金属基体造成的记忆效应。

GDMS 设备的维护主要包括离子源部件的更换和清洗、气体压力监测与管路气密性检查、真空泵系统维护、狭缝与二次电子倍增器更换、循环冷却水系统维护等。详细内容可参见厂家仪器维护说明。

19.3.2.2　开关机步骤

A　开机

（1）打开排风机和冷却水机，检查冷却水温度及排风是否正常；

（2）打开稳压电源，检查电压是否正常；

（3）开启总电源开关 S1；

（4）开启真空泵钥匙，仪器开始抽真空；10~15 min 后，分子泵转速指示灯应变绿；

（5）仪器面板 HV10E-4 灯变绿后，开启电源开关 S2；

（6）开启计算机，打开"Instrument"或"Tune"程序；

（7）检查仪器是否联机正常，真空、peltier 温度等参数是否正常。此时可称为仪器待机状态。

B　进入工作状态

（1）打开 HV 高压，检查高压是否正常及稳定；

（2）打开两路氩气，纯氩为 0.6~0.7 MPa，高纯氩为 0.2~0.3 MPa；

（3）开启离子源泵，仪器进入可工作状态。

C　进入待机状态

分析完成后，关闭 HV 高压。可关闭氩气及离子源泵，仪器进入待机状态。

D　关机

（1）关闭计算机；

（2）关闭 S2；

（3）真空泵钥匙置入"off"状态；

（4）等待七八分钟系统放空后，关闭总电源开关 S1；

（5）关闭稳压电源，排风机及冷却水机。

19.3.2.3　备件耗材的选择

一般来说，需要选择是采用金属材质的备件（阳极帽、导流管和锥）还是采用石墨材质的备件，有时需要选用钽制的备件。

（1）不锈钢备件为一次性使用，可在检测限要求不高的场合使用。如在铜基体中可测到 20ppb 的铁信号。

（2）石墨备件可重复使用，因此需要酸清洗。超低检测限场合可用带涂层的石墨备件（1212840 和 1212850），但某些基体或无机酸（尤其硝酸）会使涂层损坏导致使用寿命缩短，当发现涂层剥落或表面起泡时应停止使用。在这些场合推荐使用无涂层石墨备件，这种备件可能会有几个 10^{-9} 的 B 和 P，但可以重复使用大于 10 次。

（3）石墨备件可以用任何酸清洗。对于硅样品或难溶于稀酸的金属样，可使用 HF 清洗备件。

（4）钽制备件可以用热酸、王水等清洗，清洗更彻底并且可以重复使用，适用于低碳分析同时对其他痕量金属检测限要求高的场合。由于价格昂贵，因此钽制备件仅在有需求时才制造。

19.3.2.4　备件更换

A　针对每次分析

（1）每次分析须更换阳极帽和锥。根据基体不同用不同的无机酸来清洗备件，如稀硝酸可轻易地去除铜的沉积。不锈钢帽和管被认为是一次性的，石墨备件可酸洗反复使用。有些场合需要更频繁地更换导流管，如低熔点（高溅射率）金属会导致流管的部分阻塞，有时会在内部形成松散的薄片，导致信号不稳。

（2）使用不清洗的帽的可能后果：无放电；放电电压特别低；信号不稳；信号有大毛刺；很大的前次分析的记忆效应。

（3）使用不清洗的流管的可能后果：阻塞引起灵敏度降低；松散的颗粒引起信号毛刺；前次分析的记忆效应。

（4）使用不清洗锥的可能后果：阻塞引起的灵敏度大大降低；少量的前次分析的记忆效应。

B　针对每个不同基体

（1）对每个基体都应该使用一套不与别的基体换用的阳极帽、导流管、锥。

（2）分析不同基体需更换绝缘环（陶瓷或蓝宝石材质）、阳极（如果需要的话）。

（3）如果在 30~60 min 溅射后记忆效应无法降低至几个 ppb 的水平，要更换透镜。

C　清洗

阳极帽和导流管：不锈钢：丢弃；石墨：酸浴超声清洗至沉积物溶解（15~60 min）。

锥：不锈钢：用电动刷清洁锥孔，或用 5% HNO_3 或 1+1 HCl 清洗；石墨：同石墨阳极帽。

阳极：用 5% HNO_3 或 10% HCl 超声清洗。

透镜：同石墨阳极帽，并保证只用于同一基体。

锥固定环：在通风橱中用电动刷清洁或用 600 目砂纸清洁。

O 形圈：无尘布擦拭，可先用几滴异丙醇浸湿布。如果已损坏，则丢弃。

离子源：前后两边均用无尘布擦拭，可先用几滴异丙醇浸湿布。

样品夹：无尘布擦拭，可先用几滴异丙醇浸湿布。

19.3.2.5　样品分析步骤

A　装样品

（1）打开离子源护罩；可根据需要更换阳极帽、导流管、绝缘环，更换或清洁锥，更换透镜，然后装好并检查安装是否正确；离子源中或垫圈上如有灰尘微粒等，则可用无尘布清洁。

（2）在样品夹中装入待测样品，并装入离子源中；关上离子源护罩。

B　参数调试

（1）在"Tune"窗口中点击"GD on"，检查离子源真空是否达到及隔离阀是否开启。

（2）打开相应的 tune 参数文件（*.tpf）；如需新建文件，则打开最近的参数文件，在此基础上修改并重命名。

（3）点击"Scan list"图标，调入相应的 scan list 文件（*.scl）。如需新建文件，则注意在不确定的情况下，检测方式选"Faraday"模式！

（4）右键点击"GD HV"按钮，选择保存的 Tune 参数文件，左键点击"GD HV"按钮，此时开始放电。观察电压及电流是否正常。如不正常，则重新检查离子源及样品安装情况。

（5）点击"扫描"按钮，仪器开始按照 scan list 文件定义的元素扫描。检查基体 LR 下的峰强度、稳定性及峰形；MR 和 HR 的分辨率、峰形是否满足分析要求。如不满足，则调节相应参数，并保存。

（6）如峰漂移过大（一般出现在 HR，有时也出现在 MR），则可按住"Shift"+左键点击峰中心，使峰在窗口中心显示。如飘至窗口外，则可在"Sequence"中运行"Massdrift. seq"。

（7）如重复分析同一批样品，且样品平整度一致，则第二次分析可跳过（2）、（3）步骤。

C　样品分析

（1）在"Sequence"窗口中，新建或打开已有的 sequence 文件（*.seq），在

sequence 中插入样品行，并为此样品行定义相应的数据文件名（＊.dat）、方法文件（＊.met）、tune 参数文件等，保存或重命名 sequence 文件。

（2）点击"Start"图标，点击"Run"，开始分析。注意"Acquire"及"Evaluate"均要勾上。

（3）每一样品行分析完成后，可鼠标点击该行，按"F9"可观看结果，按"F10"可观看谱图，也可在 show 和 result display 程序中分别打开相应的"＊.dat"和"＊.Inf"文件。

（4）检查谱图中基体峰强度是否正常及稳定，诸峰是否有较大漂移以及积分是否正确，如发生较大漂移（一般易在 HR 下），则可能需重新设定方法的 mass offset。

（5）样品分析过程中注意放电电压、电流是否正常，如发生短路，则需停止分析，检查样品或更换阳极帽。

（6）分析完成后，点击"GD off"，放空离子源。

19.3.2.6　放电参数调节的原则

（1）参数调节（tune）是为了针对不同基体获得最佳的放电条件，同时进行仪器分辨率和灵敏度的检查。目的是得到稳定的足够强的基体信号，例如 MR 下所有总的离子计数在 10E10cps 为最佳。

（2）放电电流为主要调节参数。一般放电电压设定值为最大值（1200~1400 V）。放电时产生的实际电压是随给定的氩气流速和电流而确定的。一般应尽量避免使实际的电压过大（如大于 800 V 的电压倾向产生不稳定的结果，例外是 C 和 Si 有时会得到 1000 V 以上的电压）氩气流速对元素比值有较大影响，推荐设定后不再改变。典型的流速为 400~425 mL/min。对于某些基体，降低流速灵敏度会显著升高，其他基体增大流速信号会更稳定。参考样品或已知浓度的样品可用来对感兴趣的元素进行校准。

（3）对于硬金属放电电流，可从 40 mA 开始调节，软金属可设为 30mA。硅一般在 60 mA，铝用 75 mA。

（4）针状样品放电电流取决于直径，如 1 mm 样品约 10 mA 电流即足够。同时需要大的氩气流速，如 600 mL/min。

（5）深度分析采用的电流取决于层的厚度。同时考虑浓度范围和分析元素的个数。深度分析使用的导流管与常规分析不同，参见消耗品手册。

（6）过高的电流会使溅射加快从而过早短路。经验表明，一般 30 min 的分析是可以得到的。软金属（溅射率高）可能会因锥的快速堵塞而使信号下降明显，可通过降低电流来改善。即便如此，假设基体信号和被分析元素信号同时降低（升高），那么分析的可靠性仍能保证。

19.3.2.7　仪器周期检查

A　分析每个不同基体时

（1）重新命名上一个用过的 tune file，填入合适的电流值（MR 下总计数 1×10E10 为最佳）。

（2）调节 focus lens、X-deflection；检查 Y-deflection 及 shape lens。

（3）检查 MR、HR 的分辨率，如有需要，可调节高分辨透镜。有时如信号太大，则分辨率值会有下降，只需调到最大即可。

（4）分析完毕后检查陶瓷环后面的绝缘区域，用蘸有异丙醇的无尘布清洁。

B　每周检查

（1）MR 和 HR 下的高分辨透镜，调节最佳分辨率。

（2）低分辨透镜，尤其是 focus lens、X-deflection。

（3）清洁离子源、样品夹、锥固定环、源及接口间的大 O 形圈。

（4）FCF calibration。

C　较长时间间隔的检查

（1）检查并调节 SEM 电压至平台，调完后做 FCF calibration。

（2）更换 SEM，当平台电压超过 2800 V 时，一般寿命在 6 个月至 2 年，主要取决于使用频率及分析方法，如长期模拟状态测量会缩短寿命。

（3）入口狭缝一般会随时间变窄，导致灵敏度下降或分辨率上升；在某些情况下会变宽，导致分辨率下降。如果发现灵敏度或分辨率变化太大，则需更换。一般寿命在 6 ~ 12 个月，但强烈取决于使用频率。

（4）质量校正：推荐仅当需要时才做，一般每 3 个月做 1 次。

（5）旋片泵：工作 10000 h，需更换密封圈。

（6）水滤芯：与水质有关，6 ~ 12 个月更换。

（7）机械泵泵油：根据颜色决定是否更换，一般 6 ~ 12 个月更换。

（8）分子泵油杯：一般 6 ~ 12 个月更换。

19.3.2.8　简单故障诊断

（1）异常的低电压：

陶瓷绝缘环是否脏了，是否到位了；阳极帽是否装了；导流管是否装了，是否短头朝里；样品是否装紧了？可打开离子源检查。

离子源真空是否正常？如不正常，垫圈是否在正确的位置？

样品是否平整，表面是否有洞或有坑？

陶瓷环是否太脏了？

（2）电压在最大值，电流为 0 或很低：

是否为不导电样品？

样品安装是否有问题？可打开离子源重新装样品和更换样品的位置。

样品表面是否有很厚的绝缘层？可重新酸处理样品

对于半导体样品，可先升温至 35 ℃，等待 5 min，观察是否电流会有缓慢升高。电流正常后再降至正常温度。

（3）无电压，电流为最大值：

判断是否为短路。可打开离子源，检查更换阳极帽或重新装样品，更换样品的位置。

阳极帽是否到位了；样品是否移位了；样品是否平整，表面是否有凸起？对于某些软金属，放置装得太紧会导致样品凸出靠近阳极。

取下阳极检查是否多装了一个小黑垫圈。

（4）电压电流正常，信号强度低：

锥是否堵了；锥座是否装得到位？有时锥座下有微粒会导致小的漏气。

（5）没有信号：

GDon 按了吗；离子源真空是 1mbar 左右吗；Source valve 是开的吗；"GD HV" 按钮按了吗；仪器的 "HV" 按钮按了吗；HV 电压正常吗；样品导电吗？

（6）信号不稳定：

样品表面是否有很多松散的微粒？样品表面薄氧化层在放电，一般几分钟后可稳定，如太厚，则需重新处理样品。电流是否设得太高？电流设得太高，可能导致电压大于1300，从而导致不稳放电。

检查石墨导流管是否有薄片剥落更换或清洁阳极帽；提取透镜上脏了或有颗粒物；提取透镜安装不到位。

（7）信号不稳-缓慢下降：

检查 tune 参数，对于低熔点金属，可降低电流（减缓锥堵）。

（8）谱峰中有单根大毛刺：

如由氧化层导致，则重新处理表面或改变样品的溅射位置。

更换或清洁帽、锥、流管；如不行，则更换阳极；如仍不行，则更换透镜。

（9）被测元素含量比以前正常时有数量级的升高：

判断是否为前一样品的记忆效应；更换新的帽、锥、流管，甚至阳极。

如 30 min 溅射后仍然不降（如几十个到几百个 ppb），则可能需要更换透镜。溅射率高的软金属容易在提取透镜上形成记忆效应，硬金属一般记忆效应小于 10 ppb。

（10）通信或软件故障：

如出现参数显示错误、无响应等，则可重启计算机或 reset 内置计算机；如仍有错误，则可关闭 S2，等待 15 s 后再开启，并 reset 内置计算机。

（11）测定元素个数：

元素周期表中共 103 种元素，GDMS 做全元素分析时一般会测定 74 种或者 75 种元素。不测定的元素包括惰性气体 6 种（He、Ne、Ar、Kr、Xe、Rn），气体元素 3 种或 4种（H、N、O，有时候 C 也不测），具有放射性或者人工合成的核素 19 种（Tc、Po、At、Fr、Ra、Ac、Pm、Pa、Np、Pu、Am、Cm、Bk、Cf、Es、Fm、Md、No、Lr）。

19.4　辉光放电质谱分析的样品准备

对于 GDMS 分析的所有的样品类型中，块状金属（如高纯金属、合金）最为理想，也是其最重要的应用领域。分析时，块状金属几乎不需要样品制备，仅简单地切割或加工成适合的形状（如针状或圆盘状），固定于离子源中即可。通过预溅射阶段，清洁试样表面的污染后进行分析。GDMS 几乎可以分析周期表中的所有元素，并具有极低的检出限（双聚焦的仪器可达亚 ng/g 级）。

仪器可使金属或其他导电样品产生辉光放电。样品放入样品夹中充当阴极，阳极由阳极帽、导流管及阳极体组成并置于接地电位。两电极之间的间隙仅有 200 μm 的距离，因此，此间隙内如有样品碎片、纤维等物将导致短路，应尽量避免。同时，此间隙也限制了分析时间：在溅射过程中，围绕样品溅射区域边缘会形成高于样品表面的"墙"（crater wall），随着溅射的不断进行，此墙会接触到阳极帽从而导致短路而中断分析。

阳极与样品夹之间由一陶瓷环隔离绝缘。为保证绝缘正常，此环需保持清洁。同时建议每周用无尘布和一些异丙醇清洁陶瓷环后面的区域。

辉光放电通常的工作条件为：电流 30~60 mA；氩气流速在 400 mL/min 左右；放电电压 500~1000 V。氩气的作用是产生足够的离子来维持溅射过程，并把溅出的样品送至质谱中。

静态真空离子源和快速流离子源的 GDMS 均能测定棒状和平板状样品。就实际分析而言，静态真空离子源更倾向于测定棒状样品，原因在于平板样模式下灵敏度一般会损失 5 倍左右；而快速流离子源的 GDMS 则更多使用平板状样品测试。两种设备对样品尺寸的具体要求见表 19-1。整体上，平板样的制样过程要远比棒状样简单。因此，当样品本身就是块或锭状时，只需简单切割和 SiC 砂纸打磨即可满足尺寸要求。对于延展性较好的金属（Cu、Ag、Au、In），可采用压片机将其压为平板状；一些硬度较大的碎屑样则可将其固定在石墨衬底后再压平。粉体样品若黏合性较好，可借助模具直接压为致密的片状，否则可采用烧结的方式将其固定，或镶嵌在铟等较软的金属表面。图 19-8 所示为快速流离子源 GDMS 实际测量的各类材料。

表 19-1 同 GDMS 样品测试尺寸要求

项　目	平板状	棒　状
静态真空离子源 GDMS	直径 >1 cm 表面平整度要求高	2 mm×2 mm×20 mm 表面平整度要求高
快速流离子源 GDMS	直径 >2 cm 表面平整度要求低	直径 1~3 mm，长度 10~25 mm 表面平整度要求低

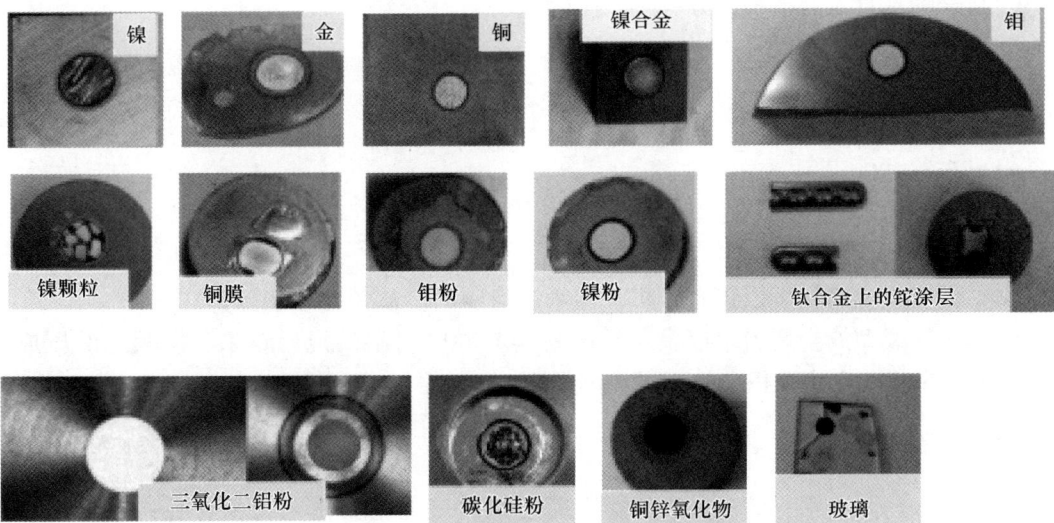

图 19-8　快速流离子源 GDMS 实际测量的各类材料

除将样品加工到合适尺寸外，静态真空离子源还需要对样品表面进行仔细酸洗，以尽可能去除表面沾污。当样品清洗不彻底时，会显著延长预溅射时间，甚至达不到稳定的测定水平。快速流离子源对样品前处理要求较低，一般金属样品无需化学清洗流程，只需要设定 5 min 左右的预溅射时间，使得样品表面溅射掉 10 μm 左右，即可获得稳定的浓度数据。粉体样品由于需要借助压样过程，需特别小心表面可能混入的沾污。

19.4.1　样品尺寸

（1）较佳尺寸为 5~15 mm 厚，约 40 mm 直径；最大厚度约 60 mm。

（2）样品最好要盖住样品夹的孔（直径 18 mm）。直径过小的样品（如样品直径小于 10 mm）也可选用特殊的 4 mm 内径的阳极帽，但灵敏度会降低。

（3）尽可能使用铜导热块放在样品背面以利传热，某些特大、特小（窄）或传热差的样品可能使样品夹产生高温（70 ℃左右），需使用手套。

（4）较小的样品可以压制到铟块中分析。粉末或颗粒状样品通常通过压片机压制成足够面积的扁平块状。

（5）如果使用针状样品夹，则样品必须是圆的，直径 1~3 mm，长度 10~25 mm。

样品处理详细过程：切割样品到适当形状，具有平整表面，测试的样品为具有两个平面（平面直径最小为 2cm）的样品。使用化学试剂为分析纯以上，优级纯更好。样品处理过程如下：

(1) 丙酮超声清洗，除去样品切割过程中使用的有机物质。

(2) 去离子水冲洗。

(3) 使用 20%HF 超声清洗样品 5 min，除去表面氧化层。

(4) 去离子水冲洗干净。

(5) 使用 10%超纯 HNO_3 超声清洗 5 min，除去切割表面留下的金属等杂质。

(6) 去离子水冲洗干净；异丙醇超声波浸泡 5 min。

(7) 去除水分及有机物，并有利于干燥。

(8) 氩气流中烘干。

19.4.2　样品种类

（1）金属：Cu、Al、Fe、Ni 等。

（2）半导体：Si、Te、As 等。

（3）压制的石墨。

（4）低熔点金属铟可以正常分析，镓则需特制的冷却装置才能分析。

（5）压制成型的金属粉末以及不导电材料与导电材料的混合粉末。但较脆的压成的块体会在绝缘区域产生沉积，从而损坏离子源。

19.4.3　样品制备

（1）硬金属：磨平；软金属：打磨反而会造成表面污染嵌入分析样品内部，应尽量避免打磨，可适当切割平整挫平，或用车床加工；硅：较易用金刚石磨片磨平。

（2）所有样品：先用去离子水清洗表面，再用稀酸（如 5%超纯硝酸）清洗几分钟。

（3）分析以前：用去离子水清洁表面，再用异丙醇清洗，用氮气或氩气吹干。

（4）对同一样品表面进行多点分析，要磨掉前面分析造成的高于样品表面的"墙"，以利于样品与样品夹紧密地接触。

（5）样品表面没有去除的沾污在放电过程中会传至阳极区域并重新沉积，从而造成较长的预溅射时间，甚至造成无法去除的背景。

19.5　辉光放电质谱分析应用

GDMS 的优点如下：直接固态取样；离子源电离能力强；灵敏度高，分辨率高；测量过程稳定，有良好的重现性及再现性；几乎可对周期表中所有元素（C、O、H、N 除外）做定性或定量分析；在几乎无需样品制备的情形下，就能对无机粉末、镀膜/基材和非导电性材料直接检测，提供各种元素的信息。

检测面积：约 50 mm^2；检测范围:% ~ ppt；纵向解析率：不小于 0.1 μm。

直流辉光放电质谱（DC-GDMS）主要的用途是高纯金属、半导体等导电材料的痕量杂质分析，由镀层、电沉积、渗透等工艺制备的层状样品的深度分析。除此之外，还可以用于沉积物、氧化物等非金属材料的杂质分析以及对精确度要求不高的同位素丰度分析中。

19.5.1　GDMS 分析标准方法

目前，GDMS 的大部分应用都集中在高纯材料和合金工业制造过程的质控和品质认证。国内外一些相关的标准方法见表 19-2。

表 19-2　国内外部分 GDMS 相关的标准方法

ISO/TS/15338：2020	辉光放电质谱仪（GDMS）：使用指南
ASTM F1593—08	GDMS 应用于电子级 Al 中痕量金属杂质的标准测试方法
ASTM F1710—08	GDMS 应用于电子级 Ti 中痕量金属杂质的标准测试方法
ASTM F1845—08	GDMS 应用于电子级 Al-Cu、Al-Si、Al-Cu-Si 中痕量金属杂质的标准测试方法
ASTM F2405—04	GDMS 应用于高纯 Cu 中痕量金属杂质的标准测试方法
SEMI PV1—0211	GDMS 应用于硅基太阳能电池的硅料中痕量杂质测试方法
GB/T 23275—2009	钌粉化学分析方法　铅、铁、镍、铝、铜、银、金、铂、铱、钯、铑、硅量的测定　辉光放电质谱法
GB/T 36590—2018	高纯银化学分析方法　痕量杂质元素的测定　辉光放电质谱法
YS/T 899—2013	高纯钽化学分析方法　痕量杂质元素的测定　辉光放电质谱法
YS/T 895—2013	高纯铼化学分析方法　痕量杂质元素的测定　辉光放电质谱法
YS/T 891—2013	高纯钛化学分析方法　痕量杂质元素的测定　辉光放电质谱法
YS/T 901—2013	高纯钨化学分析方法　痕量杂质元素的测定　辉光放电质谱法
YS/T 923.2—2013	高纯铋化学分析方法　第 2 部分：痕量杂质元素含量的测定　辉光放电质谱法
YS/T 897—2013	高纯铌化学分析方法　痕量杂质元素的测定　辉光放电质谱法
YS/T 922—2013	高纯铜化学分析方法　痕量杂质元素的测定　辉光放电质谱法
YS/T 871—2013	高纯铝化学分析方法　痕量杂质元素的测定　辉光放电质谱法
YS/T 917—2014	高纯镉化学分析方法　痕量杂质元素的测定　辉光放电质谱法

YS/T 981.1—2014	高纯铟化学分析方法　镁、铝、硅、硫、铁、镍、铜、锌、砷、银、镉、锡、铊、铅的测定高质量分辨率辉光放电质谱法
YS/T 1011—2014	高纯钴化学分析方法　痕量杂质元素的测定　辉光放电质谱法
YS/T 1288.4—2018	高纯锌化学分析方法　第 4 部分：痕量元素含量的测定　辉光放电质谱法
YS/T 1011—2020	高纯铪化学分析方法　痕量杂质元素的测定　辉光放电质谱法

19.5.2　高纯材料分析

高纯材料杂质分析主要有两个难点：其一是杂质的浓度很低，对仪器的检测能力、本底控制、消除干扰等要求较高；其二是基体元素浓度很高，容易对被测元素造成干扰。高分辨 GDMS 去除干扰能力强，动态范围宽，可以实现常量、微量、痕量、超痕量分析，较容易克服以上困难，因此特别适合用于高纯物质的分析。

任何金属都不能达到绝对纯。"高纯"和"超纯"具有相对的含义，是指技术上达到的标准。由于技术的发展，也常使"超纯"的标准升级。例如，过去高纯金属的杂质为 ppm 级（即百万分之几），而超纯半导体材料的杂质达 ppb 级（十亿分之几），并将逐步发展到以 ppt 级（一万亿分之几）表示。实际上，纯度以几个"9"（N）来表示（如杂质总含量为百万分之一，即称为 6 个"9"或 6N）是不完整概念，如电子器件用的超纯硅以金属杂质计算，其纯度相当于 9 个"9"，但如计入碳，则可能不到 6 个"9"。"超纯"的相对名词是"杂质"，广义的杂质是指化学杂质（元素）及物理杂质（晶体缺陷），后者是指位错及空位等，而化学杂质则是指基体以外的原子以代位或填隙等形式掺入。但只当金属纯度达到很高的标准时（如纯度 9N 以上的金属），物理杂质的概念才是有意义的，因此目前工业生产的金属仍是以化学杂质的含量作为标准，即以金属中杂质总含量为百万分之几表示。比较明确的办法有两种：一种则是以材料的用途来表示，如"光谱纯""电子级纯"等；另一种则是以某种特征来表示，例如半导体材料用载流子浓度，即 $1~cm^3$ 的基体元素中起导电作用的杂质个数（个原子$/cm^2$）来表示。而金属则可用残余电阻率来表示。

高纯金属材料的纯度一般用减量法衡量。减量计算的杂质元素主要是金属杂质，不包括 C、O、N、H 等间隙元素，但是间隙元素的含量也是重要的衡量指标，一般单独提出。依应用背景的不同，要求进行分析的杂质元素种类少则十几种，多则 70 多种。简单地说，高纯金属是几个 N（"9"）并不能真正地表达其纯度，只有提供杂质元素和间隙元素的种类及其含量才能明确表达高纯金属的纯度水平。在高纯金属中要控制的主要杂质包括碱金属、碱土金属、过渡族金属、放射性金属（U、Th）。例如，对于高纯钴，一般要求碱金属、碱土金属、过渡族金属杂质单元素含量小于 $1 \times 10^{-4}\%$，放射性杂质元素的单元素含量小于 $1 \times 10^{-7}\%$，间隙元素含量小于几十（$10^{-4}\%$）。

高纯金属的纯度检测应以实际应用需要作为主要标准，例如，目前工业电解钴的纯度一般在 99.99 %，而且检测的杂质元素种类较少。我国电解钴的有色金属行业标准（YS/T 2552—2000）仅要求分析 C、S、Mn、Fe、Ni、Cu、As、Pb、Zn、Si、Cd、Mg、P、Al、

Sn、Sb、Bi 17 个杂质元素，Co 99.98%电解钴的杂质总量不超过 0.02，但这仍然不能满足功能薄膜材料的要求。

高纯金属中痕量元素的检测方法应具有极高的灵敏度，痕量元素的化学分析系指 1g 样品中含有微毫克级（10^{-6} g/g）、毫微克级（10^{-9} g/g）和微微克级（10^{-12} g/g）杂质的确定。随着各学科研究的深入，待测元素的含量越来越低，普通的滴定分析等无法准确测定痕量元素，因此促进了仪器测试技术的不断发展，痕量、超痕量多元素的同时或连续测定已成为可能。常用的手段有质谱分析（采用电感耦合高频等离子质谱 ICP-MS 分析仪，金属中痕量杂质可达 0.1 ppb 以下，分析灵敏度为 0.01 ppb）、中子和带电粒子活化分析（具有较高的灵敏度，如反应堆的中子通量位 10^{13} 中子数/$cm^2 \cdot S$ 时，可分析到 $10^{-9} \sim 10^{-10}$ g 范围）、光谱分析（使用最多的是化学光谱法）、X 射线荧光光谱分析等。此外，半导体材料中的电离杂质浓度，通过霍尔系数测定，一些金属的纯度用剩余电阻率测定，微观结果可用扫描电镜、超微量元素的微区分析，表面分析可用电子探针分析。

GDMS 作为一种固体直接分析技术，具有无需样品消解、无空白引入的突出优势，非常适合于高纯金属纯度及痕量杂质分析。例如，在高纯标准物质研究过程中，需要先测定除基体元素以外的所有杂质元素含量，然后用差减法计算金属纯度。这其中，GDMS 可进行从 Li 至 U 共 73 种杂质含量测定。其他不在 GDMS 测量范围内的元素包括气体元素（C、N、H、O）、惰性气体（He、Ne、Ar、Kr、Xe）以及短半衰期核素（超 U 元素等），这些杂质需要借助红外热导法、燃烧红外法以及放射性检测等手段进行定值。相应内容可参见《纯度标准物质定值计量技术规范 高纯金属纯度标准物质》(JJF 1961—2022)。依据该方法开发的纯度标准物质已经有 Au、Ag、Cu、Pt、Si 等，总纯度均达到 5N 以上。

19.5.3　半导体材料分析

半导体材料的杂质分析也是 GDMS 一个重要的应用领域，具有很大的商业价值。半导体材料中浓度极低的杂质元素决定了其电学性质，但半导体的材料性质及杂质元素的含量水平不是一般分析方法所能胜任的。GDMS 所具有的特点使其已成为高纯半导体材料乃至半导体工业材料必不可少的分析手段。

半导体工业中 GDMS 的应用也日益增加，可对芯片制造过程中的衬底硅材料、溅射靶材（Cu、Al、Ti、Ta）、封装过程键合金属（Ag、Cu）进行纯度检测。这其中，溅射靶材金属的纯度要求尤为严格，至少需要达到 6 N 以上，需要确保所有金属杂质均达到小于 5 ppb 甚至 1 ppb 的检出限。半导体领域还会用到一些合金靶材（CdTe、MgSi、ITO 等），其检测方法与常规高纯金属基本一致。GDMS 还可用于整个高纯金属工艺中的原材料杂质检测。以钽材料为例，GDMS 可测定从原料（氟钽酸钾）至中间体（Ta_2O_3、钽粉）以及最终钽靶材的杂质含量变化。

Si、SiC 等半导体材料也可利用 GDMS 进行杂质分析（表 19-3）。相比于金属材料，这类样品的灵敏度较低，因此各元素检出限相对来说较高，一般在 10~50 ppb。但这类样品本身的纯度可达到非常高，分析前需要确保仪器具有极低的背景。

表 19-3　硅基体中典型元素分析检测限

元素	检测限 /ppb	元素	检测限 /ppb	元素	检测限 /ppb	元素	检测限 /ppb
Li	0.10	Rb	0.5	Gd	0.14	Co	0.08
Be	2.5	Sr	0.13	Tb	0.04	Cu	1.1
B	6.7	Y	0.12	Dy	0.25	Zn	3.2
Na	0.4	Zr	0.17	Ho	0.03	Ga	2.2
Mg	0.14	Nb	0.10	Er	0.03	Ge	0.4
Al	0.6	Mo	1.2	Tm	0.15	As	0.5
P	6.5	Ru	0.24	Yb	0.19	Se	4.6
K	1.0	Rh	0.21	Lu	0.02	Ba	0.03
Ca	3.6	Pd	1.4	Hf	0.03	La	0.03
Sc	0.06	Ag	0.3	Ta	2.5	Ce	0.09
Ti	0.07	Cd	2.4	W	0.12	Pr	0.04
V	0.02	In	0.3	Re	0.19	Nd	0.3
Cr	0.10	Sn	1.1	Os	0.27	Sm	0.3
Mn	0.08	Sb	0.7	Ir	0.10	Eu	0.02
Fe	0.3	Te	1.8	Pt	0.18	Hg	0.9
Ni	0.5	Cs	0.07	Au	0.8	Tl	0.14
Bi	0.14	Th	0.048	U	0.023	Pb	0.08

　　射频辉光放电质谱（RF-GDMS）由于可以直接分析非导体材料，目地是近年来GDMS 的重要研究方向之一，也获得了一些应用。它通过在样品表面产生直流自偏电压以维持稳定的溅射和离子化，从而可直接分析非导体材料。Marcus 等使用射频辉光质谱测定了玻璃样品中的主量及痕量元素含量范围为 50.37%（O）~25μg/g（Au），其分析结果与认定值十分符合。

　　GDMS 在测定粉末样品时把待测样品与导体材料混合压制成阴极的方法同火花源放电的制样技术类似。Dogan 于 1972 年首次引入 GD 源，即样品粉末和导体材料经混合均匀后采用特制的压模制成针状或片状进行分析。对于块状非导体固体材料，也可采用 DC-GDMS 直接进行分析，此时必须在试样前放一中间开有小孔的金属片（孔径为 3~12mm），使样品部分暴露于 GD 中，如图 19-9 所示，即为第二阴极（secondary cathode）技术。该方法原先用于中性质谱和二次离子质谱。1993 年，由 Milton 和 Hutton 首次引入到 GDMS 中用于分析非导体，此后得以普及应用。

19.5.4　合金成分检测

　　GDMS 在合金领域也有广泛应用，其典型应用之一是高温合金中多种痕量杂质的定量分析（图 19-10）。高温合金具有优异的抗蠕变、抗疲劳、抗氧化以及耐腐蚀等综合性能，被广泛应用于铸造航空发动机、火箭发动机和工业燃气轮机的热端叶片部件。高温合金母合金是由 Ni、Cr、Mo、Ta、Ti、Al、Nb、Hf、Zr、Re、C、W、Co、B 等多种纯原材料熔

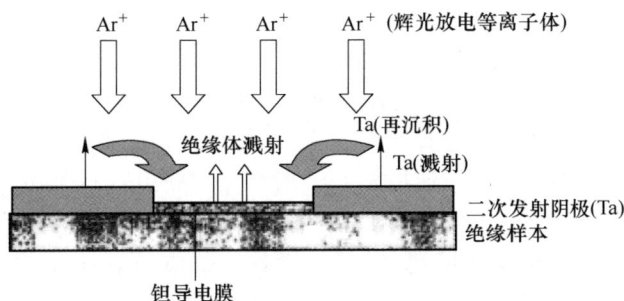

图 19-9 第二阴极技术示意图

融冶炼并浇筑成型的。其中所含有的 S、P 等气体元素易与 Al、Ti、Nb 等生成夹杂物，导致形成疲劳裂纹。Pb、As、Sn、Bi、Cd 等有害元素的含量和分布也会显著影响高温合金性能。GDMS 不仅可以对高温合金的原料金属进行杂质检测，也可测定合金本身所含有的杂质元素。特别地，GDMS 对杂质 S 元素的检测限可低至 0.1 ppm 以下，相较于 IGA 等方法具有显著优势。其他可在 GDMS 上测试的合金材料还包括不锈钢、铝合金、钛合金、镍锌铁氧体、钕铁硼永磁体等。

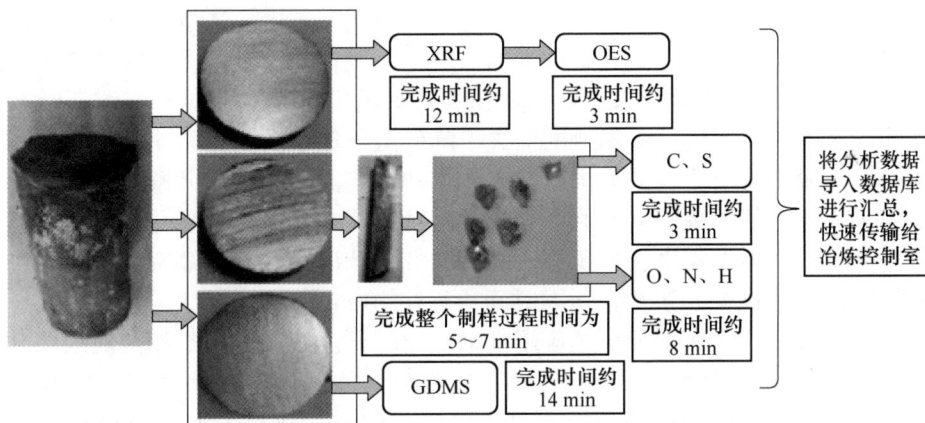

图 19-10 高温合金母合金真空冶炼中炉前快速分析流程

除金属类合金外，GDMS 还可用于无机非金属材料的成分检测，例如陶瓷、碳复合材料等。

石墨也是一类非金属材料。核工业中，3N 至 4N 纯度的石墨材料可以用来制作热结构部件，如支承柱、热气导管、燃料元件等。各向同性炭石墨材料也可用于制造石墨球、堆芯材料、电极等核石墨产品。半导体工业中所用石墨则纯度更高，一般需要达到 6 N 以上，用于各类高纯材料纯化和制造工艺的优化。与半导体类似，石墨在 GDMS 上的灵敏度也比较低，快速流离子源的 GDMS 上 ^{12}C 信号通常可达到 2×10^8 cps 以上，可直接分析 6N 以上纯度的高纯石墨。静态真空离子源的 GDMS 则因电流和功率较低，信号强度一般低于 1×10^8 cps，仅能分析 5N 纯度或核级石墨材料。

19.5.5　表面及深度分析

辉光放电质谱的原子化过程为阴极溅射过程，样品原子不断地被逐层剥离，质谱信息所反映的化学组成也由表及里随着溅射过程的进行而变化，因此 GDMS 可用于深度分析。与辉光原子发生光谱（GDOES）相比，辉光放电质谱具有更低的检出限和更宽的元素覆盖范围的优点，但是 GDMS 的溅射速度慢，一般在 $0 \times 0X \sim 0X \mu m/min$，而辉光光谱的溅射速度则可达 $X \mu m/min$。另外，GDMS 深度分析是不如 GDOES 发展得成熟，GDMS 定量分析是基于与内标有关的相对灵敏度因子（RSF）进行的，不能在深度分析中采用。Jakubowski 等采用绝对灵敏度因子的方法成功地进行了实际试样的深度分析。因此，除整体杂质分析外，GDMS 离子源逐层溅射的特性还使得该技术可以进行深度曲线分析。例如，钢铁表面防腐蚀层厚度及元素含量变化、高温合金热障涂层（TCB）成分及杂质分布、直接甲酸燃料电池中不锈钢板改性前后表面成分变化、CuInGaSe 太阳能薄膜电池成分、磁控溅射靶材表面污染元素深度变化等。

GDMS 进行深度分析时有两个关键因素需要考虑：一是逐层溅射及溅射坑的平整性；二是溅射速率与数据采集速率的匹配。第一个因素会影响所得数据的真实性，特别是当溅射坑底部不平整时，必然会存在跨层溅射，从而导致所得含量不能精确反映样品中的实际变化。为尽量降低这一风险，需要优化电流、电压和放电气三个参数，甚至使用 4 mm 直径的阳极帽替代常规分析的 8 mm 阳极帽，以使得样品尽量达到逐层溅射的要求。溅射速率与数据采集频率则因涂层厚薄而异，大体上，溅射速率越慢，数据采集速度越快，所得深度分辨率越高。对于厚度达到几十微米的涂层，一般在连续直流下就能获得足够的深度分辨率；但对于整体厚度不足 1 μm 的薄涂层，最好的方式是利用脉冲直流离子源进行测试，这样才能在维持灵敏度基本不变的前提下降低溅射速率。数据采集频率则与测定的元素个数有关，一般的涂层分析只需测定基体元素和特定关注的杂质元素。另外，灵敏度也是决定数据采集频率的关键因素，原因是灵敏度越高，则单个元素积分的时间就越短；反之，灵敏度越低，则需设定更长的积分时间以降低统计误差。静态真空离子源和快速流离子源的 GDMS 进行一次全元素扫描所需时间一般在 10 min 和 2 min 左右。

目前，辉光放电质谱深度分析的应用文献迅速增长。其中不同类型金属涂层分析占绝大多数。但该技术也成功地应用于氧化物、氮化物和一些其他的非金属涂层分析。李小佳、王颖、崔玉省等对镀锌钢板的镀层进行了深入研究，建立了镀锌钢板镀层的结构模型。在深度分析中也有报道，应用第二阴极技术得到了平坦的溅射坑，提高了 GDMS 的深度分辨率。

GDMS 的溅射进样方式决定了它可以进行深度分析。辉光放电非常稳定，可以在样品表面获得几乎相同的取样坑，而且通过控制放电条件可以对溅射的速率进行控制。已有很多文献报道了 GDMS 在深度分析方面的应用。深度分析在研究薄层材料方面有着重要的意义，有助于对一些表面化学或物理现象的原理进行研究，为防腐、表面材料的生产工艺提供指导。

19.5.6　其他材料分析

19.5.6.1　非导体分析

由于在直流辉光放电中被分析样品作为阴极，所以非导体样品对于 GDMS 来说不是理想的分析样品类型。对于这类样品，除了采用射频辉光放电直接分析外（块状或压制成块状），还可以将样品（粉末）与导电材料（如 Cu、Ag、石墨、Ta、In、Ga 等）混合压制成阴极或引入第二阴极进行测定。

19.5.6.2 溶液分析

尽管辉光放电质谱为典型的固体分析方法，但人们在 GDMS 用于溶液分析方面也做了尝试。试图将溶液直接进样引入辉光放电中，但是这需要特殊的装置，其应用不如 ICPMS 广泛和成功。最直接的方法是将少量（1~100 μL）的溶液样品置于高纯金属的表面（针形、表面或空心阴极）干燥成残渣，在辉光放电中溅射后进行分析。Jakubowski 等使用该方法，绝对检出限达到 1 pg。另一种方法为将溶液与高纯金属粉末（如银粉）混合、烘干，最后压制成所需的形状。该方法能够得到稳定的信号，但检出限明显较高，在使用 200 μL 溶液的情况下，检出限大约为 2.5 μg/g。

19.5.6.3 气体分析

由于使用分子气体（如 N$_2$、O$_2$、空气、水蒸气）可以获得稳定的辉光放电，所以 GDMS 也能用于气体分析。McLuckey 及其合作者报道了使用 GDMS 分析大气样品中的痕量杂质。Gordon 等采用射频辉光放电离子阱质谱和级联质谱对空气中的有毒污染物进行实时监控。GDMS 也被用于分析高爆炸性蒸气。Schelles 等采用第二阴极技术使用 GDMS 测定了大气中的颗粒物。

GDMS 虽然已经在电子学、冶金、航空航天、化学、材料、地质等领域得到了广泛的应用，并在金属和半导体分析中显示出它的优越性，但是它的潜力仍没有得到完全开发。对绝缘体、粉末、液体、有机物和生物样品的分析应用正在积极进行，研究和完善类似的工作将开创 GDMS 应用的新领域。

参 考 文 献

[1] 刘英，李宝成，张金娥. 高纯金属分析技术 [C] // 全国有色金属理化检验学术报告会论文集，2012.

[2] VIETH, W, HUNEKE J C. Relative sensitivity factors in glow discharge mass spectrometry [J]. Spectrochimica Acta Part B: Atomic Spectroscopy, 1991, 46 (2): 137-153.

[3] GONZALEZ-GAGO C, BORDEL N, PISONERO J. ASM Handbook. Volume 10 [M]. Materials Characterization ASM Handbook Committee, 2018.

[4] HOFFMANN V, KASIK M, ROBINSON P K, et al. Glow discharge mass spectrometry [J]. Analytical and bioanalytical chemistry, 2005, 381: 173-188.

[5] ABOU-RAS D, CABALLERO R, FISCHER C H, et al. Comprehensive comparison of various techniques for the analysis of elemental distributions in thin films [J]. Microscopy and Microanalysis, 2011, 17 (5): 728-751.

[6] CUI Y F, CUI J L, XU X, et al. Electrochemical properties of niobium modified AISI316L stainless steel bipolar plates for direct formic acid fuel cell [J]. Fuel Cells, 2017, 17 (5): 698-707.

[7] SEIN M M, HINRICHS J, GLÖRFELD P. Ultra-trace Elemental Analysis of Pure Metals and Quantitative Depth Profile Analysis in Coated Ma-terials by Glow Discharge Mass Spectrometry [J]. EMC, 2019, 4: 1501-1513.

[8] SU K, WANG X, PUTYERA K. 高流速辉光放电质谱法检测镍基高温合金中痕量元素及其深度分布

　　　［J］. 冶金分析, 2011, 31 (11): 18-23.

［9］ GONZALEZ-GAGO C, SMID P, HOFMANN T, et al. The use of matrix-specific calibrations for oxygen in analytical glow discharge spectrometry ［J］. Analytical and Bioanalytical Chemistry, 2014, 406: 7473-7482.

［10］ WANG X, BHAGAT G, O' BRIEN K M, et al. Quantification of Trace and Ultra-trace Elements in Nuclear Grade Manufactured Graphites by Fast-Flow Glow Discharge Mass Spectrometry and by Inductively Coupled Plasma-Mass Spectrometry after Microwave-Induced Combustion Digestions ［J］. MRS Online Proceedings Library (OPL), 2009: 1215.

［11］ 年季强, 陈颖杰, 朱杰, 等. 高温合金母合金真空冶炼中炉前快速分析的取制样方法探讨 ［J］. 冶金分析, 2021, 41 (3): 9-17.

［12］ 刘宏伟, 符靓, 孙爱明, 等. 辉光放电质谱法测定镍锌铁氧体材料中的杂质元素 ［J］. 分析化学, 2015, 43 (9): 1366-1370.

［13］ 余兴, 李小佳, 王海舟. 辉光放电质谱分析技术的应用进展 ［J］. 冶金分析, 2009 (3): 28-36.

［14］ SAPRYKIN A I, BECKER J S, DIETZE H J. Optimization of an rf-powered magnetron glow discharge ［J］. Fresenius J. Anal Chem. , 1996, 355: 831-835.

［15］ SAPRYKIN A I. Development and testing of a radio frequency glow discharge source for mass-spectrometric analysis of solid material ［J］. J. Anal Chem. , 1999, 54: 671-680.

［16］ DOGAN M, LAQUA K, MASSMANN H. Spektrochemische analysen miteiner Glimmentladung slampeals lichtquelle— Ⅱ Analytische anwendungen ［J］. Spectrochim. Acta Part B, 1972, 27: 65-68.

［17］ 李小佳. 辉光质谱 (光谱) 法镀锌钢板镀层深度结构分析研究 ［D］. 北京: 钢铁研究总院, 2001.

［18］ 王颖. 镀锌钢板镀层状态的辉光质谱研究 ［D］. 北京: 钢铁研究总院, 1998.

［19］ 崔玉省. 辉光放电质谱法镀锌钢板深度分布分析定量数学模型的建立 ［D］. 北京: 钢铁研究总院, 2000.

［20］ ACTIS-DATO L O, HERAS L A DE LAS, BETTI M, et al. Investigation of mechanisms of corrosion due to diffusion of impurities by direct current glow discharge mass spectrometry depth profiling ［J］. J. Anal. At. Spectrom. , 2000, 15: 1479-1484.

［21］ SAPRYKIN A I, BECKER J S, CRONE U V D, et al. Depth profiling analysis of thick Ni and Co-doped oxide layers on Cr based alloys of the interconnector of a solid oxide fuel cell using rf GDMS ［J］. Fresenius J. Anal. Chem. , 1997, 358: 145-147.

［22］ JAKUBOWSKI N, STUEWER D. Application of glow discharge mass spectrometry with low mass resolution for in-depth analysis of technical surface layers ［J］. J. Ana. l At. Spectrom. , 1992, 47: 951-958.

习　题

参考答案

19-1　简述辉光放电质谱法的基本原理、特点和它的应用。

19-2　简述辉光放电质谱分析样品要求。

19-3　简述辉光放电质谱仪定量分析的依据。

第 4 篇　材料热分析

20　材料热分析

本章内容导读：
- 材料热分析的发展历程
- 材料热分析分析的基本原理
- 材料热分析分析仪结构、实验流程介绍
- 材料热分析样品要求
- 材料热分析设备操作与维护简介
- 材料热分析在材料分析中的应用实例

20.1　概　　述

　　热分析起始于 1887 年，德国 H. Lechatelier 用一个热电偶插入受热黏土试样中，测量黏土的热变化；所记录的数据并不是试样和参比物之间的温度差。1899 年，英国 Roberts 和 Austen 改良了 Lechatelier 装置，采用两个热电偶反相连接，采用差热分析的方法研究钢铁等金属材料。直接记录样品和参比物之间的温差随时间变化规律；首次采用示差热电偶记录试样与参比物间产生的温度差，这即目前广泛应用的差热分析法的原始模型。1915年，日本的本多光太郎提出了"热天平"概念，并设计了世界上第一台热天平（热重分析）；测定了 $MnSO_4 \cdot 4H_2O$ 等无机化合物的热分解反应。20 世纪 20 年代，差热分析在黏土、矿物和硅酸盐的研究中使用得比较普遍。从热分析总的发展来看，40 年代以前是比较缓慢的，例如热天平直到 40 年代后期才用于无机重量分析和广泛应用于煤炭高温裂解反应。20 世纪 40 年代末，商业化电子管式差热分析仪问世，60 年代又实现了微量化。1964 年，Watson 和 O'Neill 等提出了"差示扫描量热"的概念，进而发展成为差示扫描量热技术，使得热分析技术不断发展和壮大。

　　热分析的本质是温度分析。热分析技术是在程序温度（指等速升温、等速降温、恒温或步级升温等）控制下测量物质的物理性质随温度的变化，用于研究物质在某一特定温度时所发生的热学、力学、声学、光学、电学、磁学等物理参数的变化，即 $P = f(T)$。按一定规律设计温度变化，即程序控制温度：$T = (t)$，故其性质既是温度的函数，也是时间的函数：$P=f(T, t)$。

热分析方法的种类是多种多样的，根据国际热分析协会 ICTA 的归纳和分类，目前的热分析方法共分为 9 类 17 种：（1）热重法；（2）等压质量变化测定；（3）逸出气体检测；（4）逸出气体分析；（5）放射热分析；（6）热微粒分析；（7）加热曲线测定；（8）差热分析；（9）差示扫描量热法；（10）热膨胀法；（11）热机械分析；（12）动态热机械分析；（13）热发声法；（14）热声学法；（15）热光学法；（16）热电学法；（17）热磁学法。这些热分析技术中，热重法、差热分析以及差示扫描量热法应用得最为广泛。

20.2　热分析的原理

热分析是在程序控制温度下，测量物质的物理性质与温度之间关系的一类技术，几种常见的热分析方法及其测定的物理化学参数见表 20-1。其中应用最广泛的方法是热重法（TG）和差热分析法（DTA），其次是差示扫描量热法（DSC），这三者构成了热分析的三大支柱。三种热分析方法各有所长，可以单独使用，也可以联合使用。

表 20-1　几种常见的热分析方法及其测定的物理化学参数

热分析法	定　义	测量参数	应　用　范　围
差示扫描量热法（DSC）	程序控温条件下，测量在升温、降温或恒温过程中所吸收或释放出的能量	热量	分析研究范围与 DTA 大致相同，但能定量测定多种热力学和动力学参数，如比热、反应热、转变热、反应速度和高聚物结晶度等
热重法（TG）	程序控温条件下测量在升温、降温或恒温过程中样品质量发生的变化	质量	熔点、沸点测定，热分解反应过程分析与脱水量测定等；生成挥发性物质的固相反应分析，固相与气体反应分析等
热差分析法（DTA）	程序控温条件下，测量在升温、降温或恒温过程中样品和参比物之间的温度差	温度	熔化及结晶转变、二级转变、氧化还原反应裂解反应等的分析研究，主要用于定性分析
热机械分析法（TMA）	程序控温条件下，测量在升温、降温或恒温过程中样品尺寸发生的变化	尺寸	膨胀系数、体积变化相转变温度、应力应变关系测定，重结晶效应分析等
动态热机械分析法（DMA）	程序控温条件下测量材料的力学性质随温度、时间、频率或应力等改变而发生的变化量	力学性质	阻尼特性、固化、胶化、玻璃化等转变分析，模量、精度测定等

材料热分析能快速准确地测定物质的晶型转变、熔融、升华、吸附、脱水、分解等变化，在表征材料的热性能、物理性能、机械性能以及稳定性等方面有着广泛的应用。对材料进行热分析可以鉴别材料的种类，判断材料的优劣，帮助材料与化学领域的产品研发，质检控制与工艺优化等。

20.2.1　热重法

热重法（TG）是在程序控制温度下，测量物质质量与温度关系的一种技术。热重法试验得到的曲线称为热重曲线（即 TG 曲线）。应用范围：（1）主要研究材料在惰性气体、空气、氧气中的热稳定性、热分解作用和氧化降解等化学变化；（2）研究涉及质量变化的所有物理过程，如测定水分、挥发物和残渣，吸附、吸收和解吸，气化速度和气化热，升华速度和升华热，有填料的聚合物或共混物的组成等。

原理详解：样品质量分数 w 对温度 T 或时间 t 作图得热重曲线（TG 曲线）：$w=f(T$ 或 $t)$，因多为线性升温，因此 T 与 t 只差一个常数。TG 曲线对温度或时间的一阶导数 $\mathrm{d}w/\mathrm{d}T$ 或 $\mathrm{d}w/\mathrm{d}t$ 称微分热重曲线（DTG 曲线）。

图 20-1 中，B 点 T_i 处的累积质量变化达到热天平检测下限，称为反应起始温度；C 点 T_f 处已检测不出质量的变化，称为反应终了温度；T_i 或 T_f 也可用外推法确定，分为 G 点、H 点；也可取失重达到某一预定值（5%、10% 等）时的温度作为 T_i。T_p 表示最大失重速率温度，对应 DTG 曲线的峰顶温度。峰的面积与试样的质量变化成正比。

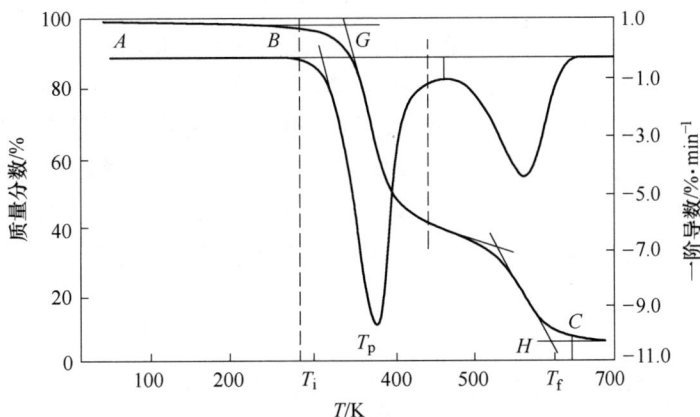

图 20-1　热重和微分热重曲线

热重法因其快速简便，已经成为研究聚合物热变化过程的重要手段。例如图 20-2 中聚四氟乙烯与缩醛共聚物的共混物的 TG 曲线可以被用来分析共混物的组分，从图中可以发现，在 N_2 中加热，300~350 ℃ 缩醛组分分解（约 80%），聚四氟乙烯在 550 ℃ 开始分解（约 20%）。

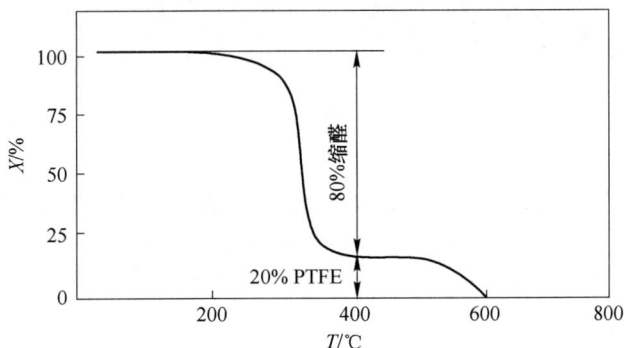

图 20-2　聚四氟乙烯与缩醛共聚物的共混物的 TG 曲线

影响因素如下：

（1）升温速度：升温速度越快，温度滞后越大，T_i 及 T_f 越高，反应温度区间也越宽。建议高分子试样为 10 K/min，无机、金属试样为 10~20 K/min。

（2）样品的粒度和用量：样品的粒度不宜太大，装填的紧密程度适中为好。同批试验样品，每一样品的粒度和装填紧密程度要一致。

（3）气氛：常见的气氛有空气、O_2、N_2、He、H_2、CO_2、Cl_2 和水蒸气等。气氛不同，反应机理的不同。气氛与样品发生反应，则 TG 曲线形状受到影响。

（4）试样皿材质以及形状。

20.2.2　差热分析法

差热分析法是在程序控制温度下，将被测材料与参比物在相同条件下加热或冷却，测量试样与参比物之间温度差（ΔT）随温度 T 或时间 t 的变化关系（图 20-3）。差热分析法是以某种在一定实验温度下不发生任何化学反应和物理变化的稳定物质（参比物）与等量的未知物在相同环境中等速变温的情况下相比，未知物的任何化学和物理上的变化，与和它处于同一环境中的标准物的温度相比，都要出现暂时的增高或降低。降低表现为吸热反应，增高表现为放热反应。DTA 与 TG 的区别在于测量值从质量变为温差。之所选择测试温差，是因为升温过程中发生的很多物理化学变化（比如融化、相变、结晶等）并不产生质量的变化，而是表现为热量的释放或吸收，从而导致样品与参比物之间产生温差。DTA 能够发现样品的熔点、晶型转变温度、玻璃化温度等信息。

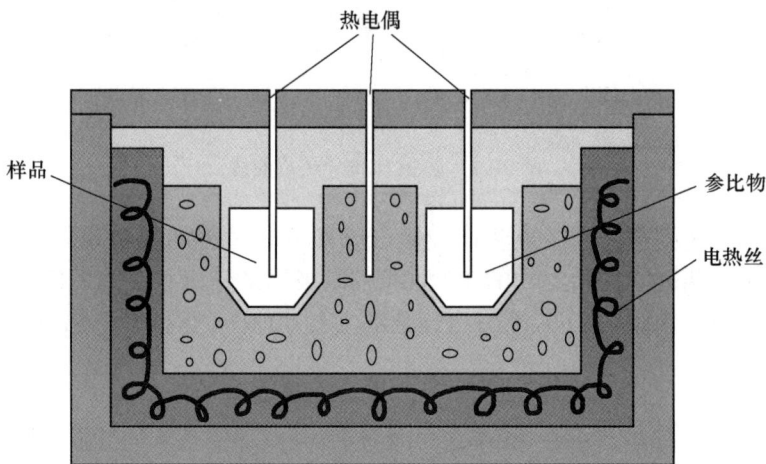

图 20-3　差热分析仪原理示意图

DTA 曲线分析时注意：

（1）峰顶温度没有严格的物理意义。峰顶温度并不代表反应的终了温度，反应的终了温度应是后续曲线上的某点。如终了温度应在曲线 EF 段上的某点 L 处。

（2）最大反应速率也不是发生在峰顶，而是在峰顶之前。峰顶温度仅表示此时试样与参比物间的温差最大。

（3）峰顶温度不能看作是试样的特征温度，它受多种因素的影响，如升温速率、试样的颗粒度、试样用量、试样密度等。

20.2.3　差示扫描量热法

差示扫描量热法（DSC）是在程序控制温度下，测量输入到试样与参比物的功率差

（热流量）随温度或时间变化的函数关系。差示扫描量热法有补偿式和热流式两种。试样和参比物容器下装有两组补偿加热丝，当试样在加热过程中由于热效应与参比物之间出现温差 ΔT 时，通过差热放大电路和差动热量补偿放大器，使流入补偿电热丝的电流发生变化，当试样吸热时，补偿放大器使试样一边的电流立即增大；反之，当试样放热时，则使参比物一边的电流增大，直到两边热量平衡，温差 ΔT 消失为止。

在差示扫描量热法中，为使试样和参比物的温差保持为零，在单位时间所必须施加的热量与温度的关系曲线为 DSC 曲线。曲线的纵轴为单位时间所加热量，横轴为温度或时间。曲线的面积正比于热焓的变化。图 20-4 所示为典型的 DSC 曲线。

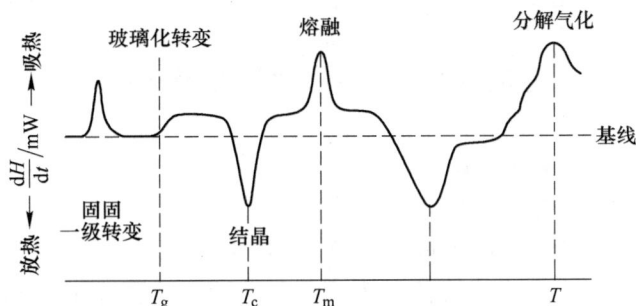

图 20-4   典型的 DSC 曲线

DSC 与 DTA 的区别如下：

（1）曲线的纵坐标含义不同。DSC 曲线的纵坐标表示样品放热或吸热的速度，单位为 mW/mg，又称热流率，而 DTA 曲线的纵坐标则表示温差，单位为℃（或 K）。

（2）DSC 的定量水平高于 DTA。试样的热效应可直接通过 DSC 曲线的放热峰或吸热峰与基线所包围的面积来度量，不过由于试样和参比物与补偿加热丝之间总存在热阻，使补偿的热量或多或少产生损耗，因此峰面积得乘以一修正常数（又称仪器常数）方为热效应值。仪器常数可通过标准样品来测定，即为标准样品的熔变与仪器测得的峰面积之比，它不随温度、操作条件的变化而变化，是一个恒定值。

（3）DSC 分析方法的灵敏度和分辨率均高于 DTA。DSC 中曲线是以热流或功率差直接表征热效应的，而 DTA 则是用 DT 间接表征热效应的，因而 DSC 对热效应的响应更快、更灵敏，峰的分辨率也更高。

应用范围：（1）材料的固化反应温度和热效应测定，如反应热，反应速率等；（2）物质的热力学和动力学参数的测定，如比热容，转变热等；（3）材料的结晶、熔融温度及其热效应测定；（4）样品的纯度等。

影响因素：

（1）升温速率：实际测试的结果表明，升温速率太高会引起试样内部温度分布不均匀，炉体和试样也会产生热不平衡状态，所以升温速率的影响很复杂。

（2）气氛：不同气体热导性不同，会影响炉壁和试样之间的热阻，从而影响出峰的温度和热焓值。

（3）试样用量：不可过多，以免使其内部传热慢、温度梯度大而造成峰形扩大和分辨率下降。

（4）试样粒度：粉末粒度不同时，由于传热和扩散的影响，会出现试验结果的差别。

热重分析通常可分为两类：动态法和静态法。

（1）静态法：包括等压质量变化测定和等温质量变化测定。等压质量变化测定是指在程序控制温度下，测量物质在恒定挥发物分压下平衡质量与温度关系的一种方法。等温质量变化测定是指在恒温条件下测量物质质量与压力关系的一种方法。这种方法准确度高，但是费时。

（2）动态法：也就是常说的热重分析和微商热重分析。微商热重分析又称导数热重分析（derivative thermogravimetry，DTG），它是 TG 曲线对温度（或时间）的一阶导数。以物质的质量变化速率（dm/dt）对温度 T（或时间 t）作图，即得 DTG 曲线。

20.3　热分析设备及操作

热重分析仪（thermo gravimetric analyzer），是一种利用热重法检测物质温度-质量变化关系的仪器。图 20-5 所示为德国耐驰公司热重分析仪实物图，下面以型号为 STA 449 F3 的设备为例，说明仪器结构及操作步骤。

20.3.1　设备基本信息

温度范围：−150～2400 ℃。

升降温速率：0.001～50 K/min（取决于炉体配置；高速升温炉最大线性升温速率为 1000 K/min）。

最大称重量：35000 mg。

称重解析度：0.1 μg。

DSC 解析度：<1 μW（取决于配备的传感器）。

气氛：惰性、氧化、还原、静态、动态。

标配用于 2 路吹扫气和 1 路保护气的电磁阀；

图 20-5　热重分析仪实物图

3 路气体的质量流量计，用于气流量的数字化精确控制（选件）。

真空密闭结构，真空度为 10^{-2} mbar。

对于单 TG 支架，可配备 c-DTA®（计算型 DTA）功能，用于温度校正及额外的 DTA 信息的获取。

TG-DSC 与 TG-DTA 样品支架，用于真正的同步测量。

自动进样器（ASC），最多可同时装载 20 个样品（选件）。

通过可加热的适配器与 FTIR、MS 以及 GC-MS 联用（选件）。

独特的 Pulse-TA 扩展功能（选件）。

进行热重分析的基本仪器为热天平，它包括天平、炉子、程序控温系统、记录系统等几个部分。除热天平外，还有弹簧秤。

热重分析仪结构：试样支持器、炉子、测温热电偶、传感器、平衡锤、阻尼和天平复位器、天平、阻尼信号。

20.3.2　测试影响因素

（1）升温速率：升温速率对热重法影响比较大。升温速率越大，所产生的热滞后现象越严重，往往导致热重曲线上的起始温度 T_i 和终止温度 T_f 偏高。虽然分解温度随升温速率的变化而变化，但失重量保持恒定。

中间产物的检测与升温速率密切相关，升温速率快不利于中间产物的检出，因为 TG 曲线上拐点变得不明显，而慢的升温速率可得到明确的实验结果。热重测量中的升温速率不宜太快，一般以 0.5~6 ℃/min 为宜。

（2）气氛：热重法通常可在静态气氛或动态气氛下进行测定。在静态气氛下，如果测定的是一个可逆的分解反应，则随着温度的升高，分解速率增大。但试样周围气体浓度的增加，会使分解速率下降。另外，炉内气体的对流可造成样品周围的气体浓度不断变化。这些因素会严重影响实验结果，所以通常不采用静态气氛。为了获得重复性好的实验结果，一般在严格控制的条件下采用动态气氛。

试样周围气氛对热分解过程有较大的影响，气氛对 TG 曲线的影响与反应类型、分解产物的性质和气氛的种类有关。

（3）挥发物冷凝：分解产物从样品中挥发出来，往往会在低温处再冷凝，如果冷凝在吊丝式试样皿上，则会造成测得失重结果偏低。而当温度进一步升高，冷凝物再次挥发会产生假失重，使 TG 曲线变形。解决的办法一般采用加大气体的流速，使挥发物立即离开试样皿。

（4）浮力：浮力变化是由于升温使样品周围的气体热膨胀，从而相对密度下降，浮力减小，使样品表观增重。如 300 ℃ 时的浮力可降低到常温时浮力的一半，900 ℃ 时可降低到约 1/4。实用校正方法是做空白试验（空载热重实验），以消除表观增重。

20.3.3　STA 449F3 操作规程

20.3.3.1　操作条件

（1）实验室应尽量远离振动源及大的用电设备，室内配备空调，以保证温度恒定。

（2）计算机在仪器测试时，不能运行系统资源占用较大的程序。

（3）保护气体（protective）：保护气体是用于在操作过程中对仪器及其天平进行保护，以防止受到样品在测试温度下所产生的毒性及腐蚀性气体的侵害。氩气、氮气、氦气等惰性气体均可用作保护气体。保护气体输出压力应调整为 0.05 MPa，流速一般设定为 15 mL/min 左右。开机后，保护气体开关应始终为打开状态。

（4）吹扫气体（Purge1/Purge2）：吹扫气体在样品测试过程中，用作为气氛气或反应气。一般采用惰性气体，也可用氧化性气体（如空气、氧气等）或还原性气体（如一氧化碳、氢气等）。但应慎重考虑使用氧化、还原性气体作为气氛气，特别是还原性气体，会缩短样品支架热电偶的使用寿命，还会腐蚀仪器上的零部件。吹扫气体输出压力应调整为 0.05 MPa，流速不超过 100 mL/min，一般情况下为 30 mL/min。测试过程中如果被测样品可能发生分解反应，则吹扫气流速应随之加大，以保证分解产物的及时排出，避免污染炉体及传感器。

（5）动态测量模式、静态测量模式及真空测量模式：在有吹扫及保护气体时的测量为动态测量模式，否则为静态测量模式，在真空状态下进行测量为真空测量模式。为了延长仪器寿命，保护仪器部件，应尽可能使用在惰性气氛下的动态模式进行测量，慎重考虑静态及真空测量模式，尤其是真空测量模式应尽可能避免。

（6）恒温水浴：恒温水浴是用来保证测量天平工作在一个恒定的温度下的。一般情况下，恒温水浴的水温调整为至少比室温高出 3 ℃。

（7）真空泵：为了保证样品测试过程中不被氧化或与空气中的某种气体进行反应，需要用真空泵对测量管腔进行反复抽真空并用惰性气体置换，一般置换两到三次即可。

20.3.3.2　样品准备

（1）测试用的坩埚（包括参比坩埚）必须与仪器设置中所选用的坩埚类型相同。

（2）检查并保证测试样品及其分解物绝对不能与测量坩埚、样品支架、热电偶发生反应。

（3）为了保证测量精度，测量所用的 Al_2O_3 坩埚（包括参比坩埚）必须预先进行热处理到等于或高于其最高测量温度。

（4）测试样品为粉末状、颗粒状、片状、块状、固体、液体均可，但需保证与测量坩埚底部接触良好，样品应适量（如在坩埚中放置 1/3 厚或 15 mg 重），以便减小在测试中样品的温度梯度，确保测量精度。

（5）对于热反应剧烈或在反应过程中易产生气泡的样品，应适当减少样品量。

（6）除测试要求外，测量坩埚应加盖，以防反应物因反应剧烈而溅出，从而污染仪器。

（7）用仪器内部天平进行称样时，炉子内部温度必须保持恒定在室温，天平稳定后的读数才有效。

20.3.3.3　开机

（1）开机过程无先后顺序。为保证仪器稳定精确的测试，除长期不使用外，所有仪器可不必关机，避免频繁开机、关机。恒温水浴最好一直处于开机运行状态。其他仪器应至少提前测试 1 h 打开。

（2）开机后，首先调整保护气及吹扫气体的输出压力及流速，并待其稳定。

（3）每当更换样品支架（TG-DSC 换成 TG-DTA 或反之）或由于测试需要更换坩埚类型后，首先要做的就是修改仪器设置（instrument setup），使之与仪器的工作状况相符。

20.3.3.4　样品测试程序

以使用 TG-DSC 样品支架进行测试为例，使用 TG-DTA 样品支架的操作除注明外均相同。

（1）测试前必须保证样品温度达到室温及天平稳定，然后才能开始测试。

（2）升温速度除特殊要求外一般为 10 K/min 到 30 K/min。

（3）测试程序中的紧急停机复位温度（emergency reset temperature）将自动定义为程序中的最高温度+10 ℃，也可根据测试需要重新设置该温度值。但其最高定义温度不得超过仪器硬件所允许的极限温度值。

20.3.3.5　操作步骤

Correction 测试模式：该模式主要用于基线测量。为保证测试的精确性，一般来说样品测试应使用基线。

（1）进入测量运行程序；选 File 菜单中的"New"进入编程文件。

（2）选择 Correction 测量模式，输入识别号、样品名称，可输入为空（Empty），不需称重；点击"Continue"。

（3）选择标准温度校正文件，然后打开。

（4）选择标准灵敏度校正文件，然后打开。

（5）此时进入温度控制编程程序。

（6）仪器开始测量，直到完成。

Correction+Sample 测试模式：该模式主要用于样品的测量。

（1）进入测量运行程序。选 File 菜单中的"Open"打开所需的测试基线进入编程文件。

（2）选 Sample + Correction 测量模式，输入识别号、样品名称并称重；点击"Continue"。利用仪器内部天平进行样品称重步骤如下：

1）点击"Weigh"进入称重窗口，待 TG 稳定后点击"Tare"。

2）称重窗口中的 Crucible Mass 栏中变为 0.000 mg，且应稳定不变；否则应点击"Repeat"后再重新点击"Tare"。

3）再点击一次"Tare"，称重窗口中的 Sample Mass 栏变为 0.000 mg。

4）把炉子打开，取出样品坩埚装入待测量样品。

5）将样品坩埚放入样品支架上，关闭炉子。

6）称重窗口中的 Sample Mass 栏中，将显示样品的实际质量。

7）待质量值稳定后，按"Store"将样品质量存入。

8）点击"OK"退出称重窗口。

（3）选择标准温度校正文件。

（4）选择标准灵敏度校正文件。当使用 TG-DTA 样品支架进行测试时，选择"Senszero. exx"然后打开。

（5）选择或进入温度控制编程程序（即基线的升温程序）。应注意的是，样品测试的起始温度及各升降温、恒温程序段完全相同，但最终结束温度可以等于或低于基线的结束温度（即只能改变程序最终温度）。

（6）仪器开始测量，直到完成。

真空泵操作：当样品需要在惰性气体环境中进行测试时，需要对炉子内样品腔体进行反复抽真空及置换惰性气体操作。但尤其要注意的是：（1）启动真空泵前必须确认 STA409PC 上的排气阀完全关闭，以防在抽真空过程中将样品抽走。（2）真空泵使用的环境温度在 12~40 ℃。（3）且该真空泵不能在真空状态下启动，即只能在常温常压下启动。（4）抽真空完毕后，只有当充气完成后才能打开（慢慢地、轻轻地开）排气阀门。

标准样品校正文件的生成：一般情况下，用于样品支架的标准样品校正文件只需每年更新一次。

（1）校正文件包括标准温度校正和标准灵敏度校正两个文件。但 TG-DTA 样品支架不需要进行灵敏度校正。

（2）对于不同类型的坩埚、样品支架、气氛，应分别建立校正文件。

（3）校正文件必须由三个以上标样的测试数据产生。

（4）对于同一个标准样品的测试数据，最好取其多次重复测量的平均值。

（5）所选标样的温度值应尽可能地覆盖仪器的应用范围。

（6）针对所测样品的测试温度范围，合理选择不同校正温度点上的数学权重，将有利于提高测量的精确性。

20.3.3.6 注意事项

（1）保持样品坩埚的清洁，应使用镊子夹取，避免用手触摸。

（2）应尽量避免在仪器极限温度（1600 ℃）附近进行恒温操作。

（3）使用铝坩埚进行测试时，测试终止温度不能超过550 ℃。

（4）试验完成后，必须等炉温降到200 ℃以下后才能打开炉体。

（5）试验完成后，必须等炉温降到室温时才能进行下一个试验。

（6）仪器的最大升温速率为50 K/min，最小升温速率为0.1 K/min。推荐使用的升温速率为5~20 K/min。

（7）测试过程中，如果被测样品有腐蚀性气体产生，则仪器所使用的保护气体及吹扫气的比重应大于所生成的腐蚀性气体，或加大吹扫气的流速以利于将腐蚀性气体带出去。

20.3.3.7 使用特种气体的注意事项

使用特种气体的注意事项见表20-2。

表 20-2 使用特种气体的注意事项

气 氛	与铂发生反应的温度
H_2	>600 ℃
H_2S	>600 ℃
HCl	在高温下
Cl_2	在高温下
F_2	在高温下
SO_2	在高温下
NH_3	>600 ℃
NO_x	在高温下
C_xH_y	>1000 ℃，会分解出碳
CO	>600 ℃

必须注意，某些气体会腐蚀仪器的部件或与密封件发生反应。

20.3.3.8 坩埚的选择

坩埚的选择见表20-3。

表 20-3 坩埚的选择

样品 \ 坩埚	Pt/Rh	Al_2O_3	Al	Pt+Al_2O_3	Al_2O_3+IrO	C
黏土	√	?	√	?	?	No

样品＼坩埚	Pt/Rh	Al₂O₃	Al	Pt+Al₂O₃	Al₂O₃+IrO	C
矿物	√	?	√	?	?	No
盐类	√	No	√	No	No	No
玻璃	√	No	√	No	No	?
高聚物	√	√	√	√	√	√
含碳材料	?	?	√	?	?	√
金属	No*	√	No	√	√	No
铝/铝合金	No*	No	No	√	√	√
镁/镁合金	No*	?	No	?	?	√
铜/铜合金	No*	√	No	√	?	√
铁/铁合金	No*	?	No	?	√	No
镍/镍合金	No*	?	No	?	√	No
钛/钛合金	No*	?	No	?	√	No
锡/锡合金	No*	√	No	√	√	√
金/银合金	No*	√	No	√	√	?
铬，钼，钴合金	No*	?	No	?	√	No
陶瓷	√	?	√	?	?	No
Al₂O₃	√	√	√	√	√	?
ZrO	√	√	√	√	√	?
IrO/MgO	√	√	√	√	√	?
SiO	√	No	√	No	No	No
SiN	No	?	√	?	?	√
AlN	?	?	?	?	?	√
BN	?	?	?	?	?	√
MgB	No*	No*	No*	No*	No*	No*
SiC	No	?	√	?	?	√
无机物	?	?	?	?	?	?
硅	No	No	√	No	No	?
氧化铁	√	No	√	No	No	No
氧化铅	No	?	?	?	?	No
氟化镁	√	No	√	No	No	?
氧化铜	√	No	√	No	No	No
石墨	?	?	?	?	?	√
碳酸盐	√	?	√	?	?	No
硫酸盐	√	?	√	?	?	No

注：1. 对于未知样品，或不确定样品是否与坩埚反应的情况下，建议用其他的炉子预烧。

2. 分析金属样品时，最好使用惰性气氛（氮气、氩气、氦气）。

3. 氧化物可以在氧化气氛下测量，氮化物需在氮气气氛下测量。

4. *表示样品熔融后与坩埚的反应将会损坏传感器，必须注意。

5. √表示最佳选择；? 表示可能在高温下发生反应；No 表示不建议使用。

20.3.3.9　Al_2O_3 及铂坩埚的清洗

A　Al_2O_3 坩埚

将坩埚放入 40% 到 60% 的盐酸 +10% 的硝酸和水（摩尔浓度）的混合溶液中浸泡 24 h；冷却后用清水冲洗，必要时使用超声波清洗；将坩埚放入 2%~5%（摩尔浓度）的氨水中煮沸后用清水冲洗；然后在蒸馏水中煮沸 1 h；最后将坩埚加热到 1500 ℃。

B　铂坩埚

将坩埚放入 HF 溶液中浸泡 24 h；冷却后用清水冲洗，必要时使用超声波清洗；再用清水冲洗；然后放入蒸馏水中煮沸 1 h；最后将坩埚加热到 900 ℃。

20.4　热分析的样品准备

20.4.1　试样量

采用热重法测定时，试样量要少，一般在 2~5 mg。一方面是因为仪器天平灵敏度很高（可达 0.1 μg）；另一方面是如果试样量多，则传质阻力大，试样内部温度梯度大，甚至试样会产生热效应，从而使试样温度偏离线性程序升温，使 TG 曲线发生变化。试样粒度也是越细越好，尽可能将试样铺平，如粒度大，则会使分解反应移向高温。

试样用量的影响大致有下列三个方面：

（1）试样吸热或放热反应会引起试样温度偏离线性程序温度，发生偏差，试样量越大，影响越大。反应产生的气体通过试样粒子间空隙向外扩散的速率受试样量的影响，试样量越大，扩散阻力越大。

（2）试样量越大，本身的温度梯度越大。

（3）试样用量大，对热传导和气体扩散都不利，应在热重分析仪灵敏度范围尽量小。试样用量少，则所测结果较好，反映热分解反应中间过程的平台很明显。为提高检测中间产物的灵敏度，应采用少量试样。

20.4.2　试样粒度

粒度的影响比较复杂。大颗粒和细颗粒均能使熔融温度和熔融热焓偏低。样品颗粒越大，峰形趋于扁而宽；反之，颗粒越小，热效应温度偏低，峰形变小。颗粒度要求：100~300 目（0.04~0.15 mm）。

试样粒度对热传导、气体扩散有较大影响。如粒度的不同会引起气体产物的扩散过程较大的变化，这种变化可导致反应速率和 TG 曲线形状的改变。粒度越小，反应速率越快，使 TG 曲线上的 T_i 和 T_f 温度降低，反应区间变窄。试样粒度大，则往往得不到较好的 TG 曲线。粒度减小不仅会使热分解温度下降，而且会使分解反应进行得很完全。

20.4.3　样品的几何形状

增大试样与试样盘的接触面积，减少试样的厚度，可获得比较精确的峰温值。样品的结晶度好，则峰形尖锐；结晶度不好，则峰面积小。纯度、离子取代同样会影响 DTA 曲线。

20.4.4　样品的装填

装填要求薄而均匀，试样和参比物的装填情况一致。样品状态可为粉末、块状、薄膜样品（一定要干燥）。粉末样品：样品用量一般在 3~5 mg，送样最好在 10~20 mg。块状、薄膜样品：块体样品尺寸直径不要大于 3 mm，高不要大于 2 mm；薄膜样品应尽量提供小尺寸样品。如果样品含酸根、卤素、硫等成分，需先进行确认。

20.5　热分析应用领域

热分析可用于研究物理变化（如晶型转变、熔融、升华、吸附等）和化学变化（脱水、分解、氧化和还原等）。无机物（金属、矿物、陶瓷材料等）→有机物、高聚物、药物、络合物、液晶和生物高分子等。

应用领域：化学化工、冶金、地质、物理、陶瓷、建材、生物化学、药物、地球化学、航天、石油、煤炭、环保、考古、食品等。

成分分析：无机物、有机物、药物和高聚物的鉴别和分析以及它们的相图研究。

稳定性测定：物质的热稳定性、抗氧化性能的测定等。

化学反应的研究：固-气反应研究、催化性能测定、反应动力学研究、反应热测定、相变和结晶过程研究等。

热重法可精确测定物质质量的变化，并进行定量分析。

热重法大致可用于以下几个方面：物质的成分分析，物质的热分解过程和热解机理，在不同气氛下物质的热性质，相图的测定，水分和挥发物的分析，升华和蒸发速率，氧化还原反应，高聚物的热氧化降解，反应动力学研究。

当一种热分析手段与别的热分析手段或其他分析手段联合使用时，都会收到互相补充、互相验证的效果，从而获得更全面、更可靠的信息。如 DTA-TG、DSC-TG、DSC-TG-DTG、DTA-TMA、DTA-TG-TMA 等的综合以及 TG 与气相色谱（GC）、质谱（MS）、红外光谱（IR）等仪器的联用分析。热分析联用的种类有很多，下面举几例加以简单说明。

热重-差热分析技术联用，它最大的优点就是一个样品，一次升温就可以同时获得样品的质量变化及热效应信息。溶胶-凝胶法是一种低温制备新材料的方法，在材料制备过程中需进行烧结以脱去吸附水和结构水，并排出有机物，同时材料还会发生析晶等变化。图 20-6 所示为某一凝胶材料的 DTA-TG 联用曲线。由图 20-6 可知，DTA 曲线上 110 ℃附近的吸热峰为吸附水的脱去；而 300 ℃附近的吸热峰伴随有明显的失重，应是由凝胶中的结构水脱去引起的；400 ℃附近的放热峰也伴随着失重，因此可以认为属有机物的燃烧；而 500~600 ℃的放热峰所对应的 TG 曲线为平坦的过程，说明该峰属析晶峰。通过 DTA-TG 联用分析可以定出以下烧结工艺制度：升温烧结时在 100 ℃、300 ℃和 400 ℃附近的升温速度要慢，以防止制品开裂。

在差热分析测量试样的过程中，当试样产生热效应（熔化、分解、相变等）时，由于试样内的热传导，试样的实际温度已不是程序所控制的温度（如在升温时）。由于试样的吸热或放热，促使温度升高或降低，因而进行试样热量的定量测定是困难的。要获得较准确的热效应，可采用差示扫描量热法。DSC 是在程序控制温度下，测量输给试样和参

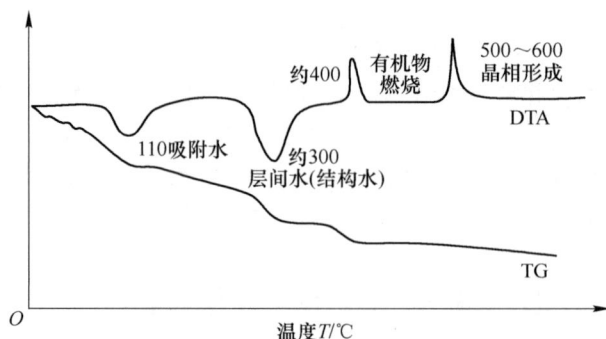

图 20-6　某一凝胶材料的 DTA-TG 联用曲线

比物的功率差与温度关系的一种技术。在实际应用中，塑料和橡胶材料的机械性能与其热性质——玻璃化转变温度（T_g）、熔融温度（T_m）、结晶温度（T_c）、比热（C）及热焓值等有一定关系。氧化诱导期测试（O. I. T）可以给出材料的氧化行为和添加剂影响的信息。高压 DSC 可以进一步给出压力对氧化反应、交联反应和结晶行为的影响。DSC 曲线上熔融峰的形状可以给出晶粒尺寸分布的信息，熔融焓可以给出结晶度的信息。许多半结晶的热塑性材料在熔融温度前，在应用温度范围内都有一个放热的冷结晶峰，由此引起的收缩会影响材料的使用。用 DSC 还可以得到杂质和湿度的影响。在程控冷却中可以得到材料结晶温度、结晶速率以及成核剂和回收材料的影响。第二次加热曲线能给出材料加工工艺和制备条件的影响。经典 DTA 常用一金属块作为试样保持器，以确保试样和参比物处于相同的加热条件下。而 DSC 的主要特点是试样和参比物分别各有独立的加热元件和测温元件，并由两个系统进行监控，其中一个用于控制升温速率；另一个用于补偿试样和惰性参比物之间的温差。图 20-7 显示了 DTA 和 DSC 加热部分的不同。

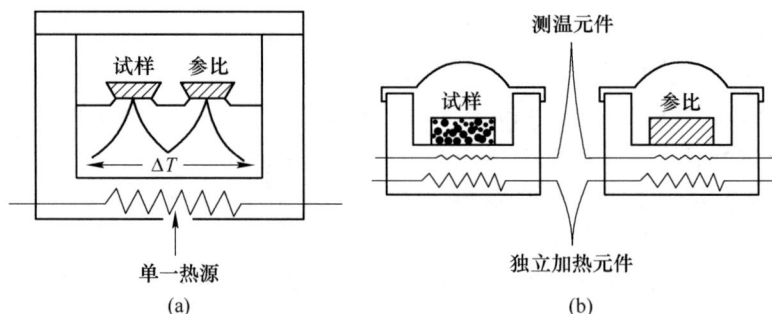

图 20-7　DTA 和 DSC 加热元件示意图
（a）DTA；（b）DSC

如果升温速率恒定，记录的也就是热功率之差随温度 T 的变化。其峰面积 S 正比于热焓的变化：

$$\Delta H = KS$$

式中，K 为与温度无关的仪器常数。

如果事先用已知相变热的试样标定仪器常数，再根据待测试样的峰面积，就可得到 ΔH 的绝对值。仪器常数的标定，可利用测定锡、铅、铟等纯金属的熔化，根据其熔化热的文献值即可得到仪器常数。因此，用差示扫描量热法可以直接测量热量，这是与差热分析的一个重要区别。此外，DSC 与 DTA 相比，另一个突出的优点是 DTA 在试样发生热效应时，试样的实际温度已不是程序升温时所控制的温度（如在升温时试样由于放热而一度加速升温）。而 DSC 由于试样的热量变化随时可得到补偿，试样与参比物的温度始终相等，避免了参比物与试样之间的热传递，故仪器的反应灵敏，分辨率高，重现性好。

DTA 和 DSC 的共同特点是峰的位置、形状和峰的数目与物质的性质有关，故可以定性地用来鉴定物质；从原则上讲，物质的所有转变和反应都应有热效应，因而可以采用 DTA 和 DSC 检测这些热效应，不过有时由于灵敏度等种种原因的限制，不一定都能观测得出；而峰面积的大小与反应热熔有关，即 $\Delta H = KS$。对于 DTA 曲线，K 是与温度、仪器和操作条件有关的比例常数；而对于 DSC 曲线，K 是与温度无关的比例常数。这说明在定量分析中 DSC 优于 DTA。图 20-8 所示为一个 DTA、TG、TD（热膨胀）联用的实例。

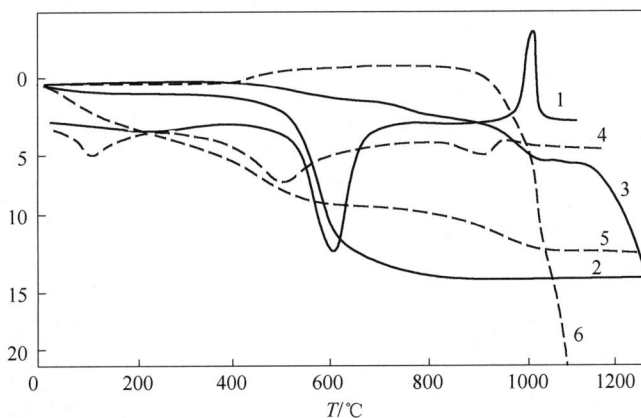

图 20-8　高岭石和云母的 DTA-TG-TD 曲线
1，4—差热曲线；2，5—失重曲线；3，6—收缩曲线；实线—高岭石；虚线—水云母

从图 20-8 中可以看出，高岭石在 500 ℃开始收缩，600 ℃脱去结构水，1000 ℃发生析晶；水云母在 100 ℃脱去吸附水，500 ℃脱去结构水，500 ℃后略膨胀，在 900 ℃脱去结构水之后发生析晶。

采用红外光谱（IR）对多组分共混、共聚或复合成的材料及制品进行研究时，经常会遇到这些材料中混合组分的红外光谱的谱带位置很靠近，甚至重叠、相互干扰，很难判定。而采用 DSC 法测定混合物时，不需要分离即可将混合物中几种组分的熔点按高低分辨出来。如采用 IR-DSC 联用技术，则可根据 IR 法提供的特征吸收谱带初步判断几种基团的种类，再由 DSC 法提供的熔点和曲线，就可准确地鉴定共混物的组成。这种方法对于共混物、多组分混合物和难以分离的复合材料的分析和鉴定来说，准确而快捷，是一种行之有效的方法。热分析与质谱（MS）联用，同步测量样品在热处理中质量热熔和析出气体组分的变化，对剖析物质的组成、结构以及研究热分解或热合成机理来说，都是极为有用的一种联用技术。

此外，常用的还有差示扫描量热仪（DSC）和光量热计（PC）的联用。它可以测定材料在单波长或全光谱紫外光辐照下光化学反应热熔（热流）值的变化，可以进行光硬化、分解树脂、黏结剂、涂料、光纤维被覆材料等紫外线照射树脂的胶联度的特性评价。

在半导体、电子、印刷油墨、涂料工业中的低温光引发固化方面有着极其广泛的应用。差示扫描量热仪（DSC）和光学显微镜（PLM）的联用也较为普遍，图 20-9 所示为该类装置的示意图。

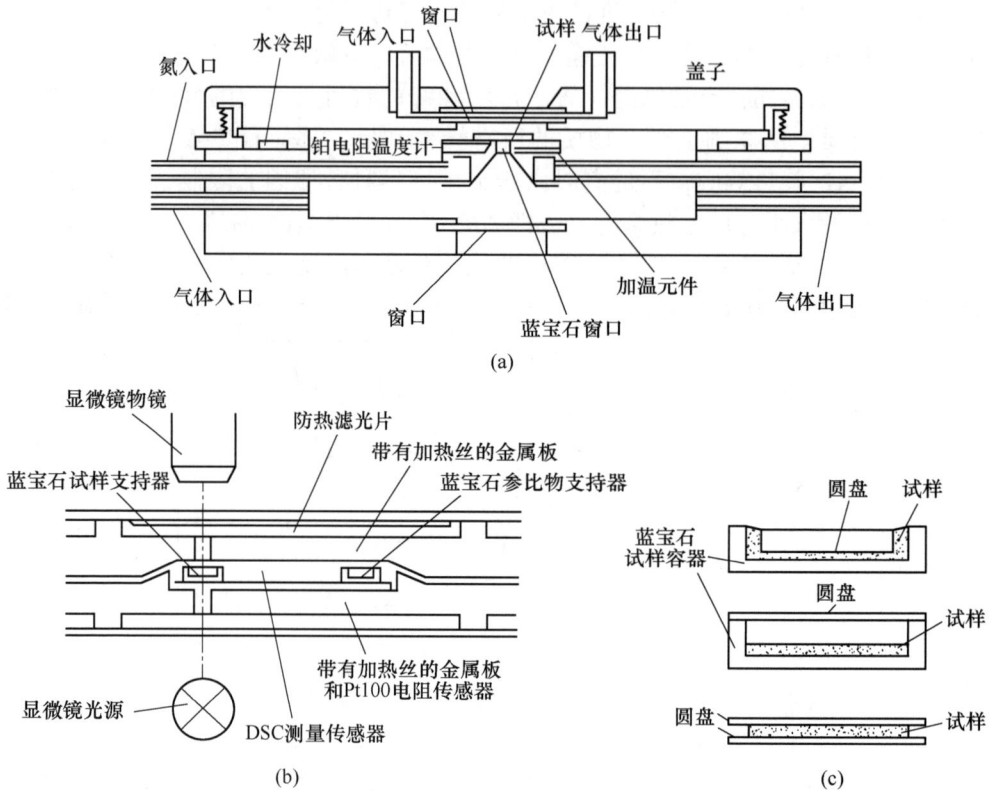

图 20-9　差示扫描量热仪（DSC）和光学显微镜（PLM）的联用示意图
（a）日本 High-Tec 透射电镜的主体部分；（b）Mettler Toleto DSC 透射电镜联用仪；（c）蓝宝石试样支持器

　　差示扫描量热仪（DSC）和光学显微镜（PLM）联用仪是聚合物结构形态研究的一种重要手段。聚合物结晶形态最常见的为球晶，球晶呈树枝状生长，在一定温度下球晶的生产是等速的，故在显微热台下利用偏光显微镜可进行等温结晶动力学的研究。通过球晶平均半径与时间的关系，可测出球晶的线生长速度。显微热台配以偏光显微镜是表征液晶态的首选手段，它能提供了解、判断液晶的直接信息。它还可以研究热致液晶的软化温度、熔点、液晶态的清亮点、液晶相态的转变，以及液晶的织构的取向、缺陷等结构形态，同时对液晶态的种类进行判断。

　　热分析联用技术除了拥有各种单一热分析仪器的分析手段外，还可对物质的各种热效应进行综合判断，从而更为准确地判断物质的热过程。综合热分析技术能在相同的试验条件下获得尽可能多的表征材料特性的多种信息，因此它在科研和生产中都将得到更为广泛的应用。

20.6　热分析应用举例

　　热重法的重要特点是定量性强，能准确地测量物质的质量变化及变化的速率，可以说，只要物质受热时发生质量的变化，就可以用热重法来研究其变化过程。热重法所测的性质包括腐蚀、高温分解、吸附/解吸附、溶剂的损耗、氧化/还原反应、水合/脱水、分解等，目前广泛应用于塑料、橡胶、涂料、药品、催化剂、无机材料、金属材料与复合材料等各领域的研究开发、工艺优化与质量监控，具体包括无机物、有机物及聚合物的热分解，金属在高温下受各种气体的腐蚀过程，固态反应，矿物的煅烧和冶炼，液体的蒸馏和气化，煤、石油和木材的热解过程，含湿量、挥发物及灰分含量的测定，升华过程，脱水和吸湿，爆炸材料的研究，反应动力学的研究，发现新化合物，吸附和解吸，催化活度的测定，表面积的测定，氧化稳定性和还原稳定性的研究，反应机制的研究。

20.6.1　热分析法在金属材料方面的应用

20.6.1.1　在绘制二元金属相图方面的应用

相图是分析二元及多元相结构的重要因素，新材料研究的必要条件是热化学反应数据的测定及相图绘制，相图绘制的方法之一是热分析法。阿曼·阿尔斯兰介绍了差热分析技术在物化实验中的应用，主要案例选用了 $Zn_3B_2O_6$-$ZnWO_4$ 二元相图。王红等用 DTA 和 DSC 绘制相图，着重阐述了绘制相图的两种方法，一种是测定许多不同组成的二元混合物的相变点，这些点是相图绘制所必须的，此法的原理是形状因子法；另一种是绘出焓与组成相变图，通过样品热焓的变化情况，从图中可得出最低共熔点，可以借助这些特征温度点画出相图。

20.6.1.2　测定并建立合金相图

建立相图首先要确定合金的液相线、固相线、共晶线及包晶线等，然后再确定相区。例如，建立一个简单的二元合金相图，取某一成分的合金，用差热分析法测定出它的 DTA 曲线，如图 20-10（a）所示。试样从液相开始冷却，当到达 y 处时便开始凝固，由于放出熔化热曲线向上拐折，拐折的特点是陡直上升，随后逐渐减小，直到接近共晶温度时，DTA 曲线接近基线。在共晶温度处，由于试样集中放出热量，所以出现了一个陡直的放热峰，待共晶转变完成后，DTA 曲线重新回到基线。绘制相图，取宽峰的起始点温度 T 和窄峰的峰值所对应的温度 T_2（分别代表凝固和共晶转变温度）。按照上述方法测出不同成分合金的 DTA 曲线，将宽峰的起始点和窄峰的峰值温度分别连成光滑曲线，即可获得液态线和共晶线，如图 20-10（b）所示。

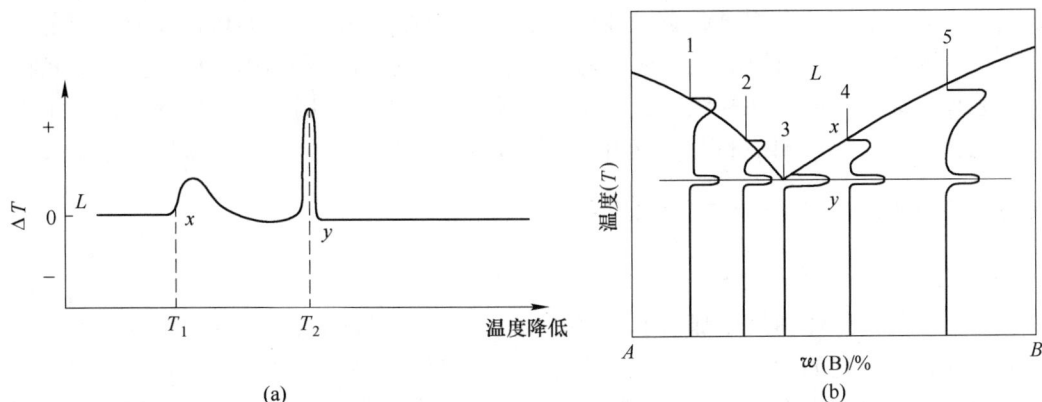

(a)

(b)

图 20-10　示差热分析曲线级合金相图示意图

20.6.1.3　在铸件成分检测及性能预测中的应用

随着社会的进步，在机械工业方面，人们对铸件质量的要求越来越高。浇铸之前的熔体质量、铸件的化学成分和凝固时的冷却条件是决定铸件的性能及组织的三个因素。为了得到预定组织，必须要正确选择铸件的化学成分，通过经历不同的熔炼历程或炉前处理，可以得到不同性能的合金。而传统的检测方法已不能满足铸造生产优化控制的需求，因此人们现在采用最新的热分析技术，其能够对铸件的质量进行判定。

20.6.1.4　在金属陶瓷材料研究中的应用

由陶瓷硬质相与金属或合金黏结相相互融合制成的材料称为金属陶瓷，其兼具陶瓷和金属的优点，性能较单一材料好。在超音速飞机的外壳、导弹、火箭、燃烧室的火焰喷口等地方都用到了陶瓷材料，因此人们在其研究中投入了大量的资源。周海球尝试用热分析技术测定几种陶瓷材料的烧结温度，进而对热分析技术在确定陶瓷烧结温度方面的应用提供实验依据。他首先用热膨胀仪测定了电瓷、建筑陶瓷和日用陶瓷的烧结温度范围，并将其与用传统测试方法所得到的测试结果进行了比较，同时结合不同温度下烧结的陶瓷材料的 SEM 和 XRD 测试结果，验证了用热膨胀仪测定陶瓷材料烧结温度范围的可靠性，并运用热膨胀和 DSC-TG 等热分析技术研究了几种陶瓷材料的烧结特性、升温速率与最佳烧结温度的关系和坯料粒度分布对其坯体烧结性能的影响。罗文辉等通过热分析方法原理，介绍了热分析法在陶瓷材料领域中的应用，即如何使用热分析技术分析陶瓷的原料组成及在温度变化过程中运用的方法，为陶瓷材料制成所需产品提供了可靠的物质基础，并为新产品的研究提供了有意义的分析结论。

20.6.1.5　在金属材料参数检测方面的应用

热分析法是一种通过随着材料温度的变化使热效应产生变化，来研究材料内部发生的物理或化学特性改变的试验技术，特点是检测速度快、灵敏度高、适用范围广泛和试样用量少，在材料物理参数的测定中占据着非常重要的地位。张红菊等用差示扫描量热法测定了材料的热物理参数，并对其在工艺制度制订方面的应用做了简单解释，张红菊测定订物理参数有相转变和均匀化温度、熔融温度范围、比热容以及熔化和结晶焓的测定。研究过程中具体说明了各种性能参数测试方法和注意事项，展望了差示扫描量热技术未来的发展走向。张 文提出在检测金属质量的生产环节中，金属的相变临界点可通过热分析法来进行测定，生产金属的正火工艺就是以相变临界点来制订的，应用热分析法来检测金属可以对经过正火工艺加工的金属显微组织进行测定，可用此来评定金属的机械性能；为了扩大热分析法的应用范围，可以对被正火工艺加工后的金属进行低温回火；可以检验金属在这两个工艺加工后的硬度，观察经过正火加工以及低温回火后金属显微组织的变化。张文对热分析法在金属质量检测中的有效应用进行了探究，分析了热分析法对金属质量的影响。

20.6.2　热分析法在其他材料方面的应用

20.6.2.1　在玻璃相变中的应用

玻璃的分相、核化和晶化都属于玻璃的相变，被广泛接纳的玻璃结构是近程有序性和远程无序性，由于它的无序性，导致不能有效地将晶体结构研究中的方法直接运用于玻璃结构的研究中。玻璃内部的结构由于其探测手段非常有限而很难被直接观察到，因此不能够给出玻璃结构的定义。而差热分析是一种量热分析方法，与玻璃的热效应、热变化等紧密相关，是一种常用的研究晶态/非晶态转变的量热分析方法，广泛应用于玻璃相变研究中。

20.6.2.2　在高分子材料中的应用

随着高分子工业的发展，其在新型研究领域中取得了突出的成就，但为了研究高分子材料，人们付出了不少努力，研究中不仅要考虑如何控制材料的质量及性能，还要测定材料的特征温度、组成、热稳定性等，在这些参数的测定中热分析是主要的分析工具，其优点是灵敏度高、操作简单，在高分子材料的研究中具有不可替代的作用。

20.6.2.3　在有机材料研究方面的应用

纤维已在生活中到处可见，如人们穿的衣服通常是由纤维制成的，棉花、羊毛、涤纶等都属于纤维。热分析技术在纤维研究方面已经发展成为一种不可替代的方法，利用热分析法研究纤维的热性能，可以通过改变纤维的加工条件，来提高纤维性能。张美云等综述了热分析技术在芳纶纤维热性质分析方面的应用状况，通过对纤维热性能的研究，可调整纤维加工条件，为纤维的工业化生产提供了可靠的理论基础。杨莉等分别以聚酰亚胺纤维和聚酰亚胺针织物为研究对象，通过热重分析仪研究了纤维的热力学特征，并对纤维的耐热性能进行了测试，同时讨论了织物结构对聚酰亚胺针织物阻燃性、保暖性及透气性能的影响。

20.6.2.4　在鉴别汽车轮胎橡胶方面的应用

警察在处理交通事故和肇事逃逸案件时通常会对轮胎橡胶进行分析，从而确定轮胎的类型，并将其作为关键证据。这类物证在划定与缩小嫌疑车辆范围和认定肇事车辆方面有显著优势，对及时处理事故，防止受害人的生命和财产安全受到侵害有非常重要的作用。近年来，人们在橡胶材料研究中常采用的方法有微商热重法、差示扫描量热法、热重法、差热分析法及其联用技术，将橡胶的结构特征或橡胶硫化体系中的有关问题作为方法研究的对象。热分析方法具有简单、样品用量少、分析结果可靠等优点。

20.6.2.5　在无机材料方面的应用

在研究无机材料方面，很多信息都可以通过热分析技术对物质变化过程进行研究而获得，这些变化包括物理性质和化学变化，因此此项技术可大量应用于各大领域，如有机化学、无机化学、高分子等化学学科。在无机化学领域中的应用主要包括研究催化剂、热稳定性、分解反应和脱水反应，研究配合物和金属有机化合物，探究磁性变化（居里点），分析与气体介质的关系，探讨热分解过程和机理，探索反应动力学等。

20.6.3　材料成分测定

热重法测定材料成分是极为方便的，通过热重曲线可以把材料，尤其是高聚物的含量、含碳量和灰分测定出来。利用共混物中各组分的分解温度的差异，热重法也可用于共混物的测定。图 20-11 所示为聚四氟乙烯与缩醛共聚物的热重曲线，可以得出聚四氟乙烯与缩醛共聚物中聚四氟乙烯含 20%，缩醛含 80%。

20.6.4　材料中挥发性物质的测定

在材料，尤其是塑料加工过程中溢出的挥发性物质，即使是极少量的水分、单体或溶

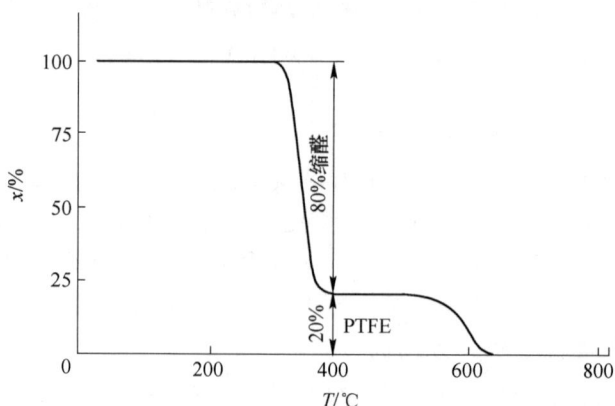

图 20-11 聚四氟乙烯与缩醛共聚物的热重曲线

剂，都会产生小的气泡，从而使产品性能和外观受到影响。热重法能有效地检测出在加工前塑料所含有的挥发性物质的总含量。如图 20-12 所示，通过热重测量玻璃纤维增强尼龙中含水量的为 2%。

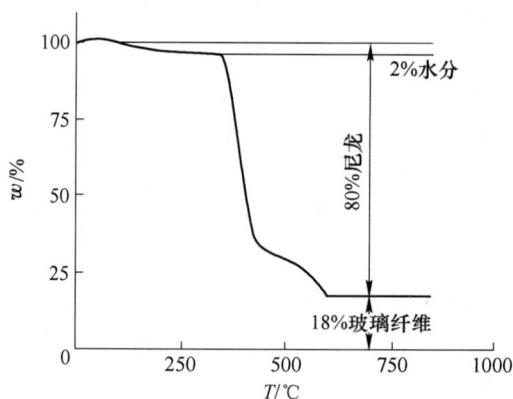

图 20-12 玻璃纤维增强尼龙的热重分析

参 考 文 献

[1] 李波，高锦红，许祖昊，等．热分析法在材料分析中的应用新进展 [J]．分析仪器，2018（2）：77-81.

[2] 阿曼·阿尔斯兰．差热分析在物化实验中的应用 [J]．化工管理，2017（29）：67.

[3] 王红，刘晓地，武克忠．热分析法绘制相图 [J]．青海师范大学学报（自然科学版），2001（2）：32-35.

[4] 张红菊，张恒磊，李璞，等．差示扫描量热法在金属材料中的应用 [J]．理化检验，2015，51（9）：615-618.

[5] 张文．热分析法在金属质量检测的有效运用研究 [J]．科技风，2017（15）：272.

[6] 曹国喜，冯际田，胡和方，等．差热分析若干影响因素探讨 [J]．玻璃与搪瓷，2002，30（4）：33-37.

[7] 朱玲琴，高丽红．热分析技术在高分子材料中的应用分析 [J]．科技创新与应用，2017（16）：65.

［8］张美云，路金杯，张素风，等 . 热分析技术在芳纶纤维中的应用研究 ［J］. 造纸科学与技术，2009，28（6）：171-173.

［9］杨莉，张艳艳，杨稳，等 . 服用聚酰亚胺纤维织物的热学性能 ［J］. 纺织学报，2017，38（8）：62-67.

参考答案

习　题

20-1　试述差热分析中放热峰和吸热峰产生的原因有哪些?

20-2　差示扫描量热法与差热分析方法比较有何优越性?

20-3　热重法与微商热重法相比各具有什么特点?

第5篇 实验部分

实验1 邻二氮菲分光光度法测定微量铁

一、实验目的

1. 掌握邻二氮菲分光光度法测定微量铁的方法原理；
2. 熟悉绘制吸收曲线的方法，正确选择测定波长；
3. 学会制作标准曲线的方法；
4. 通过邻二氮菲分光光度法测定微量铁，掌握 721 型分光光度计的正确使用方法，并了解此仪器的主要构造。

二、实验原理

邻二氮菲（1,10-二氮杂菲）也称邻菲罗啉，是测定微量铁的一个很好的显色剂。pH 值在 2~9 范围内（一般控制在 5~6），Fe^{2+} 与试剂生成稳定的橙红色配合物 $Fe(Phen)_3^{2+}$，$lgK=21.3$，在 510 nm 下，其摩尔吸光系数为 1.1104 L/(mol·cm) Fe^{3+} 与邻二氮菲作用生成蓝色配合物，稳定性较差，因此在实际应用中常加入还原剂盐酸羟胺使 Fe^{2+} 还原为 Fe^{3+}：

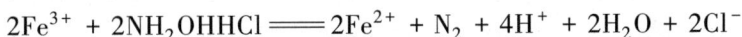

$$2Fe^{3+} + 2NH_2OHHCl \rule[0.5ex]{1em}{0.4pt}\!\!\!=\!\!\!\rule[0.5ex]{1em}{0.4pt} 2Fe^{2+} + N_2 + 4H^+ + 2H_2O + 2Cl^-$$

本方法的选择性很高。相当于含铁量 40 倍的 Sn、Al、Ca、Mg、Zn、Si，20 倍的 Cr、Mn、V、P 和 5 倍的 Co、Ni、Cu 不干扰测定。

三、试剂与仪器

（一）仪器

1. 721 型分光光度计；
2. 容量瓶：50 mL 8 个（4 人/组），100 mL 1 个，500 mL 1 个；
3. 移液管：2 mL 1 支，10 mL 1 支；
4. 刻度吸管：10 mL、5 mL、1 mL 各 1 支。

（二）试剂

1. 铁标准储备溶液（100 μg/mL）：500 mL（实际用 100 mL）。准确称取 0.4317 g 铁

盐 $NH_4Fe(SO_4)_2 \cdot 12H_2O$ 置于烧杯中，加入 20 mL HCl（6 mol/L）和少量水，然后加水稀释至刻度，摇匀。

2. 铁标准使用液 10 μg/mL：用移液管移取上述铁标准储备液 10.00 mL，置于 100 mL 容量瓶中，加入 2.0 mL HCl（6 moL/L）和少量水，然后加水稀释至刻度，摇匀。

3. HCl（6 mol/L）：100 mL（实际用 30 mL）。

4. 盐酸羟胺（10%，新鲜配制）：100 mL（实际 80 mL）。

5. 邻二氮菲溶液（0.1%，新鲜配制）：200 mL（实际 160 mL）。

6. HAc-NaAc 缓冲溶液（pH=5）500 mL（实际 400 mL）：称取 136 g NaAc，加水使之溶解，再加入 120 mL 冰醋酸，加水稀释至 500 mL

7. 水样配制（0.4 μg/mL）：取 2 mL 铁标准储备溶液（100 μg/mL），加水稀释至 500 mL。

四、实验步骤

1. 绘制吸收曲线：用吸量管吸取铁标准溶液（10 μg/mL）0 mL、2.0 mL、4.0 mL 分别放入 50 mL 容量瓶中，加入 1 mL 盐酸羟胺溶液（10%）、2.0 mL 邻二氮菲溶液（0.1%）和 5 mL HAc-NaAc 缓冲溶液，加水稀释至刻度，充分摇匀，放置 5 min，用 3 cm 比色皿，以试剂溶液为参比液，于 721 型分光光度计中，在 440~560 nm 波长范围内分别测定其吸光度 A 值。当临近最大吸收波长附近时，应间隔波长 5~10 nm 测 A 值，其他各处可间隔波长 20~40 nm 测定。然后以波长为横坐标，所测 A 值为纵坐标，绘制吸收曲线，并找出最大吸收峰的波长。

2. 标准曲线的绘制：用吸量管分别移取铁标准溶液（10 μg/mL）0 mL、1.0 mL、2.0 mL、4.0 mL、6.0 mL、8.0 mL、10.0 mL 依次放入 7 只 50 mL 容量瓶中，分别加入 10%盐酸羟胺溶液 1 mL，稍摇动，再加入 2.0 mL 邻二氮菲溶液（0.1%）及 5 mL HAc-NaAc 缓冲溶液，加水稀释至刻度，充分摇匀，放置 5 min，用 3 cm 比色皿，以不加铁标准溶液的试液为参比液，选择最大测定波长为测定波长，依次测 A 值。以铁的质量浓度为横坐标，A 值为纵坐标，绘制标准曲线。

3. 水样分析：分别加入 5.00 mL（或 10.00 mL，铁含量以在标准曲线范围内为宜）未知试样溶液，按步骤 2 的方法显色后，在最大测定波长处，用 3 cm 比色皿，以不加铁标准溶液的试液为参比液，平行测 A 值，并求其平均值，在标准曲线上查出铁的质量，计算水样中铁的质量浓度。

五、思考与讨论

1. 邻二氮菲分光光度法测定微量铁时为什么要加入盐酸羟胺溶液？

2. 吸收曲线与标准曲线有何区别，在实际应用中有何意义？

实验 2　红外光谱分析实验

一、实验目的

1. 了解傅里叶变换红外光谱仪的基本构造及工作原理；
2. 学习高分子聚合物红外光谱测定的制样方法；
3. 学会用傅里叶变换红外光谱仪进行样品测试；
4. 掌握几种常用的红外光谱解析方法。

二、实验原理

红外光是一种波长介于可见光区和微波区之间的电磁波谱，波长在 $0.78 \sim 300~\mu m$。通常又把这个波段分成三个区域，即近红外区：波长在 $0.78 \sim 2.5~\mu m$（波数在 $12820 \sim 4000~cm^{-1}$），又称泛频区；中红外区：波长在 $2.5 \sim 25~\mu m$（波数在 $4000 \sim 400~cm^{-1}$），又称基频区；远红外区：波长在 $25 \sim 300~\mu m$（波数在 $400 \sim 33~cm^{-1}$），又称转动区。其中中红外区是研究、应用最多的区域。

红外及拉曼光谱都是分子振动光谱。通过谱图解析可以获取分子结构的信息。红外光谱的特点，首先是应用面广，提供信息多且具有特征性，故把红外光谱通称为"分子指纹"。它最广泛的应用还在于对物质的化学组成进行分析。用红外光谱法可以根据光谱中吸收峰的位置和形状来推断未知物的结构，依照特征吸收峰的强度来测定混合物中各组分的含量。其次，它不受样品相态的限制，无论是固态、液态以及气态都能直接测定，甚至对于一些表面涂层和不溶、不熔融的弹性体（如橡胶）也可直接获得其光谱。它也不受熔点、沸点和蒸气压的限制，样品用量少且可回收，属于非破坏分析。而作为红外光谱测定工具的红外光谱仪，与其他近代分析仪器（如核磁共振波谱仪、质谱仪等）相比，构造简单，操作方便，价格便宜。因此，它已成为现代结构化学、分析化学最常用和不可缺少的工具。

红外光谱仪主要有两种类型，即色散型和干涉型（傅里叶变换红外光谱仪）。色散型红外光谱仪是以棱镜或光栅作为色散元件，这类仪器的能量受到严格限制，扫描时间慢，且灵敏度、分辨率和准确度都较低。随着计算方法和计算技术的发展，20 世纪 70 年代出现了新一代的红外光谱测量技术及仪器——傅里叶变换红外光谱仪。它具有以下特点：一是扫描速度快，可以在 1 s 内测得多张红外谱图；二是光通量大，可以检测透射较低的样品，可以检测气体、固体、液体、薄膜和金属镀层等多种样品；三是分辨率高，便于观察气态分子的精细结构；四是测定光谱范围宽，只要改变光源、分束器和检测器的配置，就可以得到整个红外区的光谱。

三、实验装置及实验材料

1. 试剂：碳酸钙、溴化钾、丙三醇、乙醇（均为分析纯）；聚乙烯醇（化学纯）以及聚合物测试样品。

2. Nicolet IS10 傅里叶红外光谱仪：1 台。

3. 压片机：1 台。

4. 扳手、老虎钳、钥匙、吹风机等实验工具。

四、实验内容

本实验采用压片法。

（一）制样

用具：玛瑙研钵、药匙、压模及其附件、溴化钾粉料、压片机、红外灯。

样品：苯甲酸、未知样品。

方法：将固体样品先在玛瑙研钵中粉碎磨细，然后加入溴化钾粉料，继续研磨，直到磨细并混合均匀。将已磨好的物料加到压片机模具上，合上模具在压片机上加压，并维持 1 min。取出成片状的物料，装入样品架待测。

（二）样品用量

样品的用量比例一般为（0.5~2）：100，压片厚度在 0.5~1 mm。

（三）样品测试

红外光谱分析仪先预热 30 min，然后再进行测定。

1. 将制好的样品用夹具夹好，放入仪器内的固定支架上进行测定，样品测定前要先行测定本底。

2. 测试操作和谱图处理按工作站操作说明书进行，主要包括输入样品编号、测量、基线校正、谱峰标定、谱图打印等命令。

3. 测量结束后，用无水乙醇将研钵、压片器具洗干净，烘干后，存放于干燥器中。

4. 实验要求：

（1）对已知样品进行红外光谱分析；

（2）对未知样品的红外谱图进行分析，并推测出其分子结构。

五、实验注意事项

1. 待测样品及盐片均需充分干燥处理。

2. 为了防潮，宜在红外干燥灯下操作。

3. 测试完毕，应及时用丙酮擦洗样，干燥后，置入干燥器中备用。

4. 实验室湿度：<60%；温度：18~25 ℃。

5. 必须严格按照仪器操作规程进行操作；实验未涉及的命令禁止乱动。

6. 在红外灯下操作时，用溶剂（CCl_4 或 $CHCl_3$）清洗盐片，不要离灯太近，否则移开红外灯时温差太大，盐片会碎裂。

7. 谱图处理时，平滑参数不要选择太高，否则会影响谱图的分辨率。

六、思考与讨论

1. 用压片法制样时，为什么要求研磨到颗粒度在 2 μm 左右？研磨时不在红外灯下操作，谱图上会出现什么情况？

2. 液体测量时，为什么低沸点的样品要求采用液体池法？

3. 对于小的高聚物材料，很难研磨成细小的颗粒，采用什么制样方法比较好？

4. 傅里叶变换红外光谱具有哪些优点？

5. 红外光谱可以分析哪些样品？一般有哪些制样方法，分别适用于什么样品？

6. 衰减全反射光谱的原理，适用于分析什么样品？

实验 3　X 射线衍射法进行物相分析（2 学时）

一、实验目的及要求

1. 了解 X 射线衍射仪的结构和工作原理；
2. 掌握无机非金属材料 X 射线衍射分析的制样方法；
3. 掌握 X 射线衍射物相定性分析的方法和步骤。

二、实验原理

根据晶体对 X 射线的衍射特征——衍射线的位置、强度及数量来鉴定结晶物质的物相的方法，就是 X 射线物相分析法。

每一种结晶物质都有各自独特的化学组成和晶体结构。没有任何两种物质，它们的晶胞大小、质点种类及其在晶胞中的排列方式是完全一致的。因此，当 X 射线被晶体衍射时，每一种结晶物质都有自己独特的衍射花样，它们的特征可以用各个衍射晶面间距 d 和衍射线的相对强度 I/I_0 来表征。其中，晶面间距 d 与晶胞的形状和大小有关，相对强度则与质点的种类及其在晶胞中的位置有关。所以任何一种结晶物质的衍射数据 d 和 I/I_0 都是其晶体结构的必然反映，因而可以根据它们来鉴别结晶物质的物相。

三、实验仪器

本实验使用的 X 射线衍射仪是 D/Max-RB 型（日本理学），功率为 12 kW。构造如图 S3-1 所示。主要由 X 射线发生器（X 射线管）、测角仪、X 射线探测器、计算机控制处理系统等组成。

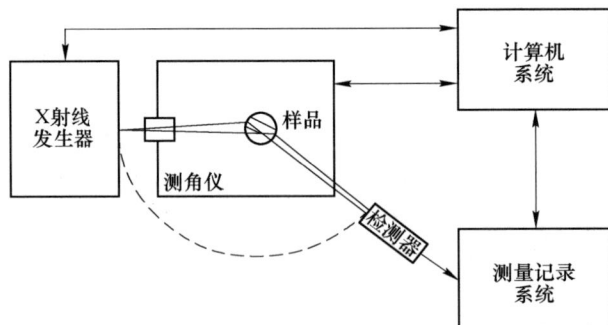

图 S3-1　D/Max-RB 型 X 射线衍射仪构造示意图

（一）X 射线管

X 射线管采用转靶式管，这种管采用一种特殊的运动结构以大大增强靶面的冷却，即所谓旋转阳极 X 射线管，是目前最实用的高强度 X 射线发生装置。管子的阳极设计成圆柱体形，柱面作为靶面，阳极需要用水冷却。工作时阳极圆柱以高速旋转，这样靶面受电子束轰击的部位就不再是一个点或一条线段，而是被延展成阳极柱体上的一段柱面，使受热面积展开，从而有效地加强了热量的散发。所以，这种管的功率能远远超过密封式管。对于铜或钼靶管，密封式管的额定功率目前只能达到 2 kW 左右，而转靶式管最高则可达 90 kW。

选择阳极靶的基本要求：尽可能避免靶材产生的特征 X 射线激发样品的荧光辐射，以降低衍射花样的背底，使图样清晰。不同靶材的使用范围见表 S3-1。

表 S3-1　不同靶材的使用范围

靶的材料	经常使用的条件
Cu	除了黑色金属试样以外的一般无机物，有机物
Co	黑色金属试样（强度高，但背底也高，最好计数器和单色器连用）
Fe	黑色金属试样（缺点是靶的允许负荷小）
Cr	黑色金属试样（强度低，但 P/B 大），应力测定
Mo	测定钢铁试样或利用透射法测定吸收系数大的试样
W	单晶的劳厄照相（也可以用钼靶、铜靶，靶材原子序数越大，强度越高）

（二）测角仪

测角仪是粉末 X 射线衍射仪的核心部件，主要由索拉光阑、发散狭缝、接收狭缝、防散射狭缝、样品座及闪烁探测器等组成。图 S3-2 所示为测角仪的光路。X 射线源使用线焦点光源，线焦点与测角仪轴平行。测角仪的中央是样品台，样品台上有一个作为放置样品时使样品平面定位的基准面，用以保证样品平面与样品台转轴重合。样品台与检测器的支臂围绕同一转轴旋转，即图 S3-2 的 O 轴。

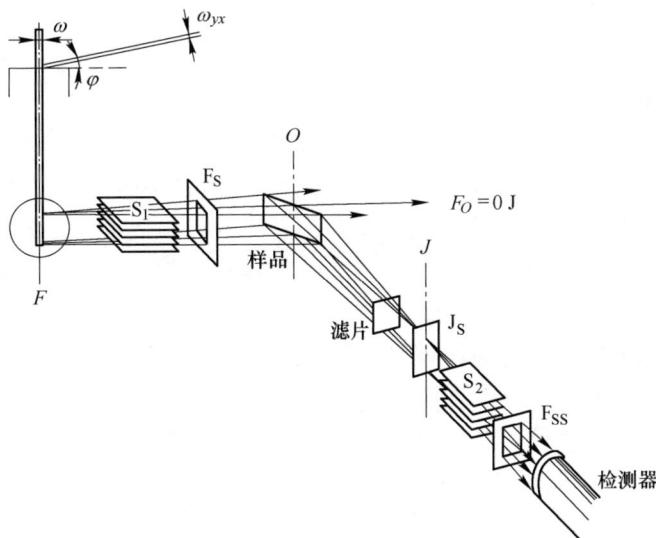

图 S3-2　测角仪的光路系统

F—X 射线源焦线；S_1，S_2—平行箔片光阑；F_S—发散狭缝；J—接收狭缝中线；J_S—接收狭缝；
F_{SS}—防散射狭缝；O—测角仪旋转轴线

测角仪光路上配有一套狭缝系统：

1. Sollar 狭缝：即图 S3-2 中的 S_1、S_2，分别设在射线源与样品和样品与检测器之间。Sollar 狭缝是一组平行薄片光阑，实际上是由一组平行等间距的、平面与射线源焦线垂直的金属薄片组成，用来限制 X 射线在测角仪轴向方向的发散，使 X 射线束可以近似地看作仅在扫描圆平面上发散的发散束。

2. 发散狭缝：即 F_S，用来限制发散光束的宽度。

3. 接收狭缝：即 J_S，用来限制所接收的衍射光束的宽度。

4. 防散射狭缝：即 F_{SS}，用来防止一些附加散射（如各狭缝光阑边缘的散射，光路上其他金属附件的散射）进入检测器，有助于减低背景。

（三）X 射线探测记录装置

衍射仪中采用的探测器是闪烁计数器（SC），它是利用 X 射线在某些固体物质（磷光体）中产生的波长在可见光范围内的荧光，这种荧光再转换为能够测量的电流。由于输出的电流和计数器吸收的 X 光子能量成正比，因此可以用来测量衍射线的强度。

闪烁计数管的发光体一般是用微量铊活化的碘化钠（NaI）单晶体。这种晶体经 X 射线激发后发出蓝紫色的光。将这种微弱的光用光电倍增管来放大，发光体的蓝紫色光激发光电倍增管的光电面（光阴极）而发出光电子（一次电子），光电倍增管电极由 10 个左右的联极构成，由于一次电子在联极表面上激发二次电子，经联极放大后电子数目按几何级数剧增（约 10^6 倍），最后输出几个毫伏的脉冲。

（四）计算机控制、处理装置

D/Max-RB 型衍射仪的主要操作都由计算机控制自动完成，扫描操作完成后，衍射原始数据自动存入计算机硬盘中供数据分析处理。数据分析处理包括平滑点的选择、背底扣除、自动寻峰、d 值计算、衍射峰强度计算等。

四、实验步骤

（一）样品制备

X 射线衍射分析的样品主要有粉末样品、块状样品、薄膜样品、纤维样品等。样品不同，分析目的不同（定性分析或定量分析），则样品制备方法也不同。但都要求样品试片的表面是十分平整的平面且都需要满足一个前提条件——在制成样品试片直至衍射实验结束的整个过程中，必须保证试片上样品的组成及其物理化学性质和原样品相同，必须确保样品的可靠性。

1. 粉末样品：X 射线衍射分析的粉末试样必须满足两个条件；晶粒要细小；试样无择优取向（取向排列混乱）。所以通常将试样研细后使用，可用玛瑙研钵研细。定性分析时粒度应小于 44 μm（350 目），定量分析时应将试样研细至 10 μm 左右。能较方便地确定 10 μm 粒度的方法是，用拇指和中指捏住少量粉末，并碾动，两手指间没有颗粒感觉的粒度大致为 10 μm。

常用的粉末样品架有金属试样架和玻璃试样架。金属试样架的填充区为 20 mm×18 mm，主要用于粉末试样较多时；玻璃试样架是在玻璃板上蚀刻出来的试样填充区为 20 mm×18 mm，主要用于粉末试样较少时（约少于 500 mm³）使用。充填时，将试样粉末一点一点地放进试样填充区，重复这种操作，使粉末试样在试样架里均匀分布并用玻璃板压平实，要求试样面与玻璃表面齐平。如果试样的量少到不能充分填满试样填充区，则可在玻璃试样架凹槽里先滴一薄层用醋酸戊酯稀释的火棉胶溶液，然后将粉末试样撒在上面，待干燥后测试。

2. 块状样品：先将块状样品表面研磨抛光，大小不超过 20 mm×18 mm，然后用橡皮泥将样品粘在金属试样架上，要求样品表面与金属试样架表面平。

3. 微量样品：取微量样品放入玛瑙研钵中将其研细，然后将研细的样品放在单晶硅试样架上（切割单晶硅试样架时使其表面不满足衍射条件），滴数滴无水乙醇使微量样品在单晶硅片上分散均匀，待乙醇完全挥发后即可进行测试。

4. 薄膜样品制备：将薄膜样品剪成合适大小，用胶带纸粘在玻璃试样架上即可。

（二）样品测试

1. 开总电源；通涡轮泵冷却水；启动高真空机组：当真空度优于 10^{-5} 时，X 射线发生器即可开始工作。开靶和高压油箱的冷却水，按下 T-Rev 转动靶，再按 X-ray 面板上的"On"按钮，然后把 kV、mA 升到需要的数值。

2. 将制备好的试样插入衍射仪样品台；启动计算机上的数据采集系统；输入文件名。根据需要设置参数，包括扫描方式、扫描范围 、扫描速度、测角仪转动方式等。

3. 测量完毕，关闭 X 射线衍射仪应用软件，取出试样；将管流管压分别降到最低，按下 X-ray 面板上的"Off"按钮，停止 X 射线发生器的工作；关闭真空机组。15 min 后关闭循环水泵，关闭水源；关闭衍射仪总电源及线路总电源。

（三）数据处理

测试完毕后，将样品测试数据存入计算机，用数据处理分析系统可对其进行图谱处理、寻峰、求面积、重心、积分宽、减背景、衍射图比较（多重衍射图的叠合显示）、平滑处理、格式转换（可以把本机采集的衍射数据文件转换成其他数据处理程序能接受的文本格式文件）等处理。

五、物相定性分析

X 射线衍射物相定性分析有以下几种方法。

1. 三强线法：

（1）从前反射区（$2\theta < 90°$）中选取强度最大的三根线，如图 S3-3 所示，使其 d 值按强度递减的次序排列。

（2）在数字索引中找到对应的 d_1（最强线的面间距）组。

（3）按次强线的面间距 d_2 找到接近的几列。

（4）检查这几列数据中的第三个 d 值是否与待测样的数据对应，再查看第四至第八强线数据并进行对照，最后从中找出最可能的物相及其卡片号，其示意图如图 S3-4 所示。

（5）找出可能的标准卡片，将实验所得 d 及 I/I_1 跟卡片上的数据详细对照，如果完全符合，物相鉴定即告完成。

如果待测样的数据与标准数据不符，则须重新排列组合并重复（2）~（5）的检索手续。如为多相物质，当找出第一物相之后，可将其线条剔出，并将留下线条的强度重新归一化，再按过程（1）~（5）进行检索，直到得出正确答案。

文件(F) 选项(O) 卡片库 数据处理(P)

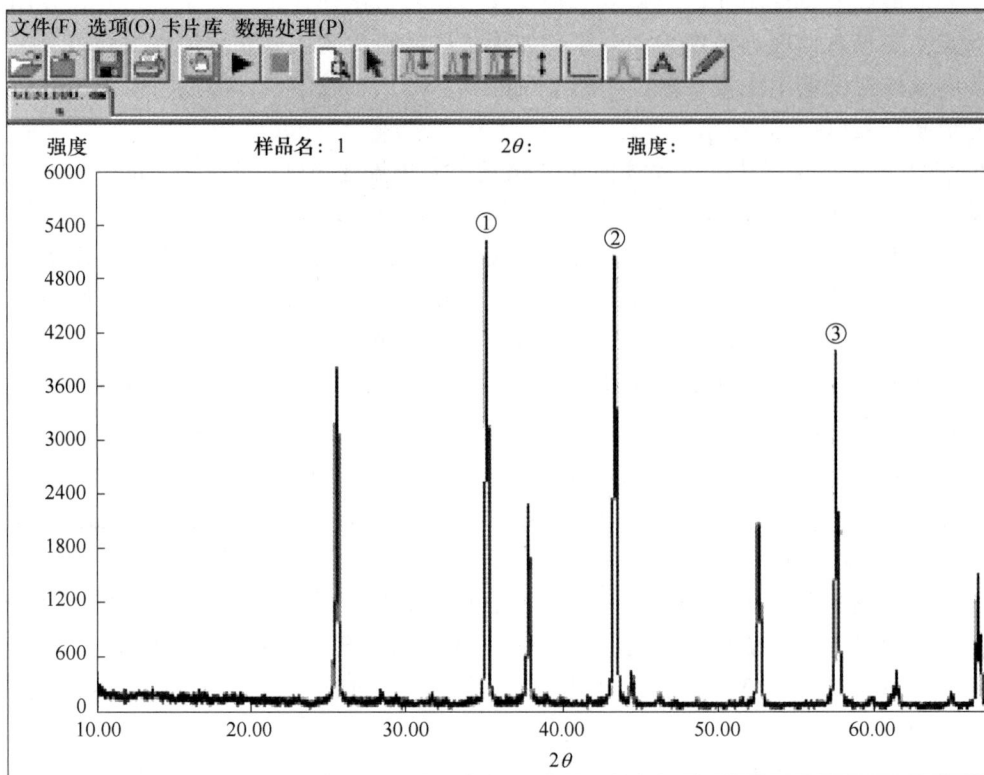

图 S3-3 衍射谱中的三强线示意图

33-1161

33-1162

d	3.34	4.26	1.82	4.26	SiO₂		★

| I/I₁ | 100 | 22 | 14 | 22 | Silicon Oxide | Quartz,low |

Rad,CuKα1: λ　1.540598 Filter　　Mono,Dia.
Cut off　　　I/I₁ Diffractometer　　I/I cor.
Ref. Nat. Bur. Stand. (U.S.) Monogr. 25, Sec. 18(1981)

Sys,Hexagonal　　　　　　　S.G.　P3₁21 (152)
a_0 4.9133(2) b_0　　　　cp5.4053(4) A　　　C　1.1001
a　　　β　　　　γ　　　　Z 3　　　Dx 2.649
Ref. Ibid.

ca　　　　nwβ　1.544　　cγ　1.553　　Sign　+
2 V　　　D 2.656　　mp　　　　Color colorless
Ref. Ibid.

Sample from the Glass Section at the National Bureau
of Standards; ground single crystals of optical quality,
locality unknown. Pattern at 25 ℃.
Silicon(a_0 = 5.43088Å) used as internal standard.
F_{10}=76.6(0.0126,31).Quartz group.
To replace 5-490。

d/Å	I/I₁	hkl	d/Å	I/I₁	hkl
4.257	22	100	1.2285	1	220
3.342	100	101	1.1999	2	213
2.457	8	110	1.1978	1	221
2.282	8	102	1.1843	3	114
2.237	4	111	1.1804	3	310
2.127	6	200	1.1532	1	311
1.9792	4	201	1.1405	<1	204
1.8179	14	112	1.1143	<1	303
1.8021	<1	003	1.0813	2	312
1.6719	4	202	1.0635	<1	400
1.6591	2	103	1.0476	1	105
1.6082	<1	210	1.0438	<1	401
1.5418	9	211	1.0347	<1	214
1.4536	1	113	1.0150	1	223
1.4189	<1	300	0.9898	1	402
1.3820	6	212	.9873	1	313
1.3752	7	203	.9783	<1	304
1.3718	8	301	.9762	1	320
1.2880	2	104	.9636	<1	205
1.2558	2	302	6 refled	tions	to 0.9089

图 S3-4 标准 PDF 卡片样片示意图

2. 特征峰法：对于经常使用的样品，其衍射谱图应该充分了解掌握，可根据其谱图特征进行初步判断，例如在 26.5° 左右有一强峰，在 68° 左右有五指峰出现，则可初步判定样品中含 SiO_2（图 S3-5）。

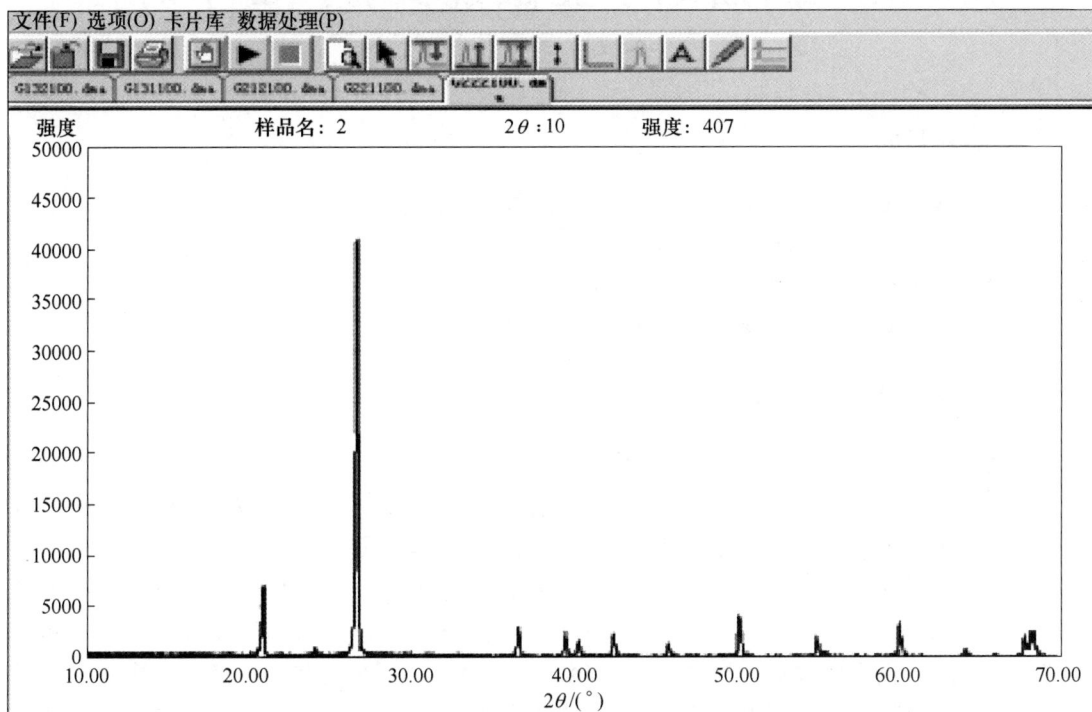

图 S3-5　SiO_2 样品的 X 射线衍射谱示意图

六、实验报告及要求

1. 实验课前必须预习实验讲义和教材，掌握实验原理等必需知识。

2. 根据教师给定的实验样品，设计实验方案，选择样品制备方法、仪器条件参数等。

3. 实验报告要求写出实验原理，实验方案步骤（包括样品制备、实验参数选择、测试、数据处理等）选择的定性分析方法，以及物相鉴定结果分析等。

4. 鉴定结果要求写出样品名称（中英文）、卡片号，实验数据和标准数据三强线的 d 值、相对强度及（HKL），并进行简单误差分析。

七、思考与讨论

1. 简述连续 X 射线谱、特征 X 射线谱产生原理及特点。

2. 简述 X 射线衍射分析的特点和应用。

3. 简述 X 射线衍射仪的结构和工作原理。

4. 粉末样品制备有几种方法，应注意什么问题？

5. X 射线谱图分析鉴定应注意什么问题？

实验 4　扫描电子显微镜实验（2 学时）

一、实验目的

1. 了解电子显微镜的结构、基本组成、工作原理和主要操作方法；
2. 掌握电子扫描分析对样品的要求；
3. 掌握实验结果的数据处理与分析方法；
4. 熟悉实验的分析测试技术的主要用途。

二、实验原理

（一）扫描电子显微镜的工作原理

扫描电镜是用聚焦电子束在试样表面逐点扫描成像。试样为块状或粉末颗粒，成像信号可以是二次电子、背散射电子或吸收电子。其中二次电子是最主要的成像信号。由电子枪发射的能量为 5~35 keV 的电子，以其交叉斑作为电子源，经二级聚光镜及物镜缩小形成具有一定能量、一定束流强度和束斑直径的微细电子束，在扫描线圈驱动下，于试样表面按一定时间、空间顺序做栅网式扫描。聚焦电子束与试样相互作用，产生二次电子发射（以及其他物理信号），二次电子发射量随试样表面形貌的变化而变化。二次电子信号被探测器收集转换成电信号，经视频放大后输入到显像管栅极，调制与入射电子束同步扫描的显像管亮度，得到反映试样表面形貌的二次电子像。

（二）扫描电镜的特点

1. 可以观察直径为 0~30 mm 的大块试样（在半导体工业中可以观察更大直径），制样方法简单。

2. 场深大（三百倍于光学显微镜），适用于粗糙表面和断口的分析观察；图像富有立体感、真实感，易于识别和解释。

3. 放大倍数变化范围大，一般为几十倍到几十万倍，对于多相、多组成的非均匀材料，便于进行低倍下的普查和高倍下的观察分析。

4. 具有相当高的分辨率，一般为 3.5~6 nm。

5. 可以通过电子学方法有效地控制和改善图像的质量，如通过调制可改善图像反差的宽容度，使图像各部分亮暗适中。采用双放大倍数装置或图像选择器，可在荧光屏上同时观察不同放大倍数的图像或不同形式的图像。

6. 在不牺牲扫描电镜特性的情况下扩充附加功能。与 X 射线谱仪配接，可在观察形貌的同时进行微区成分分析；当配有光学显微镜和单色仪等附件时，可观察阴极荧光图像和进行阴极荧光光谱分析等。

7. 可使用加热、冷却、拉伸、压缩和弯曲等样品台进行动态试验，观察在不同环境条件下的相变及形态变化等。

（三）扫描电镜的主要结构

扫描电子显微镜由电子光学系统、偏转系统、信号检测放大系统、图像显示和记录系统、电源系统和真空系统等部分组成。

1. 电子光学系统：由电子枪、聚光镜（第一、第二聚光镜和物镜）、物镜光阑、样品室等部件组成。作用是获得扫描电子束，作为使样品产生各种物理信号的激发源。

2. 偏转系统：由扫描信号发生器、扫描放大控制器、扫描偏转线圈组成。作用是使电子束产生横向偏转，包括用于形成光栅状扫描的扫描系统，以及使样品上的电子束间断性消隐或截断的偏转系统。偏转系统可以采用横向静电场，也可采用横向磁场。

3. 信号探测放大系统：收集（探测）样品在入射电子束作用下产生的各种物理信号，并进行放大；探测二次电子、背散射电子等电子信号。不同的物理信号，要用不同类型的收集系统。

4. 图像显示和记录系统：将信号检测放大系统输出的调制信号转换为能显示在阴极射线管荧光屏上的图像，供观察或记录。早期 SEM 采用显像管、照相机等。数字式 SEM 采用电脑系统进行图像显示和记录管理。

5. 真空系统：真空度高于 10^{-4} Torr。常采用机械真空泵、扩散泵、涡轮分子泵进行抽真空操作。作用是确保电子光学系统正常工作、防止样品污染、保证灯丝的工作寿命等。

6. 电源系统：由稳压、稳流及相应的安全保护电路组成，为扫描电子显微镜各部分提供所需的电源。

（四）试样制备

1. 对试样的要求：试样可以是块状或粉末颗粒，在真空中能保持稳定，含有水分的试样应先烘干除去水分，或使用临界点干燥设备进行处理。表面受到污染的试样，要在不破坏试样表面结构的前提下进行适当清洗，然后烘干。新断开的断口或断面，一般不需要进行处理，以免破坏断口或表面的结构状态。有些试样的表面、断口需要进行适当的侵蚀，才能暴露某些结构细节，且在侵蚀后应将表面或断口清洗干净，然后烘干。对于磁性试样，要预先去磁，以免观察时电子束受到磁场的影响。试样大小要适合仪器专用样品座的尺寸，不能过大，样品座尺寸各仪器不均相同，一般小的样品座为 $\phi 3 \sim 5$ mm，大的样品座为 $\phi 30 \sim 50$ mm，以分别用来放置不同大小的试样，样品的高度也有一定的限制，一般在 $5 \sim 10$ mm。

2. 扫描电镜的块状试样的制备是比较简便的。对于块状导电材料，除了大小要适合仪器样品座尺寸外，基本上不需要进行额外制备，用导电胶把试样黏结在样品座上，即可放在扫描电镜中观察。对于块状的非导电或导电性较差的材料，要先进行镀膜处理，在材料表面形成一层导电膜，以避免电荷积累，影响图像质量，并可防止试样的热损伤。

3. 粉末试样的制备：先将导电胶或双面胶纸黏结在样品座上，再均匀地把粉末样撒在上面，用吸耳球吹去未黏住的粉末，再镀上一层导电膜，即可上电镜观察。

4. 镀膜：镀膜的方法有两种，一种是真空镀膜，另一种是离子溅射镀膜。离子溅射镀膜的原理是在低气压系统中，气体分子在相隔一定距离的阳极和阴极之间的强电场作用下电离成正离子和电子，正离子飞向阴极，电子飞向阳极，两电极间形成辉光放电，在辉光放电过程中，具有一定动量的正离子撞击阴极，使阴极表面的原子被逐出，称为溅射，如果阴极表面为用来镀膜的材料（靶材），需要镀膜的样品放在作为阳极的样品台上，则被正离子轰击而溅射出来的靶材原子套沉积在试样上，形成一定厚度的镀膜层。离子溅射时常用的气体为惰性气体氩气，要求不高时，也可以用空气，气压约为 5×10^{-2} Torr 。离子溅射镀膜与真空镀膜相比，其主要优点如下：

（1）装置结构简单，使用方便，溅射一次只需几分钟，而真空镀膜则要半个小时以上。

（2）消耗贵金属少，每次仅约几毫克。

（3）对于同一种镀膜材料，离子溅射镀膜质量好，能形成颗粒更细、更致密、更均匀、附着力更强的膜。

三、实验器材

实验器材包括 FEI NANO450 扫描电子显微镜、导电双面胶、镊子、剪刀、洗耳球、刀片、纸巾、无水乙醇、SBC-12 小型离子溅射仪（中科科仪 KYKY）等。

四、实验步骤

1. 根据实验要求将样品放在样品托上装好；
2. 打开扫描电子显微镜样品室，将样品托安装在样品座上；
3. 关好样品室，并对样品室进行抽真空处理；
4. 真空抽好以后，通过软件界面给灯丝加高压，进行样品观察；
5. 观察结束以后，关闭灯丝电压，然后对样品室放气；
6. 取出样品，仪器恢复到初始状态，关闭电脑、仪器电压。

五、数据处理及实验报告要求

根据需要对图片进行裁剪处理（用 Word 文档编辑，打印图片信息务必完整），并就图片内容进行分析。

六、思考与讨论

1. 试比较光学显微镜、X 光绕射分析仪及电子显微镜间的功能特性差异。
2. 扫描电子显微镜观察材料的表面形貌时，其主要成像信号有哪几种？
3. 应用扫描电子显微镜可以做哪些工作？
4. 扫描电子显微镜对样品制备有何要求？
5. 扫描电子显微镜对样品形貌分析（观察）有何优点？

实验 5　透射电子显微镜用于
无机纳米材料的检测

一、实验目的

1. 了解透射电子显微镜的基本原理，以及有关仪器的主要结构；

2. 掌握利用此项电子显微技术观察、分析物质结构的方法，主要包括常规成像、高分辨成像、电子衍射和能谱分析等；

3. 掌握对纳米材料等的微观形貌和结构测试结果的判读，主要包括材料的尺寸、大小均匀性、分散性、几何形状，以及材料的晶体结构和生长取向等。

二、实验步骤

（一）样品制备

1. 取 0.01 g 纳米金属氧化物粉末（如 TiO）加入到 5 mL 乙醇中，摇匀并置于超声清洗器中，超声处理 5~10 min，形成具有较好分散性的胶体或悬浊液；

2. 用移液器吸取一滴上述液体样品滴加到涂覆有碳支持膜的铜网上，晾干备用。

（二）样品电镜观察

整个操作过程由多个步骤组成，分别在计算机的操作界面上和手动面板上完成。

1. 先检查仪表和计算机屏幕显示的真空情况，要求主机镜筒内压小于 2×10 Pa。

2. 启动高压 HT 按钮，加高压：120 kV→180 kV，时间为 10 min，等待 3 min 后，再进行 180 kV→200 kV 的升压过程，时间为 10 min。

3. 升压过程中，可将铜网小心装上样品杆（图 S5-1），插入样品杆前应检查主机工作参数显示屏上的相关参数条件，插入样品杆预抽真空，等待绿灯亮后 10 min，完全插入样品杆，再过 2 min 后加灯丝电流。

4. 试样观察分析：（1）小心移动试样台，观察分析试样；（2）选择合适的放大倍数、样品坐标和光亮度；（3）聚焦、CCD 拍照；（4）保存照片。

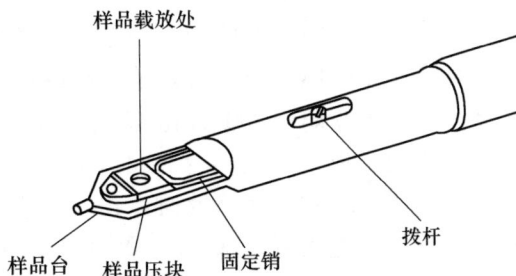

图 S5-1　样品杆的主要结构

5. 电子衍射的观察，可选择选区衍射模式，即使用选区光阑。

6. 试样观察完毕后，将放大倍数设定在 40 k，束流聚焦在荧光屏中心，关掉灯丝电流，复位试样台坐标轴（X, Y, Z）至"0"，然后小心拉出样品杆。务必注意，每次更换样品时，应进行"归零操作"。

7. 实验完毕后，先退下高压至 120 kV（200 kV→120 kV，时间控制为 5 min），然后关掉高压。

8. 如实填写实验记录。

9. 离开实验室前，搞好卫生，检查空调和除湿机的运转情况。

三、实验数据处理

将 CCD 相机获取的照片（.DM3 格式）转化为 .JPG 或 .TIFF 格式，用光盘导出。

利用照片上标出的比例尺等信息分析纳米金属氧化物的形貌、粒径和分散性；分析高分辨图像中晶面间距的归属；分析电子衍射结果。写出实验报告。

四、实验注意事项

由于透射电子显微镜属于高电压、高真空大型精密仪器，学生在使用前需经严格的培训或老师的现场指导，注意事项如下：

1. 勿擅自操纵、修理仪器。

2. 不仅要预习实验内容，还要注重理论知识的学习和补充。

3. 实验开始时，一定要先确认真空系统状态以及真空度。

4. 样品杆有多种类型，常见的有单倾、双倾（更适合做高分辨取向性观察）等。将铜网固定至样品杆上时，固定螺丝不可拧得过紧，为防止铜网脱落，可用右手握住样品杆，左手轻拍右手数次。

5. 将样品杆装入主机时一定要小心，注意动作的协调性和连贯性，以免损坏样品、样品杆、样品台或导致体系真空度降低（漏气）。

6. 开机升高压时，要注意暗电流的变化：

（1）在计算机的操作界面上，点击"HT"按钮，暗电流（也称束电流）最终升至 61 μA 左右；

（2）设定高压为 120 kV；

（3）升压 120 kV→160 kV，暗电流最终升至 83 μA 左右；

（4）升压 160 kV→180 kV，暗电流最终升至 93 μA 左右；

（5）升压 180 kV→200 kV，暗电流最终升至 105 μA 左右。

7. 发射电子束（出亮）：插入样品杆，等离子泵的真空度回到原来的水平后，可有 FILAMENT READY 的提示，此时点击"灯丝加热"按钮，等电子束发射稳定后，可在荧光屏上形成绿色光斑，使用 LOW MAG 模式对样品进行初步观察，随后进一步放大观察。

8. CCD 相机的使用及维护：

（1）用标准样品（一般为纳米金）进行比例尺标定；

（2）CCD 相机不仅能方便拍照，它附带的多种软件功能还可进行所得图像分析，尤其适用于高分辨、电子衍射等测试结果的分析；

（3）为使其中的光学器件避免受到损伤，使用 CCD 相机观察样品时强度要选择适中，观测后及时关闭面板，实验室尽量保持暗室条件。

五、实验报告及要求

1. 本实验课前应预习实验讲义和教材，掌握实验原理等必需知识。

2. 根据教师给定的实验样品，设计出实验方案，包括选择样品制备方法、仪器条件参数等。

3. 实验报告内容包括实验原理、实验方案步骤（包括样品制备、仪器简介、实验参数选择、测试、数据处理等）、选择的定性分析方法，以及物相鉴定结果分析等。

4. 结果分析应包括：所检测样品的品质（材料的尺寸、大小均匀性、分散性、几何形状），以及材料的晶体结构和生长取向等。

六、思考与讨论

1. TEM 仪器的主要构造由哪几个部分构成？

2. 在科学研究中，TEM 主要能解决什么问题？

3. TEM 中的电子聚焦为什么不能用玻璃透镜？

4. 为什么高分子样品的 TEM 图像常常衬度差异不大？

5. 铜网附有的担载膜具有什么特点？

6. TEM 检测粉末样品时，采用超声分散法将样品负载至铜网上，能否采用可溶解样品的分散剂？

7. TEM 常见的附属仪器有哪些，其主要功能是什么？

实验 6　热重分析及综合热分析

一、实验目的

1. 了解热重分析的仪器装置及实验技术；
2. 了解差热分析的仪器装置及实验技术；
3. 熟悉综合热分析的特点，掌握综合热曲线的分析方法；
4. 测绘矿物的热重曲线和差热分析曲线，解释曲线变化的原因。

二、实验原理

(一) 热重分析的仪器结构与分析方法

热重分析法是在程序控制温度下，测量物质的质量随温度变化的一种实验技术。热重分析通常有静态法和动态法两种类型：

1. 静态法又称等温热重法，是在恒温下测定物质质量变化与温度的关系，通常把试样在各给定温度下加热至恒重。该法比较准确，常用来研究固相物质热分解的反应速度和测定反应速度常数。

2. 动态法又称非等温热重法，是在程序升温下测定物质质量变化与温度的关系，采用连续升温、连续称重的方式。该法较简便，易于与其他热分析法组合在一起，在实际中采用较多。

热重分析仪的基本结构由精密天平、加热炉及温控单元组成。如图 S6-1 所示。加热炉由温控加热单元按给定速度升温，并由温度读数表记录温度，炉中试样质量变化可由天平记录。

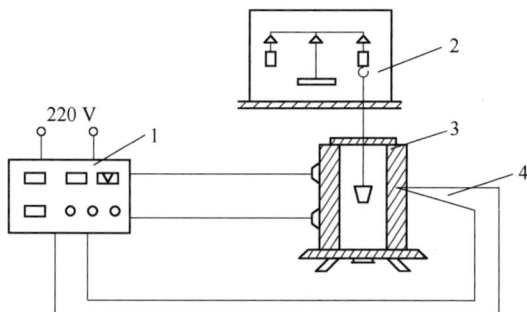

图 S6-1　热重分析仪结构示意图
1—温度控制系统；2—测量系统；3—加热炉；4—记录系统

由热重分析记录的质量变化对温度的关系曲线称为热重曲线（TG 曲线）。曲线的纵坐标为质量，横坐标为温度。例如固体热分解反应 A(固)→B(固)+C(气) 的典型热重曲线如图 S6-2 所示。

图中 T_i 为起始温度，即累计质量变化达到热天平可以检测时的温度。T_f 为终止温度，即累计质量变化达到最大值时的温度。

热重曲线上质量基本不变的部分称为基线或平台，如图 S6-2 中 ab、cd 部分。

若试样初始质量为 W_0，失重后试样质量为 W_1，则失重百分数为 $(W_0 - W_1)/W_0 \times 100\%$。

许多物质在加热过程中都会在某温度发生分解、脱水、氧化、还原和升华等物理化学变化，从而出现质量变化，发生质量变化的温度及质量变化百分数随着物质的结构及组成而异，因而可以利用物质的热重曲线来研究物质的热变化过程，如试样的组成、热稳定性、热分解温度、热分解产物和热分解动力学等。例如，含有一个结晶水的草酸钙（$CaC_2O_4 \cdot H_2O$）的热重曲线如图 S6-3 所示，$CaC_2O_4 \cdot H_2O$ 在 100 ℃ 以前没有失重现象，其热重曲线呈水平状，为 TG 曲线的第一个平台。在 100 ℃ 和 200 ℃ 之间失重并开始出现第二个平台。这一步的失重量占试样总质量的 12.3%，正好相当于每摩尔 $CaC_2O_4 \cdot H_2O$ 失掉 1 mol H_2O，因此这一步的热分解应按下式进行：

$$CaC_2O_4 \cdot H_2O \xrightarrow{100 \sim 200\ ℃} CaC_2O_4 + H_2O$$

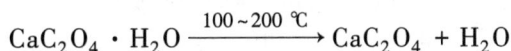

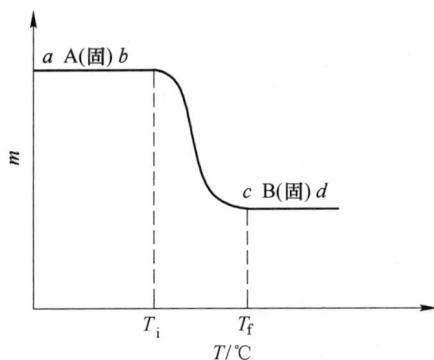

图 S6-2　固体热分解反应的热重曲线

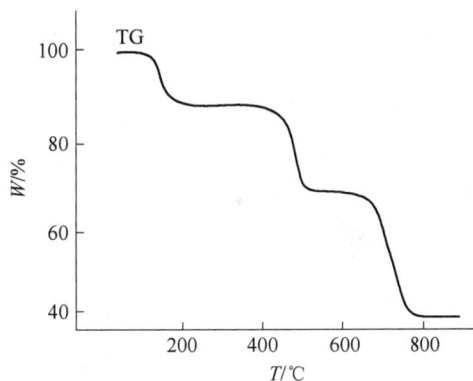

图 S6-3　$CaC_2O_4 \cdot H_2O$ 的热重曲线

在 400 ℃ 和 500 ℃ 之间失重并开始呈现第三个平台，其失重量占试样总质量的 18.5%，相当于每摩尔 CaC_2O_4 分解出 1 mol CO，因此这一步的热分解应按下式进行：

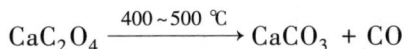

$$CaC_2O_4 \xrightarrow{400 \sim 500\ ℃} CaCO_3 + CO$$

在 600 ℃ 和 800 ℃ 之间失重并出现第四个平台，其失重量占试样总质量的 30%，正好相当于每摩尔 CaC_2O_4 分解出 1 mol CO_2，因此这一步的热分解应按下式进行：

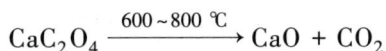

$$CaC_2O_4 \xrightarrow{600 \sim 800\ ℃} CaO + CO_2$$

由此可见，借助热重曲线可推断反应机理及产物。

（二）综合热分析

DTA、DSC、TG 等各种单功能的热分析仪若相互组装在一起，就可以变成多功能的综合热分析仪，如 DTA-TG、DSC-TG、DTA-TMA（热机械分析）、DTA-TG-DTG（微商热重分析）组合在一起。综合热分析仪的优点是在完全相同的实验条件下，即在同一次实验中可以获得多种信息，比如进行 DTA-TG-DTG 综合热分析可以一次同时获得差热曲线、热重曲线和微商热重曲线。根据在相同的实验条件下得到的关于试样热变化的多种信息，就可以比较顺利地得出符合实际的判断。

综合热分析的实验方法与 DTA、DSC、TG 的实验方法基本类同，在样品测试前选择好测量方式和相应量程，调整好记录零点，就可在给定的升温速度下测定样品，得出综合热曲线。

综合热曲线实际上是各单功能热曲线测绘在同一张记录纸上，因此，各单功能标准热曲线可以作为综合热曲线中各个曲线的标准。利用综合热曲线进行矿物鉴定或解释峰谷产生的原因时，可查阅有关的图谱。

图 S6-4 所示为某种黏土的综合热曲线，它包括加热曲线、差热曲线、热重曲线和收缩曲线。根据综合热分析可知，该黏土的主要谱形与高岭石（$Al_2O_3 \cdot 2SiO_2 \cdot 2H_2O$）相符，故其矿物组成以高岭石为主。差热曲线有两个显著的吸热峰，第一个吸热峰从 200 ℃以下开始发生至 260 ℃达峰值，热重曲线上对应着这一过程的质量损失 3.7%，而收缩曲线表明这一过程体积变化不大，所以这一吸热峰对应的是高岭石失去吸附水、层间水的过程。第二吸热峰从 540 ℃开始至 640 ℃达顶峰，这一过程的质量损失达 1.31%，而体积收缩了 1.4%，这一过程的强烈的吸热效应相当于高岭石晶格中 OH—根脱出或结晶水排除，致使晶格破坏，偏高岭石（$Al_2O_3 \cdot 2SiO_2$）分解成无定形的 Al_2O_3 与 SiO_2。当温度升高到 1000 ℃左右时，无定形的 Al_2O_3 结晶成-Al_2O_3 和部分微晶莫来石，使差热谱上出现强烈的放热效应，此时质量无显著变化，体积却显著收缩，从 3.19% 到 8.67%。加热到 1240 ℃时又出现一放热峰，同时体积从 9.68% 迅速收缩到 14.4%，这显然又是一个结晶相的出现，据研究系非晶质 SiO_2 与 γ-Al_2O_3 化合成莫来石（$Al_2O_3 \cdot 2SiO_2$）结晶所致。

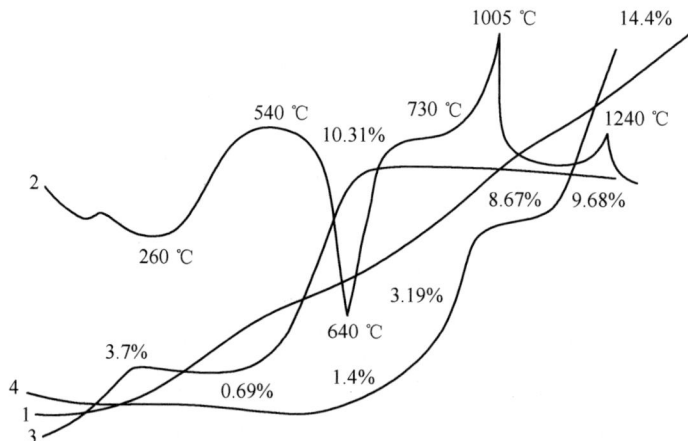

图 S6-4 黏土的综合热曲线

1—加热曲线；2—差热曲线；3—热重曲线；4—收缩曲线

在综合热分析技术中，DTA-TG 组合是最普通、最常用的一种，DSC-TG 组合也常用。根据试样物理或化学过程中所产生的质量与能量的变化情况，可对 DTA（DSC）和 TG 所对应的过程做出大致的判断，见表 S6-1。表中"+"表示有，"-"表示无，在进行综合热曲线分析时可作为参考。

表 S6-1　DTA（DSC）和 TG 对反应过程的判断

反应过程	DTA（DSC）		TG	
	吸热	放热	失重	增重
吸附和吸收	−	+	−	+
脱附和解吸	+	−	+	−
脱水（或溶剂）	+	−	+	−
熔融	+	−	−	−
蒸发	+	−	+	−
升华	+	−	+	−
晶型转变	+	+	−	−
氧化	−	+	−	+
分解	+	−	+	−
固相反应	+	+	−	−
重结晶	−	+	−	−

三、实验步骤

（一）试样准备

试样的用量与粒度对热重曲线有较大的影响。因为试样的吸热或放热反应会引起试样温度发生偏差，试样用量越大，偏差越大。试样用量大，逸出气体的扩散会受到阻碍，热传递也会受到影响，使热分解过程中 TG 曲线上的平台不明显。因此，在热重分析中，试样用量应在仪器灵敏度范围内尽量小。

试样的粒度同样对热传递气体扩散有较大影响。粒度不同会使气体产物的扩散过程有较大变化，这种变化会导致反应速率和 TG 曲线形状的改变，如粒度小，则反应速率加快，TG 曲线上反应区间变窄；粒度太大通常是得不到好的 TG 曲线的。

总之，试样用量与粒度对热重曲线有着类似的影响，实验时应选择适当。一般粉末试样应过 200~300 目筛，用量在 1 g 左右为宜。

（二）热重分析的样品测试步骤

1. 将样品铂金坩埚用毛刷刷净，挂于天平挂丝上，精确称量其质量，并记录（注意勿使小坩埚及挂丝与炉壁相碰）。

2. 取下铂金坩埚，盛入一定量的试样于铂金坩埚内（0.5~1 g），挂于吊丝上，再精确称其质量，算出其样品质量。

3. 盖好挡热板，注意勿与吊丝相碰，接通加热电源，调压使温度以 10 ℃ min 左右匀速升上温。

4. 温度指示仪表指于 50 ℃ 时开始称量质量，此后每隔 50 ℃ 左右称量一次，但对于质量发生剧烈改变的温度区间，应缩小称量温度间隔，每隔 10 ℃ 左右称量一次。

5. 升温至 750 ℃ 时，实验结束，关闭天平，关闭各仪器开关，切断电源。

（三）差热分析仪的操作步骤

1. 打开放大器电源开关和记录仪开关，进行预热。

2. 把炉体轻轻取下，确定差热电偶两工作端各自所应盛放的样品（本实验参比样品为煅烧氧化铝，测量样品为左云土）；装好样品，关好电炉盖。

3. 检查系统是否正常，打印机是否状态良好，设定基线。

4. 在"采样"程序中设定各参数，将升温速率设定为 12 ℃/min。

5. 升温至 1200 ℃时，实验结束，按程序关闭各仪器开关。

四、实验和数据处理

1. 选择与 DTA 实验中测试的同种矿物，用静态法测绘 TG 曲线。

2. 选择与 DTA 实验相同的测试条件和同种矿物，测绘 DTA-TG 综合热曲线，解释曲线上能量和质量变化的原因，并与单功能 DTA 曲线、TG 曲线对照峰谷形状、温度及特点。

五、思考与讨论

1. 升温速度对热重曲线形状有何影响？

2. 影响质量测量准确度的因素有哪些，在实验中可采取哪些措施来提高测量准确度？

3. 从晶体结构预测高龄土和滑石的差热曲线有何区别？

附　　录

附录1　基团的特征频率和指纹区图

附录2　红外光谱口诀

附录3　常见有机化合物的质谱